普通高等学校"十四五"规划力学专业精品教材

国家级一流本科课程（线上）配套教材

U0641915

结 构 力 学

（第三版）

主编　龙晓鸿　李　黎

编写　江宜城　樊　剑

华中科技大学出版社

中国·武汉

内 容 简 介

本书根据教育部高等学校力学教学指导委员会制定的《结构力学课程教学基本要求》编写。全书共 11 章,包括绪论、结构的几何构造分析、静定结构的内力计算、静定结构的影响线、静定结构的位移计算、力法、位移法、力矩分配法和近似法、矩阵位移法、结构的动力计算及结构的稳定计算。自第 2 章起各章均附有思考题和习题。

本书配有丰富的电子教学资源,主要为课程知识点的讲解视频。此外,本书还配备了电子课件和习题参考答案,并融入了"课程思政"元素。以上电子教学资源读者均可通过扫描书中的二维码来免费使用(二维码使用说明见书末)。其中 MOOC 视频读者还可登录"中国大学 MOOC"平台(https://www.icourse163.org/course/HUST-1206623840)学习。

本书可作为普通高等学校土木工程、智能建造、力学、水利工程等专业的本科教学用书,也可供工程技术人员参考。

图书在版编目(CIP)数据

结构力学/龙晓鸿,李黎主编.—3 版.—武汉:华中科技大学出版社,2023.7
ISBN 978-7-5680-9449-8

Ⅰ.①结…　Ⅱ.①龙…　②李…　Ⅲ.①结构力学-高等学校-教材　Ⅳ.①O342

中国国家版本馆 CIP 数据核字(2023)第 131481 号

结构力学(第三版)
Jiegou Lixue(Di-san Ban)

龙晓鸿　李　黎　主编

策划编辑:万亚军
责任编辑:姚同梅
封面设计:刘　婷　廖亚萍
责任监印:周治超
出版发行:华中科技大学出版社(中国·武汉)　　电话:(027)81321913
　　　　　武汉市东湖新技术开发区华工科技园　　邮编:430223
录　　排:武汉市洪山区佳年华文印部
印　　刷:武汉市洪林印务有限公司
开　　本:787mm×1092mm　1/16
印　　张:29.75
字　　数:776 千字
版　　次:2023 年 7 月第 3 版第 1 次印刷
定　　价:79.80 元

第三版前言

结构力学课程是土木工程专业最重要的核心学科基础课。本书是作者多年结构力学课程教学经验总结，具有鲜明的特色，自出版以来，受到了广泛的好评，以本书为基础的华中科技大学"结构力学"课程则被评为国家级一流本科课程（线上）。

本书是在第二版的基础上修订而成的。此版保持了第二版的体系和风格，并坚持论述严谨、重点突出、理论联系实践、深入浅出的原则。本次修订对全书内容和形式做了大幅调整，具体如下：

（1）对书中一些错误之处进行了修订，力求准确。

（2）对每章的习题进行了优化，使其更符合课程教学内容的安排。

（3）每章增加了思考题，便于读者开展自主学习。

（4）加强了数字化建设，增加了大量电子教学资源。

（5）调整了文字配色，并通过正文和例题的字体区分、关键词的凸显等来增强可读性。

（6）增加了主要符号表、参考文献和附录（平面杆系结构矩阵位移法 PYTHON 程序）。

本书层次结构保持不变，仍分为 11 章，其中第 1～9 章主要介绍静定结构与超静定结构在静荷载作用下的内力和位移计算方法，第 10 章介绍结构在动荷载作用下的计算问题，第 11 章介绍结构的稳定计算问题。

本书配有丰富的电子教学资源，主要为课程知识点的讲解视频，同时，还提供了电子课件和习题参考答案。另外，通过数字资源的形式将单一知识点发散到单一思政元素，践行"课程思政"理念。以上电子教学资源读者均可通过扫描书中的二维码来免费使用。其中 MOOC 视频还可登录"中国大学 MOOC"平台（https://www.icourse163.org/course/HUST-1206623840）学习。

本书重点突出，言简意赅，并将要点贯穿全书；例题讲解详细，举一反三，循序渐进，覆盖面广，既有常规的练习题，又有结合工程实际的大作业。本书可作为普通高等学校土木工程、力学、水利工程等专业的本科教学用书，也可供工程技术人员参考。

全书由龙晓鸿、李黎主编，江宜城、樊剑参加了相关章节的编写工作。

本书得到了华中科技大学本科生院教材出版基金的资助，也得到了华中科技大学土木与水利工程学院的大力支持。日本工程院院士、日本名城大学葛汉彬教授，清华大学潘鹏教授，东南大学王浩教授，浙江大学黄铭枫教授审阅了全书，并提出了宝贵的修改意见，在此致以衷心的感谢！

全书虽经修订，但因水平所限，难免还会存在缺点和疏漏之处，敬请读者批评指正。

编　者
2023 年 1 月

目　　录

第 1 章　绪论 ·· (1)

1.1　结构力学的主要内容和教学要求 ·· (1)

1.2　结构的计算简图 ·· (2)

1.3　荷载的类型 ·· (7)

1.4　结构的形式 ·· (7)

思考题 ··· (9)

第 2 章　结构的几何构造分析 ·· (10)

2.1　几何构造分析的几个概念 ·· (10)

2.2　几何不变体系的组成规律 ·· (12)

2.3　几何构造分析方法 ··· (14)

2.4　瞬变体系 ··· (16)

2.5　几何构造分析举例 ··· (19)

2.6　平面杆件体系的计算自由度 ··· (23)

思考题 ··· (25)

习题 ·· (26)

第 3 章　静定结构的内力计算 ·· (30)

3.1　梁内力计算 ·· (30)

3.2　用区段叠加法画简支梁的弯矩图 ·· (33)

3.3　斜梁 ··· (35)

3.4　多跨静定梁 ·· (38)

3.5　静定刚架 ··· (44)

3.6　桁架 ··· (55)

3.7　组合结构 ··· (63)

3.8　三铰拱 ·· (67)

3.9　静定结构的特性 ·· (77)

思考题 ··· (82)

习题 ·· (83)

第 4 章　静定结构的影响线 ··· (92)

4.1　移动荷载和影响线的概念 ·· (92)

4.2　用静力法作单跨静定梁影响线 ·· (93)

4.3　多跨静定梁的影响线 ·· (97)

4.4　间接荷载作用下的影响线 ·· (99)

4.5　静定桁架的影响线 ··· (103)

4.6　用机动法作影响线 ··· (106)

4.7　组合结构的影响线 ··· (109)

4.8　三铰拱的影响线 ……………………………………………………… (111)

4.9　影响线的应用 …………………………………………………………… (112)

4.10　简支梁的包络图和绝对最大弯矩 …………………………………… (118)

4.11　讨论 ……………………………………………………………………… (122)

思考题 …………………………………………………………………………… (127)

习题 ……………………………………………………………………………… (127)

第 5 章　静定结构的位移计算 ………………………………………… (132)

5.1　位移计算概述 …………………………………………………………… (132)

5.2　支座移动造成的位移计算 ……………………………………………… (134)

5.3　力的虚设方法 …………………………………………………………… (136)

5.4　制造误差造成的位移计算 ……………………………………………… (137)

5.5　温度作用时的位移计算 ………………………………………………… (139)

5.6　荷载作用下的位移计算 ………………………………………………… (141)

5.7　用图乘法计算受弯结构的位移 ………………………………………… (146)

5.8　线性变形体系的互等定理 ……………………………………………… (152)

思考题 …………………………………………………………………………… (155)

习题 ……………………………………………………………………………… (155)

第 6 章　力法 ……………………………………………………………… (159)

6.1　概述 ……………………………………………………………………… (159)

6.2　力法的基本概念 ………………………………………………………… (164)

6.3　力法的典型方程 ………………………………………………………… (167)

6.4　各种超静定结构的计算 ………………………………………………… (169)

6.5　对称结构的计算 ………………………………………………………… (178)

6.6　超静定拱 ………………………………………………………………… (183)

6.7　支座移动、温度变化时内力的计算 …………………………………… (188)

6.8　具有弹性支座结构的内力计算 ………………………………………… (191)

6.9　超静定结构的位移计算 ………………………………………………… (192)

6.10　超静定结构计算的校核 ……………………………………………… (195)

6.11　特殊问题的讨论 ……………………………………………………… (197)

思考题 …………………………………………………………………………… (201)

习题 ……………………………………………………………………………… (202)

第 7 章　位移法 …………………………………………………………… (208)

7.1　位移法概述 ……………………………………………………………… (208)

7.2　位移法未知量的确定 …………………………………………………… (209)

7.3　杆端力与杆端位移的关系 ……………………………………………… (212)

7.4　利用平衡条件建立位移法方程 ………………………………………… (218)

7.5　结点截面平衡法应用举例 ……………………………………………… (220)

7.6　基本体系和典型方程法 ………………………………………………… (226)

7.7　对称性的利用 …………………………………………………………… (235)

7.8　其他各种情况的处理 …………………………………………………… (239)

7.9　讨论 ……………………………………………………………………………（244）

思考题……………………………………………………………………………（252）

习题………………………………………………………………………………（253）

第 8 章　力矩分配法和近似法…………………………………………………（258）

8.1　力矩分配法的基本概念 …………………………………………………（258）

8.2　单结点的力矩分配法 ……………………………………………………（261）

8.3　多结点力矩分配法 ………………………………………………………（264）

8.4　无剪力分配法 ……………………………………………………………（269）

8.5　讨论 ………………………………………………………………………（270）

8.6　近似法 ……………………………………………………………………（273）

8.7　超静定结构的影响线 ……………………………………………………（285）

8.8　连续梁的内力包络图 ……………………………………………………（290）

思考题……………………………………………………………………………（292）

习题………………………………………………………………………………（292）

第 9 章　矩阵位移法……………………………………………………………（296）

9.1　概述 ………………………………………………………………………（296）

9.2　单元划分及结点编号 ……………………………………………………（298）

9.3　局部坐标系下的单元刚度矩阵方程 ……………………………………（303）

9.4　整体坐标系下的单元刚度方程 …………………………………………（307）

9.5　连续梁的整体刚度矩阵 …………………………………………………（311）

9.6　刚架的整体刚度矩阵 ……………………………………………………（314）

9.7　荷载列阵 …………………………………………………………………（317）

9.8　刚架内力的计算步骤和算例 ……………………………………………（324）

9.9　忽略轴向变形时刚架的整体分析 ………………………………………（328）

9.10　桁架结构内力的计算步骤和算例 ……………………………………（330）

9.11　其他结构内力的计算 …………………………………………………（332）

思考题……………………………………………………………………………（344）

习题………………………………………………………………………………（344）

第 10 章　结构的动力计算……………………………………………………（349）

10.1　概述……………………………………………………………………（349）

10.2　动力自由度……………………………………………………………（351）

10.3　单自由度体系的自由振动……………………………………………（355）

10.4　单自由度体系的强迫振动……………………………………………（366）

10.5　两个自由度体系的自由振动…………………………………………（380）

10.6　两自由度体系在简谐荷载下的强迫振动……………………………（391）

10.7　多自由度体系的自由振动……………………………………………（397）

10.8　多自由度体系的强迫振动……………………………………………（405）

10.9　自振频率的近似算法…………………………………………………（410）

思考题……………………………………………………………………………（415）

习题………………………………………………………………………………（416）

第 11 章　结构的稳定计算 ·· (424)

　11.1　概述 ·· (424)

　11.2　轴心受压杆件的稳定——静力法 ··· (427)

　11.3　轴心受压杆件的稳定——能量法 ··· (434)

　11.4　偏心受压直杆的稳定 ·· (438)

　11.5　剪力对临界荷载的影响 ··· (439)

　11.6　组合压杆的稳定 ··· (441)

　11.7　刚架的稳定——矩阵位移法 ·· (444)

　11.8　讨论 ·· (450)

　思考题 ··· (453)

　习题 ··· (453)

附录 A　专业术语索引 ·· (457)

附录 B　主要符号表 ··· (460)

附录 C　平面杆系结构矩阵位移法 PYTHON 程序 ··· (462)

参考文献 ·· (465)

第 1 章
绪论

本章主要介绍结构力学的主要内容、教学要求、结构的计算简图、荷载的类型以及结构的形式。

1.1 结构力学的主要内容和教学要求

1. 研究对象

结构力学主要研究结构在荷载作用下内力和变形的计算问题。所谓的**结构**就是建筑物、构筑物或其他工程对象中承受和传递荷载并起着承重作用的**骨架**，它由承重构件组成。例如，框架结构主要是由梁、柱和楼板组成的，这些构件在构造物中起着承重作用，而墙、门和窗等除了自身的重力外，不承担其他荷载，就不是结构的组成部分。又如，砌体结构中的承重构件主要是墙、梁和楼板，它们在结构中起着骨架作用，而门窗等是非承重构件。土木工程及水利工程中常见的结构有：房屋中的建筑结构体系(见图1-1(a))、公路和铁路中的桥梁和隧洞(见图1-1(b))、水工建筑物中的堤坝和码头等(见图1-1(c))。

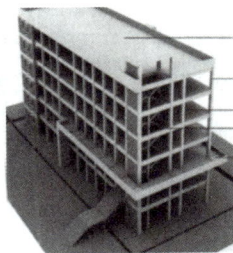
（a）

（b）

（c）

图 1-1

工程结构可以从不同的层面进行分类。如按材料类型可分为：砌体结构、混凝土结构、钢筋混凝土结构、钢结构、组合结构、木结构、塑料结构、薄膜充气结构等。按结构体系受力特点可分为平面结构和空间结构。根据组成结构的构件**几何形状**可以分成三大类：杆系结构、板壳结构和实体结构。其中**杆系结构**(见图1-2(a))是由若干根细长杆件组成的，细长杆件的几何特征是其长度远远大于(5倍以上)杆件截面的宽度和高度。**板壳结构**是由其厚度远远小于(1/5以下)长度和宽度的构件组成的结构，其中平面板壳结构称为板(见图1-2(b))，曲面板壳结构称为壳(见图1-2(c))。**实体结构**(见图1-2(d))指的是由长度、宽度和厚度3个尺寸大约为同量级构件组成的结构。结

构力学的研究对象是第一种杆系结构,而板壳结构和实体结构将在其他课程中讨论。

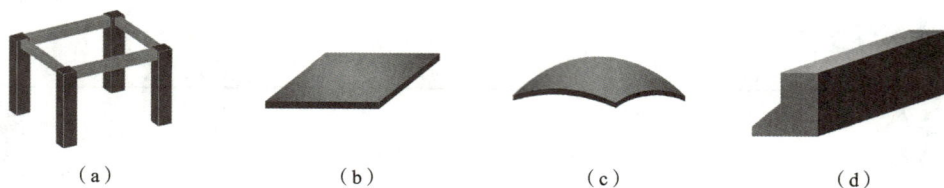

（a）　　　　　　　（b）　　　　　　　（c）　　　　　　　（d）

图 1-2

2. 主要研究内容

结构力学研究的内容主要是杆系结构的强度、刚度计算。其中由荷载、支座移动、温度变化、制造误差等引起的结构内力计算称为强度计算;由荷载、支座移动、温度变化、制造误差等引起的结构变形及位移计算称为刚度计算。而由静荷载引起的内力、位移计算称为静力分析,由动荷载引起的内力、位移计算称为动力分析。

思政元素　　　　此外还要进行结构的稳定计算、研究结构的组成规律以及确定结构的计算简图。

3. 结构力学与其他课程的关系

理论力学和材料力学是结构力学的先修课程,它们为结构力学课程的学习提供了杆件受力分析方法、各种截面特性和截面应力的计算方法等基础知识,因此这两门课称为技术基础课。专业课程(钢筋混凝土结构、钢结构、桥梁结构等)是结构力学的后续课程,即在结构力学课程中所掌握的杆系结构计算方法是为专业课程中结构的内力与位移变形计算服务的。因此,结构力学被称为专业基础课。

1.2   结构的计算简图

在工程设计中对结构进行力学分析时,需要根据实际结构画出一个计算用的图形,这个图形称为结构的计算简图。要使结构的计算简图与实际结构完全一样是做不到的,也是没必要的,因此,应该在对实际结构进行抽象和简化的基础上,得到计算时所用的简图。对真实结构进行抽象和简化时必须遵循的原则　MOOC 视频是:首先要能正确反映结构的实际受力情况,使计算结果与实际情况比较吻合;其次,要略去次要因素,便于分析和计算。影响计算简图选取的主要因素首先是结构的重要性,如果是重要结构,计算简图要取得精细一些,而次要结构计算简图则可取得粗略一些;其次是设计的阶段性,在初步设计阶段计算简图可取得粗略一些,而思政元素　　　　在施工图设计阶段计算简图要取得精细一些;再次是荷载的可变性,对于静荷载,其计算简图可取得精细一些,对于动荷载,其计算简图则可取得粗略一些。另外,如果使用的计算工具很先进,则计算简图可取得精细一些,如果使用的计算工具比较简陋,则计算简图可取得粗略一些。具体简化步骤及方法如下。

1. 杆件的简化

结构力学中的杆件(见图 1-3(a))可以用其轴线来表示(见图 1-3(b))。这是因为由材料力学可知:细长杆件可以近似采用平截面假定,因此截面上的应力可以由截面上的内力来确定,即内力只与杆件的长度有关,与截面的宽度和高度无关。杆件一般有直杆和曲杆两种。

（a）　　　　　　　　　　　　　　（b）

图 1-3

2．结点的简化

杆件与杆件的连接点称为结点，结点按理想情况一般可简化为三种：铰结点、刚结点和组合结点。土木工程中的结点与机械工程中的结点有很大不同，分析时更注重杆件的受力与变形位移特征。图 1-4（a）为首都机场 T3 航站楼钢结构骨架，图 1-4（b）为对应结点的简化。

思政元素

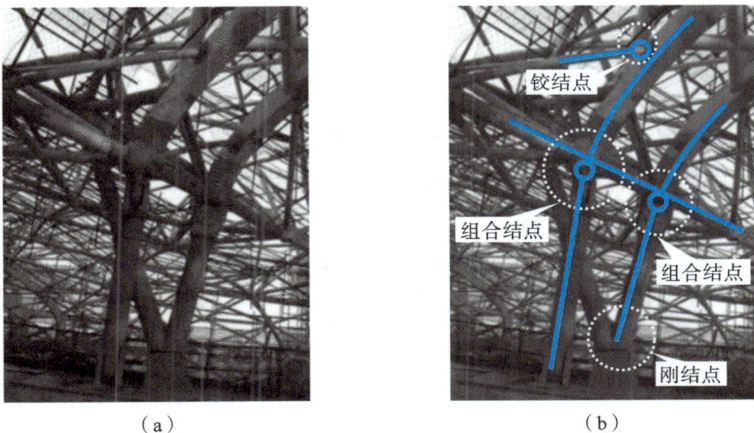

（a）　　　　　　　　　　　　　　（b）

图 1-4

1）铰结点

通过铰把若干根杆件连接在一起的结点称为铰结点。采用铰结点的杆件变形与受力特征是：各杆都可以绕结点自由转动，因此各杆端在铰结点处不会发生弯曲变形，也不会产生弯矩。

例如：图 1-5（a）所示的是木屋架结点，由于两杆件之间是通过螺栓、耙钉连接的，无法阻止杆件间微小的相对转动，因此该结点一般可简化为铰结点（见图 1-5（b））。

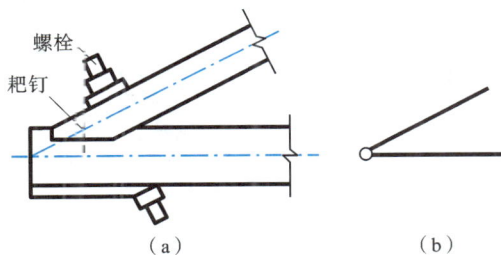

螺栓

耙钉

（a）　　　　　　　　　　　　　　（b）

图 1-5

又如：图 1-6（a）所示的是钢桁架结点，由于各杆件之间是由连接板通过铆接或焊接连接而成的，无法阻止杆件间的微小相对转动，因此该结点通常也可简化为铰结点（见图 1-6（b））。

2）刚结点

通过刚性连接把若干根杆件组合在一起的结点称为刚结点。采用刚结点的杆件变形与受力特征是：各杆不能绕结点做相对转动，即结点能阻止杆件之间发生相对转角位移，因此杆端有弯矩、剪力和轴力产生。

例如：图 1-7（a）所示的是现浇钢筋混凝土框架结点，由于梁、柱的钢筋是绑扎在一起的，又用混凝土一次浇灌成形,杆件间是无法发生相对变形的,因此该结点可简化为刚结点(见图1-7(b))。

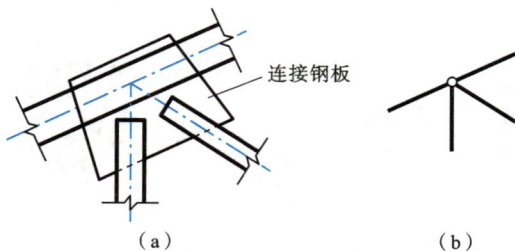
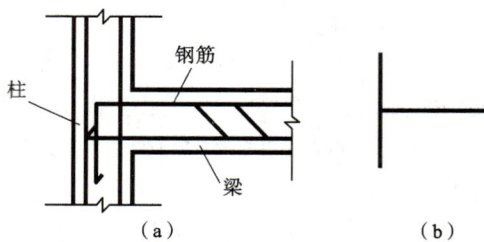

图 1-6　　　　　　　　　　　　　　　　　图 1-7

3) 组合结点

某些杆件间采用刚性连接,而另外一些杆件间采用铰连接的结点称为组合结点。采用组合结点的杆件变形与受力特征是:刚性连接的杆件,其变形、位移和受力同刚结点;用铰连接的杆件,其变形、位移和受力同铰结点。

例如:图1-8(a)所示的现浇钢筋混凝土框架结点与型钢构件是由连接钢板焊接而成的,该结点可简化为组合结点(见图1-8(b))。

3. 支座的简化

MOOC 视频

上部结构与下部基础之间的连接可用支座来表示。一个构件在平面内有 3 种运动:水平方向位移、竖直方向位移(称为线位移)和转动(称为转角位移)。根据支座对上部结构运动的约束能力,一般可将平面结构的支座简化为可动铰支座、固定铰支座、滑动支座以及固定支座等四种。

1) 可动铰支座

可动铰支座是只能约束上部结构一个线位移的支座。例如,图 1-9(a)中的梁与基础之间的支座只能阻止梁的竖直方向的运动,因此可简化为可动铰支座(见图1-9(b))。

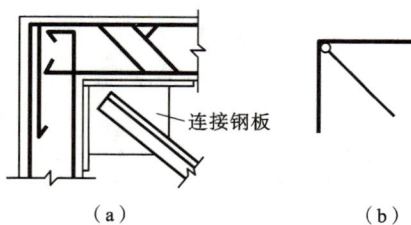
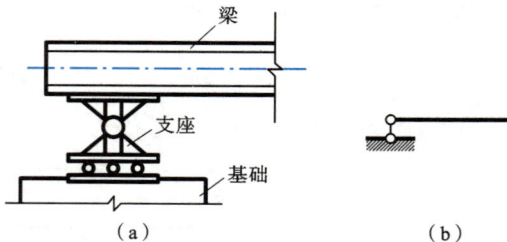

图 1-8　　　　　　　　　　　　　　　　　图 1-9

另外在实际工程中,例如把梁安放在柱顶或墙上,在不做其他特殊处理等情况下,其支座也可简化为可动铰支座。

2) 固定铰支座

固定铰支座是能约束上部结构水平和竖直两个方向线位移的支座,如图1-10(a)所示。例如:在实际工程中把屋架放在柱顶上,并将屋架与柱顶的预埋件通过螺栓连接,这样构成的支座可简化为固定铰支座(见图1-10(b))。

又如:将预制好的柱子插入杯口式基础(见图1-11(a)),其缝隙用沥青麻刀和细石子来填充。采用这种施工方法可将上部柱子与基础的连接简化成固定铰支座(见图1-11(b)),因为

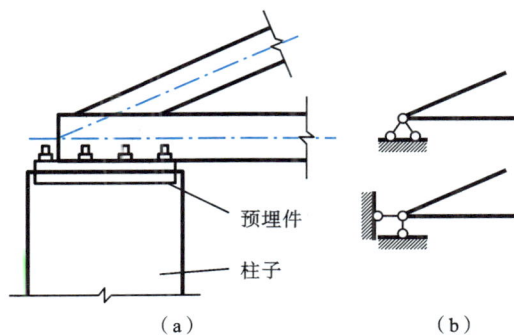

图 1-10

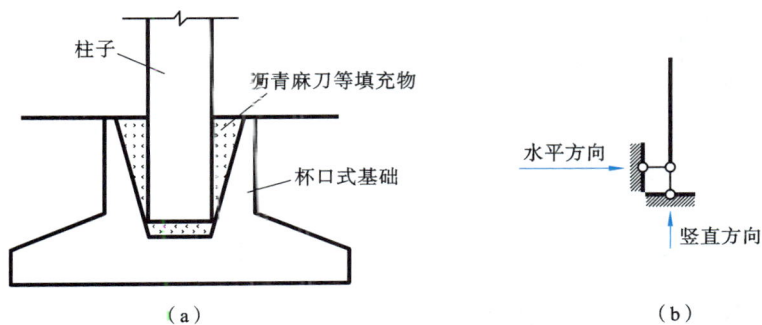

图 1-11

填充物无法阻止柱与基础之间的微小相对转动。

3）滑动支座

滑动支座是既能约束结构一个方向的线位移又能约束其转动的支座（见图 1-12(a)），其表示方法如图 1-12(b)所示。

4）固定支座

固定支座是能同时约束结构的竖直方向、水平方向的线位移和转动位移的支座。

例如：在实际工程中将柱子与基础完全现浇在一起，而且柱子的钢筋插入基础一定深度（见图 1-13(a)），那么柱子的支座就可简化成固定支座（见图 1-13(b)）。

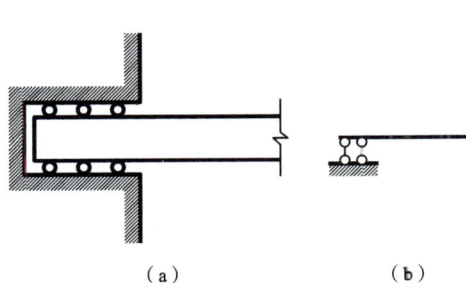

图 1-12

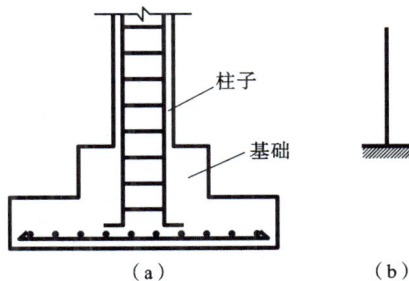

图 1-13

4. 结构的简化

图 1-14 所示的是由屋架、柱、吊车梁、基础等构件组成的平面排架结构，沿着纵向（垂直于纸面方向）将若干个平面排架结构相隔一定的距离布置，通过连接构件就可组成空间体系的单

层厂房。由于每一榀排架结构的受力基本相同,因此设计时可以取出单榀排架按平面结构计算。

　　屋架、吊车梁等构件都是预制的,施工时先将基础、柱子现浇好,然后把屋架安放于柱顶,由预埋件通过螺栓连接就形成了平面排架结构。它的计算简图如图 1-15(a)所示,其中屋架结点的简化方式为:若是木屋架或用型钢制作的屋架,可简化成铰结点;若是用钢筋混凝土制作的屋架,可先简化成铰结点,然后对其计算结果进行修正。屋架与柱子的连接,如前所述,可简化成铰结点;柱子与基础的连接可简化成固定支座。

图 1-14

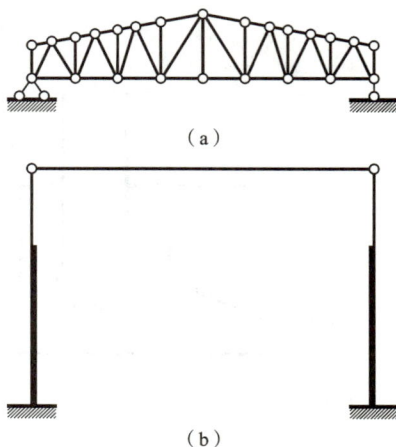

图 1-15

　　为了简化计算,可把柱子视作屋架的基础,把屋架拿出来单独计算,其计算简图如图 1-15(a)所示。至于支座形式可视具体连接方法而确定,若跨度比较大,为了释放热胀冷缩引起的应力,可以把其中一个支座做成在水平方向上是可动的。排架的计算简图则如图 1-15(b)所示,其中屋架用一根 $EA=\infty$ 的杆件来代替。即用图 1-15(a)来计算排架结构中屋架的内力和位移,用图 1-15(b)来计算排架结构中柱子的内力和位移。

　　另外,对于同一个结构,如果考虑的荷载与计算目的不一样,则选取的计算简图也可能不一样。图 1-16(a)表示的是一个空间刚架结构。如果要计算横向水平荷载作用下结构的内力,

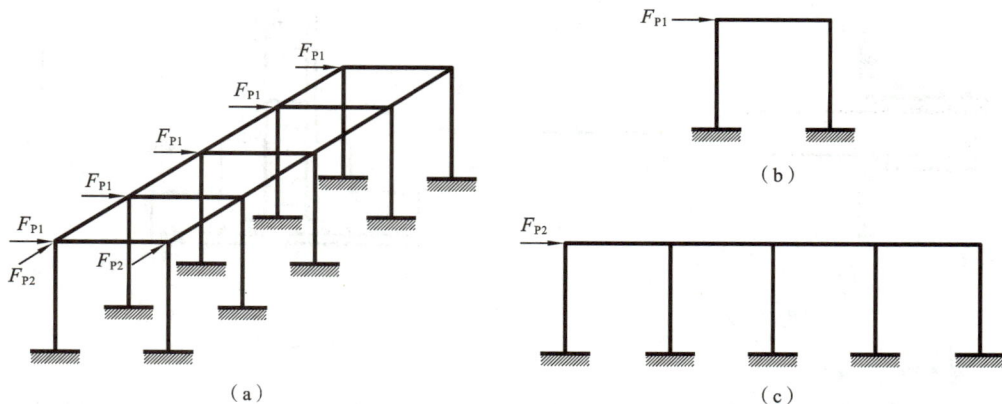

图 1-16

可选取图 1-16(b)作为计算简图;如果要计算纵向水平荷载作用下结构的内力,可选取图 1-16(c)作为计算简图。

由以上分析可以看到,结构计算简图的简化对初学者来说是一个比较复杂的问题,仅靠本节的介绍是无法很好掌握的,在后续章节讲解各种结构的计算分析时还会就其计算简图进行详细介绍。

1.3　荷载的类型

1. 按荷载的分布分

作用在结构上的荷载如果按照分布来分类,可以分为以下几种。

(1)面荷载,如风荷载、雪荷载、雨荷载、人群荷载、水压力等。

(2)体荷载,如结构自重、温度荷载等。

(3)集中荷载,如集中力、集中力矩等。

2. 按荷载作用在结构上的时间分

作用在结构上的荷载如果按照作用的时间来分类,可以分为以下几种。

(1)永久荷载,如结构自重和设备重力等,其特点是荷载不随时间发生变化。从严格意义上说,这些荷载在结构和设备整个服役期间也是有些变化的,但是其变化速度非常慢,可以忽略这种变化,故称之为恒荷载或静荷载。

(2)可变荷载,又称活荷载,如人群荷载、雪荷载、雨荷载等,其特点是荷载对结构来说时有时无,即会随时间的变化而发生变化,但其变化速度相对结构的自振周期是比较慢的,因此计算内力和位移时还是把它们看作静荷载,但在结构设计中进行内力组合时应把它们看作活荷载。

(3)移动荷载,如吊车荷载、汽车荷载、火车荷载等,其特点是荷载的作用位置会随时间的变化而发生变化,但荷载的大小、作用方向及荷载间的相隔距离不会发生变化。

3. 按荷载作用在结构上的效果分

作用在结构上的荷载如果按照作用的效果来分类,可以分为以下两种。

(1)静荷载,如结构自重和设备重力等,其特点是结构因其而产生的内力和变形不会随时间的变化而发生改变。

(2)动荷载,如风荷载、地震荷载、冲击荷载等,其特点是荷载的大小、作用方向、作用位置都会随着时间的变化而变化,其造成的结构的内力和变形也会随时间的变化而发生改变,而且通常由动荷载引起的结构内力和变形都要大于由静荷载引起的。

从以上分析可以看到,其实没有严格意义上的静荷载,各种荷载随着时间的变化多多少少都会发生变化。判断一个荷载是静荷载还是动荷载,主要看其变化周期与结构的自振周期之比,若比值小于或等于 5,应视为静荷载,否则可视为动荷载。因此,同一个荷载,对某个结构而言可能是动荷载,但对另一个结构而言可能就是静荷载。

1.4　结构的形式

杆系结构的主要形式有梁、刚架、桁架、排架、组合结构、拱等。

1)梁

梁主要有简支梁(见图 1-17(a))、悬臂梁(见图 1-17(b))、曲梁(见图 1-17

思政元素

(c))、多跨静定梁(见图 1-17(d))和超静定梁(见图 1-17(e))等。

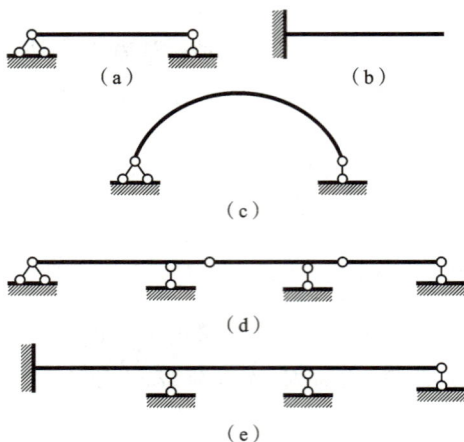

图 1-17

2) 刚架

由梁和柱子通过刚结点或铰结点连接而成的结构称为刚架,其形式主要有单层单跨刚架(见图 1-18(a))、单层多跨刚架(见图 1-18(b))、多层单跨刚架(见图 1-18(c))和多层多跨刚架(见图 1-18(d))。

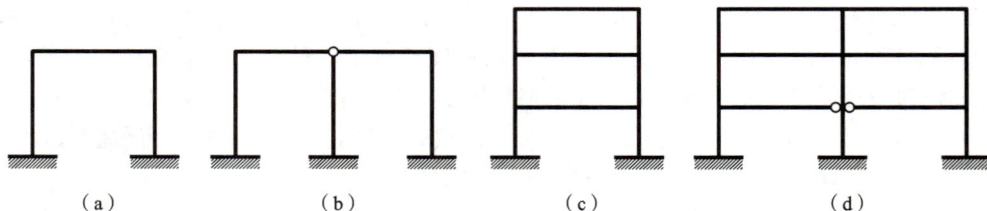

图 1-18

3) 桁架

桁架是由轴力杆通过铰结点连接而成的结构,通常有单跨桁架(见图 1-19(a))和多跨桁架(见图 1-19(b))。

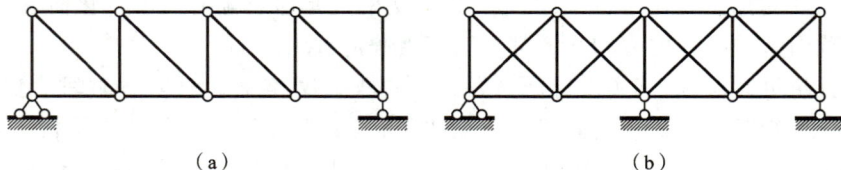

图 1-19

4) 组合结构

由受弯构件和轴力杆通过刚结点和铰结点连接而成的结构称为组合结构,如图 1-20 所示。

5) 拱

由上部构件与能约束水平位移的支座组成的结构称为拱结构,主要形式有三铰拱(见图 1-21(a))、两铰拱(见图 1-21(b))、无铰拱等(见图 1-21(c))。

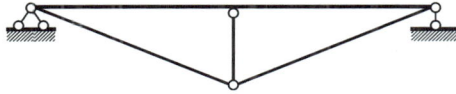

图 1-20

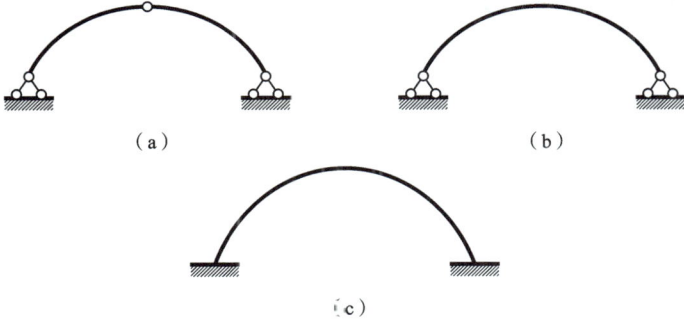

（a）　　　　　　　　　　（b）

（c）

图 1-21

思政元素

　　杆系结构可以分为平面结构（见图 1-22（a））和空间结构（见图 1-22（b））两大类。本书主要介绍平面结构的计算，至于空间结构计算，其基本原理与平面结构是相同的。

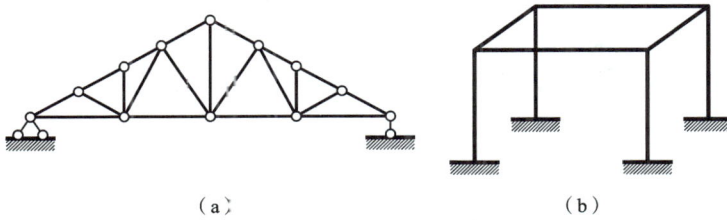

（a）　　　　　　　　　　（b）

图 1-22

思　考　题

1-1　简述结构的概念与分类。

1-2　观察身边建筑物的结构形式。

1-3　结构的计算简图是如何进行简化的？

第 2 章
结构的几何构造分析

本章主要介绍几何构造分析的有关概念以及几何不变体系的组成规律,在此基础上介绍体系几何构造的分析方法。

2.1　几何构造分析的几个概念

结构是由若干根杆件通过结点的连接以及与支座的连接而组成的。结构是用来承受荷载的,因此必须保证其几何构造是不可变的。例如图 2-1(a)所示的体系,凭经验就可知道它根本无法承受水平荷载,因为它是一个铰接的平行四边形。作用在结点上的集中竖直方向荷载和水平方向荷载似乎可以维持结构的平衡,但只要荷载与杆件的轴线稍有点偏差体系就会垮掉。显然这样的体系是不能作为结构使用的,因为它是一个几何可变体系。而如果在图 2-1(a)的基础上添加一根斜杆,如图 2-1(b)所示,体系即变成几何不变体系了。

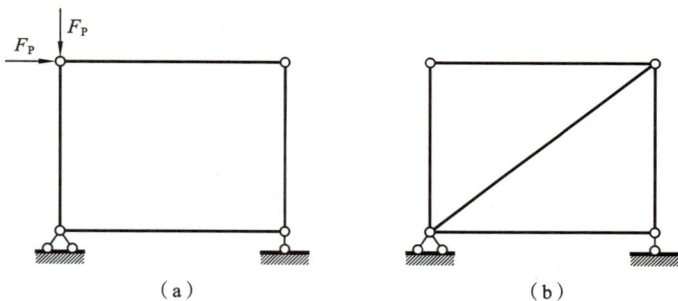

(a)　　　　　　　　　　　　　　　(b)

图 2-1

显然,只有几何不变体系才能作为结构,而几何可变体系是不可以作为结构的。因此在选择或组成一个结构时必须根据几何不变体系的组成规律进行分析,确保体系是几何不变的。

在介绍几何不变体系组成规律之前,先介绍以下几个概念。

1. 几何不变体系和几何可变体系

一个体系在受到一个任意荷载的作用时,若不考虑材料的应变而能保持几何形状和位置不变,则称为几何不变体系,反之称为几何可变体系。

2. 自由度

判断一个体系是否可变,涉及体系运动的自由度问题。所谓物体的自由度就是确定其位置所需独立参数的个数。

1）点的自由度

所谓点在平面内的自由度,即确定点在平面内位置所需独立参数的个数。显然对于一个点,只需 2 个参数就能确定其在平面内的位置(见图 2-2),因此点的自由度为 2。

2）刚片的自由度

所谓的刚片就是几何尺寸和形状都不变的平面刚体。由于在讨论体系的几何构造时是不考虑材料变形的,因此可以把一根梁、一根柱、一根链杆甚至体系中已被确定为几何不变的部分都看作一个刚片。

要确定刚片在平面内的位置,首先在刚片上任意取一个点 A,并通过该点作直线 AB,确定 A 点的位置,如上所述需要 $x、y$ 共 2 个参数,再确定 AB 线只需 α 这个参数(见图 2-3)。有了这 3 个参数,刚片在平面内的位置就完全被确定了,因此刚片在平面内的自由度为 3。

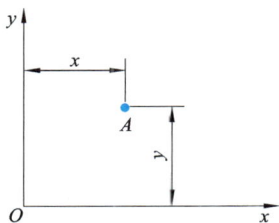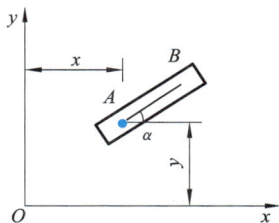

图 2-2　　　　　　　　　　　　　　图 2-3

3. 约束

结构是由各种构件通过某些装置组合而成的,它是几何不变的,因此其自由度应该等于或小于零。那种能减少构件即刚片自由度的装置就称为约束。约束装置的类型一般有以下几种。

1）链杆

1 根链杆可减少 1 个自由度,称为 1 个约束。例如,图 2-4(a)中的刚片原先有 3 个自由度,在用 1 根竖直链杆与基础连接后,刚片的竖直方向运动被阻止了,但还可以产生水平方向运动和绕链杆 A 点的转动,即还有 2 个自由度。又如,图 2-4(b)中的刚片由 2 根链杆与基础连接,刚片在水平和竖直方向的运动均被阻止了,但刚片还能绕 A 点转动,即还有 1 个自由度。再如,图 2-4(c)中 2 个刚片原先有 6 个自由度,通过 1 根链杆连接后还有 5 个自由度,这是因为首先确定刚片 1 需要 3 个参数,然后假定刚片 1 不动,链杆只能绕 A 点转动(需要 1 个参数),再假定刚片 1 和链杆不动,刚片 2 还能绕 B 点转动(还需 1 个参数),由此分析可知,确定该体系的平面位置共需 5 个参数。以上的分析说明 1 根链杆能减少 1 个自由度。

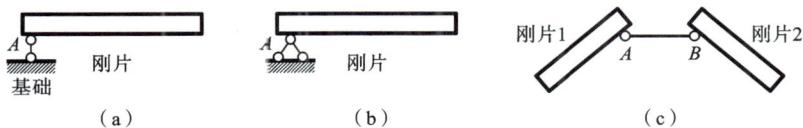

图 2-4

2）单铰

连接 2 个刚片的铰称为单铰。1 个单铰可以减少 2 个自由度,相当于 2 个约束。例如,图 2-5 中 2 个刚片原本有 6 个自由度,用 1 个单铰连接后刚片 1 还有 3 个自由度,假设刚片 1 不动,刚片 2 只能绕单铰转动,因此这个体系还有 4 个自由度,被单铰减少了 2 个自由度。

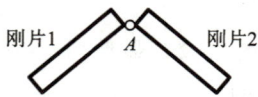

图 2-5

又如,图 2-4(b)中的刚片被 2 根链杆连接后,还剩 1 个自由度,这说明 2 根链杆相当于 1 个单铰。

3）复铰

连接 2 个以上刚片的铰称为复铰。连接 n 个刚片的复铰,相当于 $n-1$ 个单铰,能提供 $2\times(n-1)$ 个约束。例如,图 2-6 中,3 个刚片原本有 9 个自由度,用 1 个复铰连接后,确定刚片 1 的位置需要 3 个参数,假设刚片 1 不动,刚片 2 只能绕复铰转动,再假设刚片 1、2 不动,刚片 3 还能绕复铰做相对转动,因此现在整个体系还有 5 个自由度,被复铰减少了 4 个自由度。在该体系中,由于刚片数是 3,复铰减少的自由度为 $2\times(n-1)=2\times(3-1)=4$。

4）刚结点

1 个刚结点能减少 3 个自由度,相当于 3 个约束。例如,图 2-7(a)中,3 个刚片有 9 个自由度,用刚结点把它们连接在一起后变成了 1 个刚片(见图 2-7(b)),这个体系还剩下 3 个自由度,共减少了 6 个自由度,相当于有 2 个刚结点。

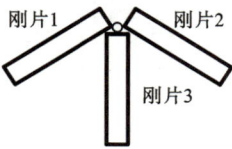

图 2-6

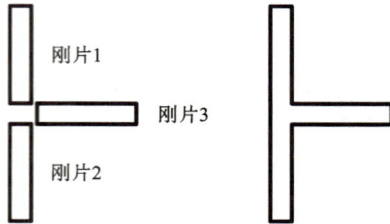

（a） （b）

图 2-7

MOOC 视频

2.2 几何不变体系的组成规律

1. 1 个点与 1 个刚片之间的连接方式

图 2-8 中 A 点和刚片通过链杆 1、2 用铰连接,组成了不可变体系。这是因为若假设刚片不动,即链杆 1 在 A 点处的可能运动方向是垂直于链杆 1 的,链杆 2 在 A 点处的可能运动方向是垂直于链杆 2 的,两者在同一点的运动方向不一致,这就使得运动不可能发生了,这样组成的体系是没有多余约束的几何不变体系。

规律 1:1 个刚片与 1 个点用 2 根链杆通过 3 个铰相连,且 3 个铰不在一条直线上,则组成的是无多余约束的几何不变体系。

把 2 根不在一条直线上的链杆用 1 个铰连接而组成的体系称为二元体,如图 2-9 所示。那么规律 1 还可以这样叙述:在一个体系上加上或去掉一个二元体,是不会改变体系原来的性质的。

利用规律 1,可以组成所需的几何不变体系。如图 2-10 所示,在刚片 1 上依次搭上二元体 1 至二元体 4,就组成了一个内部没有多余约束的几何不变体系,但整个体系在平面内还有 3 个自由度。

2. 2 个刚片之间的连接方式

由于 1 根链杆也可以看成 1 个刚片,因此将图 2-8 中的 1 根链杆用刚片来替代,则 2 个刚片可用 1 根链杆和 1 个铰相连(见图 2-11),组成的同样是无多余约束的几何不变体系。

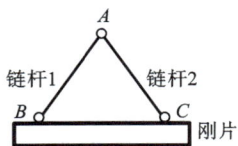

图 2-8

图 2-9

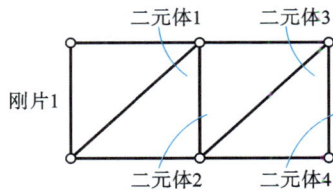

图 2-10

规律 2：2 个刚片用 3 个铰和 1 根链杆相连接，且 3 个铰不在一条直线上，组成的是无多余约束的几何不变体系。

3. 3 个刚片之间的连接方式

将图 2-11 中的链杆也用 1 个刚片来替代，则形成了 3 个刚片用 3 个铰两两相连的情况，显然，如上所述，如果 3 个铰不在一条直线上，组成的将是无多余约束的几何不变体系（见图 2-12）。

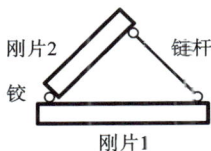

图 2-11

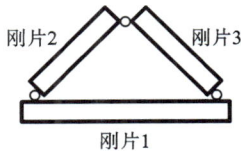

图 2-12

规律 3：3 个刚片用 3 个铰两两相连，且 3 个铰不在一条直线上，组成的是无多余约束的几何不变体系。

以上三条规律其实可以归纳为一个基本规律：三角形不变规律。

前面说过，1 根链杆相当于 1 个约束，1 个单铰相当于 2 个约束，因此 1 个单铰可以用 2 根链杆来代替。把图 2-11 中的铰用 2 根交于一点的链杆来代替，如图 2-13（a）所示。假设刚片 1 不动，再搭上一个二元体，就组成了一个几何不变的大刚片，此大刚片与刚片 2 由铰 1 和链杆相连，且铰 1、2、3 不在一条直线上，因此组成的是几何不变体系。把图 2-11 中的铰用 2 根不交于一点（但其延长线交于一点）的链杆来代替，如图 2-13（b）所示。假设刚片 1 不动，而刚片 2 在铰 1、2、3 处的可能运动方向不同（分别沿垂直于 3 根链杆的方向运动），因此刚片 2 相对刚片 1 的运动不可能发生，组成的同样是一个几何不变体系。

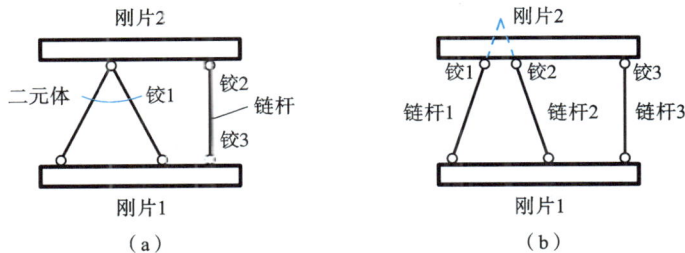

（a）   （b）

图 2-13

根据上述组成形式，可以得到规律 4。

规律 4：2 个刚片用 3 根不交于一点的链杆相连，组成的是无多余约束的几何不变体系。

以上四个几何不变体系组成规律中所提及的多余约束数，就是体系现有的约束数减去保证体系几何不变所需最少约束数后的约束数。而四个规律中体系所需的约束数就是保证体系几何不变所需的最少约束数。

2.3　几何构造分析方法

利用以上四个规律,可以组成各种各样的几何不变体系,也可以利用这些规律对已有的体系进行几何构造分析。

1. 组装几何不变体系

1) 从基础出发进行组装

其方法是把基础作为一个刚片,然后运用各条规律把基础和其他构件组装成一个几何不变体系。

【例 2-1】　根据上述方法,组成悬挑桁架结构。

解　把基础当作刚片 1,然后依次搭上 5 个二元体,即组成图 2-14 所示的悬挑桁架结构,它是一个没有多余约束的几何不变体系。

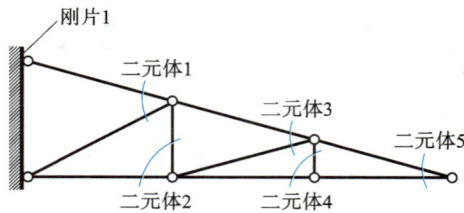

图 2-14

【例 2-2】　根据上述方法,组成多跨静定梁。

解　把基础看成刚片 1,刚片 1 与刚片 2 由 3 根不交于一点的链杆 1、2、3 连接(见图 2-15),组成没有多余约束的几何不变体系,然后在这个几何不变体系上依次加上 2 个二元体,构成的整个体系是几何不变的,且没有多余约束。

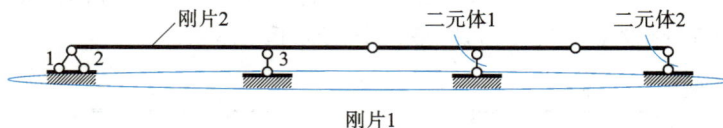

图 2-15

【例 2-3】　根据上述方法,组成静定刚架。

解　将基础看成刚片 1,它与刚片 2、刚片 3 由 3 个不在一条直线上的铰 1、2、3 连接,组成几何不变体系,然后在这个几何不变体系上搭上 1 个二元体(见图 2-16),整个体系是几何不变的,且没有多余约束。

2) 从上部体系出发进行组装

其方法是先运用各条规律把上部结构组装成一个几何不变体系,然后运用规律把它与基础相连。

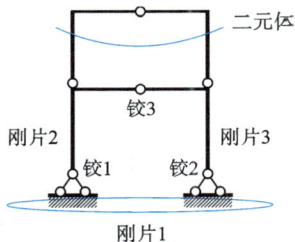

图 2-16

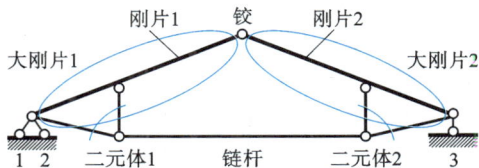

图 2-17

【例 2-4】　利用几何不变体系的组成规律,组成图 2-17 所示的组合结构。

解　图 2-17 中,上部体系是先由刚片 1 与二元体 1 组成大刚片 1,刚片 2 与二元体 2 组成大刚片 2,这 2 个大刚片通过 1 个铰和 1 根链杆组成无多余约束的几何不变体系。上部的几何不变体系与基础之间用 3 根不在一条直线上的链杆连接,因此组成没有多余约束的几何不变体系。

【例 2-5】　利用几何不变体系的组成规律,组成图 2-18 所示的结构。

解　先组成图中画有阴影的 2 个三角形,并分别设为刚片 1 和刚片 2(已知三角形是几何不变体系),两刚片由图示 3 根不交于一点的链杆连接,组成一个几何不变体系。上部的几何不变体系与基础之间由 3 根不在一条直线上的链杆 4、5、6 连接,因此组成没有多余约束的几何不变体系。

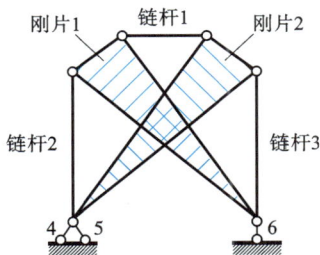

图 2-18

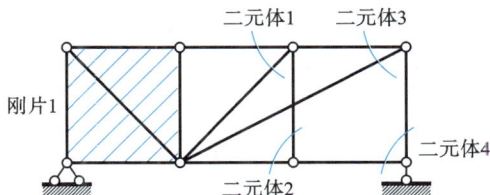

图 2-19

2. 分析已组成的体系

【例 2-6】　分析图 2-19 所示体系的几何组成。

解　由于上部体系与基础由 3 根不交于一点的链杆连接,因此只需分析上部体系即可。把图中由 2 个三角形组成的画有阴影的部分设为刚片 1,在刚片 1 上依次搭上了 4 个二元体,因此上部体系是几何不变的。因而整个体系是几何不变的,且没有多余约束。

【例 2-7】　分析图 2-20 所示体系的几何组成。

解　首先把体系顶部的二元体去掉。左边画有阴影的三角形上搭上了二元体 1、二元体 2,设为刚片 1;右边画有阴影的三角形上搭上了二元体 3,设为刚片 2。两刚片由 1 根链杆和 1 个铰连接,且铰和链杆不在一条直线上,因此组成的是没有多余约束的几何不变体系。但该体系在平面内还有 3 个自由度。

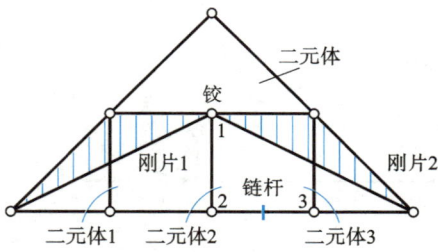
图 2-20

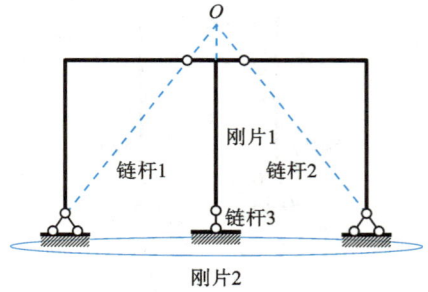
图 2-21

【例 2-8】 分析图 2-21 所示体系的几何组成。

解 把上部体系的中间 T 形杆与基础分别设为刚片 1 和刚片 2,把上部体系的 2 根折杆等效为 2 根直杆(图中虚线所示)。刚片 1 与刚片 2 之间由 3 根链杆相连,但这 3 根链杆的延长线交于 O 点,组成的这种体系称为瞬变体系。

2.4 瞬变体系

图 2-22

图 2-22 中 2 个刚片用 3 根互相平行但不等长的链杆连接,假设刚片 1 不动,3 根链杆的底部也就不动,但它们顶部的运动趋势是一致的(都是沿垂直于杆件的方向运动),因此刚片 2 相对刚片 1 的运动是可能的。但在 2 个刚片发生了微小的相对运动后,3 根链杆就不再平行,也不交于一点,故体系就变成几何不变的了。这种在短暂的瞬间是几何可变的,发生一个微小的变形后就是几何不变体系的体系称为瞬变体系。

MOOC 视频

因
$$\alpha_1 = \frac{\Delta}{L_1}, \quad \alpha_2 = \frac{\Delta}{L_2}, \quad \alpha_3 = \frac{\Delta}{L_3}$$

故
$$\alpha_1 \neq \alpha_2 \neq \alpha_3$$

1. 瞬变体系的几种情况

1) 2 个刚片用交于一点的链杆相连

2 个刚片若用 3 根等长又互相平行的链杆相连,如图 2-23(a)所示,显然这种体系是可变的。2 个刚片用 3 根链杆连接,若 3 根链杆交于一点,如图 2-23(b)所示,体系也是可变的,图中 A 点处的铰相当于 1 个实铰。2 个刚片用 3 根链杆连接,若其延长线交于一点,如图 2-24 所示,刚片 2 相对刚片 1 可绕 O 点转动,但是在短暂的运动发生以后,3 根链杆的延长线将不

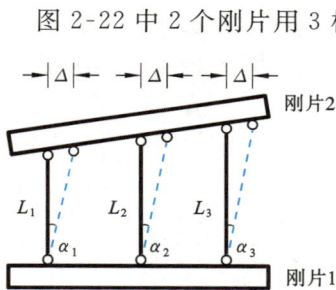
(a)

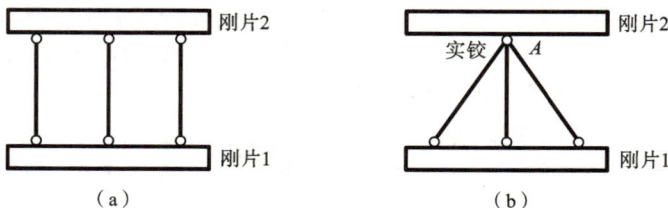
(b)

图 2-23

再交于一点,体系就变成了几何不变体系,可见这种体系是瞬变体系。图中的 O 点称为虚铰或瞬铰。

2)3 个刚片用 3 个在一条直线上的铰两两相连

如图 2-25 所示,在 A 点处刚片 1 与刚片 2 的运动方向是一致的(沿刚片 1 和刚片 2 的垂直方向),但是在瞬间的运动发生以后,3 个铰将不再处在一条直线上,体系变成几何不变体系,因此该体系同样是瞬变体系。

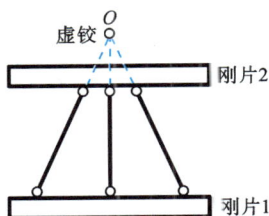

图 2-24

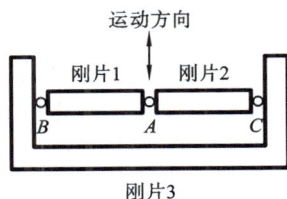

图 2-25

3)3 个刚片用 3 对链杆连接

(1)3 对链杆中有 1 对平行链杆　　3 个刚片分别由 3 对链杆两两连接,其中有 1 对链杆是互相平行的,如图 2-26 所示。若不平行的两对链杆交点(或延长线交点)的连线 O_1O_2 与平行链杆相平行,组成的体系是瞬变体系。这是因为在几何上可以认为平行杆相交于无穷远处,形成了无穷远铰。因此图示情况中,无穷远铰与 O_1O_2 是在一条线上的。若两铰的连线与平行链杆不平行,则组成的体系是几何不变的。

(2)3 对链杆中有 2 对平行链杆　　若 3 对链杆中有 2 对不等长平行链杆,且 4 根链杆互相平行,如图 2-27 所示,则组成的体系是瞬变的。这是因为平行的 4 根链杆在 A、B、C、D 4 点处的运动是一致的,因此刚片 3 在瞬间可相对其他刚片发生相对运动。若 2 对平行链杆等长,则组成的体系是可变的,如图 2-28 所示。若 2 对平行链杆互相不平行,如图 2-29 所示,则组成的体系是几何不变的,这是因为刚片 3 在 A、E、C、D 4 点处的运动方向不一致,因此相对运动不可能发生。

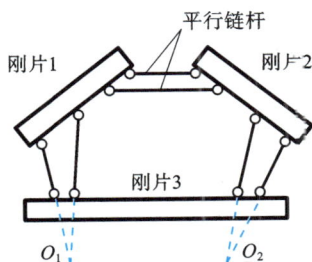

图 2-26

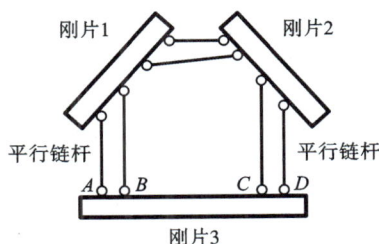

图 2-27

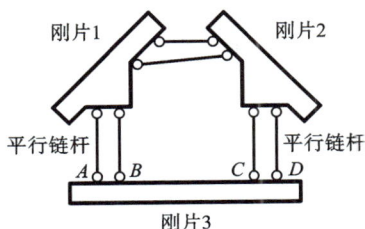

图 2-28

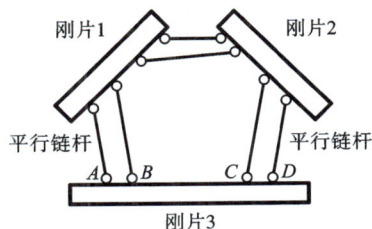

图 2-29

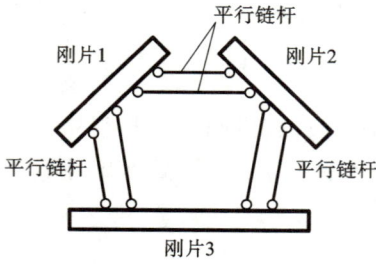

图 2-30

（3）3 对链杆均为平行链杆　若 3 对链杆均为平行链杆,但互相不平行,则组成的体系是瞬变的,如图 2-30 所示。这是因为平行链杆组成的是无穷远铰,3 个无穷远铰在几何上可以认为是在一条直线上。

2. 瞬变体系不可作为结构使用

虽然瞬变体系在瞬间发生微小运动后就变为几何不变体系了,但也不能作为结构使用。原因是:由于在瞬间它是可变的,因此不能运用静力平衡条件进行反力或内力的求解。如图 2-31(a)所示的瞬变体系,在荷载 F_P 作用下,取梁为隔离体,如图 2-31(b)所示,由水平方向力的平衡并对 A 点和 C 点取矩,可得

$$\sum F_x = 0 \quad F_{RA} = F_{RC}$$

$$\sum M_A = 0 \quad F_{RB}L + F_{RC}h = F_P a$$

$$\sum M_C = 0 \quad F_{RB}L + F_{RA}h = F_P b$$

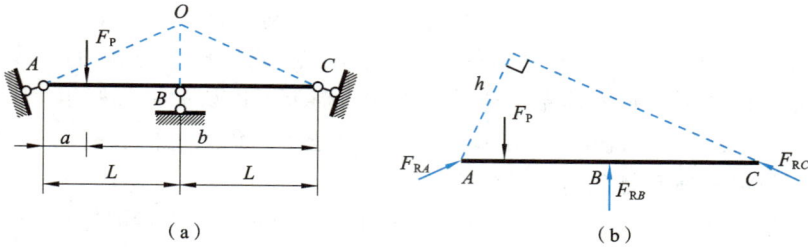

（a）　　　　　　　　　　　（b）

图 2-31

由后面两个式子可得 $F_{RA} \neq F_{RC}$,与第一个式子矛盾,因此无解。这是因为瞬变体系在图示状态是可变的,运用平衡原理求解就会得到矛盾的答案。因此瞬变体系不能作为工程结构使用。同时,接近瞬变体系的几何不变体系也不能作为结构使用。例如图 2-32(a)所示的体系,当 α 很小时该体系近似为瞬变体系,在荷载 F_P 作用下,取 C 结点为隔离体,如图 2-32(b)所示,由水平和竖直方向力的平衡可得

$$\sum F_x = 0 \quad F_{NCA} = F_{NCB}$$

$$\sum F_y = 0 \quad F_{NCA}\sin\alpha + F_{NCB}\sin\alpha = F_P$$

可解得

$$F_{NCA} = \frac{F_P}{2\sin\alpha}$$

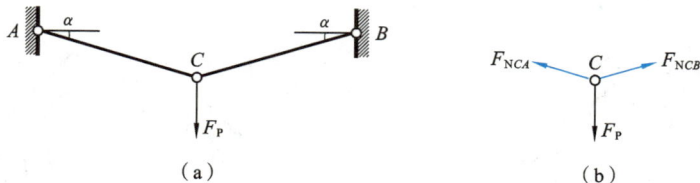

（a）　　　　　　　　　　　（b）

图 2-32

若 α 很小,则 F_{NCA} 就很大。因此接近瞬变体系的几何不变体系是不能作为工程结构使用的。

2.5 几何构造分析举例

【例 2-9】 对图 2-33(a)所示体系进行几何构造分析。

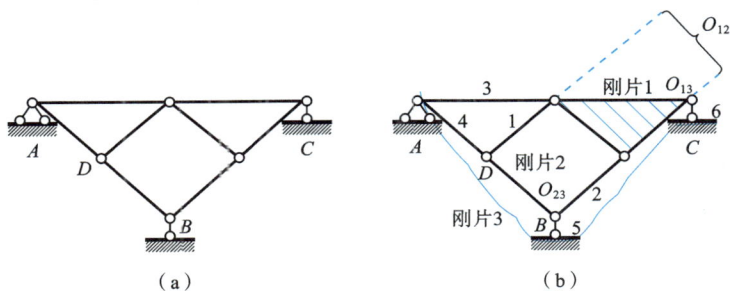

图 2-33

解 如图 2-33(b)所示,把图中画有阴影的三角形设为刚片 1,杆 BD 设为刚片 2,基础设为刚片 3。刚片 1 与刚片 2 由链杆 1、链杆 2 连接,2 根链杆交于无穷远的 O_{12} 点处;刚片 1 与刚片 3 由链杆 3、链杆 6 连接,2 根链杆交于 O_{13} 点处;刚片 2 与刚片 3 由链杆 4、链杆 5 连接,2 根链杆交于 O_{23} 点处。由于 O_{13}、O_{23} 的连线与杆 1 平行且与杆 2 重合,因此该体系是无多余约束的瞬变体系。

【例 2-10】 对图 2-34(a)所示体系进行几何构造分析。

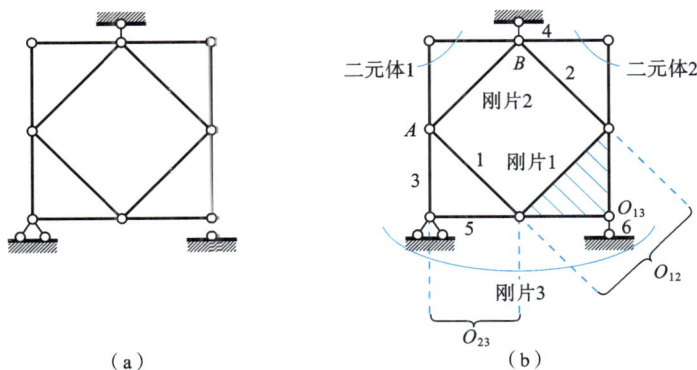

图 2-34

解 如图 2-34(b)所示,先去掉二元体 1、2,选取画有阴影的三角形作为刚片 1,杆 AB 为刚片 2,基础为刚片 3。刚片 1 与刚片 2 由 2 根平行的链杆 1、链杆 2 连接,且 2 根链杆交于无穷远的 O_{12} 点处;刚片 2 与刚片 3 由 2 根平行的链杆 3、链杆 4 连接,且 2 根链杆交于无穷远的 O_{23} 点处;刚片 1 与刚片 3 由链杆 5、链杆 6 连接,且 2 根链杆交于 O_{13} 点处。由于链杆 1、链杆 2 与链杆 3、链杆 4 不平行,因此该体系是无多余约束的几何不变体系。

【例 2-11】 对图 2-35(a)所示体系进行几何构造分析。

解 如图 2-35(b)所示,在刚片 1 上依次搭上了二元体 1 和二元体 2,其中折杆 ABC 可以

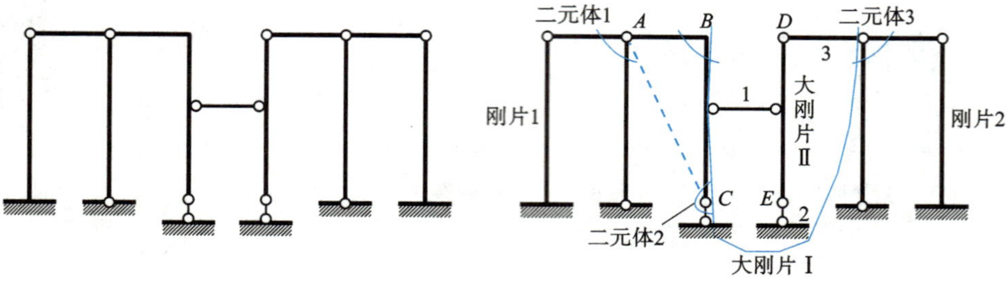

图 2-35

等效成虚线所示的直杆,在刚片 2 上搭上了二元体 3。把已经确定为不变的部分包括基础设为大刚片 I,把杆 DE 设为大刚片 II,两刚片之间由链杆 1、链杆 2、链杆 3 连接,由于链杆 1、链杆 2、链杆 3 不交于一点,因此该体系是无多余约束的几何不变体系。

【例 2-12】 对图 2-36(a)所示的体系进行几何构造分析。

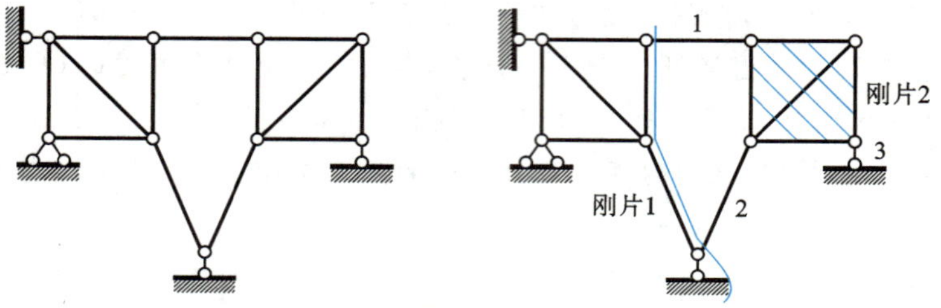

图 2-36

解　刚片设置如图 2-36(b)所示,刚片 1 与刚片 2(阴影部分)由链杆 1、链杆 2、链杆 3 连接,由于链杆 1、链杆 2、链杆 3 不交于一点,因此该体系是无多余约束的几何不变体系。

【例 2-13】 对图 2-37 所示的体系进行几何构造分析。

解　刚片设置如图 2-37 所示,刚片 1 与刚片 2 由铰 O_{12} 连接;基础为刚片 3,刚片 1 与刚片 3 由链杆 1、链杆 3 连接,交于 O_{13} 点处;刚片 2 与刚片 3 由链杆 2、链杆 4 连接,交于 O_{23} 点处。由于 3 个铰不在一条直线上,因此该体系是无多余约束的几何不变体系。

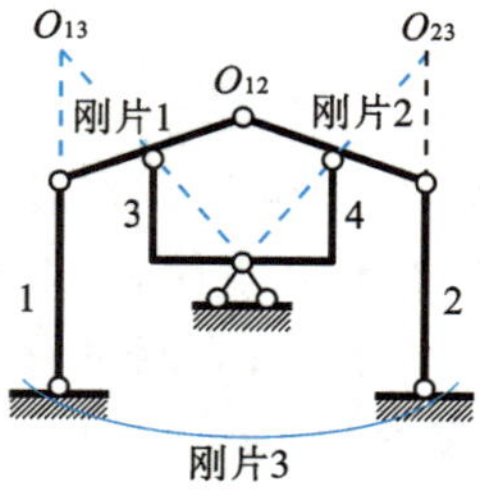

图 2-37

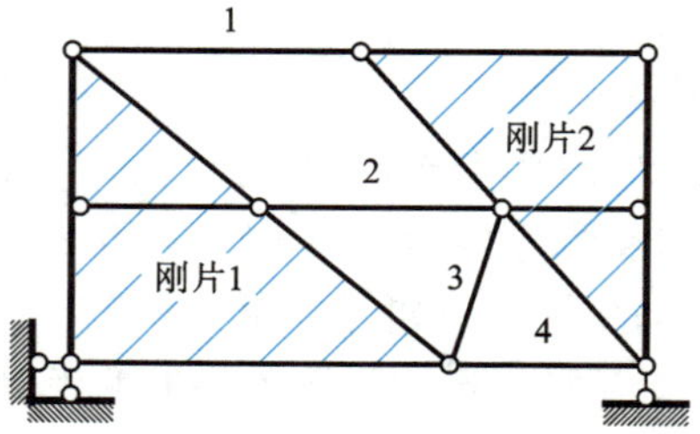

图 2-38

【例 2-14】 对图 2-38 所示体系进行几何构造分析。

　　解　由于上部体系与基础是由 3 根不交于一点的链杆连接的，因此只需分析上部体系即可。刚片设置如图 2-38 所示，刚片 1 与刚片 2 由 4 根不交于一点的链杆相连，因此该体系为有一个多余约束的几何不变体系。

【**例 2-15**】　对图 2-39 所示体系进行几何构造分析。

　　解　先去掉二元体 1、二元体 2，再去掉二元体 3、二元体 4，剩下的刚片设置如图所示，刚片 1 与刚片 2 由链杆 1、链杆 2 连接，且链杆 1、链杆 2 交于 O_{12} 点处；刚片 1 与刚片 3 由链杆 3、链杆 4 连接，且链杆 3、链杆 4 交于 O_{34} 点处；刚片 2 与刚片 3 由链杆 5、链杆 6 连接，且链杆 5、链杆 6 交于 O_{56} 点处。O_{12}、O_{34}、O_{56} 三点不在一条直线上，因此该体系是没有多余约束的几何不变体系。

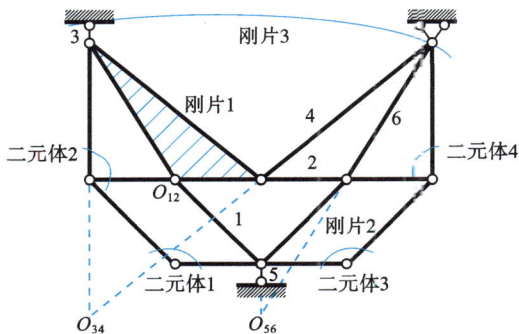

图 2-39

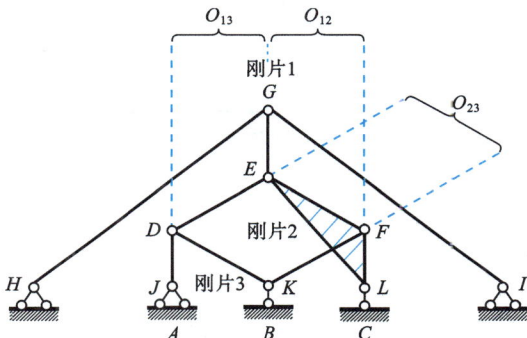

图 2-40

【**例 2-16**】　分析图 2-40 所示体系的几何构造。

　　解　设 H、G、I 三处与基础为刚片 1，三角形 EFL 和杆 KD 分别为刚片 2 和刚片 3。刚片 1 与刚片 2 由链杆 EG 和链杆 LC 相连，且两杆交于无穷远的 O_{12} 点处；刚片 1 与刚片 3 由链杆 JD 和链杆 BK 相连，且两杆交于无穷远的 O_{13} 点处；刚片 2 与刚片 3 由链杆 DE 和链杆 KF 相连，且两杆交于无穷远的 C_{23} 点处。由于 3 个虚铰均为无穷远铰，故该体系为瞬变体系。

【**例 2-17**】　分析图 2-41 所示体系的几何构造。

　　解　首先分析图 2-42（a）所示体系。设杆 AC、杆 BD 分别为刚片 1 和刚片 2，基础为刚片 3。刚片 1 与刚片 2 由链杆 1 和链杆 2 相连，且两杆交于无穷远的 O_{12} 点处；刚片 1 与刚片 3 由链杆 3 和链杆 4 相连，且两杆交于 O_{13} 点处；刚片 2 与刚片 3 由链杆 5 和链杆 6 相连，且两杆交于 O_{23} 点处。O_{12}、O_{13}、O_{23} 三点不在一条直线上，故图 2-42（a）所示体系是几何不变体系。然后把此体系设为刚片 4，把杆 EG 设为刚片 5，把杆 FH 设为刚片 6，如图 2-42（b）所示。刚片 5 与刚片 4 由链杆 7、8 相连，且两杆交于 G 点；刚片 6 与刚片 4 由链杆 9、10 相连，且两杆交于 F 点；刚片 5 与刚片 6 由链杆 11、12 相连，且两杆交于无穷远处。由于点 G、F 的连线与杆 11、杆 12 不平行，故该体系为无多余约束的几何不变体系。

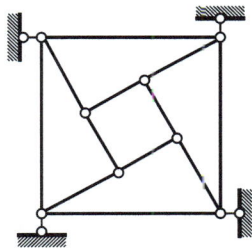

图 2-41

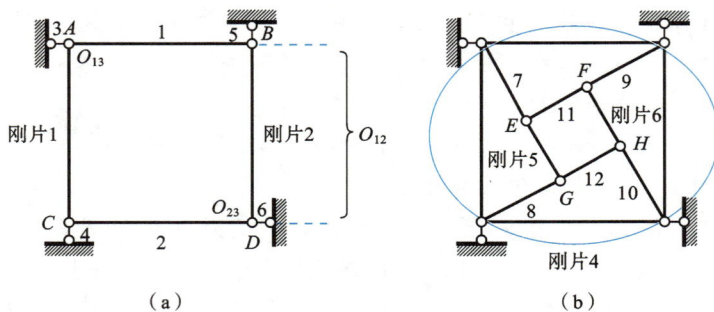

图 2-42

【例 2-18】 分析图 2-43 所示体系的几何构造。

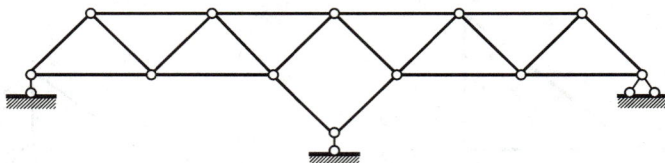

图 2-43

解   首先把右半部的几何不变体系(见图 2-44(a))用一个等效三角形来代替(见图 2-44(b)),然后把图 2-44(b)中阴影部分设为刚片 1,把杆 AB 设为刚片 2,把基础设为刚片 3。刚片 1 与刚片 2 由链杆 1、链杆 2 连接,且两杆交于无穷远的 O_{12} 点处;刚片 1 与刚片 3 由链杆 3、链杆 6 连接,且两杆交于 O_{13} 点处;刚片 2 与刚片 3 由链杆 4、链杆 5 连接,且两杆交于 O_{23} 点处。由于 O_{13}、O_{23} 的连线与链杆 1、链杆 2 不平行,所以该体系是无多余约束的几何不变体系。

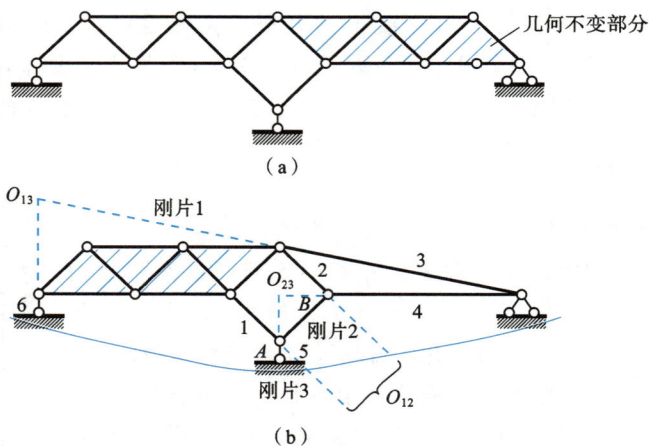

图 2-44

根据前面的讲解及例题可以总结出以下几点:

(1)上部体系与下部基础若只用 3 根不交于一点的链杆连接,那么只需分析上部体系即可,上部体系是可变的整个体系就是可变的,上部体系是不变的整个体系就是不变的。若上部体系与下部基础用 3 根以上的链杆连接,那么在分析时一定要把基础选作刚片。

（2）对一个体系进行几何构造分析时,刚片的选法可以不同,但结论是唯一的。分析时若有刚片没有用上,就不能轻易下结论,应重新选取刚片再进行分析。

（3）由于三角形结构是不变体系,搭上若干个二元体还是不变体系,因此分析时可以直接将其设为刚片。

（4）分析时折杆可以等效成直杆,由轴力杆组成的几何不变部分可以等效成一个相应的三角形。

2.6　平面杆件体系的计算自由度

由前面的讨论可以知道,一个体系必须要有足够数量的约束才能成为几何不变体系。本节讨论如何通过体系自由度的计算来保证体系的几何不变性。

一个几何不变体系通常是由若干个刚片通过铰、链杆相互连接而成的,它在平面内的自由度应该为零。因此,可以通过计算体系的自由度来判断体系的约束是否满足要求。假设体系的刚片数为 m,单铰数为 n,链杆数为 r。当各刚片都自由时,它们所具有的自由度为 $3m$。1 个单铰能减少 2 个自由度,1 根链杆能减少 1 个自由度,一个体系减少自由度的总数为 $2n+r$,那么体系的自由度为

$$W=3m-(2n+r) \tag{2-1}$$

自由度 W 若大于零,表明体系的约束不够,组成的体系是几何可变的;自由度 W 若等于零,表明体系的约束刚好够,组成的体系可能是几何不变的。这是因为:即使约束数够,但是若布置不恰当,组成的仍可能是可变体系;自由度 W 若小于零,表明体系的约束多了,组成的可能是有多余约束的几何不变体系,若布置不恰当,同样也可能组成几何可变体系。为此把 W 称为体系的计算自由度。因此体系的计算自由度等于或小于零是组成几何不变体系的必要条件,至于体系是否具有不变性,还是要通过前面介绍的方法来分析。

对于由 j 个结点、b 根链杆、r 个支座约束组成的铰接桁架体系,其自由度可用下式计算:

$$W=2j-(b+r) \tag{2-2}$$

这是因为,1 个结点在平面内具有 2 个自由度,而 1 根链杆能减少 1 个自由度。

在计算体系自由度以前,需要把一些复杂的连接转换成简单的连接。

（1）把复连接换算成单连接。图 2-45(a)中,复铰连接了 4 个刚片,相当于 3 个单铰,$n=3$;图 2-45(b)中,复铰连接了 3 个刚片,相当于 2 个单铰,$n=2$。而图 2-45(c)中,铰连接的是 2 个刚片,即该铰是单铰,$n=1$。

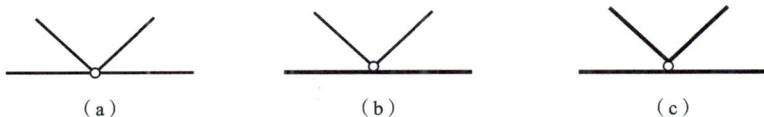

（a）　　　　　　　（b）　　　　　　　（c）

图 2-45

（2）固定铰支座相当于 2 个约束,固定端支座相当于 3 个约束。

（3）若干根杆件通过刚性连接可组成 1 个大刚片,大刚片中若有无铰封闭框,则相当于 3 个约束。

下面通过举例来说明体系自由度的计算。

【例 2-19】 求图 2-46 所示体系的自由度 W。

解 该体系刚片数为 $1,m=1$;有 4 根竖直方向的支座链杆,有 2 个固定端,有 1 个封闭框,所以 $r=4+6+3$。因此该体系的自由度计算如下:

$$W=3\times1-(4+6+3)=-10$$

该体系多了 10 个约束。

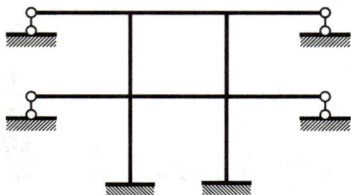

图 2-46

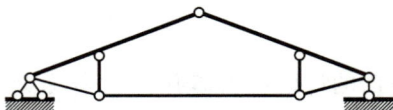

图 2-47

【例 2-20】 求图 2-47 所示体系的自由度 W。

解 该体系刚片数为 $7,m=7$;单铰数为 $9,n=9$;支座约束数为 $3,r=3$。自由度计算如下:

$$W=3m-(2n+r)=3\times7-(2\times9+3)=0$$

该体系的自由度为零。

【例 2-21】 求图 2-48 所示体系的自由度 W。

解 方法 1:该体系的刚片数为 $9,m=9$;单铰数为 $12,n=12$;支座链杆数为 $3,r=3$。自由度计算如下:

$$W=3\times9-(2\times12+3)=0$$

方法 2:本题中的结点数为 $6,j=6$;链杆数为 $9,b=9$;支座约束数为 $3,r=3$。自由度计算如下:

$$W=2\times6-9-3=0$$

该体系的自由度为零。

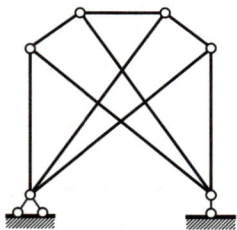

图 2-48

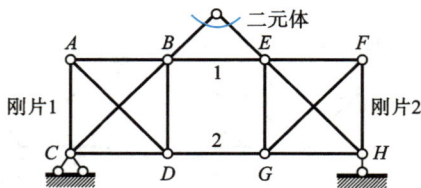

图 2-49

【例 2-22】 求图 2-49 所示体系的自由度 W,并分析其几何构造。

解 该体系的结点数为 $9,j=9$;链杆数为 $16,b=16$;支座约束数为 $3,r=3$。自由度计算如下:

$$W = 9 \times 2 - 16 - 3 = -1$$

该体系多了 1 个约束。

对其进行几何构造分析。由于上部体系与基础之间只有 3 根不交于一点的支座链杆约束,因此只需分析上部体系即可。去掉二元体后,把 $ABCD$、$EFGH$ 分别设为刚片 1 和刚片 2,两刚片间只有链杆 1、链杆 2 连接,因此体系是可变的。

自由度计算表明该体系多了 1 个约束,但经几何构造分析却发现其是可变体系,这是因为在 $ABCD$ 和 $EFGH$ 2 个刚片中分别多了 1 个约束,而两刚片连接中却少了 1 个约束,这是约束布置不当造成的。

由此可见,自由度 $W \leqslant 0$ 只是保证体系几何不变的必要条件,而不是充分条件。

【例 2-23】　计算图 2-43 所示体系的自由度。

解　方法 1:该体系的刚片数为 20,$m = 20$;单铰数为 28,$n = 28$;支座链杆数为 4,$r = 4$。自由度计算如下:

$$W = 3 \times 20 - (2 \times 28 + 4) = 0$$

方法 2:该体系的结点数为 12,$j = 12$;链杆数为 20,$b = 20$;支座约束数为 4,$r = 4$。自由度计算如下:

$$W = 12 \times 2 - 20 - 4 = 0$$

该体系具有保持几何不变所必需的最少约束数。

总结体系几何构造组成与静力特性的关系,如表 2-1 所示。

表 2-1　体系几何构造组成与静力特性的关系

体系的分类		几何构造组成特性		静力特性
几何不变体系	无多余约束的几何不变体系	约束数目正好,且布置合理		静定结构:仅由平衡条件就可求出所有反力和内力
	有多余约束的几何不变体系	约束有多余,但布置合理	可能有多余约束	超静定结构:仅由平衡条件不能求出所有反力和内力
几何可变体系	几何瞬变体系	约束数目够,但布置不合理		不存在静力解答
	几何常变体系	约束数目够,但布置不合理或约束数目不够		不存在静力解答

思　考　题

2-1　试明确自由度和约束的概念。

2-2　试总结几何体系的基本组成规律。

2-3　在几何构造分析中可以进行哪些等效变换?如何保证变换的等效性?

2-4　利用无穷远虚铰概念进行几何构造分析时,为什么可以采用关于无穷点和无穷线的结论?

2-5　请归纳出瞬变体系的特点。

2-6 计算自由度和自由度有何差别和联系？

2-7 体系的计算自由度与结构的组成有何关系？

2-8 试总结几何构造分析的大致原则。

习　　题

2-1 试分析图示体系的几何构造。

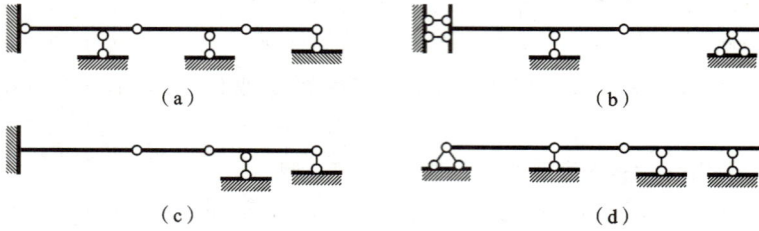

（a）　　　　　　　　　　　（b）

（c）　　　　　　　　　　　（d）

题 2-1 图

2-2 试分析图示体系的几何构造。

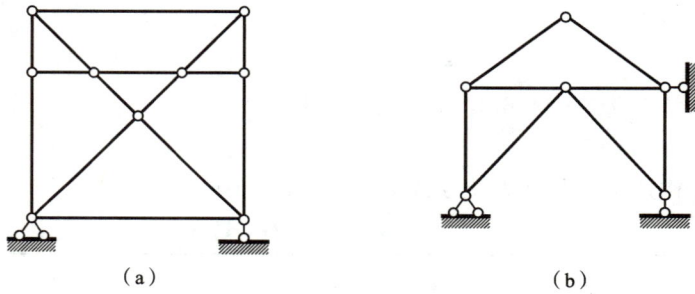

（a）　　　　　　　　　　　（b）

题 2-2 图

2-3 试分析图示体系的几何构造。

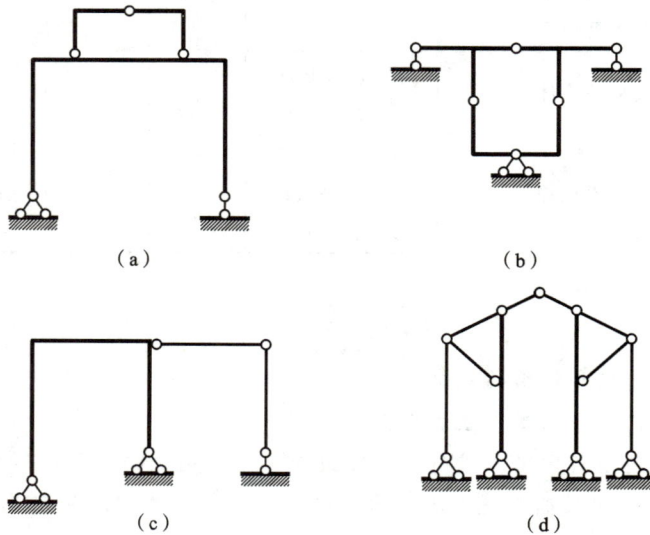

（a）　　　　　　　　　　　（b）

（c）　　　　　　　　　　　（d）

题 2-3 图

2-4　试分析图示体系的几何构造。

（a）　　　　　　　　　　　　　　　　（b）

题 2-4 图

2-5　试分析图示体系的几何构造。

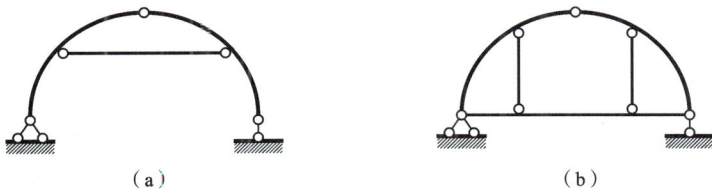

（a）　　　　　　　　　　　　　　　　（b）

题 2-5 图

2-6　试分析图示体系的几何构造。

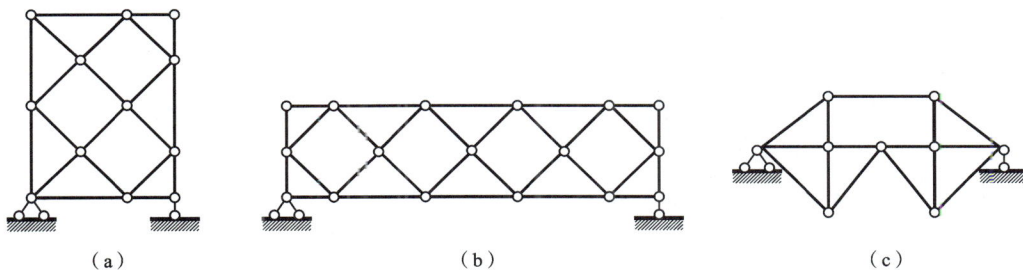

（a）　　　　　　　　（b）　　　　　　　　（c）

题 2-6 图

2-7　试分析图示体系的几何构造。

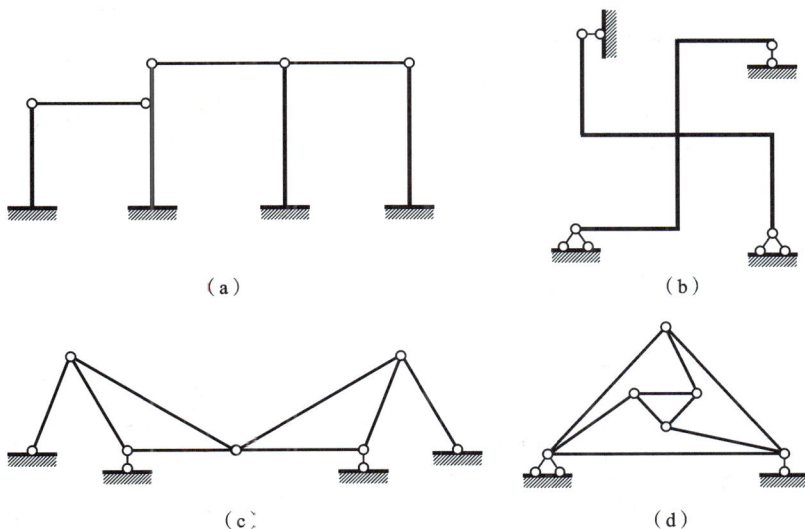

（a）　　　　　　　　　　　　　　　　（b）

（c）　　　　　　　　　　　　　　　　（d）

题 2-7 图

2-8 试分析图示体系的几何构造。

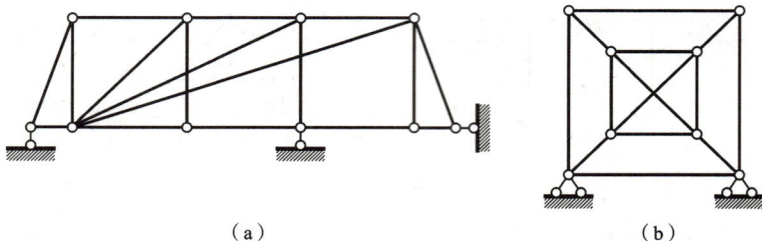

（a）　　　　　　　　　　　　　（b）

题 2-8 图

2-9 试分析图示体系的几何构造。

2-10 试计算习题 2-6、2-7、2-8、2-9 中各体系的自由度数目。

2-11 试分析图示体系的几何构造和自由度数目。

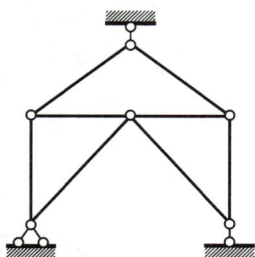
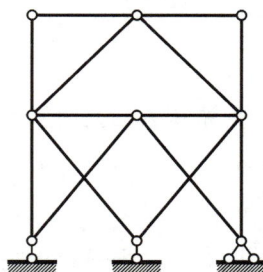

题 2-9 图　　　　　　　　　　题 2-11 图

2-12 试分析图示体系的几何构造和自由度数目。

2-13 试分析图示体系的几何构造和自由度数目。

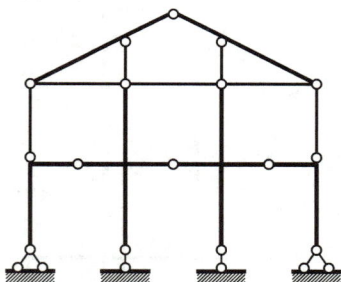
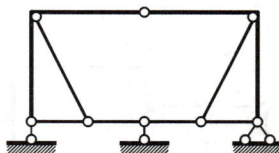

题 2-12 图　　　　　　　　　　题 2-13 图

2-14 试分析图示体系的几何构造和自由度数目。

2-15 试分析图示体系的几何构造和自由度数目。

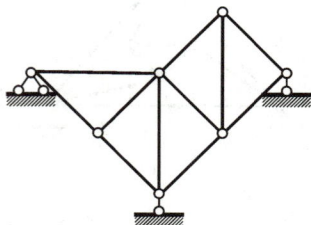
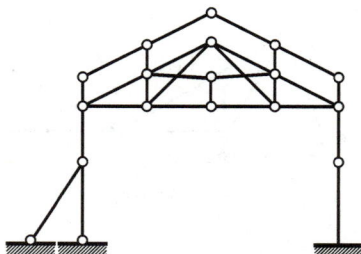

题 2-14 图　　　　　　　　　　题 2-15 图

2-16　试分析图示体系的几何构造和自由度数目。

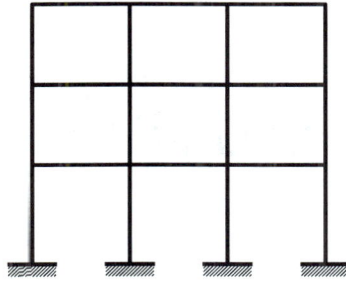

题 2-16 图

本章习题参考答案

第 3 章

静定结构的内力计算

本章首先回顾材料力学中梁的内力计算方法,然后在材料力学建立杆件内力方程做受力分析等相关知识的基础上,介绍各种平面杆系结构(梁、斜梁、多跨静定梁、静定刚架、桁架、组合结构和三铰拱)的内力计算方法及内力的变化规律。

3.1 梁内力计算

首先回顾一下材料力学中关于梁的内力的计算方法。

MOOC 视频

1. 计算方法

所谓的内力就是平面杆件截面上的弯矩、剪力和轴力。对静定结构来说,利用力的平衡原理,对每个隔离体可建立三个平衡方程:

$$\sum F_x = 0, \quad \sum F_y = 0, \quad \sum M = 0$$

由这三个平衡方程就可求得结构的反力和每根杆件的内力。

2. 内力的符号及正负号规定

杆件内力的表示方法如图 3-1 所示。轴力用 F_{Nxx} 表示,其中下标 N 表示轴力,后两个下标是杆件两端的标号,并应把受力的杆端的标号标在前面,例如杆 AB 的 A 端的轴力应表示为 F_{NAB}。轴力以拉力为正,压力为负。

剪力用 F_{Qxx} 表示,其中下标 Q 表示剪力,后两个下标的意义及标法同轴力。剪力使隔离体顺时针转动者为正,反之为负。

弯矩用 M_{xx} 表示,其中 M 表示弯矩,两个下标的意义及标法同轴力。对梁而言,弯矩使杆件的下侧纤维受拉者为正,反之为负。

在画内力图时,弯矩图习惯绘在杆件受弯的一侧,不需标正负号。轴力和剪力图可绘在杆件的任一侧,但需标明正负号。

图 3-1

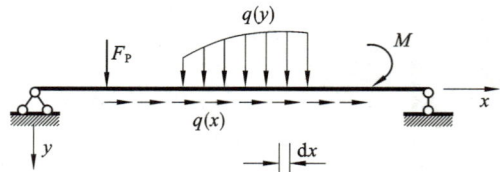

图 3-2

3. 直杆内力微分关系

图 3-2 所示为一静定简支梁结构,梁上有水平方向分布荷载 $q(x)$,竖直方向分布荷载 $q(y)$,集中力 F_P,集中力矩 M。取出梁上一个微段,如图 3-3 所示。

由平衡方程

$$\sum F_x = 0, \quad \sum F_y = 0, \quad \sum M = 0$$

可得

$$\frac{\mathrm{d}F_N}{\mathrm{d}x} = -q(x), \quad \frac{\mathrm{d}F_Q}{\mathrm{d}x} = -q(y), \quad \frac{\mathrm{d}M}{\mathrm{d}x} = F_Q$$

这就是直杆内力的微分关系。

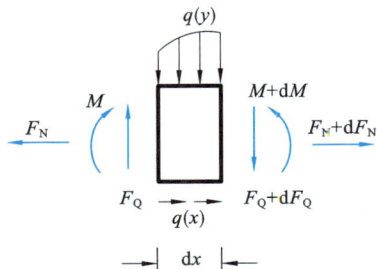

图 3-3

4. 剪力图与弯矩图之间的关系

应用直杆内力的微分关系可确定杆件内力图的正确形状。一般静定结构杆件的剪力图与弯矩图之间的关系如表 3-1 所示。

表 3-1 静定结构杆件的剪力图与弯矩图之间的关系

图的类型	无外荷载	均布荷载作用处 (q 向下)		集中力作用处 (F_P 向下)		集中力矩 M 作用处	铰处
剪力图	水平线	斜直线	为零	有突变(突变值=F_P)	变号	无变化	无影响
弯矩图	一般为斜直线	抛物线(下凸)	有极值	有尖角(向下)	有极值	有突变(突变值=M)	为零

5. 简支梁在简单荷载作用下的弯矩图

(1)简支梁在均布荷载作用下的弯矩图如图 3-4 所示。

(2)简支梁在集中力作用下的弯矩图如图 3-5 所示。

MOOC 视频

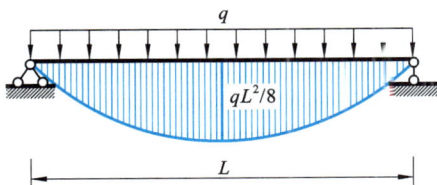

图 3-4

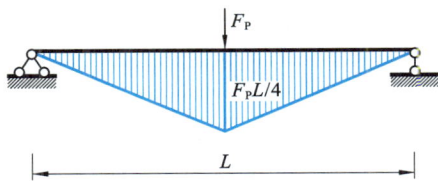

图 3-5

(3)简支梁在集中力矩作用下的弯矩图如图 3-6 所示。

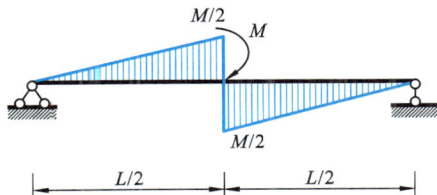

图 3-6

当简支梁上作用有多种简单荷载时,可以用叠加法画出其弯矩图。

【例 3-1】 画出简支梁在集中力矩 M_A、M_B 和跨中集中力 F_P 共同作用下(见图 3-7)的弯矩图。

解 该情况可以看成简支梁在 A 端集中力矩 M_A 作用下、在 B 端集中力矩 M_B 作用下、

在跨中集中力 F_P 作用下三种情况(分别见图 3-8(a)、(b)、(c))的叠加。三种荷载单独作用时的弯矩图分别如图 3-8(a)、(b)、(c)所示。

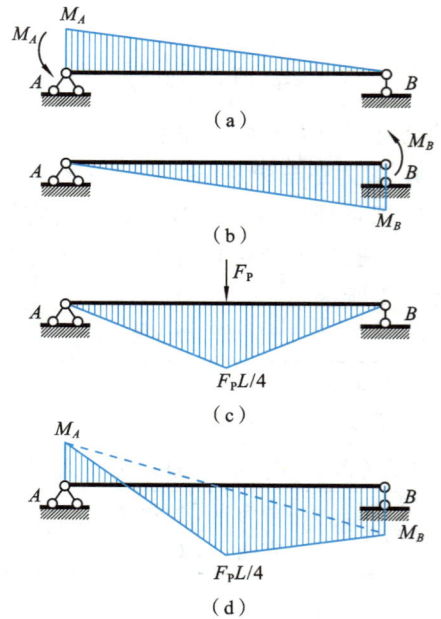

（a）

（b）

（c）

$F_P L/4$

（d）

$F_P L/4$

图 3-8

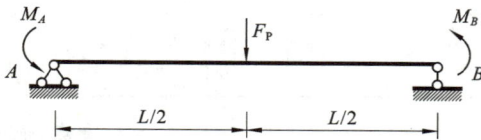

图 3-7

通过这三种简单弯矩图的叠加,就可得到该简支梁最终的弯矩图(见图 3-8(d))。

【例 3-2】　画出简支梁在集中力矩 M_A、M_B 和均布荷载 q 共同作用下(见图 3-9)的弯矩图。

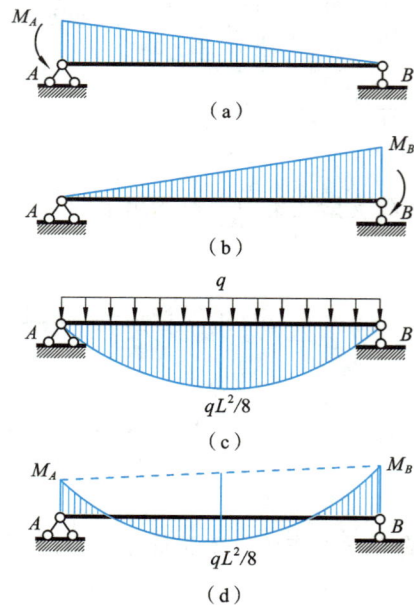

（a）

（b）

$qL^2/8$

（c）

$qL^2/8$

（d）

图 3-10

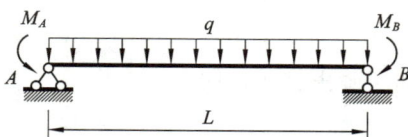

图 3-9

解　该情况可以看成简支梁在 A 端集中力矩 M_A 作用下、在 B 端集中力矩 M_B 作用下以

及在均布荷载 q 作用下三种情况的叠加。三种荷载单独作用时的弯矩图分别如图 3-10(a)、(b)、(c)所示。

将这三种简单弯矩图的纵坐标叠加就得到该简支梁最终的弯矩图(见图 3-10(d))。

由以上两个例子可以总结出这样的规律:当梁上同时有多种简单荷载作用时,可以直接采用叠加法画出其弯矩图,即首先把杆端弯矩按受弯方向标在杆端,并将两个控制点间连以直线(用虚线表示),然后在该直线上叠加由结间荷载单独作用在简支梁上时的弯矩图即可。

6. 作剪力图

求杆件上某点的剪力,通常可以以弯矩图为基础,取一隔离体(把待求剪力的点取为杆端),把作用在杆件上的荷载及已知的杆端弯矩标在隔离体上,利用取矩方程或竖直方向的平衡方程即可求出所要求的剪力。

【例 3-3】　求图 3-11 所示隔离体的剪力 F_{QBA}。

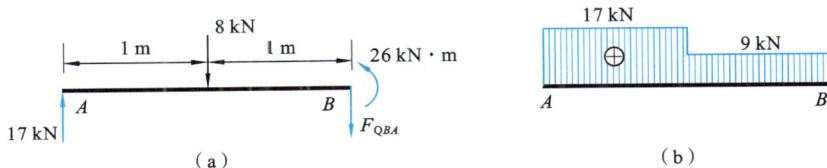

图 3-11

解　对隔离体上的 A 点取矩,由 $\sum M_A = 0$ 得
$$F_{QBA} = (-8 \times 1 + 26)/2 \text{ kN} = 9 \text{ kN}$$

也可由 $\sum F_y = 0$ 得
$$\vec{F}_{QBA} = (17 - 8) \text{ kN} = 9 \text{ kN}$$

画出杆 AB 的剪力图,如图 3-11(b)所示。

画剪力图时要注意以下几个特点:
(1) 集中力作用处剪力有突变;
(2) 没有荷载的结间剪力是常数;
(3) 均布荷载作用对应的结间剪力图是斜线;
(4) 集中力矩作用造成的结间剪力是常数。

3.2　用区段叠加法画简支梁的弯矩图

如图 3-12(a)所示的简支梁,其上作用有多种荷载,显然不能直接采用前面所讲的叠加法画出其弯矩图。下面针对这种情况,介绍通过区段叠加画弯矩图的方法。

MOOC 视频

首先把梁中的 AB 段作为隔离体取出,如图 3-12(b)所示。其次把 AB 段隔离体与相应的简支梁(见图 3-12(c))做对比,简支梁的隔离体如图 3-12(d)所示。由隔离体图 3-12(b)和隔离体图 3-12(d)可见,两图中的杆件长度相同,杆件上的荷载相同,因此由平衡原理可知图

3-12(b)中的 F_{QAB} 一定等于图 3-12(d)中的 F_{yA}，图(b)中的 F_{QBA} 一定等于图 3-12(d)的 F_{yB}，由此可以得出 AB 隔离体的受力与相应的简支梁的受力是完全相同的。

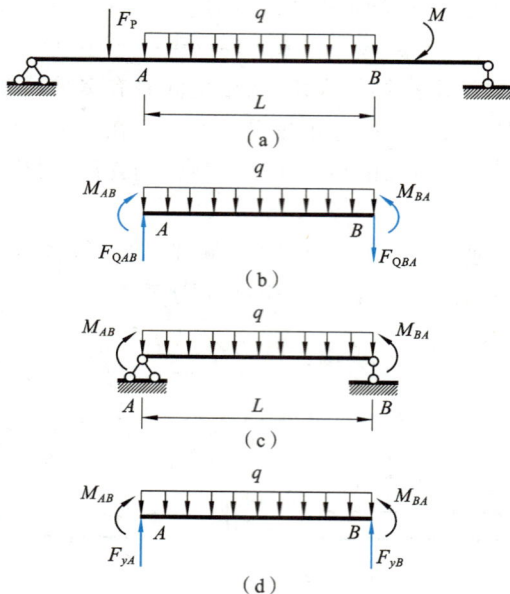

图 3-12

　　上面的结论说明图 3-12(a)所示梁中 AB 段的弯矩图可以用与之相应的简支梁弯矩图绘制方法绘制，即把 A 端集中力矩 M_{AB}、B 端集中力矩 M_{BA} 标注在杆端，并连以直线(虚线)，然后在此直线上叠加结间荷载单独作用在相应简支梁上时的弯矩图即可。为此必须利用隔离体先求出 M_{AB} 和 M_{BA}。

　　根据上面的分析，若要求作类似图 3-12(a)所示梁的弯矩图，可以用下面的步骤进行：

　　(1) 首先把杆件分成若干段，求出分段点上的弯矩值，按比例标在杆件相应的点上，然后每两点间连以直线(虚线)。

　　(2) 如果分段杆件的中间没有荷载作用，那么该直线就是此分段杆件的弯矩图(把虚线变成实线)。如果分段杆件的中间还有荷载作用，那么在该段直线上叠加荷载单独作用在相应简支梁上产生的弯矩图。这里所谓的叠加是弯矩的代数值相加，也就是图形的纵坐标相加。

　　上述画弯矩图的方法称为区段叠加法。

【例 3-4】　用区段叠加法画出图 3-13 所示简支梁的弯矩图。

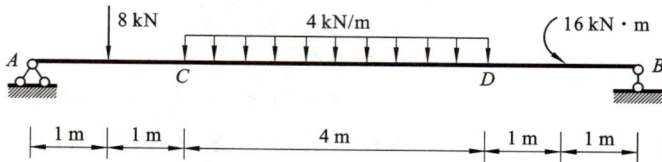

图 3-13

　　解　根据荷载作用的位置把梁分成三段，即 AC、CD 和 DB 段，控制截面就在 A、C、D、B 处。根据区段叠加法画弯矩图，需要先求出 C、D 控制截面处的弯矩值。

（1）求反力，对整根梁利用平衡条件求解。

由 $\sum M_A = 0$ 得　　$F_{yB}=(8\times1+4\times4\times4-16)/8 \text{ kN}=7 \text{ kN}$

由 $\sum F_y = 0$ 得　　　　$F_{yA}=(8+4\times4-7) \text{ kN}=17 \text{ kN}$

（2）求 C、D 控制截面处的弯矩值。

取 AC 为隔离体（见图 3-14(a)），将反力、荷载和内力均标注在隔离体上，则由 $\sum M_C = 0$ 得

$$M_{CA}=(17\times2-8\times1) \text{ kN} \cdot \text{m}=26 \text{ kN} \cdot \text{m}$$

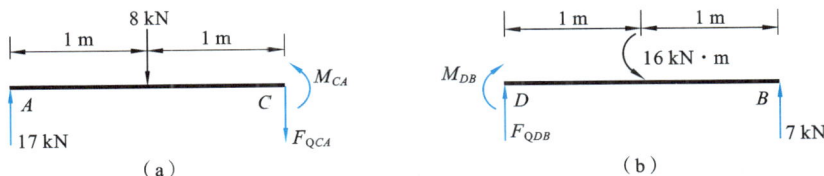

图 3-14

取 DB 为隔离体（见图 3-14(b)），将反力、荷载和内力均标注在隔离体上，则由 $\sum M_D = 0$ 得

$$M_{DB}=(7\times2+16) \text{ kN} \cdot \text{m}=30 \text{ kN} \cdot \text{m}$$

（3）把 A、C、D、B 四点的弯矩值标在杆上，点与点之间连以直线。然后在 AC 段叠加集中力作用在相应简支梁上产生的弯矩图；在 CD 段叠加均布荷载作用在相应简支梁上产生的弯矩图；在 DB 段叠加集中力矩在相应简支梁上产生的弯矩图。图 3-15 即为最终的弯矩图。

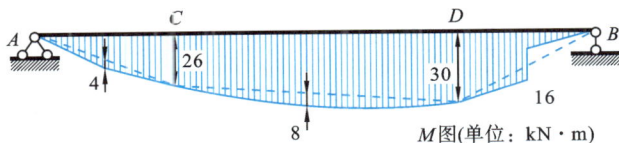

图 3-15

对例 3-4 讨论梁的最大弯矩：梁的中点（距 A 端 4 m 处）弯矩 $M_{中}=(28+8) \text{ kN} \cdot \text{m}=36 \text{ kN} \cdot \text{m}$，这并不是梁的最大弯矩，该梁的最大弯矩求法如下。

设梁的最大弯矩在离梁 A 端为 x 处，则该点的剪力为

$$F_{Qx}=17-8-q(x-2)=0$$

可得

$$x=\left(\frac{9}{4}+2\right) \text{ m}=4.25 \text{ m}$$

$$M_{\max}=\left(17\times4.25-8\times3.25-\frac{1}{2}\times4\times2.25^2\right) \text{ kN} \cdot \text{m}=36.125 \text{ kN} \cdot \text{m}$$

与梁中点弯矩值仅相差 0.125 kN·m（约 0.35%），故工程中常用中点弯矩作为最大弯矩。

3.3　斜梁

在工程中某些预制楼梯的梯段梁（见图 3-16(a)）、梯段板、屋面梁（见图 3-16(b)）等通常可简化成简支斜梁来进行计算，如图 3-16(c)所示。

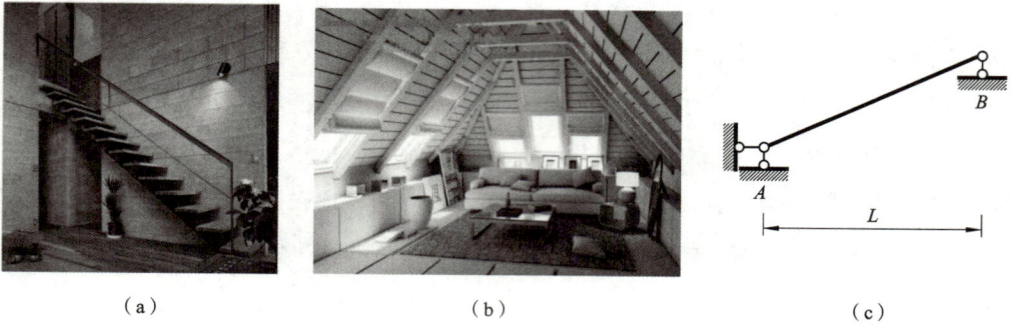

图 3-16

1. 斜梁荷载分布

作用在斜梁上的荷载根据分布情况的不同,有两种表示方法。

(1) 人群等活荷载:力沿水平方向分布,方向竖直向下(指向地球中心),如图 3-17(a)所示。

(2) 梁自重:力沿杆长分布,方向竖直向下,如图 3-17(b)所示。

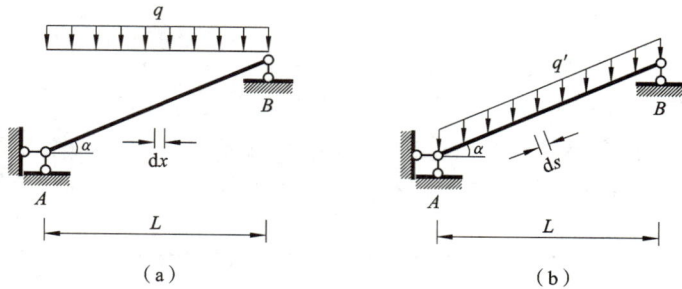

图 3-17

工程中习惯把梁的自重转换成沿水平方向分布的荷载,根据图 3-17 推导如下:

$$q' \mathrm{d}s = q \mathrm{d}x$$

$$q = \frac{q' \mathrm{d}s}{\mathrm{d}x} = \frac{q'}{\cos\alpha}$$

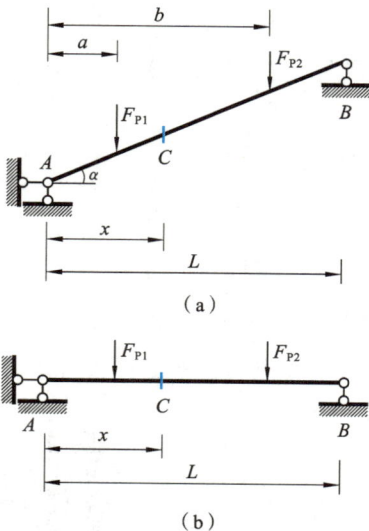

图 3-18

2. 斜梁内力计算

在计算斜梁内力时,把斜梁与相应的水平梁(跨度为斜梁的水平投影长度,荷载的大小与作用位置与斜梁相同)做一比较(见图 3-18)。

首先比较斜梁与相应水平梁的反力。以斜梁为对象建立平衡方程。

由 $\sum F_x = 0$ 得　　$F_{xA} = 0$

由 $\sum M_B = 0$ 得　$F_{yA} = \dfrac{F_{P1}(L-a) + F_{P2}(L-b)}{L}$

由 $\sum M_A = 0$ 得　$F_{yB} = \dfrac{F_{P1}a + F_{P2}b}{L}$

因此得到

$$F_{xA} = F_{xA}^0, \quad F_{yA} = F_{yA}^0, \quad F_{yB} = F_{yB}^0$$

其中 F_{xA}^0、F_{yA}^0、F_{yB}^0 为相应水平梁的反力。由此可知,斜梁的反力与相应水平梁的反力相同。

其次比较斜梁和相应水平梁的内力。求斜梁上任意点 C 截面的内力,取隔离体 AC(见图 3-19(a)),有

$$M_{CA} = F_{yA}x - F_{P1}(x-a) = F_{yA}^0 x - F_{P1}(x-a) = M_{CA}^0$$
$$F_{QCA} = (F_{yA} - F_{P1})\cos\alpha = (F_{yA}^0 - F_{P1})\cos\alpha = F_{QCA}^0 \cos\alpha$$
$$F_{NCA} = -(F_{yA} - F_{P1})\sin\alpha = -(F_{yA}^0 - F_{P1})\sin\alpha = -F_{QCA}^0 \sin\alpha$$

图 3-19

求相应简支梁上 C 截面处的内力,同样取隔离体 AC(见图 3-19(b)),有

$$M_{CA}^0 = F_{yA}^0 x - F_{P1}(x-a)$$
$$F_{QCA}^0 = F_{yA}^0 - F_{P1}$$
$$F_{NCA}^0 = 0$$

由此可知:斜梁任意点的弯矩与相应水平梁的相同,剪力和轴力等于相应水平梁的剪力在垂直于斜梁方向上和在斜梁轴线上的投影。

【例 3-5】　求图 3-20 所示斜梁的内力图。

解　(1) 求反力。

由 $\sum F_x = 0$ 得 $\qquad\qquad F_{xA} = 0$

由 $\sum M_B = 0$ 得 $\qquad\qquad F_{yA} = \dfrac{qL}{2}$

由 $\sum F_y = 0$ 得 $\qquad\qquad F_{yB} = \dfrac{qL}{2}$

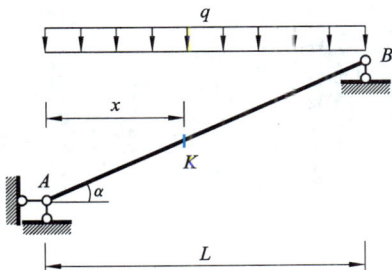

图 3-20

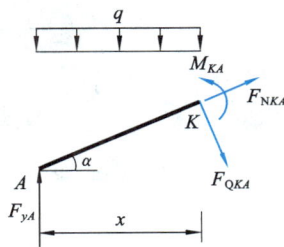

图 3-21

(2) 求弯矩、剪力和轴力。

在斜杆上取任意点 K,并取出其隔离体 KA(见图 3-21),写出其内力表达式。

$$M_K = F_{yA}x - \frac{qx^2}{2} = \frac{q}{2}(Lx - x^2)$$

$$F_{QKA}=F^0_{QKA}\cos\alpha=(F^0_{yA}-qx)\cos\alpha=q\left(\frac{L}{2}-x\right)\cos\alpha$$

$$F_{NKA}=-F^0_{QKA}\sin\alpha=-q\left(\frac{L}{2}-x\right)\sin\alpha$$

（3）画内力图。图 3-22(a)、(b)、(c)所示分别为斜梁的弯矩图、剪力图和轴力图。

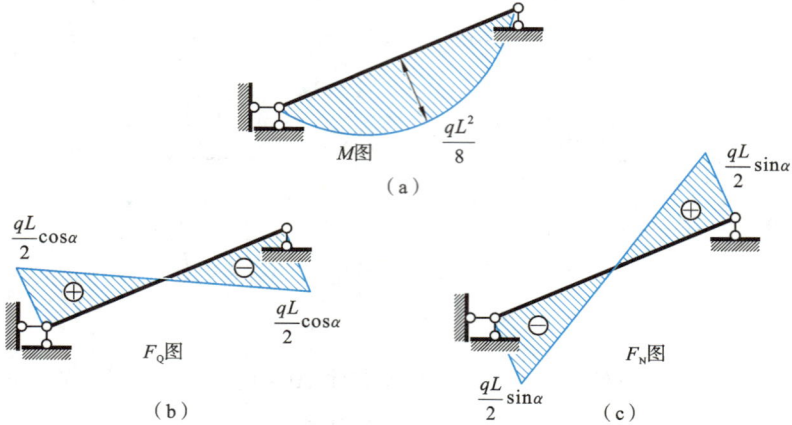

图 3-22

3.4 多跨静定梁

MOOC 视频

1. 多跨静定梁的组成

由若干根梁铰接后跨越几个相连跨度的没有多余约束的不变体系称为多跨静定梁。多跨静定梁在公路桥梁和房屋结构中经常采用。图 3-23(a)为建成于 1964 年的

（a）

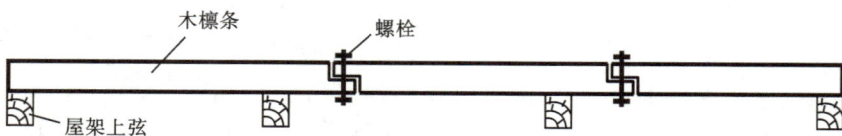

（b）

图 3-23

南宁邕江大桥,两端是跨径为 45 m 的单悬臂梁,中间 5 孔跨度各长 55 m,采用 23 m 中间挂梁的双悬臂梁。图 3-23(b)为常见的屋架木檩条的构造简图,檩条支撑在屋架的上弦上,支撑处可简化为铰支座。在檩条接头处的搭接由螺栓实现,这种结点可看作铰结点。

2. 多跨静定梁杆件间的支撑关系

图 3-23 所示的木结构房屋檩条的计算简图和各部分的支撑关系分别如图 3-24(a)、(b)所示。

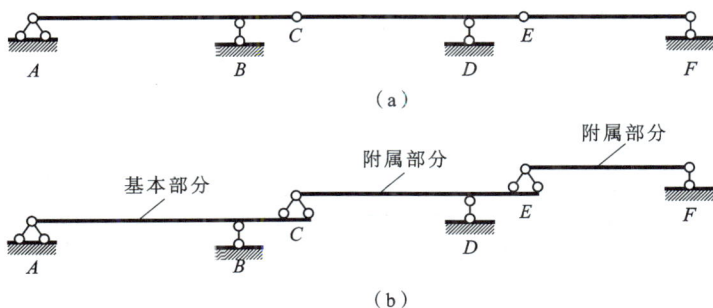

图 3-24

由图 3-24(b)可知,在图示多跨静定梁中,ABC 称为基本部分,其本身就是几何不变体系;CDE 和 EF 称为附属部分,其需要依赖基本部分才能成为几何不变体系。显然,作用在附属部分上的荷载不仅会使附属部分产生内力,而且会使基本部分产生内力,而作用在基本部分上的荷载只会使基本部分产生内力。

3. 多跨静定梁的形式

多跨静定梁有两种形式。第一种形式如图 3-24 所示,是在一个基本部分上依次搭上若干个附属部分。第二种形式如图 3-25 所示,是在两个基本部分上搭上一个附属部分。需要说明的是,图 3-25(b)所示的支撑关系图中,DEF 部分与地基的联系只有两根链杆,视为可变的,但该图只是杆件支撑关系的形象示意图,实际上 DEF 部分是通过铰与 CD、ABC 部分连接在一起的,因此 ABC 部分可以给 DEF 部分提供水平约束。

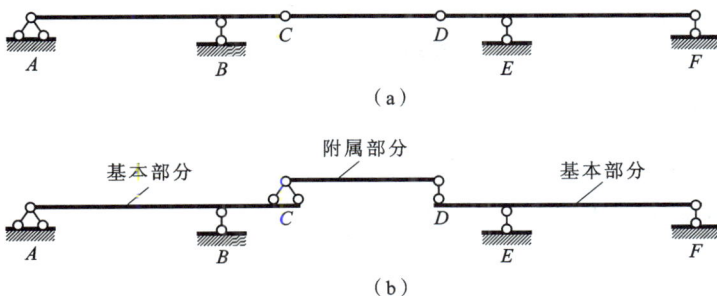

图 3-25

4. 多跨静定梁的计算

由于作用在附属部分上的荷载不仅会使附属部分产生内力,而且会使基本部分产生内力,而作用在基本部分上的荷载只会使基本部分产生内力,因此计算应该按照结构组成的相反顺序进行,即首先从附属部分开始,再到基本部分来计算。可以先求支座反力和支座处截面的弯矩,然后利用区段叠加法或者平衡条件作出多跨静定梁的弯矩图,由弯矩图再作出剪力图。

【例 3-6】 作图 3-26 所示多跨静定梁的弯矩图和剪力图。

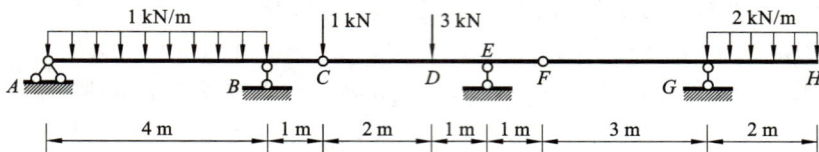

图 3-26

解 （1）首先分析图示结构的支撑关系，如图 3-27 所示。

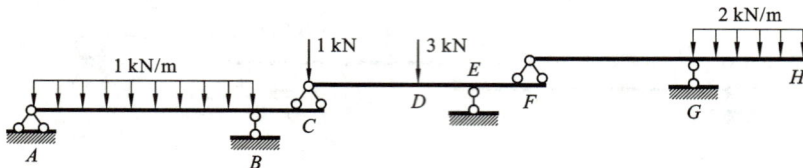

图 3-27

（2）求反力。根据梁的支撑关系，首先从附属部分 FGH 开始计算，取其隔离体，如图 3-28(a)所示。

图 3-28

由 $\sum M_F = 0$ 得 $\qquad F_{yG} = \dfrac{2 \times 2 \times 4}{3} \text{ kN} = 5.33 \text{ kN}$

由 $\sum F_y = 0$ 得 $\qquad F_{yF} = (-5.33 + 4) \text{ kN} = -1.33 \text{ kN}$

再计算附属部分 CEF 的内力。取其隔离体，如图 3-28(b)所示。

由 $\sum M_C = 0$ 得 $\qquad F_{yE} = \dfrac{3 \times 2 - 1.33 \times 4}{3} \text{ kN} = 0.23 \text{ kN}$

由 $\sum F_y = 0$ 得 $\qquad F_{yC} = (3 - 1.33 - 0.23) \text{ kN} = 1.44 \text{ kN}$

最后计算基本部分 ABC 的内力，取其隔离体，如图 3-29 所示。

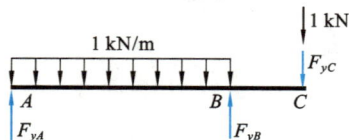

图 3-29

由 $\sum M_A = 0$ 得

$$F_{yB} = \frac{1 \times 4 \times 2 + 2.44 \times 5}{4} \text{ kN} = 5.05 \text{ kN}$$

由 $\sum F_y = 0$ 得

$$F_{yA} = (1 \times 4 + 2.44 - 5.05) \text{ kN} = 1.39 \text{ kN}$$

（3）画弯矩图及剪力图。

根据区段叠加法，把控制截面处的弯矩值标上，然后叠加结间荷载作用在相应简支梁上的弯矩图，就得到最终弯矩图。控制点的弯矩计算如下。

由附属部分 FGH 的隔离体可算出：

$M_{GH}=-2\times2\times1$ kN·m $=-4$ kN·m（梁上部受弯）　$M_{FG}=0$（铰处弯矩为零）

由附属部分 CEF 的隔离体可算出：

$M_{EF}=1.33\times1$ kN·m $=1.33$ kN·m（梁下部受弯）　$M_{CD}=0$（铰处弯矩为零）

由基本部分 ABC 的隔离体可算出：

$M_{BC}=(1.44\times1+1\times1)$ kN·m $=2.44$ kN·m（梁上部受弯）　$M_{AB}=0$（铰处弯矩为零）

作弯矩图、剪力图,分别如图 3-30(a)、(b)所示。

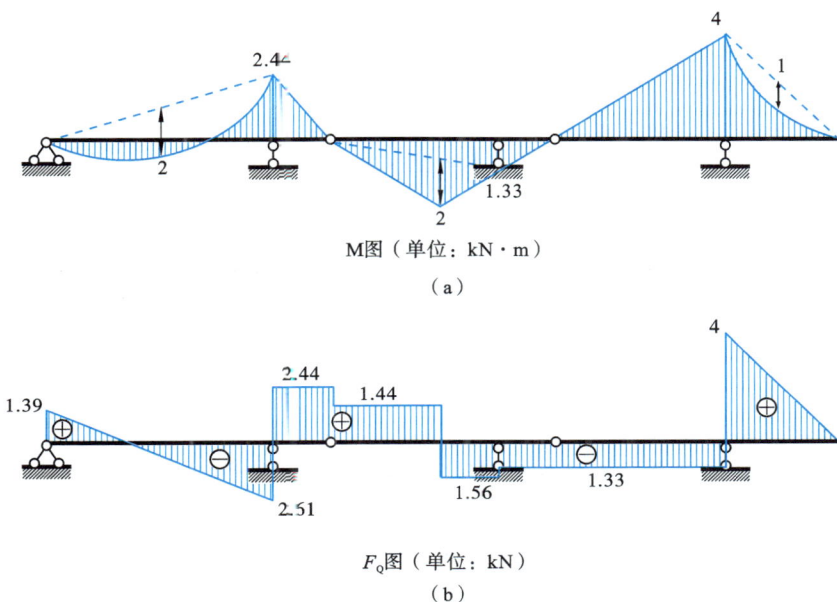

M图（单位：kN·m）

（a）

F_Q图（单位：kN）

（b）

图 3-30

【例 3-7】　作图 3-31 所示多跨静定梁的弯矩图。

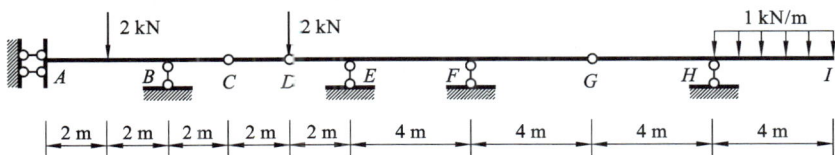

图 3-31

解　图示多跨连续梁的 ABC、$DEFG$ 两部分为基本部分,CD、GHI 两部分为附属部分。

(1)计算附属部分 CD 的弯矩。作用在 D 点的 2 kN 对杆 CD 没有作用,因此杆 CD 上没有弯矩。

(2)计算基本部分 ABC 的弯矩。它仅受由 2 kN 结间荷载产生的弯矩。

(3)计算附属部分 GHI 的弯矩。只要求出 H 点处的弯矩就可画出整根杆件的弯矩图,因为 G 点处的弯矩为零。

(4)计算基本部分 $DEFG$ 的弯矩。它的弯矩是由两旁的附属部分传来的力产生的。由于 FG 部分没有其他荷载作用,因此只需把 GH 部分的弯矩图相应延长即可。E 点的弯矩是由 2 kN 集中力产生的,至于 EF 部分的弯矩图,只需把 E 点的值与 F 点的值对应的两点相连即可。画出的弯矩图如图 3-32 所示。

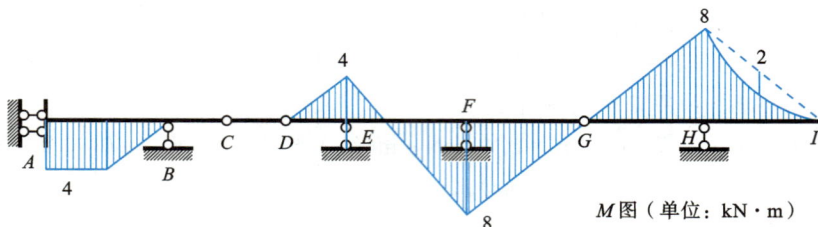

图 3-32

【例 3-8】 作图 3-33 所示多跨静定梁的弯矩图。

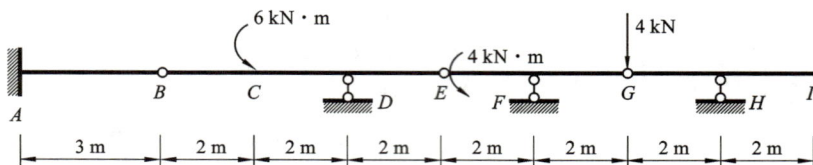

图 3-33

解　该梁的 AB 部分是基本部分,BDE、EFG、GHI 是依次搭上的附属部分,因此,计算应该从 GHI 开始。

(1) GHI 上没有荷载作用,因此也就没有弯矩。

(2) 计算 EFG 部分的内力。F 点和 E 点的弯矩及 E 点的竖直方向力计算如下。

$$M_{FG}=4\times2\ \text{kN·m}=8\ \text{kN·m(上部受弯)},\quad M_{EG}=4\ \text{kN·m(上部受弯)}$$

由 $\sum M_F=0$ 得　　　$F_{yE}=(4-4\times2)/2\ \text{kN}=-2\ \text{kN}$

(3) BDE 部分的计算如下。

$$M_{DE}=2\times2\ \text{kN·m}=4\ \text{kN·m(下部受弯)},\quad M_{BC}=0\ (\text{铰处弯矩为零})$$

由 $\sum M_B=0$ 得　　　$F_{yD}=-(6+2\times6)/4\ \text{kN}=-4.5\ \text{kN}$

由 $\sum M_D=0$ 得　　　$F_{yB}=(6+2\times2)/4\ \text{kN}=2.5\ \text{kN}$

M_{CB} 可以用区段叠加法画出。

(4) AB 部分的计算如下。

$$M_{AB}=2.5\times3\ \text{kN·m}=7.5\ \text{kN·m}$$

图 3-34 即为最后的弯矩图。

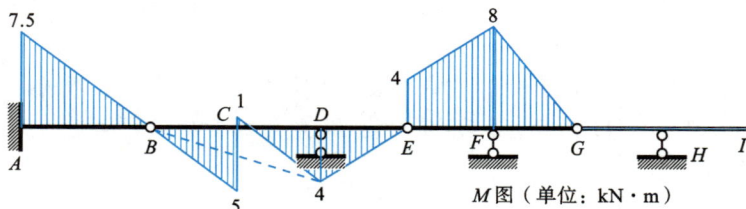

图 3-34

【例 3-9】 对于图 3-35 所示的多跨静定梁,要求确定 E、F 铰的位置,使 B、C 处支座所受的负弯矩等于 BC 段梁的跨中正弯矩,并作出此时梁的弯矩图及相应简支梁的弯矩图。

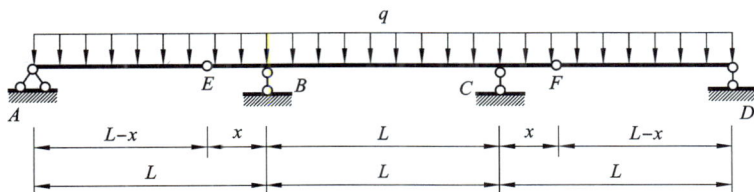

图 3-35

解 该多跨静定梁的支撑关系如图 3-36 所示,EBCF 为基本部分,AE、FD 为附属部分。

图 3-36

(1)求附属部分的反力。

$$F_{yA}=F_{yE}=F_{yF}=F_{yD}=\frac{q(L-x)}{2}$$

(2)求 B、C 处支座弯矩的表达式。

$$M_B=M_C=\frac{q(L-x)}{2}x+\frac{qx^2}{2}$$

(3)求 BC 跨中弯矩的表达式。

$$M_{中}=\frac{qL^2}{16}$$

根据要求,B、C 处支座所受的负弯矩等于 BC 段梁的跨中正弯矩,即

$$\frac{q(L-x)}{2}x+\frac{qx^2}{2}=\frac{qL^2}{16}$$

由该方程解得 $x=0.125L$

$$M_B=M_C=\frac{qL^2}{16}=0.0625qL^2$$

AE、FD 的跨中弯矩为

$$\frac{q(L-x)^2}{8}=0.0957qL^2$$

该多跨静定梁的弯矩图及相应简支梁的弯矩图分别如图 3-37(a)、(b)所示。

结论:同样的跨度、同样的荷载作用下,多跨静定梁的跨中正弯矩值要小于相应简支梁的跨中弯矩值,而简支梁支座处弯矩为零,因此,采用多跨静定梁可以更好地分配结构的内力,充分地利用材料性能。

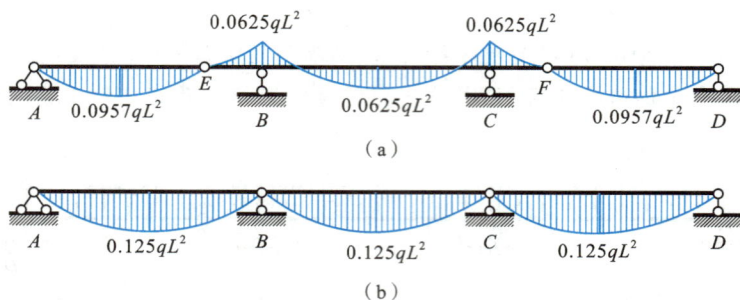

图 3-37

3.5 静定刚架

1. 刚架的特征

刚架是工程中常见的结构形式之一,主要用于房屋结构、桥梁结构、地下结构等。图 3-38(a)所示为钢筋混凝土框架结构,图 3-38(b)所示为钢框架结构,图 3-38(c)所示为连续刚构桥结构。

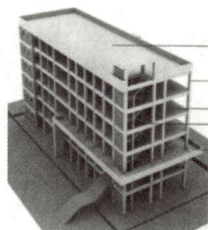

(a)

(b)

(c)

图 3-38

刚架由梁和柱组成,梁柱结点处一般为刚性连接,在刚性连接的结点处会产生位移,如转角位移、竖直方向位移和水平方向位移,但杆件之间不会发生相对转角位移、相对竖直方向位移和相对水平方向位移,即"要动大家一起动"(见图 3-39(a))。相应的计算简图如图 3-39(b)所示。

(a)

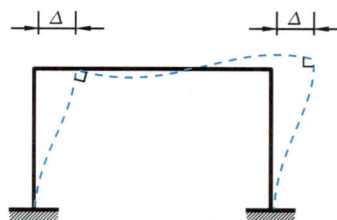

(b)

图 3-39

2. 刚架的内力计算

由于静定刚架是梁和柱的组合,因此内力的求解和前面静定梁的求解方法和步骤是相同的,都是利用平衡条件去求解,而且画内力图的方法与画梁内力图的方法也是一样的。

【例 3-10】 画出图 3-40 所示刚架的内力图。

解　(1) 该刚架与基础的约束刚好是三个,利用整体平衡条件就可以求出全部支座反力。

由 $\sum F_x = 0$ 得

$$F_{xB} = 30 \text{ kN （向左）}$$

由 $\sum M_A = 0$ 得

$$F_{yB} = \frac{20 \times 6 \times 3 + 30 \times 4}{6} \text{ kN} = 80 \text{ kN（向上）}$$

由 $\sum F_y = 0$ 得

$$F_{yA} = (20 \times 6 - 80) \text{ kN} = 40 \text{ kN （向上）}$$

(2) 作内力图。

① 作弯矩图。先求出每根杆件两端的弯矩值,具体如下。

对于杆 AD,已知 A 点处的弯矩为零,然后以杆 AD 为隔离体。

由 $\sum M_D = 0$ 得　$M_{DA} = 30 \times 2 \text{ kN} \cdot \text{m} = 60 \text{ kN} \cdot \text{m}$（左侧受弯）

对于杆 BE,已知 B 点处的弯矩为零,然后以杆 BE 为隔离体。

由 $\sum M_E = 0$ 得　$M_{EB} = 30 \times 6 \text{ kN} \cdot \text{m} = 180 \text{ kN} \cdot \text{m}$（右侧受弯）

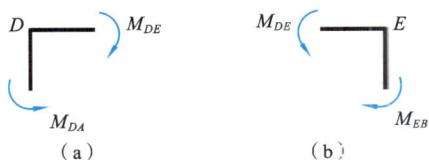

图 3-40

图 3-41

对于杆 DE,取 D 结点（见图 3-41(a)）和 E 结点（见图 3-41(b)）,求弯矩。

由 $\sum M_D = 0$ 得

$$M_{DE} = M_{DA} = 60 \text{ kN} \cdot \text{m}（上侧受弯）$$

由 $\sum M_E = 0$ 得

$$M_{ED} = M_{EB} = 180 \text{ kN} \cdot \text{m}（上侧受弯）$$

把杆端弯矩分别标在每根杆件相应的杆端,然后按区段叠加法画弯矩图即可,如图 3-42(a)所示。

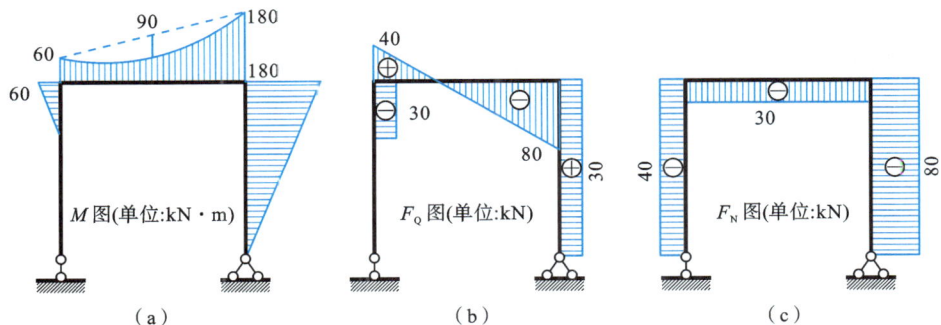

图 3-42

② 作剪力图。

对于杆 AD, AC 段的剪力为零，以 CD 段为隔离体。

由 $\sum F_x = 0$ 得 $\qquad\qquad F_{QCD} = F_{QDC} = -30$ kN

对于杆 BE，以 BE 段为隔离体。

由 $\sum F_x = 0$ 得 $\qquad\qquad F_{QBE} = F_{QEB} = 30$ kN

对于杆 DE，以 DE 段为隔离体，如图 3-43 所示。

由 $\sum M_E = 0$ 得 $\qquad F_{QDE} = \dfrac{60 + 20 \times 6 \times 3 - 180}{6}$ kN $= 40$ kN

由 $\sum F_y = 0$ 得 $\qquad F_{QED} = (-20 \times 6 + 40)$ kN $= -80$ kN

剪力图如图 3-42(b) 所示。

③ 作轴力图。取 D 结点(见图 3-44(a))、E 结点(见图 3-44(b))，把已求出的剪力标上，由 x 和 y 方向的平衡条件即可求出各杆的轴力。

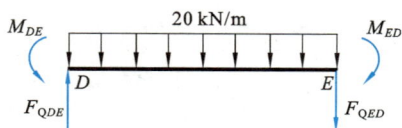

图 3-43

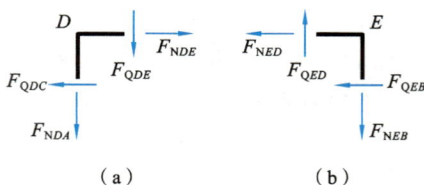

（a）　　　　　　　（b）

图 3-44

对于 D 结点：

由 $\sum F_x = 0$ 得 $\qquad\qquad F_{NDE} = F_{QDC} = -30$ kN

由 $\sum F_y = 0$ 得 $\qquad\qquad F_{NDA} = -F_{QDE} = -40$ kN

对于 E 结点：

由 $\sum F_x = 0$ 得 $\qquad\qquad F_{NED} = -F_{QEB} = -30$ kN

由 $\sum F_y = 0$ 得 $\qquad\qquad F_{NEB} = F_{QED} = -80$ kN

轴力图如图 3-42(c) 所示。

作内力图时应注意：弯矩图在结点处应满足 $\sum M = 0$，因此当结点上没有集中力矩、结点处只有两根杆件时，弯矩图一定是画在同一侧的，即要么都在刚架的内侧，要么都在刚架的外侧。剪力图和轴力图可画在刚架的任意一侧，但一定要标上正号或负号。

【例 3-11】 作图 3-45 所示刚架的内力图。

解 (1)求反力。由于图示结构是对称的，在对称荷载作用下，反力也是对称的，因此有

$$F_{yA} = F_{yB} = \frac{20 \times 8}{2} \text{ kN} = 80 \text{ kN}$$

$$F_{xA} = F_{xB}$$

以 ADC 部分为隔离体，则由 $\sum M_C = 0$ 得

$$F_{xA} = \frac{80 \times 4 - 20 \times 4 \times 2}{8} \text{ kN} = 20 \text{ kN （方向向右）}$$

因此 $\qquad F_{xB}=20\ \mathrm{kN}(\text{方向向左})$

（2）作弯矩图，如图 3-46 所示。

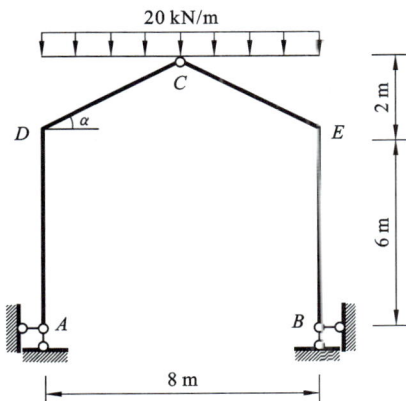

图 3-45

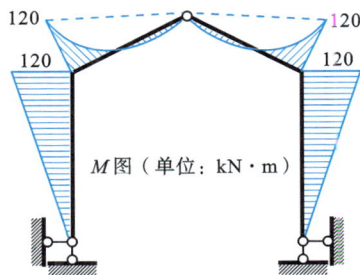

M 图（单位：kN·m）

图 3-46

（3）作剪力图。取 DC 段为隔离体（见图 3-47(a)），分别对 C、D 点取矩。

由 $\sum M_C=0$ 得 $\qquad F_{QDC}=\dfrac{120+20\times4\times2}{\sqrt{16+4}}\ \mathrm{kN}=62.6\ \mathrm{kN}$

由 $\sum M_D=0$ 得 $\qquad F_{QCE}=\dfrac{120-20\times4\times2}{\sqrt{16+4}}\ \mathrm{kN}=-8.9\ \mathrm{kN}$

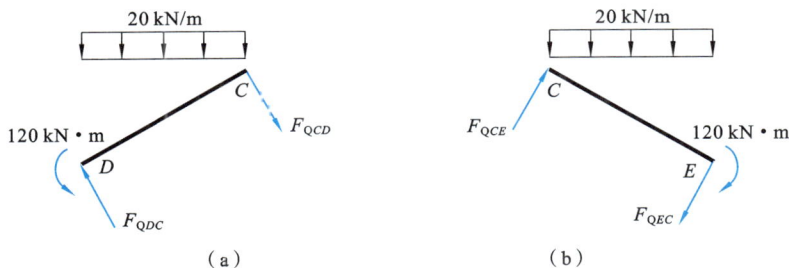

（a）　　　　　　　　　　　　　　（b）

图 3-47

取 CE 段为隔离体（见图 3-47(b)），分别对 C、E 点取矩。

由 $\sum M_C=0$ 得 $\qquad F_{QEC}=\dfrac{-120-20\times4\times2}{\sqrt{16+4}}\ \mathrm{kN}=-62.6\ \mathrm{kN}$

由 $\sum M_E=0$ 得 $\qquad F_{QCE}=\dfrac{-120+20\times4\times2}{\sqrt{16+4}}\ \mathrm{kN}=8.9\ \mathrm{kN}$

作剪力图，如图 3-48(a)所示。

（4）作轴力图。取 D 结点为隔离体（见图 3-49(a)），通过切向力的平衡求得轴力。

由 $\sum F_\tau=0$ 得 $\quad F_{NDC}=(-20\cos\alpha-80\sin\alpha)\ \mathrm{kN}=-53.7\ \mathrm{kN}$

其中 $\qquad \cos\alpha=\dfrac{4}{\sqrt{20}},\quad \sin\alpha=\dfrac{2}{\sqrt{20}}$

取 C 左结点为隔离体（见图 3-49(b)）。

由 $\sum F_\tau=0$ 得 $\qquad F_{NCD}=-20\cos\alpha\ \mathrm{kN}=-17.89\ \mathrm{kN}$

取 E 结点为隔离体（见图 3-50(a)）。

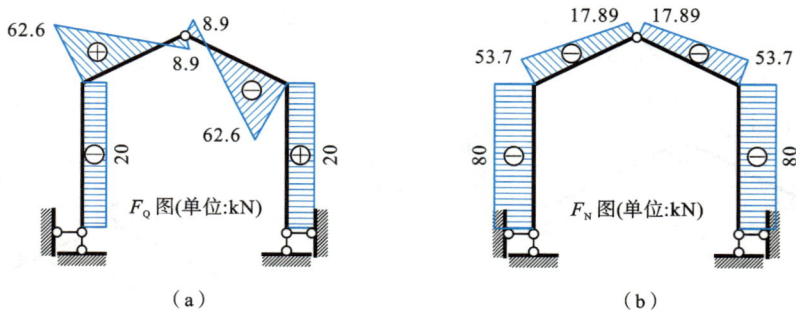

图 3-48

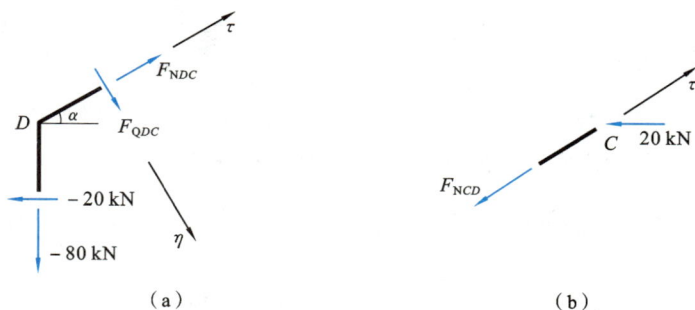

图 3-49

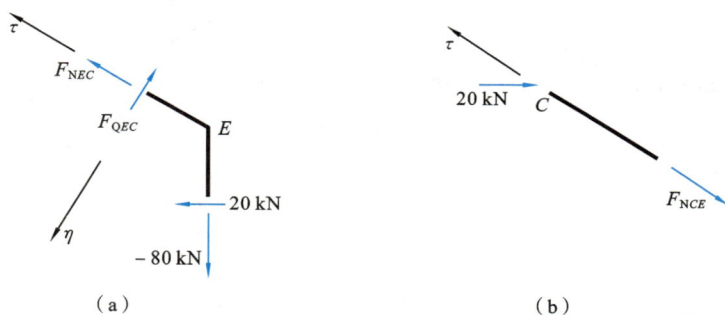

图 3-50

由 $\sum F_\tau = 0$ 得　　$F_{NEC} = (-20\cos\alpha - 80\sin\alpha)\ \text{kN} = -53.7\ \text{kN}$

取 C 右结点为隔离体(见图 3-50(b))。

由 $\sum F_\tau = 0$ 得　　　　$F_{NCE} = -20\cos\alpha\ \text{kN} = -17.89\ \text{kN}$

画轴力图,如图 3-48(b)所示。

由计算结果可见,由于该刚架结构是对称的且荷载也是对称的,因此反力是对称的,弯矩图和轴力图也是对称的,而剪力图是反对称的。

【例 3-12】　作图 3-51 所示刚架的弯矩图。

解　该结构与多跨静定梁一样由基本部分和附属部分组成,CFD 为附属部分,$AEDB$ 为基本部分,计算应该先从附属部分开始,然后再到基本部分。

（1）附属部分计算。取 CFD 部分为隔离体（见图 3-52(a)），由平衡条件计算如下。

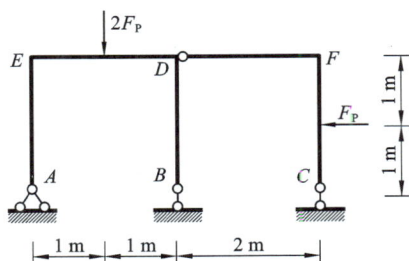

图 3-51

由 $\sum M_D = 0$ 得　$F_{yC} = \dfrac{F_P}{2}$

由 $\sum F_y = 0$ 得 $F_{QDF} = -\dfrac{F_F}{2}$

由 $\sum F_x = 0$ 得 $F_{NDF} = -F_F$

（2）计算基本部分。取 $AEDB$ 部分为隔离体（见图 3-52(b)），由平衡条件计算如下。

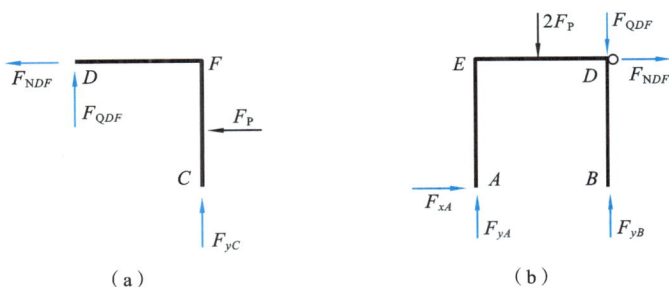

（a）　　　　　　　　（b）

图 3-52

由 $\sum M_A = 0$ 得　　　　　　$F_{yB} = -\dfrac{F_P}{2}$

由 $\sum F_y = 0$ 得　　　　　　$F_{yA} = 2F_P$

由 $\sum F_x = 0$ 得　　　　　　$F_{xA} = F_P$

（3）作弯矩图，如图 3-53 所示。

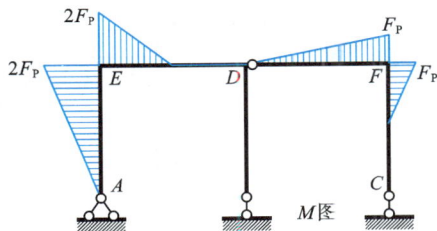

图 3-53

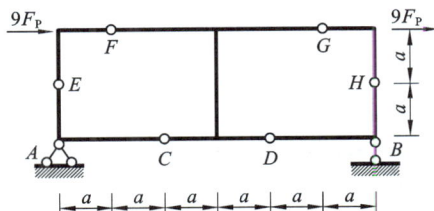

图 3-54

【例 3-13】　求图 3-54 所示刚架的弯矩图。

解　根据平衡条件，求出支座反力。

由 $\sum M_A = 0$ 得　　　　$F_{yB} = 6F_P$（方向向上）

由 $\sum F_y = 0$ 得　　　　$F_{yA} = 6F_P$（方向向下）

由 $\sum F_x = 0$ 得　　　　$F_{xA} = 18F_P$（方向向左）

取 $FEAC$ 为隔离体，如图 3-55(a) 所示。

MOOC 视频

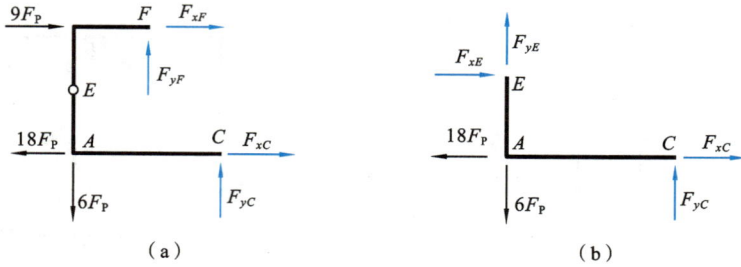

图 3-55

由 $\sum M_F = 0$ 得 $\qquad 2F_{xC} + F_{yC} - 30F_P = 0 \qquad\qquad (1)$

取 EAC 为隔离体,如图 3-55(b)所示。

由 $\sum M_E = 0$ 得 $\qquad F_{xC} + 2F_{yC} - 18F_P = 0 \qquad\qquad (2)$

由式(1)、式(2)求解得 $\qquad F_{xC} = 14F_P, \quad F_{yC} = 2F_P$

对于隔离体 $FEAC$:

由 $\sum F_x = 0$ 得 $\qquad\qquad F_{xF} = -5F_P$

由 $\sum F_y = 0$ 得 $\qquad\qquad F_{yF} = 4F_P$

对于隔离体 EAC:

由 $\sum F_x = 0$ 得 $\qquad\qquad F_{xE} = 4F_P$

由 $\sum F_y = 0$ 得 $\qquad\qquad F_{yE} = 4F_P$

同理可求得右半部分的内力。因此最终的弯矩图如图 3-56 所示。

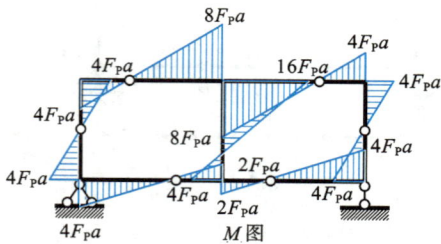

图 3-56

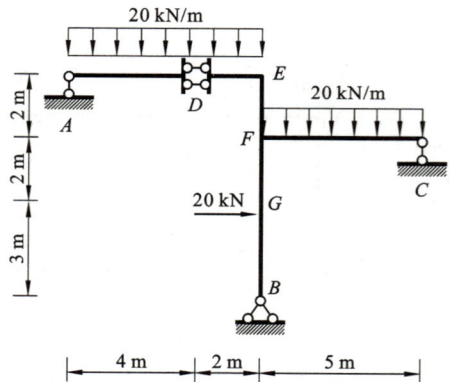

图 3-57

【例 3-14】 画出图 3-57 所示结构的弯矩图。

解 该结构中 AD 为附属部分,$DEFCB$ 为基本部分,计算先由附属部分开始,然后再到基本部分。由于题目仅要求画出弯矩图,因此只需选择计算部分反力即可。

对于 AD 部分:

由 $\sum F_y = 0$ 得 $\qquad\qquad F_{yA} = 80 \text{ kN}$

对于整体结构：

由 $\sum F_x = 0$ 得　　　　　　$F_{xB} = 20$ kN（方向向左）

然后由 A 端开始画弯矩图，则

$$M_{EA} = (80 \times 6 - 20 \times 6 \times 3)\ \text{kN} \cdot \text{m} = 120\ \text{kN} \cdot \text{m}（下部受弯）$$

$ADEF$ 部分的弯矩图如图 3-58(a) 所示。

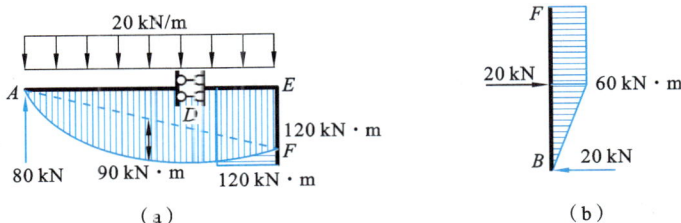

图 3-58

再由 B 端开始画弯矩图：

由 $\sum M_G = 0$ 得　　　　　$M_{GB} = 20 \times 3\ \text{kN} = 60\ \text{kN}（右边受弯）$

由 $\sum M_F = 0$ 得　　　$M_{FB} = (20 \times 5 - 20 \times 2)\ \text{kN} = 60\ \text{kN}（右边受弯）$

杆 BF 的弯矩如图 3-58(b) 所示。

然后取 F 结点为隔离体（见图 3-59(a)）：

由 $\sum M_F = 0$ 得　　　$M_{FC} = (120 + 60)\ \text{kN} \cdot \text{m} = 180\ \text{kN} \cdot \text{m}$

杆 FC 的弯矩如图 3-59(b) 所示。

刚架的整体弯矩图如图 3-60 所示。

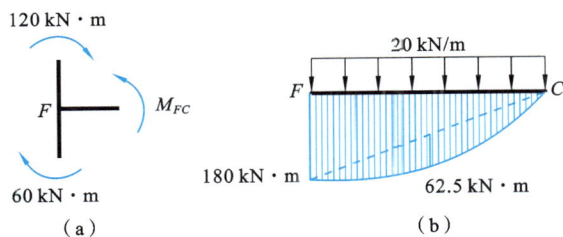

图 3-59

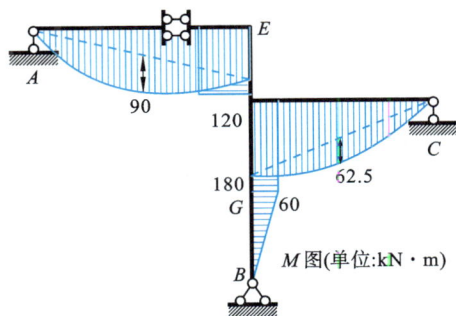

图 3-60

---

3. 讨论静定刚架内力计算及内力图绘制

从以上的例题可以看出，静定刚架内力计算及内力图绘制一般步骤如下。

（1）求支座反力。如果上部体系与地基的约束为 3 个，只要以上部结构为隔离体，由 3 个平衡方程即可求出所有的反力。如果上部体系与地基的约束多于 3 个，分两种情况：若结构是由基本部分和附属部分组成的，计算应先从附属部分依次进行；若结构不是由基本部分和附属部分组成的，则应先对整体建立平衡方程，然后取体系的某部分为隔离体，补充相应的方程，这样才能求出所有的反力。

（2）求控制截面的内力。控制截面一般选在支承点、结点、分布荷载不连续点所在处。控制截面把刚架划分成若干个受力简单区段。

（3）求出各控制截面的内力值,根据每个区段内的荷载情况,利用"零平斜弯"及叠加法作出弯矩图。所谓"零平斜弯",即铰所在位置弯矩为零,剪力为零的区段弯矩图为平行于杆件的线,剪力为常数的区段弯矩图为斜线,有均布荷载的区段弯矩图为曲线。

（4）求截面的剪力和轴力有两种方法。一种方法是在弯矩图的基础上,取杆件为隔离体,由平衡方程求出剪力,然后以剪力图为基础,取结点为隔离体,由平衡方程求出轴力。另一种方法是由截面一边的外力(荷载与反力),用平衡条件求出剪力和轴力。采用这种方法时应先从有支座的杆端开始计算。当刚架构造较复杂(如有斜杆)或者外力较多时,一般采用第一种方法。

（5）结点的弯矩平衡。在刚结点处各杆端弯矩和结点集中力偶应满足结点的力矩平衡条件。两杆相交的刚结点处无集中力矩作用时,两杆端弯矩应等值,且同侧受弯。

综上所述,刚架内力图绘制的要点就是八个字:分段、定形、求值、画图。而且如果仅要求画出弯矩图,则不需要求出所有的反力,通过对结构及荷载的分析可快速画出弯矩图。

【例 3-15】 绘制图 3-61 所示刚架的弯矩图。

解 （1）求反力。由于图 3-61 所示刚架的上部体系与地基的约束多于 3 个,所以先由整体开始计算。

由 $\sum M_A = 0$ 得　$F_{yB} = (20+30\times2)/4$ kN $= 20$ kN（方向向上）

由 $\sum F_y = 0$ 得　　　$F_{yA} = (30-20)$ kN $= 10$ kN（方向向上）

然后以右半部分 CEB 为隔离体,则 由 $\sum M_C = 0$ 得
$$F_{xB} = 20\times2/4 \text{ kN} = 10 \text{ kN（方向向左）}$$

对于整体:

由 $\sum F_x = 0$ 得　　　　　$F_{xA} = 10$ kN（方向向右）

（2）画弯矩图。先求出控制点上的弯矩:
$$M_{DA} = 10\times4 \text{ kN·m} = 40 \text{ kN·m（杆件外侧受弯）}$$
$$M_{EB} = 10\times4 \text{ kN·m} = 40 \text{ kN·m（杆件外侧受弯）}$$
$$M_{EC} = M_{EB} = 40 \text{ kN·m（杆件外侧受弯）}$$
$$M_{DC} = (40-20) \text{ kN·m} = 20 \text{ kN·m（杆件外侧受弯,见图 3-62）}$$

画出最终的弯矩图,如图 3-63 所示。

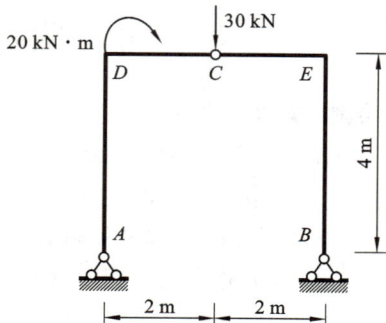

图 3-61

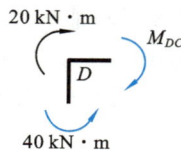

图 3-62

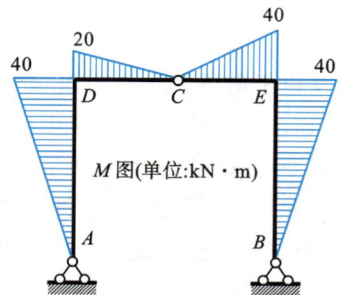

M 图(单位:kN·m)

图 3-63

【例 3-16】　作图 3-64 所示结构的弯矩图。

MOOC 视频

解　由于图 3-64 所示结构、荷载均对称，因此反力应该对称，弯矩图也应该对称，在 F 点处无剪力存在，因为若 F 点处有剪力存在，弯矩图就不可能对称。C、D 两点弯矩分别为荷载乘以距离（30 kN×2 m）。接下来就可按前面总结的规律直接绘制弯矩图了。所绘弯矩图如图 3-65 所示。

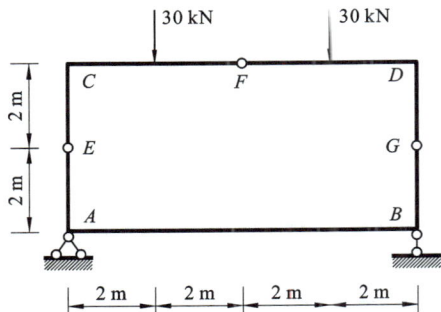

图 3-64

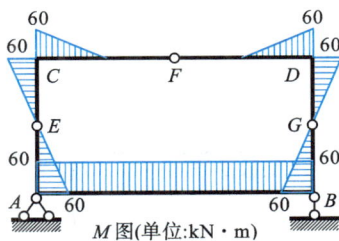

图 3-65

【例 3-17】　作图 3-66 所示结构的弯矩图。

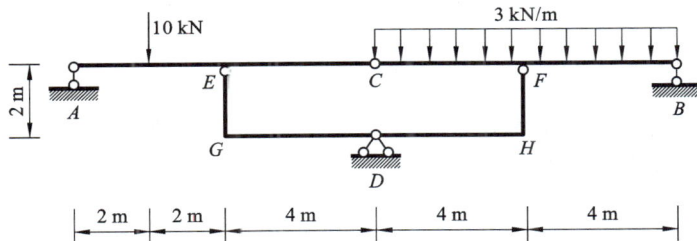

图 3-66

解　该题的关键是求反力。由于图 3-66 所示结构的上部体系与地基的约束多于 3 个，由整体的平衡条件无法求出所有的反力，因此具体解法如下。

取杆 AEC 为隔离体，如图 3-67(a)所示。由于杆 EGD 是轴力杆，铰 E 处的作用力沿 E、D 的连线方向。对 E 点作用力与 A 点竖直方向反力的交点 O_1 取矩。

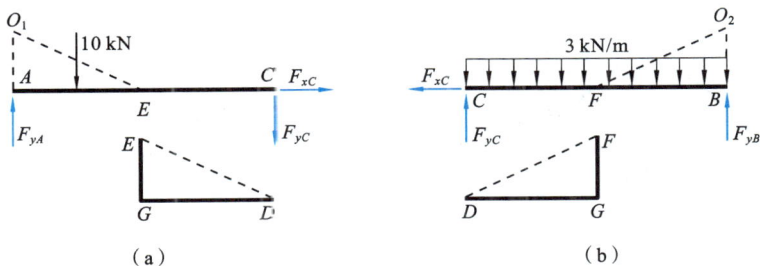

（a）　　　　　　　　　　　（b）

图 3-67

由 $\sum M_{O_1} = 0$ 得

$$-F_{xC} \times 2 \text{ m} + F_{yC} \times 8 \text{ m} + 10 \times 2 \text{ kN} \cdot \text{m} = 0 \tag{1}$$

取杆 CFB 为隔离体,同理对 F 点作用力与 B 点竖直方向反力的交点 O_2 取矩,如图 3-67 (b)所示。

由 $\sum M_{O_2} = 0$ 得

$$F_{xC} \times 2 \text{ m} + F_{yC} \times 8 \text{ m} - 3 \times 8 \times 4 \text{ kN} \cdot \text{m} = 0 \tag{2}$$

由式(1)、式(2)解得

$$F_{xC} = 29 \text{ kN}, \quad F_{yC} = 4.75 \text{ kN}$$

求出了 F_{xC} 和 F_{yC},其他反力就容易求解了,不再赘述。该结构的弯矩图如图 3-68 所示。

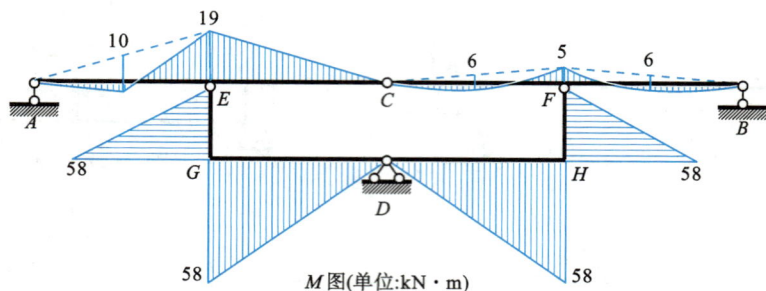

图 3-68

【例 3-18】　作图 3-69 所示结构的弯矩图。

解　由于图中结构对称、荷载对称,因此反力和弯矩一定对称。中间铰 F、E 处剪力应为零,因为在这两点处若有剪力存在,弯矩图就一定不对称了,也就是说,如果结构对称、荷载对称,那么在结构的对称点处是没有剪力的。

取杆 AGF 为隔离体(见图 3-70(a)),由于结构对称,作用在隔离体杆 AGF 上 F 点的荷载应为 5 kN。

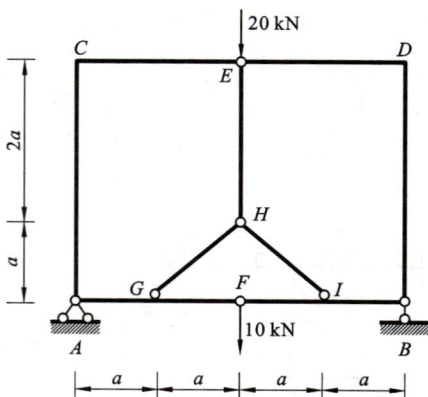

图 3-69

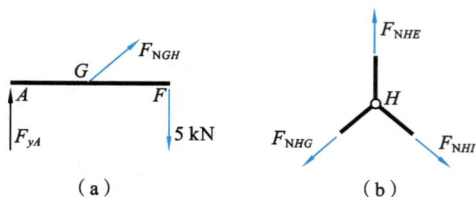

图 3-70

由 $\sum M_A = 0$ 得　　　$5 \times 2a = F_{NGH} \times \dfrac{\sqrt{2}}{2}a$, $\quad F_{NGH} = 10\sqrt{2} \text{ kN}$

取结点 H 为隔离体(见图 3-70(b)),则

由 $\sum F_x = 0$ 得

$$F_{NHI} = F_{NHG} = 10\sqrt{2} \text{ kN}$$

由 $\sum F_y = 0$ 得

$$F_{NHE} = 20 \text{ kN}$$

接下来就可以画弯矩图了,作用在 E 点的竖直方向的外力为 20 kN 的外荷载,再加 F_{NEH} (20 kN),共 40 kN,由于结构和荷载对称,作用在杆 EC 和杆 ED 上的力均为 20 kN。同理,对作用在 F 点上的力,画弯矩图时也两边各取一半,所作弯矩图如图 3-71 所示。

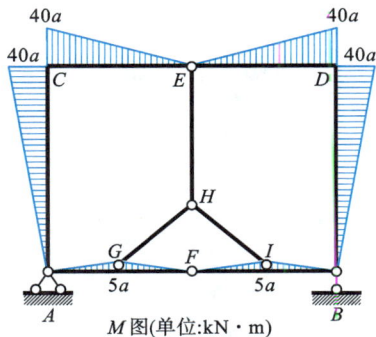

M 图(单位:kN·m)

图 3-71

3.6　桁架

1. 桁架的特点

由材料力学知识可知,等截面受弯实心梁(见图 3-72(a))在荷载作用下的弯矩沿杆长的分布是不均匀的(见图 3-72(b)),应力在其截面上的分布也是不均匀的,如图 3-72(c)所示,因此材料的强度性能不能充分发挥。

对上述等截面实心梁进行改造,将中间一段去掉后用 3 根链杆将其连接,如图 3-73(a)所示。从几何构造上分析,改造后的梁保持了原来的几何不变性。不同的是,在荷载作用下,改造段杆件受的是拉力或压力,杆件截面的应力分布是均匀的,因此材料的强度性能可以充分发挥。而且部分位置掏空了以后,杆件的重量将大大减轻。

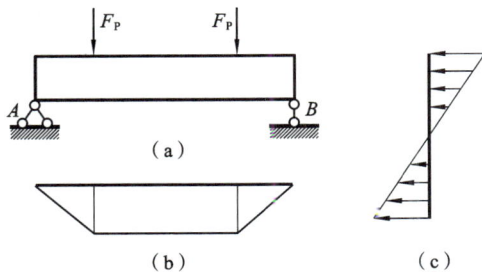

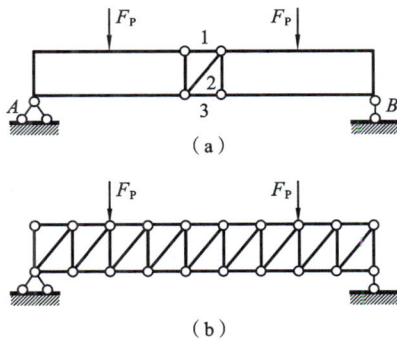

图 3-72

图 3-73

既然如此改造既能充分发挥材料的强度性能,又能减轻结构的重量,那就可以把整根梁都按此方法进行改造,这样得到的结构称为桁架,如图 3-73(b)所示。

所谓桁架结构,即所有杆件均为直杆,荷载只作用在结点上的铰接体系。实际工程中的桁架是比较复杂的,与上面的理想桁架相比,需引入以下的假定:

(1) 所有的结点都是理想的铰结点;

(2) 各杆的轴线都是直线并通过铰的中心;

(3) 荷载与支座反力都作用在结点上。

2. 桁架的应用

桁架主要用于房屋的屋架与主体结构(见图 3-74(a))、桥梁结构(见图 3-74(b))等。

(a)   (b)

图 3-74

3. 桁架的形式

桁架按外形可以分为平行弦桁架(见图 3-75(a))、三角形桁架(见图 3-75(b))、梯形桁架(见图 3-75(c))、折线形桁架(见图 3-75(d))、抛物线形桁架等。

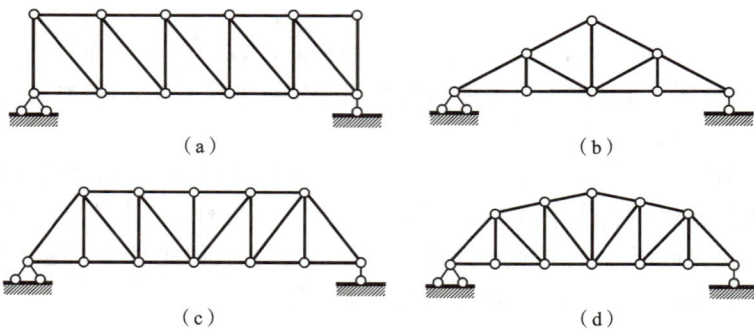

(a)   (b)

(c)   (d)

图 3-75

桁架按承受荷载的情况可以分为上承式(荷载作用于桁架上弦)和下承式(荷载作用于桁架下弦)桁架。

桁架按组成的几何构造可以分为静定平面桁架、超静定平面桁架、静定空间桁架和超静定空间桁架。

桁架按照其几何组成方式可以分为简单桁架、联合桁架和复杂桁架。

(1)简单桁架 由基础或一个基本铰接三角形开始,依次增加二元体所组成的桁架(见图 3-76(a)、(b))。

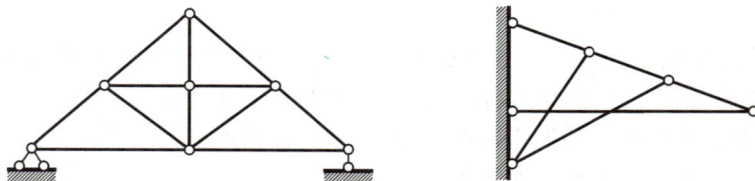

(a)   (b)

图 3-76

（2）联合桁架　由若干个简单桁架按几何不变体系组成规律所组成的桁架（见图 3-77（a）、(b)）。

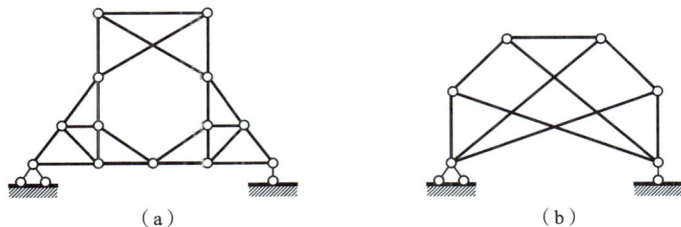

图 3-77

（3）复杂桁架　不属于以上两类桁架的其他桁架（见图 3-78(a)、(b)）。其几何不变性往往无法用两刚片及三刚片组成规律加以分析，需用零荷载法等予以判别。

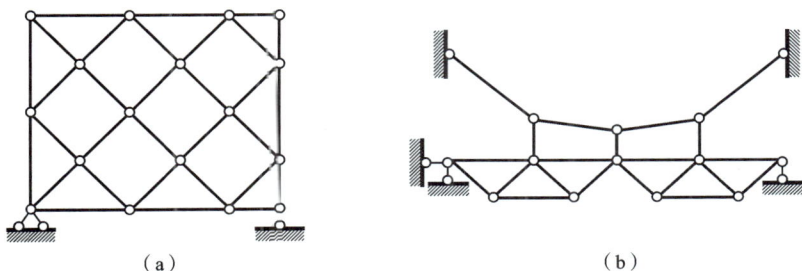

图 3-78

4. 桁架的计算方法

1）结点法

如果一个结点上的未知力少于或等于 2 个，就可利用 $\sum F_x = 0$ 和 $\sum F_y = 0$ 建立 2 个方程，解出未知量。

2）截面法

用一个截面切断拟求内力的杆仵，从结构中取出一部分为隔离体，然后利用 3 个平衡方程求出需求的杆件内力。

3）结点法和截面法联合运用

桁架中某些杆件轴力的求解需要同时应用结点法和截面法。

4）判断零杆及等轴杆

桁架中的某些杆件在某些荷载作用下轴力可能为零，称为零杆。另外还有一些杆件的轴力相等，称为等轴杆。计算前可先进行零杆和等轴杆的判断，这样可以简化计算。判断的方法如下。

（1）两杆结点　用结点连接 2 根不在一条直线上的杆且无荷载作用，那么这 2 根杆都是零杆，如图 3-79(a)所示。

由 $\sum F_y = 0$ 得　　　　　　　　　$F_{N1} = 0$

由 $\sum F_x = 0$ 得　　　　　　　　　$F_{N2} = 0$

（2）三杆结点　用结点连接 3 根杆且无荷载作用，其中 2 根杆在一条直线上，则非共线的

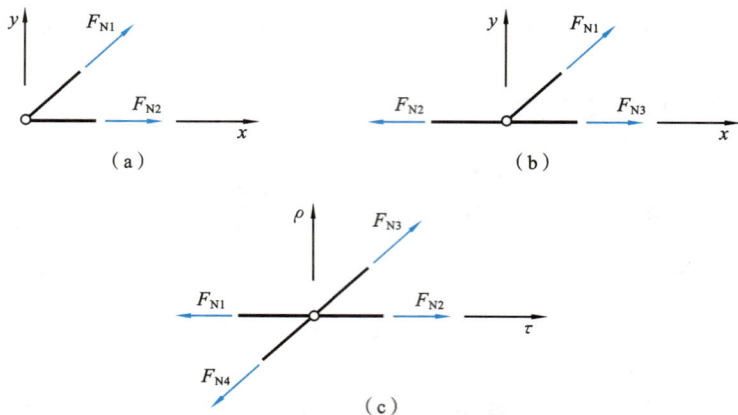

图 3-79

杆为零杆。如图 3-79(b)所示,则

由 $\sum F_y = 0$ 得 $\qquad\qquad F_{N1} = 0$

(3)四杆结点　用结点连接 4 根杆,且这 4 根杆两两分别在一条直线上(见图 3-79(c)),则在同一直线上杆件的轴力分别大小相等、方向相反。

由 $\sum F_x = 0$ 和 $\sum F_y = 0$ 得

$$F_{N1} = F_{N2}$$
$$F_{N3} = F_{N4}$$

(4)利用结构的对称性判断　对于结构对称的桁架:若荷载对称,则桁架的反力和杆件轴力一定对称;若荷载反对称,则桁架的反力和杆件轴力一定反对称。利用这个规律也可以对桁架进行零杆的判断。

【例 3-19】　判断图 3-80 所示桁架结构的零杆。

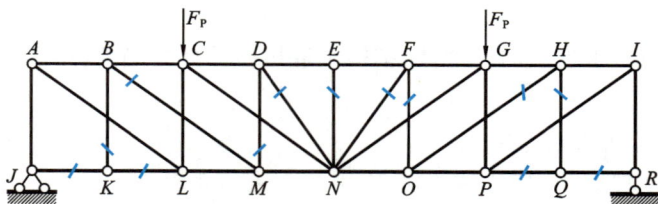

图 3-80

解　该桁架上部结构是对称的,荷载是对称的,支座约束虽然不对称,但由于没有水平反力,因此反力也是对称的。只需分析左半部分即可。J 是两杆结点,此处只有一个竖直方向的反力,因此水平杆 JK 为零杆;K 是三杆结点,没有荷载作用,由于杆 JK 是零杆,因此杆 BK、KL 都是零杆;B 虽是四杆结点,但杆 BK 为零杆,因此杆 BM 是零杆;同样可以判断杆 DM、DN 均为零杆。由于结构和荷载对称,因此杆 NE、NF、FO、OH、PQ、QR、HQ 均为零杆。

【例 3-20】　判断图 3-81 所示结构的零杆,其中,图 3-81(a)所示结构受对称荷载,图3-81(b)所示结构受反对称荷载。

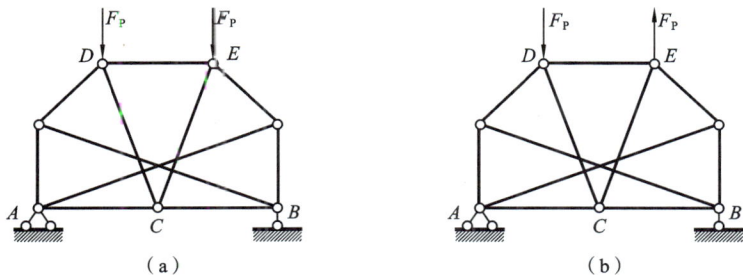

图 3-81

解　（1）在对称荷载作用下，桁架的轴力应该是对称的。取 C 结点，如图 3-82（a）所示。

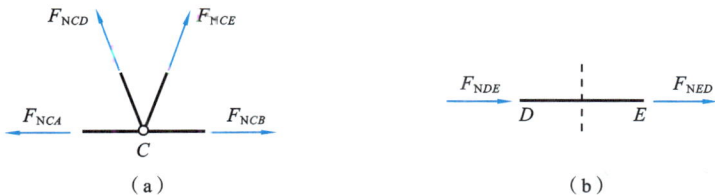

图 3-82

由于轴力应对称，因此 $F_{NCD} = F_{NCE}$，同时受拉或同时受压，但这又无法满足结点在竖直方向上的平衡条件，因此杆 DC、EC 只能是零杆。

（2）在反对称荷载作用下，桁架的轴力应该是反对称的。这就要求杆 DE 半根受拉、半根受压，这是做不到的，因此杆 DE 只能是零杆，如图 3-82（b）所示。

下面通过例题来具体说明桁架内力的计算方法。

【例 3-21】　计算图 3-83 所示 K 字形桁架中杆 1、杆 2 的内力。

解　（1）求反力。

由 $\sum M_F = 0$ 得 $\qquad F_{yJ} = \dfrac{F_P \times 3d}{4d} = \dfrac{3F_P}{4}$

由 $\sum F_y = 0$ 得 $\qquad F_{yF} = F_P - \dfrac{3F_P}{4} = \dfrac{F_P}{4}$

（2）求杆件轴力。取 K 结点为隔离体，如图 3-84 所示。

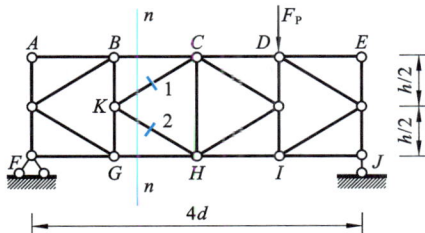

图 3-83

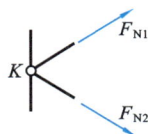

图 3-84

由 $\sum F_x = 0$ 得 $\qquad F_{N1} = -F_{N2}$

在图 3-83 中作 n—n 截面，取左半部分为隔离体。

由 $\sum F_y = 0$ 得　　　　　　　　　　$2F_{N1}\sin\alpha = -\dfrac{F_P}{4}$

故　　　　　　　　　　　$F_{N1} = -\dfrac{F_P}{8\sin\alpha}, \quad F_{N2} = \dfrac{F_P}{8\sin\alpha}$

其中　　　　　　　　　　　$\sin\alpha = \dfrac{h}{\sqrt{4d^2 + h^2}}$

【例 3-22】　请求出图 3-85 所示桁架杆 1、杆 2 的内力。

解　*方法一*：先求反力再求轴力。

（1）求反力。

由 $\sum M_A = 0$ 得　　　　　　　　$F_{yB} = \dfrac{0.5LF_P}{2L} = \dfrac{F_P}{4}$

由 $\sum F_y = 0$ 得　　　　　　　　$F_{yA} = F_P - \dfrac{F_P}{4} = \dfrac{3F_P}{4}$

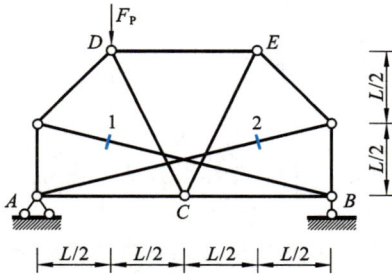

图 3-85

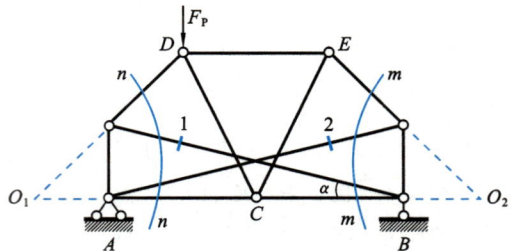

图 3-86

（2）求轴力。

取 n—n 截面（见图 3-86），对 O_1 取矩，则

由 $\sum M_{O_1} = 0$ 得　$F_{N1}\sin\alpha \times \dfrac{L}{2} + F_{N1}\cos\alpha \times \dfrac{L}{2} = \dfrac{3F_P}{4} \times \dfrac{L}{2} + F_{N2}\sin\alpha \times \dfrac{L}{2}$ 　　　(1)

取 m—m 截面（见图 3-86），对 O_2 取矩，则

由 $\sum M_{O_2} = 0$ 得　$F_{N2}\sin\alpha \times \dfrac{L}{2} + F_{N2}\cos\alpha \times \dfrac{L}{2} = \dfrac{F_P}{4} \times \dfrac{L}{2} + F_{N1}\sin\alpha \times \dfrac{L}{2}$ 　　　(2)

其中　　　　　　　　　$\sin\alpha = \dfrac{1}{\sqrt{17}}, \quad \cos\alpha = \dfrac{4}{\sqrt{17}}$

由式(1)、式(2)解得　　　　$F_{N1} = \dfrac{\sqrt{17}F_P}{6}, \quad F_{N2} = \dfrac{\sqrt{17}F_P}{12}$

方法二：利用结构的对称性，把荷载分解成对称和反对称的。

（1）在对称荷载作用下（见图 3-87），杆 DC 和杆 EC 是零杆。取出 D 结点，如图 3-88(a)所示。

由 $\sum F_y = 0$ 得　　　　　　　　$F'_{NDF} = \dfrac{0.5F_P}{\cos\beta} = -\dfrac{\sqrt{2}F_P}{2}$

取出 F 结点，如图 3-88(b)所示。

由 $\sum F_x = 0$ 得　　　　$F_{N1} \times \dfrac{4}{\sqrt{17}} + \left(-\dfrac{\sqrt{2}}{2}F_P \times \dfrac{\sqrt{2}}{2}\right) = 0$

$$F'_{N1} = \dfrac{\sqrt{17}F_P}{8}（受拉）$$

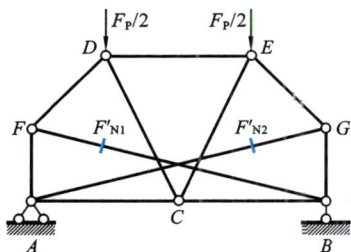

图 3-87

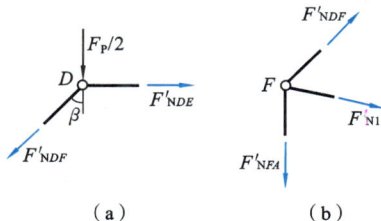

图 3-88

由于荷载对称，故有 $\qquad F'_{N2} = F'_{N1} = \dfrac{\sqrt{17}F_P}{8}$（受拉）

（2）反对称荷载作用下（见图 3-89），杆 DE 是零杆。取出 D 结点，如图 3-90（a）所示。

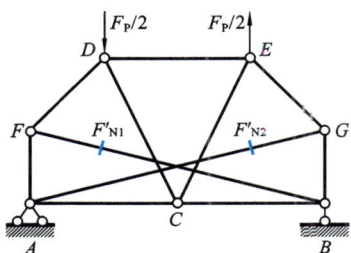

图 3-89

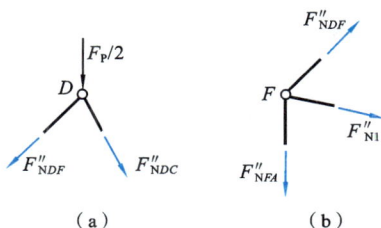

图 3-90

由 $\sum F_x = 0$ 得 $\qquad F''_{NDF} \times \dfrac{\sqrt{2}}{2} = F''_{NDC} \times \dfrac{1}{\sqrt{5}}$ $\qquad$ （3）

由 $\sum F_y = 0$ 得 $\qquad F''_{NDF} \times \dfrac{\sqrt{2}}{2} + F''_{NDC} \times \dfrac{2}{\sqrt{5}} = -\dfrac{F_P}{2}$ $\qquad$ （4）

由式（3）、式（4）解得

$$F''_{NDF} = -\dfrac{F_P}{3\sqrt{2}}$$

取出 F 结点，如图 3-90（b）所示。

由 $\sum F_x = 0$ 得

$$F''_{NDF} \times \dfrac{\sqrt{2}}{2} = -F''_{N1}\dfrac{4}{\sqrt{17}}, \quad F''_{N1} = \dfrac{\sqrt{17}F_P}{24}\text{（受拉）}$$

由于荷载反对称，故有 $\qquad F''_{N2} = -F''_{N1} = -\dfrac{\sqrt{17}F_P}{24}$（受压）

把对称和反对称的两种情况叠加起来，得

$$F_{N1} = \dfrac{\sqrt{17}F_P}{8} + \dfrac{\sqrt{17}F_P}{24} = \dfrac{\sqrt{17}F_P}{6}$$

$$F_{N2} = \dfrac{\sqrt{17}F_P}{8} - \dfrac{\sqrt{17}F_P}{24} = \dfrac{\sqrt{17}F_P}{12}$$

【例 3-23】　求图 3-91 所示桁架结构杆件的轴力。

解　（1）求反力。对于结构整体：

由 $\sum F_x = 0$ 得 $\qquad\qquad F_{xA} = -\dfrac{\sqrt{2}}{2}F_P$

由 $\sum F_y = 0$ 得 $\qquad\qquad F_{yA} + F_{yB} + F_{yC} = \dfrac{\sqrt{2}}{2}F_P$ $\qquad\qquad$ (1)

由 $\sum M_A = 0$ 得 $\qquad\qquad F_{yC}\times 4 + F_{yB}\times 8 = \dfrac{\sqrt{2}}{2}F_P\times 4$ $\qquad\qquad$ (2)

作 $n—n$ 截面,取左半部分为隔离体,如图 3-92(a)所示。

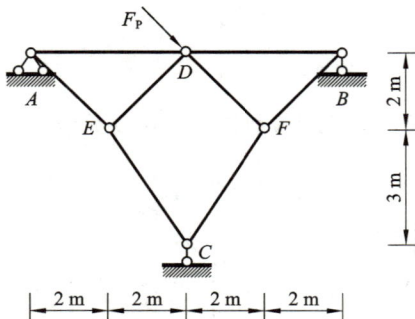

图 3-91

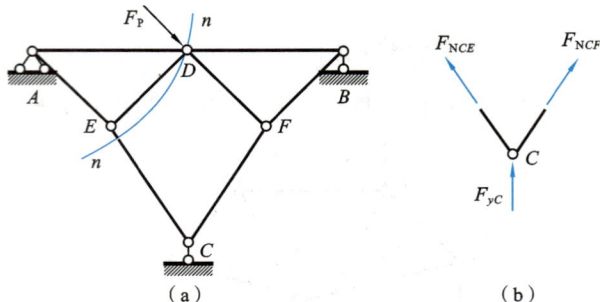

图 3-92

由 $\sum M_D = 0$ 得 $\qquad\qquad F_{yA}\times 4 = F_{NEC}\times\dfrac{10}{\sqrt{13}}$ $\qquad\qquad$ (3)

取出 C 结点,如图 3-92(b)所示。

由 $\sum F_x = 0$ 得 $\qquad\qquad F_{NCE} = F_{NCF}$

由 $\sum F_y = 0$ 得 $\qquad\qquad 2F_{NCE}\times\dfrac{3}{\sqrt{13}} + F_{yC} = 0$ $\qquad\qquad$ (4)

由式(1)、式(2)、式(3)、式(4)解得

$$F_{yA} = -\frac{5\sqrt{2}}{4}F_P,\quad F_{yB} = -\frac{5\sqrt{2}}{4}F_P,\quad F_{yC} = 3\sqrt{2}F_P,\quad F_{NCE} = F_{NCF} = -\frac{\sqrt{26}}{2}F_P$$

取出 B 结点,如图 3-93(a)所示,则由 $\sum F_x = 0$ 和 $\sum F_y = 0$ 得

$$F_{NBD} = \frac{5\sqrt{2}}{4}F_P,\quad F_{NBF} = -\frac{5}{2}F_P$$

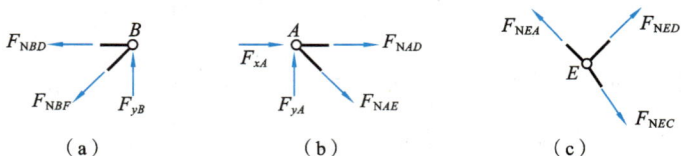

图 3-93

取出 A 结点,如图 3-93(b)所示,则由 $\sum F_x = 0$ 和 $\sum F_y = 0$ 得

$$F_{NAE} = -\frac{5}{2}F_P,\quad F_{NAD} = \frac{7\sqrt{2}}{4}F_P$$

取出 E 结点,如图 3-93(c)所示,则有

$$F_{NED} \times \frac{\sqrt{2}}{2} = \frac{5}{2} \times \frac{\sqrt{2}}{2} F_P - \frac{\sqrt{26}}{2} \times \frac{3}{\sqrt{13}} F_P$$

得

$$F_{NED} = -\frac{1}{2} F_P$$

同样，

$$F_{NFD} = -\frac{1}{2} F_P$$

图 3-91 所示桁架结构中各杆件的轴力大小如图 3-94 所示。

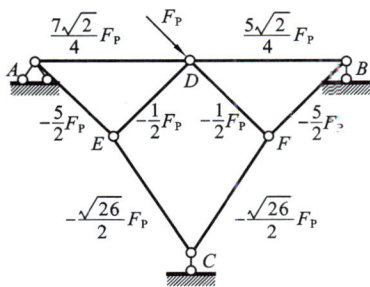

图 3-94

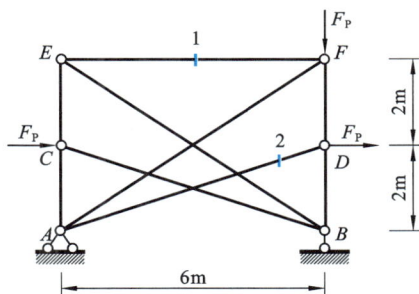

图 3-95

【例 3-24】　求图 3-95 所示桁架杆 1、杆 2 的轴力。

解　取出 D 结点，如图 3-96(a)所示。

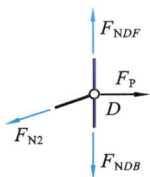

（a）

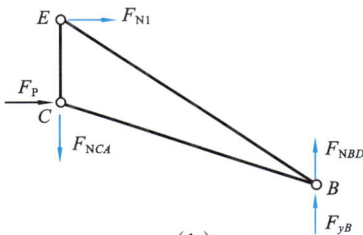

（b）

图 3-96

由 $\sum F_x = 0$ 得

$$F_{N2} \times \frac{6}{\sqrt{40}} = F_P, \quad F_{N2} = \frac{F_P \times 2\sqrt{10}}{6} = \frac{\sqrt{10} F_P}{3}$$

取 ECB 部分为隔离体，如图 3-96(b)所示。

由 $\sum F_x = 0$ 得
$$F_{N1} = -F_P$$

3.7　组合结构

由承受弯矩、剪力和轴力的梁式杆和只承受轴力的二力杆组成的结构称为组合结构。组合结构常常用于建筑中的屋架（见图 3-97(a)）、桥梁（见图 3-97(b)）等承重结构。相应的结构计算简图分别如图 3-97(c)和图 3-97(d)所示。

MOOC 视频

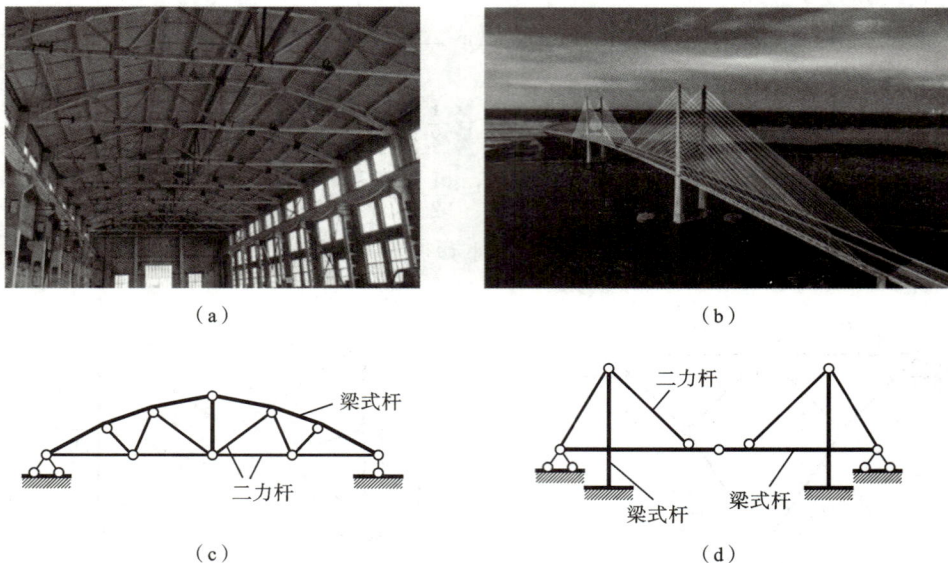

（a）　　　　　　　　　　　　　（b）

（c）　　　　　　　　　　　　　（d）

图 3-97

组合结构的求解一般可以用截面法,切断轴力杆后取隔离体,利用平衡条件求出该杆的轴力,然后依次求出其他轴力杆的轴力,最后再求出梁式杆的内力。计算前一定要分清楚轴力杆和梁式杆。

【例 3-25】　图 3-98(a)所示为一组合结构,试画出结构中梁式杆的弯矩图和轴力杆的轴力图。

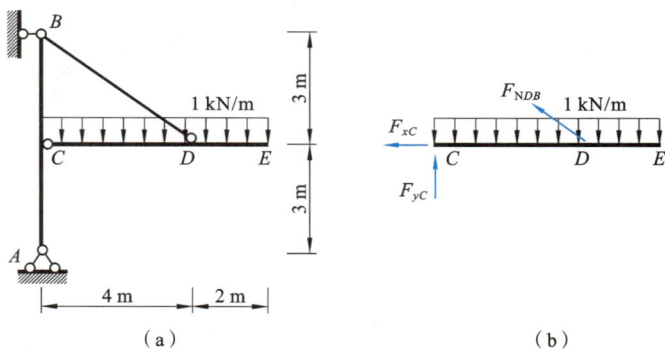

（a）　　　　　　　　　　　　　（b）

图 3-98

解　该组合结构的杆 BD 为轴力杆,其他杆件为受弯杆件。

(1) 求反力。

由 $\sum F_y = 0$ 得　　　　　　　　　$F_{yA} = 1 \times 6 \text{ kN} = 6 \text{ kN}$

由 $\sum M_B = 0$ 得　　　　　　　$F_{xA} = 1 \times 6 \times 3/6 \text{ kN} = 3 \text{ kN}$

由 $\sum F_x = 0$ 得　　　　　　　　　　$F_{xB} = 3 \text{ kN}$

(2) 求杆 BD 的轴力。

取杆 CE 为隔离体(见图 3-98(b))。

由 $\sum M_C = 0$ 得

$$F_{NDB} \times \frac{3}{5} \times 4 = 1 \times 6 \times 3 \text{ kN}$$

则　　　　　　$F_{NDB} = \frac{18 \times 5}{4 \times 3} \text{ kN} = 7.5 \text{ kN}$

（3）画弯矩图和轴力图。

求杆 AB 上控制点 C、杆 CE 上控制点 D 的弯矩。

以 AC 段为隔离体，对 C 点取矩，得

　　$M_{CB} = 3 \times 3 \text{ kN} \cdot \text{m} = 9 \text{ kN} \cdot \text{m}$（左侧受弯）

以 DE 段为隔离体，对 D 点取矩，得

$$M_{DE} = \frac{1}{2} \times 1 \times 2^2 \text{ kN} \cdot \text{m} = 2 \text{ kN} \cdot \text{m}（上部受弯）$$

由区段叠加法就可以作出最终弯矩图和轴力杆的轴力图（见图3-99）。

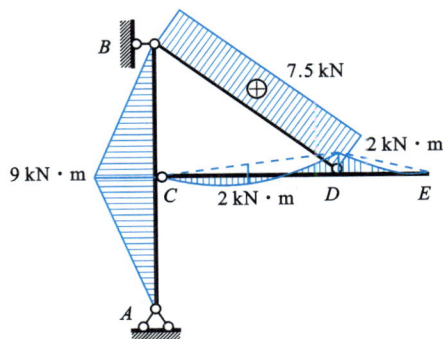

图 3-99

【例 3-26】　画出图 3-100(a)所示组合结构的弯矩图和轴力图。

解　杆 AB 为梁式杆，其他的均为轴力杆。

（1）求反力。

由于结构对称、荷载对称，因此反力对称。

$$F_{yA} = F_{yB} = 1 \times 4 \text{ kN} = 4 \text{ kN}, \quad F_{xA} = 0$$

（2）求轴力杆的轴力。

作 $n-n$ 截面，以左半部分为隔离体，对 C 点取矩。

由 $\sum M_C = 0$ 得

$$F_{NEG} = \frac{-1 \times 4 \times 2 + 4 \times 4}{2} \text{ kN} = 4 \text{ kN}$$

同时，对于该隔离体，由 $\sum F_y = 0$，可以得到 C 点处竖直方向的作用力为零。

取 E 结点为隔离体（见图 3-100(b)）。

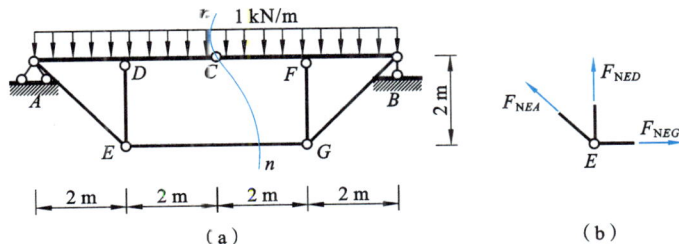

（a）　　　　　　　　　　（b）

图 3-100

由 $\sum F_x = 0$ 得　　　　　　$F_{NEA} = 4\sqrt{2} \text{ kN}$

由 $\sum F_y = 0$ 得　　　　　　$F_{NED} = -4 \text{ kN}$

（3）画弯矩和轴力图。

先求出杆 AC 上控制点 D 处的弯矩。由于 C 点处没有竖直方向的作用力，因此 D 点的弯

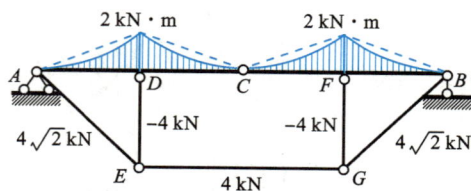

图 3-101

矩为 $M_D = 1 \times 2 \times 1 \text{ kN} \cdot \text{m} = 2 \text{ kN} \cdot \text{m}$（上部受弯）。由于结构和载荷对称，杆 CB 的控制点 F 处的弯矩为 $M_F = M_D = 2 \text{ kN} \cdot \text{m}$（上部受弯）。按区段叠加法作梁式构件的弯矩图及轴力杆件的轴力图，如图 3-101 所示。

由上述的计算过程可以得出以下结论：对称结构在对称荷载作用下，对称点处只有对称的内力存在，而反对称的内力等于零。

【例 3-27】 作图 3-102 所示组合结构的弯矩图。

解 以整体为隔离体。

由 $\sum F_x = 0$ 得 $\qquad\qquad F_{xA} = 0$

取杆 FG 为隔离体（见图 3-103(a)）。

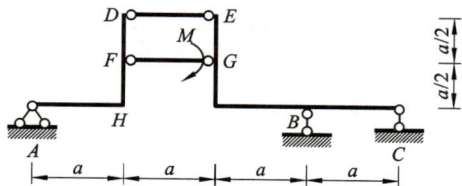

图 3-102

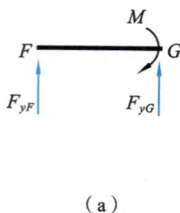

（a）

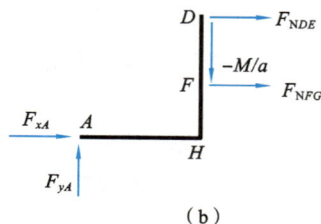

（b）

图 3-103

由 $\sum M_F = 0$ 得 $\qquad\qquad F_{yG} = \dfrac{M}{a}$

由 $\sum F_y = 0$ 得 $\qquad\qquad F_{yF} = -\dfrac{M}{a}$

取杆 AHD 为隔离体（见图 3-103(b)）。

由 $\sum F_y = 0$ 得 $\qquad\qquad F_{yA} = -\dfrac{M}{a}$

由 $\sum F_x = 0$ 得 $\qquad\qquad F_{NDE} = -F_{NFG}$

杆 AH 上 H 点的弯矩为

$$M_{HA} = -\dfrac{M}{a}a = -M\text{（上部受弯）}$$

由 H 点弯矩平衡，得 $\qquad M_{HF} = M_{HA} = -M\text{（左边受弯）}$

由于 HF 段无荷载作用，因此该段的弯矩图为直线，即

$$M_{FH} = -M\text{（左边受弯）}$$

FD 段的 D 点弯矩应为零（铰结点），这就说明

$$F_{NFG} = -2M/a\text{（方向向左）}, \quad F_{NDE} = 2M/a\text{（方向向右）}$$

对于整体

由 $\sum M_B = 0$ 得 $\qquad F_{yC}a + \dfrac{M}{a} \times 3a = M, \quad F_{yC} = -\dfrac{2M}{a}$

由 $\sum F_y = 0$ 得 $\qquad\qquad F_{yB} = \dfrac{3M}{a}$

该组合结构的弯矩图如图 3-104 所示。

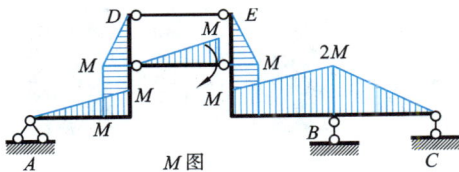

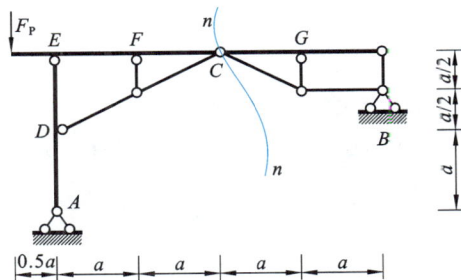

图 3-104　　　　　　　图 3-105

【例 3-28】 求出图 3-105 所示组合结构轴力杆的轴力和梁式杆的弯矩。

解　以整体为隔离体。

由 $\sum M_A = 0$ 得　$F_{xB} \times 1.5a + F_{yB} \times 4a + F_P \times 0.5a = 0$ 　　　(1)

由 $\sum F_x = 0$ 得　$F_{xB} = F_{xA}$ 　　　(2)

由 $\sum F_y = 0$ 得　$F_{yA} + F_{yB} = F_P$ 　　　(3)

作 $n—n$ 截面，以右半部分为隔离体。

由 $\sum M_C = 0$ 得

$$F_{yB} \times 2a = F_{xB} \times 0.5a \quad (4)$$

由式(1)、式(2)、式(3)、式(4)解得

$$F_{xB} = -\frac{F_P}{5}(\text{向右}), \quad F_{yB} = -\frac{F_P}{5 \times 4} = -\frac{F_P}{20}(\text{向下})$$

$$F_{xA} = -\frac{F_P}{5}(\text{向左}), \quad F_{yA} = F_P + \frac{F_P}{20} = \frac{21}{20}F_P(\text{向上})$$

作弯矩图、轴力图，如图 3-106 所示。

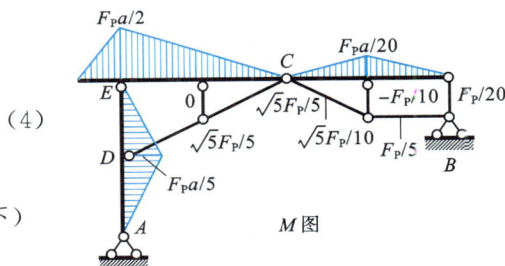

图 3-106

3.8　三铰拱

在竖直方向荷载作用下，支座会产生水平反力的结构通常称为拱结构。拱 MOOC 视频结构是应用较为广泛的工程结构形式之一，我国早在古代就在桥梁和房屋建筑中采用了拱结构。如图 3-107(a)所示为始建于隋朝的河北赵州桥。如图 3-107(b)所示为 2009 年建成的主跨跨径达 552 m 的重庆朝天门长江大桥，其采用了三跨连续钢桁系杆无推力拱结构体系。

思政元素

图 3-108(a)所示结构在竖直方向荷载作用下，支座的水平反力等于零，因此它不是拱结构，而是曲梁结构；而图 3-108(b)所示结构在竖直方向荷载作用下，支座会产生水平反力，因此它是拱结构。

常见的拱结构如图 3-109 所示。其中，图 3-109(a)所示为三铰拱，图 3-109(b)所示为带拉杆三铰拱，图 3-109(c)所示为两铰拱，图3-109(d)所示为无铰拱。

在拱结构中，由于支座存在着水平反力，其各截面的弯矩要比相应简支梁或曲梁的小得

（a）   （b）

图 3-107

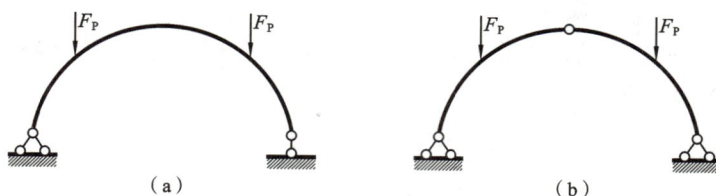

（a）   （b）

图 3-108

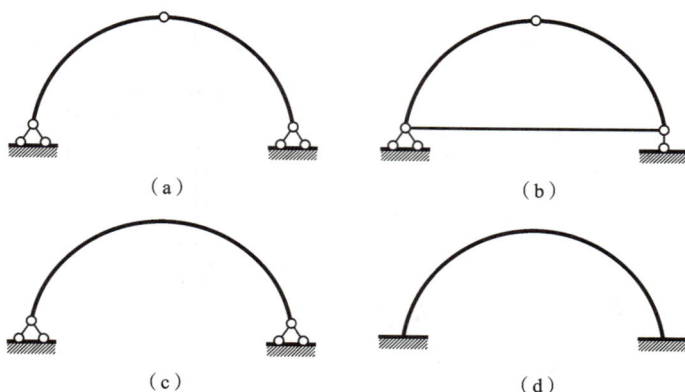

（a）   （b）

（c）   （d）

图 3-109

多,因此它的截面就可做得小一些,能节省材料、减轻自重、加大跨度。在拱结构中,主要内力是轴压力,因此可以用抗拉性能比较差而抗压性能比较好的材料来做。但同时由于拱结构会对下部支撑结构产生水平的推力,因此它需要更坚固的基础或下部结构;同时它的外形比较复杂,导致施工比较困难,模板费用也比较高。

图 3-110(a)为三铰拱结构,对应的计算简图和各部分名称如图 3-110(b)所示。图中:L

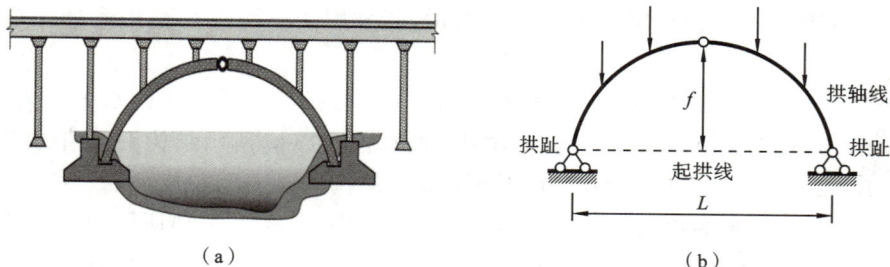

（a）   （b）

图 3-110

为跨度(两个拱趾之间的水平距离)；f 为矢高或拱高(两拱趾间的连线到拱顶的竖直方向距离)。f/L 为高跨比,拱的主要性能与它有关,工程中这个值一般控制在 $1/10 \sim 1$。

1. 三铰拱的计算

在研究等高三铰拱(见图 3-111(a))的反力、内力的计算时,为了便于理解,常将其与相应的简支梁(跨度相同、荷载相同)(见图 3-111(b))做对比。

1) 支座反力计算

以整体为隔离体。

由 $\sum M_B = 0$ 得

$$F_{yA} = \frac{\sum F_{Pi} b_i}{L} = F_{yA}^0$$

由 $\sum M_A = 0$ 得

$$F_{yB} = \frac{\sum F_{Pi} a_i}{L} = F_{yB}^0$$

以左半跨为隔离体。

由 $\sum M_C = 0$ 得

$$F_{xA} = F_H = \frac{F_{yA} L_1 - F_{P1}(L_1 - a_1) - F_{P2}(L_1 - a_2)}{f} = \frac{M_C^0}{f}$$

以上各式中：F_{yA}、F_{yB} 为拱的竖直方向支座反力；F_{yA}^0、F_{yB}^0 为相应简支梁的竖直方向反力；M_C^0 为简支梁在 C 截面处的弯矩；F_{xA} 表示拱的水平方向支座反力。由上面的计算可知：三角拱的竖直反力与相应简支梁的相同,水平反力等于相应简支梁 C 点处的弯矩除以拱的矢高。

由于这个水平反力对下部结构实际上是水平推力,因此习惯上称为水平推力,用 F_H 表示。因为 F_H 与 f 成反比,所以在跨度一定的情况下,f 越小,F_H 越大,也就是说,f 越小,拱的特性就越突出。

2) 弯矩计算

求拱轴线上任意点 K 处的弯矩,为此取 AK 为隔离体(见图 3-112(a)),对 K 点取矩。

由 $\sum M_K = 0$ 得

$$M_K = [F_{yA} x_K - F_{P1}(x_K - a_1)] - F_H y_K = M_K^0 - F_H y_K$$

由该式可知,三铰拱任意点处的弯矩要小于相应简支梁的(见图 3-112(b)),而且水平反力越大,任意点处的弯矩越小。

3) 剪力计算

求拱轴线上任意点 K 处的剪力,同样以 AK 为隔离体。

由 $\sum \eta = 0$ 得

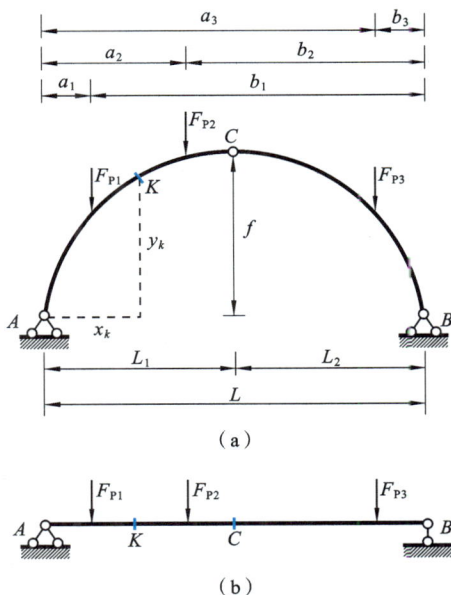

图 3-111

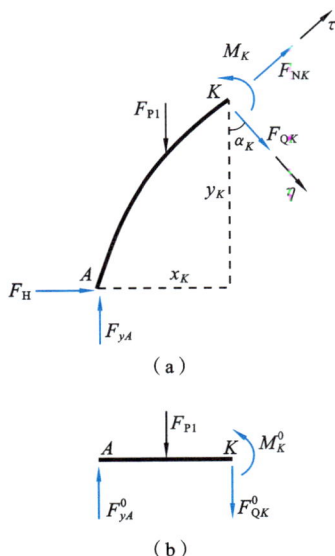

图 3-112

$$F_{QK} = F_{yA}\cos\alpha_K - F_H\sin\alpha_K - F_{P1}\cos\alpha_K$$
$$= (F_{yA} - F_{P1})\cos\alpha_K - F_H\sin\alpha_K$$

即

$$F_{QK} = F_{QK}^0\cos\alpha_K - F_H\sin\alpha_K$$

4）轴力计算

求拱轴线上任意点 K 的剪力，同样以 AK 为隔离体。

由 $\sum\tau = 0$ 得

$$F_{NK} = -F_{yA}\sin\alpha_K - F_H\cos\alpha_K + F_{P1}\sin\alpha_K$$
$$= -(F_{yA} - F_{P1})\sin\alpha_K - F_H\cos\alpha_K$$

即

$$F_{NK} = -F_{QK}^0\sin\alpha_K - F_H\cos\alpha_K$$

因此，三铰拱内力计算公式如下：

$$\begin{cases} M_K = M_K^0 - F_H y_K \\ F_{QK} = F_{QK}^0\cos\alpha_K - F_H\sin\alpha_K \\ F_{NK} = -F_{QK}^0\sin\alpha_K - F_H\cos\alpha_K \end{cases}$$

由三铰拱内力计算公式可见：相同点处的弯矩、剪力，三铰拱的要比简支梁的小，而且三铰拱会产生较大的轴力（压力），简支梁的轴力则为零。

另外，以上公式只适用于竖直方向荷载作用下的等高拱，如果作用的是水平方向的荷载，则该公式不再适用，必须用截面法直接求解内力。

【例 3-29】 图 3-113 所示三铰拱的拱轴线方程为 $y = \dfrac{4f}{L^2}(L-x)x$，荷载如图所示，求出 D 点处的内力。

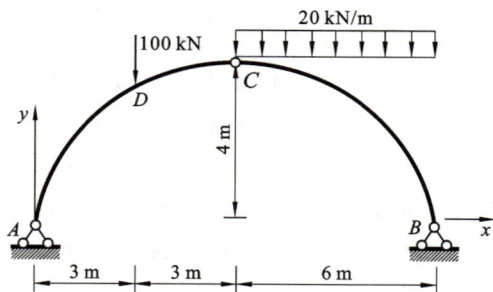

图 3-113

解 （1）求反力。

以整体为隔离体。

由 $\sum M_B = 0$ 得

$$F_{yA} = (20\times6\times3 + 100\times9)/12 \text{ kN} = 105 \text{ kN}$$

由 $\sum F_y = 0$ 得

$$F_{yB} = (100 + 20\times6 - 105) \text{ kN} = 115 \text{ kN}$$

$$F_H = \frac{105\times6 - 100\times3}{4} \text{ kN} = 82.5 \text{ kN}$$

（2）求 D 点的内力。

先求位置参数，得

$$x_D = 3 \text{ m}, \quad y_D = \frac{4\times4}{12^2}(12-3)\times3 \text{ m} = 3 \text{ m}$$

$$\tan\alpha_D = \frac{dy}{dx} = \frac{4f}{L^2}(L-2x) = \frac{4\times4}{12^2}(12-2\times3) = 0.667$$

$$\alpha_D = 33°42', \quad \cos\alpha_D = 0.832, \quad \sin\alpha_D = 0.555$$

取 AD 段为隔离体（见图 3-114），利用三铰拱内力计算公式，得

$$M_D = M_D^0 - F_H y_D = (105\times3 - 82.5\times3) \text{ kN·m} = 67.5 \text{ kN·m}$$

由于 D 点处有集中力作用，简支梁的剪力有突变，因此三铰拱在此处的剪力和轴力都有突变。取图 3-114(a) 所示隔离体（图 3-114(b) 是其对应的简支梁的隔离体），求 $F_{QD}^{左}$、$F_{ND}^{左}$；取

图 3-115(a)所示隔离体(图 3-115(b)是其对应的简支梁的隔离体),求 $F_{QD}^{右}$、$F_{ND}^{右}$。

$$F_{QD}^{左} = F_{QD}^{0左} \cos\alpha_D - F_H \sin\alpha_D = (105 \times 0.832 - 82.5 \times 0.555) \text{ kN}$$
$$= 41.6 \text{ kN}$$

$$F_{ND}^{左} = -F_{QD}^{0左} \sin\alpha_D - F_H \cos\alpha_D = (-105 \times 0.555 - 82.5 \times 0.832) \text{ kN}$$
$$= -126.9 \text{ kN}$$

$$F_{QD}^{右} = F_{QD}^{0右} \cos\alpha_D - F_H \sin\alpha_D = [(105 - 100) \times 0.832 - 82.5 \times 0.555] \text{ kN}$$
$$= -41.6 \text{ kN}$$

$$F_{ND}^{右} = -F_{QD}^{0右} \sin\alpha_D - F_H \cos\alpha_D = [-(105 - 100) \times 0.555 - 82.5 \times 0.832] \text{ kN}$$
$$= -71.4 \text{ kN}$$

MOOC 视频

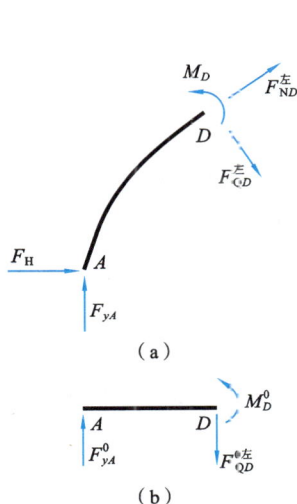

图 3-114

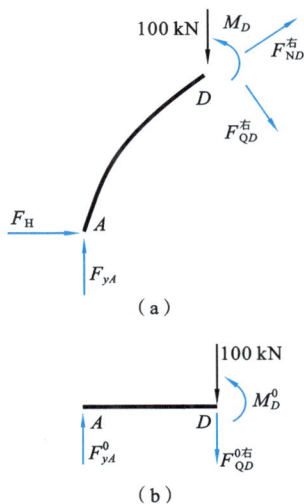

图 3-115

【例 3-30】 求图 3-116(a)所示对称的带拉杆三铰拱式屋架在对称荷载作用下时 D 点的内力。图 3-116(b)表示了其受荷载的情况,图中尺寸的单位为 m。

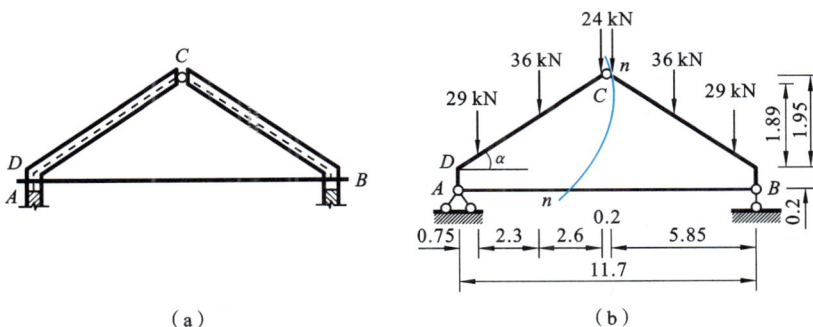

图 3-116

解 (1)求反力。

由于结构对称、荷载对称,反力也应该对称。故有

$$F_{yA} = F_{yB} = (29 + 36 + 24) \text{ kN} = 89 \text{ kN}, \quad F_{xA} = 0$$

作 n—n 截面,以左半部分为隔离体,对 C 点取矩,显然拉杆的计算与三铰拱水平推力的计算完全相同,因此有

$$F_H = \frac{89 \times 5.85 - 29 \times 5.1 - 36 \times 2.8 - 24 \times 0.2}{2.15} \text{ kN} = 124.3 \text{ kN}$$

(2) 求 D 点的内力。

D 点是直线段与斜线段的交点,求 D 点的内力既要求直线段的,又要求斜线段的。先取 AD 为隔离体(直线段),如图 3-117(a)所示。

由 $\sum M_D = 0$ 得　$M_D = -124.3 \times 0.2 \text{ kN} \cdot \text{m} = -24.86 \text{ kN} \cdot \text{m}$

由 $\sum F_x = 0$ 得　　　　　　　$F_{QDA} = -124.3 \text{ kN}$

由 $\sum F_y = 0$ 得　　　　　　　$F_{NDA} = -89 \text{ kN}$

取 AD 为隔离体(斜线段),如图 3-117(b)所示。

根据结构尺寸可知　　　　　　$\cos\alpha = 0.950$,　$\sin\alpha = 0.311$

由 $\sum M_D = 0$ 得　$M_D = -124.3 \times 0.2 \text{ kN} \cdot \text{m} = -24.86 \text{ kN} \cdot \text{m}$

由 $\sum \eta = 0$ 得　$F_{QDC} = (89 \times 0.950 - 127.8 \times 0.311) \text{ kN} = 44.8 \text{ kN}$

由 $\sum \tau = 0$ 得　$F_{NDC} = (-89 \times 0.311 - 127.8 \times 0.950) \text{ kN} = -149.09 \text{ kN}$

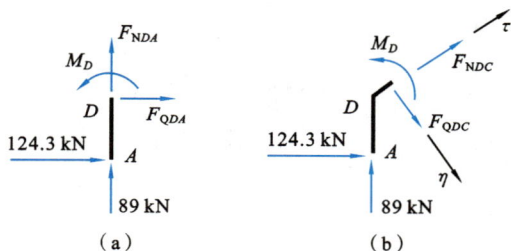

图 3-117

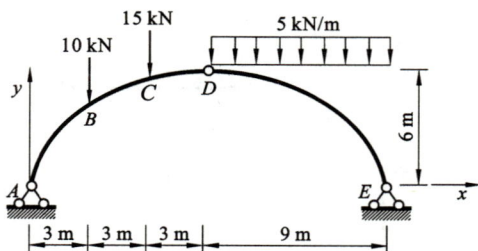

图 3-118

【例 3-31】　三铰拱及其所受荷载如图 3-118 所示,拱的轴线为抛物线:$y = \dfrac{4f}{l^2}x(l-x)$。试求支座反力,并绘制内力图。

解　(1) 反力计算。

$$F_{yA} = F_{yA}^0 = \frac{10 \times 15 + 15 \times 12 + 45 \times 4.5}{18} \text{ kN} = 29.58 \text{ kN}$$

$$F_{yB} = F_{yB}^0 = \frac{10 \times 3 + 15 \times 6 + 45 \times 13.5}{18} \text{ kN} = 40.42 \text{ kN}$$

$$F_H = \frac{M_C^0}{f} = \frac{40.42 \times 9 - 45 \times 4.5}{6} \text{ kN} = 26.88 \text{ kN}$$

(2) 内力计算。

为了绘制内力图,将拱沿跨度方向平均分成 12 等份,算出每个截面的弯矩、剪力和轴力的数值。现以 $x = 3 \text{ m}$ 的 B 截面为例来说明计算步骤。

① 求 B 截面的几何参数。

根据拱轴线的方程,有

$$y = \frac{4f}{l^2}x(l-x) = \frac{4\times6}{18^2}\times3\times(18-3) \text{ m} = 3.33 \text{ m}$$

$$\tan\varphi = \frac{\mathrm{d}y}{\mathrm{d}x} = \frac{4f}{l^2}(l-2x) = \frac{4\times6}{18^2}\times(18-2\times3) = 0.89$$

因而得 $\qquad \varphi = 41°40'$, $\quad \sin\varphi = 0.665$, $\quad \cos\varphi = 0.747$

② 求 B 截面的内力。

$$M_B = M_B^0 - F_H y = (29.58\times3 - 26.88\times3.33) \text{ kN}\cdot\text{m} = -0.77 \text{ kN}\cdot\text{m}$$

因为在集中荷载处，相应简支梁的剪力有突变，所以拱的剪力和轴力都有突变，要算出左、右两边的剪力 $F_Q^{左}$、$F_Q^{右}$ 和轴力 $F_N^{左}$、$F_N^{右}$。

$$F_Q^{左} = F_Q^{0左}\cos\varphi - F_H\sin\varphi = (29.58\times0.747 - 26.88\times0.665) \text{ kN} = 4.22 \text{ kN}$$

$$F_N^{左} = -F_Q^{0左}\sin\varphi - F_H\cos\varphi = (-29.58\times0.665 - 26.88\times0.747) \text{ kN} = -39.75 \text{ kN}$$

$$F_Q^{右} = F_Q^{0右}\cos\varphi - F_H\sin\varphi = [(29.58-10)\times0.747 - 26.88\times0.665] \text{ kN} = -3.25 \text{ kN}$$

$$F_N^{右} = -F_Q^{0右}\sin\varphi - F_H\cos\varphi = [-(29.58-10)\times0.665 - 26.88\times0.747] \text{ kN} = -33.10 \text{ kN}$$

具体计算可列表进行。根据表 3-2 中的数值绘出内力图，如图 3-119 所示。其中：图 3-119(a) 为弯矩图，图 3-119(b) 为剪力图，图 3-119(c) 为轴力图。

表 3-2 三铰拱内力计算

截面几何参数						F_Q^0	弯矩计算		
x	y	$\tan\varphi$	φ	$\sin\varphi$	$\cos\varphi$		M^0	$-F_H y$	M
0	0	1.33	53°04′	0.799	0.601	29.58	0	0	0
3	3.33	0.89	41°40′	0.665	0.747	29.58	88.74	−89.51	−0.77
						19.58			
6	5.33	0.44	23°45′	0.403	0.915	19.58	147.48	−143.37	4.11
						4.58			
9	6.00	0	0	0	1	4.58	161.22	−161.28	−0.06
12	5.33	−0.44	−23°45′	−0.403	0.915	−10.42	152.46	−143.27	9.19
15	3.33	−0.89	−41°40′	−0.665	0.747	−25.42	98.70	−89.51	9.19
18	0	−1.33	−53°04′	−0.799	0.601	−40.42	0	0	0

剪力计算			轴力计算		
$F_Q^0\cos\varphi$	$-F_Q^0\sin\varphi$	F_Q	$-F_Q^0\sin\varphi$	$-F_H\cos\varphi$	F_N
17.78	−21.48	−3.70	−23.63	−16.15	−39.78
22.10	−17.88	4.22	−19.65	−20.08	−39.75
14.63		−3.25	−13.02		−33.10
17.92	−10.83	7.09	−7.89	−24.60	−32.49
4.19		−6.64	−1.85		−26.45
4.58	0	4.58	0	−26.88	−26.88
−9.53	10.83	1.30	−4.20	−24.60	−28.80
−18.99	17.88	−1.11	−16.90	−20.08	−36.98
−24.29	21.48	−2.81	−32.30	−16.15	−48.45

注：表中尺寸单位为 m，弯矩单位为 kN·m，剪力、轴力单位为 kN。

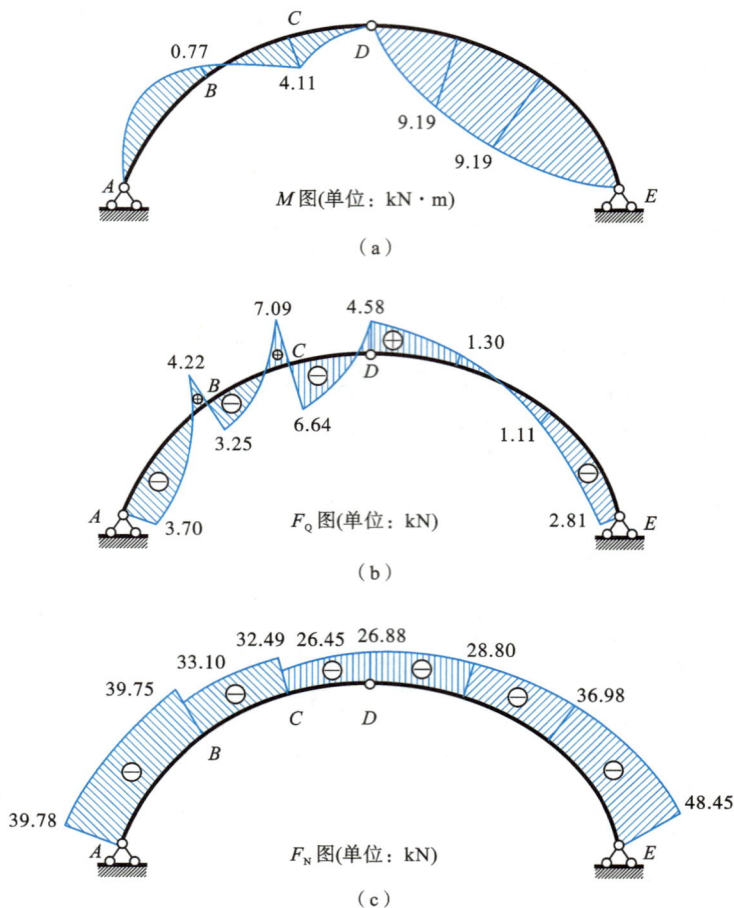

M 图(单位：kN·m)

（a）

F_Q 图(单位：kN)

（b）

F_N 图(单位：kN)

（c）

图 3-119

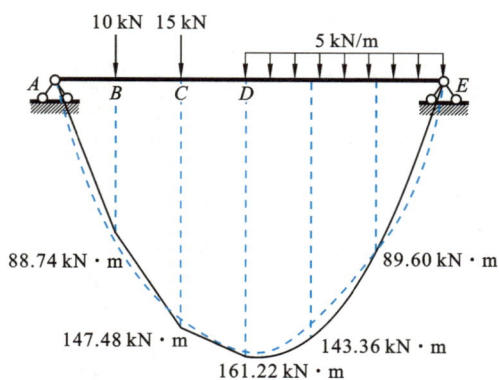

图 3-120

为了将拱与相应的简支梁进行比较，在图 3-120 中用实线画出了同跨度、同荷载简支梁的弯矩图，图中还用虚线画出了三铰拱的 $F_H y$ 曲线。虚、实两条曲线的纵坐标差 $M^0 - F_H y$ 的值即为三铰拱的弯矩值，因此两条曲线之间所围的狭窄图形即代表三铰拱的弯矩图。由此看出，与对应的简支梁相比，三铰拱的弯矩要小得多，简支梁的最大弯矩为 161.22 kN·m，而三铰拱的最大弯矩则为 9.19 kN·m。显然三铰拱弯矩的降低完全是由推力造成的。因此，在竖直方向荷载作用下存在推力是拱结构的基本特点。由于这个缘故，拱结构也称为推力结构。

2. 三铰拱的压力线及合理拱轴线

1）三铰拱内力的图解法

根据理论力学知识可知：

一般来说，构件的任意截面上都有三个内力——弯矩、剪力和轴力，其中剪力和轴力可以用一个合力 F_R 来表示，而合力 F_R 和弯矩可以用一个离截面一定距离的合力 F_R 来表示（见图 3-121）。

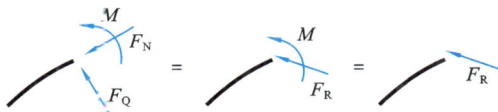

图 3-121

当一根杆件上只有两个力作用时，若杆件保持平衡，那么这两个力必然在一条直线上，并且方向相反。

当一根杆件上只有三个力作用时，若杆件保持平衡，那么这三个力必然交于一点，并组成一个封闭的力三角形。

当一个结构受一组力的作用时，若结构保持平衡，那么这组力必然组成一个封闭的力多边形。

下面以图 3-122 所示三铰拱为例来介绍用图解法求解任意截面的内力。具体求解步骤如下。

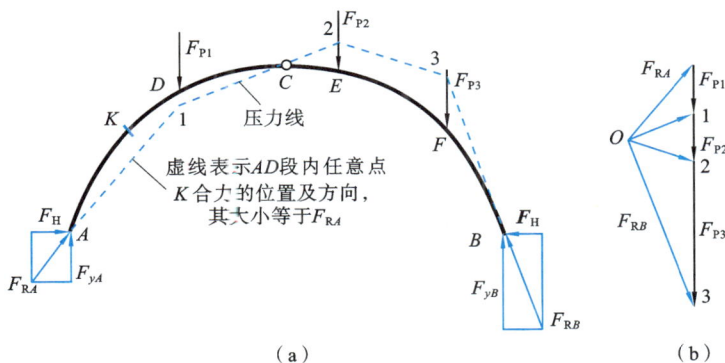

图 3-122

（1）按比例作出拱轴线、荷载及作用位置（见图 3-122(a)）。

（2）用数解法求出反力，并用图解法求出反力的合力。

（3）根据一定的比例，作出荷载与反力的力多边形，并由两反力的交点，作各荷载的射线 $\overrightarrow{O1}$、$\overrightarrow{O2}$、$\overrightarrow{O3}$（此线与 F_{RB} 的方向线重合）（见图 3-122(b)）。显然射线 $\overrightarrow{O1}$ 表示反力 F_{RA} 与荷载 F_{P1} 的合力；射线 $\overrightarrow{O2}$ 表示反力 F_{RA} 与荷载 F_{P1}、F_{P2} 的合力，射线 $\overrightarrow{O3}$ 表示反力 F_{RA} 与荷载 F_{P1}、F_{P2}、F_{P3} 的合力。

（4）首先分别作拱轴线图中的反力 F_{RA} 和荷载 F_{P1} 的延长线，得到两者的交点 1（见图 3-122(a)），由于在拱的 AD 段内只有反力 F_{RA} 作用，因此该段内所有截面上内力的合力就等于 F_{RA}，并与它在一条直线上，因此力多边形中的 F_{RA} 代表该段中所有截面内力合力的大小及方向，拱轴线中 F_{RA} 的延长线（虚线 $A1$）代表截面内力合力的作用位置。然后自点 1 作射线 $\overrightarrow{O1}$

的平行线,并与 F_{P2} 的方向线相交,得到交点 2,因为在拱的 DE 段中只有反力 F_{RA} 和荷载 F_{P1} 作用,可以将这两个力用它们的合力(用射线 $\overrightarrow{O1}$ 表示)来代替,因此力多边形中的射线 $\overrightarrow{O1}$ 代表了 DE 段中所有截面上内力合力的大小及方向,而拱轴线中虚线 12 代表了该段所有截面上内力合力的作用位置。再自点 2 作射线 $\overrightarrow{O2}$ 的平行线,并与 F_{P3} 的方向线相交,得到交点 3,因为在拱的 EF 段中有反力 F_{RA} 和荷载 F_{P1}、F_{P2} 作用,可以将这三个力用它们的合力(用射线 $\overrightarrow{O2}$ 表示)来代替,同样力多边形中的射线 $\overrightarrow{O2}$ 代表 EF 段中所有截面上内力合力的大小及方向,而拱轴线中虚线 23 代表了该段所有截面上内力合力的作用位置。最后作反力 F_{RB} 的方向线,该线过点 3,这是因为在拱的 BF 段中只有反力 F_{RB} 作用,因此力多边形中的 F_{RB} 代表了 BF 段中所有截面上内力合力的大小及方向,而拱轴线中虚线 B3 代表了该段所有截面上内力合力的作用位置。

图 3-122(a) 中虚线所构成的图形称为三铰拱的压力线。由压力线可以求出拱上任意点的内力,还可根据压力线离拱轴线的距离求出拱的弯矩大小。以图 3-122(a) 中 K 点的内力求解为例,其步骤和方法如下。

① 通过 K 点作虚线 A1 的垂线,并量出距离,乘以 F_{RA},即为 K 点的弯矩 M_K。

② 通过 K 点作拱轴线的切线及切线的垂线,并过 O 点作这两条线的平行线,以 F_{RA} 为斜边、分别以两条平行线为直角边作直角三角形,所得的两条直角边分别表示 K 点的剪力和轴力。

前面说过,拱结构的主要内力是压力,但一般也存在着弯矩和剪力。在设计时当然希望拱结构上的弯矩尽可能小,这样能充分发挥材料的强度性能。把在荷载作用下,拱任意截面上都只有轴力,而没有弯矩和剪力的拱轴线称为合理拱轴线。如果拱轴线与压力线完全重合,那么拱的弯矩就为零。所以,根据上面介绍的图解法就能求出拱的合理拱轴线。

2) 用数解法求合理拱轴线

已知拱上任意一点 K 的弯矩

$$M_K = M_K^0 - F_H y_K$$

要求合理拱轴线,就是要使拱上任意一点的弯矩为零,即

$$M_K = M_K^0 - F_H y_K = 0$$

得到合理拱轴线的方程为

$$y_K = M_K^0 / F_H$$

【例 3-32】 求图 3-123 所示三铰拱在均布荷载作用下的合理拱轴线。

解　与该三铰拱相应的简支梁上任一点 K 的弯矩为

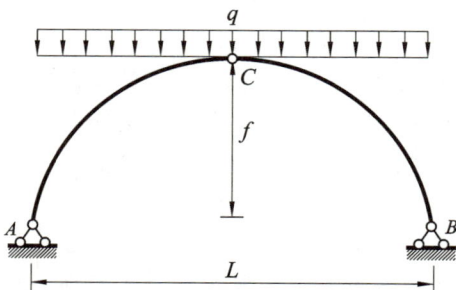

图 3-123

$$M_K^0 = \frac{1}{2}qLx - \frac{1}{2}qx^2$$

三铰拱的水平推力为

$$F_H = \frac{M_C^0}{f} = \left(\frac{qL}{2} \times \frac{L}{2} - \frac{q}{2} \times \frac{L^2}{4} \right) / f = \frac{qL^2}{8f}$$

三铰拱的合理拱轴线为

$$y_K = M_K^0 / F_H = \frac{\frac{1}{2}qx(L-x)}{qL^2/8f} = \frac{4f}{L^2}(L-x)x$$

该表达式为二次抛物线表达式。由此可知,在满跨均布荷载作用下,三铰拱的合理拱轴线是一抛

物线。在该表达式中，拱高 f 待定，这说明具有不同高跨比的一组抛物线均是合理拱轴线。

【例 3-33】 试求图 3-124 所示三铰拱在均布荷载作用下的合理拱轴线方程。

解 （1）求反力。

由 $\sum M_A = 0$ 得 $\qquad F_{yB} \times 18 + F_H \times 2 - q \times 18 \times 9 = 0 \qquad (1)$

由 $\sum F_y = 0$ 得 $\qquad F_{yA} + F_{yB} = 18q \qquad (2)$

取 CB 部分为隔离体（见图 3-125(a)），则

由 $\sum M_C = 0$ 得

$$F_{yB} \times 6 - F_H \times 2 - q \times 6 \times 3 = 0 \qquad (3)$$

由式(1)、式(2)、式(3)可解得

$$F_{yA} = \frac{21}{2}q, \quad F_{yB} = \frac{15}{2}q, \quad F_H = \frac{27}{2}q$$

（2）求拱轴线上任意点 K 处弯矩的表达式。取 AK 部分为隔离体，如图 3-125(b)所示，得

$$M_K = F_{yA}x - F_H y - \frac{qx^2}{2}$$

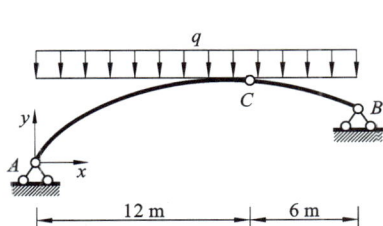

图 3-124

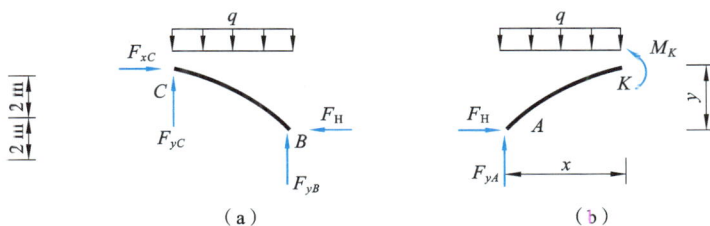

(a)   (b)

图 3-125

把 F_{yA}、F_H 代入后，令 M_K 为零，即可得该结构的合理拱轴线方程为

$$y = \frac{x}{27}(21 - x)$$

不同荷载作用下，拱有不同的合理拱轴线。在实际工程中，作用在拱上的荷载是变化的，不能保证拱在不同荷载作用下都处于无弯矩状态。在工程设计中，一般根据主要的、经常出现的荷载情况求得的合理拱轴线来确定某一拱的轴线，达到在荷载作用下，尽可能使拱的弯矩较小的目的。同时由前面的图解法可知，在集中力作用下，合理拱轴线是折线型的，在设计中只能以合理拱轴线为参考取一个尽量接近合理拱轴线的线型，以减小弯矩作用。

3.9 静定结构的特性

1. 静定结构一般性质

静定结构是没有多余约束的几何不变体系，静定结构的内力可以直接由静力平衡条件完全确定，得到唯一的解答，这是静定结构的基本静力特性。此外，静定结构还具有以下的特性。

1）内力计算与杆件的截面无关

由于静定结构的内力仅用静力平衡条件即可确定，即内力计算与构件截面的尺寸是无关的，因此，结构设计时可先计算构件的内力，然后根据内力确定截面。

2）支座移动不会导致内力

如图 3-126 所示，梁 AB 的 B 端发生了向下的微小移动，若不计构件自重，这个移动只会引起梁的刚体位移，而不会引起内力。因为该梁是静定结构，没有多余的约束，梁 AB 的 B 端向下的位移是现有约束允许的可能位移，所以结构也就不会产生内力。

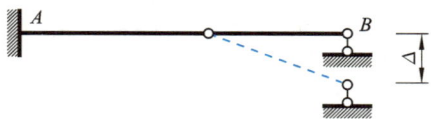

图 3-126

3）温度改变不会导致内力

如图 3-127 所示，三铰拱的温度的改变量为 $t(℃)$，结构同样不会因温度改变而产生内力。因为三铰拱是静定结构，没有多余的约束，虽然杆件由于温度变化会发生变形（例如伸长或缩短），但杆 AC 与杆 CB 在 C 点还是可以连接在一起，只是偏离了设计位置而已，所以拱内不会产生内力。

4）制造误差不会导致内力

如图 3-128 所示，桁架的杆 DC 的制造尺寸比设计尺寸稍大了一点，拼装后结构形状会有所改变，但是桁架内不会由此而产生内力。原因同上，即该结构是静定的，没有多余的约束，尺寸略有误差的杆件是可以拼装在一起的，只是拼装出来的形状与设计的会不一样。

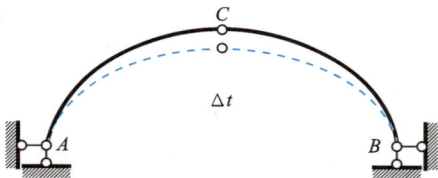

图 3-127

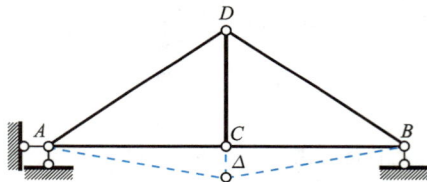

图 3-128

5）静定结构的局部平衡性

图 3-129(a)、(b)所示的是两个不同的静定桁架，在图示荷载作用下，桁架只需部分杆件（图中标"//"的杆件）即可与荷载保持平衡，而其他杆件的内力均为零。这就是静定结构所具有的局部平衡特性。而这个局部平衡部分可能是几何不变的，也可能是几何可变的。

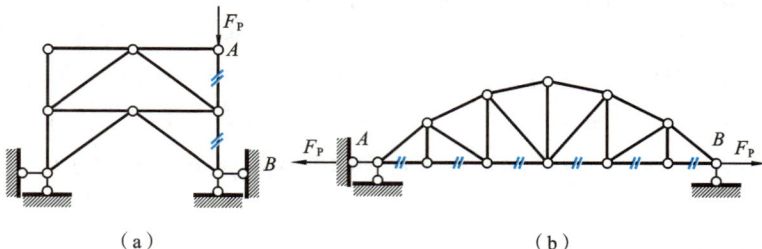

（a）　　　　　　　　（b）

图 3-129

对于静定结构的这个特性，也可以这样认识：静定结构在荷载作用下，其内力分布是不均匀的，在一些特定情况下，不是所有的杆件都会参与抵抗荷载。

6）荷载的等效替换性

如果对静定结构中一个内部不变部分上的荷载做等效替换，则其余杆件的内力是不会改变的。所谓荷载的等效替换是指荷载的分布不同,但荷载的合力相等的替换。

如图 3-130(a)所示,将作用在梁 BC 段的均布荷载 q,用作用于梁 BC 段跨中的集中荷载 qL 来替换(见图 3-130(b)),那么只有梁 BC 段的内力改变,其他部分的内力是不会变的。这是因为梁 BC 段在均布荷载 q 作用下或在跨中的集中力 qL 作用下,传给梁 AB 段的 B 点和传给 C 处支座的作用力是相同的。也就是说,图 3-130(b)中的集中荷载 qL 是图 3-130(a)中均布荷载 q 的等效荷载。同样,也可以说图 3-130(a)中的均布荷载 q 是图 3-130(b)中集中荷载 qL 的等效荷载。同样的道理,如果把图 3-130(c)中的均布荷载改为图 3-130(d)中的结点集中力($F_P=qd$),只有杆 AB、BC、CD、DE、EF、FG 的内力会改变,其他各杆的内力是不变的。

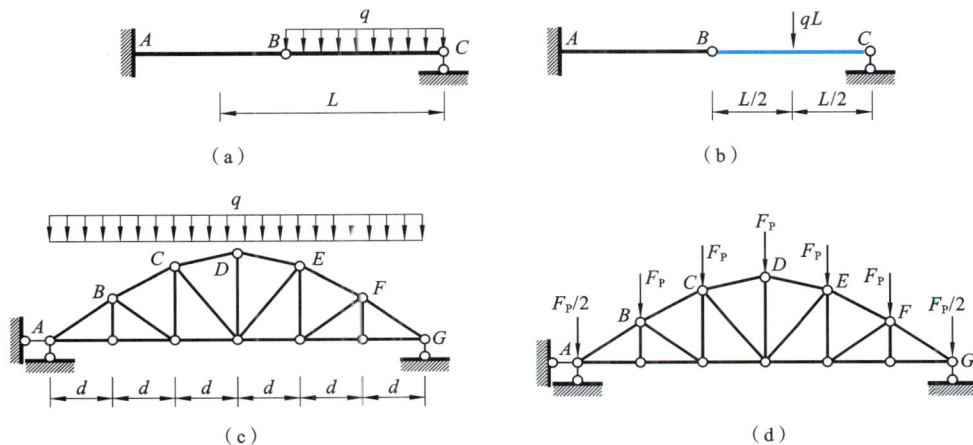

图 3-130

7) 结构的构造变换特性

当静定结构的一个内部不变部分发生构造改变时,其余部分的内力是不变的。如图 3-131(a)所示的桁架,若将其中的杆 DE 替换成一个小桁架(见图 3-131(b)),只要对两桁架做一分析就可知道:由于在相同的荷载作用下,两者的反力一定相等,因此除了图 3-131(a)中的杆 DE 和图 3-131(b)中 DE 部分的杆件外,其他杆件的内力一定也都相等。

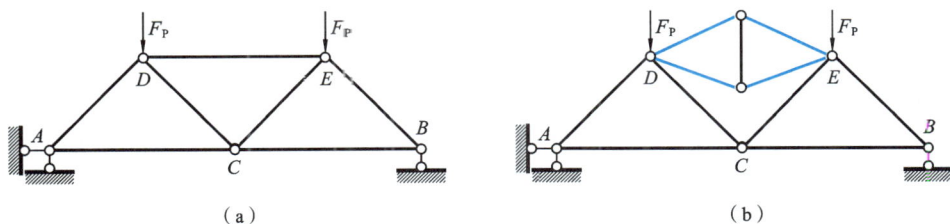

图 3-131

2. 各种梁式桁架的受力特点

在分析各种梁式桁架的受力情况之前,先来分析一下简支梁的内力分布。图 3-132(a)所示为简支梁受均布荷载作用,其弯矩图是一条抛物线。如果把均布荷载等效替换成若干个集中力,则其弯矩图由折线组成(图 3-132(b)中的实线)。通过计算可以证明:等效荷载集中力作用点处的弯矩值与均布荷载作用下同点的值是相等的(图 3-132(b)中的虚线)。因此,可以认为在等效荷载集中力作用下的弯矩图还是按抛物线变化的。简支梁在等效荷载集中力作用下的剪力如图 3-132(c)所示,其特点是:由两边逐渐向中间减小,即两边大,中间小。

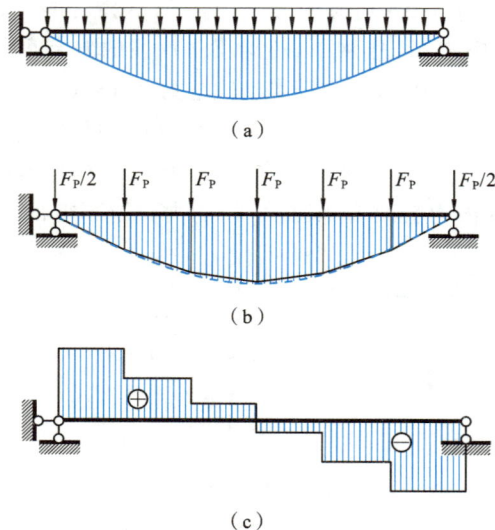

（a）

（b）

（c）

图 3-132

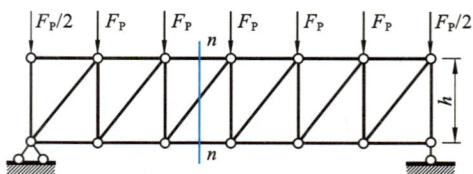

图 3-133

下面来分析各种静定梁式桁架的受力特点。

（1）平行弦桁架　　如图 3-133 所示的平行弦桁架,在竖直向下的荷载作用下,其杆件轴力的计算公式如下:

对于上弦杆
$$F_N = -\frac{M^0}{h}$$

对于下弦杆
$$F_N = \frac{M^0}{h}$$

对于腹杆
$$F_N = -\frac{F_Q^0}{\cos\alpha}$$

式中的 M^0 为相应简支梁的弯矩值。由计算公式可见:上、下弦杆的作用都是抵抗弯矩,但上弦杆受压,下弦杆受拉。由于简支梁的弯矩是按抛物线变化的,而 h 是常量,因此上、下弦杆的轴力都是中间大,两边小。通常情况下为了构造方便,上、下弦杆各间的截面会选择相同的尺寸,由于杆件轴力分布不均匀,这样会造成材料的浪费。

式中的 F_Q^0 为相应简支梁的剪力值。由计算公式可见:腹杆的作用是抵抗剪力。由于简支梁的剪力是两边大,中间小,因此腹杆的轴力也是两边大,中间小。

（2）三角形桁架　　如图 3-134 所示的三角形桁架,在竖直向下的荷载作用下,其杆件轴力的计算公式如下

对于上弦杆
$$F_N = -\frac{M^0}{r}$$

对于下弦杆
$$F_N = \frac{M^0}{r}$$

由计算公式可见:上、下弦杆的作用还是抵抗弯矩,上弦杆受压,下弦杆受拉。但由于简支梁的弯矩是按抛物线变化的,而 r 是按三角形变化的,因此上、下弦杆的轴力都是中间小,两边大。由于上、下弦杆的轴力在两边最大,而三角形桁架端部的夹角相对较小,因此构造处理比

较麻烦。

由截面竖直方向力的平衡可以看到:腹杆与上弦杆一起抵抗剪力,其轴力是两边小,中间大。

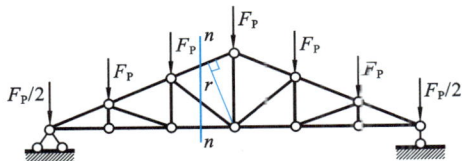

图 3-134

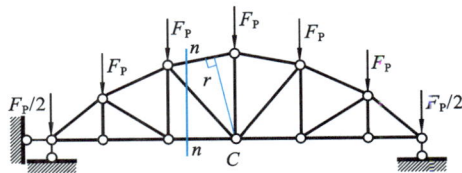

图 3-135

（3）抛物线形桁架　如图 3-135 所示的抛物线形桁架,在竖直向下的荷载作用下,其杆件轴力的计算公式如下:

对于上弦杆
$$F_N = -\frac{M^0}{r}$$

对于下弦杆
$$F_N = \frac{M^0}{r}$$

由计算公式可见:上、下弦杆的作用仍然都是抵抗弯矩,上弦杆受压,下弦杆受拉。由于弯矩和 r 都是按抛物线变化的,因此上、下弦杆的轴力基本相同。

至于腹杆,可以证明抛物线形桁架腹杆的轴力等于零,剪力由上弦杆承受。

通过对以上几种梁式桁架的受力特点的分析可以得出以下结论:

（1）平行弦桁架由于杆件轴力分布不均匀,会造成材料的浪费,但其构造简单,所以经常应用于小跨度结构。

（2）三角形桁架在支座处端部的夹角较小,但轴力最大,而且构造复杂,因此一般将其用于小跨度的屋架(有利于满足建筑的屋面排水等功能需要)。

（3）抛物线形桁架由于其上、下弦杆的内力基本相同,因此能最大限度发挥材料的强度性能,但其结点构造复杂,一般用于大跨度结构。

3. 各种形式结构的受力特点比较

静定结构中常见的结构有梁、桁架、组合结构以及拱结构等,下面对这些结构的受力特点进行对比分析。

图 3-136(a)～(f)所示分别是相同跨度的简支梁、悬挑梁、三角形组合结构、折线形组合结构、带拉杆的三铰拱以及平行弦桁架,在相同的均布荷载作用下的弯矩或轴力图。

对上面各结构的内力进行比较可以得到以下几点:

（1）实心简支梁跨中弯矩为 $qL^2/8$,而且截面的应力分布不均匀,因此最费材料,但在小跨度情况下它具有构造简单的优势。

（2）悬挑梁的悬挑部分会产生负弯矩,因此可减小梁跨中的正弯矩。

（3）三角形组合结构受弯构件的最大弯矩等于 $qL^2/32$,是简支梁的 1/4。下弦杆为拉杆。受力状况要好于简支梁,但高度较大。

（4）折线形组合结构,支座处的"折"起到两个作用,一是减小受弯构件的跨中弯矩,二是改善支座处的构造。其受力状况要好于三角形组合结构。

（5）三铰拱曲杆的主要内力是压力,当其轴线接近于合理拱轴线时弯矩很小。其受力要好于组合结构,但高度一般要大于组合结构。

（6）桁架的受力弦杆(此处是上弦杆)是主要起抗弯作用的构件,但它的结间距离一般小于

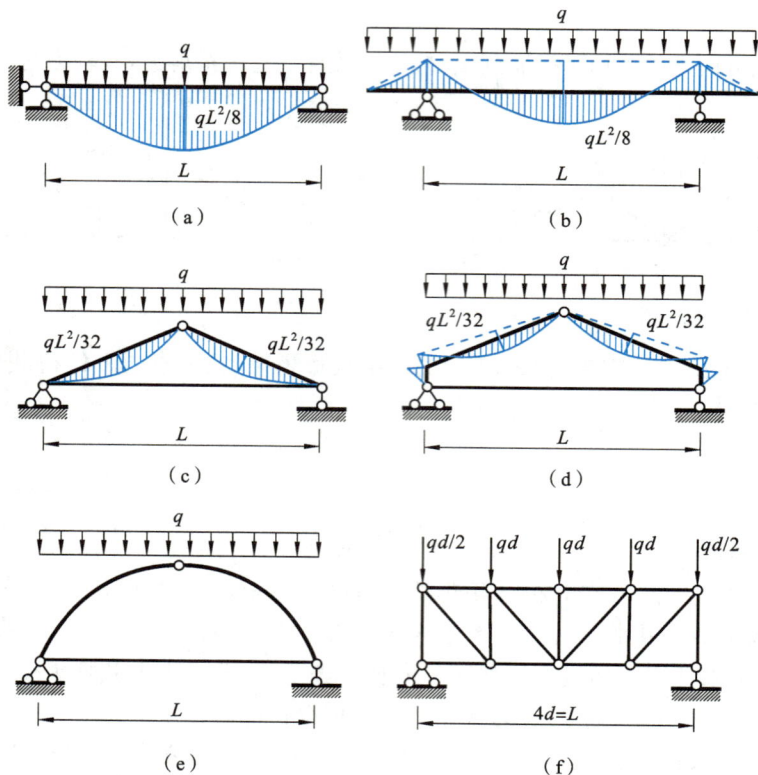

图 3-136

同跨度组合结构,因此它的弯矩较组合结构要小很多。其余构件均为轴力杆件。因此桁架的整体受力要好于组合结构,但高度要大于组合结构。

静定结构弯矩图百题练习　　　　　思政元素

思 考 题

3-1 为什么对静定结构进行内力分析时,只需要考虑平衡条件,而不需要考虑变形条件?

3-2 如何利用内力的微分、积分关系作结构的内力图?

3-3 用区段叠加法作弯矩图时,为什么要强调是两个 M 图中纵坐标的叠加,而不是两个 M 图的简单拼合?

3-4 斜梁中荷载等效的原则是什么? 斜梁内力的计算有什么特点?

3-5 多跨静定梁的基本部分和附属部分的划分是否与所受的荷载有关系?

3-6 为什么说在一般情况下,多跨静定梁的弯矩比一系列相应的简支梁的弯矩要小?

3-7 刚架与梁相比,在力学性能上有什么区别,在内力计算上又有哪些异同?

3-8 试总结速画刚架弯矩图的方法。

3-9 静定平面桁架有何特点? 如何分类?

3-10 如何选择静定平面桁架的合理外形与腹杆布置?

3-11　对于简单桁架和联合桁架,怎样利用桁架几何构造的特点简化计算,以避免联立求解?

3-12　组合结构的计算与桁架的计算有什么不同? 应注意哪些特点?

3-13　能利用拱的反力和内力计算公式求三铰刚架的反力和内力吗? 如何作整个拱身结构的内力图?

3-14　什么是拱的合理轴线? 拱高对合理拱轴线有无影响?

3-15　如何推导在水压力作用下三铰拱的合理拱轴线?

3-16　试总结静定结构的基本性质。

3-17　各类梁式桁架的受力特点是什么?

习　　题

3-1　试用区段叠加法作图示结构的弯矩图。

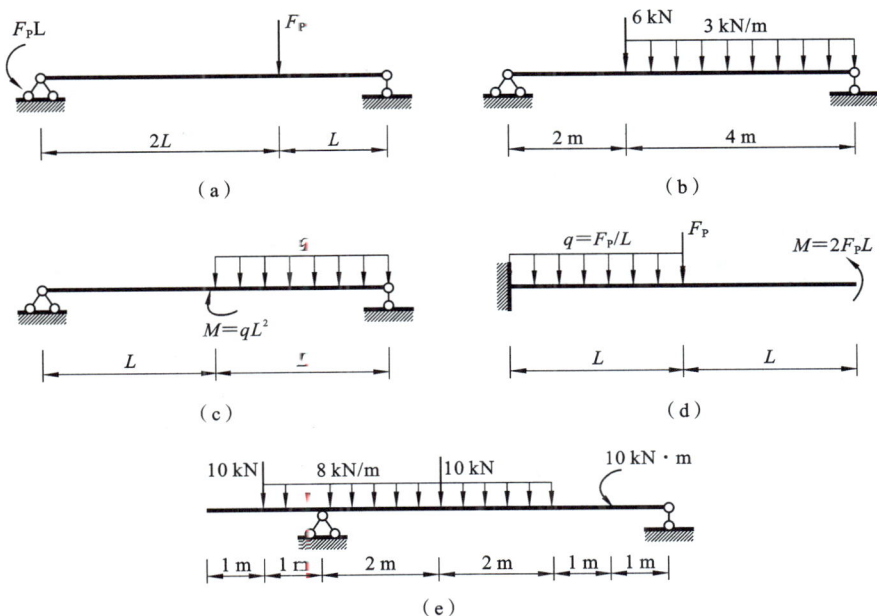

（a）

（b）

（c）

（d）

（e）

题 3-1 图

3-2　试求图示梁的支座反力,并作出其内力图。

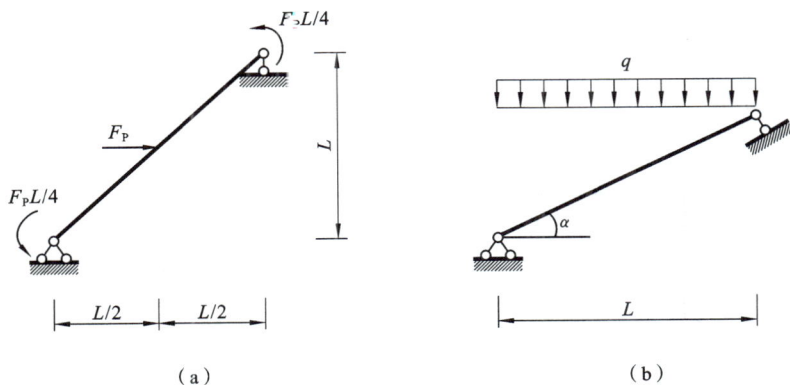

（a）

（b）

题 3-2 图

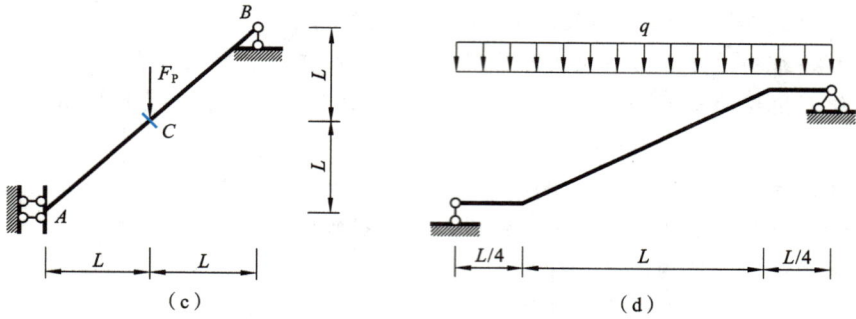

续题 3-2 图

3-3 试直接作出图示多跨静定梁的弯矩图。

3-4 试作图示多跨静定梁的弯矩图和剪力图。

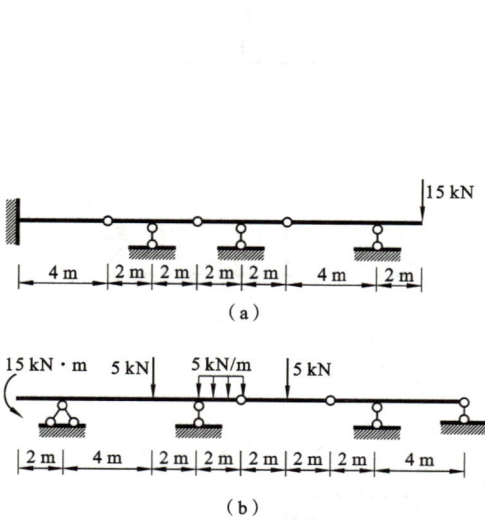

题 3-3 图

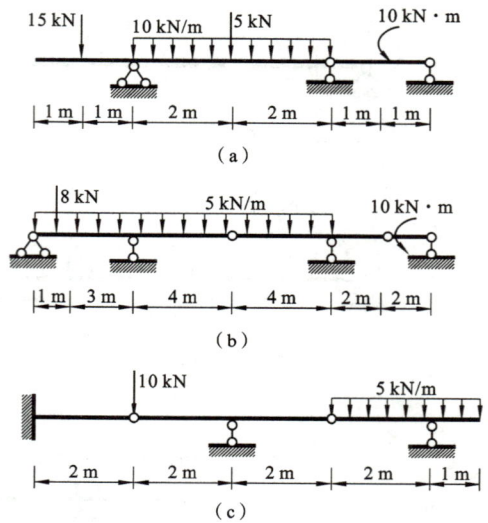

题 3-4 图

3-5 试找出下列各弯矩图的错误之处,并加以改正。

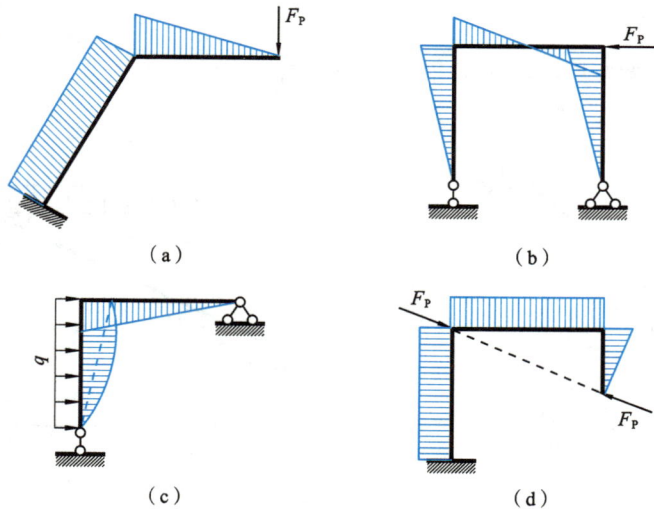

题 3-5 图

3-6　试作图示结构的弯矩图。

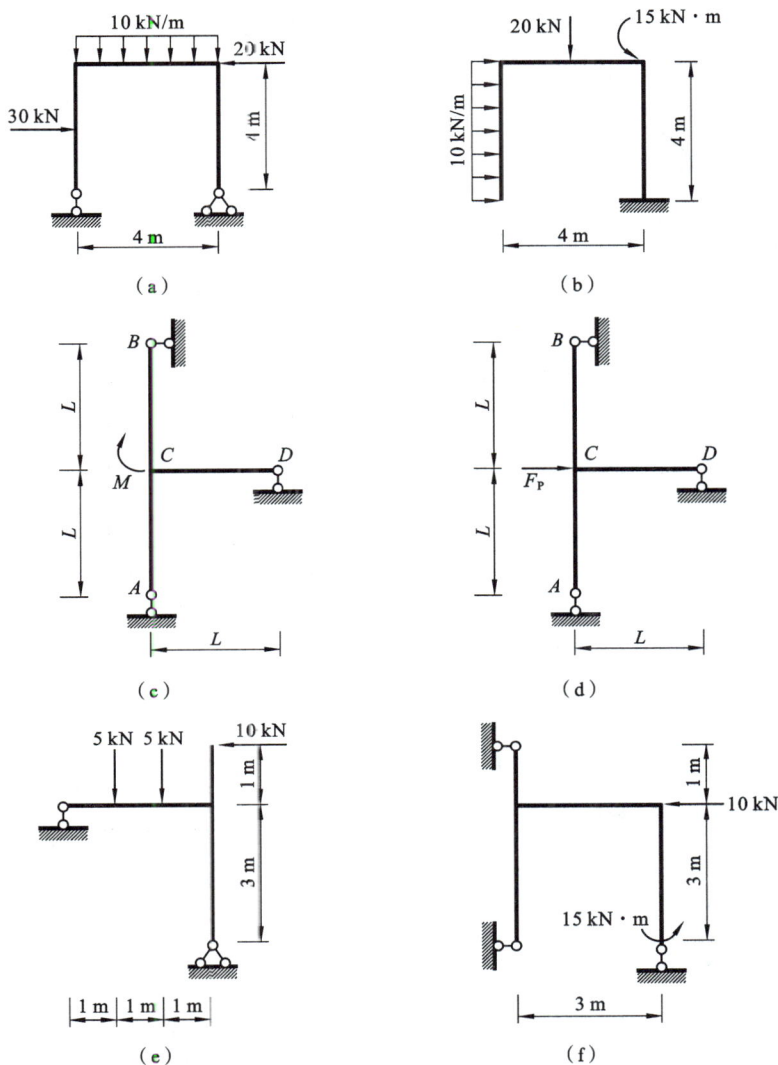

（a）

（b）

（c）

（d）

（e）

（f）

题 3-6 图

3-7　试直接作出图示结构的弯矩图。

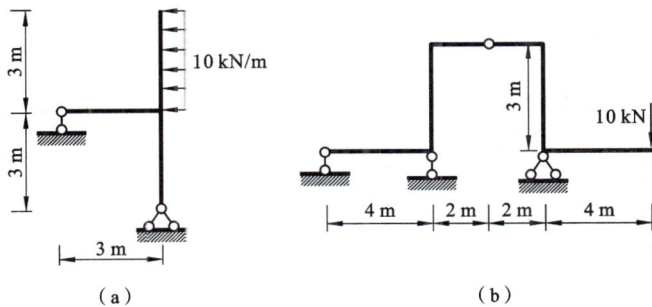

（a）

（b）

题 3-7 图

3-8　试作图示结构的弯矩图。

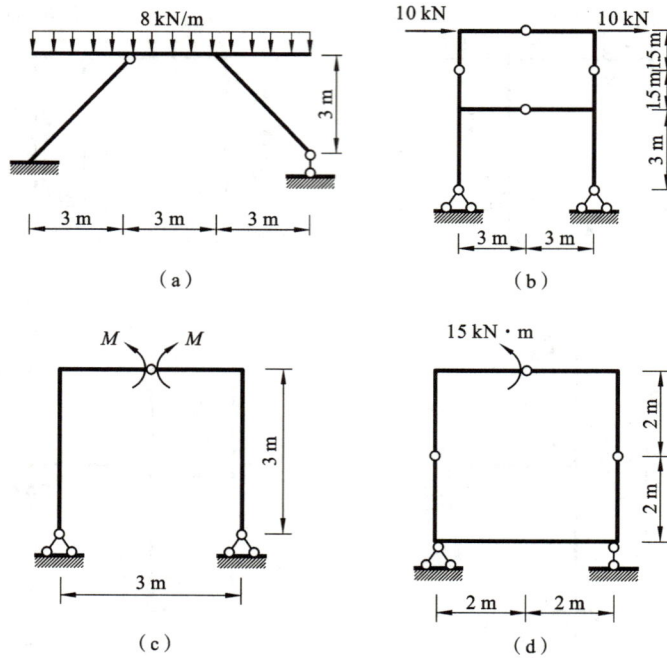

题 3-8 图

3-9　试作图示结构的大致弯矩图。

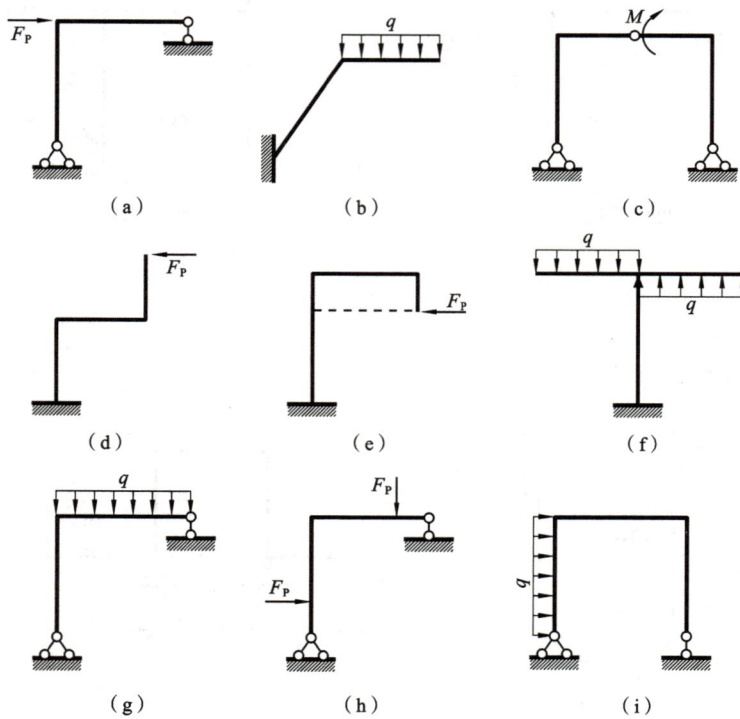

题 3-9 图

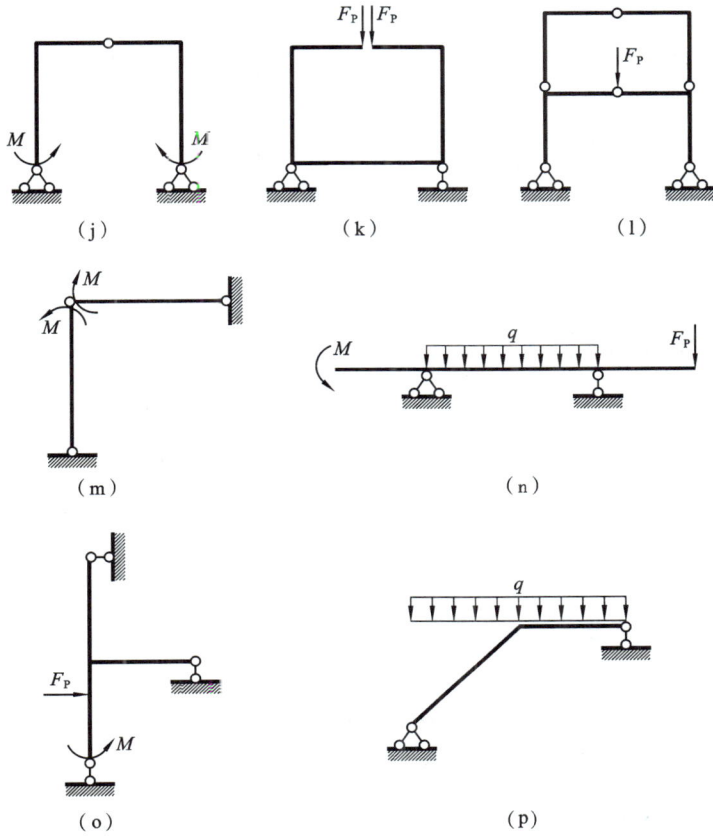

续题 3-9 图

3-10　试作图示刚架的内力图。

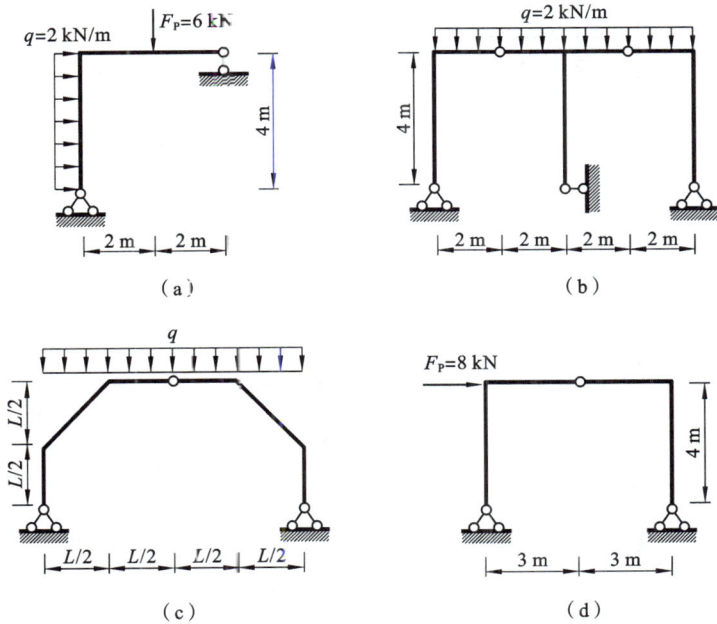

题 3-10 图

3-11 试作图示刚架的内力图。

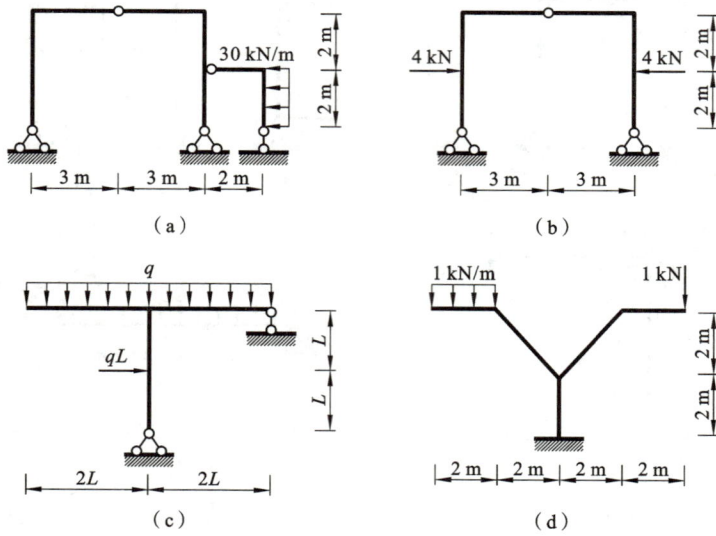

题 3-11 图

3-12 试判断图示桁架中的零杆。

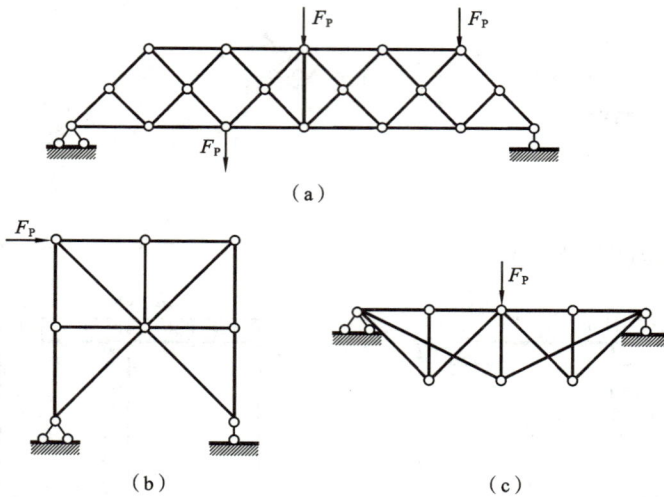

题 3-12 图

3-13 试用结点法和截面法求图示桁架中指定杆件的内力。

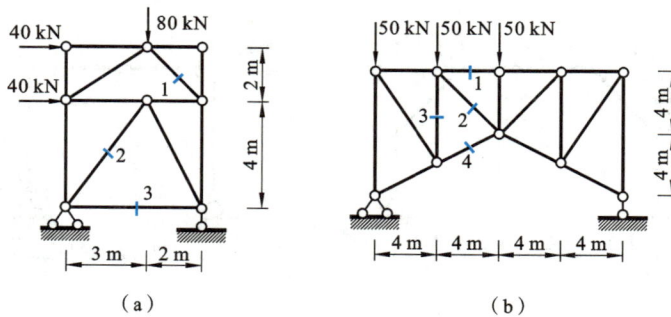

题 3-13 图

3-14　试求图示桁架中指定杆件的内力。

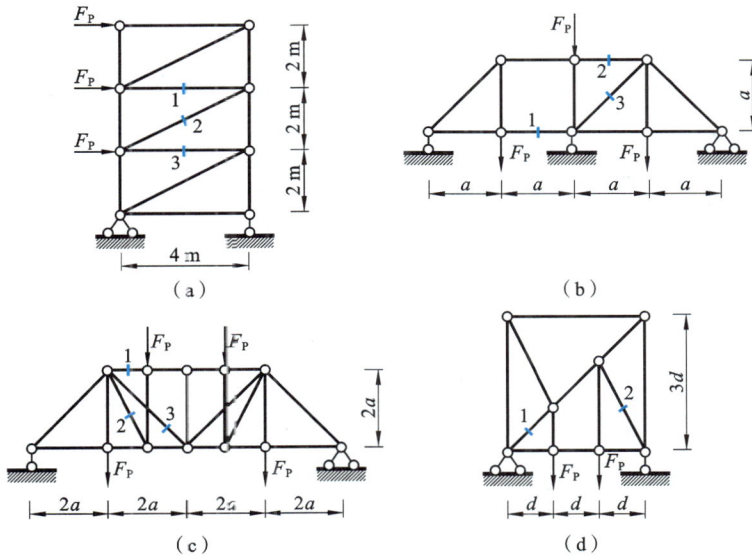

题 3-14 图

3-15　作图示组合结构受弯杆件的弯矩图,并计算轴力杆的轴力。

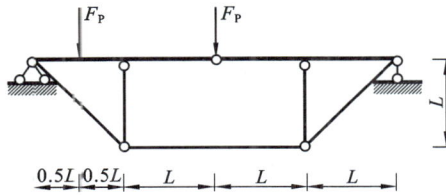

题 3-15 图

3-16　作图示组合结构受弯杆件的弯矩图,并计算轴力杆的轴力。

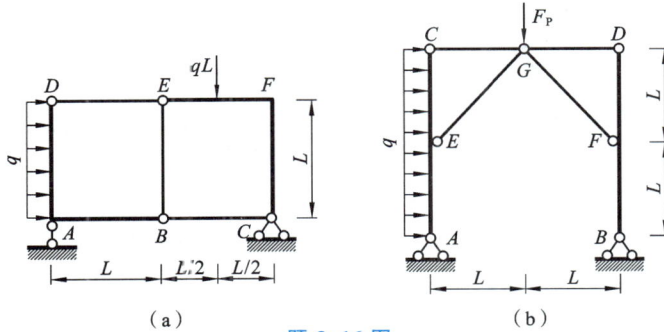

题 3-16 图

3-17 试作图示结构的内力图。

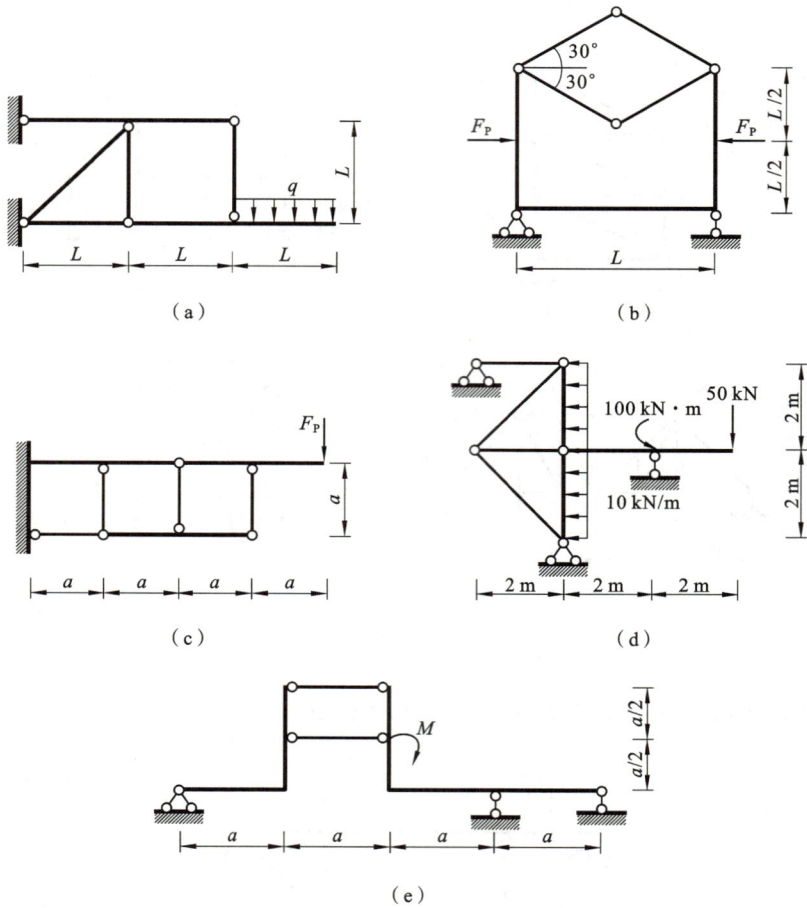

（a）

（b）

（c）

（d）

（e）

题 3-17 图

3-18 计算图示三铰拱的反力。

3-19 求图示圆弧三铰拱支座反力及 D 截面处的 M、F_Q、F_N 的值。

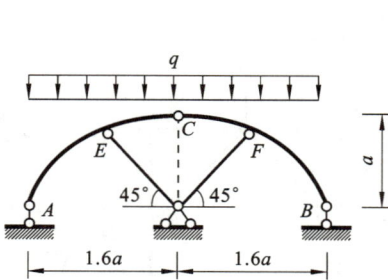

题 3-18 图

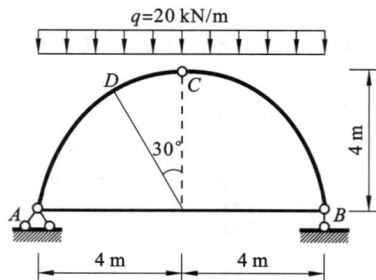

题 3-19 图

3-20 求图示三铰拱的支座反力及 D 截面处的内力。

3-21 图示抛物线三铰拱的轴线方程为 $y = \dfrac{4f}{l^2}x(l-x)$，试求 K 截面处的内力。

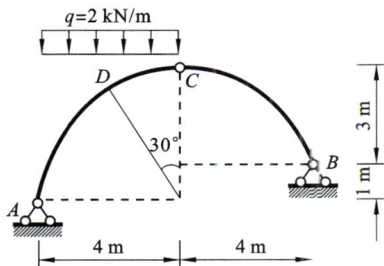

题 3-20 图

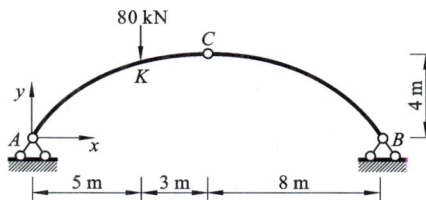

题 3-21 图

3-22　试求图示三铰圆环 K 截面处的内力。

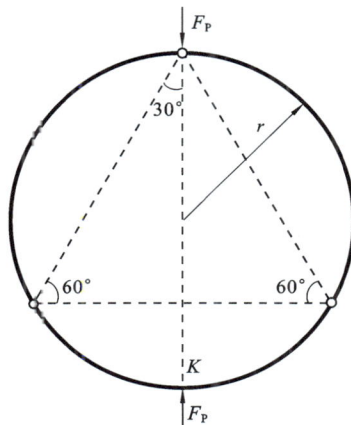

题 3-22 图

本章习题参考答案

第 4 章

静定结构的影响线

PPT 课件

4.1 移动荷载和影响线的概念

MOOC 视频

　　前面各章讨论的荷载在结构上的作用位置都是固定的,这类荷载称为固定荷载。但有些结构要承受的荷载,其作用位置是移动的,例如在桥梁上行驶的火车和汽车、在吊车梁上行驶的吊车等,这类荷载称为移动荷载。所谓的移动荷载,就是一组大小不变、方向不变、互相之间的距离不变,但是作用位置随时间变化的荷载。它既不同于固定荷载,也不同于风、地震等动荷载。显然,在移动荷载作用下,结构的反力和内力将随着荷载位置的移动而变化,因此在结构设计中,必须求出移动荷载作用下反力和内力的最大值。

　　例如图 4-1 所示单层厂房中的吊车,它由大车和小车组成。其中小车沿厂房的横向移动,大车沿厂房的纵向移动,其荷载通过吊车轮子传给吊车梁。计算吊车梁的吊车荷载时,应考虑最不利的情况,即吊车起吊重量最大,且小车处于最靠梁边的情况。因此吊车传给吊车梁的是一组大小、方向不变,但作用位置不断变化的荷载,如图 4-2 所示。

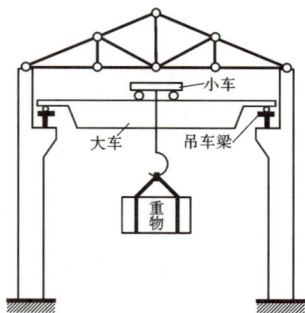

图 4-1

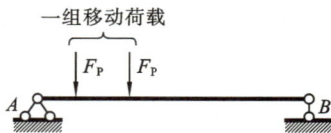

图 4-2

思政元素

　　本章主要讨论静定结构在移动荷载作用下的反力与内力计算问题,具体解决以下两个问题:

　　(1)确定荷载移动时,结构反力、内力的变化规律;

　　(2)确定荷载的最不利位置,即确定使某个反力或某个内力达到最大值时的荷载位置,继而求出最大的反力或内力。

　　结构在移动荷载作用下,其各个反力、各杆件的内力都是随荷载的移动而变化的,而且它们的变化规律是各不相同的,因此只能逐个量值分别研究它们的变化规律。

　　虽然移动荷载的类型很多,但由于它的特点,研究时可按一个单位移动荷载进行,然后乘上原先的荷载值或运用叠加原理,这样就可以求出一个或一组任意大小荷载作用下的结果。

把反映结构的某个反力或任意点的某个内力的值,随单位移动荷载的位置移动而变化的规律的图形称为影响线。

利用影响线可以确定结构在移动荷载作用下的最不利位置。因此本章讨论问题主要分两步:第一步是研究各种静定结构的反力与内力的影响线;第二步是利用影响线确定荷载的最不利位置,继而求出最大的反力或内力。

图 4-3(a)所示为一简支梁,讨论当单个竖直方向的荷载 $F_P = 1$ 在梁上移动时,支座反力 F_{yB} 的变化规律。

取 A 点为坐标原点,用 x 表示荷载作用点的横坐标。如果 x 是常量,则 F_P 就是一个固定荷载。反之,若 x 是变量,则 F_P 就成为移动荷载。

当竖直方向的集中荷载 $F_P = 1$ 作用在梁上任意位置 $x(0 \leqslant x \leqslant L)$ 时,利用对 A 点取矩的平衡条件,并规定支座反力向上时为正,可求出反力 F_{yB} 的表达式:

由 $\sum M_A = 0$ 得 $$F_{yB} = \frac{x}{L} \quad (0 \leqslant x \leqslant L) \tag{4-1}$$

式(4-1)反映了 F_{yB} 随单位移动荷载位置移动而变化的规律,称为 F_{yB} 的影响线方程。利用这个影响线方程就可以画出 F_{yB} 的影响线。由于式(4-1)是 x 的一次函数,故 F_{yB} 的影响线是直线。只需求出直线上两个点的值就可画出整个图形,为此可设 $x=0$,得 $F_{yB}=0$,设 $x=L$,得 $F_{yB}=1$。

由此两点就可以作影响线了。首先画基线 AB,表示荷载移动的范围,然后把以上两点的值标在基线上(正的标在上方,负的标在下方),并连以直线即可。作出的 F_{yB} 影响线如图 4-3(b)所示。该图形象地表明了支座反力 F_{yB} 随荷载 F_P 的移动而变化的规律:当荷载 F_P 从 A 点开始,逐渐向 B 点移动时,反力 F_{yB} 相应地从零开始,逐渐增大,最后达到最大值 1。要注意的是影响线与内力图是不同的,影响线上任意点值的物理意义是:当单位荷载移动至此点时,所研究量值的大小。

图 4-3

利用 F_{yB} 的影响线可以求一组移动荷载作用下 B 点的支座反力。例如,若图 4-3(c)所示梁上有吊车轮压 F_{P1} 和 F_{P2} 作用,根据叠加原理,这时的支座反力 F_{yB} 应为

$$F_{yB} = F_{P1} y_1 + F_{P2} y_2$$

式中:y_1 和 y_2 分别为对应于荷载 F_{P1} 和 F_{P2} 位置的影响线上的值。

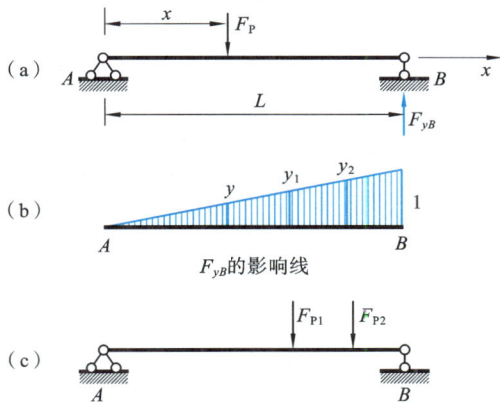

4.2 用静力法作单跨静定梁影响线

作静定结构的内力和反力影响线有两种基本方法:静力法和机动法。本节讨论如何用静力法作单跨静定梁反力与内力的影响线。

静力法是指以荷载的作用位置 x 为变量,通过平衡方程,确定所求量值(反力或内力)的

MOOC 视频

影响方程,并作出影响线。

1. 支座反力的影响线

简支梁支座反力 F_{yB} 的影响线已在 4.1 节中讨论过了(见图 4-3),现在讨论支座反力 F_{yA} 的影响线。

如图 4-4(a)所示,将移动单位荷载 $F_P=1$ 作用于任意位置,该位置至 A 点的距离为 x。由平衡方程求影响线方程,则

由 $\sum M_B=0$ 得 $\qquad F_{yA}L-1\times(L-x)=0$

即 $$F_{yA}=\frac{L-x}{L} \quad (0\leqslant x\leqslant L) \tag{4-2}$$

这就是 F_{yA} 的影响线方程。由此方程可知,F_{yA} 的影响线也是一条直线。在 A 点,$x=0$,$F_{yA}=1$;在 B 点,$x=L$,$F_{yB}=0$。利用这两个值便可以作出 F_{yA} 的影响线,如图 4-4(b)所示。

需要强调的是:上述影响线上的值是无量纲的,纵坐标表示的是单位荷载作用于该位置时,反力 F_{yA} 的大小。画影响线的规定如下:

(1)影响线可画在基线上或结构上,基线的长度表示移动单位荷载的范围。

(2)一般要求力为正时画在基线的上方,力为负时画在基线的下方,并应在影响线的图形上标上正负号和关键点处的值。

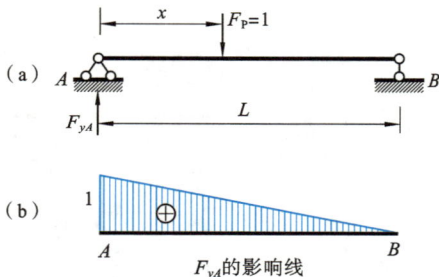

图 4-4

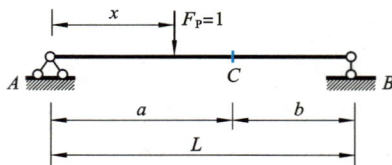

图 4-5

2. 剪力的影响线

现作简支梁指定截面 C 处剪力 F_{QC} 的影响线(见图 4-5)。由于当移动单位荷载 $F_P=1$ 在 C 点的左边或右边移动时,剪力 F_{QC} 的影响线方程有不同的表达式,所以应当分别考虑。

当单位荷载 F_P 在 AC 段内移动时,取截面 C 右边的 CB 段为隔离体,如图 4-6(a)所示。

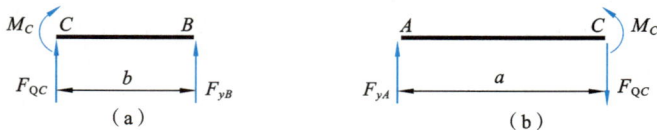

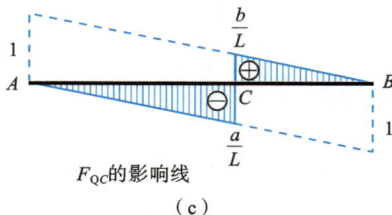

F_{QC} 的影响线

(c)

图 4-6

由 $\sum F_y = 0$,得

$$F_{QC} = -F_{yB} = -\frac{x}{L} \quad (0 \leqslant x \leqslant a) \tag{4-3}$$

由此看出,在 AC 段内,F_{QC} 的影响线与 F_{yB} 的影响线相同,但符号相反。因此,可先把 F_{yB} 的影响线画在基线的下面,然后保留其中 AC 段的影响线。C 点的纵坐标为 $-\frac{a}{L}$ 。

当单位荷载 F_P 在 CB 段内移动时,取截面 C 左边的 AC 段为隔离体,如图 4-6(b)所示。

由 $\sum F_y = 0$ 得

$$F_{QC} = F_{yA} = \frac{L-x}{L} \quad (a \leqslant x \leqslant L) \tag{4-4}$$

由此看出,在 CB 段内,F_{QC} 的影响线与 F_{yA} 的影响线相同。因此,可先把 F_{yA} 的影响线画在基线上面,然后保留其中 CB 段的影响线。C 点的纵坐标为 $\frac{b}{L}$ 。

作出的 F_{QC} 影响线如图 4-6(c)所示。

综上所述,F_{QC} 的影响线分成 AC 和 CB 两段,由两段平行线所组成,在 C 点处形成台阶。当移动单位荷载 F_P 作用在 AC 段上任意一点时,截面 C 处受负剪力。当移动单位荷载 F_P 作用在 CB 段上任意一点时,截面 C 处受正剪力。当移动单位荷载 F_P 由 C 点左侧移到 C 点右侧时,截面 C 处的剪力将会发生突变。

3. 弯矩的影响线

现作图 4-5 所示的简支梁指定截面 C 处弯矩 M_C 的影响线。仍分单位荷载 F_P 在 C 点左边和右边移动的两种情况进行讨论。

当单位荷载 F_P 在 AC 段内移动时,取截面 C 右边的 CB 段为隔离体,如图 4-6(a)所示。

由 $\sum M_C = 0$ 得

$$M_C = F_{yB} b = \frac{xb}{L} \quad (0 \leqslant x \leqslant a) \tag{4-5}$$

由此看出,在 AC 段内,M_C 的影响线相当于将 F_{yB} 的影响线的纵坐标放大 b 倍。因此,可先把 F_{yB} 影响线的纵坐标乘以 b ,然后保留其中 AC 段的影响线,就可得到 M_C 在 AC 段的影响线,C 点的纵坐标为 ab/L 。

当单位荷载 F_P 在 CB 段内移动时,取截面 C 左边的 AC 段为隔离体,如图4-6(b)所示。

由 $\sum M_C = 0$ 得

$$M_C = F_{yA} a = \frac{(L-x)a}{L} \quad (a \leqslant x \leqslant L) \tag{4-6}$$

由此看出,在 AC 段内,M_C 的影响线相当于将 F_{yA} 的影响线的纵坐标放大 a 倍。因此,可先把 F_{yA} 影响线的纵坐标乘以 a ,然后保留其中 CB 段的影响线,就可得到 M_C 在 CB 段的影响线,C 点的纵坐标也为 ab/L 。作出的 M_C 影响线如图 4-7 所示。

综上所述,M_C 的影响线分成 AC 和 CB 两段,每一段都是直线,形成一个三角形。当移动单位荷载 F_P 作用在 C 点时,弯矩 M_C 有最大值;当移动单位荷载 F_P 由 C 点向梁的两端移动时,弯矩 M_C 逐渐减小到零。

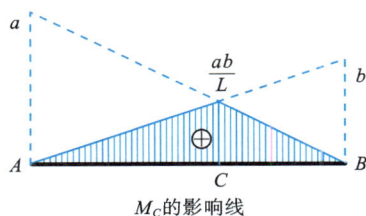

M_C 的影响线

图 4-7

【**例 4-1**】　作图 4-8 所示悬挑梁 F_{yA}、F_{yB}、M_C、F_{QC}、F_{QD} 的影响线。

解　(1)作支座反力 F_{yA} 的影响线。

显然单位荷载在 AB 段内移动时,其影响线与相应简支梁的完全相同,因此只需研究单位荷载在 EA 段和 BF 段内移动时的情况即可。

对于 EA 段,根据前面的经验,它的影响线一定是直线,因此只需要把移动单位荷载作用于 E 点(见图 4-9(a)),求出 F_{yA} 的值即可。

由 $\sum M_B = 0$ 得　　　　　　　$$F_{yA} = \frac{L+L_1}{L} = 1 + \frac{L_1}{L}$$

显然该值在 AB 段影响线的直线上。

对于 BF 段,同样只需把单位移动荷载作用于 F 点,求出 F_{yA} 的值即可。

由 $\sum M_B = 0$ 得　　　　　　　$$F_{yA} = -\frac{L_2}{L}$$

同样,该值也在 AB 段影响线的直线上。

作 F_{yA} 的影响线,如图 4-9(b)所示。

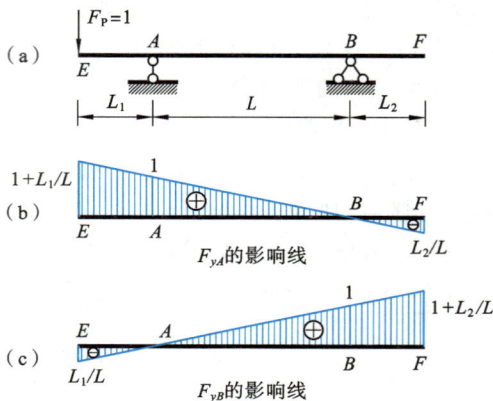

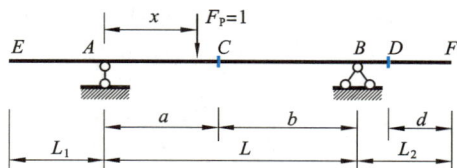

图 4-8

图 4-9

由上面的计算可以得出这样的结论:画悬挑梁某量值的影响线时,可先画出相应简支梁部分的影响线,对悬挑部分只需将简支梁的影响线延长即可。

(2)作支座反力 F_{yB} 的影响线。

按上述结论来画 F_{yB} 的影响线。先画出简支梁部分 F_{yB} 的影响线,然后在两端相应延长,其值可按相似三角形的比例求出。作出的 F_{yB} 的影响线如图 4-9(c)所示。

(3)作弯矩 M_C 的影响线。

作悬挑梁 M_C 的影响线,同样可用上面的结论作图。先画出 AB 简支梁段 M_C 的影响线,然后将左边的线和右边的线相应延长即可。作出的 M_C 的影响线如图 4-10(b)所示。

(4)作剪力 F_{QC} 的影响线。

作悬挑梁 F_{QC} 的影响线,同样可以先画出简支梁 AB 段 F_{QC} 的影响线,然后把左边的线和右边的线延长即可。作出的 F_{QC} 的影响线如图 4-10(c)所示。

(5)作剪力 F_{QD} 的影响线。

对于该悬挑梁,显然,当单位移动荷载在 E 至 D 之间移动时 F_{QD} 等于零,当单位移动荷载

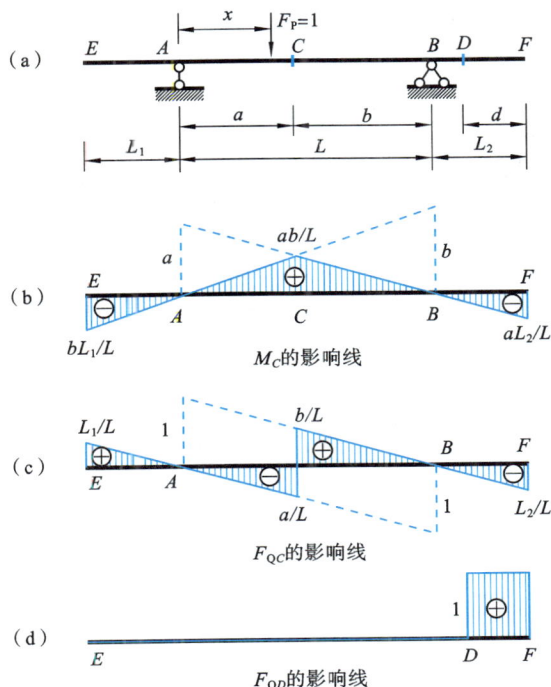

图 4-10

在 D 至 F 之间移动时 F_{QD} 等于 1。作出的悬挑梁 F_{QD} 的影响线如图 4-10(d)所示。

以上以简支梁和悬挑梁为例，说明了用静力法绘制影响线的具体步骤。可以看出，求某一反力或内力的影响线，所用的方法与在固定荷载作用下求该反力或内力的方法是完全相同的，即都是取隔离体由平衡条件求得。不同之处仅在于作影响线时，作用的荷载是一个移动的单位荷载，因此所求得的反力或内力是荷载位置 x 的函数，即影响线方程。尤其是当荷载作用在结构的不同部分时，所求量值的影响线方程可能是不同的，此时应将它们分段写出，并且在作图时要特别注意各个方程的适用范围。

还需要指出的是，对于静定结构，其反力和内力的影响线方程都是 x 的一次函数，故静定结构的反力和内力影响线都是由直线组成的。

4.3　多跨静定梁的影响线

多跨静定梁是由基本部分和附属部分组成的，其主要元素不外乎简支梁和悬挑梁。在掌握了简支梁和悬挑梁的影响线作法以后，作多跨静定梁的影响线就比较容易了。主要步骤如下：

（1）首先分清结构的支承关系，即基本部分与附属部分。

（2）如果所作的是附属部分某量值的影响线，那么单位荷载在基本部分移动时，该量值为零，即该量值在基本部分范围内没有影响线，只在附属部分范围内有影响线。

（3）如果所作的是基本部分某量值的影响线，那么单位荷载在基本部分和附属部分移动时,该量值在基本部分和附属部分范围内均有影响线。

(4) 每一部分的影响线均可按照前面介绍的简支梁或悬挑梁的绘制方法进行。

例如图 4-11(a)所示的多跨静定梁,其 ABC 部分(悬挑梁)是基本部分,CD 部分(简支梁)是附属部分。若要作出基本部分中 F_{yA} 的影响线,那么当单位荷载在 ABC 段移动时,需作出的就是悬挑梁的影响线;当单位荷载在 CD 段内移动时,由于影响线应该是直线,因此只要取两点的值即可,一般取 C 点和 D 点的值。因为 C 点的值已知,而 D 点的值等于零(很容易判断出来)。F_{yA} 的影响线如图 4-11(b)所示。

若要作出图 4-11(a)中附属部分 E 点弯矩 M_E 的影响线,那么:当单位荷载在 ABC 段移动时,M_E 的值为零,即该部分没有影响线;当单位荷载在 CD 段移动时,由于该部分是简支梁,那就按简支梁画出 M_E 的影响线即可。M_E 的影响线如图 4-11(c)所示。

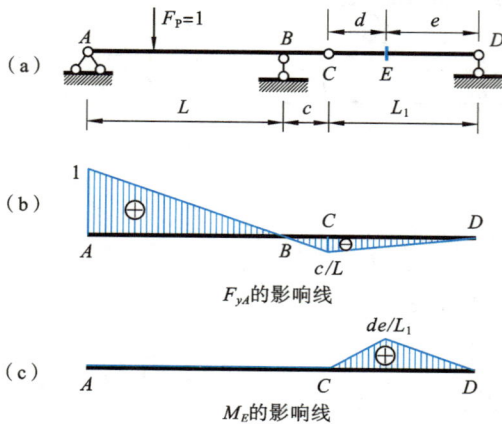

图 4-11

【例 4-2】　作出图 4-12(a)中 F_{yB}、M_1、F_{Q2}、M_3 和 F_{QD} 的影响线。

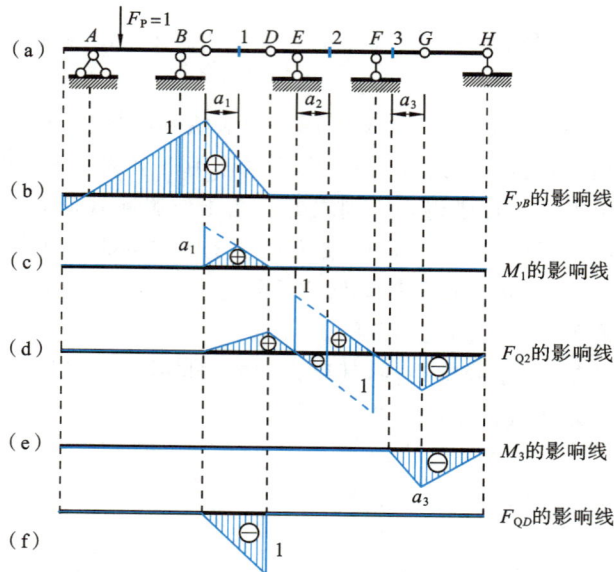

图 4-12

解　图示多跨静定梁具有两个基本部分 AC 和 DG,梁 CD 为它们共有的附属部分,GH 为 DG 的附属部分。按照上述方法,不难作出 F_{yB}、M_1 和 M_3 的影响线,这里不细述。

关于 F_{Q2} 的影响线,应先作 EF 简支梁部分的影响线,然后由于两头有悬挑段,应分别将左边的线延长至 D 点,将右边的线延长至 G 点,至于 CD 段和 GH 段,它们的影响线一定是直线,而 C 点和 H 点的值很容易判断出来是零。

作 F_{QD} 的影响线,实际上就是作附属部分 CD(简支梁)的 D 端支座竖直方向反力的影响线。单位荷载在其他部分移动时,该量值均为零。

作出的 F_{yB}、M_1、F_{Q2}、M_3 和 F_{QD} 的影响线分别如图 4-12(b)~(f)所示。

4.4　间接荷载作用下的影响线

以上的影响线,都是就荷载直接作用在结构上的情况而展开讨论的。但在实际工程中,有时荷载并不直接作用于所研究的结构上。例如,对图 4-13(a)所示桥梁结构的主梁来说,荷载是通过纵梁和它下面的横梁传到主梁上面的。不论纵梁承受何种荷载,主梁只在 A、C、D、E、B 五点处受到横梁传下来的集中荷载,因此,主梁承受的是结点荷载。这种结点荷载的大小是随荷载的移动而变化的。下面以图 4-13(a)中主梁上 K 截面处弯矩的影响线为例,来说明结点荷载作用下影响线的基本特点及其绘制方法。

首先考虑单位荷载 $F_P=1$ 移动到各结点处的情况。显然,此时与荷载直接作用在主梁上的情况完全相同。因此,可先用虚线作出直接荷载作用下主梁 M_K 的影响线(见图 4-13(b))。但在此影响线中,只有各结点处的纵坐标是正确的。

其次考虑单位荷载 $F_P=1$ 在任意两相邻横梁间的纵梁上移动的情况。例如当荷载 $F_P=1$ 在 CD 段内(要计算的 K 点在此范围内)的纵梁上移动时,主梁将在 C、D 处分别受到结点荷载 $\dfrac{d-x}{d}$ 及 $\dfrac{x}{d}$ 的作用(见图 4-13(c))。由于直接荷载作用下 M_K 的影响线在 C、D 处的纵坐标分别为 y_C 和 y_D(见图 4-13(b)),则根据影响线的定义和叠加原理可知,上述两结点荷载所产生的 M_K 值应为

$$M_K=\frac{d-x}{d}y_C+\frac{x}{d}y_D$$

上式为 x 的一次式,说明在 CD 段内 M_K 随 x 呈直线变化。因此要画出此段的影响线只需取两点即可:

当 $x=0$ 时,　　$M_K=y_C$
当 $x=d$ 时,　　$M_K=y_D$

由此可知,该段的影响线就是连接纵坐标为 y_C 和 y_D 的两点的直线(见图 4-13(d))。

同理,当荷载 $F_P=1$ 在 AC、DE、EB 段的纵梁上移动时,M_K 也应是呈直线变化的。而目前直接荷载作用下该三段的影响线都符合此规律,也就是说该三段的直接荷载作用下的影响线就是间接荷载作用下的影响线。M_K 的影响线如图 4-13(d)所示。

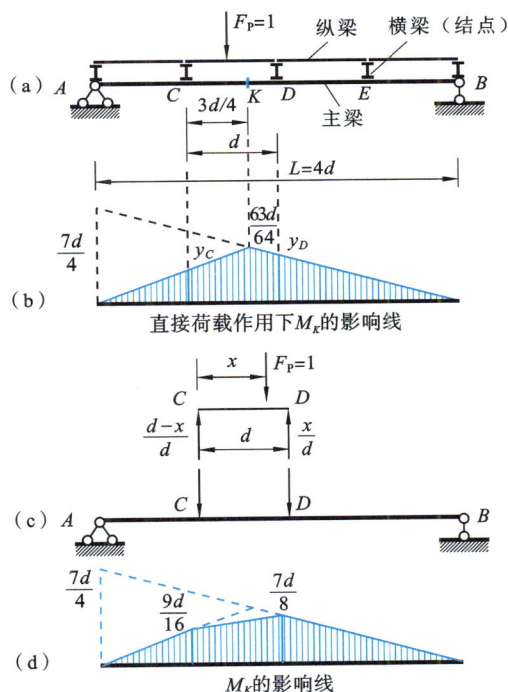

图 4-13

因此,间接荷载作用下的影响线的基本特点是:在任意两相邻结点间都是呈直线变化的。综上所述,间接荷载作用下的影响线的绘制方法可以归纳如下:

(1) 先假定结构承受直接荷载,用虚线作出所求量值的影响线;

(2) 对主梁在直接荷载作用下的影响线进行修正,方法是过各横梁引竖直方向线与影响线相交,将相邻的交点用直实线相连;

(3) 修正的范围通常是需求量值的区段、支座两边的区段和有铰的区段,即两横梁间的影响线不是直线的均需修正。

【例 4-3】 求图 4-14(a)所示主梁在间接荷载作用下 F_{yB}、F_{QC}、M_C 的影响线,单位荷载在 AD 段内移动。

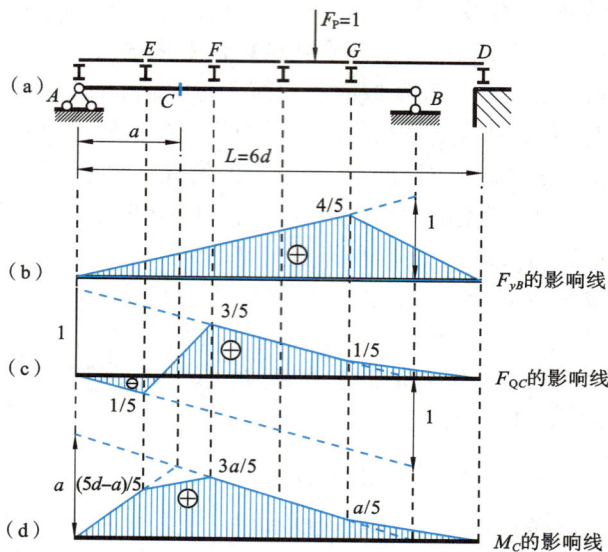

图 4-14

解 (1) 作 F_{yB} 的影响线。首先用虚线作出 F_{yB} 在直接荷载作用下的影响线;然后对此影响线进行修正,经检查,修正的范围应该是 GD 段;最后把确定的影响线用实线作出。作出的 F_{yB} 的影响线如图 4-14(b)所示。

(2) 作 F_{QC} 的影响线。首先用虚线作出 F_{QC} 在直接荷载作用下的影响线,然后对此影响线的 EF 和 GD 段进行修正,最后把确定的影响线用实线画出。作出的 F_{QC} 的影响线如图 4-14(c)所示。

(3) 作 M_C 的影响线。首先用虚线作出 M_C 在直接荷载作用下的影响线,然后对此影响线的 EF 和 GD 段进行修正,最后把确定的影响线用实线画出。作出的 M_C 的影响线如图4-14(d)所示。

【例 4-4】 求图 4-15(a)所示结构 F_{yC}、F_{QI}、F_{QF} 的影响线,单位荷载在 AB 段内移动。

解 (1) 作 F_{yC} 的影响线。首先用虚线作出 F_{yC} 在直接荷载作用下的影响线,然后对此影响线的 AE、GH 和 HB 段进行修正,最后把确定的影响线用实线画出。作出的 F_{yC} 影响线如图 4-15(b)所示。

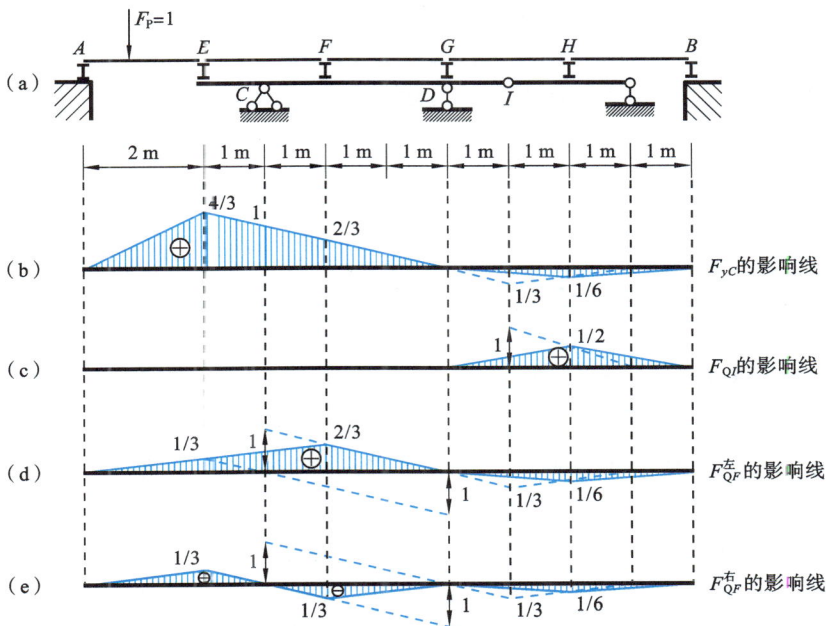

图 4-15

（2）作 F_{QI} 的影响线。首先用虚线作出 F_{QI} 在直接荷载作用下的影响线，然后对此影响线的 GH 和 HB 段进行修正。作出的 F_{QI} 影响线如图 4-15(c)所示。

（3）作 F_{QF} 的影响线。由于 F 点处作用有集中力，所以该点有左剪力和右剪力。先求左剪力 $F_{QF}^{左}$。首先用虚线作出 F_{QF} 在直接荷载作用下的影响线，然后对此影响线的 AE、EF、GH 和 HB 段进行修正（由于是左剪力，因此该力落在 EF 段）。作出的 $F_{QF}^{左}$ 影响线如图 4-15(d)所示。其次求右剪力 $F_{QF}^{右}$。同样先用虚线作出 F_{QF} 在直接荷载作用下的影响线，然后对此影响线的 AE、FG、GH 和 HB 段进行修正（由于是右剪力，因此该力落在 FG 段）。作出的 $F_{QF}^{右}$ 影响线如图 4-15(e)所示。

综上所述，对有集中力处的剪力，应分为左剪力和右剪力，是左剪力就要对直接荷载作用下影响线的左边段进行修正，是右剪力就要对直接荷载作用下影响线的右边段进行修正。

【例 4-5】　如图 4-16 所示结构，单位移动荷载 $F_P = 1$ 在 AD 内移动，用静力法作 F_{QF}、M_G、M_E 的影响线。

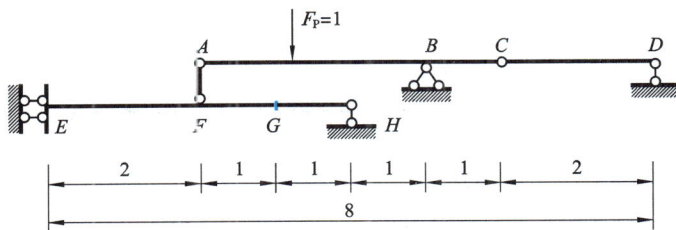

图 4-16

解　（1）作 F_{QF} 的影响线。
由于 F 点处有集中力，因此剪力需分为左剪力和右剪力。

当单位移动荷载作用于 A 点时,杆 AF 传递的集中力为1,此时
$$F_{QF}^{左}=0, \quad F_{QF}^{右}=-1$$
当单位移动荷载作用于 B 点时,杆 AF 传递的集中力为0,此时
$$F_{QF}^{左}=0, \quad F_{QF}^{右}=0$$
当单位移动荷载作用于 C 点时,杆 AF 传递的集中力为 $-1/3$(方向向上),此时
$$F_{QF}^{左}=0, \quad F_{QF}^{右}=\frac{1}{3}$$
当单位移动荷载作用于 D 点时,杆 AF 传递的集中力为0,此时
$$F_{QF}^{左}=0, \quad F_{QF}^{右}=0$$
作 F_{QF} 的影响线,如图 4-17(b)、(c)所示。

(2) 作 M_G 的影响线。

当单位移动荷载作用于 A 点时,杆 AF 传递的集中力为1,此时
$$F_{yH}=1, \quad M_G=1\times1=1(下部受拉)$$
当单位移动荷载作用于 B 点时,杆 AF 传递的集中力为0,此时
$$F_{yH}=0, \quad M_G=0$$
当单位移动荷载作用于 C 点时,杆 AF 传递的集中力为 $-1/3$(方向向上),此时
$$F_{yH}=-\frac{1}{3}(方向向下), \quad M_G=-\frac{1}{3}\times1=-\frac{1}{3}(上部受拉)$$
当单位移动荷载作用于 D 点时,杆 AF 传递的集中力为0,此时
$$F_{yH}=0, \quad M_G=0$$
作 M_G 的影响线,如图 4-17(d)所示。

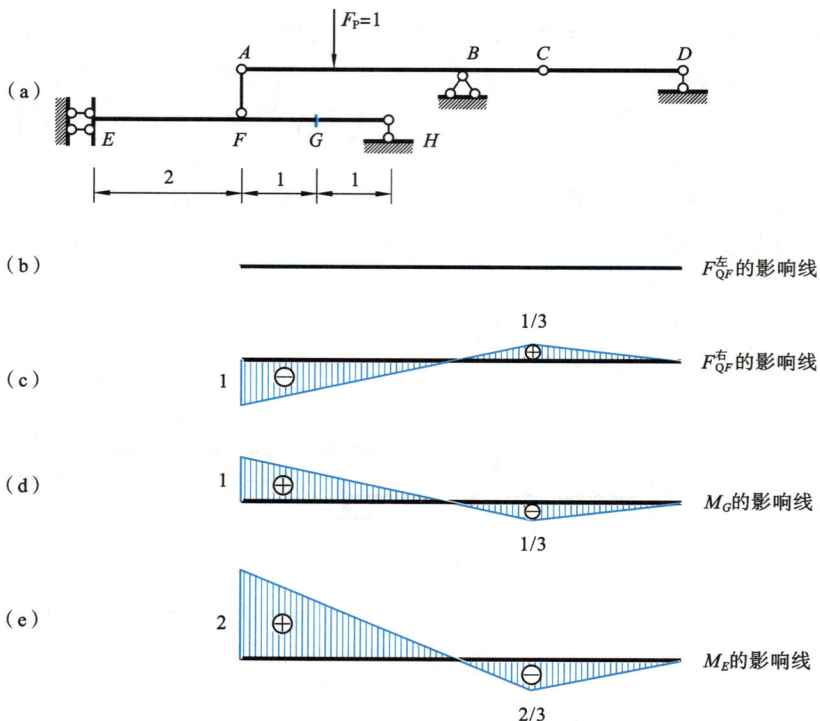

图 4-17

（3）作 M_E 的影响线。

当单位移动荷载作用于 A 点时，杆 AF 传递的集中力为 1，此时
$$F_{yH}=1, \quad M_E=1\times4-1\times2=2（下部受拉）$$

当单位移动荷载作用于 B 点时，杆 AF 传递的集中力为零，此时
$$F_{yH}=0, \quad M_H=0$$

当单位移动荷载作用于 C 点时，杆 AF 传递的集中力为 $-1/3$（方向向上），此时
$$F_{yH}=-\frac{1}{3}（方向向下）, \quad M_E=-\frac{1}{3}\times4+\frac{1}{3}\times2=-\frac{2}{3}（上部受拉）$$

当单位移动荷载作用于 D 点时，杆 AF 传递的集中力为零，此时
$$F_{yH}=0, \quad M_E=0$$

作 M_E 的影响线，如图 4-17(e) 所示。

总结一下上面作影响线的过程：荷载的移动范围由三段（AB 段、BC 段和 CD 段）组成，由于每段的影响线都应该是直线，因此分别将荷载作用于四个点后求所需的量值。观察图 4-17 (c)～(e) 所示的影响线，可发现 BC 悬挑段的影响线是 AB 段影响线的延长线，也就是说前面介绍的悬挑段作图规则，在这样的问题中同样是成立的。

4.5　静定桁架的影响线

桁架上作用的移动荷载一般是间接荷载，因此它的影响线作法与间接荷载作用下的基本相同。下面用一例题来说明对静定桁架作影响线的方法。

MOOC 视频

【例 4-6】　求图 4-18 所示桁架中杆 EF、EG、GH、EH 轴力的影响线，单位移动荷载分别在 C、D 间（上承式）和 A、B 间（下承式）移动。

图 4-18

解　（1）作杆 EF 轴力的影响线。

首先讨论荷载在 C、D 间移动时（上承式）的情况，分 CE、EF 和 FD 三段分别讨论。

先让荷载作用于 CE 段，作 $n\!-\!n$ 截面（见图 4-19(a)），取右半部分。

由 $\sum M_H=0$ 得

$$F_{NEF}=-\frac{M_H^0}{h}$$

作该段的影响线：相应简支梁 H 点弯矩的影响线除以常数 h，并画在下方。再让荷载作用于 FD 段，同样作 $n\!-\!n$ 截面，取左半部分。

由 $\sum M_H=0$ 得　　　　　　　　$$F_{NEF}=-\frac{M_H^0}{h}$$

作该段的影响线：相应简支梁 H 点弯矩的影响线除以常数 h，并画在下方。

当荷载作用于 EF 段时，由前面的经验知道该段的影响线一定是直线，因此只需将 CE 段在 E 点的值与 FD 段在 F 点的值对应的两点相连即可。

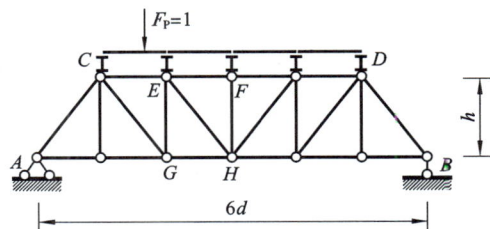

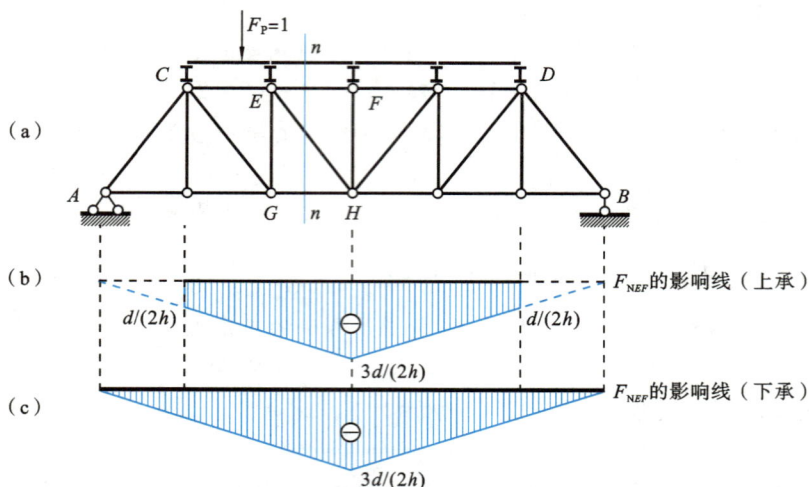

图 4-19

下面作 F_{NEF} 的影响线,步骤如下:

① 作基线,它的长度等于 AB 段的长度;

② 把相应简支梁 M_H^0 的影响线作于基线的下方,并把纵坐标除以 h;

③ 对上述影响线进行修正:先把 AC 段和 DB 段去掉(因为荷载没有在这两段上移动);再检查 E、F 两点间的影响线,若是直线就不需修正,若不是直线就进行修正。

荷载在 A、B 间移动时(下承式),影响线的作法与上承式的基本相同,只是 AC 与 DB 段不需修正。

所作的 F_{NEF} 的影响线如图 4-19(b)、(c)所示。

(2) 作杆 EG 轴力的影响线。

先作荷载在 A、B 间移动时(下承式)的影响线。当荷载在 AG 段时,作 l—l 截面(见图 4-20(a)),取右半部分,由平衡条件可得

$$F_{NEG} = F_{yB}$$

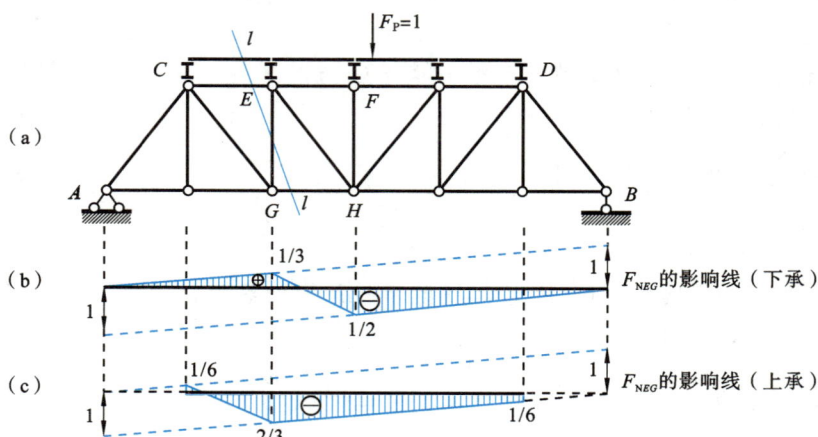

图 4-20

当荷载在 HB 段上移动时,则得

$$F_{NEG} = -F_{yA}$$

荷载在 GH 段内移动时,只需将 AG 段的影响线在 G 点的值与 HB 段的影响线在 H 点的值对应的两点相连即可。也可以把 GH 段称为修正段。

同理,可得到荷载在 C、D 间移动(上承式)时 F_{NEG} 的影响线。两者不同的是:荷载上承时 AC、DB 段没有影响线,而修正段为 CE 段。

所作的 F_{NEG} 的影响线如图 4-20(b)、(c)所示。

(3) 作杆 GH 轴力的影响线。

先作荷载在 A、B 间移动时(下承式)的影响线。当荷载在 AG 段上移动时,作 n—n 截面(见图 4-21(a)),由平衡条件可得

$$F_{NGH} = \frac{M_E^0}{h}$$

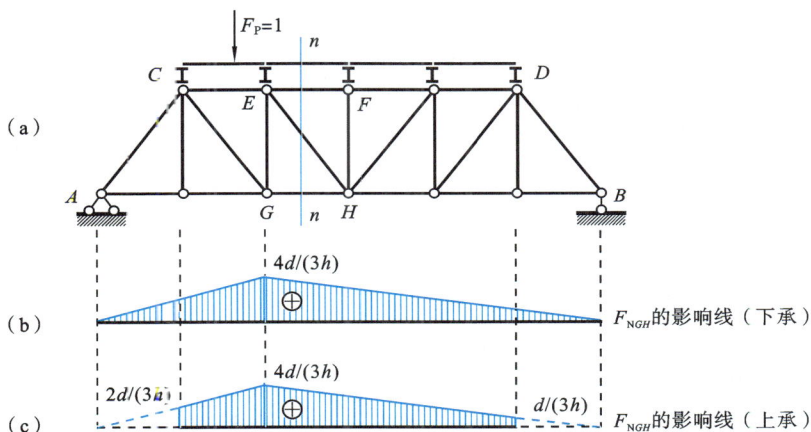

图 4-21

当荷载在 HB 段上移动时,则得

$$F_{NGH} = \frac{M_E^0}{h}$$

荷载在 GH 段上移动时,只需将 AG 段的影响线在 G 点的值与 HB 段的影响线在 H 点的值对应的两点相连即可。

同理,在荷载在 A、B 间移动时(下承式)影响线的基础上去掉 AC、DB 段后,即可得到荷载在 C、D 间移动(上承式)时 F_{NGH} 的影响线。

所作的 F_{NGH} 影响线如图 4-21(b)、(c)所示。

(4) 作杆 EH 的影响线。

先作荷载在 A、B 间移动时(下承式)的影响线。当荷载作用在 AG 段上时,作 n—n 截面(见图 4-22(a)),取右半部分,由平衡条件可得

$$F_{NEH} \sin\alpha = -F_{yB}, \quad F_{NEH} = -\frac{F_{yB}}{\sin\alpha}$$

当荷载在 HB 段上移动时,同样可得

$$F_{NEH} = \frac{F_{yA}}{\sin\alpha}$$

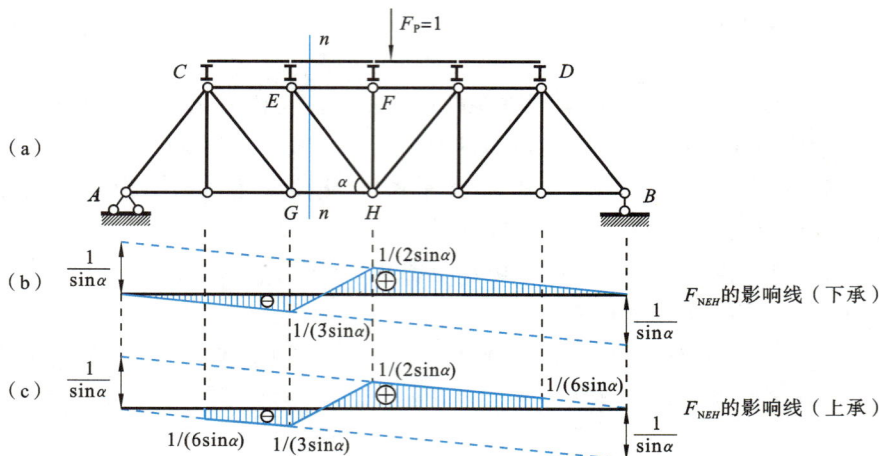

图 4-22

当荷载在 GH 段上移动时,只需将 AG 段的影响线在 G 点的值与 HB 段的影响线在 H 点的值对应的两点相连即可,即对 GH 段进行修正。

同理,在荷载在 A、B 间移动时(下承式)影响线的基础上去掉 AC、DB 段后,即可得到荷载在 C、D 间移动(上承式)时 F_{NEH} 的影响线。

所作的 F_{NEH} 影响线如图 4-22(b)、(c)所示。

通过上面例题的求解,总结如下:

(1)与相应的简支梁相比,桁架上、下弦的作用是抵抗弯矩,因此其影响线的外形与简支梁弯矩影响线非常相似。但由于上弦受压,影响线是负的,下弦受拉,影响线是正的。

(2)与相应的简支梁相比,桁架腹杆的作用是抵抗剪力,因此其影响线的外形与简支梁剪力影响线比较相似。计算时所作截面通过的区段就是需修正的区段。考虑荷载上承、下承时所作截面通过的区段不同,上承、下承时修正的区段也不同。

(3)需修正的情况通常是:考虑荷载上承、下承时,若荷载移动的范围不同,则影响线的基线长度需修正,计算时所作截面通过的区段影响线需修正。

4.6 用机动法作影响线

机动法是以虚功原理为基础,把作内力或支座反力影响线的静力问题转化为作虚位移图的几何问题。

下面以简支梁支座反力影响线为例,运用虚功原理说明用机动法作影响线的方法和步骤。

如用机动法作图 4-23(a)所示梁 B 端支座反力 F_{yB} 的影响线。为此,将与 F_{yB} 相应的约束——B 端支座撤去,代以未知力 F_{yB}(支座反力向上为正),使原结构变成具有一个自由度的机构,然后给这个机构以约束许可的、沿未知力 F_{yB} 方向的虚位移,即使梁绕 A 点发生微小转动(见图 4-23(b)),令图 4-23(a)中的所有外力(真实的)在图 4-23(b)中的位移(虚设的)上做功,列出刚体的虚功方程如下:

$$F_{yB}\delta_{yB} - F_P\delta_P = 0 \tag{4-7}$$

式中：δ_P 是与单位移动荷载 $F_P=1$ 对应的虚位移，由于单位荷载在梁上是可以到处移动的，因此梁虚位移图上的任意点的纵坐标都是 δ_F；δ_{yB} 是与未知力 F_{yB} 对应的虚位移。由式(4-7)得

$$F_{yB}=\frac{\delta_P}{\delta_{yB}}F_P \qquad (4-8)$$

显然，式(4-8)中的 δ_P 是一个变量，它是单位荷载位置参数 x 的函数；δ_{yB} 是一个常量。因此，式(4-8)可表示为

$$F_{yB}(x)=\frac{1}{\delta_{yB}}\delta_P(x) \qquad (4-9)$$

由式(4-9)可知，把梁的虚位移图的纵坐标除以常数 δ_{yB}，即得到 F_{yB} 的影响线。由于 δ_P 是虚设的，因此为方便起见，通常在作虚位移图时，把未知量处的虚位移设为1，即 $\delta_{yB}=1$。那么简支梁去掉 B 点竖直方向约束后的机构沿 F_{yB} 方向发生单位位移的虚位移图就是 F_{yB} 的影响线（见图 4-23(c)）。

令式(4-9)中的 $\delta_{yB}=1$，可得

$$F_{yB}(x)=\delta_P(x) \qquad (4-10)$$

式(4-10)就是 F_{yB} 的影响线方程。按照上述机动法，不但不经计算就能快速绘出影响线的轮廓，而且可绘出影响线的精确图形。对于某些问题用机动法处理非常方便，例如在确定荷载最不利位置时，往往只需要知道影响线的轮廓，而无须求出其数值。此外，也可用机动法来校核用静力法所作的影响线。

总结用机动法作静定结构内力或支座反力影响线的步骤如下：

(1) 撤去与所求量值相应的约束，以未知力及相应的符号代替。

(2) 让去掉约束后的机构沿所求量值的正方向发生机构所容许的单位虚位移，并作出单位荷载移动范围内机构的虚位移图(δ_P 图)，此图即为所求量值的影响线。

(3) 基线以上的图形，影响线取正号；基线以下的图形，影响线取负号。

【例 4-7】　用机动法作图 4-24(a)所示简支梁弯矩和剪力的影响线。

解　(1) 作弯矩 M_C 的影响线。

撤去与弯矩 M_C 相应的约束，即将截面 C 处的刚性连接改为铰接，代以一对等值反向的力偶 M_C（梁以下部受弯为正）。这时铰 C 两侧的刚体可以发生相对转动。

令机构沿力偶 M_C 方向发生虚位移，如图 4-24(b)所示。设杆 AC 发生的转角位移为 α，杆 CB 发生的转角位移为 β，并令 $\alpha+\beta=1$（它表示转动是非常微小的），那么图 4-24(b)中的 $BB'=b$。再按几何关系，可求出 C 点竖直方向位移为 ab/L。M_C 的影响线如图 4-24(c)所示。

(2) 作剪力 F_{QC} 的影响线。

撤去截面 C 处相应的抗剪约束，即将截面 C 处改为滑动连接，代以一对正剪力 F_{QC}，得图 4-25(b)所示的机构。此时，杆 AC、杆 CB 在截面 C 处能发生相对竖直方向位移，然后保持平行。令机构沿剪力 F_{QC} 方向发生虚位移，如图 4-25(b)所示。设杆 AC 在 C 点的竖直方向位移为 b，杆 CB 在 C 点的竖直方向位移为 a，并令 $a+b=1$，所得虚位移图即为 F_{QC} 的影响线（见图 4-25(c)）。

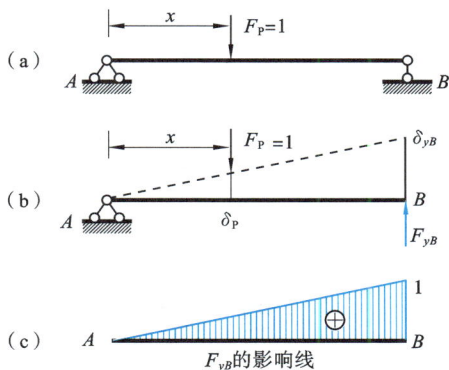

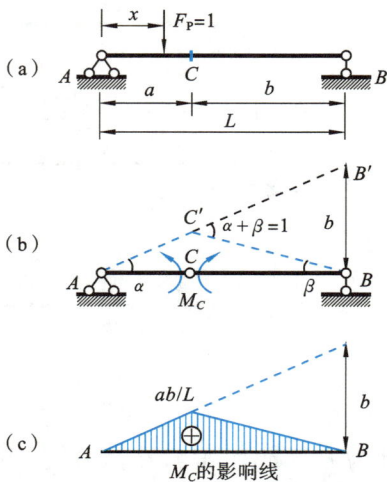

图 4-24

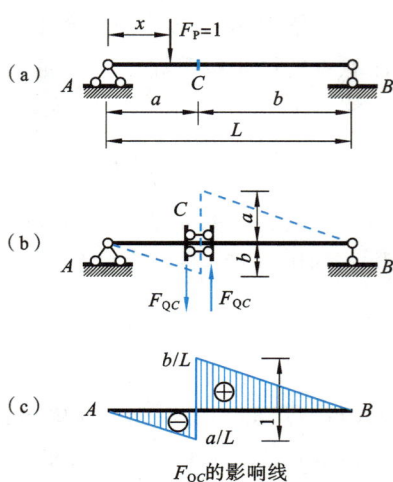

图 4-25

【例 4-8】　用机动法作图 4-26(a)所示多跨静定梁的 M_K、F_{QK}、M_C、F_{QF} 和 F_{yD} 的影响线，单位荷载在 H、G 之间移动。

解　(1) 作 M_K 的影响线。

将截面 K 处的刚性连接换成铰接后，加一对等值反向的力偶 M_K，使机构沿力偶方向发生虚位移，如图 4-26(b)所示。令截面 K 两侧的相对转角位移为 1，即得 M_K 的影响线如图 4-26(c)所示。各控制点的影响系数可按比例关系求出。在基线以上的图形标正号，以下的标负号。

(2) 作 F_{QK} 的影响线。

将截面 K 的刚性连接换成滑动连接后，加一对剪力 F_{QK}，使机构沿剪力方向发生虚位移，如图 4-26(d)所示。令杆 HK 和杆 KE 在 K 点的竖直方向相对位移为 1，即得 F_{QK} 的影响线，如图 4-26(e)所示。

(3) 作 M_C 的影响线。

将截面 C 的刚性连接换成铰接后，加以一对等值反向的力偶 M_C（图中不再画出），使机构沿力偶方向发生虚位移（由于截面 C 左侧为不变体系，所以不可能发生虚位移）。令截面 C 两侧的相对转角位移为 1，即得 M_C 的影响线，如图 4-26(f)所示。

(4) 作 F_{QF} 的影响线。

将 F 点处的竖直方向约束去掉，加以一对剪力 F_{QF}（图中不再画出），使 F 点右侧的机构沿剪力方向发生虚位移。令 F 点的竖直方向位移为 1，即得 F_{QF} 的影响线，如图 4-26(g)所示。

(5) 作 F_{yD} 的影响线。

将 D 处支座的竖直方向链杆去掉后，代替以向上的反力 F_{yD}（图中不再画出），使机构沿反力方向发生虚位移。令 D 点的竖直方向位移为 1，即得 F_{yD} 的影响线，如图 4-26(h)所示。

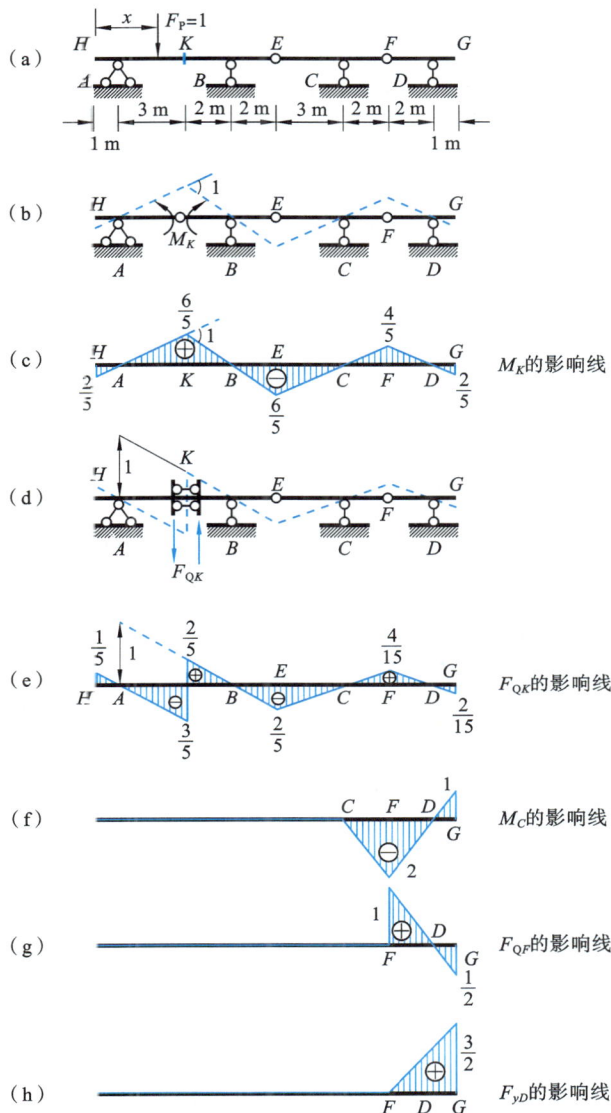

图 4-26

由图 4-26 所示的各影响线可以看出,在多跨静定梁中,基本部分的内力或支座反力的影响线是布满全梁的,而附属部分内力或支座反力的影响线则只在附属部分不为零(基本部分上的线段为零)。这个结论与多跨静定梁的力学特性是一致的。

4.7 组合结构的影响线

对于组合结构,求影响线的方法与前面介绍的各种结构的基本相同。下面介绍如何用静力法求组合结构的影响线。

【例 4-9】 用静力法求图 4-27 所示组合结构中 F_{NEG}、M_D、F_{QD} 的影响线。

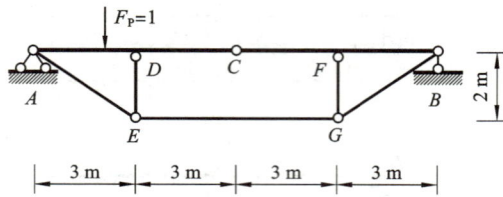

图 4-27

解 （1）求 F_{NEG} 的影响线。

当单位荷载在 AC 段和 CB 段内移动时，都作 n—n 截面（见图 4-28(a)），由 $\sum M_C = 0$ 可得 $F_{NEG} = \dfrac{M_C}{2}$。F_{NEG} 的影响线如图 4-28(b) 所示。

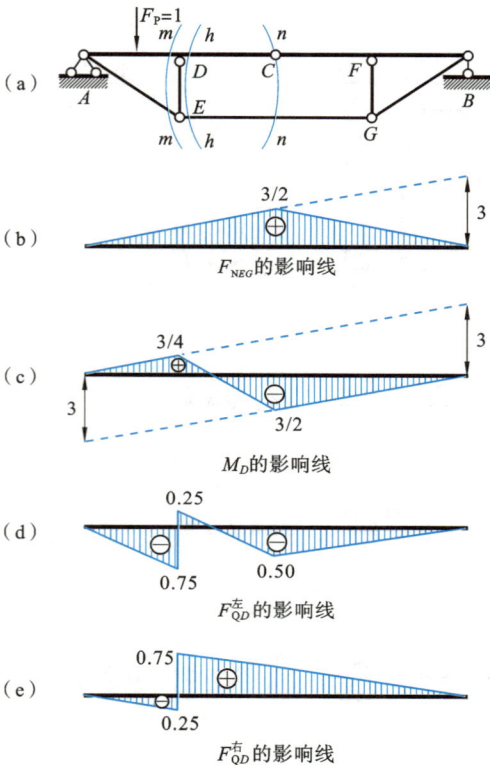

（2）求 M_D 的影响线。

荷载在 AD 段内移动时，作 n—n 截面，取右半部分，由平衡条件求得 $F_{yC} = -F_{yB}$，再由左半部分求得 $M_D = 3F_{yB}$（梁下部受拉）。

荷载在 CB 段内移动时，同样作 n—n 截面，取左半部分，由平衡条件求得 $F_{yC} = F_{yA}$，$M_D = -3F_{yA}$（梁上部受拉）。

荷载在 DC 段内移动时，影响线应是直线，因此把 D 点和 C 点在影响线上对应的两点用直线连接即可。

M_D 的影响线如图 4-28(c) 所示。

（3）求 F_{QD} 的影响线。

由于 D 点处有一集中力，因此剪力要区分左右。先求 $F_{QD}^{左}$ 的影响线。

当荷载在 AD 段内移动时，作 m—m 截面，取右半部分，由平衡条件求得 $F_{QD}^{左} = -F_{yB} - F_{NEG} \times \dfrac{2}{3}$，当 $x = 3$ 时，$F_{QD}^{左} = -0.75$。

图 4-28

当荷载在 DC 和 CB 段内移动时，同样作 m—m 截面，取左半部分，由平衡条件求得 $F_{QD}^{左} = F_{yA} - F_{NEG} \times \dfrac{2}{3}$，当 $x = 3$ 时 $F_{QD}^{左} = 0.25$，当 $x = 6$ 时 $F_{QD}^{左} = -0.5$。

再作 $F_{QD}^{右}$ 的影响线，当荷载在 AD 段内移动时，作 h—h 截面，取右半部分，由平衡条件得 $F_{QD}^{右} = -F_{yB}$。

当荷载在 DC 段、CB 段内移动时，同样作 h—h 截面，取左半部分，由平衡条件得 $F_{QD}^{右} = F_{yA}$。

$F_{QD}^{左}$ 的影响线、$F_{QD}^{右}$ 的影响线分别如图 4-28(d)、(e) 所示。

4.8　三铰拱的影响线

MOOC 视频

　　绘制三铰拱的影响线时,由于移动荷载是竖直方向单位集中力,因此第 3 章中所导出的三铰拱在竖向荷载作用下的反力、内力计算公式,在绘制影响线时都适用。

1. 反力影响线

　　由第 3 章介绍知,图 4-29(a)所示三铰拱的竖直方向反力为

$$F_{yA} = F_{yA}^0 , \quad F_{yB} = F_{yB}^0 \tag{4-11}$$

式中:F_{yA}^0 表示简支梁在 A 端支座处的竖直方向反力;F_{yB}^0 表示简支梁在 B 端支座处的竖直方

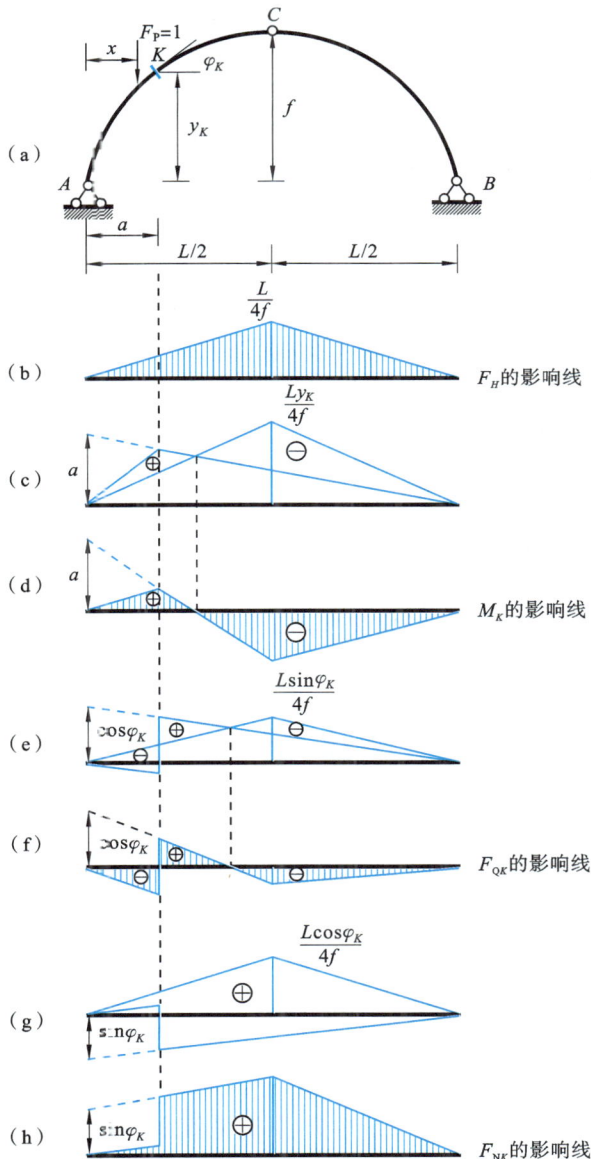

图 4-29

向反力。

三铰拱的水平推力为

$$F_H = \frac{M_C^0}{f} \tag{4-12}$$

由此可见,三铰拱竖直方向反力的影响线应与相应简支梁竖直方向反力的影响线完全相同,而水平推力 F_H 的影响线可由相应简支梁截面 C 的弯矩影响线除以拱高 f 而得到,如图4-29(b)所示。

2. 弯矩的影响线

三铰拱的弯矩计算公式为

$$M_K = M_K^0 - F_H y_K \tag{4-13}$$

可见,弯矩 M_K 的影响线可由两条影响线叠加求得:一是相应简支梁对应截面 K 弯矩 M_K^0 的影响线;二是推力 F_H 的影响线乘以该截面的纵坐标 y_K 并且反号。具体的绘制方法是:首先作相应简支梁弯矩 M_K^0 的影响线;然后在同一基线上作推力 F_H 的影响线并乘以常数 y_K;最后,由于 $F_H y_K$ 是负号,将两个图形的重叠部分抵消,余下的部分便是 M_K 的影响线。其中由 M_K^0 余下的图形部分取正号,由 $F_H y_K$ 余下的图形部分取负号,如图4-29(c)所示。为了应用方便,常将它绘于一条水平基线上,即如图4-29(d)所示。

3. 剪力的影响线

三铰拱的剪力计算公式为

$$F_{QK} = F_{QK}^0 \cos\varphi_K - F_H \sin\varphi_K \tag{4-14}$$

可见剪力的影响线也可由两条影响线叠加而成:一是相应简支梁剪力 F_{QK}^0 的影响线乘以常数 $\cos\varphi_K$;二是推力 F_H 的影响线乘以常数 $\sin\varphi_K$ 并且反号。其绘制步骤与绘制弯矩影响线的步骤完全相同,所得影响线如图4-29(e)、(f)所示。

4. 轴力的影响线

三铰拱的轴力计算公式(此处以压力为正)为

$$F_{NK} = -F_{QK}^0 \sin\varphi_K - F_H \cos\varphi_K \tag{4-15}$$

轴力影响线同样可由两条影响线叠加而成。按照上述步骤,可作出 F_{NK} 的影响线,如图4-29(g)、(h)所示。

4.9 影响线的应用

MOOC 视频

1. 当荷载位置确定时求某量值的大小

简支梁(见图4-30(a))反力 F_{yA} 的影响线如图4-30(b)所示,其中 C 点的纵坐标 y_C 表示单位力移动至 C 点时,反力 F_{yA} 的大小。若 C 点作用一集中力 F_P,显然 $F_{yA} = F_P y_C$。

若简支梁上作用有一组位置确定的荷载(见图4-31(a)),由于作影响线时,用的是单位荷载,根据叠加原理,F_{yA} 的计算式如下:

$$F_{yA} = F_{P1} y_1 + F_{P2} y_2 + \cdots + F_{Pi} y_i + \cdots + F_{Pn} y_n$$

一般说来,设有一组集中荷载 $F_{P1}, F_{P2}, \cdots, F_{Pn}$ 作用于结构,而结构某量值 Z 的影响线在各荷载作用位置处的纵坐标为 $y_1, y_2, \cdots, y_n$,则该量值 Z 的计算式如下:

$$Z = F_{P1} y_1 + F_{P2} y_2 + \cdots + F_{Pn} y_n = \sum_{i=1}^{n} F_{Pi} y_i \tag{4-16}$$

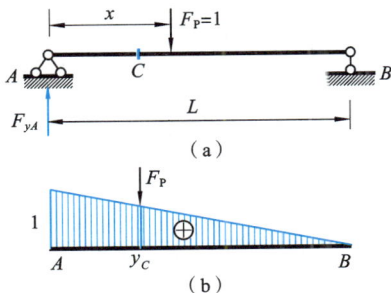

图 4-30

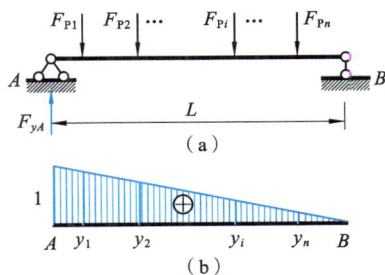

图 4-31

F_{yA} 的影响线如图 4-31(b)所示。运用式(4-16)计算时要注意影响线纵坐标 y 的正负号。

若结构上作用有位置确定的均布荷载(见图 4-32(a)),则微段 $\mathrm{d}x$ 上的荷载 $q\mathrm{d}x$ 可以看成集中荷载,它所引起的 Z 值为 $yq\mathrm{d}x$,因此,在 CD 段均布荷载作用下的 Z 值为

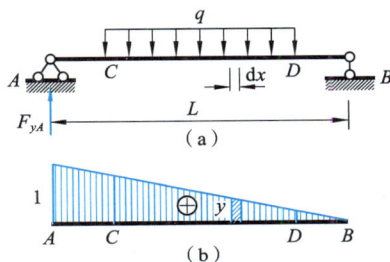

图 4-32

$$Z = \int_C^D yq\,\mathrm{d}x = q\int_C^D y\,\mathrm{d}x = q\omega \qquad (4\text{-}17)$$

式中:ω 为影响线的图形在受载段 CD 上所围成的面积(见图 4-32(b))。

式(4-17)表示,均布荷载引起的 Z 值等于荷载集度乘以受荷载段的影响线围成的图形面积。应用式(4-17)时,同样要注意面积 ω 的正负号。

总结一下,利用影响线计算在位置确定的荷载作用下某一量值大小的步骤如下:

(1) 作出某一量值 Z 的影响线;

(2) 求出该量值的大小,计算式为

$$Z = \sum_{i=1}^n F_{Pi}y_i + \sum_{i=1}^n \omega_i q_i \qquad (4\text{-}18)$$

【例 4-10】　图 4-33(a)所示为一简支梁,全跨受均布荷载作用。利用截面 C 剪力 F_{QC} 的影响线计算 F_{QC} 的数值。

解　作 F_{QC} 的影响线,如图 4-33(b)所示。把 F_{QC} 影响线标正号部分的面积以 ω_1 表示,标负号部分的面积以 ω_2 表示,则

$$\omega_1 = \frac{1}{2} \times \frac{2}{3} \times 4 = \frac{4}{3}, \quad \omega_2 = \frac{1}{2} \times \left(-\frac{1}{3}\right) \times 2 = -\frac{1}{3}$$

由式(4-18)得

$$F_{QC} = q(\omega_1 + \omega_2) = 20\left(\frac{4}{3} - \frac{1}{3}\right)\ \mathrm{kN} = 20\ \mathrm{kN}$$

【例 4-11】　利用影响线,求出图 4-34(a)所示多跨连续梁 C 点的弯矩。

解　作 C 点的弯矩影响线,如图 4-34(b)所示。

利用式(4-18)计算如下:

$$M_C = \left(10 \times 0.5 + \frac{1 \times 2}{2} \times 2 - \frac{1 \times 2}{2} \times 0.5 - 5 \times 0.25\right)\ \mathrm{kN \cdot m} = 5.25\ \mathrm{kN \cdot m}$$

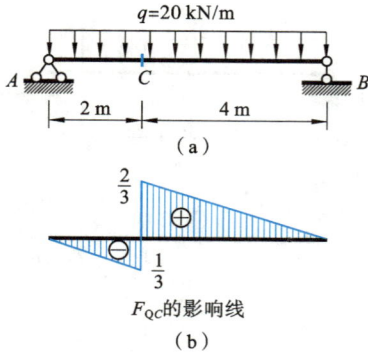

图 4-33

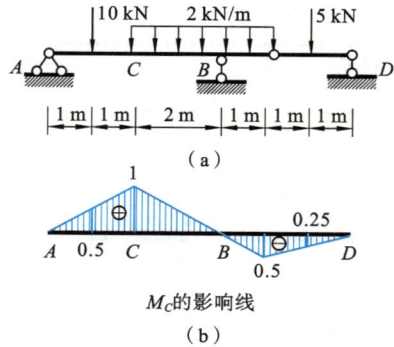

图 4-34

2. 确定移动均布活荷载的最不利布置

移动均布活荷载包括人群荷载、雪荷载、雨荷载等,它们不是永久作用在结构上的。

如果荷载移动到某个位置,使某量值 Z 达到最大值,则此荷载位置称为最不利位置。影响线的一个重要作用,就是用来确定移动荷载的最不利位置。

图 4-35 所示是悬挑梁 C 点的弯矩影响线。由式(4-18)可知:C 点正弯矩有最大值,显然,在移动均布活荷载布满 AB 段的时候,AB 段即为 M_{Cmax} 的最不利位置;C 点负弯矩有最大值,显然,在移动均布活荷载布满 DA 段和 BE 段的时候,DA 段、BE 段即为 M_{Cmin} 的最不利位置。

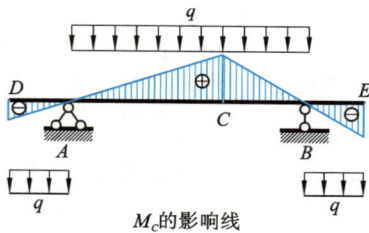

图 4-36

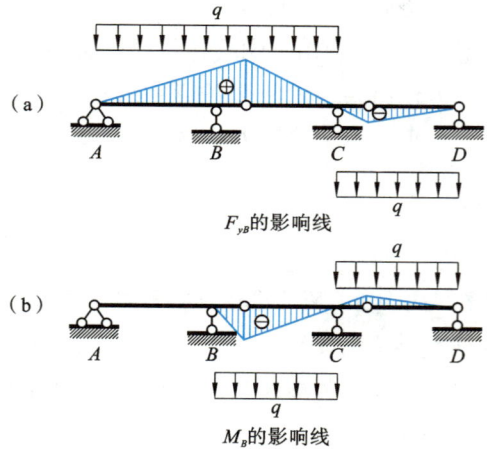

图 4-35

【例 4-12】　求图 4-36 所示多跨静定梁 F_{yB}、M_B 的均布活荷载最不利位置。

解　先分别画出 F_{yB} 和 M_B 的影响线(见图 4-36(a)、(b)),然后按以下原则进行荷载布置:求正的最大值时,在影响线的正面积部分布置移动均布荷载,图 4-36(a)中 AC 段为 F_{yBmax} 的最不利位置(见图 4-36(a)),CD 段为 M_{Bmax} 的最不利位置;求负的最大值时,在影响线的负面积部分布置移动均布荷载,图 4-36 中 CD 段为 F_{yBmin} 的最不利位置,图 4-36(b)中 BC 段为 M_{Bmin} 的最不利位置。

3. 确定移动集中荷载的最不利位置

如果移动荷载是一组集中力,要确定某量值 Z 的最不利位置,通常分四步进行:

(1) 画出要求的某量值 Z 的影响线。

(2) 利用该量值的影响线,先选择其中一个荷载为使 Z 值达到极值的临界荷载,并假设荷载的位置,这种荷载位置称为临界荷载位置。

(3) 对假设的临界荷载位置进行验算,若由该荷载位置求出的 Z 值是极大值,那么把荷载整体向左或向右移动一微小距离,量值 Z 的增量都应小于或等于零。若由该荷载位置求出的 Z 值是极小值,那么把荷载整体向左或向右移动一微小距离,量值 Z 的增量都应大于或等于零。若满足上述条件,该荷载位置就是临界荷载位置,求得的 Z 值就是其极值。

(4) 对于一组荷载,可能有若干个临界荷载位置及对应的极值,所有极大值中的最大值或极小值中的最小值所对应的荷载位置才称为荷载的最不利位置。

下面分别以三角形影响线和多边形影响线为例,说明临界荷载位置的判定方法。

1) 影响线是三角形时的判别公式

图 4-37 所示为一组移动集中荷载以及某量值的影响线。假设 F_{Pi} 为临界荷载,图示的荷载位置为临界荷载位置,这时

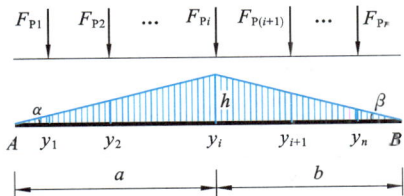

图 4-37

$$Z_1 = F_{P1}y_1 + F_{P2}y_2 + \cdots + F_{Pi}y_i + F_{P(i+1)}y_{i+1} + \cdots + F_{Pn}y_n$$

设荷载向右移动 Δx,则

$$Z_2 = F_{P1}(y_1 + \Delta y_1) + F_{P2}(y_2 + \Delta y_2) + \cdots$$
$$+ F_{Pi}(y_i + \Delta y_i) + F_{P(i+1)}(y_{i+1} + \Delta y_{i+1})$$
$$+ \cdots + F_{Pn}(y_n + \Delta y_n)$$

Z 的增量为

$$\Delta Z = Z_2 - Z_1 = F_{P1}\Delta y_1 + F_{P2}\Delta y_2 + \cdots + F_{Pi}\Delta y_i + F_{P(i+1)}\Delta y_{i+1} + \cdots + F_{Pn}\Delta y_n$$

在影响线的同一条直线上有

$$\Delta y_1 = \Delta y_2 = \cdots = \Delta y_{i-1} = \Delta x\tan\alpha = \Delta x\frac{h}{a}$$

$$\Delta y_i = \Delta y_{i+1} = \Delta y_{i+2} = \cdots = \Delta y_n = \Delta x\tan\beta = -\Delta x\frac{h}{b}$$

注意 $\tan\alpha$ 为正值,$\tan\beta$ 是负值。于是量值 Z 的增量 ΔZ 可写成

$$\Delta Z = (F_{P1} + F_{P2} + \cdots - F_{P(i-1)})\frac{h}{a}\Delta x - [F_{Pi} + F_{P(i+1)} + \cdots + F_{Pn}]\frac{h}{b}\Delta x$$

如上所述:当 Z 为极大值时,荷载往左或往右移动 Δx,ΔZ 都应小于或等于零;当 Z 为极小值时,荷载往左或往右移动 Δx,ΔZ 都应大于或等于零。显然,要满足此条件,事先假设的临界荷载 F_{Pi} 必须作用在影响线的尖顶上。这是因为:荷载往右做整体微小移动时 Δx 是正的,临界荷载 F_{Pi} 处在影响线的右边直线段上;荷载往左做整体微小移动时 Δx 是负的,临界荷载 F_{Pi} 处在影响线的左边直线段上。因此当 Z 为极大值时:

① 往右移动 Δx(Δx 是正的)时,F_{Pi} 落在长度为 b 的一段内,则有

$$[F_{P1} + F_{P2} + \cdots + F_{P(i-1)}]\frac{h}{a} - [F_{Pi} + F_{P(i+1)} + \cdots + F_{Pn}]\frac{h}{b} \leqslant 0$$

② 往左移动 Δx(Δx 是负的)时,F_{Pi} 落在长度为 a 的一段内,则有

$$-(F_{P1} + F_{P2} + \cdots + F_{Pi})\frac{h}{a} + [F_{P(i+1)} + F_{P(i+2)} + \cdots + F_{Pn}]\frac{h}{b} \leqslant 0$$

　　若这两式成立，F_{Pi}就是临界荷载，用F_{cr}表示。把F_{cr}左边的力称为$F^{左}$，把F_{cr}右边的力称为$F^{右}$，判别公式可写成

$$\frac{F^{左}}{a}\leqslant\frac{F_{cr}+F^{右}}{b}, \quad \frac{F^{左}+F_{cr}}{a}\geqslant\frac{F^{右}}{b} \tag{4-19}$$

当Z为极小值时：

① 往右移动Δx（Δx是正的）时，F_{Pi}落在长度为b的一段内，则有

$$\left[F_{P1}+F_{P2}+\cdots+F_{P(i-1)}\right]\frac{h}{a}-(F_{Pi}+F_{P(i+1)}+\cdots+F_{Pn})\frac{h}{b}\geqslant0$$

② 往左移动Δx（Δx是负的）时，F_{Pi}落在长度为a的一段内，则有

$$-(F_{P1}+F_{P2}+\cdots+F_{Pi})\frac{h}{a}+\left[F_{P(i+1)}+F_{P(i+2)}+\cdots+F_{Pn}\right]\frac{h}{b}\geqslant0$$

显然可以得到与式(4-19)相反的判别公式。

【例 4-13】 图 4-38 所示简支梁受汽车荷载作用，求截面C处的最大弯矩。

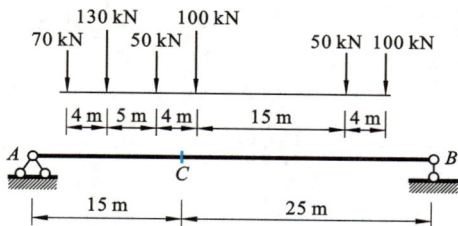

图 4-38

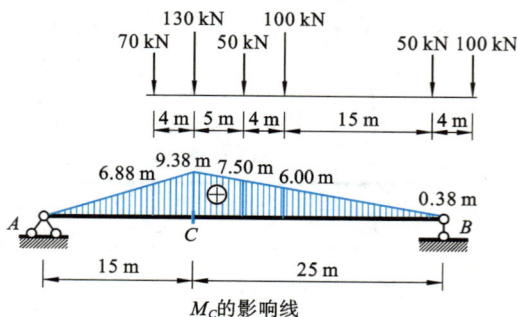

图 4-39

　　解　作简支梁截面C弯矩的影响线，如图 4-39 所示。首先假设车队由右往左行驶，选择汽车车队中的 130 kN 轮压为临界荷载，并作用于影响线的尖顶。把各轮压所对应的影响线数值求出并标于图上。用式(4-19)进行验算，有

$$\frac{70}{15}<\frac{130+50+100+50}{25}, \quad \frac{70+130}{15}>\frac{50+100+50}{25}$$

满足判别公式，说明此位置是临界位置，相应的M_C为

$$M_C=(70\times6.88+130\times9.38+50\times7.5+100\times6.0+50\times0.38)\text{ kN}\cdot\text{m}$$
$$=2695\text{ kN}\cdot\text{m}$$

　　然后假设车队由左向右行，仍选择 130 kN 为临界荷载，并作用于影响线的尖顶。荷载位置如图 4-40 所示，用式(4-19)验算，有

$$\frac{150}{15}<\frac{130+220}{25}, \quad \frac{150+130}{15}>\frac{220}{25}$$

此位置也为临界位置，相应的M_C值为

$$M_C=(100\times3.75+50\times6.25+130\times9.38+70\times7.88+100\times2.25+50\times0.75)\text{ kN}\cdot\text{m}$$
$$=2721\text{ kN}\cdot\text{m}$$

　　比较以上计算，可知图 4-40 所示荷载位置为最不利位置。M_C的最大值为 2721 kN·m。

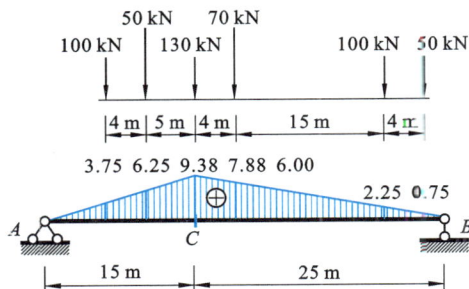

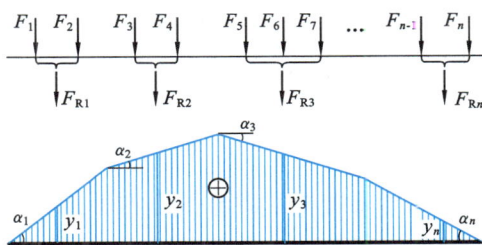

图 4-40

图 4-41

2）影响线是多边形时的判别公式

图 4-41 所示为作用在梁上的荷载以及某量值 Z 的影响线。

把作用在每段影响线中的荷载用其合力 F_{Ri} 表示，合力 F_{Ri} 所对应的纵坐标用 y_i 表示，量值 Z 的计算如下：

MOOC 视频

$$Z = F_{R1} y_1 + F_{R2} y_2 + \cdots + F_{Rn} y_n$$

Z 的增量 ΔZ 可写成

$$\Delta Z = F_{R1} \Delta y_1 + F_{R2} \Delta y_2 - \cdots + F_{Rn} \Delta y_n$$

$$= F_{R1} \tan\alpha_1 \Delta x + F_{R2} \tan\alpha_2 \Delta x + \cdots + F_{Rn} \tan\alpha_n \Delta x = \Delta x \sum_{i=1}^{n} F_{Ri} \tan\alpha_i$$

规定 α 沿逆时针方向为正，沿顺时针方向为负。同时和前面一样，只有当有一个力作用在影响线的顶点时，才可能存在极值。因此有判别方法如下。

（1）存在极大值时：

若向右移动 Δx，则 $\sum F_{Ri} \tan\alpha_i \leqslant 0$；

若向左移动 Δx，则 $\sum F_{Ri} \tan\alpha_i \geqslant 0$。

（2）存在极小值时：

若向右移动 Δx，则 $\sum F_{Ri} \tan\alpha_i \geqslant 0$；

若向左移动 Δx，则 $\sum F_{Ri} \tan\alpha_i \leqslant 0$。

【例 4-14】 图 4-42 为某一量值的影响线及一组移动荷载，$F_P = 90$ kN，$q = 37.8$ kN/m，求荷载的临界位置及临界值。

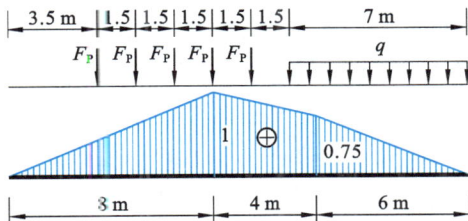

图 4-42

解 选取左数第 4 个集中力为临界荷载，并作用在影响线的最高点处，对该图示荷载位置进行验算。

首先让荷载在图示位置上向左做微小移动,即向左移动 Δx,这时第 4 个集中力处于影响线图的第一条线段内,计算如下:

$$\sum F_R \tan\alpha = \left[90 \times 4 \times \frac{1}{8} + 90 \times 1 \times \left(-\frac{0.25}{4} \right) + 1 \times 37.8 \times \left(-\frac{0.25}{4} \right) \right.$$
$$\left. + 6 \times 37.8 \times \left(-\frac{0.75}{6} \right) \right] kN = (45 - 36.3375) kN = 8.6625 kN > 0$$

然后让荷载在图示位置上向右做微小移动,即向右移动 Δx,这时第 4 个集中力处于影响线图的第二条线段内,计算如下:

$$\sum F_R \tan\alpha = \left[90 \times 3 \times \frac{1}{8} + 90 \times 2 \times \left(-\frac{0.25}{4} \right) + 1 \times 37.8 \times \left(-\frac{0.25}{4} \right) \right.$$
$$\left. + 6 \times 37.8 \times \left(-\frac{0.75}{6} \right) \right] kN$$
$$= (33.75 - 41.96) kN = -8.21 kN < 0$$

可见上述位置是临界位置,其产生的临界荷载为

$$Z = \left[90 \times (3.5 + 5.0 + 6.5 + 8) \times \frac{1}{8} + 90 \times \left(0.75 + \frac{0.25}{4} \times 2.5 \right) \right.$$
$$\left. + 37.8 \times \left(\frac{0.813 + 0.75}{2} \right) \times 1 + \left(\frac{0.75}{2} \times 6 \right) \times 37.8 \right] kN$$
$$= 454.90 \ kN$$

4.10 简支梁的包络图和绝对最大弯矩

在设计承受移动荷载的结构时,必须求出杆件每一截面内力的最大值(最大正值和最大负值)。连接各截面内力最大值的曲线称为内力的包络图。包络图是结构设计中重要的工具,在吊车梁、楼盖的连续梁和桥梁的设计中应用得较多。

本节讨论简支梁的弯矩包络图和剪力包络图。作包络图的方法是:首先将梁沿跨度分成若干等份,然后求出各等分点弯矩或剪力的最大值和最小值,最后用光滑曲线将最大值连成曲线,将最小值也连成曲线,这样即形成包络图。

1. 简支梁的弯矩包络图

下面以图 4-43(a)所示的简支梁在吊车荷载作用下为例来说明弯矩包络图的作法。

首先将梁分成 12 等份,每段 1 m 长。分段点的编号如图 4-43(b)所示。

然后依次求出每个分段点上弯矩的最大值(简支梁在图示吊车荷载作用下不可能出现负弯矩)。第 1 点弯矩为零。第 2 点的弯矩影响线及荷载的最不利位置如图 4-43(c)所示,其弯矩的最大值计算如下:

$$M_{2max} = 82 \times (0.92 + 0.79 + 0.50) \ kN \cdot m = 181.22 \ kN \cdot m$$

第 3 点的弯矩影响线及荷载的最不利位置如图 4-43(d)所示,其弯矩的最大值计算如下:

$$M_{3max} = 82 \times (1.67 + 1.42 + 0.84) \ kN \cdot m = 322.26 \ kN \cdot m$$

用同样的方法可以求出:

$$M_{4max} = 82 \times (2.25 + 1.88 + 1.00) \ kN \cdot m = 420.66 \ kN \cdot m$$
$$M_{5max} = 82 \times (0.33 + 2.67 + 2.17 + 1.00) \ kN \cdot m = 505.94 \ kN \cdot m$$

$$M_{6\max}=82\times(0.69+2.92+2.29+0.83)\ \text{kN}\cdot\text{m}=551.86\ \text{kN}\cdot\text{m}$$

$$M_{7\max}=82\times(1.25+3.00+2.25+0.50)\ \text{kN}\cdot\text{m}=574.00\ \text{kN}\cdot\text{m}$$

其他点的弯矩最大值可以利用对称性求出。画出弯矩包络图,如图 4-43(e)所示。

2. 简支梁的剪力包络图

仍以图 4-43(a)所示的简支梁在吊车荷载作用下为例来说明作剪力包络图的方法。

首先还是将梁分成 12 等份,然后依次求出每个分段点上剪力的最大值和最小值。第 1 点剪力的影响线和荷载的最不利位置如图 4-44(a)所示,由于影响线图没有负面积,因此该点的负剪力为零。其剪力的最大值计算如下:

$$F_{Q1\max}=[82\times(1.00+0.71+0.58+0.29)]\ \text{kN}=211.56\ \text{kN}$$

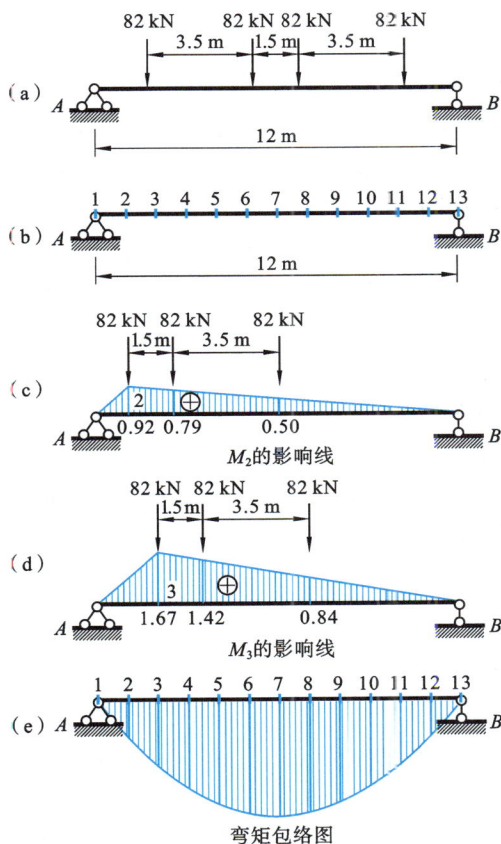

图 4-43

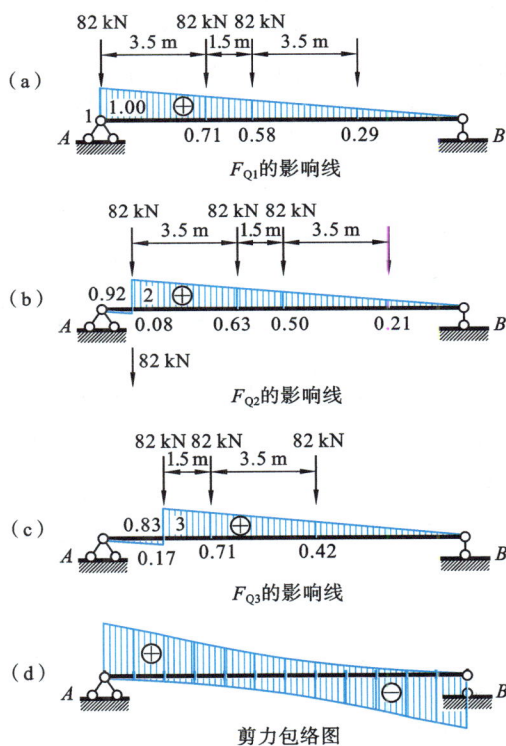

图 4-44

第 2 点剪力的影响线和荷载的最不利位置如图 4-44(b)所示。其剪力的最大值和最小值计算如下:

$$F_{Q2\max}=[82\times(0.92+0.63+0.50+0.21)]\ \text{kN}=185.32\ \text{kN}$$

$$F_{Q2\min}=[82\times(-0.08)]\ \text{kN}=-6.56\ \text{kN}$$

第 3 点剪力的影响线和荷载的最不利位置如图 4-44(c)所示。其剪力的最大值和最小值计算如下:

$$F_{Q3\max}=[82\times(0.83+0.71+0.42)]\ \text{kN}=160.72\ \text{kN}$$

$$F_{Q3\min}=82\times(-0.17)\ \text{kN}=-13.94\ \text{kN}$$

用同样的方法可以求出：

$$F_{Q4max} = 82 \times (0.75 + 0.63 + 0.33) \text{ kN} = 140.22 \text{ kN}$$

$$F_{Q4min} = 82 \times (-0.25) \text{ kN} = -20.50 \text{ kN}$$

$$F_{Q5max} = 82 \times (-0.04 + 0.67 + 0.54 + 0.25) \text{ kN} = 116.44 \text{ kN}$$

$$F_{Q5min} = 82 \times (-0.04 - 0.33) \text{ kN} = -30.34 \text{ kN}$$

$$F_{Q6max} = 82 \times (-0.13 + 0.58 + 0.46 + 0.17) \text{ kN} = 88.56 \text{ kN}$$

$$F_{Q6min} = 82 \times (-0.13 - 0.42) \text{ kN} = -45.10 \text{ kN}$$

$$F_{Q7max} = 82 \times (-0.21 + 0.50 + 0.38 + 0.08) \text{ kN} = 61.50 \text{ kN}$$

$$F_{Q7min} = 82 \times (-0.08 - 0.38 - 0.50 - 0.21) \text{ kN} = -61.50 \text{ kN}$$

其他点的剪力最大值和最小值可以利用反对称性求出。画出剪力包络图，如图 4-44(d)所示。

3. 简支梁的绝对最大弯矩

简支梁的内力包络图表示梁各截面内力极值的变化规律，这在设计中是十分重要的，其应用将在相关专业课程中进行介绍。弯矩包络图中最高的纵坐标称为绝对最大弯矩。它代表在某种移动荷载作用下梁中可能出现的弯矩最大值，而用前述作弯矩包络图的方法未必能求出梁的绝对最大弯矩。下面介绍简支梁在一组集中荷载作用下绝对最大弯矩的求法。

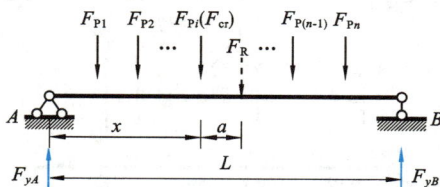

图 4-45

图 4-45 所示的简支梁上面作用有移动荷载 $F_{P1}, F_{P2}, \cdots, F_{Pn}$，其数量和间距是不变的。求该梁的绝对最大弯矩，即要找到所有截面弯矩极大值中的那个最大值。解决这个问题的关键就是要找到这个截面所在的位置。

由前面的知识可知：某截面弯矩的最大值一定发生在某个荷载处，因此可以先根据判断，假定某个荷载（例如 F_{Pi}）为临界荷载 F_{cr}，并设其与梁 A 点的距离为 x。然后求出作用在梁上所有荷载的合力 F_R 与临界荷载 F_{cr} 的距离 a（见图 4-45，合力在临界荷载的右侧）。由 $\sum M_B = 0$，得

$$F_{yA} = F_R \frac{L - x - a}{L}$$

F_{cr} 作用点处的弯矩为

$$M = F_{yA}x - M^{左} = F_R \frac{L - x - a}{L} x - M^{左}$$

式中：$M^{左}$ 表示 F_{cr} 左边的荷载对 F_{cr} 作用点的力矩之和，是与 x 无关的常量。由 $\dfrac{dM}{dx} = 0$ 得

$$\frac{F_R}{L}(L - 2x - a) = 0$$

即

$$x = \frac{L}{2} - \frac{a}{2} \tag{4-20}$$

式(4-20)说明，F_{cr} 作用点处的弯矩为最大时，梁的中线刚好平分 F_{cr} 与 F_R 之间的距离，此时最大弯矩为

$$M_{max} = F_R \left(\frac{L}{2} - \frac{a}{2} \right)^2 \frac{1}{L} - M^{左} \tag{4-21}$$

应用式(4-20)和式(4-21)时，必须注意 F_R 是梁上实有荷载的合力。安排 F_{cr} 与 F_R 的位置时，有些荷载可能在梁上或者已离开了梁，这时应重新计算合力 F_R 的数值和位置。还应注意，当

合力在临界荷载的左侧时,公式中的 a 应取负值。

　　一般来说,绝对最大弯矩的位置在梁的中点附近,因此梁中点的临界荷载值就是绝对最大弯矩的临界值。

图 4-46

　　【例 4-15】　求图 4-46 所示吊车梁的绝对最大弯矩,$F_{P1}=F_{P2}=F_{P3}=F_{P4}=90\ \text{kN}$。

　　解　由图 4-46 不难看出,绝对最大弯矩将发生在荷载 F_{P2} 或 F_{P3} 作用点处的截面上。

　　第一种情况:如图 4-47(a)所示,选 F_{P2} 为临界荷载,它处于中心线的左侧。此时梁上荷载的合力 $F_R=4\times90\ \text{kN}=360\ \text{kN}$,其作用线在 F_{P2} 与 F_{P3} 中间,$a=0.75\ \text{m}$,F_{P2} 距跨中 $0.375\ \text{m}$。由式(4-21)得

$$M_{max}=\left[360\times\left(\frac{10}{2}-\frac{0.75}{2}\right)^2\times\frac{1}{10}-90\times3.5\right]\text{kN}\cdot\text{m}$$
$$=455.06\ \text{kN}\cdot\text{m}$$

　　第二种情况:如图 4-47(b)所示,选 F_{P3} 为临界荷载,它处于中心线的右侧。此时梁上荷载的合力 $F_R=4\times90\ \text{kN}=360\ \text{kN}$,但作用线在临界荷载的左侧,因此 $a=-0.75\ \text{m}$。由式(4-21)得

$$M_{max}=\left[360\times\left(\frac{10}{2}+\frac{0.75}{2}\right)^2\right.$$
$$\left.\times\frac{1}{10}-90\times1.5-90\times5\right]\text{kN}\cdot\text{m}$$
$$=455.06\ \text{kN}\cdot\text{m}$$

　　第三种情况:如图 4-47(c)所示,选 F_{P2} 为临界荷载,它处于中心线的右侧。此时 F_{P4} 不在梁上,合力 $F_R=3\times90\ \text{kN}=270\ \text{kN}$,其作用线在临界荷载的左侧,$a=-\dfrac{2}{3}\ \text{m}$。由式(4-21)得

$$M_{max}=\left[270\times\left(\frac{10}{2}+\frac{2}{2\times3}\right)^2\times\frac{1}{10}-90\times3.5\right]\text{kN}\cdot\text{m}$$
$$=453\ \text{kN}\cdot\text{m}$$

　　第四种情况:如图 4-47(d)所示,选 F_{P3} 为临界荷载,它处于中心线的左侧。此时 F_{P1} 不在梁上,合力 $F_R=3\times90\ \text{kN}=270\ \text{kN}$,其作用线在临界荷载的右侧,$a=\dfrac{2}{3}\ \text{m}$。由式(4-21)得

$$M_{max}=\left[270\times\left(\frac{10}{2}-\frac{2}{2\times3}\right)^2\times\frac{1}{10}-90\times1.5\right]\text{kN}\cdot\text{m}$$
$$=453\ \text{kN}\cdot\text{m}$$

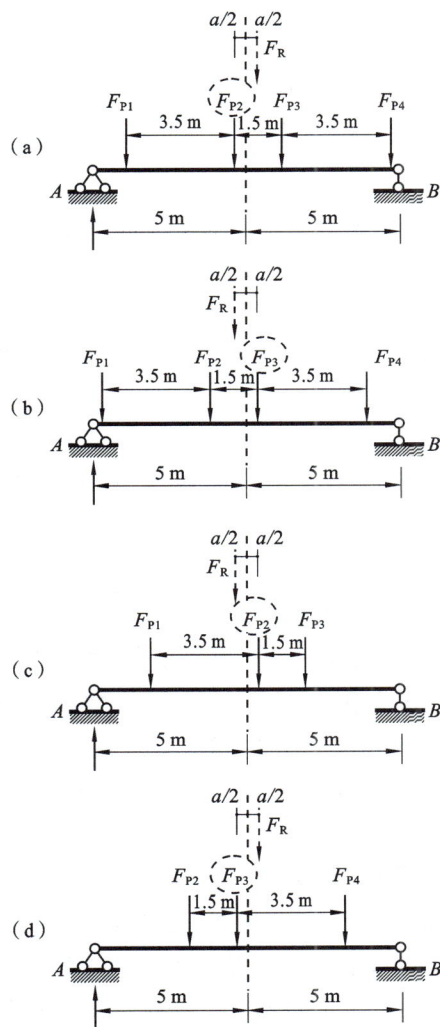

图 4-47

　　因此该吊车梁的绝对最大弯矩是 455.06 kN·m。

4.11 讨论

在这一小节中主要以例题的形式讨论两类问题：一是对同一结构分别用静力法和机动法进行求解；二是移动单位力矩的影响线求解。

【例 4-16】 图 4-48(a)所示为三铰刚架，单位荷载在 AC 段内移动，求 M_D、F_{yB} 的影响线。

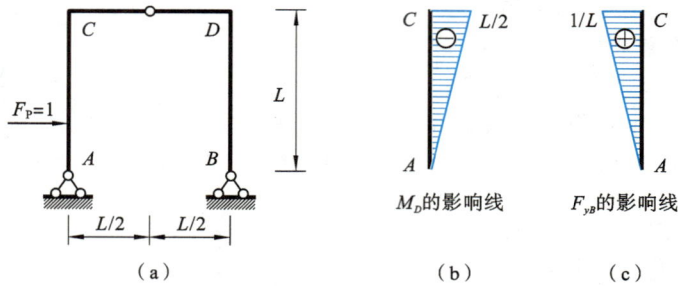

图 4-48

解 **方法一**：用静力法求解。由于单位荷载在 AC 段内移动，因此影响线的基线应该是沿着 AC 的，而且影响线在此范围内一定是直线。

(1) 作 M_D 的影响线。

将单位移动荷载作用于 A 点，求出 $M_D=0$。将单位移动荷载作用于 C 点，求出 $M_D=L/2$（外部受弯）。作出 M_D 的影响线，如图 4-48(b)所示。

(2) 作 F_{yB} 的影响线。

将单位移动荷载作用于 A 点，求出 $F_{yB}=0$。将单位移动荷载作用于 C 点，求出 $F_{yB}=1$。作出 F_{yB} 的影响线，如图 4-48(c)所示。

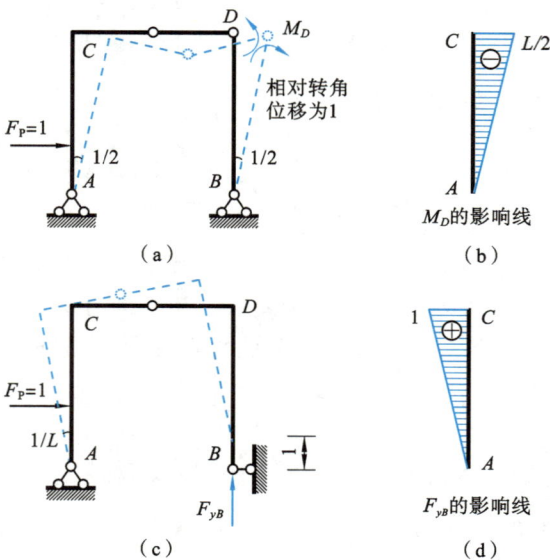

图 4-49

方法二：用机动法求解。

(1) 作 M_D 的影响线。

将 D 点的刚性连接改为铰接，并在铰处加一对力矩，让机构沿力矩方向发生虚位移（D 点的相对转角位移等于1），如图 4-49(a)所示，其中杆 AC 的虚位移图即为 M_D 的影响线（见图 4-49(b)）。

(2) 作 F_{yB} 的影响线。

将 B 点处竖直方向的约束去掉，代替以竖直方向的反力 F_{yB}。让机构沿反力方向发生单位虚位移，如图 4-49(c)所示，其中杆 AC 的虚位移图即为 F_{yB} 的影响线（见图 4-49(d)）。

总结：从上述例题可以进一步得出一个结论，即影响线的基线在荷载的移动范围内，而不一定在整个结构上。

【例 4-17】　如图 4-50(a)所示,单位荷载 $F_P = 1$ 在 $A \sim G$ 范围内移动,画出 M_H、F_{yI} 的影响线。

解　**方法一:**用静力法求解。

根据前面的经验,影响线可能分 AB 段、BC 段、CE 段和 EG 段,因此将荷载分别作用于这些关键点,求出 M_H、F_{yI} 的值,即可画出影响线。

(1) 作 M_H 的影响线。

移动荷载 $F_P = 1$ 作用于 A 点时,$M_H = 0$。$F_P = 1$ 作用于 B 点时,$M_H = 1$(外部受拉)。$F_P = 1$ 作用于 C 点时,$M_H = 1/2$(外部受拉)。$F_P = 1$ 作用于 D 点时,$M_H = 0$。DE 是悬挑段,因此此段影响线是 CD 段影响线的延长线。$F_P = 1$ 作用于 F 点时,$M_H = 0$。FG 段的影响线是 EF 段影响线的延长线。M_H 的影响线如图 4-50(b)所示。

(2) 作 F_{yI} 的影响线。

移动荷载 $F_P = 1$ 作用于 A 点时,$F_{yI} = 1$(向

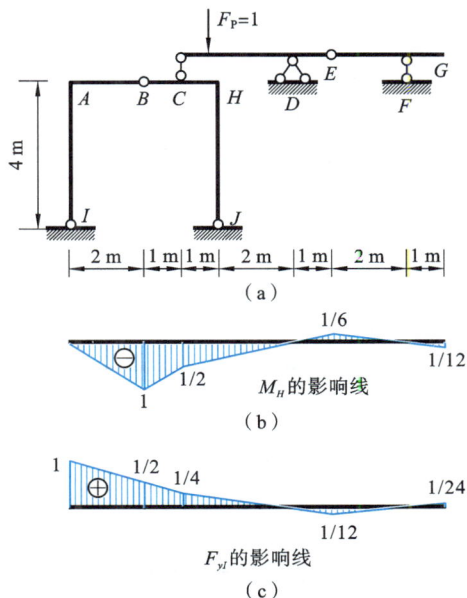

图 4-50

上)。$F_P = 1$ 作用于 B 点时,$F_{yI} = 1/2$(向上)。$F_P = 1$ 作用于 C 点时,$F_{yI} = 1/4$(向上)。$F_P = 1$ 作用于 D 点时,$F_{yI} = 0$。DE 段影响线是 CD 段影响线的延长线。$F_P = 1$ 作用于 F 点时,$F_{yI} = 0$。FG 段的影响线是 EF 段影响线的延长线。F_{yI} 的影响线如图 4-50(c)所示。

方法二:用机动法求解。

(1) 作 M_H 的影响线。

将 H 点的刚性连接改为铰接,并在铰处加一对力矩,让机构沿力矩方向发生虚位移(H 点的相对转角位移等于1),如图 4-51(a)所示,其中 $A \sim G$ 部分的虚位移图即为 M_H 的影响线(见图 4-51(b))。

(2) 作 F_{yI} 的影响线。

将 I 端支座的竖直方向的约束去掉,变成可动铰支座,并代替以竖直方向的反力 F_{yI}。让机构沿竖直方向反力的方向发生单位虚位移,如图 4-51(c)所示,其中 $A \sim G$ 部分的虚位移图即为 F_{yI} 的影响线(见图 4-51(d))。

总结:例 4-17 表明,对于不太熟悉的问题,可以首先判断影响线的可能分段情况,然后将荷载分别作用于分段点上,再用静力平衡条件求出所需量值的值,最后画出影响线。

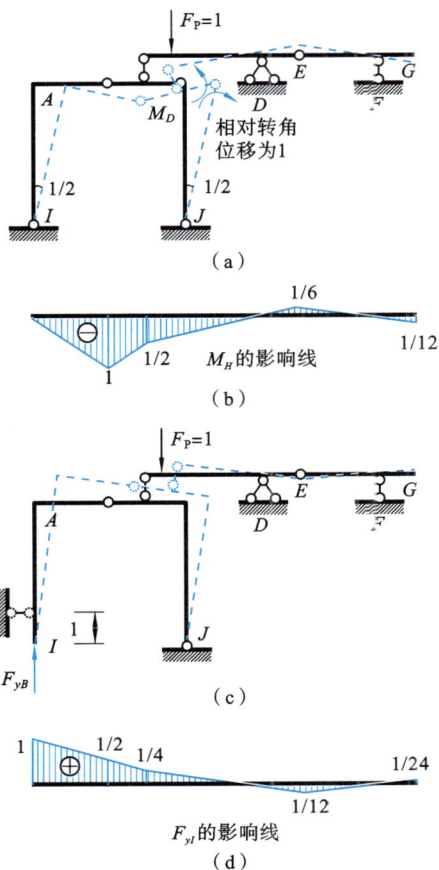

图 4-51

【例 4-18】　作出图 4-52(a)所示结构 F_{NBF}、F_{QC} 的影响线。单位荷载 $F_P=1$ 在 $H\sim I$ 范围内移动。

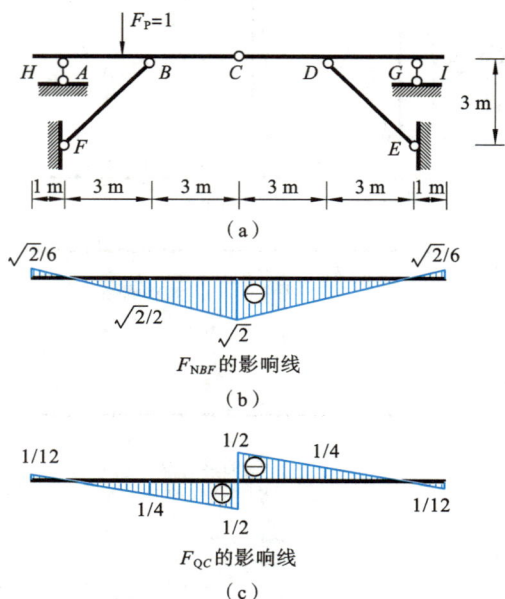

(a)

F_{NBF} 的影响线

(b)

F_{QC} 的影响线

(c)

图 4-52

解　**方法一：**用静力法求解。由于结构是对称的，因此只需讨论荷载在 $H\sim C$ 间移动的情况即可。

(1) 作 F_{NBF} 的影响线。

将移动荷载 $F_P=1$ 作用于 A 点时，$F_{NBF}=0$。当 $F_P=1$ 作用于 B 点时，F_{NBF} 的计算如下。

以整体为隔离体。

由 $\sum M_E=0$，得

$$F_{yA}\times 12-1\times 9+F_{NyBF}\times 12=0 \qquad (1)$$

取左半部为隔离体。

由 $\sum M_C=0$，得

$$F_{yA}\times 6-1\times 3+F_{NyBF}\times 3=0 \qquad (2)$$

由式(1)、式(2)解得

$$F_{NBF}=\frac{\sqrt 2}{2}(受压)$$

将移动荷载 $F_P=1$ 作用于 C 点时，F_{NBF} 的计算如下。

由于结构对称，荷载对称，因此 $F_{yA}=F_{yG}$，$F_{NyBF}=F_{NyDE}$。

取左半部为隔离体。

由 $\sum M_B=0$，得 $\qquad F_{yA}\times 3+\dfrac{1}{2}\times 3=0$，$\quad F_{yA}=-\dfrac{1}{2}$

由 $\sum F_y=0$，得 $\qquad F_{yA}-\dfrac{1}{2}+F_{NyBF}=0$，$\quad F_{NBF}=\sqrt 2$(受压)

作 F_{NBF} 的影响线，如图 4-52(b)所示(受压为负)，其中 HA 段的影响线是 AB 段的延长线，$C\sim I$ 段的影响线则是利用对称性作出的。

(2) 作 F_{QC} 的影响线。

将移动荷载 $F_P=1$ 作用于 A 点时，$F_{QC}=0$。$F_P=1$ 作用于 B 点时，F_{QC} 的计算如下。

由上面的计算可知，荷载作用于 B 点时，$F_{NyBF}=1/2$(受压)。

取左半部为隔离体。

$$\sum M_A=0,\quad 1\times 3-F_{NyBF}\times 3+F_{QC}\times 6=0,\quad F_{QC}=-1/4$$

$F_P=1$ 作用于 C 点左侧时，$F_{QC}=-1/2$；$F_P=1$ 作用于 C 点右侧时，$F_{yC}=1/2$。

作 F_{QC} 的影响线，如图 4-52(c)所示，其中 HA 段的影响线是 AB 段的延长线，$C\sim I$ 段的影响线则是利用反对称性作出的。

方法二：用机动法求解。

(1) 作 F_{NBF} 的影响线。

首先将杆 BF 去掉，代替以力，然后让机构沿力的方向发生单位虚位移，如图 4-53(a)所示,其中杆 HI 的虚位移图即为 F_{NBF} 的影响线(见图 4-53(b))。

（2）作 F_{QC} 的影响线。

首先将铰 C 处的竖直方向约束去掉,代替以一对力 F_{QC},然后让机构沿力的方向发生单位虚位移,如图 4-53(c)所示,其中杆 HI 的虚位移图即为 F_{QC} 的影响线(见图 4-53(d))。

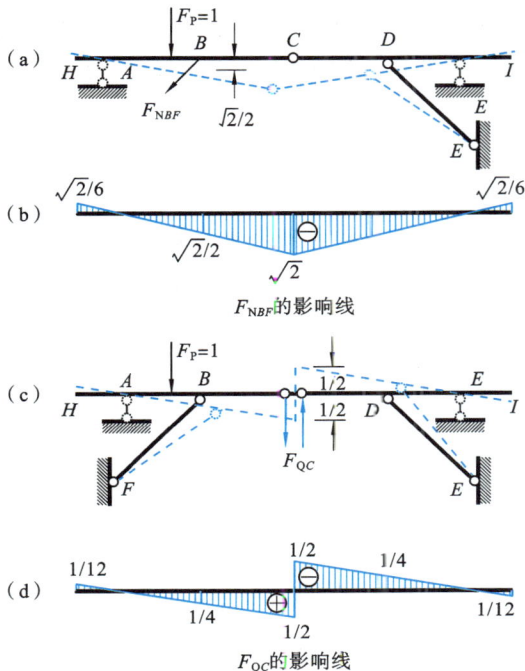

图 4-53

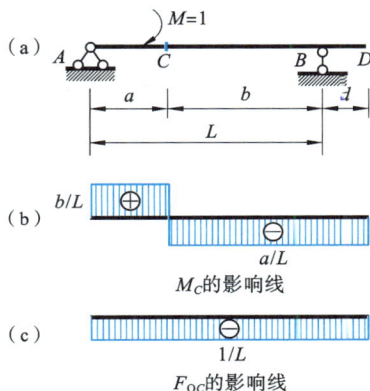

图 4-54

【例 4-19】　图 4-54(a)所示简支梁受移动单位力矩作用,分别用静力法和机动法求出 M_C、F_{QC} 的影响线。

解　**方法一**:用静力法求解。

（1）作 M_C 的影响线。

将移动单位力矩作用于 C 点的左侧,即 $0 \leqslant x \leqslant a$,由 $\sum M_A = 0$ 得

$$F_{yB} = 1/L, \quad M_C = b/L$$

将移动单位力矩作用于 C 点的右侧,即 $a \leqslant x \leqslant L$,由 $\sum M_B = 0$ 得

$$F_{yA} = -1/L, \quad M_C = -a/L$$

将移动单位力矩作用于 D 点,由 $\sum M_B = 0$ 得

$$F_{yA} = -1/L, \quad M_C = -a/L$$

作出 M_C 的影响线,如图 4-54(b)所示。

（2）作 F_{QC} 的影响线。

将移动单位力矩作用于 C 点的左侧,即 $0 \leqslant x \leqslant a$,由 $\sum M_A = 0$ 得

$$F_{yB} = 1/L, \quad F_{QC} = -1/L$$

将移动单位力矩作用于 C 点的右侧,即 $a \leqslant x \leqslant L$,由 $\sum M_B = 0$ 得

$$F_{yA} = -1/L, \quad F_{QC} = -1/L$$

将移动单位力矩作用于 D 点，由 $\sum M_B = 0$ 得

$$F_{yA} = -1/L, \quad F_{QC} = -1/L$$

作出 F_{QC} 的影响线，如图 4-54(c)所示。

总结：从上面的解题过程可以看出，简支梁在移动单位力矩作用下与在移动单位竖直方向力作用下的解题方法是相同的，悬挑梁的作图规律也是相同的，但影响线的形状是完全不同的。

方法二：用机动法求解。

(1) 作 M_C 的影响线。

按 4.6 节介绍的方法与步骤来作影响线。首先将 C 点的抗弯约束去掉，代替以铰接，并加上一对力矩，如图 4-55(a)所示。让机构沿力矩方向发生约束容许的虚位移，令结构上的所有外力在虚位移上做功，写出虚功方程。

当移动单位力矩作用于 C 点左侧，即 $0 \leqslant x \leqslant a$ 时，有

$$-M_P \alpha + M_C(\alpha + \beta) = 0, \quad M_C = \frac{\alpha}{\alpha + \beta} M_P$$

由于 $M_P = 1$，令 $\alpha + \beta = 1$(虚设的位移)，则有

$$M_C = \alpha$$

由于 $\alpha L = b$，所以

$$M_C = \alpha = b/L(常数)$$

当移动单位力矩作用于 C 点右侧，即 $a \leqslant x \leqslant L$ 时，有

$$M_P \beta + M_C(\alpha + \beta) = 0, \quad M_C = -\frac{\beta}{\alpha + \beta} M_P$$

由于 $M_P = 1$，令 $\alpha + \beta = 1$(虚设的位移)，则有

$$M_C = -\beta$$

由于 $\beta L = a$，所以

$$M_C = -\beta = -a/L(常数)$$

作出 M_C 的影响线，如图 4-55(b)所示。

(2) 作 F_{QC} 的影响线。

首先将 C 点的抗剪约束去掉，代替以滑动连接，并加上一对剪力，如图 4-55(c)所示。让机构沿剪力方向发生约束容许的虚位移，令结构上的所有外力在虚位移上做功，写出虚功方程。

当移动单位力矩作用于 C 点左侧时，即当 $0 \leqslant x \leqslant a$ 时，有

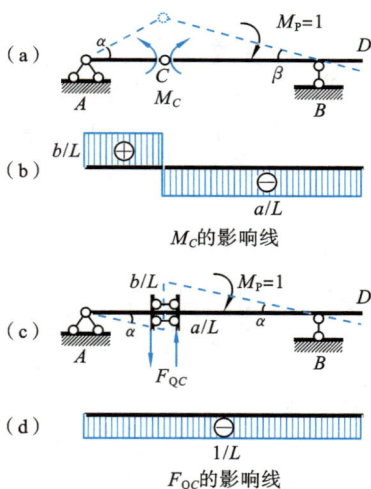

图 4-55

$$M_P \alpha + F_{QC}\left(\frac{a}{L} + \frac{b}{L}\right) = 0, \quad F_{QC} = -\alpha = -1/L(常数)$$

当移动单位力矩作用于 C 点右侧时，即当 $a \leqslant x \leqslant L$ 时，有

$$M_P \alpha + F_{QC}\left(\frac{a}{L} + \frac{b}{L}\right) = 0, \quad F_{QC} = -\alpha = -1/L(常数)$$

作出 F_{QC} 的影响线,如图 4-55(d) 所示。

总结: 由上面的解题过程可以看出,移动荷载由集中的竖直方向力改为集中力矩后,用机动法作影响线,其虚位移图就不再是影响线图了,但还是可以利用虚位移图间接地求出影响线。

思政元素

思 考 题

4-1 影响线的含义是什么? 影响线图中横坐标和纵坐标分别代表什么物理含义?

4-2 通过简支梁反力和内力影响线的讨论,可以得出哪几点结论?

4-3 试总结对于悬挑梁和多跨静定梁,作内力影响线的要点。

4-4 间接荷载作用下的内力影响线有什么特点?

4-5 为什么在作桁架影响线时,要注意区分桁架是下弦承载还是上弦承载?

4-6 试总结静力法作组合结构影响线的特点。

4-7 试总结静力法作三铰拱、三铰刚架影响线的特点。

4-8 单位移动荷载一般是沿竖直方向的,如果沿水平方向(斜向)作用,是否也可作结构内力的影响线? 两者之间有何区别?

4-9 作影响线的方法有静力法和机动法,请总结这两种方法各自的特点。

4-10 对于三角形影响线,临界位置和临界荷载有何特点?

4-11 影响线的应用体现在哪些方面?

4-12 移动荷载中含有均布荷载时如何确定荷载最不利位置?

习 题

4-1 试用静力法作图示悬挑梁 F_{yB}、M_C、F_{QC}、M_B、$F_{QB}^{左}$ 及 $F_{QB}^{右}$ 的影响线,单位移动荷载在 $A \sim D$ 范围内移动。

4-2 试用静力法作图示梁 F_{QC}、M_C 的影响线,单位移动荷载在 $A \sim D$ 范围内移动。

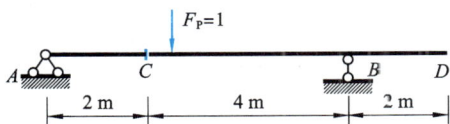

题 4-1 图

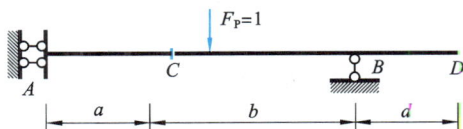

题 4-2 图

4-3 如图所示,单位移动荷载 $F_P = 1$ 在 $D \sim B$ 范围内移动,试用静力法作 F_{yA}、M_B、F_{QB} 的影响线。

4-4 如图所示,单位移动荷载 $F_P = 1$ 在 $A \sim G$ 范围内移动,试用静力法作 F_{yA}、M_B、F_{QF} 的影响线。

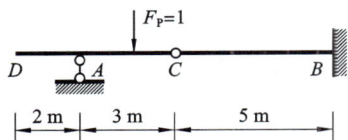

题 4-3 图

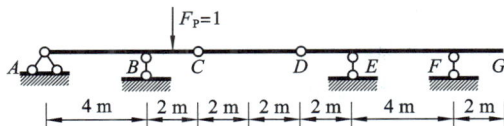

题 4-4 图

4-5 试用静力法作图示结构中主梁 F_{yC}、M_F、F_{QF}、$F_{QE}^{左}$、$F_{QE}^{右}$ 的影响线。

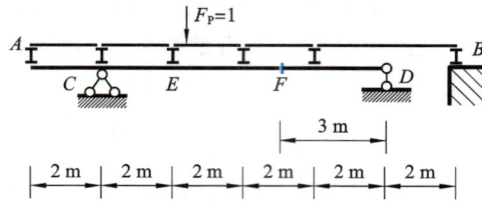

题 4-5 图

4-6 试用静力法作图示结构 F_{QC}、F_{QB} 的影响线,单位荷载 $F_P=1$ 在 $E\sim F$ 间移动。

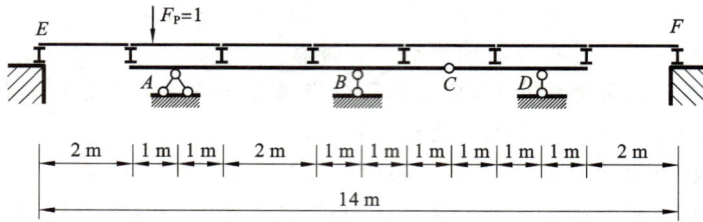

题 4-6 图

4-7 当 $F_P=1$ 沿 $A\sim B$ 移动时,试用静力法作图示结构 F_{yD}、M_K 的影响线。

4-8 当 $F_P=1$ 在上层梁上移动时,试用静力法作图示结构的 F_{QG}、M_H 的影响线。

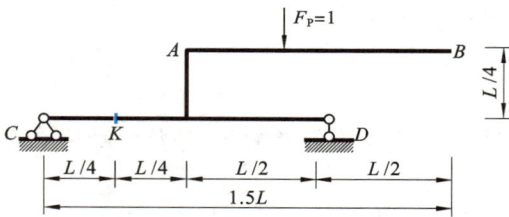

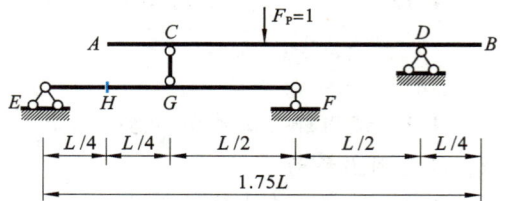

题 4-7 图   题 4-8 图

4-9 试用静力法作桁架指定杆件轴力的影响线,单位荷载 $F_P=1$ 在下弦移动。

4-10 试用静力法作桁架指定杆件轴力的影响线,单位荷载 $F_P=1$ 分别在上弦、下弦移动。

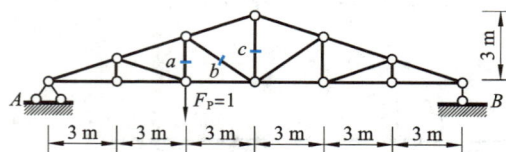

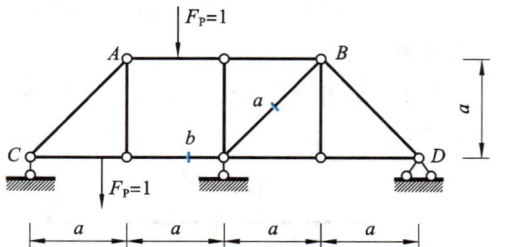

题 4-9 图   题 4-10 图

4-11 试用静力法作图示桁架 F_{Na}、F_{Nb} 的影响线,单位荷载 $F_P=1$ 在下弦移动。

4-12 试用静力法作图示桁架 F_{Na}、F_{Nb} 的影响线,单位荷载 $F_P=1$ 在 $A\sim B$ 间移动。

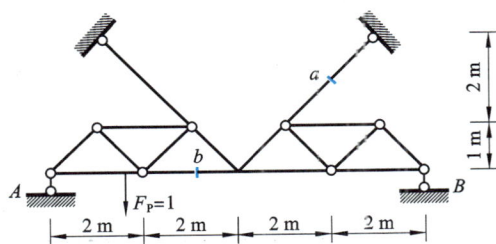

题 4-11 图

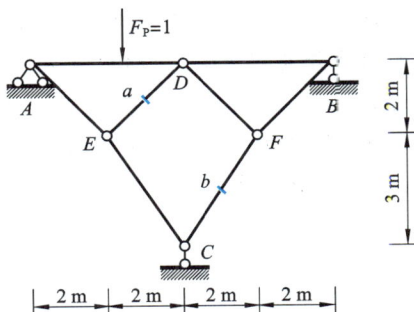

题 4-12 图

4-13　如图所示,单位移动荷载 $F_P=1$(方向向上)在 $A\sim B$ 范围内移动,试月机动法作 F_{yA}、M_C、F_{QC} 的影响线。

4-14　如图所示,单位移动荷载 $F_P=1$ 在 $A\sim F$ 范围内移动,试用机动法作 F_{yB}、M_C、F_{QD}、F_{QE} 的影响线。

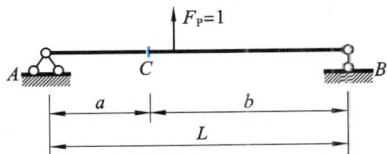

题 4-13 图

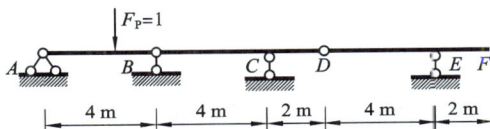

题 4-14 图

4-15　如图所示,单位移动荷载 $F_P=1$ 在 $A\sim G$ 范围内移动,试用机动法作 M_A、F_{yB}、F_{QB}、F_{QC} 的影响线。

4-16　如图所示,单位荷载 $F_P=1$ 在 AB、CD 杆上移动,请分别用静力法和机动法作 F_{yA} 及 F_{QF} 的影响线。

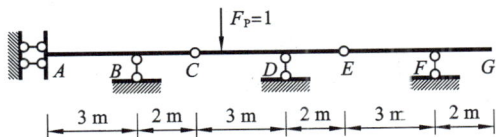

题 4-15 图

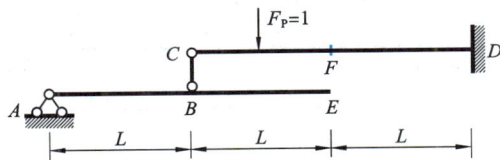

题 4-16 图

4-17　作图示组合结构 M_A、F_{N1}、F_{N2} 的影响线,单位荷载 $F_P=1$ 在 $D\sim F$ 范围内移动。

4-18　如图所示结构,作单位荷载 $F_P=1$ 在 $A\sim D$ 范围内移动时 M_E、F_{QF}、F_{NE} 以及 F_{NBC} 的影响线。

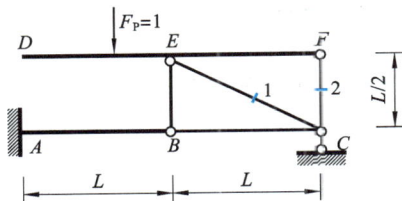

题 4-17 图

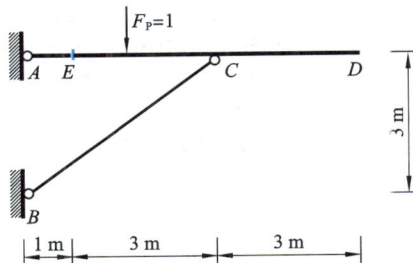

题 4-18 图

4-19 当单位荷载 $F_P=1$ 在杆 AB、BC、CE 的外围并垂直于各杆移动时,求图示结构中 D 截面的弯矩与剪力影响线(D 点弯矩以使杆 CE 外围受拉为正,剪力以使所研究单元顺时针转动为正)。

4-20 如图所示,单位荷载 $F_P=1$ 在 AC 段和 CG 段内移动,请分别用静力法和机动法画出 M_H、F_{yl} 的影响线。

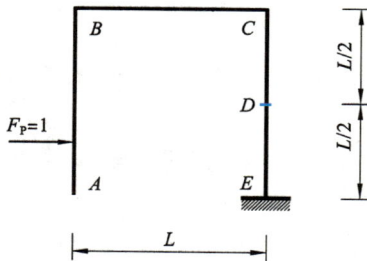

题 4-19 图

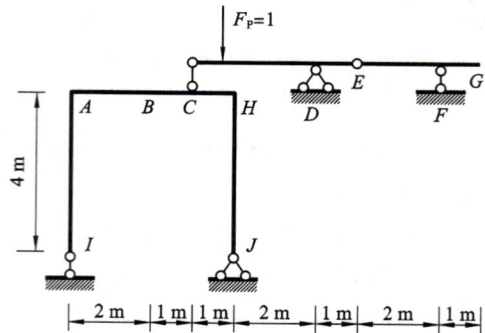

题 4-20 图

4-21 试求图示简支梁在吊车荷载作用下,C 截面的最大弯矩和最大、最小剪力。已知第一台吊车轮压为 $F_{P1}=F_{P2}=195$ kN,第二台吊车轮压为 $F_{P3}=F_{P4}=118$ kN。

4-22 试求图示结构在移动荷载作用下的 F_{QEmax}(最大正值)和 F_{QEmin}(最大负值)。

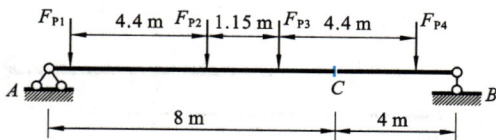

题 4-21 图

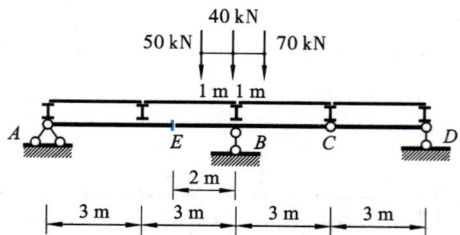

题 4-22 图

4-23 试求图示结构在移动荷载作用下时 C 截面的最大弯矩。

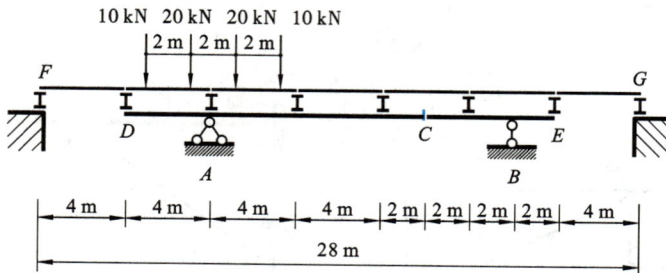

题 4-23 图

4-24　试求图示结构在图示移动荷载作用下的绝对最大弯矩，已知 $F_{P1} = F_{P4} = 20\ \text{kN}$，$F_{P2} = F_{P3} = 30\ \text{kN}$。

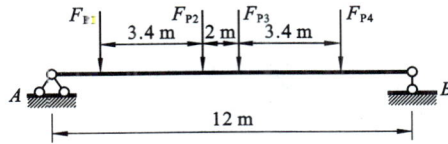

题 4-24 图

本章习题参考答案

第 5 章

静定结构的位移计算

PPT 课件

5.1 位移计算概述

MOOC 视频

1. 结构位移的基本概念

结构上的任意点由于各种原因产生的移动称为结构位移。例如工程结构在荷载作用下就会产生变形,由于变形,结构上各点的位置会发生移动。图 5-1 所示的刚架在荷载作用下产生如虚线所示的变形,使刚架 A 端截面的形心由 A 点移到了 A′ 点,同时还使该截面旋转了一个角度 φ_A。

结构的位移可以用线位移和转角位移来度量。线位移为截面形心位置的移动距离;转角位移为截面所转动的角度。在图 5-1 中,线段长度 $\overline{AA'}$ 称为 A 点的线位移,记为 Δ_A;角度 φ_A 称为 A 端截面的转角位移,用 φ_A 或 $\Delta_{A\varphi}$ 表示。为计算方便,通常将线位移 Δ_A 沿水平方向和竖直方向进行分解(见图 5-1)。其水平方向的分量称为水平方向线位移,记作 Δ_{Ax};竖直方向的分量称为竖直方向线位移,记作 Δ_{Ay}。如果求得了结构上各个点的线位移和各个截面的转角位移,整个结构的变形就被唯一确定了。

结构计算中有时还要用到相对线位移和相对转角位移的概念。在图 5-2 所示的刚架中,A、B 两点沿水平方向产生的线位移分别为 Δ_{Ax} 和 Δ_{Bx},这两个方向相反的水平线位移之和就称为这两点的水平相对线位移,记作 $\Delta_{ABx} = \Delta_{Ax} + \Delta_{Bx}$。同样,转向相反的截面 C 的转角位移 φ_C 与截面 D 的转角位移 φ_D 之和,称为这两个截面的相对转角位移,记作 $\varphi_{CD} = \varphi_C + \varphi_D$ 或 $\Delta_{CD\varphi} = \Delta_{C\varphi} + \Delta_{D\varphi}$。

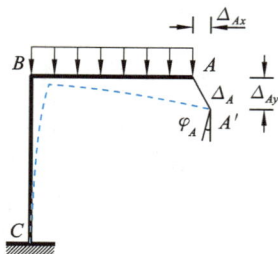
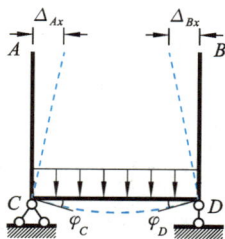

图 5-1   图 5-2

除了荷载以外,温度改变、支座移动、制造误差和材料收缩等因素,也能使结构产生位移。

计算结构位移的目的首先是为了校核结构的刚度,保证它在使用过程中不至于发生过大的变形。其次,在计算超静定结构时,除利用静力平衡条件外,还必须考虑结构的位移条件,也就是说静定结构的位移计算是超静定结构计算的基础。除此之外,在结构制作、施工、架设和养护等过程中采取技术措施时,也需要知道结构的位移。

2. 位移计算所采用的理论——虚功原理

虚功是指力在除该力外的其他原因造成的位移上所做的功。如图 5-3 所示,在简支梁的 1、2 点上施加荷载,加载次序是先 F_{P1} 后 F_{P2}。

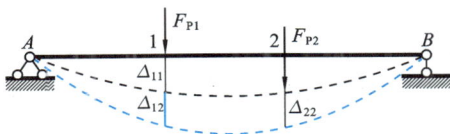

图 5-3

在整个过程中外力所做的功为

$$W=\frac{1}{2}F_{P1}\Delta_{11}+\frac{1}{2}F_{P2}\Delta_{22}+F_{P1}\Delta_{12}$$

思政元素

其中第三项 $F_{P1}\Delta_{12}$ 为 F_{P1} 在由 F_{P2} 产生的位移 Δ_{12} 上所做的虚功。

理论力学给出了质点系的虚位移原理(或称为虚功原理):具有理想约束的质点系在某一位置处于平衡状态的必要和充分的条件是,对于任何虚位移,作用于质点系的主动力所做的虚功总和为零。

这里所谓虚位移是指为结构约束条件所允许的任意微小虚设的位移。理想约束是指相应的约束反力在虚位移上所做的功恒等于零的约束,例如光滑的铰、刚性链杆等形成的约束。在刚体中,因任意两点间距离均保持不变,可以认为任意两点间有刚性链杆相连,故刚体属于具有理想约束的质点系。由若干个刚本用理想约束联系起来的体系自然也是具有理想约束的质点系。此外,作用于体系的外力通常包括荷载(主动力)和约束反力,而对于任何约束,当去掉该约束而以相应的反力代替其对体系的作用时,其反力便可当作荷载(主动力)看待。因此,虚功原理应用于刚体系时又可表述为:刚体系处于平衡状态的必要和充分的条件是,对于任何虚位移,所有外力所做虚功总和为零,即 $W_外=0$。

对于杆系结构,变形体系的虚功原理可表述为:变形体系处于平衡状态的必要和充分条件是,对于任何虚位移,外力所做虚功总和等于各微段上的内力在其变形范围内所做的虚功总和,即 $W_外=W_内$,或者简单地说,外力虚功等于变形虚功。

虚功原理可分为虚位移原理和虚力原理。对于给定的力状态,虚设一个位移状态,利用虚功方程来求解力状态的未知力,这时的虚功原理称为虚位移原理;对于给定的位移状态,虚设一个力状态,利用虚功方程来求解位移状态中的未知位移,这时的虚功原理称为虚力原理。本章就是讨论用虚力原理来求解结构的位移。

3. 静定结构位移的类型

静定结构的位移类型有两种:刚体位移和变形体位移。静定结构因支座移动而产生的位移属于刚体位移,因为静定结构不会因支座移动而产生内力,杆件也就不会产生变形;静定结构因制造误差而产生的位移也属于刚体位移,这是因为静定结构不会由于制造误差而产生内力,杆件也就不会产生变形。静定结构在荷载作用下产生的位移属于变形体位移,因为静定结构在荷载作用下,其杆件会产生内力,也就会产生变形;静定结构因温度改变而产生的位移也属于变形体位移,因为由于温度改变,静定结构的杆件虽不会产生内力,但是会产生变形。

综上所述:静定结构因支座移动而产生的位移、因制造误差而产生的位移应该用刚体的虚力

原理计算;因荷载作用而产生的位移、因温度改变而产生的位移应该用变形体的虚力原理计算。

5.2　支座移动造成的位移计算

　　　　静定结构由于支座移动不会产生内力,也就无变形发生,但会发生刚体位移。这种位移通常可以直接由几何关系求得,当几何关系比较复杂时,则可利用虚力原理进行计算。

　　【例 5-1】　如图 5-4(a)所示简支梁,B 端支座发生了向下的竖直方向位移 Δ,求由此而产生的 A 点转角位移 φ_A。

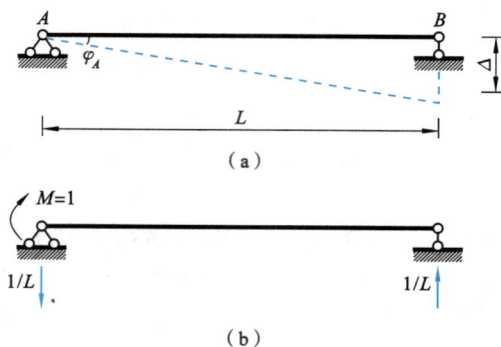

图 5-4

　　解　运用刚体的虚功原理,把简支梁发生位移的情况称为真实的位移状态,然后虚设一个力状态(见图 5-4(b)),即在原结构需求转角位移处(A 点)虚设一个单位力矩,并求出反力,然后让虚设力状态下的所有外力(单位力矩和反力)到真实的位移状态上去做虚功,而这个虚功应该等于零,即

$$1 \times \varphi_A - \frac{1}{L}\Delta = 0$$

解得

$$\varphi_A = \frac{\Delta}{L}$$

　　由上述可以得出,由支座移动引起的位移计算公式如下:

$$\Delta = -\sum \bar{F}_R c \tag{5-1}$$

式中:Δ 为所要求的位移,其方向假设与虚设的单位荷载方向一致,求出来若是正的,说明其方向与假设的方向相同,若是负的,说明与假设的方向相反;$\bar{F}_R$ 为因虚设力而在有支座位移处产生的支座反力;c 为真实的支座位移;$\sum$ 表示可能有若干个支座发生移动;负号是把刚体虚功方程中除了 Δ 外的其他项移至等式的右边所引起的,至于 $\bar{F}_R$ 与 c 相乘的结果,两者方向一致时为正,两者方向相反时为负。

　　【例 5-2】　图 5-5 所示为三铰刚架,A 端支座发生了向下的位移 b,B 端支座发生了向右的位移 a,求由此引起的 C 点竖直方向的位移 Δ_{Cy} 和相对转角位移 $\Delta_{C\varphi}$。

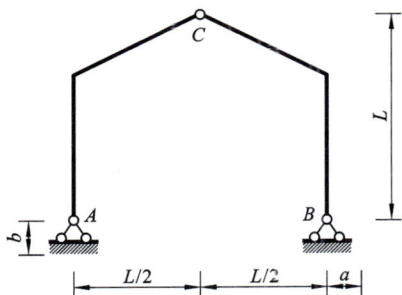

图 5-5

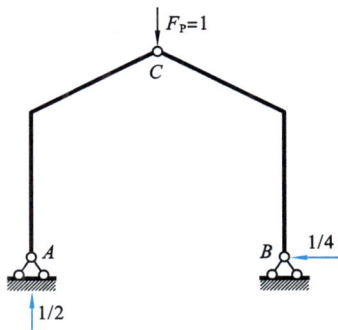

图 5-6

解　（1）求 C 点的竖直方向位移 Δ_{Cy}。

虚设一个力状态，如图 5-6 所示，在 C 点作用一个竖直方向的单位荷载，并求出有支座位移处的反力 F_{yA} 和 F_{xB}。

运用位移计算式（5-1）可得

$$\Delta_{Cy}=-\left(-\frac{1}{2}b-\frac{1}{4}a\right)=\frac{b}{2}+\frac{a}{4}$$

（2）求 C 点的相对转角位移 $\Delta_{C\varphi}$。

虚设一个力状态，如图 5-7 所示，在 C 点作用一对单位力矩，并求出有支座位移处的反力 F_{yA} 和 F_{xB}。

运用位移计算式（5-1）可得

$$\Delta_{C\varphi}=-\left(\frac{1}{L}\times a\right)=-\frac{a}{L}$$

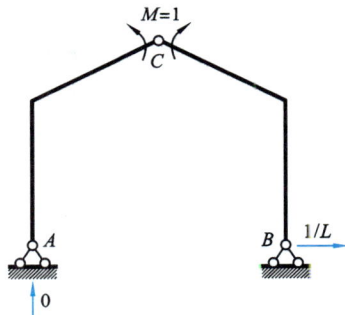

图 5-7

负号表示 C 点发生的相对转角与所设的单位力矩方向相反。

【**例 5-3**】　图 5-8(a) 所示结构发生了支座移动，求点 C 的竖直方向位移 Δ_{Cy} 及其两侧截面的相对转角位移 $\Delta_{C\varphi}$。

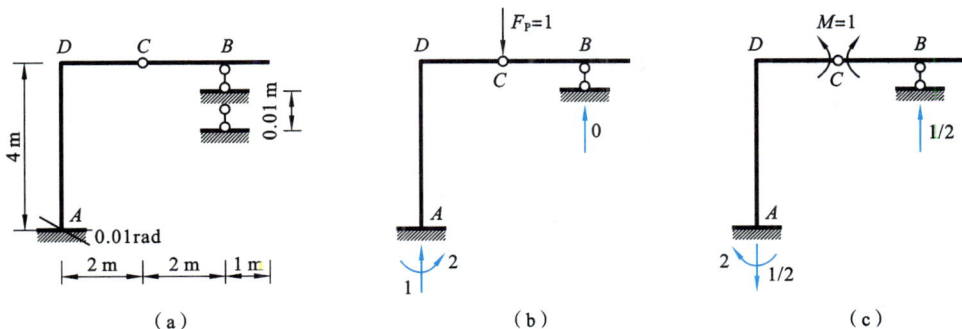

图 5-8

解　（1）求点 C 在竖直方向的位移 Δ_{Cy}。

在点 C 处加竖直方向的单位荷载，求出虚设力状态下的支座反力，如图 5-8(b) 所示，则

$$\Delta_{Cy}=-(-2\times0.01-0\times0.01)\ \text{m}=0.02\ \text{m}$$

（2）求点 C 两侧截面的相对转角位移 $\Delta_{C\varphi}$。

在 C 点的两侧截面上加一对单位力矩,求出虚设力状态下的支座反力,如图 5-8(c)所示,则

$$\Delta_{C\varphi} = -\left(2 \times 0.01 - \frac{1}{2} \times 0.01\right) \text{ rad} = -0.015 \text{ rad}$$

5.3　力的虚设方法

图 5-9(a)为一悬挑结构在支座移动作用下发生实际变形的情况。结构上某一点 K 在变形后移至未知位置,称为状态 I 。现在若需求结构上 K 点沿一任意指定方向 KK' 上的位移 Δ_K,可以虚设如图 5-9(b)所示的力状态,称为状态 II,即在 K 点沿 KK' 方向作用单位力 $F_P = 1$,此时虚设力 $F_P = 1$ 所引起的反力用 $\overline{F}_R$ 表示。

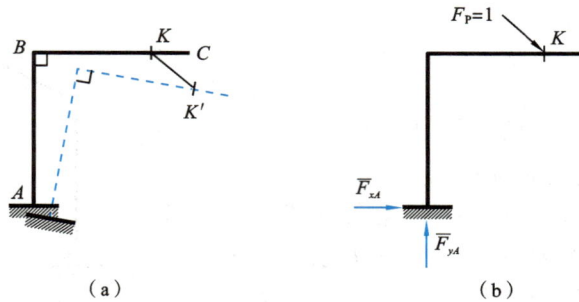

图 5-9

若将状态 I 下结构的真实位移视为虚设力状态 II 下结构的虚位移,则外力所做的虚功为

$$W_{\text{外}} = \Delta_K \times 1 + \sum \overline{F}_R \times c$$

由虚功原理可知,上述外力所做的虚功应该等于零,则

$$\Delta_K \times 1 = -\sum \overline{F}_R \times c$$

上述过程说明,若虚设力为单位力可方便计算,而其方向应为所求位移方向。这种通过虚设单位荷载,利用虚功原理求结构位移的方法称为单位荷载法。

对于实际问题,除了计算线位移外,还常需要计算角位移、相对位移等。在用单位荷载法建立虚拟的平衡状态时,需注意单位荷载应是与所求位移相对应的广义力。所谓的相对应,是指力与位移在做功的关系上对应,如与线位移相对应的是集中力、与角位移相对应的是力偶等。另需注意的是,应使单位荷载仅在所求的广义位移上做功,使所做的功就等于所求位移本身。

总结力的虚设方法如下。

(1) 力的大小:一般虚设单位荷载。

(2) 力的位置:作用在需求位移的点及方向上。

(3) 力的方向:随意假设,若求出的位移是正的,说明位移与假设的方向一致。若是负的,说明与假设的方向相反。

(4) 力的性质:求线位移虚设单位集中力;求转角位移虚设单位力矩;求两点的相对水平或竖直方向位移加一对相反的单位集中力;求两截面相对转角位移要加一对单位力矩。

图 5-10 所示是求一些常见位移的力虚设方法。其中:图(a)所示为求 C 点竖直方向位移的力虚设方法;图(b)所示为求 B 点的水平方向位移的力虚设方法;图(c)所示为求 C 点的转角位移的力虚设方法;图(d)所示为求 A、B 两点的相对竖直方向位移的力虚设方法;图(e)所示为求 A、B 两点的相对水平方向位移的力虚设方法;图(f)所示为求 C 点的相对转角位移的力虚设方法;图(g)所示为求杆 CD 的转角位移的力虚设方法(杆 CD 的长度为 L)。

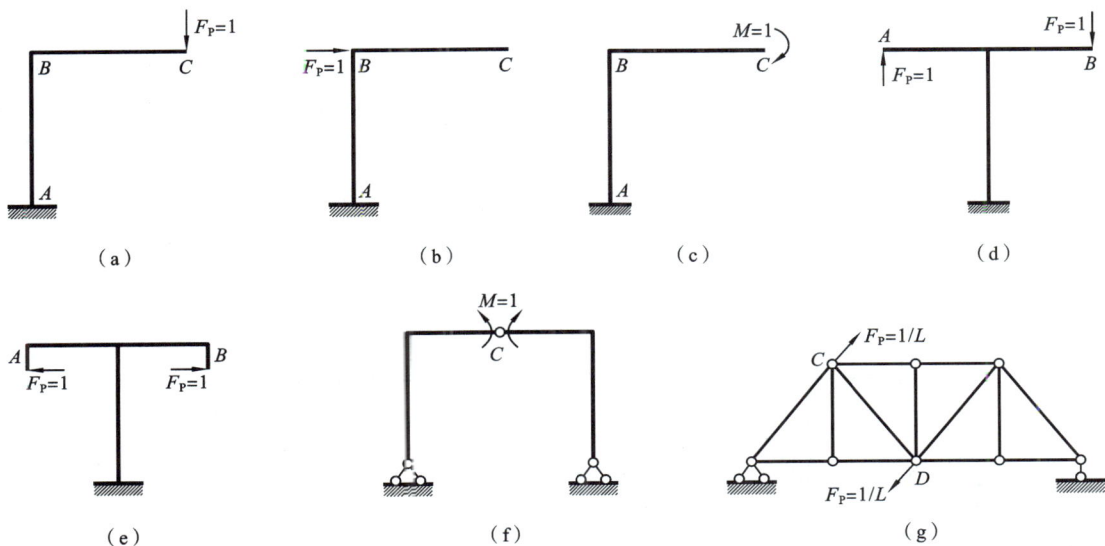

图 5-10

5.4　制造误差造成的位移计算

静定结构因制造误差而产生的位移应采用刚体的虚力原理计算,这是因为静定结构由于制造误差不会产生内力,也就不会产生变形。下面举例说明其计算的方法。

MOOC 视频

【例 5-4】　如图 5-11(a)所示桁架,杆 AC 比设计的短了 2 cm,求由此产生的 C 点的水平位移。

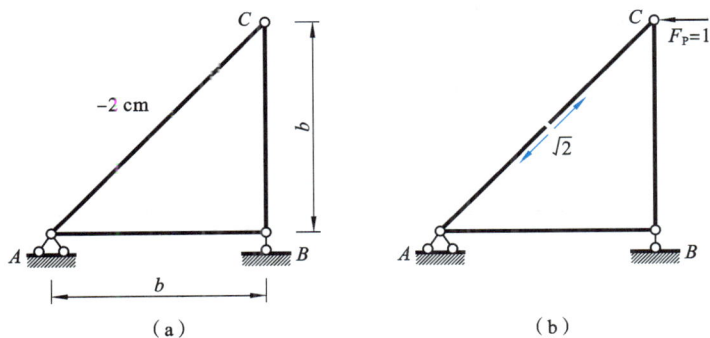

图 5-11

解   虚设一个力状态(见图 5-11(b)):在 C 点作用一水平单位荷载,方向朝左,也就是假设 C 点的水平位移是向左的。求出桁架各杆的内力,把有制造误差的杆件截断,并将其内力标上(变成了外力),由于它是压力,方向如图 5-11(b)所示。

利用虚功方程有

$$1 \times \Delta_{Cx} - \sqrt{2} \times 2 = 0$$

解得

$$\Delta_{Cx} = 2\sqrt{2} \text{ cm}$$

说明:① 只截断有制造误差的杆件,是因为只有它的内力才因制造误差而做功,而其他杆件在虚设力作用下,有内力但没制造误差,也就不做功。② 虚功方程中第二项是负的,这是因为杆 AC 短了 2 cm,其对图 5-11(a)所示结构的作用方向与图 5-11(b)中杆 AC 的内力(转换成外力后)方向是相反的。因此杆 AC 的内力($\sqrt{2}$)因制造误差而做的是负功。

【例 5-5】   如图 5-12(a)所示桁架,杆 DC 比设计的短了 3 cm,杆 FE 比设计的长了 3 cm,求 C 点的竖直方向位移。

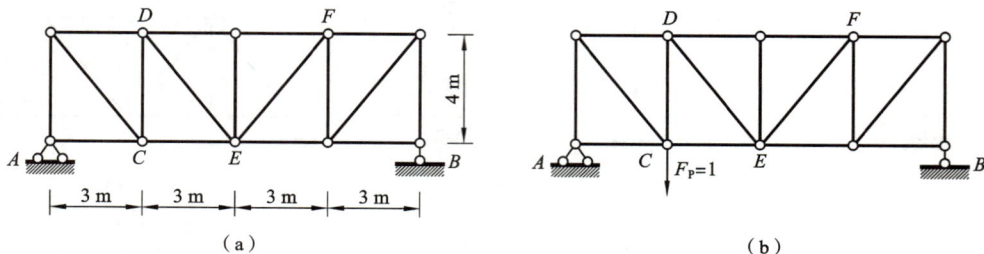

图 5-12

解   虚设一个力状态(见图 5-12(b)):在 C 点作用一竖直方向单位荷载(即假设 C 点的竖直方向位移是往下的)。求出杆 DC、杆 FE 的轴力,分别为

$$F_{NDC} = \frac{1}{4}, \quad F_{NFE} = \frac{5}{16}$$

利用虚功方程有

$$1 \times \Delta_{Cy} + \frac{1}{4} \times 2 - \frac{5}{16} \times 3 = 0, \quad \Delta_{Cy} = \frac{7}{16} \text{ cm}$$

总结:按上述方法写虚功方程(所有外力所做的虚功均写在等式的左边),那么拉力在杆件缩短时做正功,在杆件伸长时做负功。

【例 5-6】   如图 5-13(a)所示悬臂梁,C 点由于制造误差有一转角位移 α,求由此引起的 B 点竖直方向位移 Δ_{By}。

图 5-13

解　虚设一个力状态（见图 5-13(b)）：在 B 点加一竖直方向单位荷载（方向向下，即假设 B 点的竖直方向位移是向下的）。求出 C 点的弯矩，并把 C 点的抗弯约束去掉，用外来弯矩 M_C 表示。

利用虚功方程有
$$1 \times \Delta_{By} + M_C \times \alpha = 0$$
解得
$$\Delta_{By} = -M_C \times \alpha$$

说明： 虚功方程中，$1 \times \Delta_{By}$ 项是正的，这是因为通常结构若复杂一点，所求位移的方向是不容易判断的，所以一般只好假设其方向与虚设单位荷载是一致的，因此 $1 \times \Delta_{By}$ 永远是正的。该题的计算结果是负的，也就表明真实的位移方向（向上）与假设的位移方向（向下）是相反的。

由上面的讨论可以得出制造误差引起的位移计算公式：
$$\Delta = \sum \overline{F}_N \lambda + \sum \overline{M} \alpha + \sum \overline{F}_Q \eta \qquad (5\text{-}2)$$

式中：$\overline{F}_N$、$\overline{M}$、$\overline{F}_Q$ 为虚设单位荷载作用下，杆件在有制造误差处产生的虚内力——轴力、弯矩和剪力（不再把它们作为外力暴露出来）；λ、α、η 分别为制造时产生的轴向误差、弯曲误差和剪切误差。

等式右边虚功的正负号规定：由于直接采用虚内力和虚功方程中左边项移到了等式右边这两个原因，因此正负号的判断应该是，虚内力与误差方向一致时取正号，反之取负号。

5.5　温度作用时的位移计算

静定结构由于温度变化造成的材料自由膨胀、收缩等原因而发生变形，从而产生位移。对这种位移可利用变形体的虚力原理来求解。

MOOC 视频

下面以简支梁为例来研究静定结构由温度变化引起的位移计算。图 5-14(a)所示简支梁，设杆件的上边缘温度上升 t_1，下边缘温度上升 t_2，并且 $t_1 > t_2$，沿杆截面高度按线性变化，求由此引起的 A 点转角位移 φ_A。

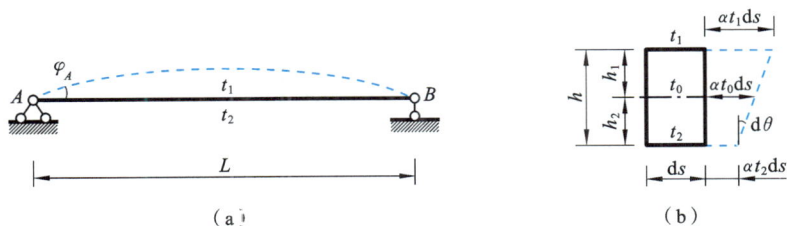

图 5-14

从梁上取出一微段 $\mathrm{d}s$，温度引起的微段的变形如图 5-14(b)所示。其中，微段轴线处的伸长量和微段发生的转角位移分别为
$$\mathrm{d}\lambda = \alpha t_0 \mathrm{d}s, \quad \mathrm{d}\theta = \frac{\alpha t_1 \mathrm{d}s - \alpha t_2 \mathrm{d}s}{h} = \frac{\alpha \Delta t \mathrm{d}s}{h}$$

式中：Δt 为杆件上、下边缘的温度变化差值，$\Delta t = t_1 - t_2$；t_0 为杆件轴线处的温度变化值，$t_0 = \dfrac{h_1 t_2 + h_2 t_1}{h}$；$\alpha$ 为材料的线膨胀系数；h 为杆件截面的高度；h_1、h_2 分别为杆轴线至上、下边缘的距离。

若杆件的截面对称于中性轴,则 $h_1=h_2=\frac{1}{2}h$,得

$$t_0=\frac{1}{2}(t_1+t_2)$$

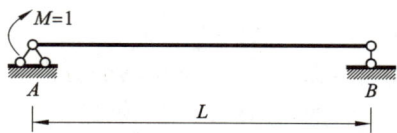

图 5-15

温度变化时,杆件不会产生剪切变形,产生的轴向变形即为 $d\lambda$,产生的弯曲变形即为 $d\theta$。

为了求解简支梁由温度变化引起的 A 点的转角位移,虚设一个力状态,如图 5-15 所示。

运用变形体的虚功原理,令该虚设力状态下的所有外力和内力在图5-14(a)所示的变形上做虚功,则有

$$\Delta=\int_0^L \overline{F}_N d\lambda+\int_0^L \overline{M}d\theta=\int_0^L \overline{F}_N \alpha t_0 ds+\int_0^L \overline{M}\frac{\alpha\Delta t}{h}ds \tag{5-3}$$

式(5-3)即为计算结构由于温度变化而产生的位移的一般计算公式。其中,右边两项正负号的确定方法是:轴力 $\overline{F}_N$ 以拉伸为正,温度 t_0 以升高为正;弯矩 $\overline{M}$ 和温差 Δt 引起的弯曲方向相同时(即当 $\overline{M}$ 和 Δt 使杆件产生拉伸变形时),其乘积取正值,反之取负值。

如果结构有 n 根杆件,则上面的计算公式应改写为

$$\Delta=\sum\int_0^L \overline{F}_N d\lambda+\sum\int_0^L \overline{M}d\theta=\sum\int_0^L \overline{F}_N \alpha t_0 ds+\sum\int_0^L \overline{M}\frac{\alpha\Delta t}{h}ds \tag{5-4}$$

如果沿每根杆件长度方向的温度变化是相同的,且截面高度不变,则式(5-4)可写成

$$\Delta=\sum\int_0^L \overline{F}_N \alpha t_0 ds+\sum\int_0^L \overline{M}\frac{\alpha\Delta t}{h}ds=\sum\alpha t_0\omega_{\overline{F}_N}+\sum\frac{\alpha\Delta t}{h}\omega_{\overline{M}} \tag{5-5}$$

式中:$\omega_{\overline{F}_N}$ 为由虚设单位荷载产生的轴力图面积;$\omega_{\overline{M}}$ 为由虚设单位荷载产生的弯矩图面积。

【例 5-7】　图 5-16(a)所示刚架的初始温度为 30℃,降温后外侧温度为 −15℃,内侧温度为 15℃,各杆截面为尺寸相同的矩形截面,截面高度 $h=0.1L$,材料的线膨胀系数为 α,求 C 点两侧截面的相对转角位移 $\Delta_{C\varphi}$。

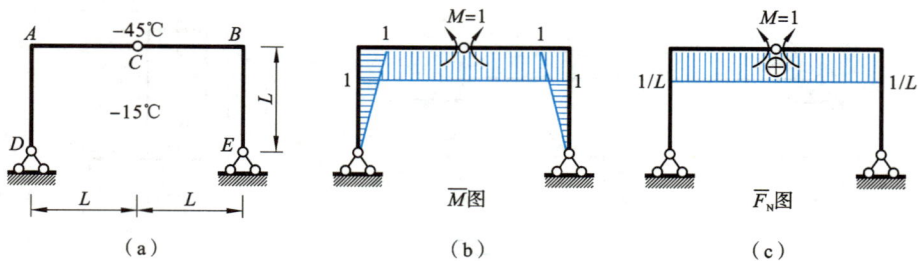

图 5-16

解　各杆外侧温度变化为 $t_1=(-15-30)℃=-45℃$,各杆内侧温度变化为 $t_2=(15-30)℃=-15℃$,故 $\Delta t=t_1-t_2=-30℃$,$t_0=\frac{t_1+t_2}{2}=-30℃$。

在 C 点两侧截面上加一对单位力偶,求出各杆的弯矩 $\overline{M}$ 图和轴力 $\overline{F}_N$ 图,分别如图 5-16(b)、(c)所示。利用式(5-5),则有

$$\Delta_{C\varphi}=\sum\alpha t_0\omega_{\overline{F}_N}+\sum\frac{\alpha\Delta t}{h}\omega_{\overline{M}}=-\alpha\times30\times\left(\frac{1}{L}\times2L\right)+\frac{\alpha\times30}{0.1L}\times\left(\frac{1}{2}\times L\times1\times2+1\times2L\right)=840\alpha$$

【例 5-8】 图 5-17 所示三铰刚架,室内温度比原来升高了 30℃,室外温度没有变化,求 C 点的竖直方向位移 Δ_{Cy},杆件的截面为矩形,截面高度 h 为常数,材料的线膨胀系数为 α。

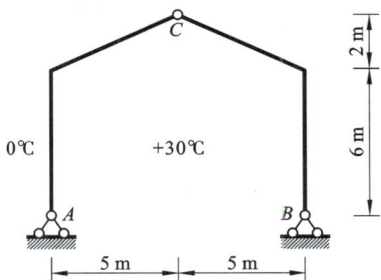

图 5-17

解 (1) 在 C 点作用一个竖直方向单位荷载,画出弯矩图和轴力图(见图 5-18)。

(2) 运用式(5-5)求 Δ_{Cy}。

$$\Delta t = 30℃ - 0℃ = 30℃, \quad t_0 = 15℃$$

$$\Delta_{Cy} = -\alpha \times 15(0.5 \times 6 \times 2 + 0.47 \times \sqrt{5^2 + 2^2} \times 2) - \alpha \times \frac{30}{h}\left(1.86 \times \frac{6}{2} \times 2 + 1.86 \times \frac{\sqrt{5^2 + 2^2}}{2} \times 2\right)$$

$$= -\alpha\left(166 + \frac{635.29}{h}\right)$$

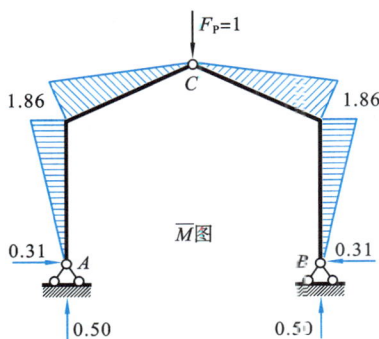

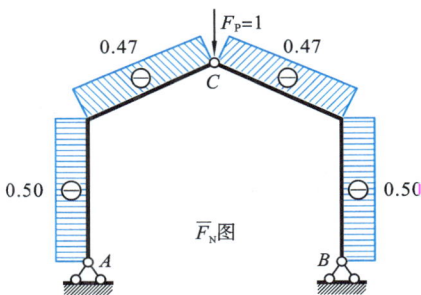

(a)   (b)

图 5-18

5.6　荷载作用下的位移计算

荷载作用下的位移计算采用的是变形体的虚力原理。

下面用积分法进行结构位移计算的一般公式推导。假设图 5-19(a)所示悬臂梁由于荷载作用,其微段 ds 发生了轴向变形 $d\lambda$、剪切变形 $d\eta$ 和弯曲变形 $d\theta$(见图 5-19 (b)),要求 B 点的竖直方向位移。首先把微段 ds 的变形浓缩至 D 点(见图 5-19(c)),把它作为真实的位移状态。然后虚设一个力状态(见图 5-19(d))。利用虚功方程得,B 点的竖直方向位移为

$$c \cdot \Delta_{By} = \overline{M} d\theta + \overline{F}_Q d\eta + \overline{F}_N d\lambda$$

若整根梁上都有变形,则 B 点的竖直方向变形为

$$\int_0^L d\Delta_{By} = \Delta_{By} = \int_0^L \overline{M} d\theta + \int_0^L \overline{F}_Q d\eta + \int_0^L \overline{F}_N d\lambda \tag{5-6}$$

式中:$\overline{M}$、$\overline{F}_Q$、$\overline{F}_N$ 分别为虚设单位荷载作用下结构的弯矩、剪力和轴力;$d\lambda$、$d\eta$、$d\theta$ 是由荷载引起的变形。

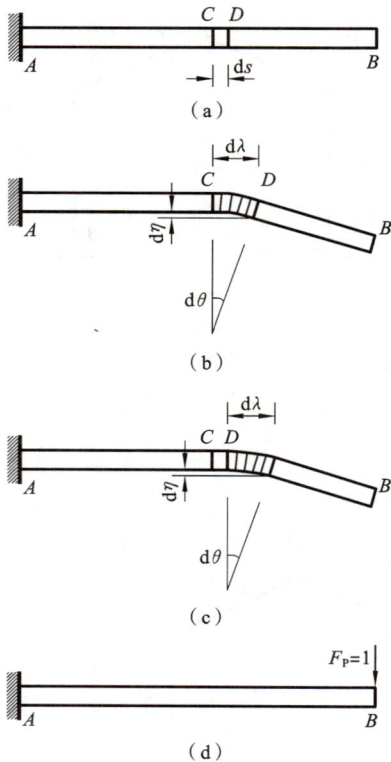

图 5-19

由材料力学知识可知:

$$d\theta = \kappa ds, \quad d\eta = \gamma_0 ds, \quad d\lambda = \varepsilon ds$$

$$\kappa = \frac{M_P}{EI}, \quad \gamma_0 = k\frac{F_{QP}}{GA}, \quad \varepsilon = \frac{F_{NP}}{EA}$$

式中:k 为截面形状系数。

将上述关系式代入式(5-6),可得

$$\Delta = \int_0^L \frac{M_P \overline{M}}{EI}ds + \int_0^L \frac{kF_{QP}\overline{F}_Q}{GA}ds + \int_0^L \frac{F_{NP}\overline{F}_N}{EA}ds$$

$$(5-7)$$

式中:M_P、F_{QP}、F_{NP} 分别为荷载作用下结构产生的弯矩、剪力、轴力;$\overline{M}$、$\overline{F}_Q$、$\overline{F}_N$ 分别为虚设单位荷载作用下结构产生的弯矩、剪力、轴力。

若结构由若干根杆件组成,则计算公式为

$$\Delta = \sum\int_0^L \frac{M_P \overline{M}}{EI}ds + \sum\int_0^L \frac{kF_{QP}\overline{F}_Q}{GA}ds + \sum\int_0^L \frac{F_{NP}\overline{F}_N}{EA}ds$$

$$(5-8)$$

式(5-8)即为平面杆系结构在荷载作用下的位移计算公式。式中内力的正负号规定为:轴向以拉力为正;剪力以使隔离体顺时针转动者为正;弯矩只规定乘积 $\overline{M}M_P$ 的正负号,当 $\overline{M}$ 与 M_P 使杆件同侧纤维受拉时,其乘积取正值。

式(5-8)右边的第一项表示弯曲变形的影响,第二项表示剪切变形的影响,第三项表示拉伸变形的影响。在实际计算中,根据结构杆件的受力性质以及上述三种变形对结构位移影响的大小,常只考虑其中的一项或两项。

因此求一般荷载作用下的位移的计算步骤如下:

① 写出结构在荷载作用下时每根杆的弯矩、剪力、轴力的方程;

② 写出结构在虚设单位荷载作用下时每根杆的弯矩、剪力、轴力的方程;

③ 代入式(5-8)进行计算。

各种静定结构在荷载作用下位移的计算公式如下。

(1) 梁和刚架　在梁和刚架中,位移主要是由弯矩引起的,轴力和剪力的影响较小,可以略去,只考虑弯曲变形。因此,位移公式可简化为

$$\Delta = \sum\int_0^L \frac{M_P \overline{M}}{EI}ds \tag{5-9}$$

(2) 桁架　在桁架中,各杆只有轴力,并且它的数值沿杆长不变。另外,一般来说,桁架各杆所用的材料以及杆件的截面也沿杆长不变。因此,位移公式可简化为

$$\Delta = \sum \frac{F_{NP}\overline{F}_N}{EA}L \tag{5-10}$$

(3) 组合结构　在组合结构中,有受弯杆件和只承受轴力的轴力杆。对于受弯杆件,一般只考虑弯曲变形的影响,而对于轴力杆则只考虑其轴向变形的影响。此时,位移公式可简化为

$$\Delta = \sum\int_0^L \frac{M_P \overline{M}}{EI}ds + \sum \frac{F_{NP}\overline{F}_N}{EA_1}L \tag{5-11}$$

（4）三铰拱　对于静定的三铰拱,当忽略拱轴曲率的影响时,通常只需考虑弯曲变形的影响。但当压力线与拱的轴线相近(两者的距离与杆件截面高度相当),或者是计算扁平拱($f/L<1/5$)中的水平位移时,应考虑弯曲变形和轴向变形的影响,拉杆考虑轴向变形的影响。

$$\Delta = \int_0^L \frac{M_P \overline{M}}{EI}\mathrm{d}s + \int_0^L \frac{F_{NP}\overline{F}_N}{EA}\mathrm{d}s + \frac{F_{NP}\overline{F}_N}{EA_1}L \tag{5-12}$$

式(5-12)中拱轴曲杆的积分计算可用数值计算代替,即

$$\Delta = \sum \frac{M_P \overline{M}}{EI}\Delta s + \sum \frac{F_{NP}\overline{F}_N}{EA}\Delta s + \frac{F_{NP}\overline{F}_N}{EA_1}L \tag{5-13}$$

式中：M_P、$\overline{M}$、F_{NP}、$\overline{F}_N$、EI、EA 都取 Δs 段上中点的值。

【例 5-9】　求图 5-20(a)所示简支梁中点 C 的竖直方向位移 Δ_{Cy}。

解　（1）取虚设的力状态,如图 5-20(b)所示。

（2）写出弯矩、剪力的表达式。

当 $0 \leqslant x \leqslant \dfrac{L}{2}$ 时,有

$$\overline{M} = \frac{1}{2}x, \quad \overline{F}_Q = \frac{-}{2}$$

$$M_P = \frac{q}{2}Lx - \frac{q}{2}x^2, \quad F_{QP} = \frac{1}{2}qL - qx$$

由于结构及受力对称,写一半即可。

（3）计算 Δ_{Cy}。

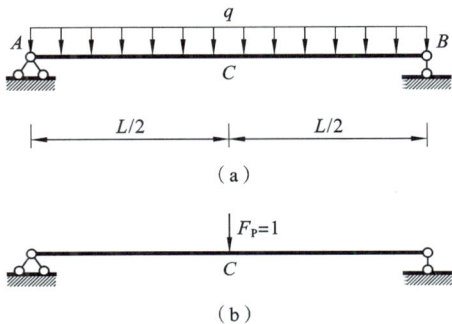

图 5-20

$$\Delta_{Cy} = 2\int_0^{\frac{L}{2}} \frac{\frac{1}{2}x\left(\frac{q}{2}Lx - \frac{q}{2}x^2\right)}{EI}\mathrm{d}x + 2\int_0^{\frac{L}{2}} \frac{k \times \frac{1}{2}\left(\frac{qL}{2} - qx\right)}{GA}\mathrm{d}x$$

$$= \frac{5qL^4}{384EI} + \frac{kqL^2}{8GA}$$

（4）比较弯曲变形与剪切变形的影响。

弯曲变形：
$$\Delta_M = \frac{5qL^4}{384EI}$$

剪切变形：
$$\Delta_Q = \frac{kqL^2}{8GA}$$

取 $k = 1.2$,两者的比值为

$$\frac{\Delta_Q}{\Delta_M} = 11.52\frac{EI}{GAL^2} = 2.56\left(\frac{h}{L}\right)^2$$

若高跨比为 $\dfrac{h}{L} = \dfrac{1}{10}$,则 $\dfrac{\Delta_Q}{\Delta_M} = 2.56\%$。

结论：在计算受弯构件时,若截面的高度远小于杆件的长度,一般可以不考虑剪切变形及轴向变形的影响。

【例 5-10】　计算图 5-21(a)所示刚架 C 点的水平位移 Δ_{Cx} 和 C 点的转角位移 $\Delta_{C\varphi}$,各杆的 EI 为常数。

解　（1）求 Δ_{Cx}。虚设的力状态如图 5-21(b)所示,写出杆件 $\overline{M}$、M_P 的表达式。

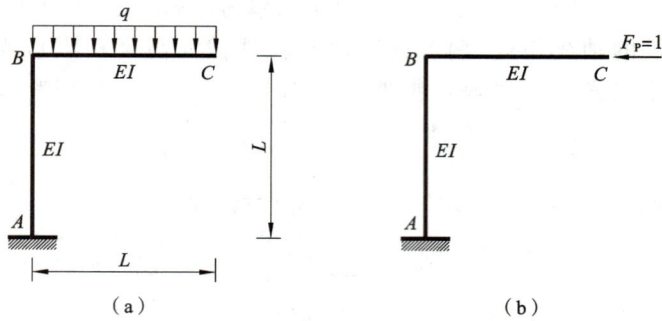

图 5-21

对于杆 BC, 有 $\overline{M}=0$, $M_P=-\dfrac{qx^2}{2}$

对于杆 BA, 有 $\overline{M}=x$, $M_P=-\dfrac{qL^2}{2}$

将以上关系式代入式(5-9)得

$$\Delta_{Cx}=\int_0^L \frac{-\dfrac{qL^2}{2}x}{EI}\mathrm{d}x=-\frac{qL^4}{4EI}\text{（与假设方向相反）}$$

(2) 求 $\Delta_{C\varphi}$。虚设的力状态如图 5-22 所示, 写出杆件 $\overline{M}$、M_P 的表达式:

对于杆 BC, 有 $\overline{M}=-1$, $M_P=-\dfrac{qx^2}{2}$

对于杆 BA, 有 $\overline{M}=-1$, $M_P=-\dfrac{qL^2}{2}$

将以上关系式代入式(5-9)得

$$\Delta_{C\varphi}=\int_0^L \frac{-\dfrac{qx^2}{2}\times(-1)}{EI}\mathrm{d}x+\int_0^L \frac{-\dfrac{qL^2}{2}\times(-1)}{EI}\mathrm{d}x=\frac{2qL^3}{3EI}\text{（与假设方向一致）}$$

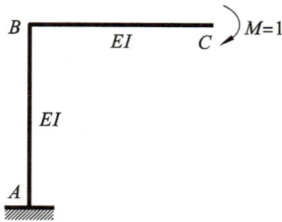

图 5-22

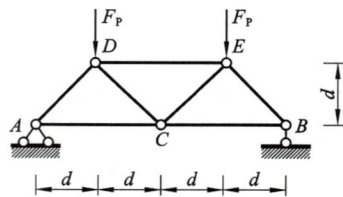

图 5-23

【例 5-11】　计算如图 5-23 所示桁架结点 C 的竖直方向位移 Δ_{Cy}。设各杆的 EA 相等。

解　(1) 求出桁架在荷载作用下各杆的轴力, 如图 5-24(a)所示。

(2) 求出桁架 C 点在虚设竖直单位荷载作用下各杆的轴力, 如图 5-24(b)所示。

(3) 结点 C 的竖直方向位移 Δ_{Cy} 用式(5-10)计算, 得

$$\Delta_{Cy}=\sum \frac{F_{NP}\overline{F}_N L}{EA}$$

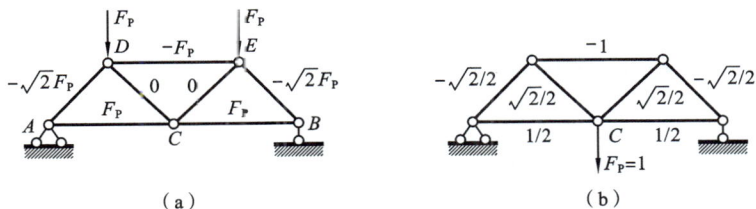

图 5-24

$$= \frac{1}{EA}\left[F_P \times \frac{1}{2} \times 2d \times 2 + (-\sqrt{2}F_P) \times \left(-\frac{\sqrt{2}}{2}\right) \times \sqrt{2}d \times 2 + (-F_P) \times (-1) \times 2d\right]$$

$$= \frac{(4+2\sqrt{2})F_P d}{EA} = \frac{6.83 F_P d}{EA}$$

【例 5-12】　计算如图 5-25(a) 所示半径为 R 的圆弧形曲梁上 B 点的竖直方向位移 Δ_{By}。已知 EI、GA、EA 均为常数,设曲梁的横截面为矩形,其高度为 h,材料剪切变形模量 $G = 0.4E$。

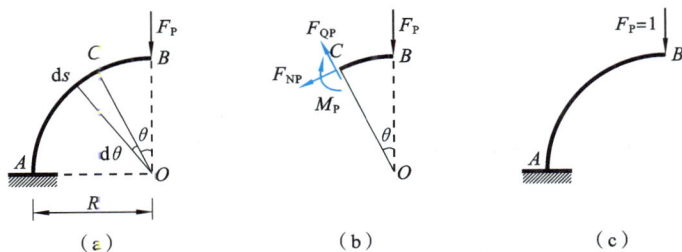

图 5-25

解　(1) 写出曲梁在荷载作用下任意点 C 处的内力表达式。取圆心 O 为坐标原点,点 C 与 OB 线成 θ 角,其隔离体如图 5-25(b) 所示,由隔离体的平衡得

$$M_P = F_P R\sin\theta, \quad F_{NP} = F_P\sin\theta, \quad F_{QP} = F_P\cos\theta$$

(2) 取虚设力状态如图 5-25(c) 所示,得虚设力状态下的内力为

$$\overline{M} = R\sin\theta, \quad \overline{F}_N = \sin\theta, \quad \overline{F}_Q = \cos\theta$$

(3) 计算 B 点的竖直方向位移 Δ_{By},由式(5-8)得

$$\Delta_{By} = \int_B^A \frac{M_P \overline{M}}{EI}ds + \int_B^A \frac{k F_{QP}\overline{F}_Q}{GA}ds + \int_B^A \frac{F_{NP}\overline{F}_N}{EA}ds$$

$$= \frac{F_P R^3}{EI}\int_0^{\frac{\pi}{2}}\sin^2\theta d\theta + \frac{k F_P R}{GA}\int_0^{\frac{\pi}{2}}\cos^2\theta d\theta + \frac{F_P R}{EA}\int_0^{\frac{\pi}{2}}\sin^2\theta d\theta$$

$$= \frac{\pi F_P R^3}{4EI} + \frac{k\pi F_P R}{4GA} + \frac{\pi F_P R}{4EA}$$

该式右边三项分别为弯曲变形、剪切变形和轴向变形对 B 点的竖直方向位移的影响。将已知条件代入该式得

$$\Delta_{By} = \frac{\pi F_P R^3}{4EI}\left[1 + \frac{1}{4}\left(\frac{h}{R}\right)^2 + \frac{1}{12}\left(\frac{h}{R}\right)^2\right]$$

一般情况下,截面高度 h 比半径 R 要小得多,可见剪力和轴力对变形的影响甚小,可忽略不计。

5.7　用图乘法计算受弯结构的位移

MOOC 视频

1. 公式推导

对于受弯构件,若只考虑弯曲变形,则其位移计算公式为

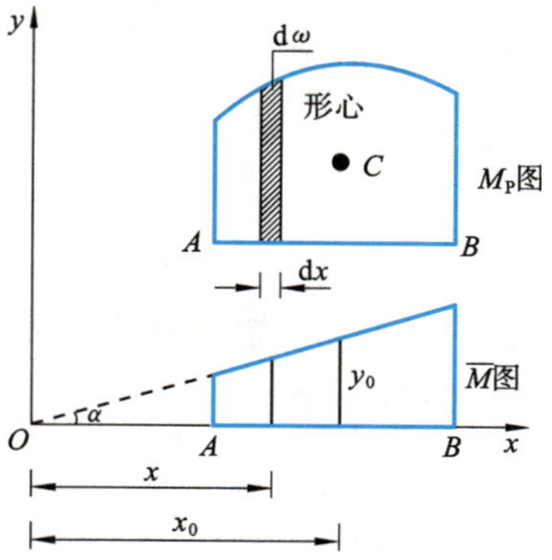

$$\Delta = \int_0^L \frac{M_P \overline{M}}{EI} \mathrm{d}s$$

图 5-26

若 EI 是常数就可提到积分号的外面,上式就变为

$$\Delta = \frac{1}{EI}\int_0^L M_P \overline{M}\mathrm{d}s \qquad (5\text{-}14)$$

若 M_P 图和 $\overline{M}$ 图中有一个是直线图,如图 5-26 所示,则

$$\overline{M} = \tan\alpha \cdot x$$

代入式(5-14)有

$$\Delta = \frac{1}{EI}\int_0^L M_P x \tan\alpha\, \mathrm{d}x \qquad (5\text{-}15)$$

由于 $\tan\alpha$ 是常数,可提到积分号的外面,又 $\int_0^L M_P x\mathrm{d}x$ 是 M_P 图对 y 轴的面积矩,可写成 ωx_0,其中 ω 是 M_P 图的面积,x_0 是 M_P 图的形心到 y 轴的距离,那么式(5-15)可写成

$$\Delta = \frac{1}{EI}x_0 \omega \tan\alpha$$

令 $x_0\tan\alpha = y_0$,y_0 是 M_P 图的形心位置所对应 $\overline{M}$ 图中的纵坐标(见图 5-26),最后得

$$\Delta = \sum \frac{1}{EI}\omega y_0 \qquad (5\text{-}16)$$

按式(5-16)计算结构的位移,其步骤如下:

(1) 画出结构在荷载及虚设力作用下的弯矩图;

(2) 利用式(5-16)对每根杆件计算出荷载作用下的弯矩图面积 ω,以及与该弯矩图形心所对应的虚设力作用下弯矩图的纵坐标 y_0,然后把两者相乘,并除以 EI;

思政元素

(3) 把所有杆件的 $\omega y_0/EI$ 累加起来,即为所求位移。

这种利用两个弯矩图的面积与纵坐标相乘求位移的方法被称为图乘法。上述计算中正负号的规定是:若两个弯矩图在基线的同侧,乘积 ωy_0 为正,否则为负。使用该方法时要注意以下问题:

① 杆件应是等截面直杆,EI 为常数;

② 两个弯矩图中至少有一个是直线图形;

③ y_0 必须取自直线图形。

值得一提的是:当杆件或其弯矩图在分段后才能满足上述适用条件时,必须分段图乘,然后将分段图乘的结果相加即可。

2. 两个直线图形的图乘公式

图 5-27 所示两个梯形图形相乘,可把其中一个梯形分成两个三角形,具体计算如下:

$$\Delta = \frac{\omega_1 y_1 + \omega_2 y_2}{EI} = \frac{1}{EI}\left(\frac{aL}{2}y_1 + \frac{bL}{2}y_2\right) = \frac{L}{2EI}(ay_1 + by_2)$$

$$= \frac{L}{2EI}\left[a\left(c + \frac{d-c}{3}\right) + b\left(c + \frac{2(d-c)}{3}\right)\right]$$

$$= \frac{L}{6EI}(2ac + 2bd + ad + bc) \tag{5-17}$$

图乘公式(5-17)适用于所有直线图形的情况,如图 5-28 所示。

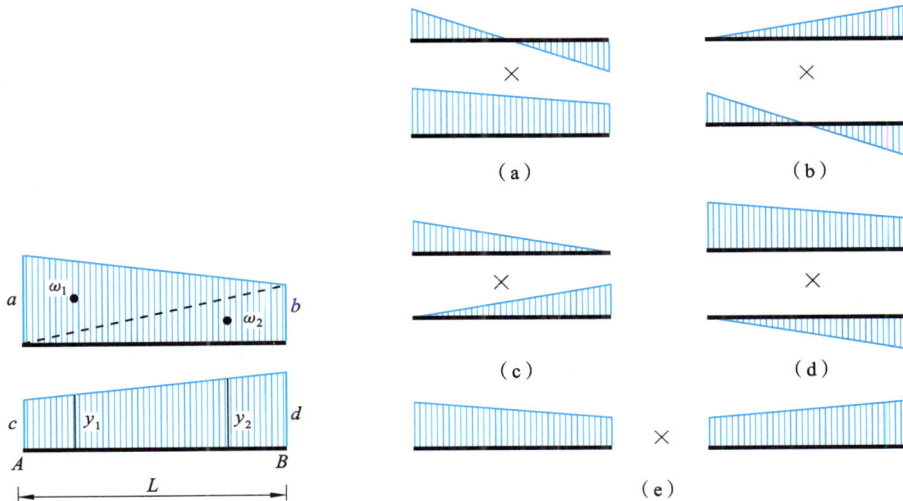

图 5-27　　　　　　　　　　　　　　图 5-28

使用上述图乘公式时要注意正负号,原则是:相乘的两个图形的侧边在杆件同侧时为正,异侧时为负。

3. 几种常见图形的面积和形心位置

图 5-29 给出了位移计算中常见的几种图形(其中图 5-29(a)为三角形,图 5-29(b)、(c)、

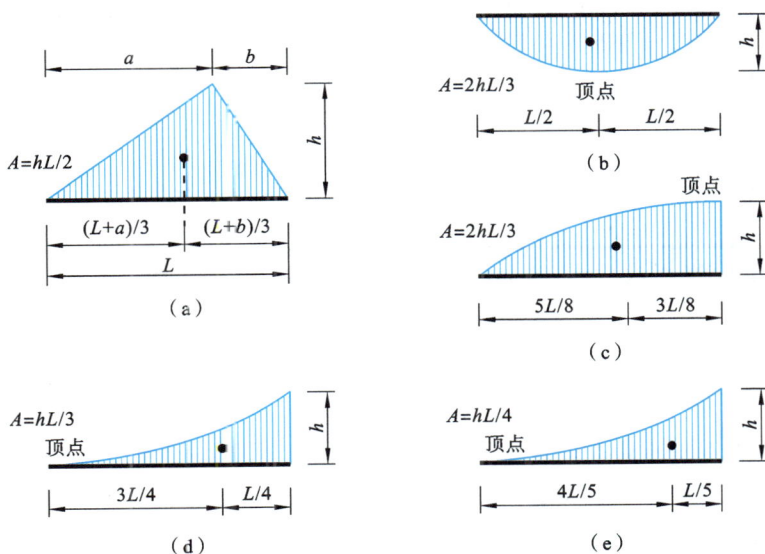

图 5-29

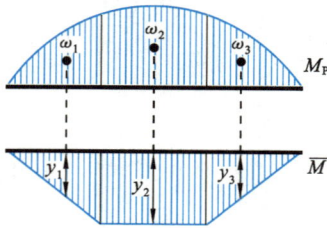

图 5-30

(d)为二次抛物线图形,图(e)为三次抛物线图形)的面积和形心位置。在应用图 5-29(d)、(e)所示抛物线图形的公式时,必须注意顶点处的切线应与基线平行。

4. 应用图乘法的几个具体问题

(1) 如果一个图形是曲线,另一个图形是由几段直线组成的折线,则应分段计算。对于图 5-30 所示的情形,有

$$\frac{1}{EI}\int M_P \overline{M} \mathrm{d}x = \frac{1}{EI}(A_1 y_1 + A_2 y_2 + A_3 y_3) \quad (5\text{-}18)$$

(2) 如果图形比较复杂,则可将其分解为几个简单图形,分项计算后再进行叠加。

如图 5-31(a)所示为杆件受杆端弯矩和均布荷载共同作用时的弯矩图。在一般情况下,这是一个非标准抛物线图形。可把该图视为由两端弯矩 M_A、M_B 组成的弯矩图(见图 5-31(b))和简支梁在均布荷载 q 作用下的弯矩图(见图 5-31(c))叠加而成。将上述两个图形分别与 $\overline{M}$ 图相乘,其代数和即为所求结果。

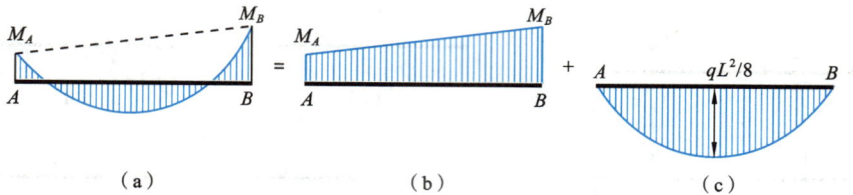

（a）　　　　　　　（b）　　　　　　　（c）

图 5-31

【**例 5-13**】 用图乘法计算图 5-32(a)所示悬挑梁 A 端的转角位移 $\Delta_{A\varphi}$ 和 C 端的竖直方向位移 Δ_{Cy}。设 $EI=1.5\times10^5$ kN·m²。

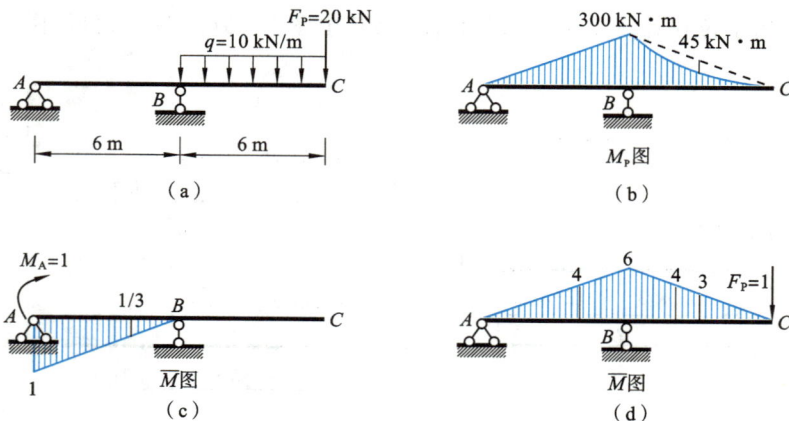

图 5-32

解 (1) 计算 A 端的转角位移 $\Delta_{A\varphi}$。

作出荷载作用下的 M_P 图,如图 5-32(b)所示。在 A 端作用一个单位力矩,画出 $\overline{M}$ 图,如图 5-32(c)所示,则

$$\Delta_{A\varphi} = -\frac{1}{1.5\times10^5}\left(\frac{1}{2}\times300\times6\right)\times\frac{1}{3} \text{ rad} = -\frac{300}{1.5\times10^5} \text{ rad} = -0.002 \text{ rad}$$

（2）计算 C 端的竖直方向位移 Δ_{Cy}。

在 C 端加一竖直方向的单位荷载，画出 $\overline{M}$ 图（见图 5-32(d)）。为求 Δ_{Cy}，需将图(b)和图(d)相乘，此时，应分段进行计算。在 AB 段，M_P 图和 $\overline{M}$ 图均是三角形；在 BC 段，M_P 图中 C 点不是抛物线的顶点，但可将它看成是由 B、C 两端的弯矩纵坐标所连成的三角形图形与相应简支梁在均布荷载 q 作用下的标准抛物线图形（即图 5-32(b)中虚线与曲线之间包括的面积）叠加而成。将上述各部分分别图乘再叠加，即得

$$\Delta_{Cy} = \left[\frac{1}{1.5 \times 10^5} \left(\frac{1}{2} \times 300 \times 6 \right) \times \frac{2}{3} \times 6 \times 2 - \frac{1}{1.5 \times 10^5} \left(\frac{2}{3} \times 45 \times 6 \right) \times 3 \right] \text{m}$$

$$= \frac{6660}{1.5 \times 10^5} \text{ m} = 0.0444 \text{ m} = 4.44 \text{ cm}$$

【例 5-14】　计算图 5-33(a)所示变截面梁 B 点的竖直方向位移 Δ_{By}。

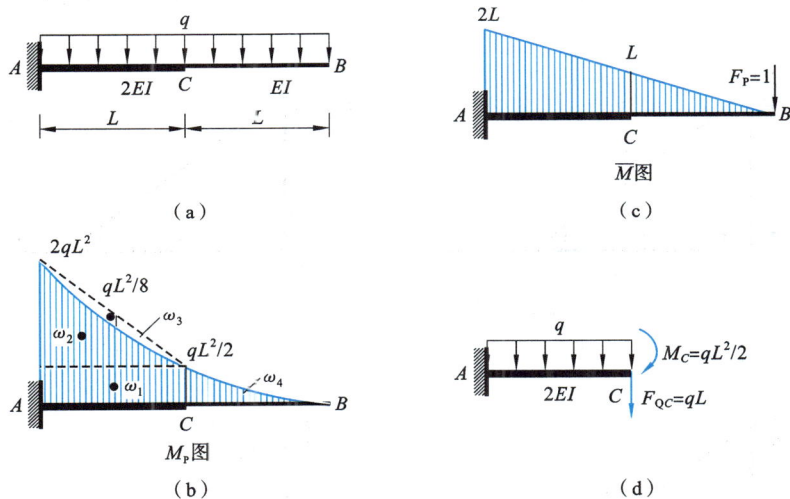

图 5-33

解　作出 M_P 图，如图 5-33(b)所示。在 B 端加单位荷载 $F_P = 1$，求出 $\overline{M}$ 图，如图 5-33(c)所示。先将梁 AB 分成 AC 和 CB 两段，再将 AC 段的 M_P 图分解为一个矩形、一个三角形和一个标准二次抛物线图形（见图 5-33(b)），其面积以及重心位置对应的 $\overline{M}$ 图纵坐标分别为

$$\omega_1 = \frac{qL^2}{2} \times L = \frac{qL^3}{2}, \quad y_1 = L + \frac{L}{2} = \frac{3L}{2}$$

$$\omega_2 = \frac{1}{2} \left(2qL^2 - \frac{qL^2}{2} \right) \times L = \frac{3qL^3}{4}, \quad y_2 = L + \frac{2L}{3} = \frac{5L}{3}$$

$$\omega_3 = \frac{2}{3} \times \frac{qL^2}{8} \times L = \frac{qL^3}{12}, \quad y_3 = L + \frac{L}{2} = \frac{3L}{2}$$

$$\omega_4 = \frac{1}{3} \times \frac{qL^2}{2} \times L = \frac{qL^3}{6}, \quad y_4 = \frac{3L}{4}$$

B 点的竖直方向位移为

$$\Delta_{By} = \frac{1}{EI} \omega_4 y_4 + \frac{1}{2EI} (\omega_1 y_1 + \omega_2 y_2 - \omega_3 y_3)$$

$$= \frac{1}{EI} \times \frac{qL^3}{6} \times \frac{3L}{4} + \frac{1}{2EI} \left(\frac{qL^3}{2} \times \frac{3L}{2} + \frac{3qL^3}{4} \times \frac{5L}{3} - \frac{qL^3}{12} \times \frac{3L}{2} \right) = \frac{17qL^4}{16}$$

实际上，M_P 图 AC 段的上述三个弯矩图形，分别是由如图 5-33(d)所示隔离体中作用于 C 点的弯矩、剪力以及 AC 段上的均布荷载引起的。

上述图乘过程中，还可以把 ω_1(三角形)与 ω_2(三角形)合并成一个梯形，利用式(5-17)进行计算。具体如下：

$$\Delta_{By} = \frac{1}{EI} \times \frac{qL^3}{6} \times \frac{3}{4}L + \frac{L}{6 \times 2EI}\left(2 \times 2qL^2 \times 2L + 2 \times \frac{qL^2}{2} \times L + 2qL^2 \times L + \frac{qL^2}{2} \times 2L\right)$$

$$- \frac{1}{2EI}\left(\frac{qL^3}{12} \times \frac{3L}{2}\right)$$

$$= \frac{17qL^4}{16}$$

【例 5-15】 如图 5-34(a)所示结构，要求正常工作时 D 点的竖直方向位移不能超过 1 cm，试确定均布荷载 q。已知各杆的 $EA = 4 \times 10^5$ kN，$EI = 2.4 \times 10^4$ kN · m²。

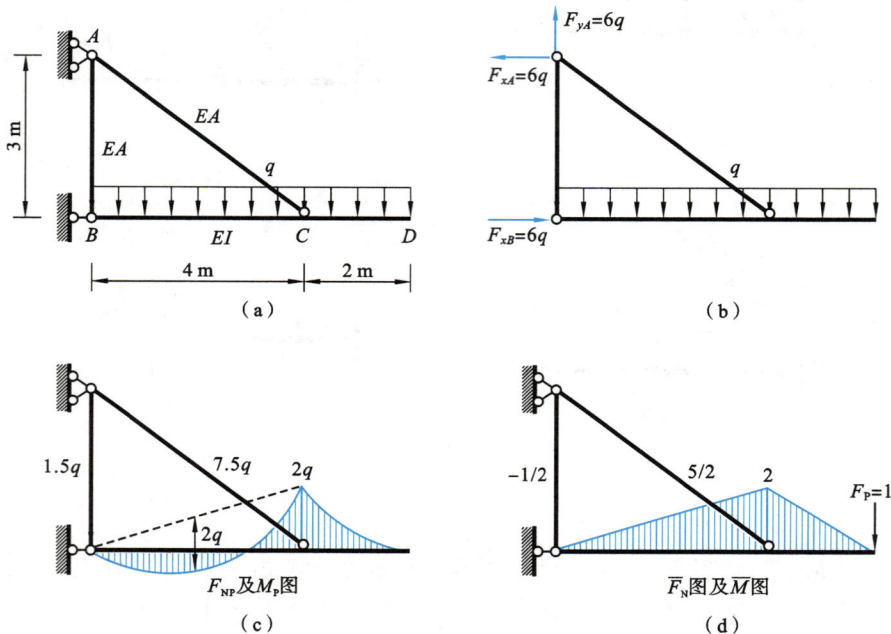

图 5-34

解 (1) 求荷载作用下的支座反力，如图 5-34(b)所示。

(2) 求荷载作用下各杆的轴力 F_{NP} 及 M_P 图，如图 5-34(c)所示。

(3) 在 D 点上加单位荷载，作各杆的轴力 $\overline{F}_N$ 图及 $\overline{M}$ 图，如图 5-34(d)所示。

(4) 求 D 点的竖直方向位移 Δ_{Dy}。

$$\Delta_{Dy} = \frac{1}{EA}\left(7.5q \times \frac{5}{2} \times 5 - 1.5q \times \frac{1}{2} \times 3\right)$$

$$+ \frac{1}{EI}\left(\frac{1}{3} \times 2q \times 2 \times \frac{3}{4} \times 2 + 2q \times 4 \times \frac{1}{2} \times \frac{2}{3} \times 2\right) - \frac{1}{EI}\left(\frac{2}{3} \times 2q \times 4 \times 1\right)$$

$$= \frac{183q}{2EA} + \frac{2q}{EI}$$

（5）求均布荷载 q。

令 $\Delta_{Dy}\leqslant 0.01$ m，即可求得 $q\leqslant 32.04$ kN/m。

【例 5-16】 求图 5-35(a)所示结构 B 点的转角位移 $\Delta_{B\varphi}$ 以及 C 点左、右两侧截面的相对转角位移 $\Delta_{C\varphi}$。

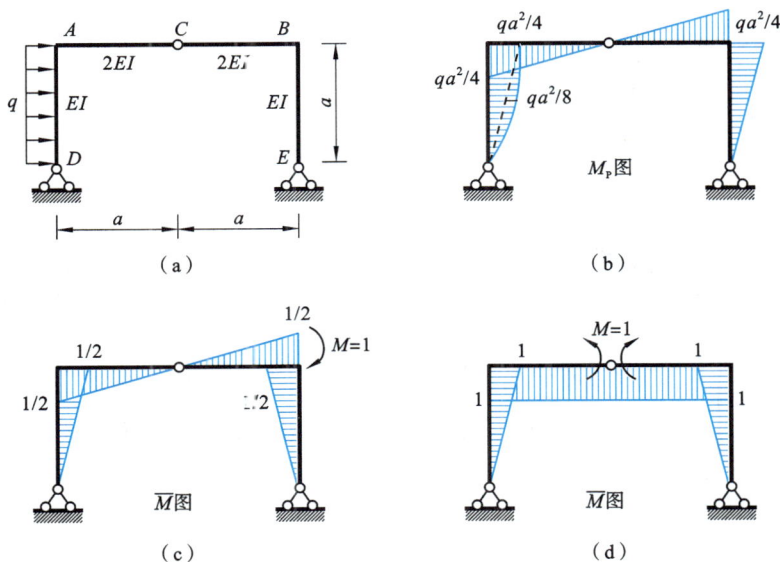

图 5-35

解 （1）作出 M_P 图，如图 5-35(b)所示。将 AD 段的 M_P 图分解为一个三角形和一个标准二次抛物线图形。

（2）求 B 点的转角位移 $\Delta_{B\varphi}$。

在 B 点所在截面加单位力偶并作 $\overline{M}$ 图，如图 5-35(c)所示，则得

$$\Delta_{B\varphi}=\frac{1}{EI}\left(\frac{2}{3}\times\frac{qa^2}{8}a\times\frac{1}{2}\times\frac{1}{2}\right)+\frac{1}{2EI}\left(\frac{qa^2}{4}a\times\frac{1}{2}\times\frac{2}{3}\times\frac{1}{2}\right)\times 2$$

$$+\frac{1}{EI}\left(\frac{qa^2}{4}a\times\frac{1}{2}\times\frac{2}{3}\times\frac{1}{2}-\frac{qa^2}{4}a\times\frac{1}{2}\times\frac{2}{3}\times\frac{1}{2}\right)$$

$$=\frac{qa^3}{16EI}$$

（3）求 C 点左、右两侧截面的相对转角位移 $\Delta_{C\varphi}$。

在 C 点左右两侧加一对反向单位力偶，作 $\overline{M}$ 图，如图 5-35(d)所示，则得

$$\Delta_{C\varphi}=\frac{1}{EI}\left(\frac{2}{3}\times\frac{qa^2}{8}a\times\frac{1}{2}\times 1\right)+\frac{1}{EI}\left(\frac{qa^2}{4}a\times\frac{1}{2}\times\frac{2}{3}\times 1-\frac{qa^2}{4}a\times\frac{1}{2}\times\frac{2}{3}\times 1\right)$$

$$+\frac{1}{2EI}\left(\frac{qa^2}{4}a\times\frac{1}{2}\times 1-\frac{qa^2}{4}a\times\frac{1}{2}\times 1\right)$$

$$=\frac{qa^3}{24EI}$$

【例 5-17】 求图 5-36 所示三铰刚架 C 点的相对转角位移 $\Delta_{C\varphi}$，杆件的 EI 为常数。

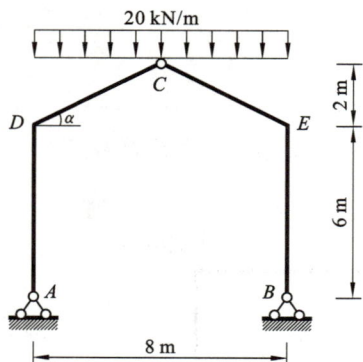

图 5-36

解　荷载作用下的弯矩图和虚设力作用下的弯矩图分别如图 5-37(a)、(b)所示。

两图的图乘结果即为 $\Delta_{C\varphi}$，故

$$\Delta_{C\varphi} = \frac{1}{EI} \times \left(-\frac{120 \times 6}{2} \times \frac{2}{3} \times \frac{3}{4} \right) \times 2$$

$$+ \frac{\sqrt{20}}{6EI} \times \left(-2 \times 120 \times \frac{3}{4} - 120 \times 1 \right) \times 2$$

$$+ \frac{1}{EI} \times \left(\frac{2}{3} \times 40 \times \sqrt{20} \times \frac{7}{8} \right) \times 2$$

$$= -\frac{598.5}{EI}$$

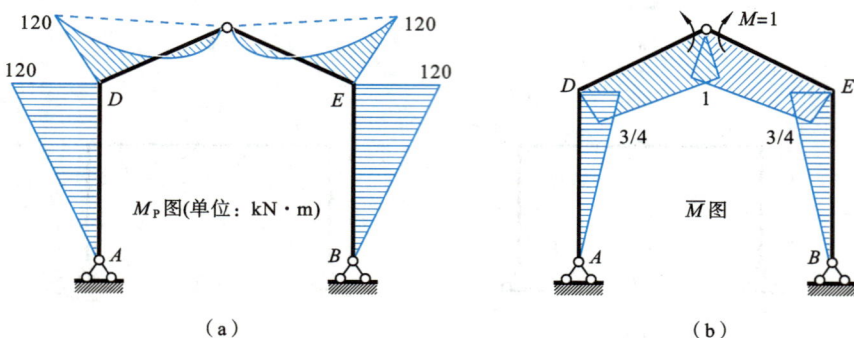

（a）　　　　　　　　　　　　　（b）

图 5-37

MOOC 视频

5.8　线性变形体系的互等定理

在超静定结构的内力分析中，常常用到弹性体系的四个互等定理，即功的互等定理、位移互等定理、反力互等定理和位移-反力互等定理。其中最基本的是功的互等定理，另外三个定理则可由功的互等定理推导而得。

1. 功的互等定理

图 5-38(a)、(b)所示分别为一线弹性结构承受外力 F_{P1} 和 F_{P2} 的两种状态，称为状态 Ⅰ 和状态 Ⅱ。现在考虑这两个力按不同的次序先后作用于这一结构上时所做的功。

假设在结构上先加 F_{P1} 后加 F_{P2}，结构变形情况如图 5-38(c)所示，则外力所做总功为

$$W_1 = \frac{1}{2} F_{P1} \Delta_{11} + \frac{1}{2} F_{P2} \Delta_{22} + F_{P1} \Delta_{12} \tag{5-19}$$

式中：位移 Δ 的第一个下标表示位移所在的位置和方向，第二个下标表示引起该位移的原因。

若先加 F_{P2} 后加 F_{P1}，结构变形情况如图 5-38(d)所示。此时，外力所做总功为

$$W_2 = \frac{1}{2} F_{P2} \Delta_{22} + \frac{1}{2} F_{P1} \Delta_{11} + F_{P2} \Delta_{21} \tag{5-20}$$

在上述两个加载过程中，外力作用的先后次序虽然不同，但是最后的荷载和变形情况是一样的。因此，在这两种情况下外力所做的总功应该相等，即外力所做总功与加载次序无关，故

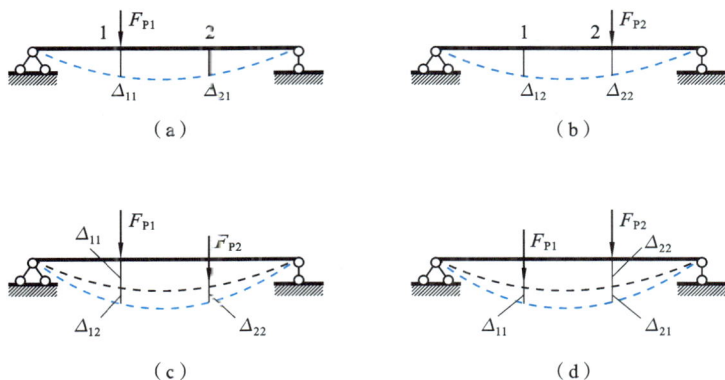

图 5-38

$$W_1 = W_2 \tag{5-21}$$

将式(5-19)与式(5-20)代入式(5-21),得

$$\frac{1}{2}F_{P1}\Delta_{11} + \frac{1}{2}F_{P2}\Delta_{22} + F_{P1}\Delta_{12} = \frac{1}{2}F_{P2}\Delta_{22} + \frac{1}{2}F_{P1}\Delta_{11} + F_{P2}\Delta_{21}$$

由此可得

$$F_{P1}\Delta_{12} = F_{P2}\Delta_{21} \tag{5-22}$$

这就是功的互等定理,即在弹性体系中,状态 Ⅰ 下的外力在状态 Ⅱ 下的位移上所做的虚功等于状态 Ⅱ 下的外力在状态 Ⅰ 下的位移上所做的虚功。

2. 位移互等定理

如果作用在结构上的力是单位荷载,即 $F_{P1} = F_{P2} = 1$,并用 δ 表示由单位荷载所引起的位移,如图 5-39(a)、(b)所示,则由式(5-22)得

$$1 \times \delta_{12} = 1 \times \delta_{21}$$
$$\delta_{12} = \delta_{21} \tag{5-23}$$

这就是位移互等定理,即由第一个单位荷载引起的在第二个单位荷载处的位移 δ_{21},等于由第二个单位荷载引起的在第一个单位荷载处的位移 δ_{12}。

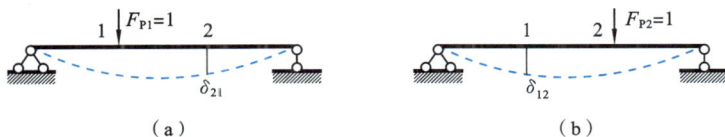

图 5-39

在位移互等定理中,荷载可以是广义荷载(单位力矩、单位集中力),而位移则是相应的广义位移(转角位移、线位移)。在一般情况下,定理中的两个广义位移的量纲可能是不相等的,但单位荷载引起的位移在数值上是保持相等的。因此,位移互等定理应该是单位荷载引起的位移的互等定理。

3. 反力互等定理

反力互等定理也是功的互等定理的一个特例。如图 5-40 所示结构,在图 5-40(a)中支座 1 处发生单位位移 $\Delta_1 = 1$,此时,各支座处将产生反力,设支座 1 处所产生的反力为 r_{11},支座 2 处所产生的反力为 r_{21}。在图 5-40(b)中支座 2 处发生单位位移 $\Delta_2 = 1$,此时,各支座处也将产

生反力,设支座 1 处所产生的反力为 r_{12},支座 2 处所产生的反力为 r_{22}。以上反力 r 的下标的第一个数字表示它所在的位置,第二个数字表示它产生的原因。

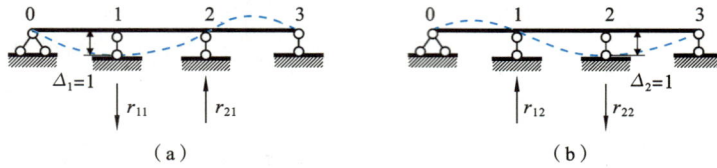

图 5-40

对上述两种状态应用功的互等定理,得

$$r_{11} \times 0 + r_{12} \times 1 = r_{22} \times 0 + r_{21} \times 1$$

$$r_{12} = r_{21} \tag{5-24}$$

这就是反力互等定理:即支座 2 的单位位移所引起的支座 1 的反力 r_{12},等于支座 1 的单位位移所引起的支座 2 的反力 r_{21}。这一关系适用于超静定结构中任何两个支座的反力。应该注意,在两种状态中,同一支座的反力和位移在做功的关系上应相对应,即力对应线位移,力偶对应转角位移。两者的乘积应具有功的量纲。

如图 5-41 所示,支座 1 处的反力为 r_{12},支座 2 处的反力为 r_{21},由反力互等定理,则有

$$r_{12} = r_{21}$$

即反力矩 r_{12} 等于反力 r_{21}(在数值上相等,量纲不同)。

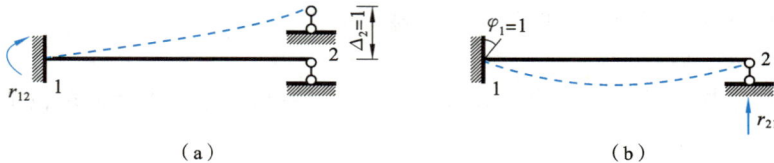

图 5-41

4. 位移-反力互等定理

位移与反力之间也有互等定理,这是功的互等定理的一种特殊情况。如图 5-42 所示结构,设在截面 2 处作用一单位荷载 $F_{P2}=1$ 时,支座 1 处的反力矩为 r_{12},并设其指向如图 5-42(a)所示。再设在支座 1 处顺着反力矩 r_{12} 的方向发生一单位转角位移 $\theta_1=1$ 时,截面 2 处沿 F_{P2} 作用方向的位移为 δ_{21},如图 5-42(b)所示。

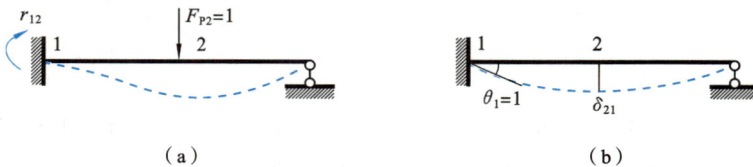

图 5-42

对上述两种状态应用功的互等定理,得

$$r_{12} \times 1 + \delta_{21} \times 1 = 0$$

$$r_{12} = -\delta_{21} \tag{5-25}$$

这就是位移-反力互等定理,即在单位荷载作用下,在结构中某一支座处所产生的反力,在数值上等于该支座发生与反力方向相一致的单位位移时在单位荷载作用处所产生的位移,

但符号相反。

位移互等定理将在后面介绍的力法中用到,反力互等定理将在后面介绍的位移法中用到,位移-反力互等定理在力法和位移法的联合运用中会用到。

思政元素

思 考 题

5-1　利用刚体虚位移原理能否同时计算多个约束力?

5-2　试说明变形体虚功方程与力系平衡方程、变形协调方程的关系。

5-3　如何由变形体的虚功方程推导支座移动时的位移计算公式?

5-4　试总结力的虚设方法。

5-5　计算由制造误差引起的位移时,虚功的正负号如何确定?

5-6　计算温度改变引起的位移时,公式中各项的符号如何确定?

5-7　如何推导荷载作用下位移计算的一般公式?

5-8　计算平面刚架的位移时,忽略剪切变形和轴向变形引起的误差有多大?

5-9　图乘法的适用条件是什么? 用于哪些情况时容易出错?

5-10　增加结构中各杆的刚度就一定能减小位移吗?

5-11　反力互等定理是否可以用于静定结构?

5-12　在位移互等定理中,为什么线位移与角位移可以互等?

习　　题

5-1　图示刚架的 A 端支座向下发生了距离为 a 的移动,向左发生了距离为 b 的移动,求由此引起的 C 点的转角位移 $\Delta_{C\varphi}$ 和 D 点的竖直方向位移 Δ_{Dy}。

5-2　图示刚架的 A 端支座向下发生了距离为 a 的移动,C 端支座向右发生了距离为 b 的移动,求由此引起的 D 点两侧截面的相对转角位移 $\Delta_{D\varphi}$ 和 E 点的竖直方向位移 Δ_{Ey}。

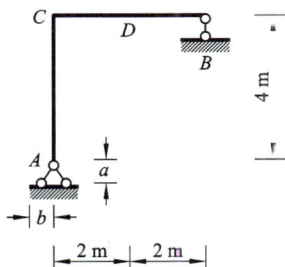

题 5-1 图

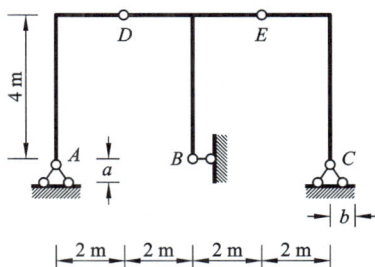

题 5-2 图

5-3　图示桁架的杆 CE 由于制造误差比设计的短了 a,试计算由此引起的 D 点水平方向位移 Δ_{Dx}。所有杆件的 EA 均相同。

5-4　图示桁架的杆 EB 由于制造误差比设计的短了 a,试计算由此引起的 D 点水平方向位移 Δ_{Dx}。所有杆件的 EA 均相同。

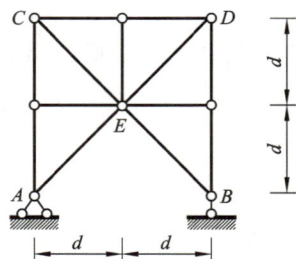
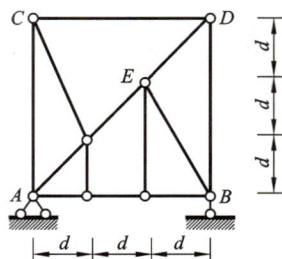

题 5-3 图　　　　　　　　　　题 5-4 图

5-5　图示刚架的室内温度比原先降低了 $10℃$,室外温度比原先升高了 $5℃$,试求由此引起的 B 点转角位移 $\Delta_{B\varphi}$。所有杆件的 EI、EA 均相同,杆件截面高度为 h,材料的线膨胀系数为 α。

5-6　图示刚架的室内温度比原先升高了 $10℃$,室外温度比原先降低了 $10℃$,试求由此引起的 A、B 两点相对转角位移 $\Delta_{AB\varphi}$。所有杆件的 EI、EA 均相同,杆件截面高度为 h,材料的线膨胀系数为 α。

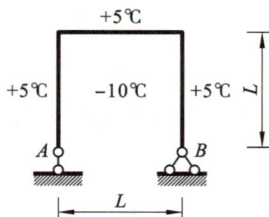
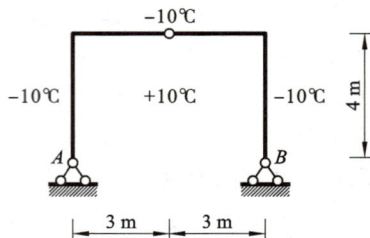

题 5-5 图　　　　　　　　　　题 5-6 图

5-7　由积分法求图示悬臂梁 C 点的竖直方向位移 Δ_{Cy},杆件的 EI 为常数。

5-8　由积分法求图示悬挑梁 C 点、D 点的竖直方向位移 Δ_{Cy} 和 Δ_{Dy},杆件 EI 为常数。

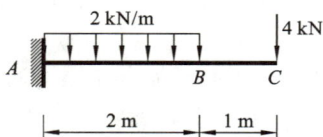
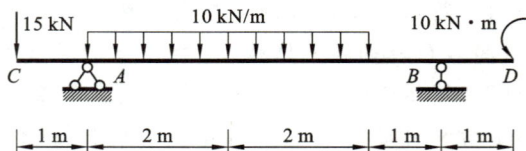

题 5-7 图　　　　　　　　　　题 5-8 图

5-9　求图示桁架 E 点的竖直方向位移 Δ_{Ey}、杆 FG 的转角位移 $\Delta_{FG\varphi}$,所有杆件的 EA 均相同。

5-10　求出图示桁架 C 点的竖直方向位移 Δ_{Cy},所有杆件的 EA 均相同。

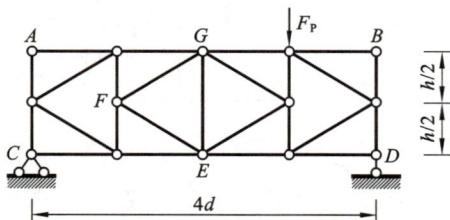
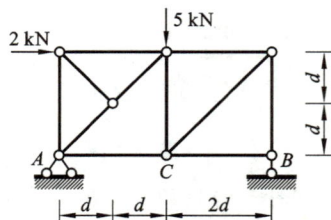

题 5-9 图　　　　　　　　　　题 5-10 图

5-11　求图示结构的 C、D 两点的相对水平位移 Δ_{CDx},所有杆件的 EI 均相同。

5-12　求图示结构 D 点的水平位移 Δ_{Dx}，所有杆件的 EI 均相同。

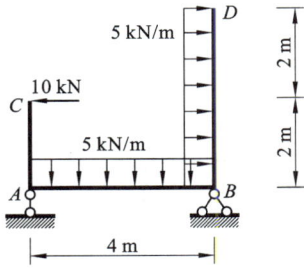

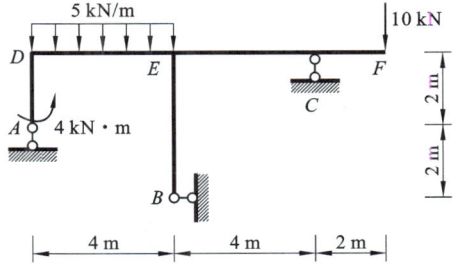

题 5-11 图　　　　　　　　　题 5-12 图

5-13　计算图示结构 D 点的转角位移 $\Delta_{D\varphi}$，所有杆件的 EI 均相同，弹簧刚度系数为 k。

5-14　试求图示结构 G 点的水平位移 Δ_{Gx}，所有杆件的 EI 均为常量。

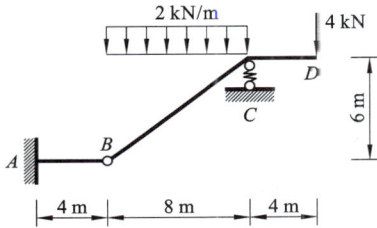

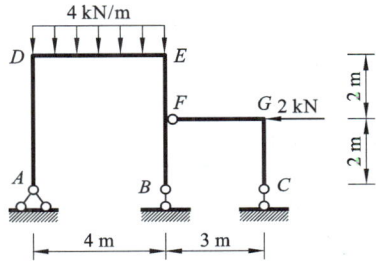

题 5-13 图　　　　　　　　　题 5-14 图

5-15　用图乘法求图示结构 D 点的竖直方向位移 Δ_{Dy}，所有杆件的 EI 均相同，弹簧的刚度系数为 k。

5-16　求图示结构 A 点的水平方向位移 Δ_{Ax}、D 点的转角位移 $\Delta_{D\varphi}$，所有杆件的 EI 均相同。

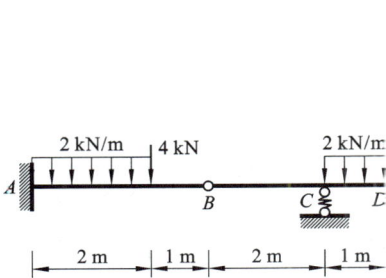

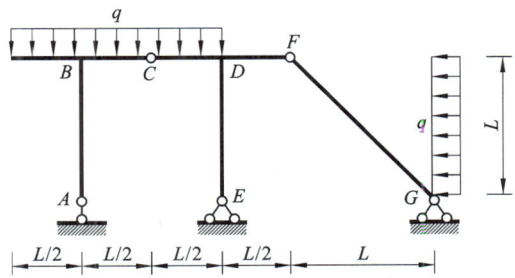

题 5-15 图　　　　　　　　　题 5-16 图

5-17　请求出图示结构 E 点的转角位移 $\Delta_{E\varphi}$。各杆的 EI 均相同。

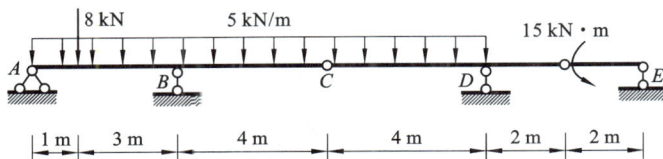

题 5-17 图

5-18 试求出图示结构 B 点的转角位移 $\Delta_{B\varphi}$。

5-19 求图示结构 C 点的竖直方向位移 Δ_{Cy}，各杆的 EI 均相同。

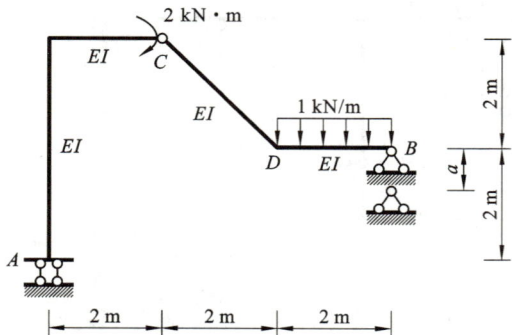

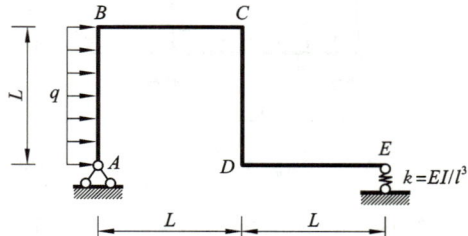

题 5-18 图　　　　　　　　　　　　　　　　　　题 5-19 图

5-20 求图示结构 B 点的竖直方向位移 Δ_{By}，所有杆件的 EI 均相同。

5-21 求出 E 点的竖直方向位移 Δ_{Ey}，各杆的 EI 均相同。

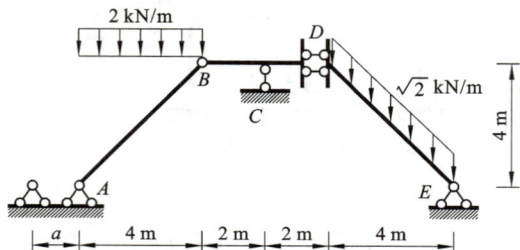

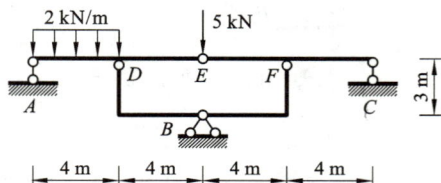

题 5-20 图　　　　　　　　　　　　　　　　　　题 5-21 图

5-22 计算图示组合结构 C 点的竖直方向位移 Δ_{Cy}。

5-23 计算图示组合结构 C、D 两点的相对竖直方向位移 Δ_{CDy}。受弯杆件的抗弯刚度为 EI，轴力杆件的轴向刚度为 EA。

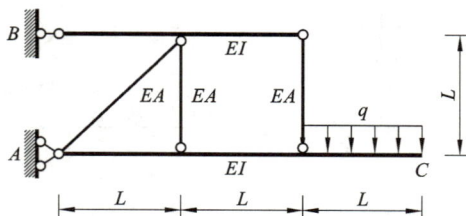

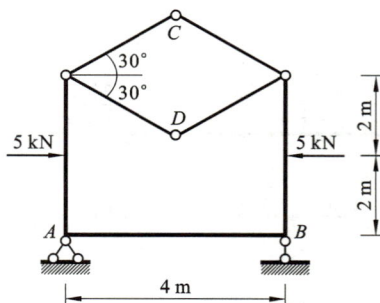

题 5-22 图　　　　　　　　　　　　　　　　　　题 5-23 图

本章习题参考答案

第 6 章

力法

6.1　概述

前面讨论的是静定结构的内力与位移计算问题,从本章开始要讨论超静定结构的内力及位移计算问题。

所谓的超静定结构,就是有多余约束的几何不变体系。它与静定结构的最大差别在于,其反力、内力不能由静力平衡条件全部确定。超静定结构的主要类型有超静定梁、超静定拱、超静定刚架、超静定排架、超静定组合结构、超静定桁架等,分别如图 6-1(a)～(f)所示。

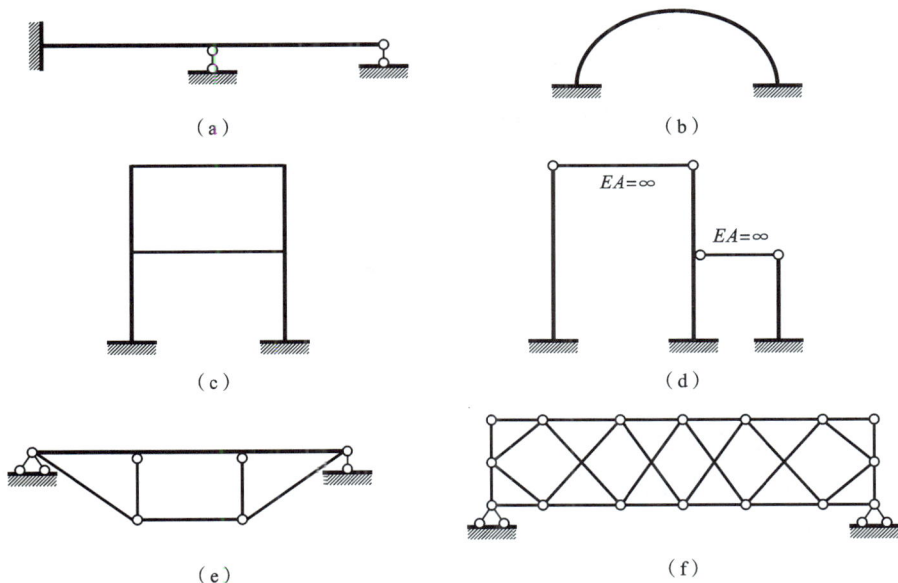

（a）

（b）

（c）

（d）

（e）

（f）

图 6-1

1. 超静定次数的确定

结构的多余约束数,即多余未知力的数目,称为超静定次数。结构的超静定次数可通过去掉多余约束的方法来确定。若某结构去掉 n 个多余约束后成为静定结构,则该结构为 n 次超静定的。去掉多余约束的方法有如下几种。

（1）去掉或切断 1 根链杆,相当于去掉 1 个约束。

例如把图 6-2 所示单跨超静定梁 B 端的竖直链杆去掉,代替以多余力 X_1,超静定梁就变成了静定的悬臂梁,因此该结构是一次超静定的。

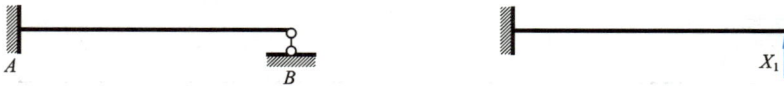

图 6-2

(2) 去掉 1 个单铰,相当于去掉 2 个约束。

例如把图 6-3(a)所示刚架 C 点处的铰去掉,代替以多余力 X_1、X_2,刚架就变成了由 2 个静定悬臂组成的静定结构(见图 6-3(b)),因此该结构是二次超静定的。

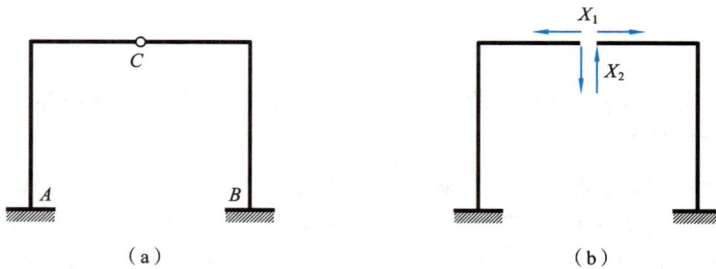

(a) (b)

图 6-3

(3) 去掉 1 个固定端,相当于去掉 3 个约束。

例如把图 6-4(a)所示拱结构 B 点处的固定端去掉,代替以多余力 X_1、X_2、X_3,拱结构就变成了静定的悬臂曲梁(见图 6-4(b)),因此该结构是三次超静定的。

(a) (b)

图 6-4

(4) 将刚性连接改为单铰连接,相当于去掉 1 个约束。

例如把图 6-5(a)所示刚架 C 点处的刚性连接改成单铰连接,并代替以多余力 X_1,刚架就变成了静定的三铰刚架(见图 6-5(b)),因此该结构是一次超静定的。

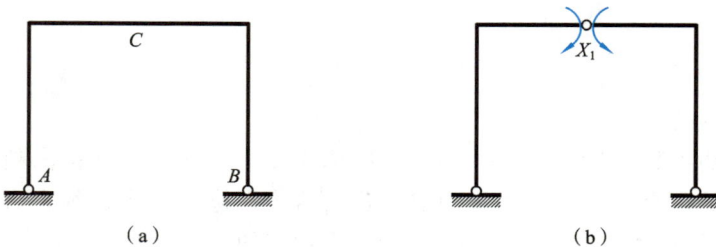

(a) (b)

图 6-5

（5）切断 1 个刚性连接,相当于去掉 3 个约束。

例如把图 6-6(a)所示刚架 C 点处的刚性连接切断,并代替以多余力 X_1、X_2、X_3,刚架就变成了由 2 个静定悬臂组成的静定结构(见图 6-6(b)),因此该结构是三次超静定的。

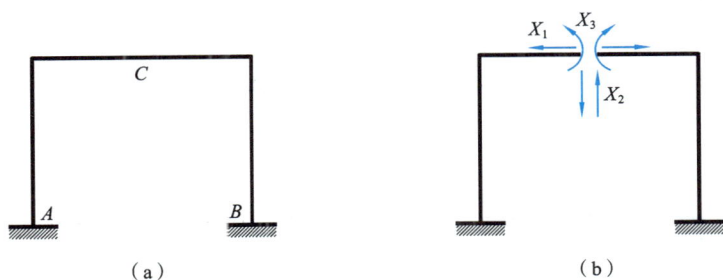

图 6-6

要注意的是:对同一个超静定结构,可以采取不同的方式去掉多余约束,从而得到不同形式的静定结构,但去掉的多余约束的数目应是相同的。另外,去掉多余约束后的体系,必须是几何不变的,因此,某些约束是不能去掉的。下面举例说明超静定次数的确定方法。

图 6-7 所示为三跨超静定梁,有 2 个多余约束,在 4 根竖直链杆中可以任意去掉 2 根,得到静定结构(见图 6-7(b)、(c)、(d))。为了保证体系的不可变性,其中水平链杆是不能去掉的,如图 6-7(e)所示,去掉水平链杆后得到的是可变体系。

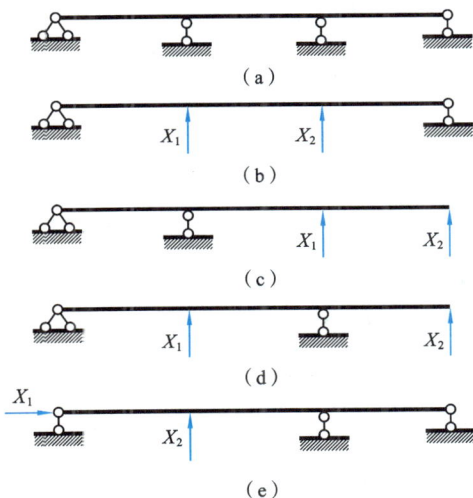

图 6-7

图 6-8(a)所示刚架有 3 个多余约束,可取静定结构如图 6-8(b)～(e)所示。图 6-8(f)所示方式不可取,因为所得到的是瞬变体系。

图 6-9(a)所示桁架有 2 个多余约束,可取静定结构如图 6-9(b)、(c)所示。

图 6-10(a)所示刚架有 4 个多余约束,可取静定结构如图 6-10(b)所示。

图 6-11(a)所示排架有 2 个多余约束,可取静定结构如图 6-11(b)所示。

由对图 6-8 所示刚架的分析可知,1 个无铰封闭框刚架有 3 个多余约束,那么由多个无铰封闭框组成的刚架,其超静定次数为无铰封闭框数×3。

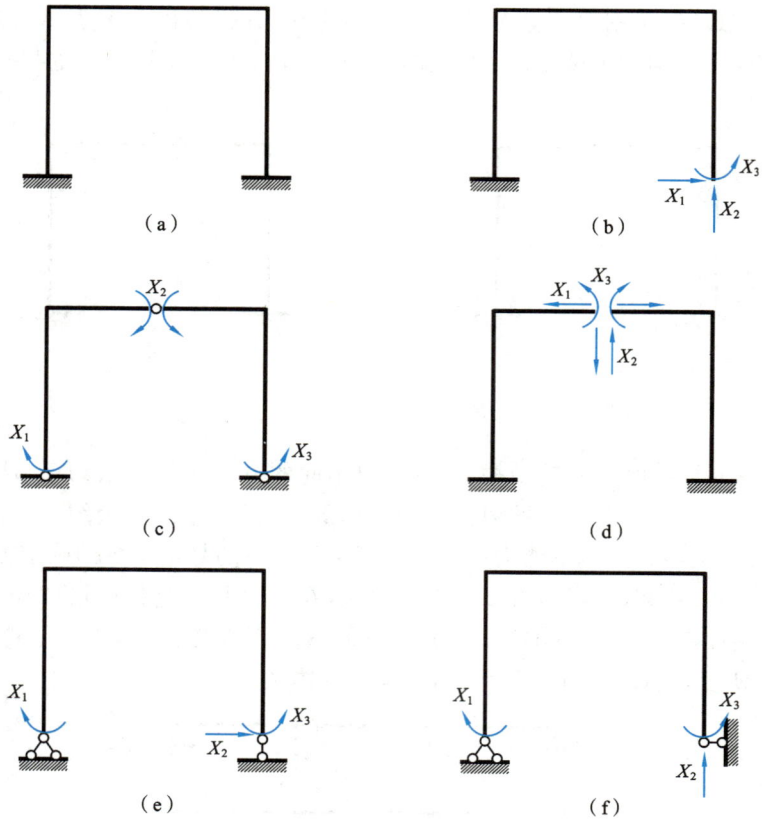

（a）　　　　　　　　　　　　（b）

（c）　　　　　　　　　　　　（d）

（e）　　　　　　　　　　　　（f）

图 6-8

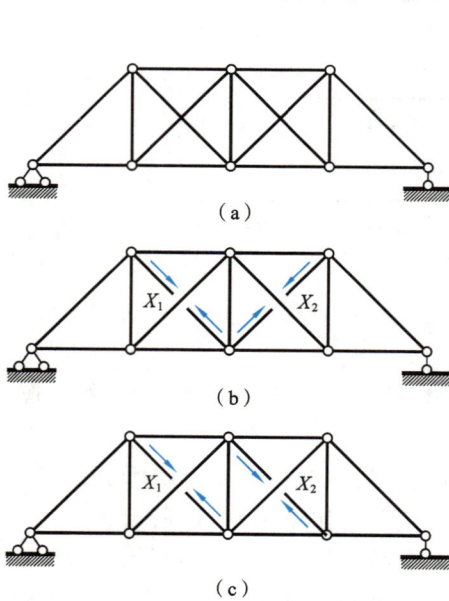

（a）

（b）

（c）

图 6-9

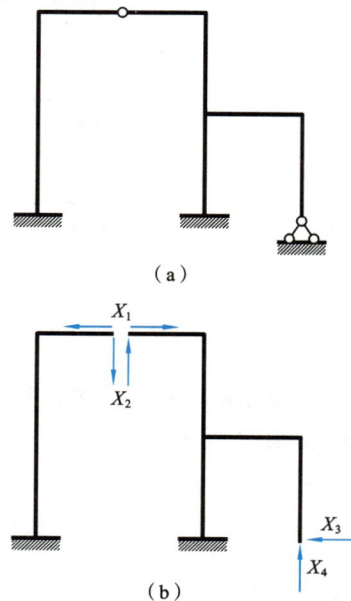

（a）

（b）

图 6-10

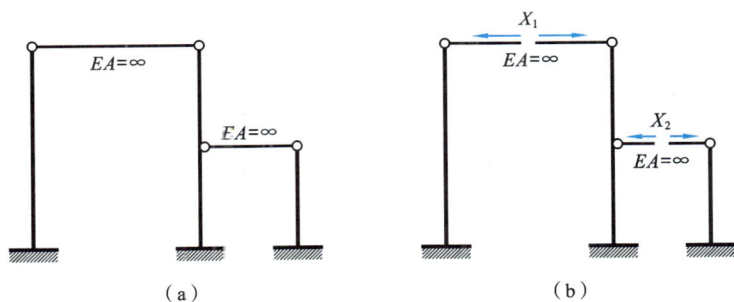

图 6-11

如图 6-12 所示是由 5 个无铰封闭框组成的刚架,其超静定次数为

$$无铰封闭框数×3＝5×3＝15$$

由于 1 个单铰能减少 1 个约束,因此有铰刚架的超静定次数为无铰封闭框数×3－单铰数。单铰是连接 2 根杆件的铰,而连接 2 根以上杆件的铰为复铰,因此复铰等价的单铰数为复铰连接的杆件数减 1。

如图 6-13 所示有铰刚架,其超静定次数为

$$无铰封闭框数×3－5＝5×3－5＝10$$

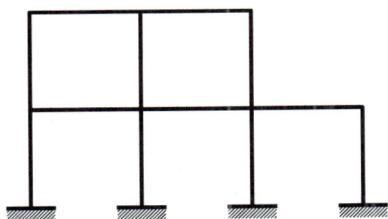

图 6-12

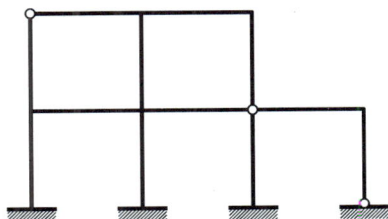

图 6-13

另外,对于复杂结构,可用计算自由度的方法来确定超静定次数。

(1) 组合结构自由度的计算公式为

$$n＝2h＋r－3m \tag{6-1}$$

式中:n 为超静定次数;h 为单铰数;r 为支座链杆数;m 为刚片数。

【例 6-1】　确定图 6-14 所示组合结构的超静定次数。

解　由组合结构自由度计算公式(6-1)可得

$$n＝2h＋r－3m＝2×5＋3－3×4＝1$$

该结构为一次超静定结构。

---

(2) 桁架结构自由度的计算公式为

$$n＝b＋r－2j \tag{6-2}$$

式中:n 为超静定次数;b 为杆件数;r 为支座链杆数;j 为结点数。

【例 6-2】　确定图 6-15 所示桁架结构的超静定次数。

解　由桁架结构自由度的计算公式(6-2)可得

$$n＝b＋r－2j＝13＋3－2×7＝2$$

该结构为二次超静定结构。

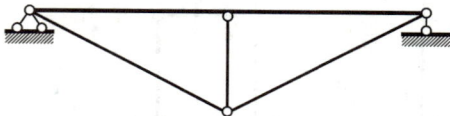

图 6-14

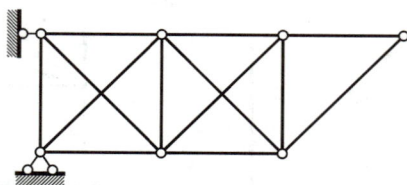

图 6-15

（3）框架结构自由度的计算公式为

有支座链杆时：$\qquad n=3f+r-h-3$ $\qquad$ (6-3)

无支座链杆时：$\qquad n=3f-h$ $\qquad$ (6-4)

式中：n 为超静定次数；f 为封闭框格数；r 为支座链杆数；h 为单铰数。

【例 6-3】 确定图 6-16 所示结构的超静定次数。

解 由框架结构自由度的计算公式(6-3)可得

$$n=3f+r-h-3=3\times1+4-0-3=4$$

该结构为四次超静定结构。

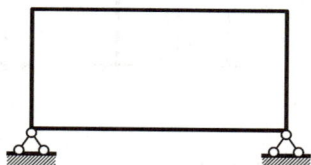

图 6-16

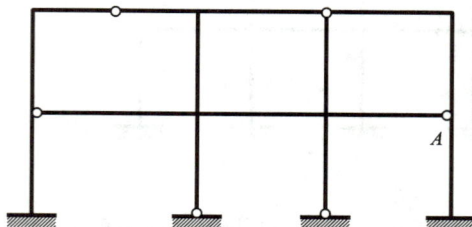

图 6-17

【例 6-4】 确定图 6-17 所示结构的超静定次数。

解 由框架结构自由度的计算公式(6-4)可得

$$n=3f-h=3\times6-7=11$$

该结构为十一次超静定结构。

6.2　力法的基本概念

　　如前所述，超静定结构由于有多余的约束，单凭静力平衡方程无法解出所有的未知量，因此就要想办法补充方程，把多余力求出，再利用静力平衡条件将其他内力或反力求出。用力法解决这个问题的思路是：首先将超静定结构的多余约束去掉，代替以多余力，得到一个静定结构，但这个静定结构是在原荷载与多余力共同作用下的结构，称为基本体系；然后利用基本体系在去掉多余约束处、在多余力方向上的位移应与原结构相同的位移条件建立补充方程，将多余

MOOC 视频

思政元素

力求出。下面以图 6-18(a) 所示的单跨超静定梁来
说明运用力法解题的思路与步骤。

1) 确定超静定次数

前面已分析过了,该单跨超静定梁具有 1 个多
余约束,是一次超静定结构。

2) 取基本体系

如图 6-18(b) 所示,把 B 端支座的竖直方向链
杆视为多余约束,将其去掉,代之以多余未知力 X_1
(力法的基本未知量)。去掉 B 端支座的竖直方向
链杆后,结构是静定的,但是作用在上面的荷载除
了原来的均布荷载 q 之外,还有多余力 X_1,把这个

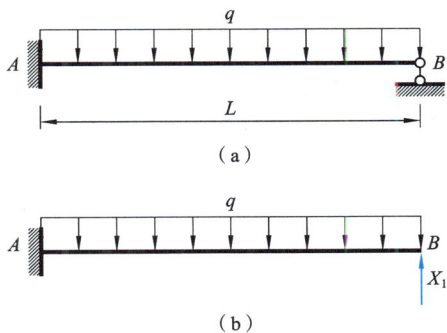

图 6-18

状态下的体系称为基本体系(见图 6-18(b))。若 X_1 与原结构 B 端竖直方向链杆的反力在
大小、方向上完全相同,那么就认为基本体系与原结构是完全等价的,原结构的计算问题就
可以在基本体系上进行。

基本体系的取法:把原结构的多余约束去掉,代之以多余未知力,用 X 表示。至于多余未
知力的方向,由于它是未知的,可以任意假设,最后求出来若是正的,表示与假设的方向一致,
若是负的,表示真实的力与假设的方向相反。

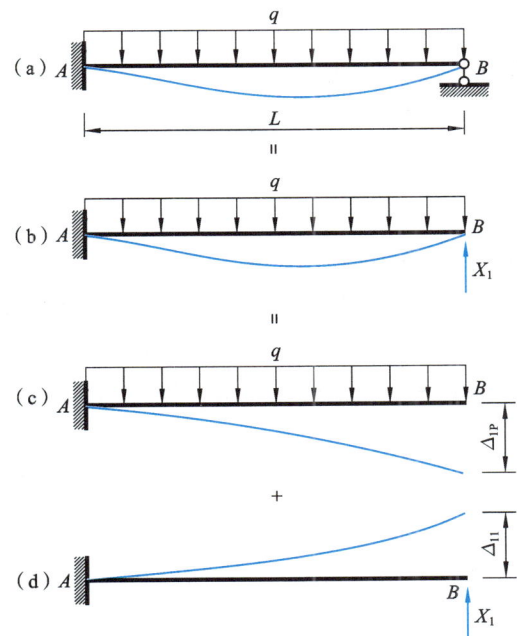

图 6-19

3) 求力法的基本未知量——多余力

基本体系在去掉多余约束处,沿多余未知力
方向的位移应与原结构的位移相同。也就是说,
基本体系在多余力方向的约束虽然去掉了,但是
在原荷载及多余力的共同作用下,基本体系的位
移与变形应该与原结构的是一致的,如图 6-19
(a)、(b) 所示的原结构和基本体系的位移与变形
就是一致的。根据这一原则,图 6-18(b) 中 B 点
的竖直方向位移应等于零。

把基本体系在荷载及多余力共同作用下沿
X_1 方向产生的位移表示为 Δ_1;把基本体系在荷
载单独作用下沿 X_1 方向产生的位移表示为 Δ_{1P}
(见图 6-19(c)),第一个脚标表示位移的位置及
方向,第二个脚标表示位移产生的原因。把基本
体系在多余力 X_1 作用下,在 X_1 位置沿 X_1 方向
产生的位移表示为 Δ_{11} (见图 6-19(d))。由叠加
原理,上述位移可写成

$$\Delta_1 = \Delta_{1P} + \Delta_{11} = 0 \qquad (6-5)$$

式(6-5)称为基本体系的变形协调方程,$\Delta_{1P} + \Delta_{11}$ 表示在荷载与多余力作用下,基本体系在 X_1
处沿 X_1 方向产生的位移之和,Δ_1 表示原结构在 X_1 处沿 X_1 方向产生的位移。它的物理意义
是:静定的基本体系必须与超静定的原结构在去掉多余约束处的位移协调。

式(6-5)中的 Δ_{1P} 是静定结构在荷载作用下的位移,可用前面第 5 章已学的知识进行求解。
虽然 Δ_{11} 也是静定结构在荷载作用下的位移,但由于多余力 X_1 是未知的,因此,必须先求出

X_1 后,才能求得 Δ_{11}。为此令

$$\Delta_{11} = X_1 \delta_{11} \tag{6-6}$$

式中:δ_{11} 为基本体系在 $X_1 = 1$(单位荷载)作用下,在梁的 B 端沿 X_1 方向产生的位移。

将式(6-6)代入式(6-5)得

$$X_1 \delta_{11} + \Delta_{1P} = 0 \tag{6-7}$$

式(6-7)称为一次超静定结构的力法方程,式中 δ_{11}、Δ_{1P} 分别称为**系数**和**自由项**,可用求解静定结构位移的方法求出。因此,利用此式可求出未知的多余力 X_1。

下面以此题为例求出力法方程中的系数 δ_{11} 和自由项 Δ_{1P}。为此要分别画出基本体系在均布荷载以及多余力 $X_1 = 1$ 作用下的弯矩图 M_P 和 $\overline{M}_1$ 图,分别如图6-20(a)、(b)所示。

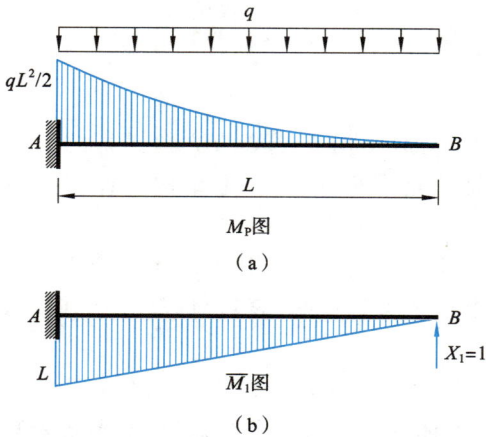

图 6-20

由 M_P 图和 $\overline{M}_1$ 图通过图乘可得 Δ_{1P},即

$$\Delta_{1P} = \sum \int \frac{\overline{M}_1 M_P}{EI} \mathrm{d}s$$
$$= \frac{1}{EI}\left(-\frac{1}{3} \times \frac{qL^2}{2} L \times \frac{3L}{4}\right) = -\frac{qL^4}{8EI}$$

由 $\overline{M}_1$ 图自乘可得 δ_{11},即

$$\delta_{11} = \sum \int \frac{\overline{M}_1 \overline{M}_1}{EI} \mathrm{d}s = \frac{1}{EI} \times \frac{L^2}{2} \times \frac{2L}{3} = \frac{L^3}{3EI}$$

将 δ_{11}、Δ_{1P} 代入式(6-7),求得

$$X_1 = -\frac{\Delta_{1P}}{\delta_{11}} = -\left(-\frac{qL^4}{8EI}\right) \bigg/ \frac{L^3}{3EI} = \frac{3qL}{8}$$

求得的 X_1 是正号,说明真实的 X_1 与所设方向一致。

4)画弯矩图

弯矩的计算有两种方法。**第一种**:由前面的分析可知,基本体系与原结构是完全等价的,因此在多余力求出之后,只要把原荷载及多余力共同作用于基本体系上,用静力平衡条件求解即可。**第二种**:由于原结构的弯矩与基本体系在荷载及多余力共同作用下的弯矩相同,而基本体系在荷载及单位多余力单独作用下的弯矩图,在求系数和自由项时已画出,因此原结构的弯矩图可利用**叠加原理**得到,即

$$M = \overline{M}_1 X_1 + M_P \tag{6-8}$$

通常按第二种方法计算弯矩比较方便。按式(6-8)求出杆件两端的弯矩,具体计算如下:

$$M_{AB} = \overline{M}_{AB} X_1 + M_{PAB} = -L \times \frac{3qL}{8} + \frac{qL^2}{2} = \frac{qL^2}{8}$$

$$M_{BA} = \overline{M}_{BA} X_1 + M_{PBA} = 0$$

画弯矩图:把杆件两端的弯矩标在相应的杆端,连以直线,再在直线上叠加简支梁因均布荷载而产生的弯矩图即可,如图 6-21 所示。至于剪力图可以用前面所学的方法求解。

由上面的例题可以看出,力法的解题过程主要包括下面几步:

(1)判定超静定次数,确定基本未知量;

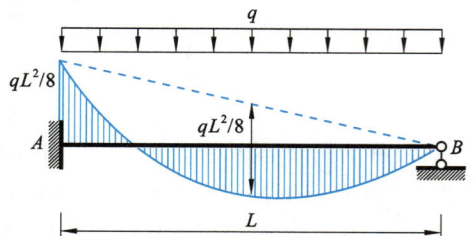

图 6-21

（2）去掉多余约束,以相应的力代替,得到基本体系;

（3）由基本体系与原结构的变形协调关系建立力法方程;

（4）求力法方程中的系数和自由项;

（5）把系数和自由项代入力法方程,求得基本未知量;

（6）由叠加原理画弯矩图。

同样,从上面的解题过程可以看出,力法有以下特点。

（1）以多余未知力作为基本未知量,并根据基本体系与原结构的变形协调条件建立力法方程。也就是说,力法的未知量是力,但求解未知量采用的是位移方程。

（2）若选取的基本体系是静定的,力法方程中的系数和自由项就都是静定结构的位移,因此可以说,静定结构的内力和位移计算是力法的基础。

但是若取的基本体系是超静定的,那么力法方程中的系数和自由项都是超静定结构的位移。这些内容要在学习了超静定结构的位移计算后再讨论。

（3）基本体系与原结构在受力、变形和位移方面是完全相同的,二者是等价的。

（4）由于多余力的确定不是唯一的,因此力法基本体系的选取也不是唯一的。

6.3 力法的典型方程

在6.2节的例题中,讨论的是一次超静定问题的求解,下面以一个二次超静定问题为例来说明力法在多次超静定问题中的应用。

图 6-22(a)所示结构为二次超静定刚架。选择 B 端支座的约束为多余约束,取基本体系如图 6-22(b)所示。

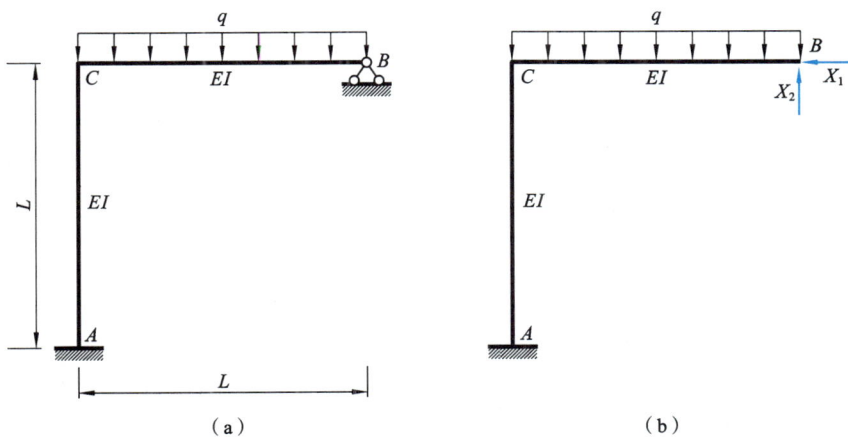

图 6-22

根据基本体系在荷载及两个多余力共同作用下其 B 点沿 X_1、X_2 方向的位移应与原结构相同的条件,建立力法方程如下:

$$\begin{cases} \Delta_1 = \delta_{11}X_1 + \delta_{12}X_2 + \Delta_{1P} = 0 \\ \Delta_2 = \delta_{21}X_1 + \delta_{22}X_2 + \Delta_{2P} = 0 \end{cases}$$

式中:δ_{11}、δ_{12}、Δ_{1P} 分别为 $X_1=1$、$X_2=1$ 和荷载分别单独作用于基本体系时,B 点沿 X_1 方向产生的位移;δ_{21}、δ_{22}、Δ_{2P} 分别为 $X_1=1$、$X_2=1$ 和荷载分别单独作用于基本体系时,B 点沿 X_2 方

向产生的位移。X_1、X_2 和荷载作用下力法方程中系数和自由项的物理意义分别如图 6-23 所示。

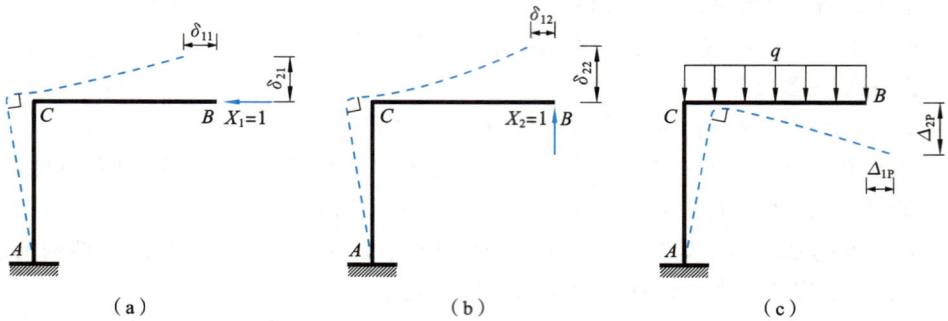

图 6-23

为求力法方程中的系数和自由项,画出基本体系在 $X_1=1$、$X_2=1$ 以及荷载作用下的 $\overline{M}_1$ 图、$\overline{M}_2$ 图和 M_P 图,分别如图 6-24(a)、(b)、(c)所示。

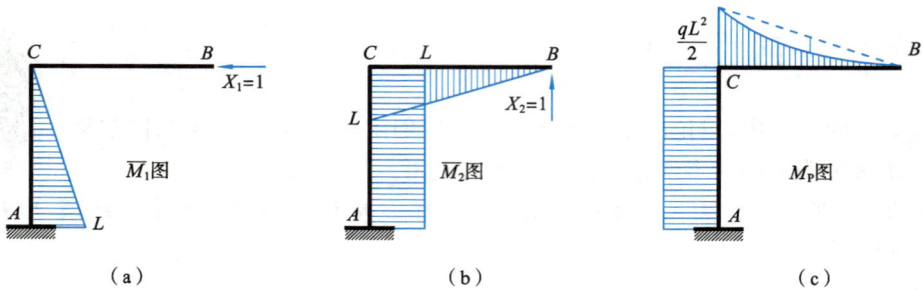

图 6-24

由 $\overline{M}_1$、$\overline{M}_2$ 的自乘可分别得到 δ_{11}、δ_{22},由 $\overline{M}_1$ 与 $\overline{M}_2$ 的互乘可得到 δ_{12}、δ_{21},由位移互等定理可知 $\delta_{12}=\delta_{21}$,由 $\overline{M}_1$ 与 M_P 的互乘可得到 Δ_{1P},由 $\overline{M}_2$ 与 M_P 的互乘可得到 Δ_{2P},具体图乘计算如下。

$$\delta_{11} = \sum \int \frac{\overline{M}_1 \overline{M}_1}{EI} ds = \sum \frac{\omega y_0}{EI}, \quad \delta_{22} = \sum \int \frac{\overline{M}_2 \overline{M}_2}{EI} ds = \sum \frac{\omega y_0}{EI}$$

$$\delta_{12} = \delta_{21} = \sum \int \frac{\overline{M}_1 \overline{M}_2}{EI} ds = \sum \frac{\omega y_0}{EI}$$

$$\Delta_{1P} = \sum \int \frac{\overline{M}_1 M_P}{EI} ds = \sum \frac{\omega y_0}{EI}, \quad \Delta_{2P} = \sum \int \frac{\overline{M}_2 M_P}{EI} ds = \sum \frac{\omega y_0}{EI}$$

将求得的系数和自由项代入力法方程中,就可求得基本未知量 X_1、X_2。最后同样用叠加公式计算弯矩,即 $M=\overline{M}_1 X_1 + \overline{M}_2 X_2 + M_P$。

把上述的力法计算推广至 n 次超静定结构,其力法典型方程如下:

$$\begin{cases} \delta_{11}X_1 + \delta_{12}X_2 + \cdots + \delta_{1i}X_i + \cdots + \delta_{1n}X_n + \Delta_{1P} = 0 \\ \delta_{21}X_1 + \delta_{22}X_2 + \cdots + \delta_{2i}X_i + \cdots + \delta_{2n}X_n + \Delta_{2P} = 0 \\ \vdots \\ \delta_{i1}X_1 + \delta_{i2}X_2 + \cdots + \delta_{ii}X_i + \cdots + \delta_{in}X_n + \Delta_{iP} = 0 \\ \vdots \\ \delta_{n1}X_1 + \delta_{n2}X_2 + \cdots + \delta_{ni}X_i + \cdots + \delta_{nn}X_n + \Delta_{nP} = 0 \end{cases} \quad (6\text{-}9)$$

以上力法方程的物理含义是:基本体系在荷载及 n 个多余力作用下,在多余力位置处沿多余力方向的位移均应与原结构的相同。若原结构在第 i 个多余力方向上的位移等于零,那么第 i 个等式的右边项就应等于零;若原结构在第 j 个多余力方向上的位移不等于零,那么第 j 个等式的右边项就应等于位移量。正负号的确定方法是:位移与多余力方向一致时为正,相反时为负。

方程中的系数和自由项:δ_{ii} 称为主系数($i=1,2,\cdots,n$),是单位多余力 $X_i=1$ 单独作用于基本体系时所引起的自己位置处沿其自身方向上的位移,恒为正的;δ_{ij} 称为副系数($i\neq j$),是单位多余未知力 $X_j=1$ 单独作用于基本体系时,所引起的在 X_i 位置处沿 X_i 方向的位移,可为正的,也可为负的或为零,且由位移互等定理知 $\delta_{ij}=\delta_{ji}$;Δ_{iP} 称为自由项,是荷载单独作用于基本体系时,所引起的在 X_i 处沿 X_i 方向上的位移,同样可为正的、为负的或为零。

可把上述力法的典型方程表示成如下的矩阵形式。

$$\begin{bmatrix} \delta_{11} & \delta_{12} & \cdots & \delta_{1(n-1)} & \delta_{1n} \\ \delta_{21} & \delta_{22} & \cdots & \delta_{2(n-1)} & \delta_{2n} \\ \vdots & \vdots & & \vdots & \vdots \\ \delta_{(n-1)1} & \delta_{(n-1)2} & \cdots & \delta_{(n-1)(n-1)} & \delta_{(n-1)n} \\ \delta_{n1} & \delta_{n2} & \cdots & \delta_{n(n-1)} & \delta_{nn} \end{bmatrix} \begin{bmatrix} X_1 \\ X_2 \\ \vdots \\ X_{n-1} \\ X_n \end{bmatrix} + \begin{bmatrix} \Delta_{1P} \\ \Delta_{2P} \\ \vdots \\ \Delta_{(n-1)P} \\ \Delta_{nP} \end{bmatrix} = \begin{bmatrix} 0 \\ 0 \\ \vdots \\ 0 \\ 0 \end{bmatrix} \tag{6-10}$$

计算弯矩的叠加公式可写成

$$M=X_1\overline{M}_1+X_2\overline{M}_2+\cdots+X_n\overline{M}_n+M_P \tag{6-11}$$

6.4 各种超静定结构的计算

在这一节以例题的形式讨论利用力法对各种超静定结构进行计算。

1. 超静定刚架

【例 6-5】 用力法求出图 6-25 所示刚架的内力图。

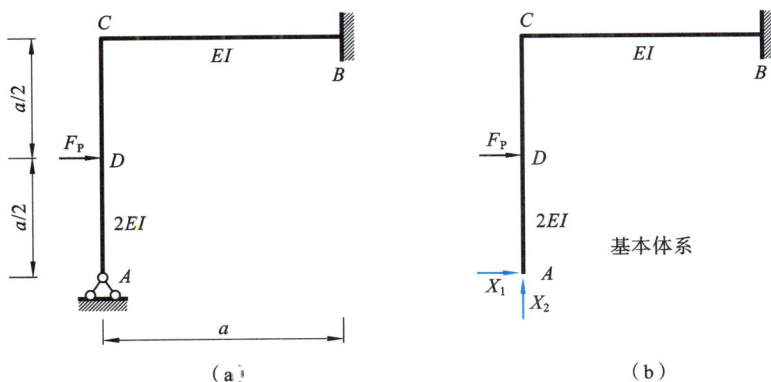

图 6-25

解 (1)确定超静定次数,选择基本体系。

原结构(见图 6-25(a))为二次超静定结构,去掉 A 端的固定铰支座后,以多余未知力 X_1、X_2 代替,其基本体系如图 6-25(b)所示。

（2）根据基本体系与原结构在 A 点处 X_1、X_2 两个方向上的位移协调条件，建立力法方程。原结构 A 点的水平方向位移为 $\Delta_1=0$，竖直方向位移为 $\Delta_2=0$，得

$$\begin{cases} \delta_{11}X_1+\delta_{12}X_2+\Delta_{1P}=0 \\ \delta_{21}X_1+\delta_{22}X_2+\Delta_{2P}=0 \end{cases}$$

（3）作基本体系的 M_P、$\overline{M}_1$、$\overline{M}_2$ 图（分别见图 6-26(a)、(b)、(c)），求系数及自由项。

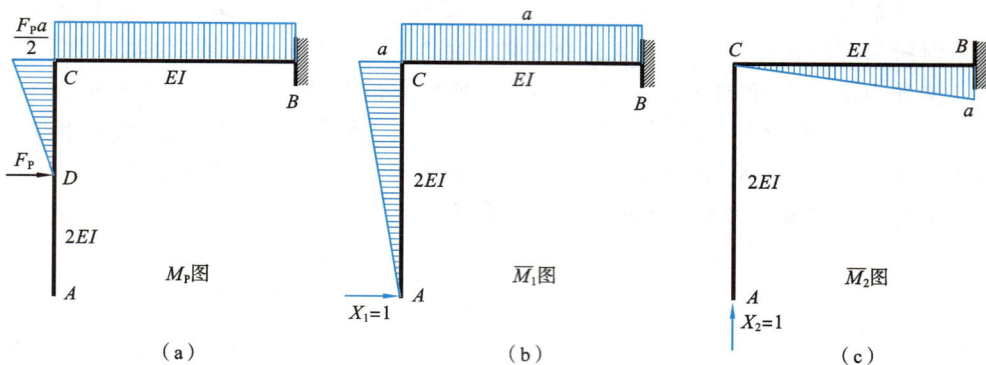

图 6-26

计算系数和自由项时，对于刚架通常可略去轴力和剪力的影响，因此只需绘出弯矩图。利用图乘法，可求得

$$\delta_{11}=\frac{1}{2EI}\left(\frac{1}{2}a^2\times\frac{2}{3}a\right)+\frac{1}{EI}(a^2\times a)=\frac{7a^3}{6EI}$$

$$\delta_{22}=\frac{1}{EI}\left(\frac{1}{2}a^2\times\frac{2}{3}a\right)=\frac{a^3}{3EI}$$

$$\delta_{12}=\delta_{21}=-\frac{1}{EI}\left(\frac{1}{2}a^2\times a\right)=-\frac{a^3}{2EI}$$

$$\Delta_{1P}=\frac{1}{EI}\left(\frac{F_Pa}{2}\times a\times a\right)+\frac{\frac{a}{2}}{6\times 2EI}\left(2\times\frac{F_Pa}{2}\times a+\frac{a}{2}\times\frac{F_Pa}{2}\right)=\frac{53F_Pa^3}{96EI}$$

$$\Delta_{2P}=\frac{1}{EI}\left(-\frac{a\times a}{2}\times\frac{F_Pa}{2}\right)=-\frac{F_Pa^3}{4EI}$$

（4）将系数、自由项代入方程，求得多余未知力。

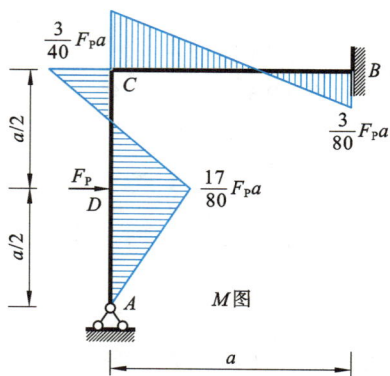

图 6-27

$$\begin{cases} \frac{7}{6}X_1-\frac{1}{2}X_2+\frac{53}{96}F_P=0 \\ -\frac{1}{2}X_1+\frac{1}{3}X_2-\frac{1}{4}F_P=0 \end{cases}$$

解得

$$\begin{cases} X_1=-\frac{17}{40}F_P \\ X_2=\frac{9}{80}F_P \end{cases}$$

（5）画内力图。

弯矩图按 $M=\overline{M}_1X_1+\overline{M}_2X_2+M_P$ 绘制，其中杆端弯矩的计算如下所示，绘制的弯矩图如图 6-27 所示。

$$M_{BC}=-\left(-\frac{17}{40}F_P\right)a+\frac{9}{80}F_P\times a-\frac{F_Pa}{2}=\frac{3F_Pa}{80}$$

$$M_{CB}=-\left(-\frac{17}{40}F_{P}\right)a+\frac{9}{80}F_{P}\times0-\frac{F_{P}a}{2}=-\frac{3F_{P}a}{40}$$

$$M_{D}=-\left(-\frac{17}{40}F_{P}\right)\frac{a}{2}+0+0=\frac{17F_{P}a}{80}$$

$$M_{AC}=0$$

$$M_{CA}=-\left(-\frac{17}{40}F_{P}\right)a-\frac{F_{P}a}{2}=-\frac{3F_{P}a}{40}$$

剪力图可由基本体系逐杆、分段定点绘制,也可利用弯矩图绘制。图 6-28(a)、(b)、(c)所示分别为基本体系、M 图和 F_{Q} 图。

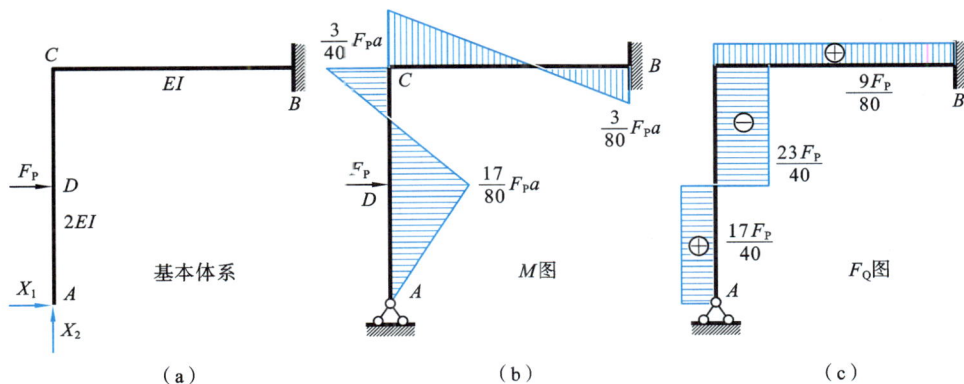

图 6-28

轴力图可再利用剪力图,取结点由平衡条件求得,同样也可由基本体系逐杆分段求得。图 6-29(a)、(b)、(c)所示分别为基本体系、F_{Q} 图、F_{N} 图。

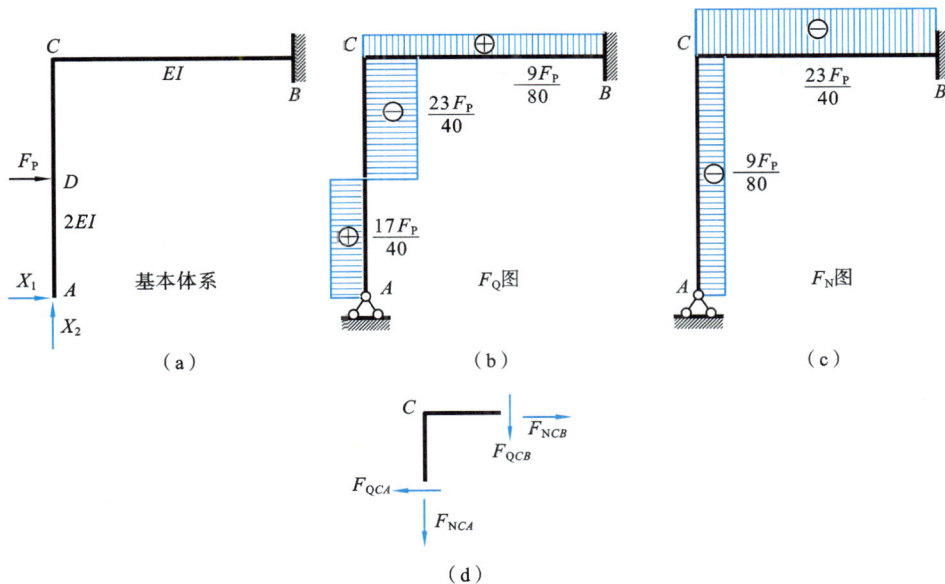

图 6-29

从剪力图中取出 C 结点(见图 6-29(d)),由平衡方程可求得轴力。

由 $\sum F_{x}=0$ 得
$$F_{NCB}=F_{QCA}$$

由 $\sum F_y = 0$ 得　　　　　　　　$F_{NCA} = F_{QCB}$

讨论: 把上面例 6-5 中杆 CA 的抗弯刚度由 $2EI$ 改为 EI,用力法重新做一遍,得到的弯矩图即为图 6-30。比较图 6-27、图 6-30 可得出以下几点:

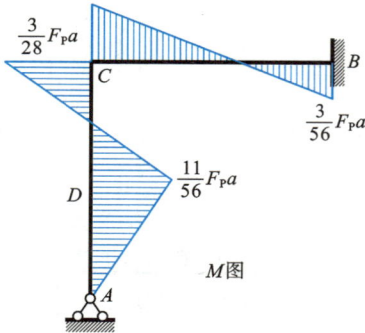

图 6-30

(1)超静定结构在载荷作用下,其弯矩与各杆件 EI 的具体数值无关,但与各杆件 EI 的比值有关,即超静定结构的内力分布与杆件之间的相对刚度有关。

(2)杆件之间是相互支撑的关系,杆 CA 支撑杆 CB,反之也可视为是杆 CB 支撑杆 CA。荷载作用在杆 CA 上,杆 CB 就是它的支撑。在图 6-27 中杆 CB 的相对刚度要弱一些,因此它在 C 点的弯矩比图 6-30 中的要小一些。计算表明:若杆 CB 的抗弯刚度小于杆 CA 的抗弯刚度的 4 倍,C 端弯矩就趋近于零了,C 结点就相当于铰结点。若杆 CB 的抗弯刚度大于杆 CA 的抗弯刚度的 4 倍,C 端弯矩就趋近于 $\dfrac{3F_Pa}{16}$,这时 C 结点相当于固定端。

对于同一超静定结构,其基本体系的选取可有多种,只要不是几何可变或瞬变体系即可。然而不论采用哪一种基本体系,所得的最后内力图都是一样的。如例 6-5 中的刚架,也可取图 6-31(a)、(b)所示的基本体系。

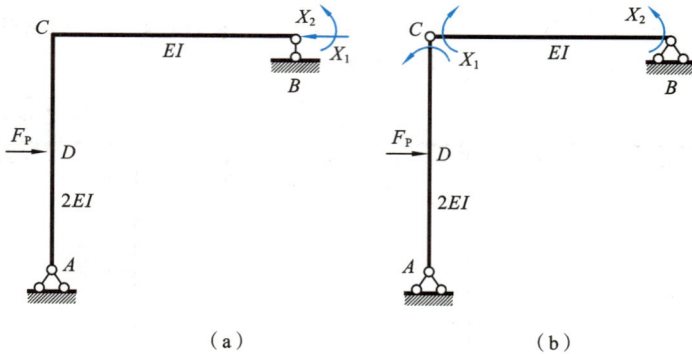

(a)　　　　　　　　　　　　　(b)

图 6-31

MOOC 视频

2. 排架

如图 6-32(a)所示,由柱、屋架、基础组成的平面结构称为排架。单层厂房就是由若干个排架沿着厂房的纵向通过屋面梁、屋面板、吊车梁等连接而成的。在单层厂房的横向取出排架,其主要目的是计算排架中柱子在各种荷载作用下的内力和位移,因此可将排架中的屋架用一根轴向刚度为无穷大的链杆代替,计算简图如图 6-32(b)所示。

排架的计算方法与前面讲的刚架基本相同,特别之处是:理论上它的基本体系也有多种取法(图 6-33 中给出了两种),但是根据经验切断 $EA = \infty$ 的横杆,代之以多余力而得到基本体系(见图 6-33(a))是最方便的。这是因为这种基本体系中的柱子全是悬臂结构,后面计算系数和自由项时比较方便。如果采用图 6-33(b)作为基本体系,则在求解系数和自由项时会比

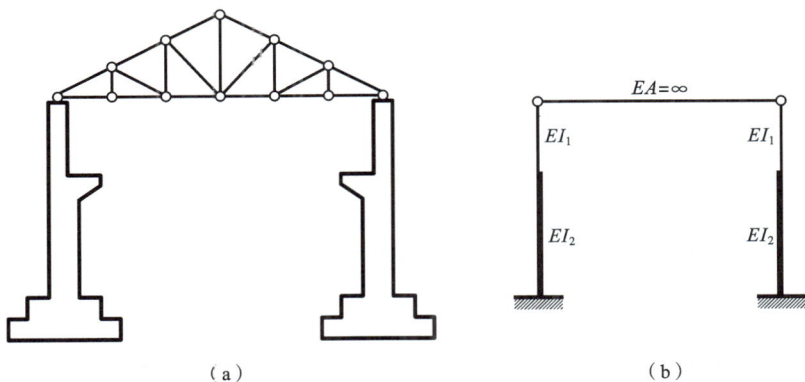

图 6-32

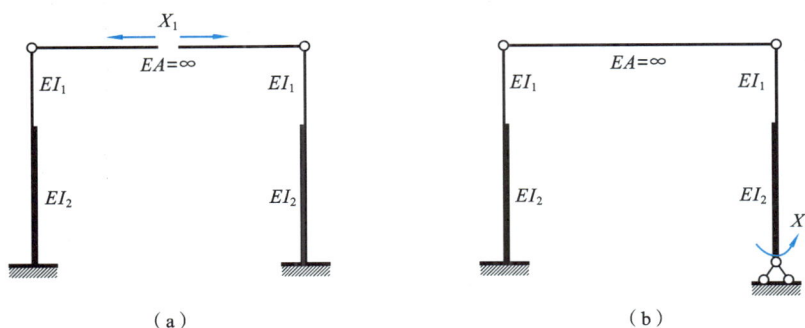

图 6-33

较麻烦。

由于基本体系是把轴力杆切断而得到的,因此建立力法方程的位移条件是:基本体系在荷载及多余力共同作用下,在切断点处产生的沿多余力方向的相对水平位移应该等于零,因为结构上的任意一点在荷载作用下可能会产生变形和位移,但不可能有相对位移,所谓的相对位移是多点之间的。下面以一两跨排架来说明它的计算方法及步骤。

【例 6-6】 计算图 6-34(a)所示两跨排架,作出弯矩图。其中:$EI_2=5EI_1$,$h_1=3$ m,$h_2=10$ m,$M_E=20$ kN·m,$M_H=60$ kN·m,杆 CD、杆 HG 的 $EA=\infty$。

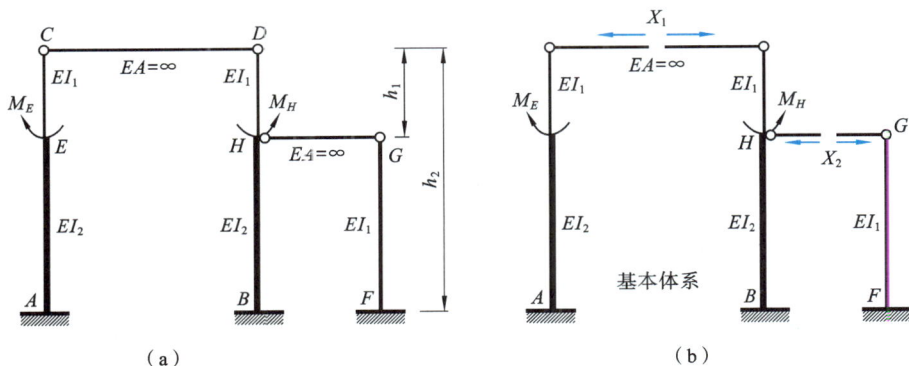

图 6-34

解 （1）此排架为二次超静定结构，选取基本体系如图 6-34(b)所示。

（2）建立力法方程。

$$\begin{cases} \delta_{11}X_1+\delta_{12}X_2+\Delta_{1P}=0 \\ \delta_{21}X_1+\delta_{22}X_2+\Delta_{2P}=0 \end{cases}$$

上面第一个方程的物理意义是：由多余力 X_1、X_2 和荷载分别作用引起的基本体系在 X_1 所在的切断点处的水平相对位移之和等于零。第二个方程的物理意义是：由多余力 X_1、X_2 和荷载分别作用引起的基本体系在 X_2 所在的切断点处的水平相对位移之和等于零。

（3）作 $\overline{M}_1$、$\overline{M}_2$、M_P 图（分别见图 6-35(a)、(b)、(c)），求力法方程的系数及自由项。

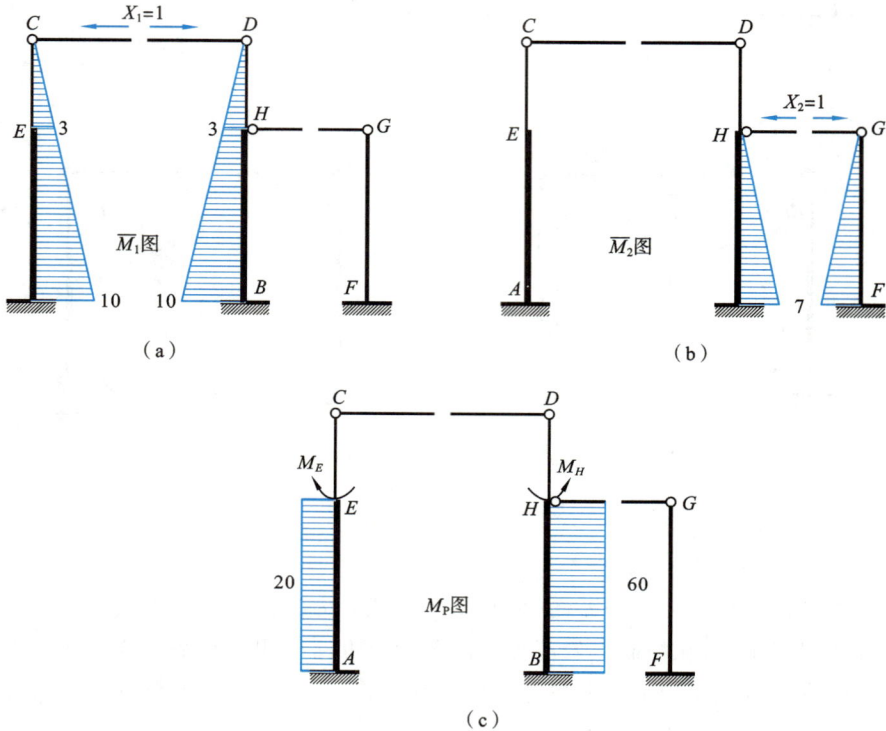

图 6-35

注意：作 $\overline{M}_1$ 图时，一对多余力 $X_1=1$ 是作用在切断杆上的，因此该杆所受轴力为 -1，但计算 δ_{11} 时，由于该杆的 $EA=\infty$，因此没有影响。由图乘法得力法方程的系数和自由项如下：

$$\delta_{11}=\frac{7}{6EI_2}(2\times3\times3+2\times10\times10+10\times3+3\times10)\times2$$

$$+\frac{1}{EI_1}\times\frac{1}{2}\times3\times3\times\frac{2}{3}\times3\times2=\frac{738.7}{EI_2}$$

$$\delta_{22}=\frac{1}{EI_2}\times\frac{1}{2}\times7\times7\times\frac{2}{3}\times7+\frac{1}{EI_1}\times\frac{1}{2}\times7\times7\times\frac{2}{3}\times7=\frac{686}{EI_2}$$

$$\delta_{12}=\delta_{21}=-\frac{1}{EI_2}\times\frac{1}{2}\times7\times7\times\left(\frac{2}{3}\times7+3\right)=-\frac{187.8}{EI_2}$$

$$\Delta_{1P}=-\frac{1}{EI_2}\left[20\times7\times\left(\frac{7}{2}+3\right)+60\times7\times\left(\frac{7}{2}+3\right)\right]=-\frac{3640}{EI_2}$$

$$\Delta_{2P}=\frac{1}{EI_2}\times\frac{1}{2}\times7^2\times60=\frac{1470}{EI_2}$$

（4）解力法方程，求多余未知力。

将求得的系数和自由项代入力法方程中。

$$\begin{cases} 738.7X_1 - 187.8X_2 - 3340 = 0 \\ -187.8X_1 + 686X_2 + 1470 = 0 \end{cases}$$

解得

$$\begin{cases} X_1 = 4.711 \text{ kN} \\ X_2 = -0.853 \text{ kN} \end{cases}$$

（5）由叠加法绘制弯矩图。

由 $M = \overline{M}_1 X_1 + \overline{M}_2 X_2 + M_P$ 绘制弯矩图，如图 6-36 所示。

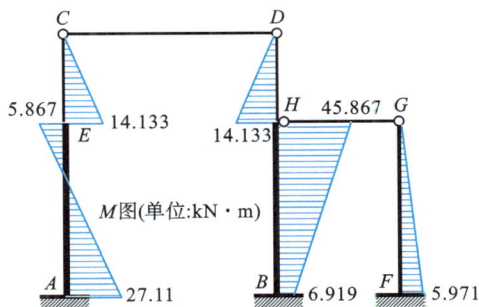

图 6-36

3. 超静定桁架

超静定桁架基本体系的取法，通常是切断轴力杆件，代替以多余力。建立力法方程的位移条件是：基本体系在荷载及多余力共同作用下，在切断点处产生的沿多余力方向的相对位移等于零。由于桁架都是轴力杆件，力法方程中系数和自由项的计算只有轴力部分，具体计算公式如下：

$$\delta_{ii} = \sum \frac{\overline{F}_{Ni}\overline{F}_{Ni}}{EA}L, \quad \delta_{ij} = \sum \frac{\overline{F}_{Ni}\overline{F}_{Nj}}{EA}L, \quad \Delta_{iP} = \sum \frac{\overline{F}_{Ni}F_{iP}}{EA}L \tag{6-12}$$

各杆最后的轴力也可按叠加原理求得，即

$$F_N = \overline{F}_{N1}X_1 + \overline{F}_{N2}X_2 + \cdots + \overline{F}_{Nn}X_n + F_{NP} = \sum_{i=1}^{n} \overline{F}_{Ni}X_i + F_{NP} \tag{6-13}$$

【例 6-7】 求图 6-37(a)所示超静定桁架的内力，所有杆件的 EA 均为常数。

解 （1）确定超静定次数，取基本体系。

该桁架为一次超静定结构，切断杆 CD，以多余力代替，其基本体系如图6-37(b)所示。

（2）建立力法方程。

基本体系在荷载及多余力的共同作用下，切口两侧截面沿 X_1 方向的相对水平位移应为零，建立力法方程如下：

$$\delta_{11}X_1 + \Delta_{1P} = 0$$

（3）求各杆的 $\overline{F}_{N1}$（见图 6-38(a)）、F_{NP}（见图 6-38(b)）及力法方程的系数和自由项。

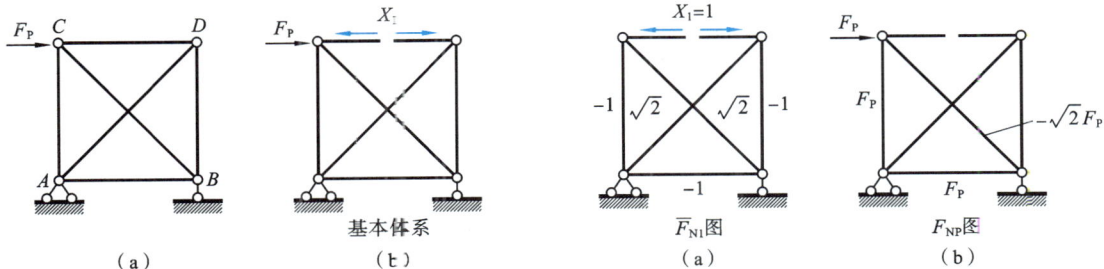

图 6-37　　　　　　　　　　　　　图 6-38

注意：作 $\overline{F}_1$ 图时，一对多余力 $X_1 = 1$ 是作用在切断杆上的，因此该杆所受轴力为 -1，计算 δ_{11} 时应计入这根杆的影响。力法方程的系数和自由项的计算如下：

$$\delta_{11} = \sum \frac{\overline{F}_{Ni}\overline{F}_{Ni}}{EA}L = \frac{1}{EA}[4 \times (-1)^2 a + 2 \times (\sqrt{2})^2 \times \sqrt{2}a] = \frac{4a}{EA}(1+\sqrt{2})$$

$$\Delta_{1P} = \sum \frac{\overline{F}_{Ni}F_{NP}}{EA}L = \frac{1}{EA}[2 \times (-1)F_P a + \sqrt{2} \times (-\sqrt{2}F_P) \times \sqrt{2}a]$$

$$= \frac{-2F_P a}{EA}(1+\sqrt{2})$$

（4）将系数和自由项代入力法方程求 X_1。解得

$$X_1 = \frac{-\Delta_{1P}}{\delta_{11}} = \frac{F_P}{2}$$

（5）求各杆的轴力。

按公式 $F_N = \overline{F}_{N1}X_1 + F_{NP}$ 计算各杆的轴力。其中 F_{NCD} 的具体计算如下：

$$F_{NCD} = -1 \times X_1 + F_{NP} = -1 \times \frac{F_P}{2} + 0 = -\frac{F_P}{2}$$

桁架的最后轴力图如图 6-39 所示。

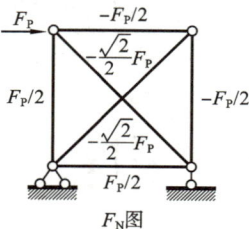

图 6-39

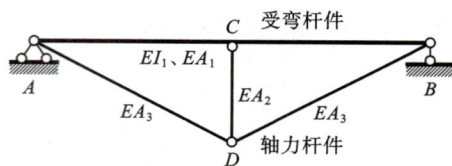

图 6-40

4. 组合结构

所谓的组合结构,就是其构件中既有受弯杆件,又有受拉压的轴力杆件的结构,如图 6-40 所示。组合结构与超静定桁架的解题步骤基本相同,但在系数和自由项的计算方面略有不同。对组合结构的受弯构件只需考虑弯矩的影响,而对轴力杆件则只需考虑轴力的影响。系数和自由项的计算公式如下：

$$\begin{cases} \delta_{ii} = \sum \dfrac{\overline{F}_{Ni}\overline{F}_{Ni}}{EA}L + \sum \displaystyle\int \dfrac{\overline{M}_i\overline{M}_i}{EI}\mathrm{d}s \\[2mm] \delta_{ij} = \sum \dfrac{\overline{F}_{Ni}\overline{F}_{Nj}}{EA}L + \sum \displaystyle\int \dfrac{\overline{M}_i\overline{M}_j}{EI}\mathrm{d}s \\[2mm] \Delta_{iP} = \sum \dfrac{\overline{F}_{Ni}F_{NP}}{EA}L + \sum \displaystyle\int \dfrac{\overline{M}_iM_P}{EI}\mathrm{d}s \end{cases} \qquad (6\text{-}14)$$

最后轴力、弯矩计算的叠加公式如下：

$$F_N = \overline{F}_{N1}X_1 + \cdots + \overline{F}_{Nn}X_n + F_{NP} \qquad (6\text{-}15)$$

$$M = \overline{M}_1X_1 + \cdots + \overline{M}_nX_n + M_P \qquad (6\text{-}16)$$

【例 6-8】 求图 6-41(a)所示组合结构的内力,其中杆件 AD 和 BD 的长度均为 a。

解 （1）取基本体系(见图 6-41(b))。

该结构为一次超静定结构,切断杆 CD,代之以多余力 X_1。

（2）建立力法方程。

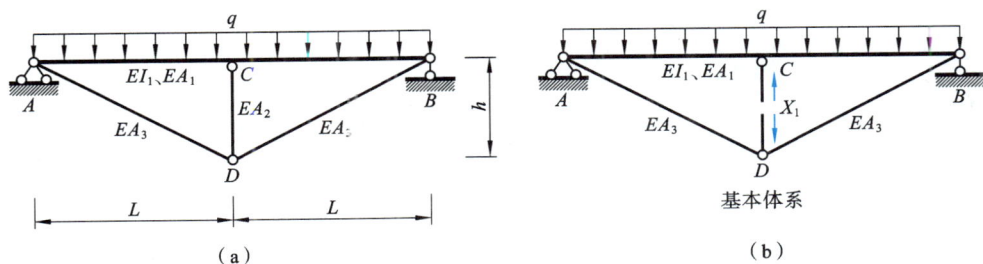

图 6-41

由切口两侧截面沿 X_1 方向的相对竖直方向位移应为零,建立力法方程如下:

$$\delta_{11}X_1 + \Delta_{1P} = 0$$

(3) 计算力法方程的系数和自由项。

分别画出基本体系在荷载以及 $X_1=1$ 作用下的轴力图和弯矩图,其中 $X_1=1$ 作用下的轴力图和弯矩图分别为 $\overline{F}_{N1}$ 图、$\overline{M}$ 图(见图 6-42(a))。荷载作用下的轴力图和弯矩图分别为 M_P 图、F_{NP} 图(见图 6-42(b))。由于 $X_1=1$ 是作用在切断的杆 CD 上的,因此计算 δ_{11} 时要考虑杆 CD 的影响。

$$\delta_{11} = \sum \frac{\overline{F}_{Ni}\overline{F}_{Ni}}{EA}L + \sum \int \frac{\overline{M}_i\overline{M}_i}{EI}ds$$

$$= \frac{(-1)^2 h}{EA_2} + 2\frac{\left(\frac{a}{2h}\right)^2}{EA_3}a + \frac{2}{EI_1}\left[\frac{L}{2}\times L\times\frac{1}{2}\times\frac{2}{3}\left(\frac{L}{2}\right)\right]$$

$$= \frac{h}{EA_2} + \frac{a^3}{2h^2 EA_3} - \frac{L^3}{6EI_1}$$

$$\Delta_{1P} = \sum \frac{\overline{F}_{Ni}F_{NP}}{EA}L + \sum \int \frac{\overline{M}_i M_P}{EI}ds = 0 + \left(-\frac{5qL^4}{24EI_1}\right) = -\frac{5qL^4}{24EI_1}$$

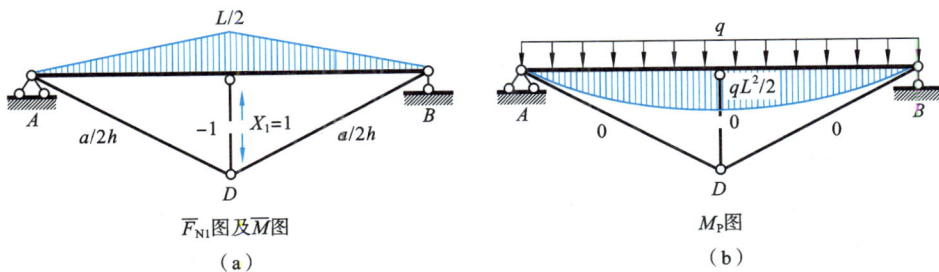

图 6-42

(4) 由力法方程求 X_1。

$$X_1 = -\frac{\Delta_{1P}}{\delta_{11}} = \frac{5qL^4}{24EI_1}\bigg/\left(\frac{h}{EA_2} + \frac{a^3}{2h^2 EA_3} + \frac{L^3}{6EI_1}\right)$$

(5) 求最后的内力 F_N、M。

F_N、M 同样可由叠加法求得,公式如下:

$$F_N = \overline{F}_{M1}X_1 + F_{NP}, \quad M = \overline{M}_1 X_1 + M_P$$

计算过程及结果略。

6.5　对称结构的计算

　　结构的几何形状、支承状况和各杆的刚度(EI、EA)均对称于某一轴线时,这种结构称为对称结构。图 6-43(a)、(b)所示分别为单跨对称结构和双跨对称结构。

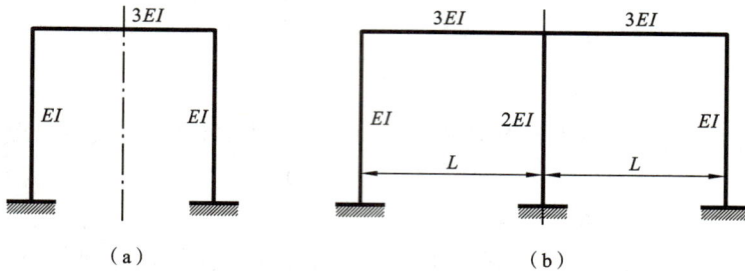

图 6-43

　　对于对称结构,如果作用在结构上的荷载是正对称的或是反对称的,那么可以利用结构对称性进行简化计算。图 6-44(a)、(b)所示的分别是对称结构在对称荷载作用下和反对称荷载作用下的情况。

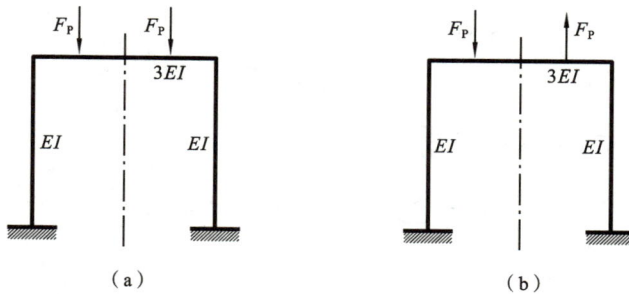

图 6-44

　　下面分对称结构在对称荷载作用下与在反对称荷载作用下两种情况分别进行讨论。

1. 在对称荷载作用下

　　图 6-45(a)所示对称结构受对称荷载作用,在刚架的对称点处将杆件切断,代替以 3 个多余力,如图 6-45(b)所示。根据基本体系在荷载及 3 个多余力的共同作用下,在杆件切断处沿 3 个多余力方向的相对位移应等于零的要求建立力法方程如下:

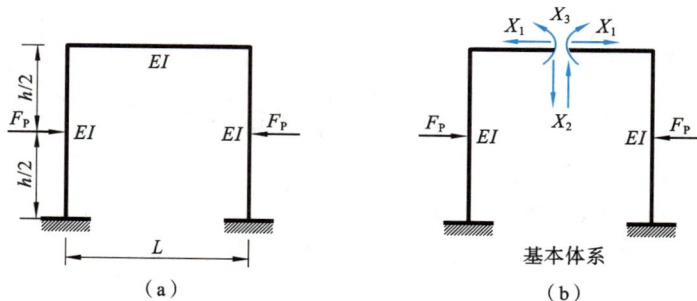

图 6-45

$$\begin{cases} \delta_{11} X_1 + \delta_{12} X_2 + \delta_{13} X_3 + \Delta_{1P} = 0 \\ \delta_{21} X_1 + \delta_{22} X_2 + \delta_{23} X_3 + \Delta_{2P} = 0 \\ \delta_{31} X_1 + \delta_{32} X_2 + \delta_{33} X_3 + \Delta_{3P} = 0 \end{cases}$$

分别作 M_P 图(见图 4-46(a))、$\overline{M}_1$ 图(见图 4-46(b))、$\overline{M}_2$ 图(见图 4-46(c))、$\overline{M}_3$ 图(见图 4-46(d)),求力法方程的系数与自由项。

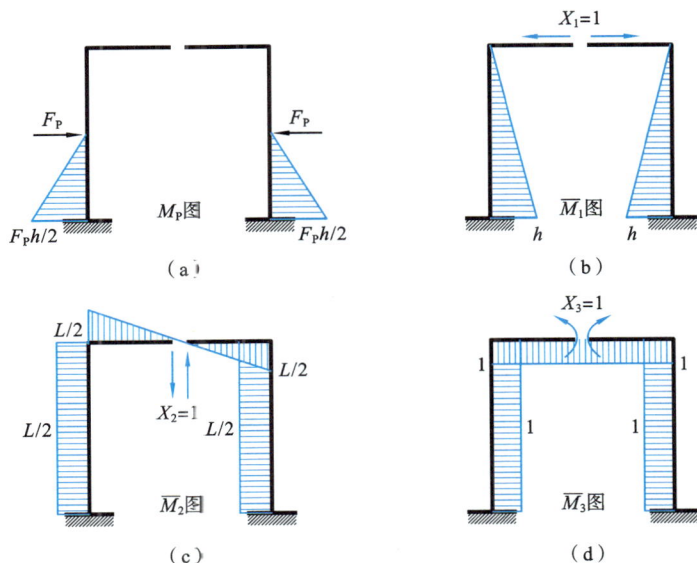

图 6-46

由图 6-46 可见,M_P 图、$\overline{M}_1$ 图、$\overline{M}_3$ 图是正对称的,而 $\overline{M}_2$ 图是反对称的。由图乘法可知,正对称的图与反对称的图相乘,其结果等于零,因此有

$$\delta_{12} = \delta_{21} = 0, \quad \delta_{23} = \delta_{32} = 0, \quad \Delta_{2P} = 0$$

将上面为零的系数和自由项代入力法方程后,得

$$\begin{cases} \delta_{11} X_1 + \delta_{13} X_3 + \Delta_{1P} = 0 \\ \delta_{22} X_2 = 0 \\ \delta_{31} X_1 + \delta_{33} X_3 + \Delta_{3P} = 0 \end{cases}$$

由 $\delta_{22} X_2 = 0$ 得

$$X_2 = 0$$

结论:若结构对称、荷载对称,在结构的对称点处,只有对称的内力存在,即只有轴力和弯矩存在,反对称的内力等于零,剪力是反对称的所以不存在。因此,上述结构在对称荷载作用下是二次超静定的。

2. 在反对称荷载作用下

如图 6-47(a)所示结构,在刚架的对称点处将其切断,代替以 3 个多余力,如图6-47(b)所示。

根据同样的原则建立力法方程如下:

$$\begin{cases} \delta_{11} X_1 + \delta_{12} X_2 + \delta_{13} X_3 + \Delta_{1P} = 0 \\ \delta_{21} X_1 + \delta_{22} X_2 + \delta_{23} X_3 + \Delta_{2P} = 0 \\ \delta_{31} X_1 + \delta_{32} X_2 + \delta_{33} X_3 + \Delta_{3P} = 0 \end{cases}$$

作 $\overline{M}_1$ 图、$\overline{M}_2$ 图、$\overline{M}_3$ 图、M_P 图,发现只有 M_P 图(见图 6-48)与图 6-46 中的 M_P 图不一样,其他的图均相同。M_P 图是反对称的。

由于 $\overline{M}_1$ 图、$\overline{M}_3$ 图是正对称的,而 $\overline{M}_2$ 图、M_P 图是反对称的,由图乘法可知以下系数和自由项是等于零的,即

$$\delta_{12}=\delta_{21}=0,\quad \delta_{23}=\delta_{32}=0,\quad \Delta_{1P}=\Delta_{3P}=0$$

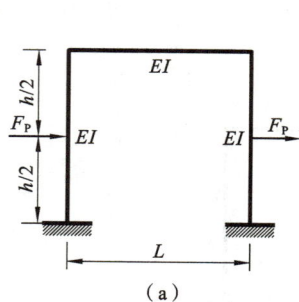

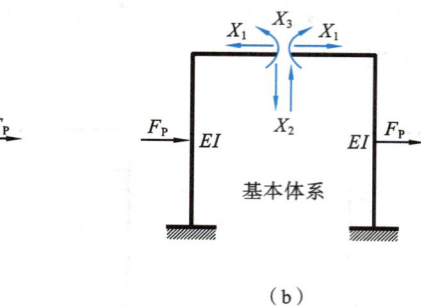

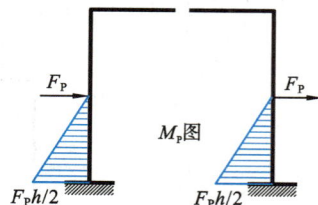

图 6-47

图 6-48

将上面为零的系数和自由项代入力法方程后,得

$$\begin{cases}\delta_{11}X_1+\delta_{13}X_3=0\\ \delta_{22}X_2+\Delta_{2P}=0\\ \delta_{31}X_1+\delta_{33}X_3=0\end{cases}$$

由以上方程可得

$$X_1=X_3=0$$

结论:若结构对称、荷载反对称,在结构的对称点处只有反对称的内力存在,对称的内力等于零,即只有反对称的剪力存在,而对称的轴力和弯矩不存在。因此上述结构在反对称荷载作用下,是一次超静定的。

既然利用对称性可以使结构特殊位置上未知量的数目减少,那么若作用在对称结构上的荷载既不对称也不反对称,就可以想办法把它处理成对称的荷载和反对称的荷载之和,使计算得以简化。下面介绍两种方法。

1)未知力分解法

未知力分解法也称为未知力组合法。如图 6-49(a)所示,该结构虽然对称,但荷载不对

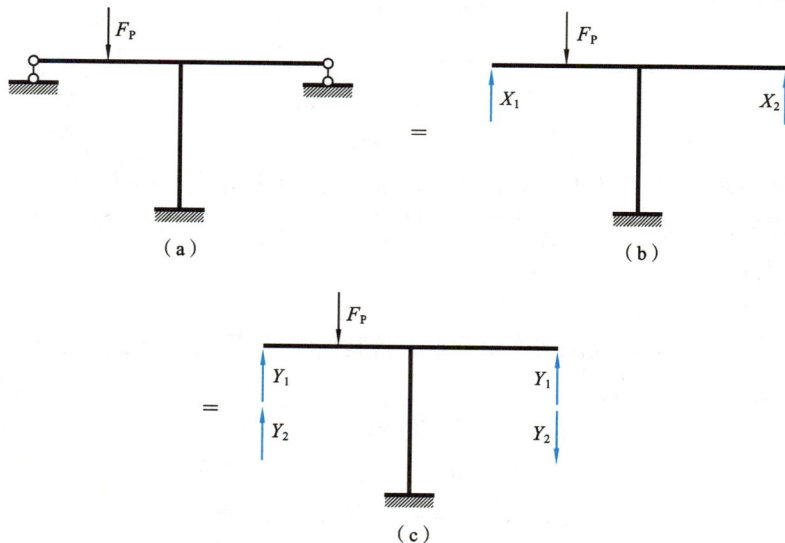

图 6-49

称,若取图 6-49(b)所示的基本体系,其中的反力 X_1、X_2 是不相等的,计算得不到简化。对于这种情况,为使方程中的副系数尽可能多地等于零,可采用未知力分解法。

如图 6-49(c)所示,设 $X_1=Y_1+Y_2$,$X_2=Y_1-Y_2$,其中 Y_1 是一对对称力,Y_2 是一对反对称力。荷载 F_P 作用下的 M_P 图如图 6-50(a)所示;一对 $Y_1=1$ 作用下的弯矩图是对称的,如图 6-50(b)所示;一对 $Y_2=1$ 作用下的弯矩图是反对称的,如图 6-50(c)所示。力法方程中的副系数 $\delta_{12}=\delta_{21}=0$,就得到 2 个独立方程:

$$\delta_{11}Y_1+\Delta_{1P}=0$$
$$\delta_{22}Y_2+\Delta_{2P}=0$$

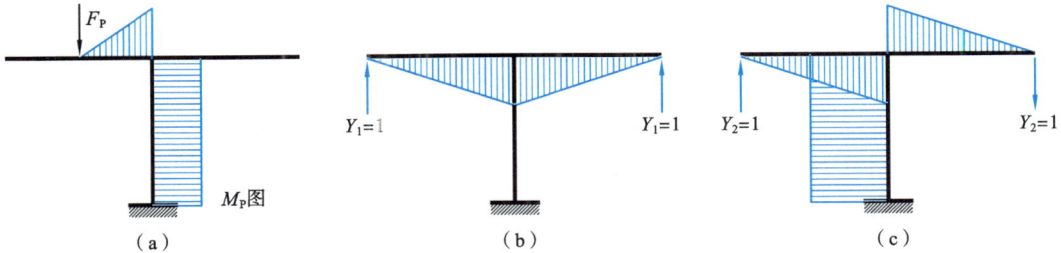

图 6-50

2）荷载分解法

MOOC 视频

当对称结构承受一般非对称载荷时,除了可对未知力进行分解外,还可将载荷分解为正对称和反对称的两组(见图 6-51 和图 6-52),以实现简化计算的目的。

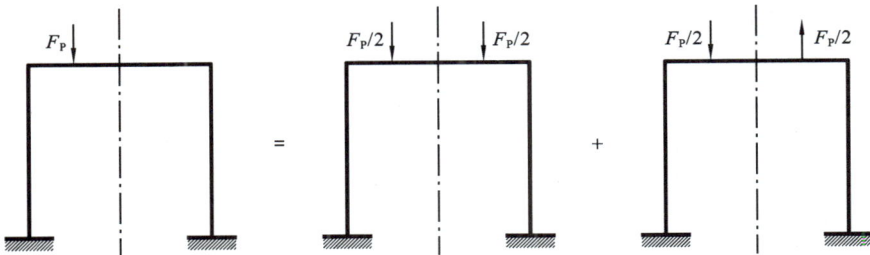

图 6-51

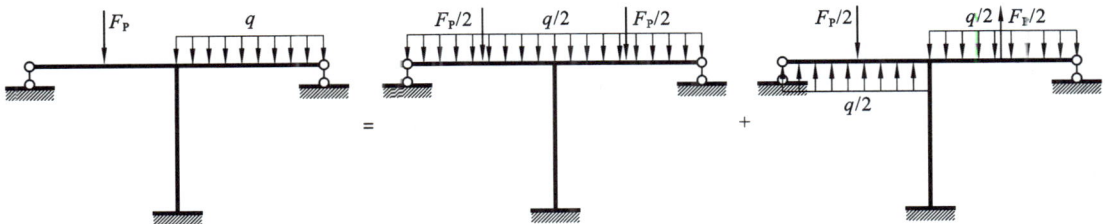

图 6-52

【例 6-9】 利用对称性作图 6-53(a)所示结构的弯矩图。所有杆长均为 L,EI 也均相同。

解 该结构是六次超静定的,其上部是 2 个封闭框,但支座只有 3 个约束,结构与基础的

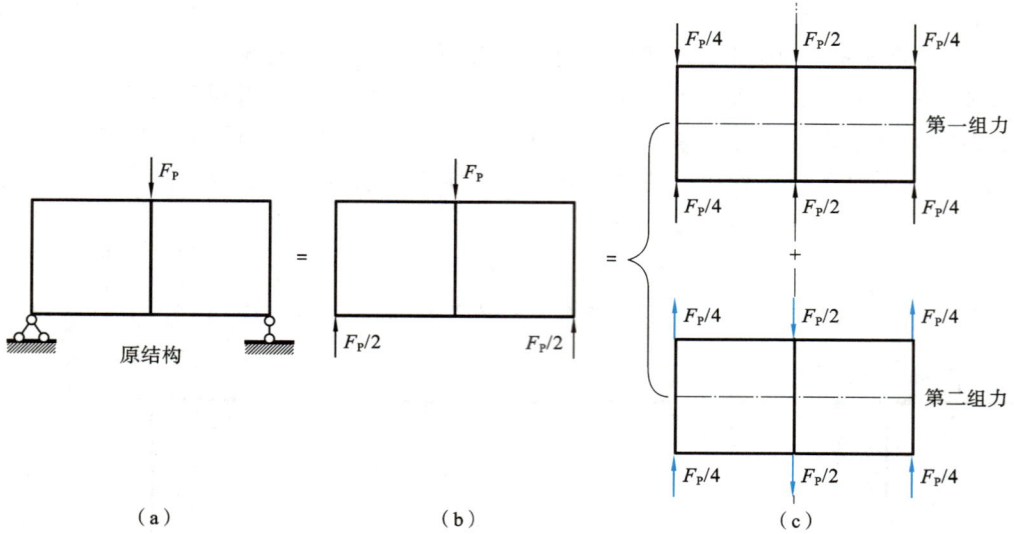

图 6-53

联系是静定的。

（1）由于该结构的支座反力是静定的，求出后用力代替约束（见图 6-53(b)）。

（2）该结构有两根对称轴，因此把力分解成两组：第一组相对两根对称轴力都是对称的，第二组相对竖直对称轴力是对称的，相对水平对称轴力是反对称的（见图 6-53(c)）。

（3）对于第一组力，3 根柱子所受轴向压力虽然大小不等，但是若忽略柱子轴向变形，横梁就不会产生弯曲变形，因此也就没有弯矩。对于第二组力，由于荷载的作用，梁会发生相对错动，因此会产生弯矩。

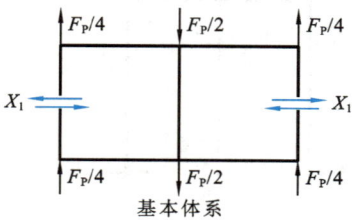

图 6-54

结构在第二组力作用下的计算：由于荷载相对竖直对称轴是对称的，相对水平对称轴是反对称的，因此，可沿水平对称轴将 2 个框切开，理论上每个切口处都应有 3 对多余力，共 6 对，但根据前面关于反对称荷载的结论——在结构的对称点处，只有反对称的内力存在，因此切口处只有剪力存在。又根据关于对称荷载的结论，左、右 2 对剪力应该是对称的。因此其基本体系如图6-54所示，该结构在图示荷载作用下是一次超静定的。

（4）建立力法方程：

$$\delta_{11}X_1 + \Delta_{1P} = 0$$

该力法方程的物理意义是：在 2 个切口处沿 X_1 方向的相对位移之和应等于零。M_P 图、$\overline{M}_1$ 图分别如图 6-55(a)、(b)所示，力法方程系数和自由项的计算如下：

$$\delta_{11} = \frac{1}{EI}\left(\frac{L}{2}\times L\times\frac{L}{2}\times 4 + \frac{L}{2}\times\frac{L}{2}\times\frac{1}{2}\times\frac{2}{3}\times\frac{L}{2}\times 4\right) = \frac{7L^3}{6EI}$$

$$\Delta_{1P} = \frac{1}{EI}\left(\frac{F_P L}{4}\times L\times\frac{1}{2}\times\frac{L}{2}\times 4\right) = \frac{F_P L^3}{4EI}$$

将系数和自由项代入方程后解得

$$X_1 = -\frac{3F_P}{14}$$

（5）画弯矩图。

利用叠加公式 $M = \overline{M}_1 X_1 + M_F$ 画出弯矩图，如图 6-56 所示。

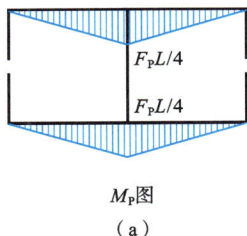

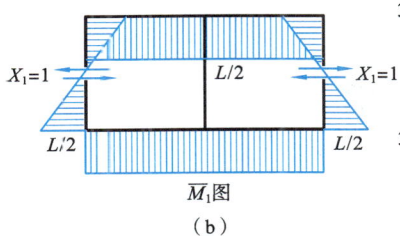

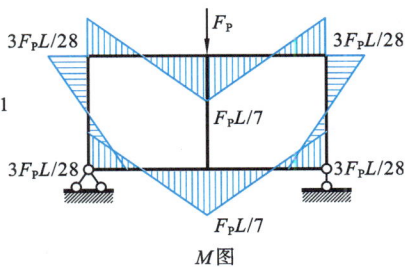

图 6-55

图 6-56

6.6 超静定拱

1. 无拉杆两铰拱

图 6-57(a)所示无拉杆两铰拱为一次超静定结构，取简支曲梁为基本体系（见图 6-57(b)）。

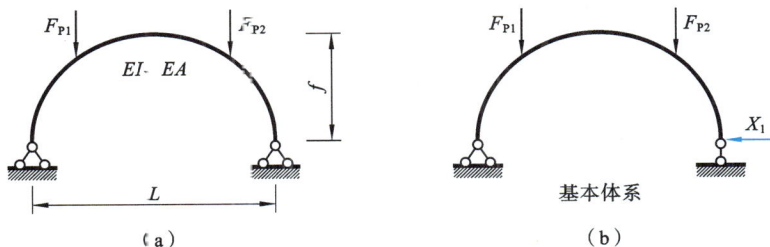

MOOC 视频

图 6-57

按在荷载及多余力的共同作用下，基本体系在切断点处沿 X_1 方向产生的位移应与原结构相同的位移条件建立力法方程如下：

$$\delta_{11} X_1 + \Delta_{1P} = 0$$

在 $X_1 = 1$ 作用下，曲梁的受力性能与拱相同，因此计算系数 δ_{11} 时，应考虑弯矩和轴力的影响，计算公式如下：

$$\delta_{11} = \int \frac{\overline{M}_1^2}{EI} \mathrm{d}s + \int \frac{\overline{F}_{N1}^2}{EA} \mathrm{d}s$$

取图 6-58(a)所示基本体系的 KB 隔离体（见图 6-58(b)），可得

$$\overline{M}_1 = -1 \times y = -y, \quad \overline{F}_{N1} = \cos\varphi$$

因此

$$\delta_{11} = \int \frac{\overline{M}_1^2}{EI} \mathrm{d}s + \int \frac{\overline{F}_{N1}^2}{EA} \mathrm{d}s = \int \frac{y^2}{EI} \mathrm{d}s + \int \frac{\cos^2\varphi}{EA} \mathrm{d}s$$

在 F_P 作用下，曲梁的受力性能与简支梁的相同，因此计算自由项 Δ_{1P} 时，只需考虑弯矩的影响，计算公式如下：

$$\Delta_{1P} = \int \frac{\overline{M}_1 M_P}{EI} \mathrm{d}s$$

同理

$$\overline{M}_1 = -1 \times y = -y$$

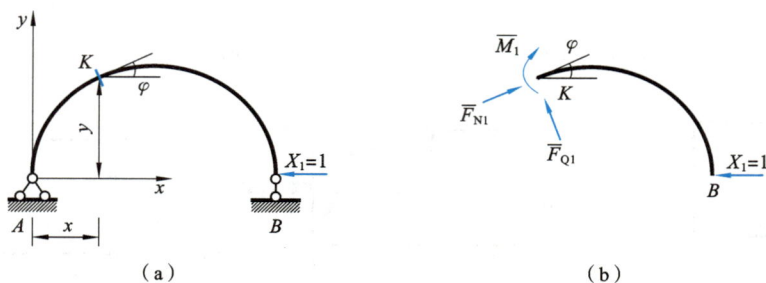

图 6-58

因此

$$\Delta_{1P} = \int \frac{\overline{M}_1 M_P}{EI} ds = \int \frac{-yM_P}{EI} ds$$

由力法方程得到无拉杆两铰拱多余未知力（水平推力）的计算公式如下：

$$X_1 = -\frac{\Delta_{1P}}{\delta_{11}} = \frac{\int \dfrac{yM_P}{EI} ds}{\int \dfrac{y^2}{EI} ds + \int \dfrac{\cos^2\varphi}{EA} ds} \tag{6-17}$$

求得 X_1（水平推力）后，再计算各截面的内力。各截面内力计算与静定三铰拱内力计算相同，公式如下：

$$\begin{cases} M = M^0 - X_1 y \\ F_Q = F_Q^0 \cos\varphi - X_1 \sin\varphi \\ F_N = -F_Q^0 \sin\varphi - X_1 \cos\varphi \end{cases} \tag{6-18}$$

式中：M^0、F_Q^0 分别表示相应简支梁的弯矩和剪力。

2. 有拉杆两铰拱

图 6-59(a)所示为有拉杆两铰拱，它同样是一次超静定结构。将拉杆切断，取基本体系如图 6-59(b)所示。

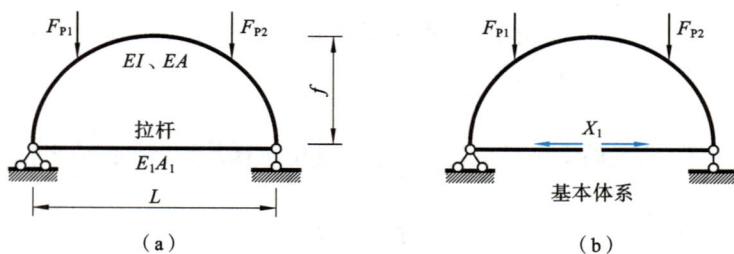

图 6-59

接下来的计算与无拉杆两铰拱相似，只是由于 $X_1=1$ 是作用在拉杆上的，因此在计算 δ_{11} 时，要计入拉杆轴向变形的影响，即

$$\delta_{11} = \int \frac{\overline{M}_1^2}{EI} ds + \int \frac{\overline{F}_{N1}^2}{EA} ds + \frac{1}{E_1 A_1} L = \int \frac{y^2}{EI} ds + \int \frac{\cos^2\varphi}{EA} ds + \frac{1}{E_1 A_1} L$$

$$\Delta_{1P} = \int \frac{\overline{M}_1 M_P}{EI} ds = \int \frac{-yM_P}{EI} ds$$

由力法方程可得多余力（拉杆的轴力）计算公式如下：

$$X_1 = \frac{\displaystyle\int \frac{yM_P}{EI}\mathrm{d}s}{\displaystyle\int \frac{y^2}{EI}\mathrm{d}s + \int \frac{\cos^2\varphi}{EA}\mathrm{d}s + \frac{L}{E_1 A_1}} \tag{6-19}$$

与无拉杆时相比,该公式的分母多了拉杆的影响 $\dfrac{L}{E_1 A_1}$ 这一项。

拱轴线上任意点的内力同样可用式(6-18)计算。

结论:(1)有拉杆两铰拱与无拉杆两铰拱相比,当拉杆的 $E_1 A_1 \to \infty$ 时,两者趋于相同,而当 $E_1 A_1 \to 0$ 时,$X_1 \to 0$,有拉杆拱将成为简支曲梁而丧失拱的作用与特征。

(2)设计时应加大拉杆的抗拉刚度,以减小拱的弯矩。

【例 6-10】 图 6-60 所示两铰拱的轴线方程为 $y = \dfrac{4f}{L^2}x(L-x)$,杆件的 EI 为常数。只考虑弯曲变形的影响,请用力法计算水平推力 F_H。

解 通常为了简化计算,若 $f/L < 0.2$,可近似取 $\mathrm{d}s = \mathrm{d}x$、$\cos\alpha = 1$。水平推力的计算公式如下:

$$X_1 = F_H = -\frac{\Delta_{1P}}{\delta_{11}} = -\frac{\displaystyle\int \frac{M_P}{EI}y\,\mathrm{d}x}{\displaystyle\int \frac{y^2}{EI}\mathrm{d}x}$$

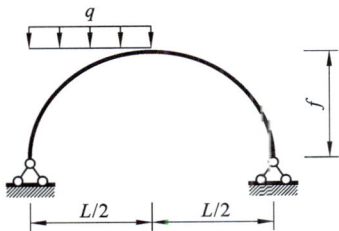

图 6-60

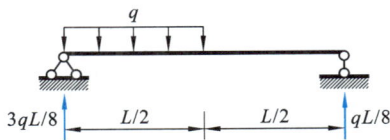

图 6-61

由于两铰拱求解的基本体系是简支的曲梁,因此 $M_P = M^0$,即 M_P 等于荷载在相应简支梁(见图 6-61)上产生的弯矩。具体计算如下:

$$M_P = M^0 = \begin{cases} \dfrac{3qL}{8}x - \dfrac{qx^2}{2} & \left(0 \leqslant x \leqslant \dfrac{L}{2}\right) \\[3mm] \dfrac{qL}{8}(L-x) & \left(\dfrac{L}{2} \leqslant x \leqslant L\right) \end{cases}$$

$$\Delta_{1P} = \frac{1}{EI}\int_0^{L/2}\left[\frac{4f}{L^2}x(L-x)\right]\left(\frac{3qL}{8}x - \frac{qx^2}{2}\right)\mathrm{d}x - \frac{1}{EI}\int_0^{L/2}\left[\frac{4f}{L^2}x(L-x)\right]\left[\frac{qL}{8}(L-x)\right]\mathrm{d}x$$

$$= -\frac{qfL^3}{30EI}$$

$$\delta_{11} = \frac{1}{EI}\int_0^L\left[\frac{4f}{L^2}x(L-x)\right]^2\mathrm{d}x = \frac{8f^2 L}{15EI}$$

将 Δ_{1P}、δ_{11} 代入水平推力的计算公式,得

$$F_H = -\frac{\Delta_{1P}}{\delta_{11}} = \frac{qL^2}{16f}$$

此题还可以利用结构的对称性简化计算:首先将荷载转化为对称与反对称荷载之和;其次取对称的三铰刚架作为基本体系。图 6-62(a)、(b)所示分别为上述两铰拱在对称荷载作用下的基本体系和在反对称荷载作用下的基本体系。

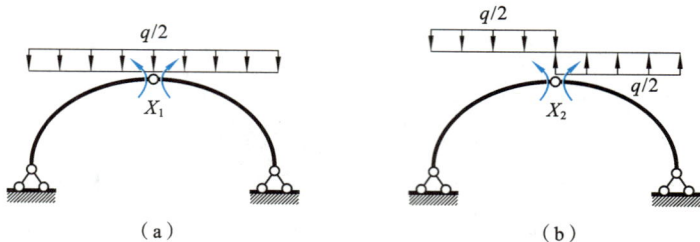

图 6-62

由对称性可知:在反对称荷载作用下,结构对称点处对称的内力不存在,因此 $X_2=0$;在对称荷载作用下,由静定结构三铰拱的讨论可知,对称三铰拱在均布荷载作用下,抛物线是合理的拱轴线,因此,全拱弯矩为零。

拱任意点弯矩计算公式为
$$M=M^0-F_H y$$
拱中点的弯矩为
$$M_中=M_中^0-F_H f$$
由弯矩等于零,得
$$F_H=\frac{M_中^0}{f}=\frac{qL^2}{16f}$$

3. 无铰对称拱

对图 6-63(a)所示的无铰对称拱,在对称点处把拱切开,代替以 3 对多余力,即得到拱的基本体系,如图 6-63(b)所示。

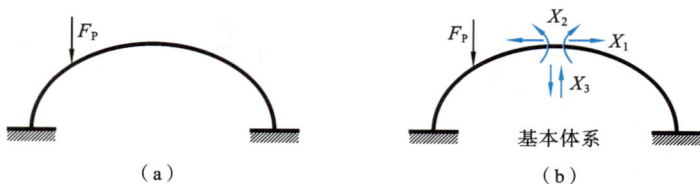

图 6-63

相应的力法方程为
$$\begin{cases}\delta_{11}X_1+\delta_{12}X_2+\delta_{13}X_3+\Delta_{1P}=0\\ \delta_{21}X_1+\delta_{22}X_2+\delta_{23}X_3+\Delta_{2P}=0\\ \delta_{31}X_1+\delta_{32}X_2+\delta_{33}X_3+\Delta_{3P}=0\end{cases}$$

由于 X_1、X_2 是对称的,X_3 是反对称的,因此上述方程中等于零的系数如下:
$$\delta_{13}=\delta_{31}=\delta_{23}=\delta_{32}=0$$

原力法方程变为
$$\begin{cases}\delta_{11}X_1+\delta_{12}X_2+\Delta_{1P}=0\\ \delta_{21}X_1+\delta_{22}X_2+\Delta_{2P}=0\\ \delta_{33}X_3+\Delta_{3P}=0\end{cases}$$

以上方程中还有 4 个系数、3 个自由项需求解,第 1 个方程与第 2 个方程还是联立的。为了进一步简化计算,希望 $\delta_{12}=\delta_{21}=0$,这样力法方程就变成了 3 个独立方程。要达到以上目的可以采取下述方法。

首先将拱在对称点处切开,再加上刚臂,如图 6-64(a)所示。所谓的刚臂就是不发生变形的杆件。因此,改造后的拱与原结构是等价的,也就是说可用改造后的拱代替原结构来计算。

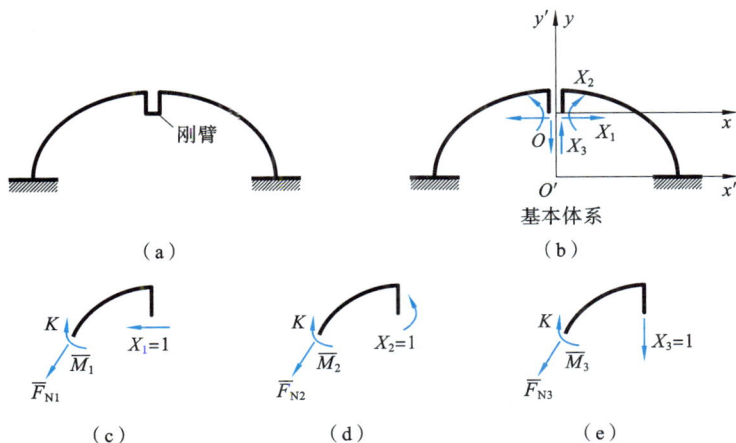

图 6-64

将刚臂端头切断,代之以 3 对多余力 X_1、X_2、X_3,所得基本体系如图 6-64(b)所示。因计算需要,建立 2 套坐标系,Oxy 坐标系的原点设在刚臂的端头,$O'x'y'$ 坐标系的原点设在拱底的中点,设 Oxy 坐标轴至 $Ox'y$ 坐标轴的距离为 a。写出 $X_1 = 1$、$X_2 = 1$、$X_3 = 1$ 单独作用时,拱上任意点处的弯矩和轴力的表达式。

在 $X_1 = 1$ 单独作用下(见图 6-64(c)),有
$$\overline{M}_1 = y, \quad \overline{F}_{N1} = -\cos\varphi$$

在 $X_2 = 1$ 单独作用下(见图 6-64(d)),有
$$\overline{M}_2 = 1, \quad \overline{F}_{N2} = 0$$

在 $X_3 = 1$ 单独作用下(见图 6-64(e)),有
$$\overline{M}_3 = -x, \quad \overline{F}_{N3} = -\sin\varphi$$

δ_{12}、δ_{21} 的计算公式为
$$\delta_{12} = \delta_{21} = \int \frac{\overline{M}_1 \overline{M}_2}{EI} \mathrm{d}s \tag{6-20}$$

将 $\overline{M}_1$、$\overline{M}_2$ 代入式(6-20),得
$$\delta_{12} = \delta_{21} = \int \frac{y}{EI} \mathrm{d}s \tag{6-21}$$

由两坐标系之间的关系可知
$$y' = y + a \tag{6-22}$$

将式(6-22)代入式(6-21),并令 $\delta_{12} = \delta_{21} = 0$,得
$$\delta_{12} = \delta_{21} = \int \frac{y'}{EI} \mathrm{d}s - \int \frac{a}{EI} \mathrm{d}s = 0$$

$$a = \frac{\displaystyle\int \frac{y'}{EI} \mathrm{d}s}{\displaystyle\int \frac{1}{EI} \mathrm{d}s} \tag{6-23}$$

利用式(6-23)就可以求出 a,那么所加刚臂的长度也就被确定了。刚臂在这个长度下,就能达到令 $\delta_{12} = \delta_{21} = 0$ 的目的。力法方程就变为

$$\begin{cases} \delta_{11}X_1 + \Delta_{1P} = 0 \\ \delta_{22}X_2 + \Delta_{2P} = 0 \\ \delta_{33}X_3 + \Delta_{3P} = 0 \end{cases}$$

其中系数和自由项的计算公式分别为

$$\begin{cases} \delta_{11} = \int \dfrac{\overline{M}_1^2}{EI}ds + \int \dfrac{\overline{F}_{N1}^2}{EA}ds \\ \delta_{22} = \int \dfrac{\overline{M}_2^2}{EI}ds \\ \delta_{33} = \int \dfrac{\overline{M}_3^2}{EI}ds \end{cases}, \quad \begin{cases} \Delta_{1P} = \int \dfrac{\overline{M}_1 M_P}{EI}ds \\ \Delta_{2P} = \int \dfrac{\overline{M}_2 M_P}{EI}ds \\ \Delta_{3P} = \int \dfrac{\overline{M}_3 M_P}{EI}ds \end{cases}$$

将 $\overline{M}_1$、$\overline{M}_2$、$\overline{M}_3$ 代入后得

$$\begin{cases} \delta_{11} = \int \dfrac{y^2}{EI}ds + \int \dfrac{\cos^2\varphi}{EA}ds \\ \delta_{22} = \int \dfrac{1}{EI}ds \\ \delta_{33} = \int \dfrac{x^2}{EI}ds \end{cases}, \quad \begin{cases} \Delta_{1P} = \int \dfrac{yM_P}{EI}ds \\ \Delta_{2P} = \int \dfrac{M_P}{EI}ds \\ \Delta_{3P} = -\int \dfrac{xM_P}{EI}ds \end{cases}$$

式中：x 表示 $X_3 = 1$ 时 $\overline{M}_3$ 的值。

6.7 支座移动、温度变化时内力的计算

超静定结构有一个重要特点，就是在支座移动、温度改变等情况下，结构都会产生内力。

用力法求解由支座移动、温度改变引起的内力问题，其方法与求荷载作用下的内力基本相同，唯一的区别在于力法方程中自由项的计算不同。

1. 支座移动时的内力计算

图 6-65(a)所示刚架的 A 端支座发生了移动，下面以此问题为例讲解这种情况下结构内力具体的求解方法。

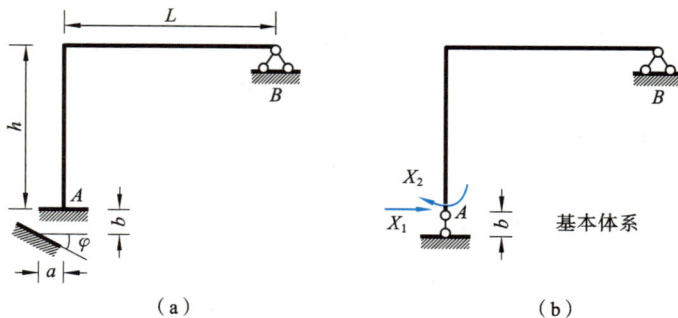

图 6-65

结构的超静定次数与荷载无关，该结构是二次超静定的。把 A 端支座的水平约束去掉，以 X_1 代替，把转动约束去掉，以 X_2 代替，取基本体系如图6-65(b)所示。由于 A 端支座的竖直约束没有去掉，因此基本体系中应保留该支座的竖直方向位移 b。

由 A 端支座处原结构的位移条件,建立力法典型方程如下:

$$\begin{cases} \delta_{11}X_1 + \delta_{12}X_2 + \Delta_{1C} = -a \\ \delta_{21}X_1 + \delta_{22}X_2 + \Delta_{2C} = \varphi \end{cases} \tag{6-24}$$

第一个方程的物理意义是:基本体系在多余力和 A 端支座的竖直方向位移共同作用下,在 A 端支座处沿 X_1 方向的位移应等于 $-a$(因为 X_1 的假设方向与支座位移 a 的方向相反,所以取负号)。第二个方程的物理意义是:基本体系在多余力和 A 端支座的竖直方向位移共同作用下,在 A 端支座处沿 X_2 方向的位移应等于 φ(因为 X_2 的假设方向与支座位移 φ 的方向相同,所以取正号)。

以上力法方程中系数的计算方法与 6.4 节中例 6-5 中力法方程系数的计算方法完全相同:画出 $\overline{M}_1$、$\overline{M}_2$ 图,分别如图 6-66(a)、(b)所示,通过图乘就可得到系数。而自由项则是基本体系,即静定结构由支座移动引起的沿 X_i 方向的位移,应用以下公式计算:

$$\Delta_{iC} = -\sum \overline{F}_{Ri} c \tag{6-25}$$

式中:c 表示支座位移。

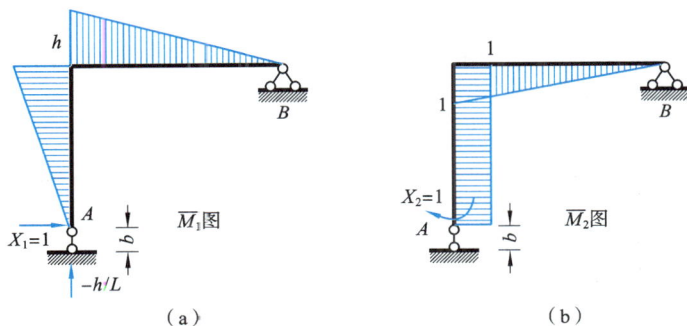

图 6-66

自由项的具体计算如下:

$$\Delta_{1C} = -\sum \overline{F}_{R1} c = -\left(-\frac{h}{L} \times b\right) = \frac{h}{L}b$$

$$\Delta_{2C} = -\sum \overline{F}_{R2} c = -\left(\frac{1}{L} \times b\right) = -\frac{1}{L}b$$

最后的弯矩还是用叠加原理计算:

$$M = \overline{M}_1 X_1 + \overline{M}_2 X_2 \tag{6-26}$$

与荷载作用相比,式(6-26)中没有 M_P 这一项,这是因为支座位移不会引起静定结构(基本体系是静定的)的内力。

2. 温度变化时内力的计算

下面同样以一例子说明温度变化时结构内力的计算方法。图 6-67(a)所示刚架各杆内侧温度升高了 10℃,外侧温度不变,各杆件的线膨胀系数为 α。杆件的 EI 均为常数,截面高度为 h。

如前所述,结构超静定的次数与荷载无关。该结构为一次超静定结构,去掉 B 端支座处的竖直方向约束,取基本体系如图 3-67(b)所示。

根据基本体系在多余力 X_1 和温度改变的共同作用下,在 B 端支座处沿 X_1 方向的位移应该等于零(与原结构相同)的位移条件,列出力法方程如下:

$$\delta_{11}X_1 + \Delta_{1t} = 0$$

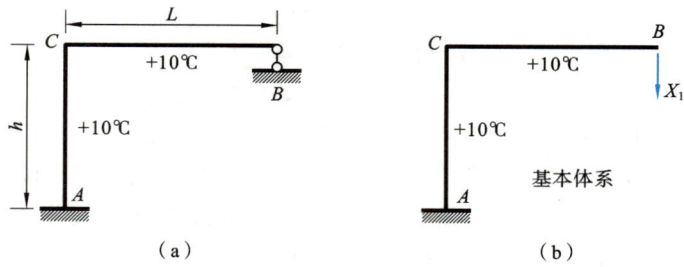

图 6-67

其中的系数,画出 $\overline{M}_1$ 图(见图 6-68(a))后,通过图乘就可得到。而自由项则是基本体系,即静定结构由温度改变引起的沿 X_1 方向的位移,应用下式计算:

$$\Delta_{1t} = \sum (\pm) \alpha \frac{\Delta t}{h} \omega_{\overline{M}} + \sum (\pm) \alpha t_0 \omega_{\overline{F}_N} \tag{6-27}$$

式中:$\omega_{\overline{M}}$ 表示 $X_1 = 1$ 作用下基本体系弯矩图的面积;$\omega_{\overline{F}_N}$ 表示 $X_1 = 1$ 作用下基本体系轴力图的面积。

显然,计算中要用到 $X_1 = 1$ 作用下的轴力图。因此,在 $X_1 = 1$ 作用下不仅要画出弯矩图,还要画出轴力图(见图 6-68(b))。

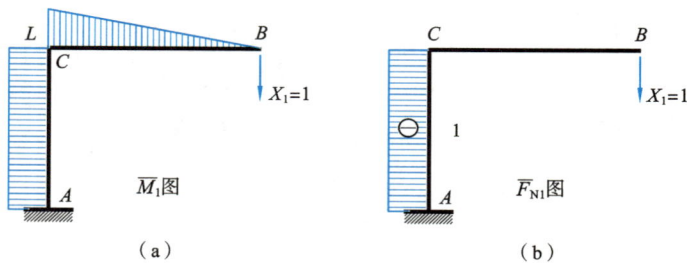

图 6-68

系数与自由项的具体计算如下。

$$\delta_{11} = \frac{1}{EI} \left(L^2 \times L + \frac{L^2}{2} \times \frac{2}{3} L \right) = \frac{4L^3}{3EI}$$

$$\Delta_{1t} = \sum (\pm) \alpha \frac{\Delta t}{h} \omega_{\overline{M}} + \sum (\pm) \alpha t_0 \omega_{\overline{F}_N}$$

$$= -\alpha \times \frac{10}{h} \left(L^2 + \frac{1}{2} L^2 \right) - \alpha \times \frac{10}{2} (1 \times L)$$

$$= -5\alpha L \left(1 + \frac{3L}{h} \right)$$

由力法方程求出 X_1 如下:

$$X_1 = -\frac{\Delta_{1t}}{\delta_{11}} = \frac{15\alpha EI}{4L^2} \left(1 + \frac{3L}{h} \right)$$

最后弯矩和轴力同样可由叠加原理求出:

$$\begin{cases} M = \overline{M}_1 X_1 + \overline{M}_2 X_2 \\ F_N = \overline{F}_{N1} X_1 + \overline{F}_{N2} X_2 \end{cases} \tag{6-28}$$

与荷载作用相比,上述公式中没有 M_P 和 F_{NP},这是因为温度改变不会引起静定结构的内力。

运用式(6-28),该例题的弯矩、轴力具体计算如下:

$$M_{CB} = M_{CA} = \overline{M}_1 X_1 = \frac{15\alpha EI}{4L}\left(1 + \frac{3L}{h}\right)$$

$$F_{NCA} = \overline{F}_{N1} X_1 = \frac{15\alpha EI}{4L^2}\left(1 + \frac{3L}{h}\right)$$

最后画出结构的弯矩图和轴力图,分别如图 6-69(a)、(b)所示。

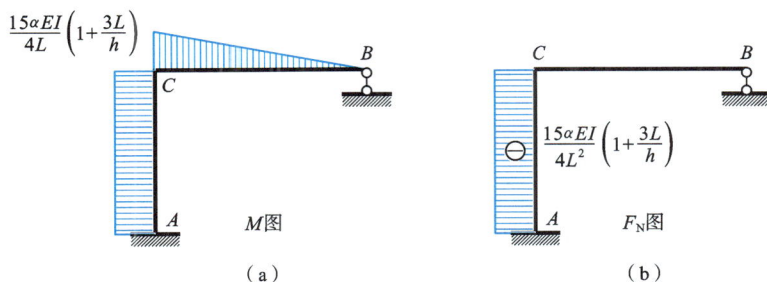

图 6-69

由图 6-69 可见,温度改变引起的内力与杆件的 EI 成正比。因此,若要抵抗由温度变化引起的超静定结构的内力,单靠加大杆件的截面,效果是不明显的。

6.8 具有弹性支座结构的内力计算

图 6-70(a)所示单跨超静定梁具有弹性支座,其弹簧的刚度系数为 k(单位变形所需的力),下面以此为例来说明具体的灭法。

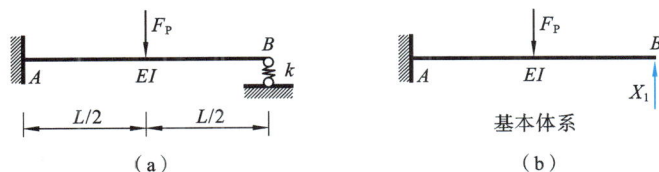

图 6-70

该结构是一次超静定的。把 B 端支座处的约束去掉,代替以多余力 X_1,取基本体系如图 6-70(b)所示。根据基本体系在荷载及多余力的共同作用下,在 B 端支座处沿 X_1 方向的位移应该与原结构相同这一位移条件建立力法方程。原结构在此处的位移应等于弹簧的反力除以弹簧的刚度,其位移方向一定与反力相反,因此,力法方程为

$$\delta_{11} X_1 + \Delta_{1P} = -\frac{X_1}{k}$$

画出 M_P 图(见图 6-71(a))、$\overline{M}_1$ 图(见图 6-71(b)),求系数与自由项。

由图乘求得

$$\delta_{11} = \frac{L^3}{3EI}, \quad \Delta_{1P} = -\frac{1}{EI}\left(\frac{L}{2} \times \frac{F_P L}{2} \times \frac{1}{2}\right) \times \frac{5L}{6} = -\frac{5F_P L^3}{48EI}$$

由力法方程求得

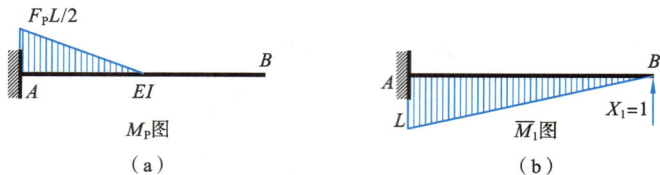

图 6-71

$$X_1 = -\frac{\Delta_{1P}}{\delta_{11} + \dfrac{1}{k}} = \frac{5F_P L^3}{16\left(L^3 + \dfrac{3EI}{k}\right)}$$

6.9　超静定结构的位移计算

MOOC 视频

先回顾一下静定结构(荷载作用下的受弯结构)位移计算的步骤:

(1) 求出结构在荷载作用下的弯矩;

(2) 在要求位移的那个点处虚设一个相应的单位荷载,并求出其弯矩;

(3) 由图乘法或积分法得所要位移。

在第 5 章中推导出上述计算过程时,没有强调结构是静定的还是超静定的,也就是说,对超静定结构完全也可以按照上述步骤及方法进行位移计算,但这样做要多次解超静定结构。

例如,要求图 6-72(a)所示刚架结构上 C 点的水平位移,则:第一步是画出荷载作用下的 M_P 图(见图 6-72(b)),这时要用力法解一次超静定结构;第二步是在 C 点的水平方向作用一单位荷载并画出 $\overline{M}$ 图(见图 6-72(c)),这时又要用力法解一次超静定结构;第三步是采用积分法或图乘法求出所要求的位移。上述解题过程需要对一个超静定结构求解两次,若结构是多次超静定的,或对同一个结构需求多点的位移,显然工作量是很大的。因此,需要想办法尽量减少计算的工作量。

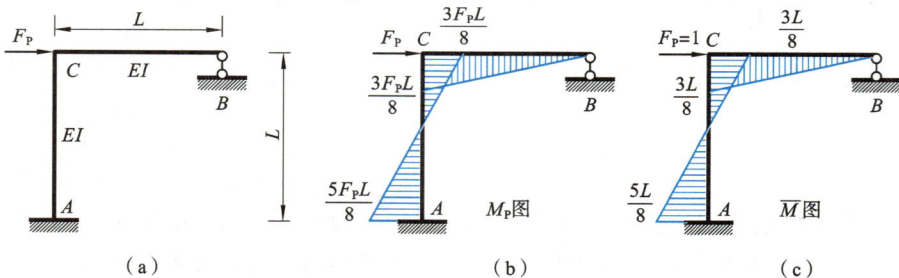

图 6-72

图 6-73(a)所示为图 6-72(a)所示刚架的基本体系。如前所述,在力法中基本体系与原结构是完全等价的,这种等价不仅体现在内力上,还体现在结构的位移和变形上,也就是说,超静定结构的位移和变形与静定的基本体系在原荷载及多余力的共同作用下的位移和变形是完全相同的。因此,求超静定结构上某点的位移,可以在静定的基本体系上求。图6-72(a)所示结构上 C 点的水平位移的具体计算步骤如下:

(1) 画出基本体系在 F_P、X_1 作用下的 M_P 图。由于 X_1 是未知的,要画出 M_P 图还是需用力法求解。

（2）虚设一个单位荷载状态，这时就可以在静定的基本体系上进行，并画出 $\overline{M}$ 图（是静定结构弯矩图（见图 6-73(b)））。

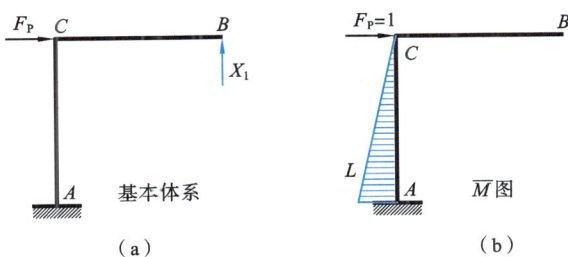

图 6-73

（3）采用积分法或图乘法求出所要求的位移。

显然，以上做法的优点是，虚设单位荷载状态时用的是静定的基本体系，这样就可少解一次超静定结构。

【例 6-11】　求图 6-72(a)所示结构 C 点处的转角位移 φ_C。

解　（1）用力法画出基本体系在 F_P、X_1 作用下（见图 6-73(a)）的 M_P 图，如图 6-72(b)所示。具体过程省略。

（2）取一个基本体系，在 C 点上虚设一个单位力矩，画出 $\overline{M}$ 图（见图 6-74）。

（3）用图乘法即可求得 C 点的转角位移：

$$\varphi_C = \frac{L}{6EI}\left(-2\times\frac{3F_F L}{8}\times1+2\times\frac{5F_P L}{8}\times1-\frac{3F_P L}{8}\times1+\frac{5F_P L}{8}\times1\right) = \frac{F_P L^2}{8EI}$$

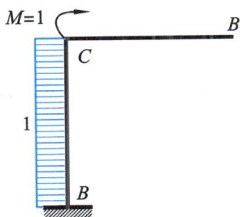

图 6-74

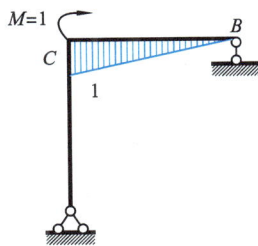

图 6-75

由于同一结构可取多个不同的基本体系，因此例 6-11 也可以取其他的基本体系进行求解。如取图 6-75 所示的基本体系 2，用图乘法求得 C 点的转角位移：

$$\varphi_C = \frac{1}{EI}\times\frac{3F_P L}{8}L\times\frac{1}{2}\times\frac{2}{3}\times1 = \frac{F_P L^2}{8EI}$$

同理，若一个结构需求两个点的位移，也可以根据情况取两个不同的基本体系。

【例 6-12】　求图 6-76(a)所示超静定结构上的 C 点由支座位移引起的水平位移 Δ_{Cx}。

解　（1）计算并画出原结构由于 A 端支座发生转角位移 φ 而产生的弯矩 M_P 图（见图 6-76(b)）。

（2）取一基本体系，在 C 点作用一水平单位荷载，作出 $\overline{M}$ 图（见图 6-76(c)）。

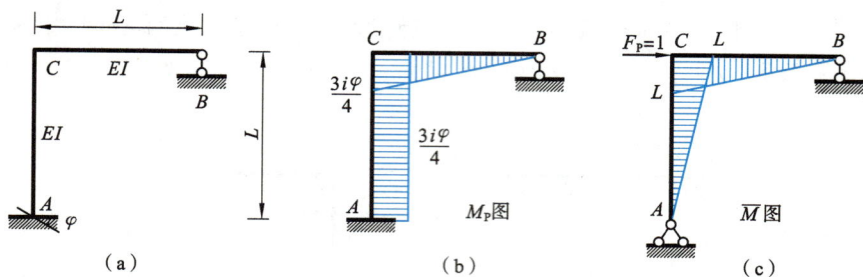

图 6-76

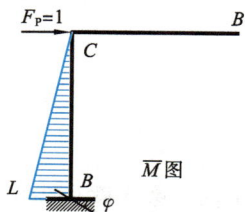

图 6-77

(3) 由 M_P 图与 $\overline{M}$ 的图乘求得 Δ_{Cx} 如下：

$$\Delta_{Cx}=\frac{1}{EI}\left(\frac{3}{4}\times\frac{EI}{L}\varphi L\times\frac{1}{2}\times\frac{2L}{3}+\frac{3}{4}\times\frac{EI}{L}\varphi L\times\frac{L}{2}\right)=\frac{5\varphi L}{8}$$

此题若取悬臂的基本体系，则画出的 $\overline{M}$ 图如图 6-77 所示。

计算 Δ_{Cx} 时要注意，由于取的基本体系中 A 端支座有转角位移 φ，因此应计入这一项的影响。

$$\Delta_{Cx}=\frac{1}{EI}\left(-\frac{3}{4}\times\frac{EI}{L}\varphi L\times\frac{L}{2}\right)-(-L\varphi)=\frac{5\varphi L}{8}$$

超静定结构有支座位移时，求某点位移的计算公式如下：

$$\Delta=\sum\int\frac{\overline{M}M_P}{EI}ds-\sum\overline{F}_Rc \tag{6-29}$$

式中：$-\sum\overline{F}_Rc$ 这一项指的是所取基本体系中的支座移动引起的位移。

【例 6-13】 图 6-78(a)所示超静定刚架，内侧温度比原来升高了 10℃，外侧温度比原来升高了 20℃，求由此引起的 B 点转角位移 φ_B。杆件的截面高度 $h=L/10$，EI 为常数，线膨胀系数为 α。

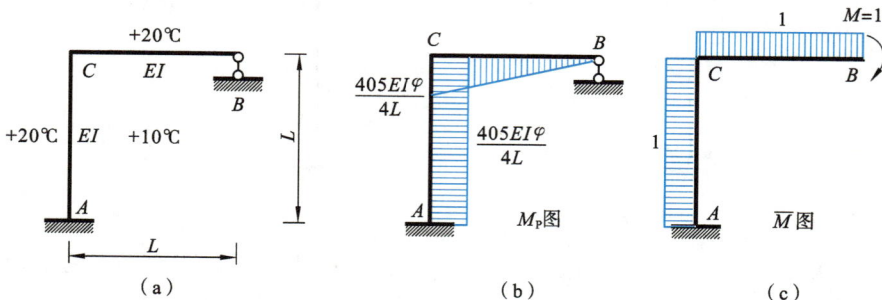

图 6-78

解 (1) 用力法求解出原结构由于温度改变而产生的弯矩，并画出 M_P 图（具体过程省略），如图 6-78(b)所示。

(2) 取静定悬臂结构为基本体系，在 B 点虚设一个单位荷载，画出 $\overline{M}$ 图，如图 6-78(c)所示。

(3) φ_B 的计算公式如下：

$$\Delta=\sum\int\frac{\overline{M}M_P}{EI}ds+\sum\frac{\alpha\Delta t}{h}\omega_{\overline{M}}+\sum\alpha t_0\omega_{F_N}$$

式中：$\sum \dfrac{\alpha \Delta t}{h}\omega_{\bar{M}} + \sum \alpha t_0 \omega_{\bar{F}_N}$ 这两项考虑的是静定的基本体系由温度变化引起的位移。因为基本体系与原结构的区别仅是去掉了 B 端的竖直方向约束，也就是说静定的基本体系在温度及多余力的共同作用下才与原结构等价。φ_B 的具体计算如下：

$$\varphi_B = \frac{1}{EI}\left[-\frac{405}{4}\varphi i \times \frac{L}{2} \times 2 - \frac{405}{4}\alpha i \times L \times 1\right] + \frac{10\alpha}{h}\times 1 \times L + \frac{10\alpha}{h}\times 1 \times L = \frac{385\alpha}{8}$$

式中：$i = EI/L$ 表示杆件的线刚度。

由温度变化引起的一般超静定结构位移的计算公式为

$$\Delta = \sum\int \frac{\overline{M}M_P}{EI}\mathrm{d}s + \sum\int k\frac{\overline{F}_Q F_{QP}}{GA}\mathrm{d}s + \sum\int \frac{\overline{F}_N F_{NP}}{EA}\mathrm{d}s \pm \sum \frac{\alpha \Delta t}{h}\omega_{\bar{M}} \pm \sum \alpha t_0 \omega_{\bar{F}_N} \quad (6\text{-}30)$$

由支座移动引起的一般超静定结构位移的计算公式为

$$\Delta = \sum\int \frac{\overline{M}M_P}{EI}\mathrm{d}s + \sum\int k\frac{\overline{F}_Q F_{QP}}{GA}\mathrm{d}s + \sum\int \frac{\overline{F}_N F_{NP}}{EA}\mathrm{d}s - \sum \overline{F}_R c \quad (6\text{-}31)$$

6.10 超静定结构计算的校核

对超静定结构的计算结果的校核，包括：

(1) 对于弯矩图，检查其结点是否满足弯矩平衡条件，即 $\sum M = 0$。

(2) 取出任意截面，检查水平或竖直方向的平衡条件，即是否满足 $\sum F_x = 0$ 或 $\sum F_y = 0$。

(3) 对于某点已知为零的位移，再求一下，看是否等于零。这是最有效的方法。

由于计算内力本来利用的就是平衡条件，因此单用前两种方法进行校核未必能检查出所有问题，所以常采用第三种方法。

【例 6-14】 用力法求解图 6-79(a)所示结构，在解题过程中所取的基本体系如图 6-79

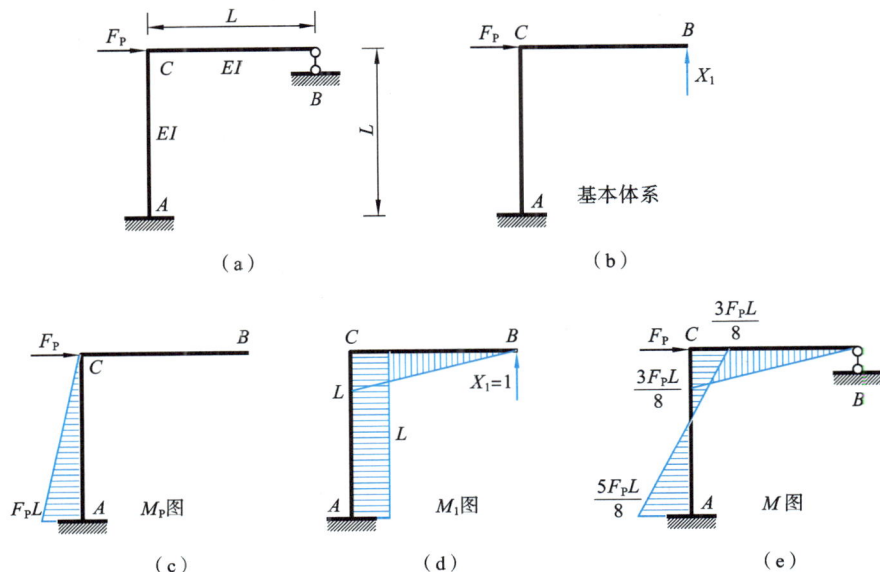

（a）　　　　　　　　（b）

（c）　　　　　　（d）　　　　　　（e）

图 6-79

(b)所示。作出 M_P 图(见图 6-79(c))、M_1 图(见图 6-79(d))和 M 图(见图 6-79(e)),校核所作的弯矩图是否正确。

解 由超静定结构位移计算的概念知道,M 图(见图 6-79(e))与 $\overline{M}_1$ 图(见图 6-79(d))的图乘结果即为 B 点的竖直方向位移 Δ_{By},而该点的位移已知为零。因此可以利用这一条件进行校核。

$$\Delta_{By}=\frac{1}{EI}\left(\frac{3F_PL}{8}\times\frac{L}{2}\times\frac{2}{3}L\right)+\frac{L}{6EI}\left(2\times\frac{3F_PL}{8}\times L-2\times\frac{5F_PL}{8}\times L-\frac{5F_PL}{8}\times L+\frac{3F_PL}{8}\times L\right)$$

$$=\frac{F_PL^3}{8EI}-\frac{F_PL^3}{8EI}=0$$

计算结果说明弯矩图的计算是正确的。

【例 6-15】 由计算得到了图 6-80 所示刚架在荷载作用下的弯矩图,校核其是否正确。

解 已知 A 点的竖直方向位移 Δ_{Ay} 等于零,用此条件来校核弯矩图是否正确。取基本体系如图6-81(a)所示,在 A 点作用一竖直方向的单位荷载,画出 $\overline{M}$ 图。

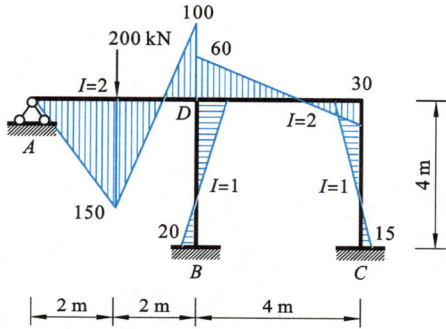
图 6-80

由图乘法得

$$\Delta_{Ay}=\frac{-1}{2EI}\left(\frac{2\times150}{2}\times\frac{2}{3}\times2\right)+\frac{2}{2EI\times6}(-2\times150\times2+2\times100\times4-150\times4+100\times2)+\frac{4}{6EI}(2\times40\times4-2\times20\times4-20\times4+4\times40)$$

$$=\frac{80}{3EI}\neq0$$

计算得 A 点的竖直方向位移不等于零,说明弯矩图有错。

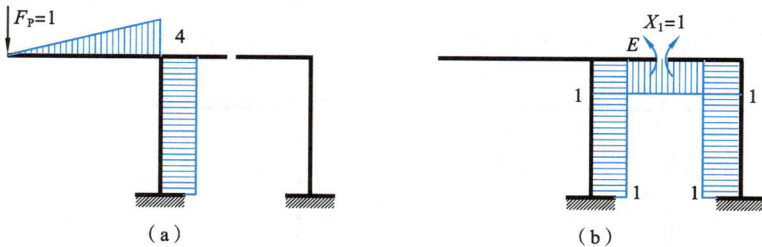
图 6-81

此题也可以校核 E 点的相对转角位移,为此取基本体系如图6-81(b)所示,在 E 点作用一对单位弯矩,画出 $\overline{M}$ 图。由图乘法得

$$\Delta_{E\varphi}=\frac{4}{6EI}(-2\times20\times1+2\times40\times1+40\times1-20\times1)$$

$$+\frac{4}{6\times2EI}(-2\times60\times1+2\times30\times1-60+30)$$

$$+\frac{4}{6EI}(2\times30\times1-2\times15\times1+30-15)$$

$$=\frac{40}{EI}\neq0$$

计算结果同样说明弯矩图有错。

6.11 特殊问题的讨论

在这一小节中以例题的形式对一些特殊的问题进行讨论。

【例 6-16】 对图 6-82(a)所示结构取图 6-82(b)所示基本体系,请列出力法方程,并求出系数。

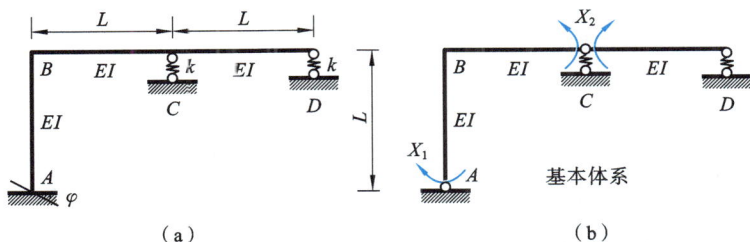

图 6-82

分析 6.8 节已介绍了有弹性支座结构的问题及处理方法,由于结构中只有一个弹性支座,作为多余约束去掉后,在基本体系中就没有弹性支座了,但此题在所取基本体系中还存在弹性支座,因此,在求解系数和自由项时要比前面讲的略微复杂些。

解 针对所取的基本体系,建立力法方程如下:

$$\delta_{11}X_1 + \delta_{12}X_2 = \varphi$$
$$\delta_{21}X_1 + \delta_{22}X_2 = 0$$

建立上述两个方程的原则是:基本体系在多余力 X_1、X_2 的共同作用下,沿 X_1、X_2 方向的位移应该分别与原结构的相同。由于原结构沿 X_1 方向的位移为 φ,并且与 X_1 的假设方向相同,因此第一个方程的等式右边应该等于 φ。原结构沿 X_2 方向的位移为零,因此第二个方程的等式右边应该等于零。

为求方程中的系数,作出 $\overline{M}_1$ 图和 $\overline{M}_2$ 图,分别如图 6-83(a)、(b)所示。

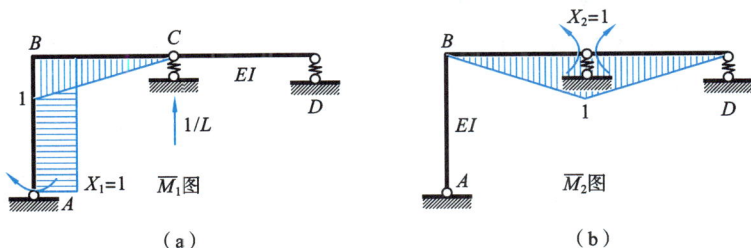

图 6-83

由于基本体系中含有弹性支座,因此求系数时,除了弯矩图的自乘外,还应计入由弹性支座引起的位移。系数的计算过程如下:

$$\delta_{11} = \frac{1}{EI}\left(1 \times L \times 1 + \frac{1 \times L}{2} \times \frac{2}{3}\right) + \frac{1}{L} \times \frac{1}{Lk} = \frac{4L}{3EI} + \frac{1}{L^2 k}$$

$$\delta_{22} = \frac{1}{EI}\left(\frac{1 \times L}{2} \times \frac{2}{3} \times 2\right) + \frac{2}{L} \times \frac{2}{Lk} + \frac{1}{L} \times \frac{1}{Lk} = \frac{2L}{3EI} + \frac{5}{L^2 k}$$

$$\delta_{12} = \delta_{21} = \frac{1}{EI}\left(\frac{1 \times L}{2} \times \frac{1}{3}\right) - \frac{2}{L} \times \frac{1}{Lk} = \frac{L}{6EI} - \frac{2}{L^2 k}$$

【例 6-17】 对图 6-84(a)所示结构,取图 6-84(b)所示的力法基本体系,请写出力法方程,并求出系数和自由项。

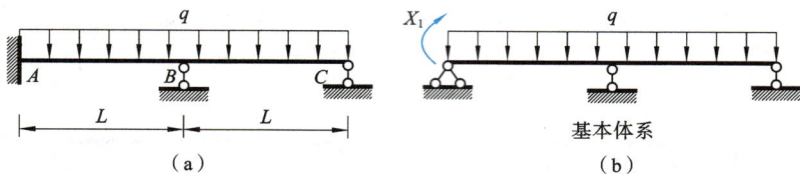

图 6-84

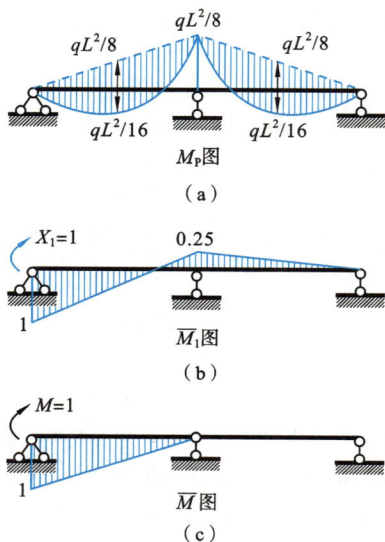

图 6-85

分析 此题中原结构是二次超静定的,给出的基本体系只去掉了一个多余约束,即基本体系还是一次超静定的。判断其做法是否可行,关键是要记住建立基本体系的原则:基本体系在内力和位移变形上要与原结构完全等价。此题的基本体系相对原结构,仅把固定端支座的抗弯约束去掉了,代替以多余力 X_1,若求出的 X_1 在大小、方向上与原结构的反力完全相同,就可以说这个基本体系与原结构也是等价的。

根据上面的分析可知,力法的基本体系不仅可以取静定的,也可以取超静定的,只要是不变体系即可。若取超静定结构作为基本体系,那么力法方程中的系数和自由项就是超静定结构的位移。

解 建立力法方程如下:

$$\delta_{11}X_1 + \Delta_{1P} = 0$$

力法方程中的系数 δ_{11} 为基本体系在 $X_1 = 1$ 作用下沿 X_1 方向发生的转角位移,Δ_{1P} 为基本体系在荷载作用下沿 X_1 方向发生的转角位移,都为一次超静定结构的位移。为此要画出 M_P 图(见图 6-85(a))和 $\overline{M}_1$ 图(见图 6-85(b)),这两个图都是要通过求解一次超静定问题才能得到的。理论上 M_P 图与 $\overline{M}_1$ 图互乘即得 Δ_{1P},$\overline{M}_1$ 图自乘即得 δ_{11}。为方便起见,也可再取一个静定的基本体系,在 A 点作用一个单位力矩,画出 $\overline{M}$ 图(见图 6-85(c)),那么 M_P 图与 $\overline{M}$ 图互乘即得 Δ_{1P},$\overline{M}_1$ 图与 $\overline{M}$ 图互乘即得 δ_{11}。

系数和自由项的具体计算如下:

$$\delta_{11} = \frac{L}{6EI}(2 \times 1 \times 1 - 1 \times 0.25) = \frac{7L}{24EI}$$

$$\Delta_{1P} = \frac{1}{EI}\left(-\frac{qL^2}{8}L \times \frac{1}{2} \times \frac{1}{3} \times 1\right) + EI\left(\frac{2}{3}L \times \frac{qL^2}{8} \times \frac{1}{2}\right) = -\frac{qL^3}{48EI} + \frac{qL^3}{24EI} = \frac{qL^3}{48EI}$$

【例 6-18】 请用力法作图 6-86(a)所示结构的弯矩图,所有杆件的 EI 均为常数。

分析 图 6-86(a)所示结构是对称的,中间 B 点的固定端支座发生了转角位移 φ,因此这是个对称结构受反对称荷载作用的问题,可以利用对称性简化计算。

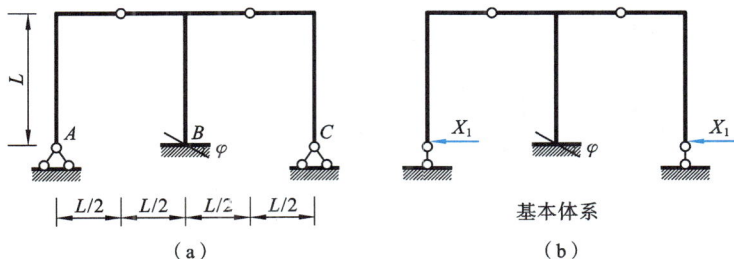

图 6-86

解 由于是对称结构受反对称苟载作用,因此 A、C 点处固定铰支座的水平反力必然反对称,即大小相等、方向相同,取基本体系如图 6-86(b)所示。按基本体系在一对多余力 X_1 及 B 点转角位移 φ 的共同作用下,在 A、C 两点沿水平方向的位移之和等于零的原则建立力法方程如下:

$$\delta_{11}X_1 + \Delta_{1t} = 0$$

为求系数和自由项,画出 $\overline{M}_1$ 图,如图 6-87(a)所示。由于静定的基本体系在支座移动时是不会产生内力的,因此该结构没有 M_P 图。

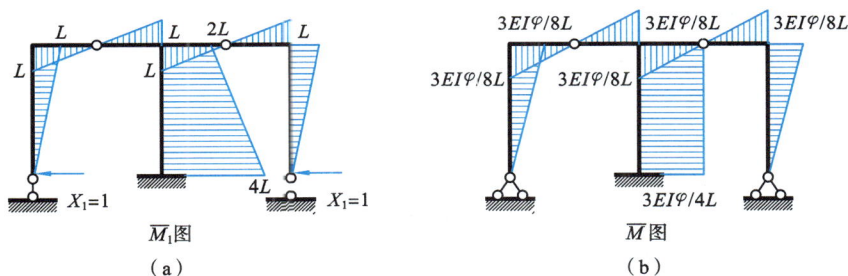

图 6-87

系数和自由项的具体计算如下:

$$\delta_{11} = \frac{1}{EI}\left(\frac{L\times L}{2}\times\frac{2}{3}L\times 2\right) + \frac{1}{EI}\left(L\times\frac{L}{2}\times\frac{1}{2}\times\frac{2}{3}L\times 4\right)$$

$$+ \frac{L}{6EI}(2\times 2L\times 2L + 2\times 4L\times 4L + 4L\times 2L + 2L\times 4L)$$

$$= \frac{L^3}{EI}\times\frac{2}{3} + \frac{L^3}{EI}\times\frac{2}{3} + \frac{L^3}{EI}\times\frac{28}{3} = \frac{32L^3}{3EI}$$

$$\Delta_{1C} = -\sum\overline{F}_R c = -4L\times\varphi = -4L\varphi$$

X_1 的计算如下:

$$X_1 = -\frac{\Delta_{1C}}{\delta_{11}} = \frac{4L\varphi}{32L^3/3EI} = \frac{3EI\varphi}{8L^2}$$

最后作出 M 图,如图 6-87(b)所示。

【例 6-19】 如图 6-88 所示桁架,其杆 CD 由于制造误差短了 2 cm,所有杆件的 EA 均为常数。请画出用力法计算的基本体系,写出力法方程,并求出其中部分系数和自由项。

分析 图 6-88 所示桁架的上部结构是对称的,支座表面上是不对称的,但在制造误差的

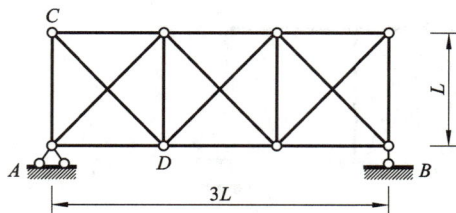

图 6-88

作用下，A 支座的水平反力等于零，因此整个结构是对称的。作用在结构上的制造误差这个广义荷载虽然是不对称的，但可与荷载一样处理成对称的和反对称的制造误差之和，这样就可利用对称性简化计算了。

解　把广义荷载处理成对称和反对称的之后画出基本体系，分别如图 6-89(a)、(b)所示。

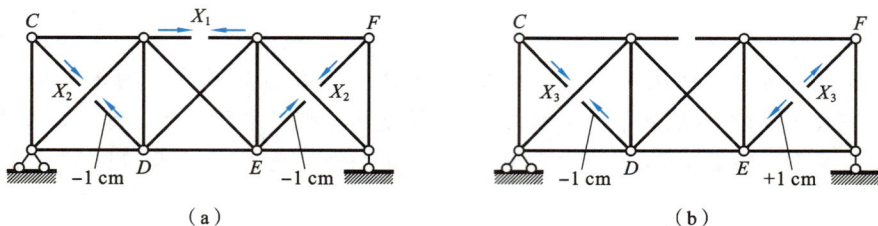

（a）　　　　　　　　　　　　　　　　（b）

图 6-89

广义荷载的处理方法：对于对称基本体系，把杆 CD 先缩短 1 cm，与之对称的杆 EF 也缩短 1 cm。对于反对称基本体系，把杆 CD 再缩短 1 cm，与之对称的杆 EF 伸长 1 cm。对称的基本体系，其内力一定对称，因此切断的杆 CD、杆 EF 的内力一定相等，方向也相同，可均设为 X_2。反对称的基本体系，其内力一定反对称，因此切断的杆 CD、杆 EF 的内力一定相等，但方向相反，可均设为 X_3。建立力法方程如下：

$$\begin{cases} \delta_{11}X_1 + \delta_{12}X_2 + \Delta_{1z} = 0 \\ \delta_{21}X_1 + \delta_{22}X_2 + \Delta_{2z} = 0 \\ \delta_{33}X_3 + \Delta_{3z} = 0 \end{cases}$$

为求系数和自由项，画出 $\overline{F}_{N1}$ 图、$\overline{F}_{N2}$ 图、$\overline{F}_{N3}$ 图，分别如图 6-90(a)、(b)、(c)所示。在系数和自由项中选择 δ_{22}、δ_{12}、Δ_{2z}，求解如下：

$$\delta_{22} = \frac{1}{EA}\left(\frac{\sqrt{2}}{2} \times \frac{\sqrt{2}}{2}L \times 8 + 1 \times 1 \times \sqrt{2}L \times 4\right) = \frac{4L}{EA} + \frac{4\sqrt{2}L}{EA} = \frac{4(1+\sqrt{2})L}{EA}$$

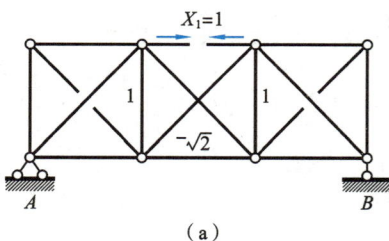

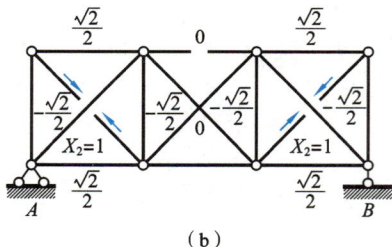

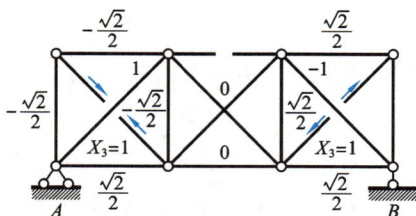

（a）　　　　　　　　　　　　　　　　（b）

（c）

图 6-90

$$\delta_{12} = \frac{1}{EA}\left(-\frac{\sqrt{2}}{2} \times L \times 2\right) = -\frac{\sqrt{2}L}{EA}$$

$$\Delta_{2z} = -1 \times 1 \times 2 = -2$$

【例 6-20】 利用对称性取图 6-91(a)所示结构的基本体系。

分析 图 6-91(a)所示结构是对称的,但荷载不对称,因此先要将荷载处理成对称的与反对称的荷载之和,然后就可利用对称性简化计算了。

解 将荷载处理成对称与反对称的荷载之和,如图 6-91(b)、(c)所示。对于载荷对称的情况,忽略受弯杆件的轴向变形,一对水平力只会使上横梁产生轴向压力,而不会使其产生弯矩,因此不需计算。对于载荷反对称的情况,该结构的内力必然反对称,因此中间链杆的轴力为零,可以去掉。现在结构中还有 4 个多余约束。首先将封闭框上横梁中点的刚性连接替换成铰接并加上一对弯矩,但根据反对称原则可知,这对弯矩等于零。其次将封闭框下横梁中点处切开,同理,在对称点处只有反对称内力(剪力)存在。因此最终的基本体系如图 6-92 所示。

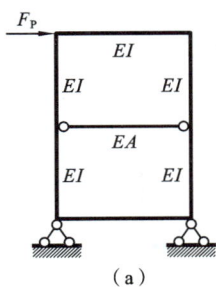
（a）

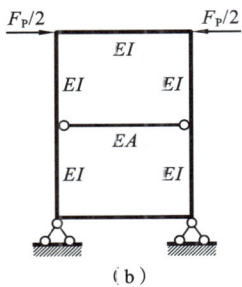
（b）

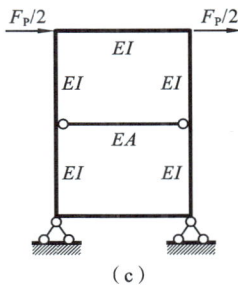
（c）

图 6-91

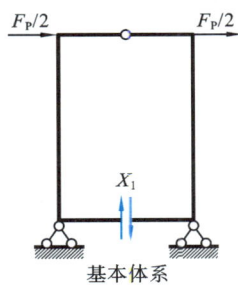
基本体系

图 6-92

思 考 题

6-1 超静定结构和静定结构有何差别?

6-2 如何确定超静定次数?

6-3 力法方程的物理意义是什么?

6-4 应用力法时,对超静定结构做了什么假定? 它们在力法求解过程中起什么作用?

6-5 试从物理意义上说明,为什么力法方程中的主系数恒为正,而副系数可正、可负、可为零。

6-6 为什么在荷载作用下超静定刚架的内力状态只与各杆 EI 的相对值有关,而与其绝对值无关?

6-7 在力法中为什么可以采用切断链杆后的体系作为基本体系?

6-8 在桁架和组合结构中,切开与拆除多余链杆的基本体系,两者的力法方程有何异同?

6-9 为什么利用对称性可以使结构计算得到简化?

6-10 试总结利用对称性进行结构简化计算的要点。

6-11 在无拉杆两铰拱中,系数和自由项是如何计算的?

6-12 试比较无拉杆两铰拱和有拉杆两铰拱的区别。

6-13 试总结无铰对称拱的简化计算方法。

6-14 用力法计算超静定结构时,支座移动、温度改变等因素的影响与荷载作用的影响有何异同?

　　6-15　超静定结构的位移计算与静定结构的位移计算有何区别?

　　6-16　用变形条件校核支座移动或温度变化产生的内力图时能否用 EI(或 EA)的相对值? 为什么?

习　　题

　　6-1　试确定图示结构的超静定次数。

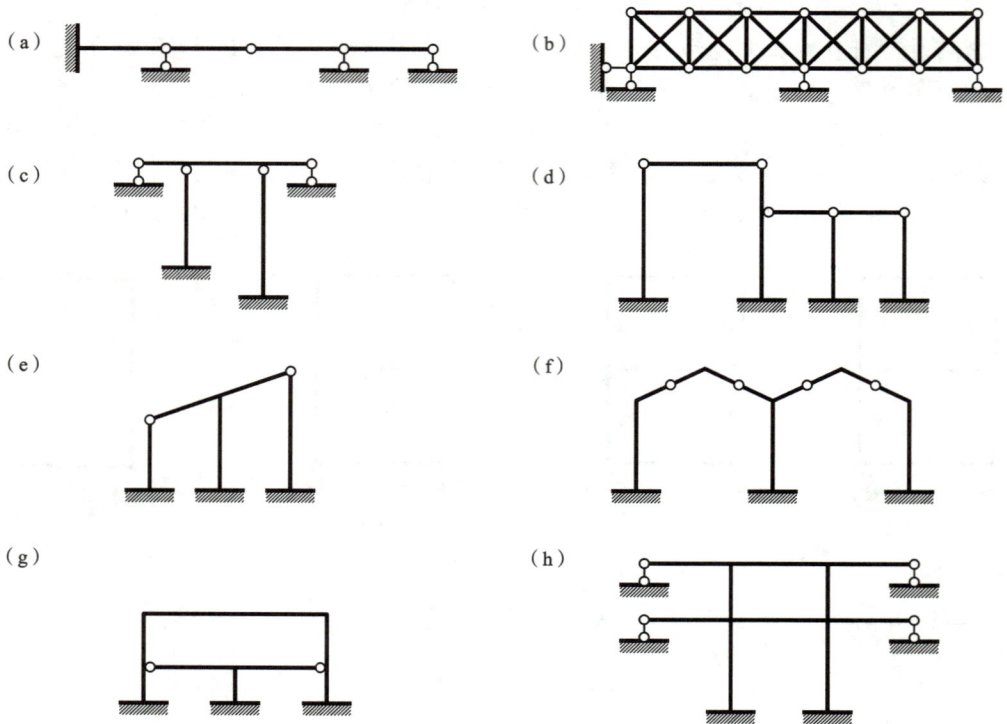

題 6-1 图

　　6-2　试用力法作图示结构的弯矩图和剪力图。

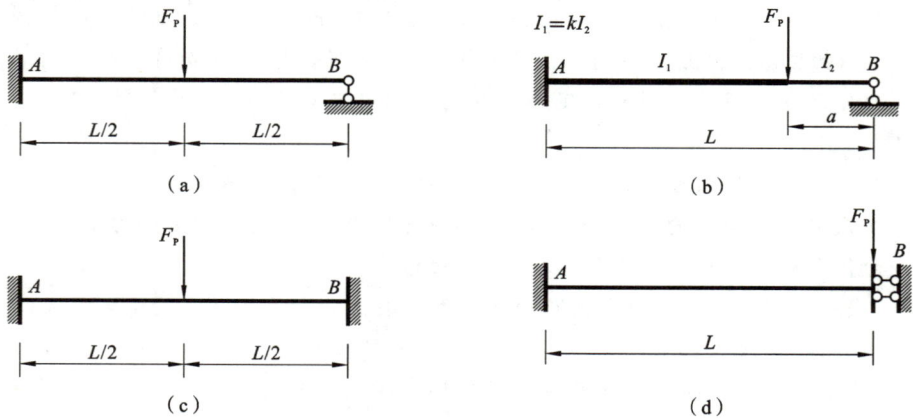

題 6-2 图

6-3 试用力法作图示刚架的内力图(M图、F_Q图和F_N图)。

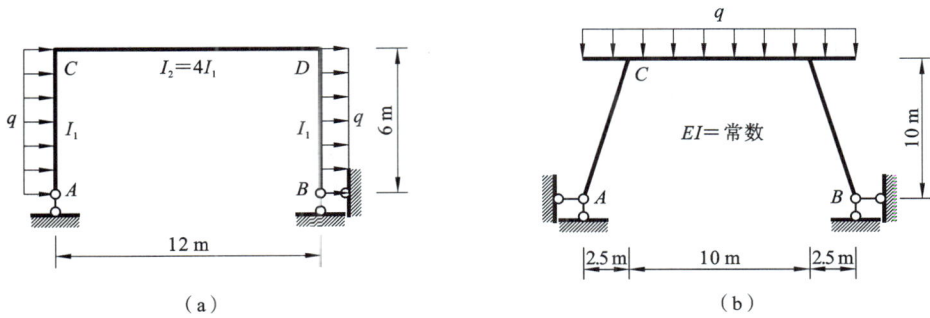

（a）

（b）

题 6-3 图

6-4 试用力法作图示连续梁的弯矩图和剪力图。

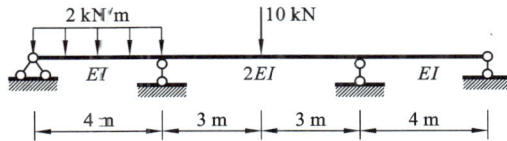

题 6-4 图

6-5 试用力法作图示连续梁的弯矩图。

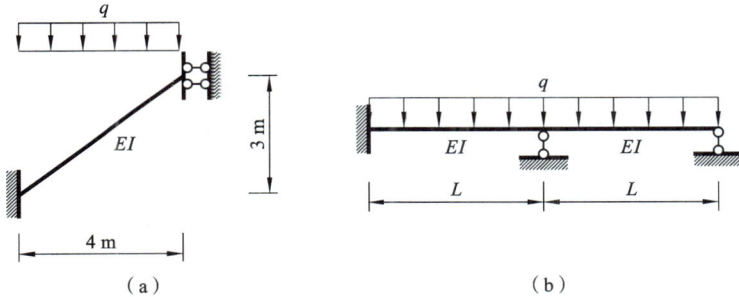

（a）

（b）

题 6-5 图

6-6 试用力法作图示刚架的弯矩图,所有杆件的 EI 均为常数。

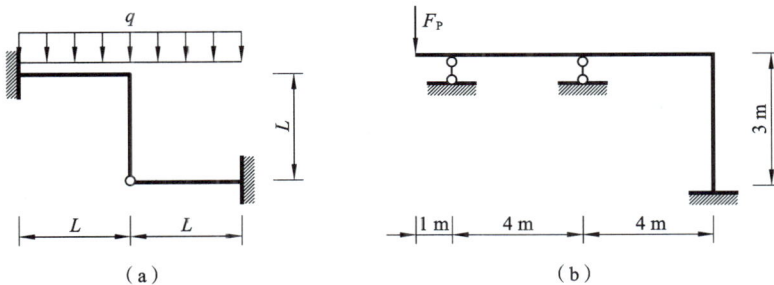

（a）

（b）

题 6-6 图

6-7　试用力法作图示排架结构的弯矩图。

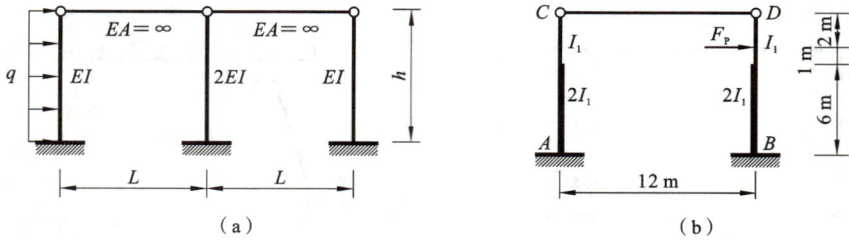

（a）　　　　　　　　　　　　（b）

题 6-7 图

6-8　试用力法作图示排架的弯矩图。

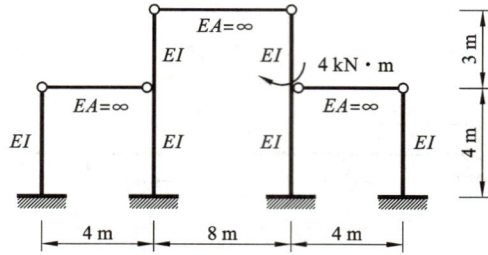

题 6-8 图

6-9　试用力法作图示桁架的轴力图,所有杆件的 EA 均为常数。

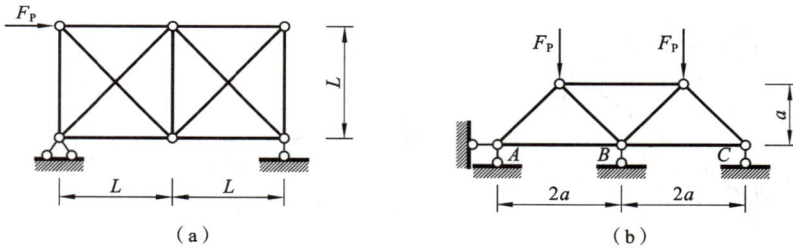

（a）　　　　　　　　　　　　（b）

题 6-9 图

6-10　试用力法作图示组合结构中受弯杆件的弯矩图。

6-11　试利用对称性作图示刚架的弯矩图,所有杆件的 EI 均为常数,且 $L=0.8h$。

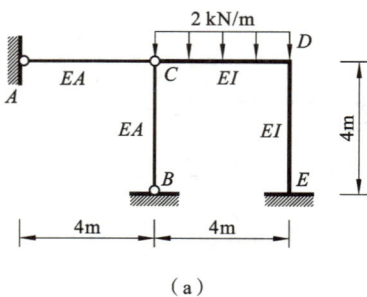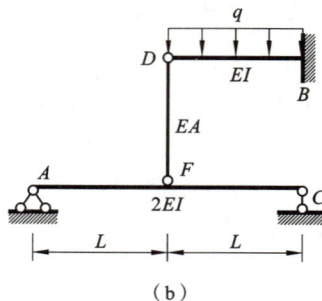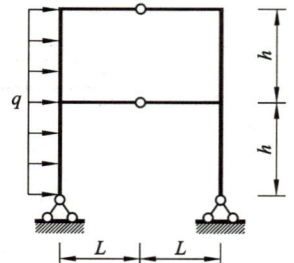

（a）　　　　　　　　　　　　（b）

题 6-10 图　　　　　　　　　　题 6-11 图

6-12　试利用对称性简化图示组合结构,作出弯矩图。已知对于所有杆件均有 $EI=2EA$。

6-13　试利用对称性简化图示结构,作出弯矩图。所有杆件的 EI 均为常数。

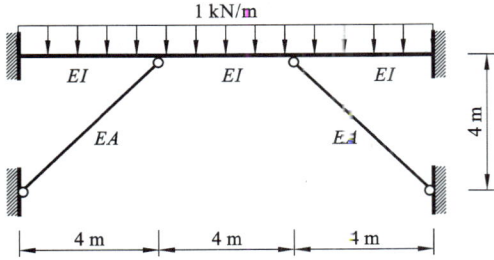

题 6-12 图

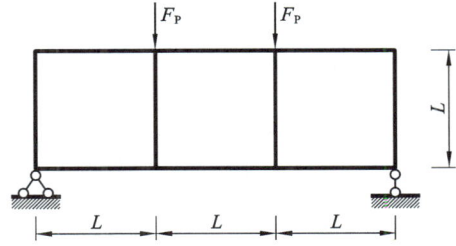

题 6-13 图

6-14　试利用对称性,作出用力法简化计算时的基本体系。

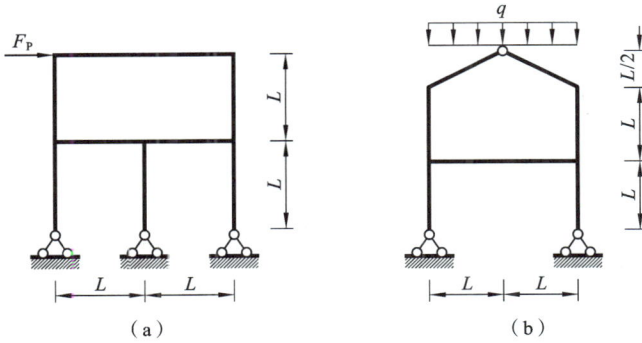

（a）　　　　　　　　　　　　　　　（b）

题 6-14 图

6-15　试用力法计算图示二铰拱拉杆的轴力,拱轴线方程为 $y=\dfrac{4f}{L^2}x(L-x)$。

6-16　试用力法计算图示二铰拱拉杆的轴力,拱轴线方程为 $y=\dfrac{4f}{L^2}x(L-x)$。

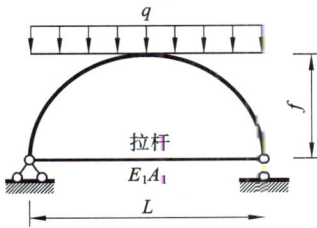

题 6-15 图

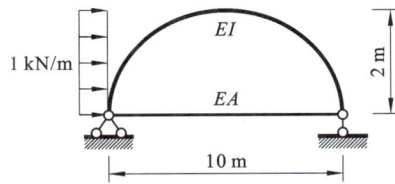

题 6-16 图

6-17　试求出图示二铰拱支座的水平推力,拱轴线方程为 $y=\dfrac{4f}{L^2}x(L-x)$。

6-18　已知图示连续梁发生了图示的支座位移,试利用力法作出弯矩图。

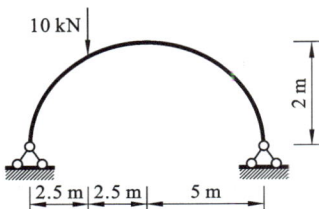

题 6-17 图

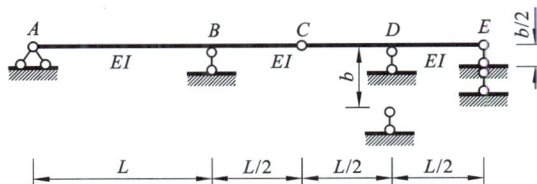

题 6-18 图

6-19 图示刚架截面 A 转动了角度 φ,试利用对称性简化计算,作出弯矩图。

6-20 图示桁架的杆 AC 由于制造误差长了 $2\,\mathrm{cm}$,试利用对称性简化计算,作出轴力图。各杆的 EA 均为常数。

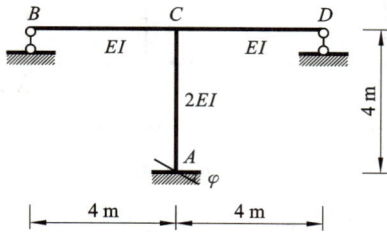

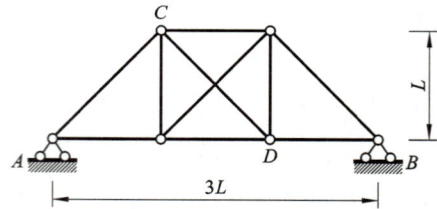

题 6-19 图   题 6-20 图

6-21 图示结构由于制造误差,杆 AC 短了 $\triangle_{AC}=1\,\mathrm{cm}$,截面 B 转动了角度 φ,试用力法作出受弯杆件的弯矩图和轴力杆件的轴力图。

6-22 图示刚架内侧温度升高了 $10℃$,外侧温度升高了 $20℃$,试用力法画出弯矩图。

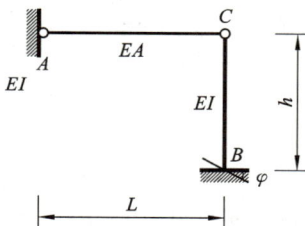

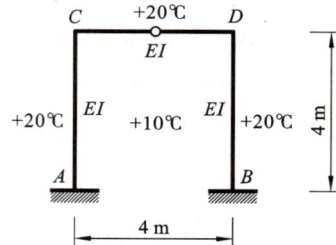

题 6-21 图   题 6-22 图

6-23 试用力法作图示组合结构中受弯杆件的弯矩图和轴力杆件的轴力图,弹性支座的刚度系数为 k。

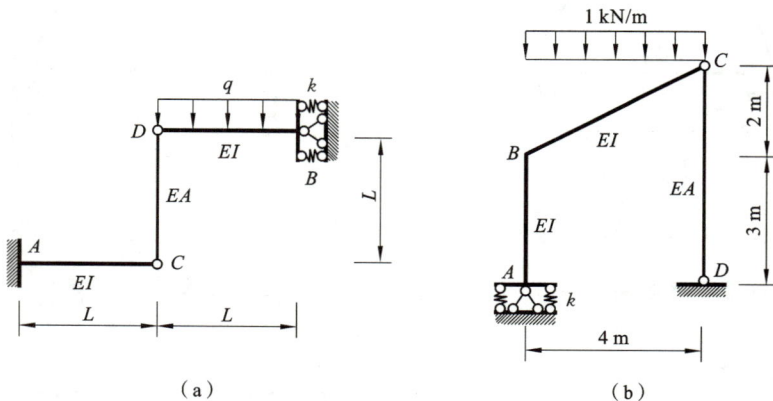

(a)   (b)

题 6-23 图

6-24 对图(a)所示连续梁,取图(b)所示基本体系,试用力法求解,只需做到求出所有的系数和自由项即可。弹性支座的刚度系数均为 k,杆件的 EI 为常数。

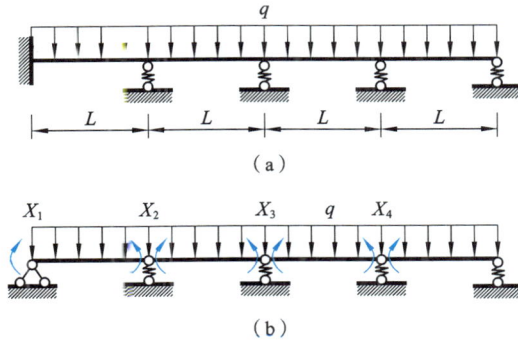

（a）

（b）

题 6-24 图

6-25 试求出题 6-10 图（b）所示结构上 F 点的竖直方向位移。

6-26 试求出题 6-19 图中 C 点的转角位移。

6-27 试求出题 6-22 图中单铰处的相对转角位移。

6-28 试校核题 6-5 图（b）所示结构的弯矩图。

6-29 试校核题 6-11 中结构的弯矩图。

本章习题参考答案

第7章

位移法

7.1　位移法概述

结构在外因作用下会产生内力和变形,而内力和变形之间一定存在着关系,也就是说,有什么样的内力就有什么样的变形。

分析超静定结构时,有两种基本方法:

(1) 以多余未知力为基本未知量,利用补充的位移方程求出多余力后,根据叠加原理求出结构所有杆件的内力,然后再计算结构的位移,这种方法称为力法。

(2) 以结构结点的未知位移为基本未知量,利用结点、截面处的平衡条件建立方程,先求出结点位移,在知道了每根杆件的杆端位移及作用在上面的荷载后,以力法为基础,求出所有杆件的内力,这种方法称为位移法。

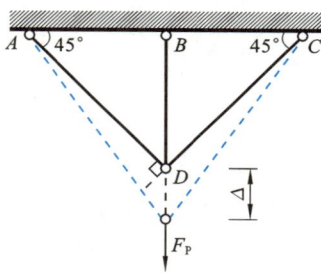

图 7-1

本章就介绍位移法。如上所述,位移法是以结点的位移作为未知量的,同时是以力法作为基础的。下面以图 7-1 所示结构为例先介绍一下位移法的解题思路。

第一步:确定未知量。图 7-1 所示桁架是一次超静定结构,由于结构与荷载均对称,因此 D 点会有一个往下的位移 Δ,称为结点位移,并以此为基本未知量。

第二步:分析结点位移 Δ 与杆件端部位移之间的关系。由于 D 结点的竖直方向位移 Δ,杆 DA 在 D 端伸长 $\frac{\sqrt{2}}{2}\Delta$,杆 DB 在 D 端伸长 Δ,杆 DC 在 D 端伸长 $\frac{\sqrt{2}}{2}\Delta$。再分析杆端位移与杆端力之间的关系,由材料力学可知,由于杆端的轴向位移,杆 DA、DB、DC 都会产生轴力,具体如下:

$$F_{NDB}=\frac{EA}{L}\Delta, \quad F_{NDA}=F_{NDC}=\frac{EA}{\sqrt{2}L}\times\frac{\sqrt{2}}{2}\Delta=\frac{EA}{2L}\Delta$$

第三步:利用结点的平衡条件建立方程,为此取 D 结点为隔离体(见图 7-2)。

由 $\sum F_y=0$ 得

$$F_{NDB}+\frac{\sqrt{2}}{2}F_{NDC}+\frac{\sqrt{2}}{2}F_{NDA}=F_P$$

将各轴力的表达式代入,得

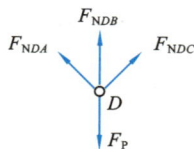

图 7-2

$$\frac{EA(2+\sqrt{2})}{2L}\Delta = F_P \qquad (7\text{-}1)$$

式(7-1)称为位移法方程,方程中含有未知量 Δ。

第四步:由位移法方程解得未知量 $\Delta = \dfrac{2F_PL}{(2+\sqrt{2})EA}$,然后把 Δ 代回杆端力表达式就可得到各杆的轴力,即

$$F_{NDB} = \frac{2F_P}{2+\sqrt{2}}, \quad F_{NDA} = F_{NDC} = \frac{F_P}{2+\sqrt{2}}$$

以上就是位移法解题的全过程,总结如下。

(1) 以结构结点位移作为未知量。这是因为通常结点就是杆件的端部,写杆端力表达式时,需要杆端的位移。

(2) 写出杆端力与杆端位移的关系式。上述例题中结构是超静定桁架,写关系式时,用到的是已学的材料力学知识,对刚架等结构通常要写出杆端弯矩或剪力与杆端位移的关系式,需要用到力法的计算结果,因此后面将对此做专门的讨论。

(3) 由结点平衡或截面平衡建立方程。位移法方程中的未知量是位移,但方程则是根据结点、截面的力平衡原理建立的,也就是说位移法方程实质上是力的平衡方程,这一点刚好与力法相反。

(4) 解方程,得到结点位移。

(5) 将结点位移代回到杆端力表达式中,得到杆端力。对于受弯杆件,杆端力通常指杆端弯矩,因为有了每根杆件的杆端弯矩就可以按区段叠加法则画出弯矩图。至于剪力图,则可由弯矩图得出,而轴力图可由剪力图得出。

7.2　位移法未知量的确定

在本节中将详细讨论位移法未知量的确定方法,为此先做以下规定:

(1) 以结构结点位移作为未知量。

(2) 结点指的是杆件与杆件的连接处,初学时一般不考虑支座结点。

(3) 杆件指的是等截面直杆,不能是折杆或曲杆。

(4) 为了减少未知量,忽略受弯杆件的轴向变形,即认为其 $EA = \infty$。

【例 7-1】 确定图 7-3 所示刚架结构的未知量。

解　图 7-3 所示刚架除支座外只有 1 个刚结点 B。一般 1 个刚结点在平面内有 3 个位移,即水平方向位移、竖直方向位移和转角位移。若忽略轴向变形,B 结点的水平和竖直方向位移都被忽略掉了,只有转角位移 1 个未知量,用 φ_B 表示,下标 B 表示结点号。由于 φ_B 是未知的,其方向可以任意假设,一般设为顺时针方向。求解出来是正的,说明真实方向与所设方向相同;求解出来是负的,说明真实方向与所设方向相反。

【例 7-2】 确定图 7-4 所示刚架结构的未知量。

解　图 7-4 所示结构只有 1 个刚结点 B,由于忽略杆件的轴向变形,B 结点的竖直方向位移就忽略掉了。与例 7-1 不同的是,C 端支座处没有水平约束,因此 B 结点还有 1 个水平位

移,用 $\Delta_{Bx}(\rightarrow)$ 表示,括号中的箭头表示假设的方向,下标 B 表示位置,x 表示水平方向。因此该结构的未知量是水平位移 Δ_{Bx} 和转角位移 φ_B。

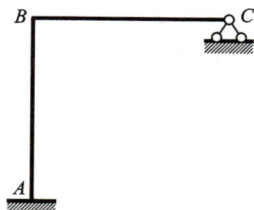

图 7-3

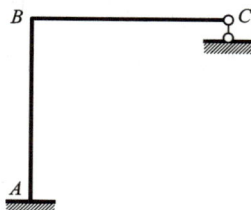

图 7-4

【例 7-3】 确定图 7-5 所示一层刚架结构的未知量。

解 图 7-5 所示结构有 2 个刚结点 B、C,由于忽略轴向变形,B、C 点的竖直方向位移为零,而其水平方向位移则相等即 $\Delta_{Bx}=\Delta_{Cx}$,写成 $\Delta_{BC}(\rightarrow)$,下标 BC 表示方向。因此该结构的未知量有三个:Δ_{BC}、φ_B、φ_C。

【例 7-4】 确定图 7-6 所示两层刚架结构的未知量。

解 图 7-6 所示结构有 4 个刚结点 C、D、E、F,由于忽略轴向变形,这 4 个结点的竖直方向位移均为零,而 C 点与 D 点及 E 点与 F 点的水平位移分别相等,因此该结构的未知量有六个:Δ_{CD}、Δ_{EF}、φ_C、φ_D、φ_E、φ_F。

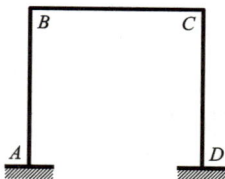

图 7-5

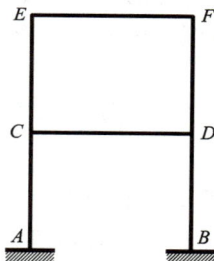

图 7-6

结论:对于刚架(不带斜杆的),1 个刚结点有 1 个转角位移,1 层刚架有 1 个水平位移(也可称为侧移)。

【例 7-5】 确定图 7-7 所示连续梁结构的未知量。

解 图 7-7 所示连续梁有 2 个刚结点 B、C,由于忽略轴向变形及竖直方向约束,B、C 点的竖直、水平方向位移均为零,因此该结构的未知量有 2 个:φ_B、φ_C。

图 7-7

结论:连续梁 1 个结点有 1 个转角位移(不包括两边支座的结点)。

【例 7-6】 确定图 7-8 所示桁架结构的未知量。

解 由于对桁架杆件必须考虑轴向变形,因此每个桁架结点有 2 个线位移,即水平方向位移与竖直方向位移,同时支座可能产生的线位移也要计入。因此该结构的未知量有 5 个:Δ_{Ax}、Δ_{Ay}、Δ_{Bx}、Δ_{By}、Δ_{Cx}。

结论:桁架结构的未知量数目等于结点数(包括支座结点)乘以 2,再减去支座约束链杆数。

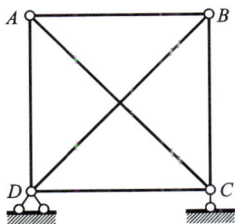

图 7-8

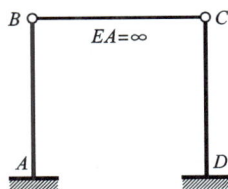

图 7-9

【例 7-7】 确定图 7-9 所示单跨排架结构的未知量。

解 图 7-9 所示排架结构有 2 个铰结点 B、C,由于忽略轴向变形,B、C 两点的竖直方向位移为零,但该两点的水平方向位移相等,因此该结构的未知量都只有 1 个:Δ_{BC}。

结论:等高排架无论有几跨,未知量都只有 1 个,即水平方向位移。

【例 7-8】 确定图 7-10 所示两跨不等高排架结构的未知量。

解 图 7-10 所示两跨排架结构有 3 个铰结点 A、B、D 和 1 个组合结点 C。A 点与 B 点、D 点与 C 点的水平方向位移分别相等,而各结点的竖直方向位移均为零。同时对杆 CB、杆 CF 来说,C 结点是个刚结点,因此此处还有 1 个转角位移,因此该结构的未知量有 3 个:Δ_{AB}、Δ_{CD}、φ_C。

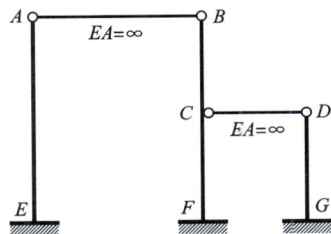

图 7-10

结论:不等高排架每跨有 1 个水平位移,并在不等高处有转角位移。

【例 7-9】 确定图 7-11(a)所示有斜杆刚架的未知量。

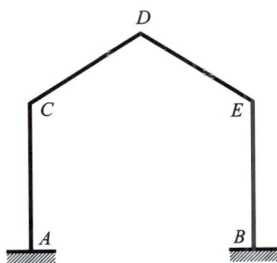

(a)

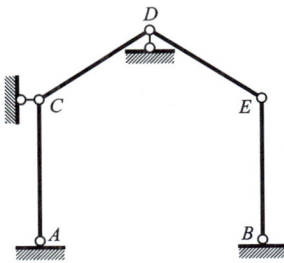

(b)

图 7-11

解 对于图 7-11(a)所示有斜杆的刚架,其转角位移个数,根据前面的经验只需数刚结点数即可得到。对于线位移,可以采取这样的办法确定:首先把所有的刚结点变成铰结点(包括支座结点),结构就变成了可变体系,然后再加链杆,使其变成无多余约束的几何不变体系(见图7-11(b)),加了几根链杆,就是有几个线位移。用这样的方法分析此题,则该题的未知量有5个:Δ_{Cx}、Δ_{Dy}、φ_C、φ_D、φ_E。

【例 7-10】　确定图 7-12(a)所示有斜杆刚架的未知量。

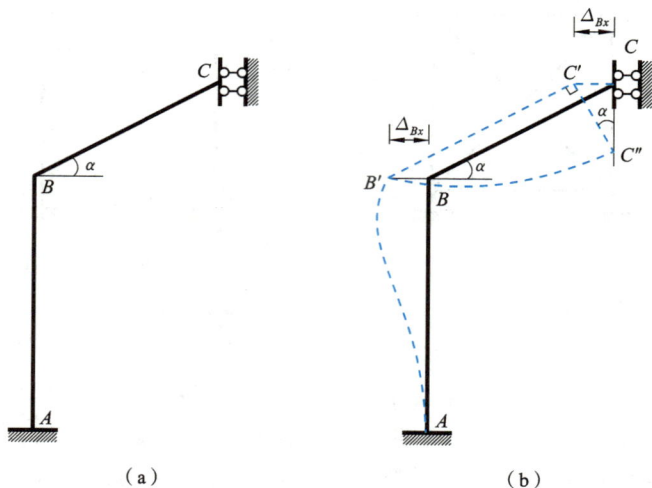

（a）　　　　　　　　　　　　　　　　（b）

图 7-12

解　该结构中只有 1 个刚结点 B,此结点有 1 个转角位移 φ_B 和 1 个水平位移 Δ_{Bx}。这个 Δ_{Bx} 对杆 BA 而言就是在 B 端发生了 1 个水平侧移,而对杆 BC 来说,由于 C 端是滑动支座,B 端的水平方向位移会引起 C 端的竖直方向位移,那么杆 BC 的侧移可用这样的方法分析:假设 B 结点向左有 1 个水平位移 Δ_{Bx},杆 BC 先平移至 $B'C'$ 位置,然后 B' 点不动,杆 BC 绕 B' 点转动,C 端由 C' 点移至 C'' 点处。这是因为 C 点只能在竖直方向上移动。由图 7-12(b)可见,杆 BC 的侧移为 $\dfrac{\Delta_{Bx}}{\sin\alpha}$(垂直于杆 BC 的线位移量)。因此该题的未知量有 2 个:φ_B、Δ_{Bx}。

值得提醒的是,解题时不仅要先确定结点位移未知量的数量和性质,还需先假定它们的方向。对于转角位移,若不做特别说明,即认为假设为顺时针方向的;对于线位移,一般还需画上箭头以表示假设的方向。

7.3　杆端力与杆端位移的关系

刚架在均布荷载作用下产生的变形曲线如图 7-13 中的虚线所示。在刚结点 B 处,杆 BC、杆 BA 的杆端都同时发生了转角位移 φ_B。

对于杆 BC,其变形及受力情况与一根一端固定一端铰接的单跨超静定梁,在均布荷载 q 作用下并在固定端 B 有 1 个转角位移 φ_B 的情况完全相同(见图 7-14),其杆端力可以用力法求解。

对于杆 BA,其变形与受力情况相当于一根两端固定的超静定柱,在 B 端有 1 个转角位移 φ_B 的情况(见图 7-15),其杆端力也可以用力法求解。

由上面的分析可以得到这样的结论:在进行杆端力与杆端位移分析时,可以把结构中的杆件看作一根根单跨的超静定梁或超静定柱,其杆端力可以用力法事先求出。

思政元素

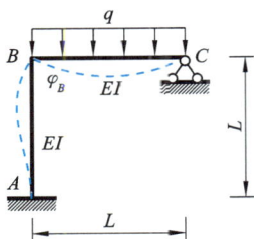

图 7-13

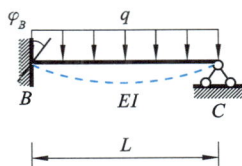

图 7-14

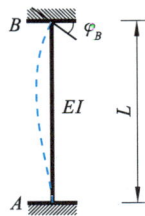

图 7-15

为此,需要把各种单跨超静定梁或柱在支座位移及荷载作用下的杆端弯矩用力法全部求出来,然后列成表格,以供查用。

为了表达方便,弯矩正负号的规定与前面要有所不同。本章是以对杆端顺时针转动的方向为正,逆时针转动的方向为负。作图分析时正弯矩对杆端是顺时针转动的,由于作用力与反作用力原理,正弯矩对结点而言应是逆时针转动的,如图 7-16 所示。剪力和轴力的规定则与原来的相同。

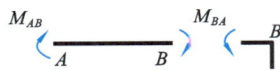

图 7-16

接下来讨论各种单跨超静定梁在支座位移作用下的杆端弯矩(单跨超静定柱的情况与相应的单跨超静定梁是一样的,就不再另行讨论了)。对于单跨的超静定梁、柱,叙述时习惯把它们称为单元。根据结点和支座的形式,讨论的单元形式一共有四种:两端固定单元、一端固定一端铰接单元、一端固定一端滑动单元、两端铰接的轴力单元。下面给出这四种单元在支座位移作用下产生的杆端弯矩和杆端轴力的值(由力法求出),具体求解过程就省去了。

(1)两端固定单元,在 A 端发生一个顺时针的转角位移 φ_A,如图 7-17(a)所示。

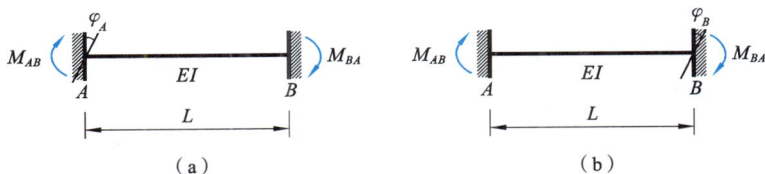

(a)   (b)

图 7-17

由力法求得的杆端弯矩为

$$\begin{cases} M_{AB} = \dfrac{4EI}{L}\varphi_A = 4i\varphi_A \\ M_{BA} = \dfrac{2EI}{L}\varphi_A = 2i\varphi_A \end{cases} \tag{7-2}$$

式中:i 为杆件的线刚度,$i = \dfrac{EI}{L}$。

(2)两端固定单元,在 B 端发生一个顺时针的转角位移 φ_B,如图 7-17(b)所示。

由力法求得的杆端弯矩为

$$\begin{cases} M_{AB} = \dfrac{2EI}{L}\varphi_B = 2i\varphi_B \\ M_{BA} = \dfrac{4EI}{L}\varphi_B = 4i\varphi_B \end{cases} \tag{7-3}$$

（3）两端固定单元，在 B 端发生一个向下的位移 Δ（转角位移是顺时针的），如图 7-18 所示。

由力法求得的杆端弯矩为

$$\begin{cases} M_{AB} = -\dfrac{6EI}{L^2}\Delta = -\dfrac{6i}{L}\Delta \\[3mm] M_{BA} = -\dfrac{6EI}{L^2}\Delta = -\dfrac{6i}{L}\Delta \end{cases} \tag{7-4}$$

两端固定单元，在 A 端发生一个向上的位移 Δ（转角位移也是顺时针的），与图 7-18 所示的情况相同，因此没有必要再讨论。

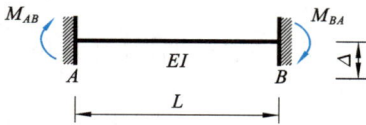

图 7-18

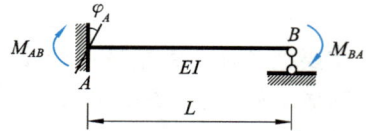

图 7-19

（4）一端固定一端铰接单元，在 A 端发生一个顺时针的转角位移 φ_A，如图 7-19 所示。

由力法求得的杆端弯矩为

$$\begin{cases} M_{AB} = \dfrac{3EI}{L}\varphi_A = 3i\varphi_A \\[3mm] M_{BA} = 0 \end{cases} \tag{7-5}$$

（5）一端固定一端铰接单元，在 B 端发生一个向下的位移 Δ（转角位移是顺时针的），如图 7-20所示。

由力法求得的杆端弯矩为

$$\begin{cases} M_{AB} = -\dfrac{3EI}{L^2}\Delta = -\dfrac{3i}{L}\Delta \\[3mm] M_{BA} = 0 \end{cases} \tag{7-6}$$

一端固定一端铰接单元，在 A 端发生一个向上的位移 Δ（转角位移是顺时针的），与图 7-20 所示的情况相同，因此没有必要再讨论。

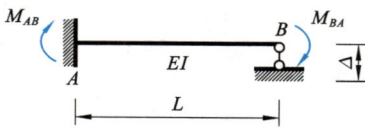

图 7-20

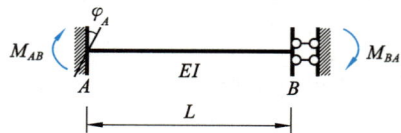

图 7-21

（6）一端固定一端滑动单元，在 A 端发生一个顺时针的转角位移 φ_A，如图 7-21 所示。由力法求得的杆端弯矩为

$$\begin{cases} M_{AB} = \dfrac{EI}{L}\varphi_A = i\varphi_A \\[3mm] M_{BA} = -\dfrac{EI}{L}\varphi_A = -i\varphi_A \end{cases} \tag{7-7}$$

一端固定一端滑动单元，在 A 端发生一个向上或向下的位移 Δ，由于 B 端是滑动端，杆件不会产生相对位移，因此也就没有弯矩。

（7）两端铰接单元，在 A 端发生一个轴向位移 Δ，如图 7-22(a) 所示。

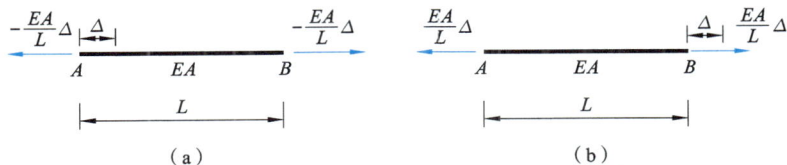

图 7-22

由材料力学知识可知,杆端轴力为

$$
\begin{cases}
F_{NAB} = -\dfrac{EA}{L}\Delta \\[3mm]
F_{NBA} = -\dfrac{EA}{L}\Delta
\end{cases}
\tag{7-8}
$$

(8) 两端铰接单元,在 B 端发生一个轴向位移 Δ,如图 7-22(b)所示。

由材料力学知识可知,杆端轴力为

$$
\begin{cases}
F_{NAB} = \dfrac{EA}{L}\Delta \\[3mm]
F_{NBA} = \dfrac{EA}{L}\Delta
\end{cases}
\tag{7-9}
$$

以上列出的是单根超静定梁在支座位移作用下的杆端弯矩和单根轴力杆在杆端轴向位移作用下的轴力。至于荷载作用下超静定梁产生的杆端弯矩,称为固端弯矩,同样可用力法求解,结果如表 7-1 所示。另外,上面列出的是单个超静定构件在一个支座位移作用下的杆端弯矩或轴力,至于有多个支座位移同时作用的情况,可以采用叠加原理进行计算。

表 7-1　荷载作用产生的固端弯矩

	编号	简　　图	固端弯矩 (以顺时针方向为正)	固端剪力
两端固定	1		$M_{AB}^{F} = -\dfrac{ql^2}{12}$ $M_{BA}^{F} = \dfrac{ql^2}{12}$	$F_{QAB}^{F} = \dfrac{ql}{2}$ $F_{QBA}^{F} = -\dfrac{ql}{2}$
	2		$M_{AB}^{F} = -\dfrac{ql^2}{30}$ $M_{BA}^{F} = \dfrac{ql^2}{20}$	$F_{QAB}^{F} = \dfrac{3ql}{20}$ $F_{QBA}^{F} = -\dfrac{7ql}{20}$
	3		$M_{AB}^{F} = -\dfrac{F_P a b^2}{l^2}$ $M_{BA}^{F} = \dfrac{F_P a^2 b}{l^2}$	$F_{QAB}^{F} = \dfrac{F_P b^2}{l^2}\left(1+\dfrac{2a}{l}\right)$ $F_{QBA}^{F} = -\dfrac{F_P a^3}{l^2}\left(1+\dfrac{2b}{l}\right)$
	4		$M_{AB}^{F} = -\dfrac{F_P l}{8}$ $M_{BA}^{F} = \dfrac{F_P l}{8}$	$F_{QAB}^{F} = \dfrac{F_P}{2}$ $F_{QBA}^{F} = -\dfrac{F_P}{2}$
	5		$M_{AB}^{F} = \dfrac{EI\alpha\Delta t}{h}$ $M_{BA}^{F} = -\dfrac{EI\alpha\Delta t}{h}$	$F_{QAB}^{F} = 0$ $F_{QBA}^{F} = 0$

编号	简 图	固端弯矩（以顺时针方向为正）	固端剪力
6	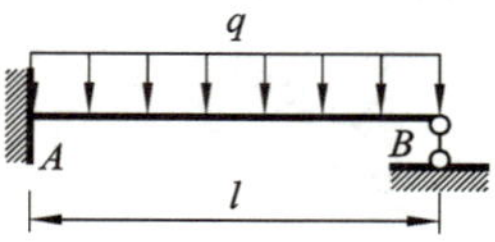	$M_{AB}^F = -\dfrac{ql^2}{8}$	$F_{QAB}^F = \dfrac{5ql}{8}$ $F_{QBA}^F = -\dfrac{3ql}{8}$
7	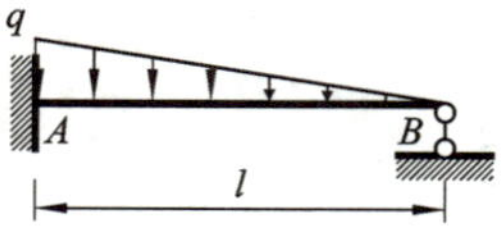	$M_{AB}^F = -\dfrac{ql^2}{15}$	$F_{QAB}^F = \dfrac{2ql}{5}$ $F_{QBA}^F = -\dfrac{ql}{10}$
8	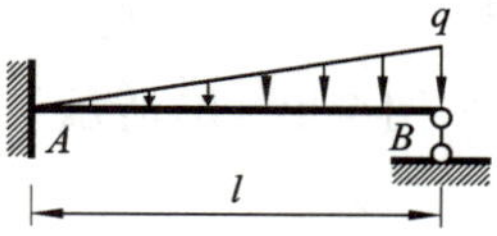	$M_{AB}^F = -\dfrac{7ql^2}{120}$	$F_{QAB}^F = \dfrac{9ql}{40}$ $F_{QBA}^F = -\dfrac{11ql}{40}$
9	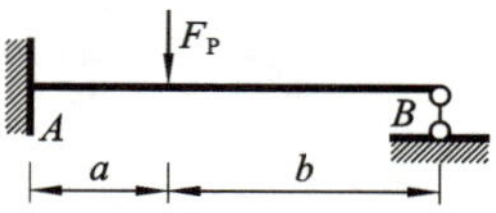	$M_{AB}^F = -\dfrac{F_P b(l^2-b^2)}{2l^2}$	$F_{QAB}^F = \dfrac{F_P b(3l^2-b^2)}{2l^3}$ $F_{QBA}^F = -\dfrac{F_P a^2(3l-a)}{2l^3}$
10	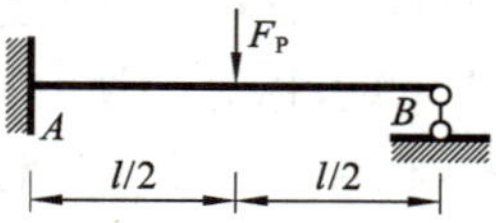	$M_{AB}^F = -\dfrac{3F_P l}{16}$	$F_{QAB}^F = \dfrac{11F_P}{16}$ $F_{QBA}^F = -\dfrac{5F_P}{16}$
11	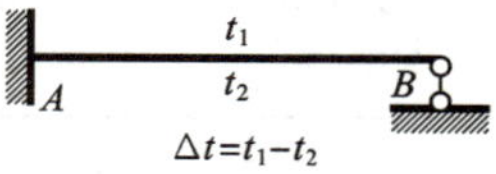 $\Delta t = t_1 - t_2$	$M_{AB}^F = \dfrac{3EI\alpha\Delta t}{2h}$	$F_{QAB}^F = F_{QBA}^F = -\dfrac{3EI\alpha\Delta t}{2hl}$
12	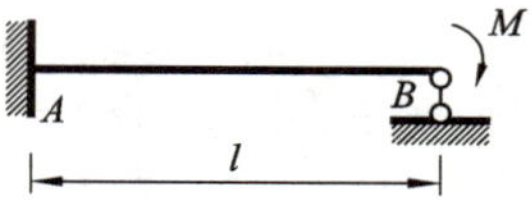	$M_{AB}^F = \dfrac{M}{2}$	$F_{QAB}^F = F_{QBA}^F = -\dfrac{3M}{2l}$
13	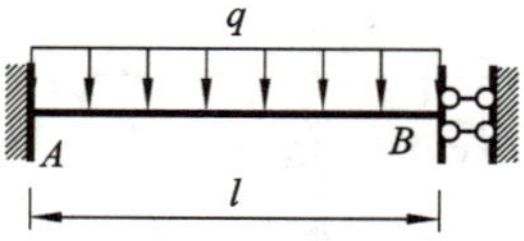	$M_{AB}^F = -\dfrac{ql^2}{3}$ $M_{BA}^F = -\dfrac{ql^2}{6}$	$F_{QAB}^F = ql$ $F_{QBA}^F = 0$
14	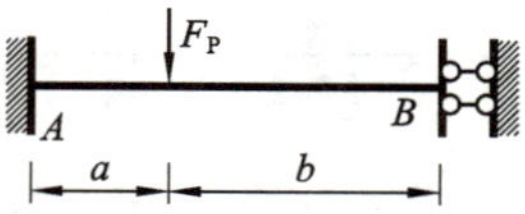	$M_{AB}^F = -\dfrac{F_P a(2l-a)}{2l}$ $M_{BA}^F = -\dfrac{F_P a^2}{2l}$	$F_{QAB}^F = F_P$ $F_{QBA}^F = 0$
15	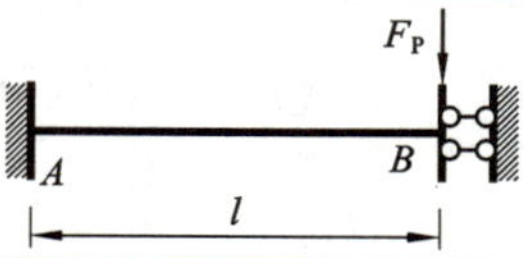	$M_{AB}^F = M_{BA}^F = -\dfrac{F_P l}{2}$	$F_{QAB}^F = F_P$ $F_{QB}^{左} = F_P$ $F_{QB}^{右} = 0$
16	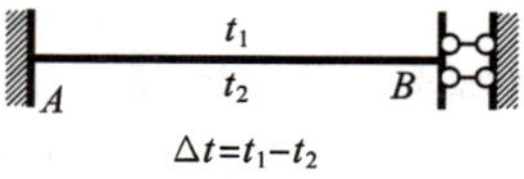 $\Delta t = t_1 - t_2$	$M_{AB}^F = \dfrac{EI\alpha\Delta t}{h}$ $M_{BA}^F = -\dfrac{EI\alpha\Delta t}{h}$	$F_{QAB}^F = 0$ $F_{QBA}^F = 0$

左侧竖排：一端固定另一端铰接（编号6~12）；一端固定另一端滑动（编号13~16）

注：由于本章所涉及的问题中都忽略了轴向变形，因此表中第6~12项中的可动铰支座等同于固定铰支座。

根据叠加原理,两端固定单元在支座位移、荷载共同作用下的杆端弯矩表达式可写成

$$\begin{cases} M_{AB} = \dfrac{4EI}{L}\varphi_A + \dfrac{2EI}{L}\varphi_B - \dfrac{6EI\Delta}{L^2} + M_{AB}^F \\[3mm] M_{BA} = \dfrac{4EI}{L}\varphi_B + \dfrac{2EI}{L}\varphi_A - \dfrac{6EI\Delta}{L^2} + M_{BA}^F \end{cases} \tag{7-10}$$

式中:M_{AB}^F 表示由荷载引起的杆 AE 的 A 端的固端弯矩;M_{BA}^F 表示由荷载引起的杆 AB 的 B 端的固端弯矩。

一端固定一端铰接单元在支座位移、荷载共同作用下的杆端弯矩表达式为

$$\begin{cases} M_{AB} = \dfrac{3EI}{L}\varphi_A - \dfrac{3EI\Delta}{L^2} + M_{AB}^F \\[3mm] M_{BA} = 0 \end{cases} \tag{7-11}$$

一端固定一端滑动单元在荷载、支座位移作用下的杆端弯矩表达式为

$$\begin{cases} M_{AB} = \dfrac{EI}{L}\varphi_A + M_{AB}^F \\[3mm] M_{BA} = -\dfrac{EI}{L}\varphi_A + M_{BA}^F \end{cases} \tag{7-12}$$

利用式(7-10)、式(7-11)、式(7-12)就可写出结构中每根杆件杆端弯矩与杆端位移的表达式。

【例 7-11】 写出图 7-13 所示刚架结构中杆件的杆端弯矩表达式。

解 杆 BA 可看作两端固定的单元,仅在 B 端支座发生了转角位移 φ_B,方向假设为顺时针,上面没有其他荷载,根据式(7-10),杆端弯矩表达式可写成

$$M_{BA} = \frac{4EI}{L}\varphi_B, \quad M_{AB} = \frac{2EI}{L}\varphi_B$$

杆 BC 可看作一端固定一端铰接的单元,在 B 端发生了转角位移 φ_B 并受均布荷载作用,根据式(7-11),杆端弯矩表达式可写成

$$M_{BC} = \frac{3EI}{L}\varphi_B - \frac{qL^2}{8}, \quad M_{CB} = 0$$

其中,均布荷载作用下的弯矩是查表 7-1 中的第 6 项获得的。

【例 7-12】 写出图 7-23(a)所示刚架结构中杆件的杆端弯矩表达式。

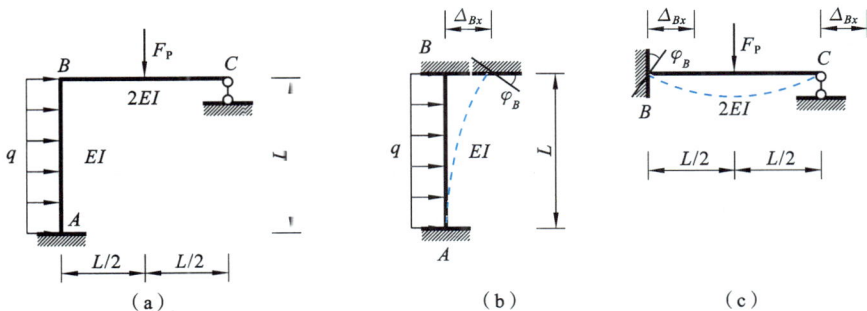

图 7-23

解 该结构有两个未知量:φ_B (↶)和 Δ_{Bx} (→)。杆 BA 可看作两端固定的单元,在 B 端支座发生了转角位移 φ_B、水平方向位移 Δ_{Bx},并受均布荷载的作用(见图 7-23(b))。杆端弯矩表

达式可根据式(7-10)写出,即

$$M_{BA} = \frac{4EI}{L}\varphi_B - \frac{6EI}{L^2}\Delta_{Bx} + \frac{qL^2}{12}$$

$$M_{AB} = \frac{2EI}{L}\varphi_B - \frac{6EI}{L^2}\Delta_{Bx} - \frac{qL^2}{12}$$

其中,均布荷载作用下的弯矩是查表 7-1 中的第 1 项获得的。

　　杆 BC 可看作一端固定一端铰接的单元,在 B 端发生了转角位移 φ_B,并受集中力的作用(见图 7-23(b))。水平方向位移 Δ_{Bx} 对杆 BC 来说是平移,不会产生内力。因此,根据式(7-11)写出的杆端弯矩表达式为

$$M_{BC} = 3 \times \frac{2EI}{L}\varphi_B - \frac{3F_{\mathrm{P}}L}{16} = \frac{6EI}{L}\varphi_B - \frac{3F_{\mathrm{P}}L}{16}$$

$$M_{CB} = 0$$

其中,集中力作用下的弯矩是查表 7-1 中的第 10 项获得的。

　　由上面的分析可知,对刚架结构写杆端弯矩表达式时,要根据结构中的杆件两端的结点或支座情况,将它们看作不同的单跨超静定单元,其中刚性结点看作固定端,铰结点看作固定铰支座。然后再根据荷载及支座位移,用力法对单跨超静定梁的计算结果写出表达式。

7.4　利用平衡条件建立位移法方程

　　在 7.3 节中,写杆端弯矩表达式时,是分别按单跨超静定单元对每根杆件进行分析的,即是各写各的,虽然考虑了结点的变形协调,如同一刚结点对应的所有杆端的转角位移均相同,但没有考虑力的平衡问题。理论上杆件汇集的所有结点、任意截面都应满足 3 个平衡方程,即

$$\sum F_x = 0, \quad \sum F_y = 0, \quad \sum M = 0$$

利用这一点,可以建立位移法方程。

　　【例 7-13】 建立图 7-13 所示刚架结构的位移法方程。

　　解　由例 7-11 可知,此题的未知量是 φ_B,杆 BA、杆 BC 的杆端弯矩表达式分别为

图 7-24

$$M_{BA} = \frac{4EI}{L}\varphi_B, \quad M_{AB} = \frac{2EI}{L}\varphi_B$$

$$M_{BC} = \frac{3EI}{L}\varphi_B - \frac{qL^2}{8}, \quad M_{CB} = 0$$

　　为了建立位移法方程,取 B 结点为隔离体,如图 7-24 所示。注意写杆端弯矩表达式时是按正的写的,标在杆端的弯矩应该是顺时针的,标在结点,正弯矩应该是逆时针的。

　　由 $\sum M_B = 0$ 得 $\qquad\qquad M_{BC} + M_{BA} = 0$

把杆端弯矩代入上式,得

$$\frac{7EI}{L}\varphi_B - \frac{qL^2}{8} = 0$$

　　该方程称为位移法方程,由该方程可求出未知量 φ_B。

【例 7-14】　建立图 7-23(a)所示刚架结构的位移法方程。

解　由前面的分析可知,此题的未知量是 φ_B、$\Delta_{Bx}(\rightarrow)$,杆 BA、杆 BC 的杆端弯矩表达式分别为

$$M_{BA}=\frac{4EI}{L}\varphi_B-\frac{6EI}{L^2}\Delta_{Bx}+\frac{qL^2}{12}$$

$$M_{AB}=\frac{2EI}{L}\varphi_B-\frac{6EI}{L^2}\Delta_{Bx}-\frac{qL^2}{12}$$

$$M_{BC}=\frac{6EI}{L}\varphi_B-\frac{3F_PL}{16}$$

$$M_{CB}=0$$

由于有 2 个未知量,需要建立 2 个方程。对于转角位移,可取 B 结点为隔离体,如图7-25(a)所示。显然图 7-24 与图 7-25(a)完全一样,因此以后结点的隔离体不一定要画出,可以省略。

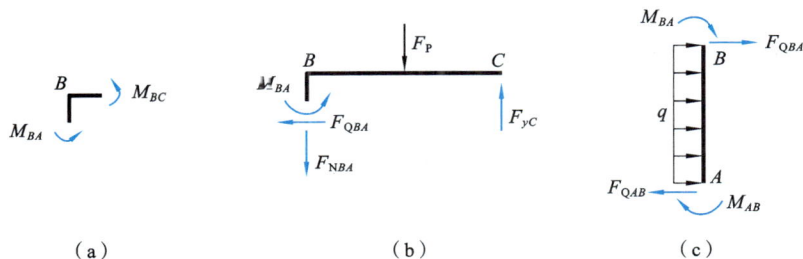

图 7-25

由 $\sum M_B=0$ 得　　　　　　　$M_{BC}+M_{BA}=0$

把杆端弯矩代入上式,得

$$\frac{10EI}{L}\varphi_B-\frac{6EI}{L^2}\Delta_{Bx}+\frac{qL^2}{12}-\frac{3F_PL}{16}=0$$

对于水平方向位移,可取 BC 截面为隔离体,如图 7-25(b)所示。

由 $\sum F_x=0$ 得　　　　　　$F_{QBA}=0$

取杆 BA 为隔离体,如图 7-25(c)所示。

由 $\sum M_A=0$ 得

$$F_{QBA}=-\frac{M_{BA}+M_{AB}}{L}-\frac{qL}{2}=-\frac{6EI}{L^2}\varphi_B+\frac{12EI}{L^3}\Delta_{Bx}-\frac{qL}{2}$$

因 $F_{QBA}=0$,故有

$$-\frac{6EI}{L^2}\varphi_B+\frac{12EI}{L^3}\Delta_{Bx}-\frac{qL}{2}=0$$

因此,图 7-23(a)所示刚架结构的位移法方程为

$$\begin{cases}\dfrac{10EI}{L}\varphi_B-\dfrac{6EI}{L^2}\Delta_{Bx}+\dfrac{qL^2}{12}-\dfrac{3F_PL}{16}=0\\[2mm]-\dfrac{6EI}{L^2}\varphi_B+\dfrac{12EI}{L^3}\Delta_{Bx}-\dfrac{qL}{2}=0\end{cases}$$

由上面的分析可以得到这样的经验:转角未知量的方程可由结点的弯矩平衡获得,即哪个结点有转角未知量,就对哪个结点建立结点弯矩平衡方程。线位移未知量的方程可由隔离体沿水平或竖直方向的平衡获得。通常情况下:对于水平方向位移,取水平隔离体,方程由水平方向力的平衡获得;对于竖直方向的位移,则取竖直隔离体,方程由竖直方向力的平衡获得。以上这种做法通常称为结点截面平衡法。

7.5 结点截面平衡法应用举例

在本节中以例题的形式介绍用结点截面平衡法求解超静定结构的具体做法与步骤。

1. 超静定连续梁

【例 7-15】 用位移法求解图 7-26 所示连续梁结构,设 $F_P = qL$,画出弯矩图。

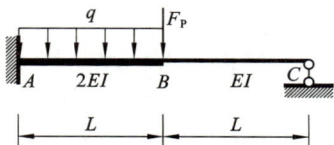

图 7-26

解 (1)确定未知量。

图 7-26 所示超静定连续梁是单跨变截面梁,在表 7-1 中没有列出其杆端弯矩。用位移法解此题,可以把 B 点看作结点,即抗弯刚度为 $2EI$ 的杆 AB 与抗弯刚度为 EI 的杆 BC 的连接点。因此未知量为 B 点的转角位移 φ_B(方向均假设为顺时针,以后不再说明)和竖直方向位移 $\Delta_{By}(\downarrow)$。

(2)确定杆端弯矩表达式。

把 B 结点看作固定端,因此杆 AB 是两端固定单元,上面作用有均布荷载,并且在 B 端发生了转角位移和向下的线位移。杆 BC 是一端固定一端铰接单元,B 端发生了转角位移及向下的线位移。由于集中力 F_P 作用在 B 结点上,做单元分析时认为是作用在固定端支座上,因此不会产生固端弯矩。具体的杆端弯矩如下:

$$M_{AB} = 2 \times 2 \frac{EI}{L} \varphi_B - \frac{6 \times 2EI}{L^2} \Delta_{By} - \frac{qL^2}{12}$$

$$M_{BA} = 2 \times 4 \frac{EI}{L} \varphi_B - \frac{6 \times 2EI}{L^2} \Delta_{By} + \frac{qL^2}{12}$$

$$M_{BC} = \frac{3EI}{L} \varphi_B + \frac{3EI}{L^2} \Delta_{By}$$

Δ_{By} 使杆 BC 产生的转角是逆时针的,因此弯矩是正的。

(3)建立位移法方程。

对于未知量 φ_B,取 B 结点为隔离体,如图 7-27(a)所示。

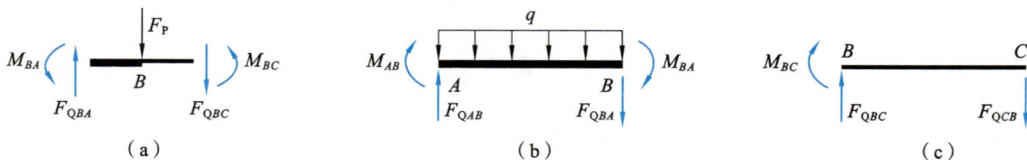

(a)   (b)   (c)

图 7-27

由 $\sum M_B = 0$ 得 $M_{BA} + M_{BC} = 0$

将杆端弯矩代入,得

$$\frac{11EI}{L}\varphi_B - \frac{9EI}{L^2}\Delta_{By} + \frac{qL^2}{12} = 0$$

对于未知量 Δ_{By}，还是利用 B 结点的隔离体。

由 $\sum F_y = 0$ 得 $\qquad F_{QBA} - F_{QBC} - F_P = 0$

为求 F_{QBA}，取杆 AB 为隔离体，如图 7-27(b)所示。

由 $\sum M_A = 0$ 得

$$F_{QBA} = -\frac{M_{AB} + M_{BA}}{L} - \frac{qL}{2} = -\frac{12EI}{L^2}\varphi_B + \frac{12 \times 2EI}{L^3}\Delta_{By} - \frac{qL}{2}$$

为求 F_{QBC}，取杆 BC 为隔离体，如图 7-27(c)所示。

由 $\sum M_C = 0$ 得

$$F_{QBC} = -\frac{M_{BC}}{L} = -\frac{3EI}{L^2}\varphi_B - \frac{3EI}{L^3}\Delta_{By}$$

因此有

$$-\frac{9EI}{L^2}\varphi_B + \frac{27EI}{L^3}\Delta_{By} - \frac{qL}{2} - F_P = 0$$

故位移法方程为

$$\begin{cases} \dfrac{11EI}{L}\varphi_B - \dfrac{9EI}{L^2}\Delta_{By} + \dfrac{qL^2}{12} = 0 \\[2mm] -\dfrac{9EI}{L^2}\varphi_B + \dfrac{27EI}{L^3}\Delta_{By} - \dfrac{3qL}{2} = 0 \end{cases}$$

（4）解方程。由位移法方程解得未知量如下：

$$\Delta_{By} = \frac{7}{96EI}qL^4, \quad \varphi_B = \frac{5}{96EI}qL^3$$

（5）作弯矩图。

把结点位移代回杆端弯矩表达式，得杆端弯矩如下：

$$M_{AB} = 2 \times \frac{2EI}{L}\varphi_B - \frac{6 \times 2EI}{L^2}\Delta_{By} - \frac{qL^2}{12} = -\frac{3qL^2}{4}$$

$$M_{BA} = 2 \times \frac{4EI}{L}\varphi_B - \frac{6 \times 2EI}{L^2}\Delta_{By} + \frac{qL^2}{12} = -\frac{3qL^2}{8}$$

$$M_{BC} = \frac{3EI}{L}\varphi_B + \frac{3EI}{L^2}\Delta_{By} = \frac{3qL^2}{8}$$

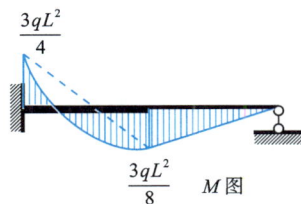

图 7-28

作出弯矩图，如图 7-28 所示。

2. 超静定刚架

【例 7-16】 画出图 7-23(a)所示结构的弯矩图，设 $F_P = qL$。

解 由前面的分析已知该结构的位移法方程如下：

$$\begin{cases} \dfrac{10EI}{L}\varphi_B - \dfrac{6EI}{L^2}\Delta_{Bx} + \dfrac{qL^2}{12} - \dfrac{3F_P L}{16} = 0 \\[2mm] -\dfrac{6EI}{L^2}\varphi_B + \dfrac{12EI}{L^3}\Delta_{Bx} - \dfrac{qL}{2} = 0 \end{cases}$$

由上述方程解得

$$\Delta_{Br}=\frac{15}{224EI}qL^4,\qquad \varphi_B=\frac{17}{336EI}qL^3$$

把结点位移代入杆端弯矩表达式,得杆端弯矩如下:

$$M_{BA}=\frac{4EI}{L}\varphi_B-\frac{6EI}{L^2}\Delta_{Br}+\frac{qL^2}{12}=-\frac{13}{112}qL^2$$

$$M_{AB}=\frac{2EI}{L}\varphi_B-\frac{6EI}{L^2}\Delta_{Br}-\frac{qL^2}{12}=-\frac{43}{112}qL^2$$

$$M_{BC}=\frac{6EI}{L}\varphi_B-\frac{3F_P L}{16}=\frac{13}{112}qL^2$$

$$M_{CB}=0$$

图 7-29

作出弯矩图,如图 7-29 所示。

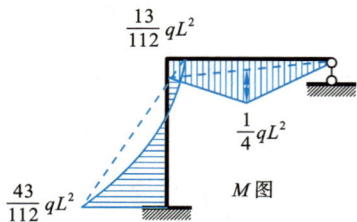

3. 超静定排架

【例 7-17】 用结点截面平衡法建立图 7-30(a)所示排架结构的位移法方程。

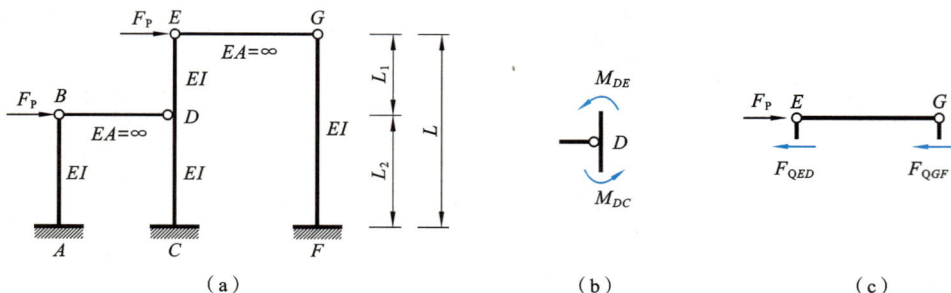

图 7-30

解 （1）确定未知量。

图示排架的未知量为 $\Delta_{BD}(\rightarrow)$、$\Delta_{EG}(\rightarrow)$、φ_D。

（2）确定杆端弯矩表达式。

写杆端弯矩表达式时要注意,其中杆 DE 的侧移为 $\Delta_{EG}-\Delta_{BD}$。

$$M_{AB}=-\frac{3EI}{L_2^2}\Delta_{BD}$$

$$M_{DC}=\frac{4EI}{L_2}\varphi_D-\frac{6EI}{L_2^2}\Delta_{BD}$$

$$M_{CD}=\frac{2EI}{L_2}\varphi_D-\frac{6EI}{L_2^2}\Delta_{BD}$$

$$M_{DE}=\frac{3EI}{L_1}\varphi_D-\frac{3EI}{L_1^2}(\Delta_{EG}-\Delta_{BD})$$

$$M_{FG}=-\frac{3EI}{L^2}\Delta_{EG}$$

（3）建立位移方程。

首先,取 D 结点为隔离体,如图 7-30(b)所示。

由 $\sum M_D=0$ 得

$$\frac{4EI}{L_2}\varphi_D-\frac{6EI}{L_2^2}\Delta_{BD}+\frac{3EI}{L_1}\varphi_D-\frac{3EI}{L_1^2}(\Delta_{EG}-\Delta_{BD})=0$$

其次，取截面 EG 为隔离体，如图 7-30(c)所示。

由 $\sum F_x = 0$ 得

$$F_{QED} + F_{QGF} = F_P \qquad (1)$$

为求式(1)中的 F_{QED}，取 EL 段为隔离体，如图 7-31(a)所示。

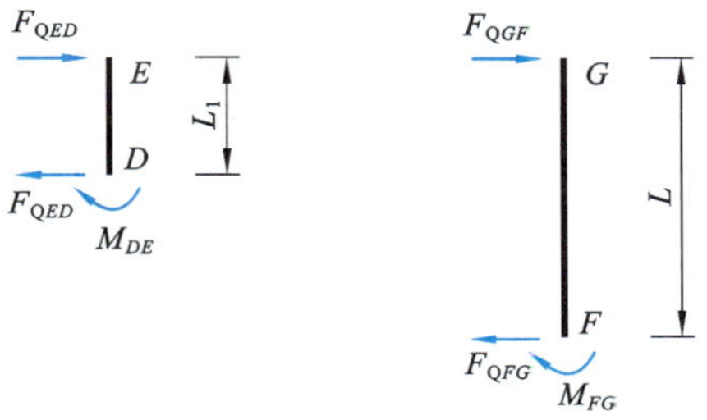

由 $\sum M_E = 0$ 得

$$F_{QED} = -\frac{3EI}{L_1^2}\varphi_D + \frac{3EI}{L_1^3}(\Delta_{EG} - \Delta_{BD})$$

为求式(1)中的 F_{QGF}，取杆 GF 为隔离体，如图 7-31(b)所示。

由 $\sum M_G = 0$ 得 $\qquad F_{QGF} = \frac{3EI}{L^3}\Delta_{EG}$

把 F_{QED}、F_{QGF} 代入式(1)，得

$$\frac{3EI}{L^3}\Delta_{EG} - \frac{3EI}{L_1^3}\Delta_{EG} - \frac{3EI}{L_1^3}\Delta_{BD} - \frac{3EI}{L_1^2}\varphi_D = F_P$$

图 7-31

再次，取截面 BEG 为隔离体，如图 7-32(a)所示。

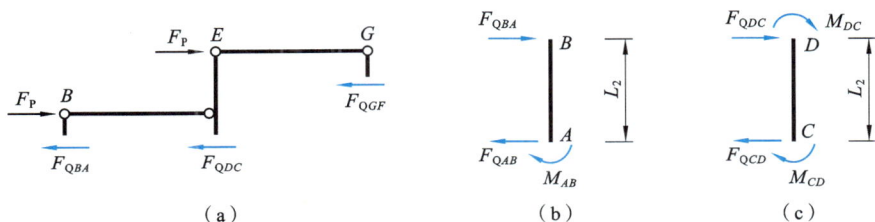

图 7-32

由 $\sum F_x = 0$ 得

$$F_{QBA} + F_{QDC} + F_{QGF} = 2F_P \qquad (2)$$

为求式(2)中的 F_{QBA}，取杆 BA 为隔离体，如图 7-32(b)所示。

由 $\sum M_A = 0$ 得 $\qquad F_{QBA} = \frac{3EI}{L_2^3}\Delta_{BD}$

为求式(2)中的 F_{QDC}，取杆 DC 为隔离体，如图 7-32(c)所示。

由 $\sum M_C = 0$ 得 $\qquad F_{QDC} = -\frac{6EI}{L_2^2}\varphi_D + \frac{12EI}{L_2^3}\Delta_{BD}$

把 F_{QBA}、F_{QDC}、F_{QGF} 代入式(2)得

$$\frac{15EI}{L_2^3}\Delta_{BD} - \frac{6EI}{L_2^2}\varphi_D + \frac{3EI}{L^3}\Delta_{EG} = 2F_P$$

因此，该排架结构的位移法方程为

$$\begin{cases} \frac{4EI}{L_2}\varphi_D - \frac{6EI}{L_2^2}\Delta_{BD} + \frac{3EI}{L_1}\varphi_D - \frac{3EI}{L_1^2}(\Delta_{EG} - \Delta_{BD}) = 0 \\ \frac{3EI}{L^3}\Delta_{EG} + \frac{3EI}{L_1^3}\Delta_{EG} - \frac{3EI}{L_1^3}\Delta_{BD} - \frac{3EI}{L_1^2}\varphi_D = F_P \\ \frac{15EI}{L_2^3}\Delta_{BD} - \frac{6EI}{L_2^2}\varphi_D + \frac{3EI}{L^3}\Delta_{EG} = 2F_P \end{cases}$$

4. 超静定组合结构

【**例 7-18**】　用结点截面平衡法建立图 7-33(a)所示组合结构的位移法方程。

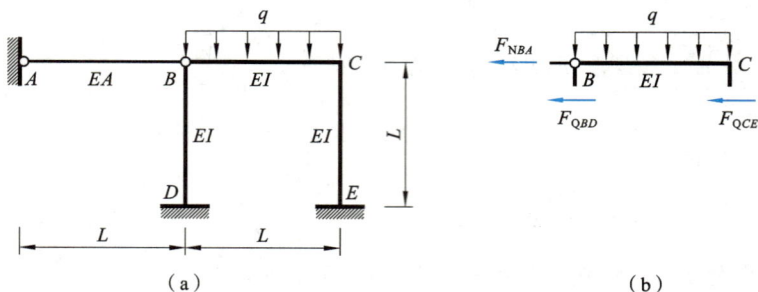

图 7-33

解　(1)确定未知量。

此结构的未知量是 φ_C、$\Delta_{Bx}(\rightarrow)$。这是因为杆 AB 是轴力杆,会发生轴向变形,所以 B 点有水平位移,而 C 点的水平位移等于 B 点的。

(2)因 $i=\dfrac{EI}{L}$,列出杆端弯矩和轴力的表达式如下:

$$M_{CB}=3i\varphi_C+\frac{qL^2}{8}$$

$$M_{DB}=-\frac{3i}{L}\Delta_{Bx}$$

$$M_{CE}=4i\varphi_C-\frac{6i}{L}\Delta_{Bx}$$

$$M_{EC}=2i\varphi_C-\frac{6i}{L}\Delta_{Bx}$$

$$F_{NBA}=\frac{EA}{L}\Delta_{Bx}$$

(3)建立位移法方程。

对 C 结点,由 $\sum M_C=0$ 得

$$M_{CB}+M_{CE}=0$$

即

$$7i\varphi_C-\frac{6i}{L}\Delta_{Bx}+\frac{qL^2}{8}=0$$

取截面 BC(见图 7-33(b)),由 $\sum F_x=0$ 得

$$F_{QBD}+F_{QCE}+F_{NBA}=0$$

其中:　$F_{QBD}=\dfrac{3i}{L^2}\Delta_{Bx}$,　$F_{QCE}=-\dfrac{6i}{L}\varphi_C+\dfrac{12i}{L^2}\Delta_{Bx}$,　$F_{NBA}=\dfrac{EA}{L}\Delta_{Bx}$

因此有

$$-\frac{6i}{L}\varphi_C+\frac{15i}{L^2}\Delta_{Bx}+\frac{EA}{L}\Delta_{Bx}=0$$

位移法方程为

$$\begin{cases}7i\varphi_C-\dfrac{6i}{L}\Delta_{Bx}+\dfrac{qL^2}{8}=0\\[3mm]-\dfrac{6i}{L}\varphi_C+\dfrac{15i}{L^2}\Delta_{Bx}+\dfrac{EA}{L}\Delta_{Bx}=0\end{cases}$$

5. 弹性支座结构

【例 7-19】 用位移法求解图 7-34(a)所示有弹性支座的连续梁,弹簧的刚度为 k。

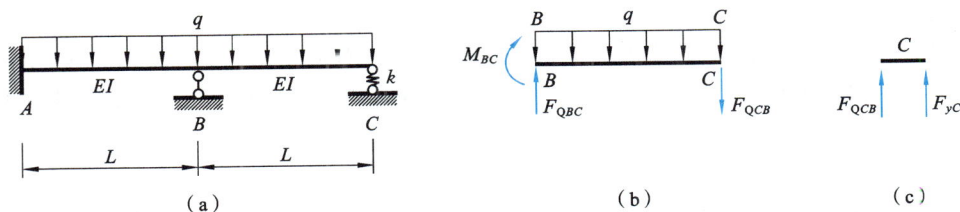

图 7-34

解 (1) 本题中未知量为 φ_B、Δ_{Cy}($\downarrow$)。

C 端支座由于是弹簧支座,在荷载作用下会产生竖直方向位移。

(2) 因 $i = \dfrac{EI}{L}$,列出杆端弯矩表达式如下:

$$M_{BA} = 4i\varphi_B + \frac{qL^2}{12}$$

$$M_{AB} = 2i\varphi_B - \frac{qL^2}{12}$$

$$M_{BC} = 3i\varphi_B - \frac{3i}{L}\Delta_{Cy} - \frac{qL^2}{8}$$

(3) 建立位移法方程。

对 B 结点,由 $\sum M_B = 0$ 得

$$M_{BA} + M_{BC} = 0, \quad 7i\varphi_B - \frac{3i}{L}\Delta_{Cy} - \frac{qL^2}{24} = 0$$

取 BC 杆为隔离体(见图 7-34(b)),由 $\sum M_B = 0$ 得

$$F_{QCB} = -\frac{3i\varphi_B}{L} + \frac{3i\Delta_{Cy}}{L^2} + \frac{qL}{8} - \frac{qL}{2}$$

弹性支座处反力

$$F_{yC} = k\Delta_{Cy}$$

假设 Δ_{Cy} 向下,支座反力 F_{yC} 一定向上。

取 C 结点为隔离体(见图 7-34(c)),由 $\sum F_y = 0$ 得

$$F_{QCB} + F_{yC} = 0$$

得

$$-\frac{3i}{L}\varphi_B + \left(\frac{3i}{L^2} + k\right)\Delta_{Cy} - \frac{3qL}{8} = 0$$

因此,该连续梁的位移法方程为

$$\begin{cases} 7i\varphi_B - \dfrac{3i}{L}\Delta_{Cy} - \dfrac{qL^2}{24} = 0 \\[2mm] -\dfrac{3i}{L}\varphi_B + \left(\dfrac{3i}{L^2} + k\right)\Delta_{Cy} - \dfrac{3qL}{8} = 0 \end{cases}$$

7.6 基本体系和典型方程法

与力法一样,采用位移法时,在确定了未知量后,可以建立一个基本体系,然后根据结点、截面的平衡条件,建立位移法的典型方程。下面就来讲解具体的思路和做法。

(1) 建立位移法的基本体系。

前面在做单元分析时,是把结构中的刚结点看作固定端,把铰结点看作固定铰支座,然后对每根杆件按单跨超静定单元进行分析的。上述过程并没有用图表示出来,现在作基本体系,就是把这个过程用图表示出来。具体构造方法如下:

① 在每个刚结点处添加一个附加刚臂(见图 7-35(a)),阻止刚结点的转动;

② 在可能发生线位移的结点处加上附加链杆(见图 7-35(b)),阻止结点的线位移。

(a)　(b)

图 7-35

经过以上处理,原结构就成为一个由 n 个独立单跨超静定单元形成的组合体,即为位移法的基本体系。

如图 7-36 所示,该刚架在 B 结点有 2 个未知量,即 φ_B、Δ_{Bx},现在用附加刚臂将转角位移阻止,用附加链杆将水平线位移阻止,这样 B 结点 3 个方向上的位移均不可能发生,因此它就可被看作固定端了。其中,杆 AB 是两端固定的,杆 BC 是一端固定一端铰接的,而且这 2 根杆件是相对独立的。

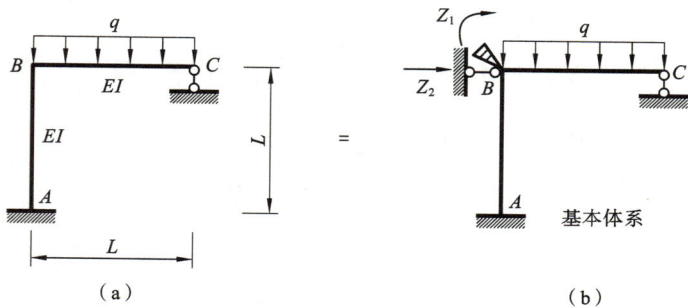

图 7-36

要使基本体系与原结构等价,那么在 B 结点加了刚臂与链杆使其成为固定端后,还要令这个固定端支座发生与原结构 B 结点处相同的转角位移和水平位移,图 7-36(b)中分别用箭头表示,箭头的方向表示未知量的假设方向。为与力法在形式上一致,现在把未知量全用 Z 来表示,并编上相应的下标。也就是:在有转角位移的 B 结点处先加一个刚臂阻止其转动,然后再令其发生与原结构相同的转角位移 Z_1;在有水平线位移的 B 结点处先加一个链杆阻止其移动,然后再令其发生与原结构相同的水平位移 Z_2。

(2) 利用基本体系建立位移法方程。

由前面的分析知道,取基本体系时先是阻止结点位移,然后再让其发生位移,因此它与原结构是完全等价的,计算也就可以在基本体系上进行了。由图 7-37(a)所示刚架可知,造成其基本体系(见图 7-37(b))产生内力的原因有 3 个:荷载、Z_1 和 Z_2。采用叠加原理,让其分别作用,并画出其弯矩图。由于 Z_1、Z_2 是未知的,先作出分别作用 $Z_1=1$、$Z_2=1$ 时的 $\overline{M}_1$ 图和 $\overline{M}_2$

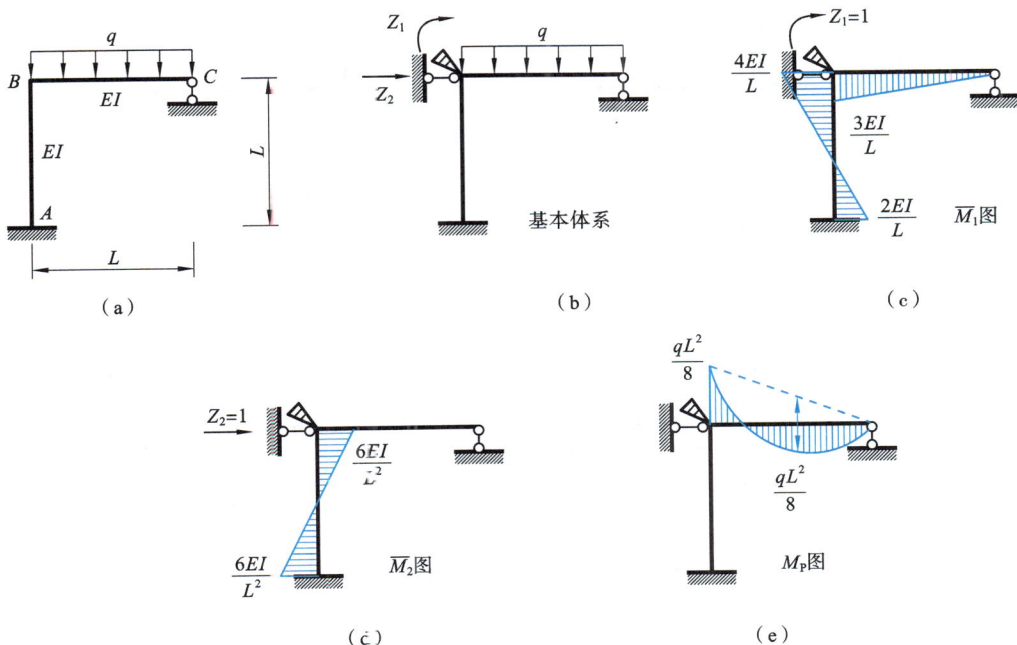

图 7-37

图。显然,在 Z_1、Z_2 作用下,有 $M_1 = \overline{M}_1 \times Z_1$,$M_2 = \overline{M}_2 \times Z_2$。

作出的 $\overline{M}_1$ 图、$\overline{M}_2$ 图和 M_P 图分别如图 7-37(c)、(d)、(e)所示,利用叠加原理,有

$$原结构的内力=基本体系的内力=\overline{M}_1 \times Z_1 + \overline{M}_2 \times Z_2 + M_P$$

显然,求出未知量 Z_1、Z_2 是关键。在 $\overline{M}_1$ 图、$\overline{M}_2$ 图、M_P 图中的附加刚臂和链杆中,由于支座位移和荷载作用,一定会有反力产生,而原结构中相应位置处是没有力的,因此在 3 种状况下产生的反力加起来应等于零,利用这一点就可以建立位移法的方程。

图 7-38(a)所示为刚架的基本体系。在其 $\overline{M}_1$ 图中,由 $Z_1 = 1$ 引起的附加刚臂中的反力表示为 k_{11}(第 1 个下标代表反力的位置,第 2 个下标代表反力产生的原因),由 $Z_1 = 1$ 引起的附加链杆中的反力表示为 k_{21},如图 7-38(b)所示。在 $\overline{M}_2$ 图中由 $Z_2 = 1$ 引起的附加刚臂中的反力表示为 k_{12},由 $Z_2 = 1$ 引起的附加链杆中的反力表示为 k_{22},如图 7-38(c)所示。在 M_P 图中,由荷载引起的附加刚臂中的反力表示为 F_{1P},由荷载引起的附加链杆中的反力表示为 F_{2P},如图 7-38(d)所示。因 Z_1、Z_2、荷载这 3 个因素而在附加刚臂中产生的反力分别为 $k_{11}Z_1$、$k_{12}Z_2$、F_{1P},显然这 3 个反力加起来应该等于零,因为原结构中没有刚臂,也就不存在反力。同理,因 Z_1、Z_2、荷载这 3 个因素而在附加链杆中产生的反力分别为 $k_{21}Z_1$、$k_{22}Z_2$、F_{2P},这 3 个反力加起来也应该等于零。由此可以得到如下两个方程:

$$k_{11}Z_1 + k_{12}Z_2 + F_{1P} = 0$$
$$k_{21}Z_1 + k_{22}Z_2 + F_{2P} = 0$$

上列方程称为位移法典型方程。方程中的 k_{ij} 为系数。k_{ii} 称为主系数,其物理意义是:由于第 i 个附加刚臂或链杆发生单位位移而在该刚臂或链杆处产生的反力,永远为正。k_{ij} 称为副系数,其物理意义是:由于第 j 个附加刚臂或链杆发生单位位移而在第 i 个附加刚臂或链杆处产生的反力,可正可负。由反力互等定理可知,$k_{ij} = k_{ji}$。方程中的 F_{iP} 称为自由项,其物理意义是:由荷载引起的第 i 个附加刚臂或链杆处的反力,可正可负。

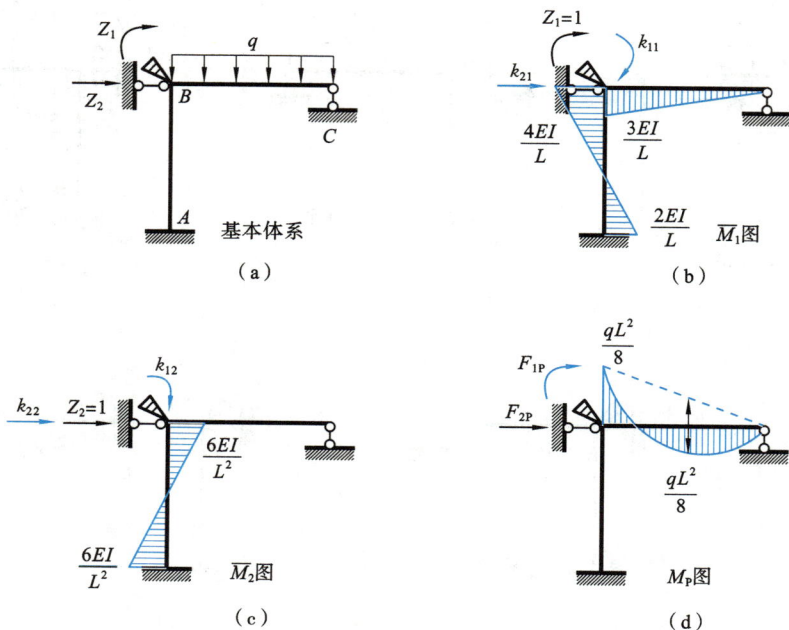

图 7-38

(3) 求系数和自由项。

系数和自由项的求解方法是,取出各个弯矩图中的结点或截面,利用平衡方程来求。如由 $\overline{M}_1$ 图(见图 7-38(b))取出 B 结点、BC 截面和杆 BA,分别如图 7-39(a)、(b)、(c)所示。

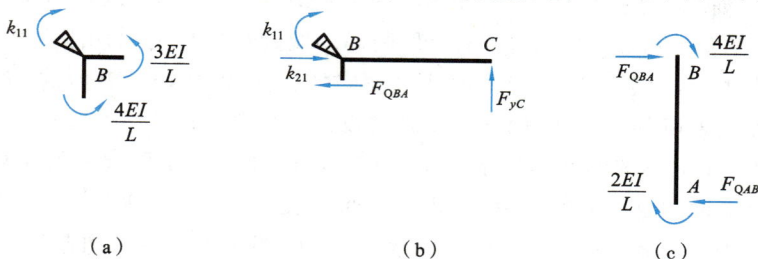

图 7-39

对于 B 结点,由 $\sum M_B = 0$ 得 $\quad k_{11} = \dfrac{3EI}{L} + \dfrac{4EI}{L} = \dfrac{7EI}{L}$

对于 BC 截面,由 $\sum F_x = 0$ 得 $\quad k_{21} = F_{QBA} = -\dfrac{4EI + 2EI}{L^2} = -\dfrac{6EI}{L^2}$

由 $\overline{M}_2$ 图(见图 7-38(c)),取出 B 结点、BC 截面和杆 BA,分别如图 7-40(a)、(b)、(c)所示。

对于 B 结点,由 $\sum M_B = 0$ 得 $\quad k_{12} = -\dfrac{6EI}{L^2}$

对于 BC 截面,由 $\sum F_x = 0$ 得 $\quad k_{22} = F_{QBA} = \dfrac{6EI + 6EI}{L^3} = \dfrac{12EI}{L^3}$

由 M_P 图(见图 7-38(d))取出 B 结点、BC 截面和杆 BA,如图 7-41(a)、(b)、(c)所示。

对于 B 结点,由 $\sum M_B = 0$ 得 $\quad F_{1P} = -\dfrac{qL^2}{8}$

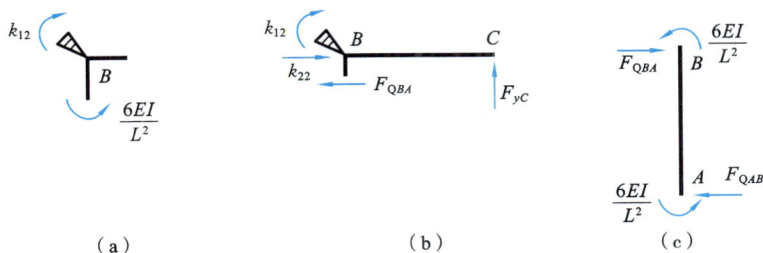

图 7-40

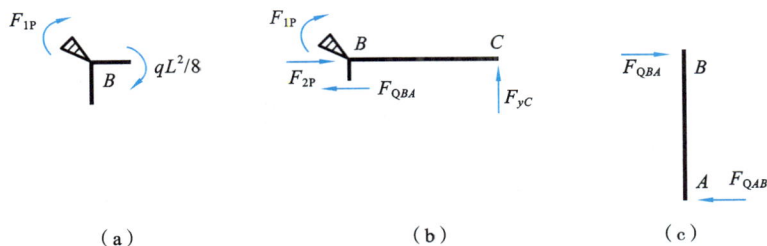

图 7-41

对于 BC 截面，由 $\sum F_x = 0$ 得 $\quad F_{2P} = F_{QBA} = 0$

把系数和自由项代入前述位移法典型方程中，有

$$\frac{7EI}{L}Z_1 - \frac{6EI}{L^2}Z_2 - \frac{qL^2}{8} = 0$$

$$-\frac{6EI}{L^2}Z_1 + \frac{12EI}{L^3}Z_2 = 0$$

（4）解方程，得结点位移。

（5）作弯矩图。

可利用叠加原理进行计算：$M = \overline{M}_1 Z_1 + \overline{M}_2 Z_2 + M_P$。

总结一下典型方程法的计算步骤：

（1）确定未知量，画出基本体系。

确定未知量的方法与前面讲的结点截面法的未知量确定方法是相同的。在构造基本体系方面，位移法与力法是完全不同的，力法是以多余力为未知量，把结构的多余约束去掉，弋替以多余力，一般取静定结构为基本体系。而位移法是以结点的位移作为未知量，用附加刚臂和链杆把结点位移先固定起来，使原结构的杆件变成一个个独立的单跨超静定单元，然后再令被固定的结点发生与原结构相同的位移，以保证基本体系与原结构等价。

（2）建立求解未知量的方程。

位移法与力法在方程的外在形式上基本相似，但实质内容完全不同。力法方程是位移方程，其物理意义是：基本体系在荷载及多余力的共同作用下，在去掉多余约束处两者的位移应相等。而位移法方程则是力的平衡方程，其物理意义是：基本体系在荷载及结点位移的共同作用下，在附加刚臂或链杆处产生的反力应该等于零。

（3）求解方程中的系数和自由项。

力法方程中的系数和自由项是位移，由位移互等定理知 $\delta_{ij} = \delta_{ji}$，为求位移作的弯矩图，一般为静定结构的弯矩图。位移法方程中的系数和自由项是反力,由反力互等定理 $k_{ij} = k_{ji}$,为求反力而作的弯矩图是单跨超静定单元的弯矩图。

(4) 作最后的弯矩图。

力法与位移法作最后弯矩图叠加公式的外形基本相同。

力法: $\qquad M = \overline{M}_1 X_1 + \overline{M}_2 X_2 + \cdots + \overline{M}_n X_n + M_P$

位移法: $\qquad M = \overline{M}_1 Z_1 + \overline{M}_2 Z_2 + \cdots + \overline{M}_n Z_n + M_P$

如果结构有 n 个未知量,那么位移法方程为

$$\begin{cases} k_{11} Z_1 + k_{12} Z_2 + \cdots + k_{1n} Z_n + F_{1P} = 0 \\ k_{21} Z_1 + k_{22} Z_2 + \cdots + k_{2n} Z_n + F_{2P} = 0 \\ \qquad\qquad\qquad\qquad \vdots \\ k_{n1} Z_1 + k_{n2} Z_2 + \cdots + k_{nn} Z_n + F_{nP} = 0 \end{cases}$$

式中:$k_{11}, k_{22}, \cdots, k_{nn}$ 是主系数,永远是正的;k_{12}, k_{31} 等是副系数,有正有负。

由反力互等定理可知: $\qquad\qquad k_{ij} = k_{ji}$

k_{ij} 的物理意义是:由于第 j 个结点发生单位位移而在第 i 个结点处产生的反力。

上述位移法典型方程可以写成矩阵形式:

$$\begin{bmatrix} k_{11} & k_{12} & \cdots & k_{1n} \\ k_{21} & k_{22} & \cdots & k_{2n} \\ \vdots & \vdots & & \vdots \\ k_{n1} & k_{n2} & \cdots & k_{nn} \end{bmatrix} \begin{bmatrix} Z_1 \\ Z_2 \\ \vdots \\ Z_n \end{bmatrix} + \begin{bmatrix} F_{1P} \\ F_{2P} \\ \vdots \\ F_{nP} \end{bmatrix} = \begin{bmatrix} 0 \\ 0 \\ \vdots \\ 0 \end{bmatrix}$$

式中:$\begin{bmatrix} k_{11} & k_{12} & \cdots & k_{1n} \\ k_{21} & k_{22} & \cdots & k_{2n} \\ \vdots & \vdots & & \vdots \\ k_{n1} & k_{n2} & \cdots & k_{nn} \end{bmatrix}$ 称为 **刚度矩阵**,可缩写成 $\boldsymbol{K}$;$\begin{bmatrix} Z_1 \\ Z_2 \\ \vdots \\ Z_n \end{bmatrix}$ 为 **未知量列阵**,可缩写成 $\boldsymbol{Z}$;$\begin{bmatrix} F_{1P} \\ F_{2P} \\ \vdots \\ F_{nP} \end{bmatrix}$ 为 **荷载列阵**,可缩写成 $\boldsymbol{F}_P$。

位移法典型方程 可以写成

$$\boldsymbol{KZ} + \boldsymbol{F}_P = 0$$

MOOC视频

【例 7-20】 用典型方程法建立图 7-42(a)所示结构的位移法方程,所有杆件的 EI 均为常数。

解 (1) 此结构的位移法未知量为 φ_B、φ_E、Δ_{Ey}。

(2) 在转角上加上刚臂,在线位移上加上链杆,并标上未知量和箭头。箭头表示先把结点位移固定,然后再让其发生位移,箭头的方向表示未知量的假设方向。此结构的基本体系如图 7-42(b)所示。

(3) 按基本体系在荷载及 3 个结点位移共同作用下,附加刚臂和链杆中的反力分别应该等于零的原则,建立位移法方程如下:

$$\begin{cases} k_{11} Z_1 + k_{12} Z_2 + k_{13} Z_3 + F_{1P} = 0 \\ k_{21} Z_1 + k_{22} Z_2 + k_{23} Z_3 + F_{2P} = 0 \\ k_{31} Z_1 + k_{32} Z_2 + k_{33} Z_3 + F_{3P} = 0 \end{cases}$$

(4) 作出 $\overline{M}_1$ 图、$\overline{M}_2$ 图、$\overline{M}_3$ 图、M_P 图及结点、截面隔离体,并求出系数和自由项($i = EI/L$)。

① 作出 $\overline{M}_1$ 图,如图 7-43(a)所示。

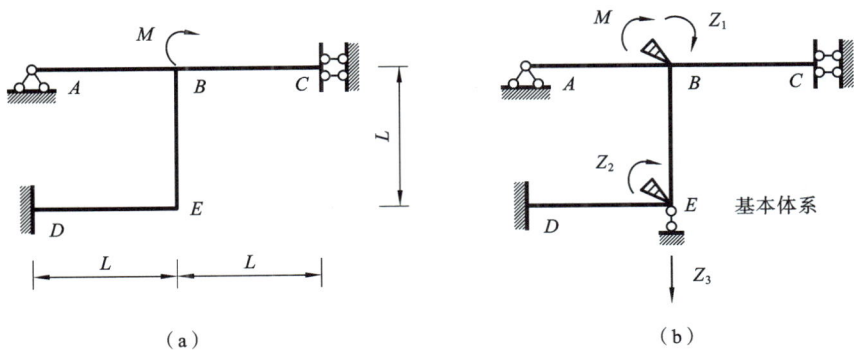

图 7-42

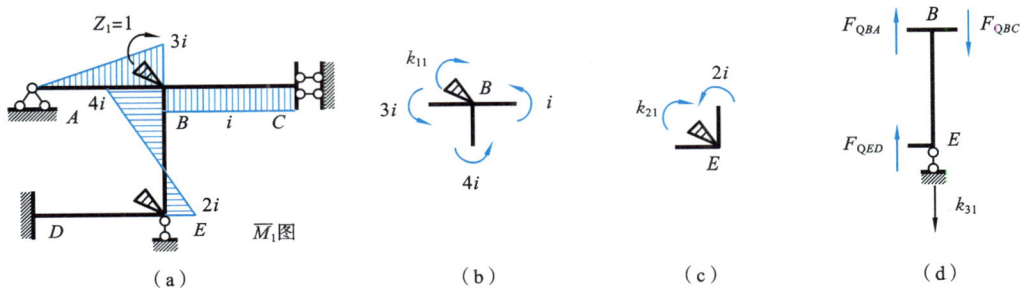

图 7-43

取 B 结点为隔离体，如图 7-43(b)所示。

由 $\sum M_B = 0$ 得 $\qquad k_{11} = \dfrac{8EI}{L} = 8i$

取 E 结点为隔离体，如图 7-43(c)所示。

由 $\sum M_E = 0$ 得 $\qquad k_{21} = \dfrac{2EI}{L} = 2i$

取 BE 截面为隔离体，如图 7-43(d)所示。

由 $\sum F_y = 0$ 得 $\qquad k_{31} = F_{QBA} + F_{QED} - F_{QBC} = -\dfrac{3EI}{L^2} = -\dfrac{3i}{L}$

② 作出 $\overline{M}_2$ 图，如图 7-44(a)所示。

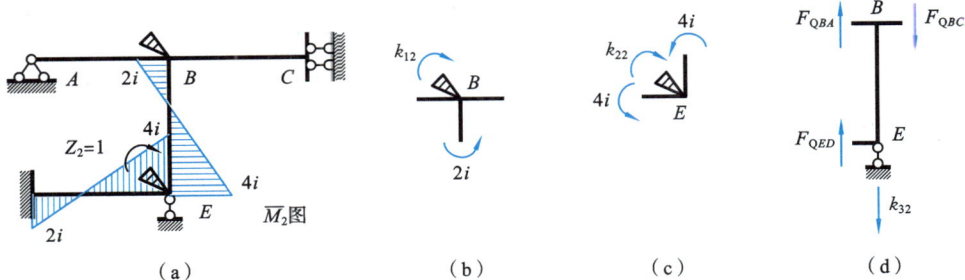

图 7-44

取 B 结点为隔离体，如图 7-44(b)所示。

由 $\sum M_B = 0$ 得 $\qquad k_{12} = \dfrac{2EI}{L} = 2i$

取 E 结点为隔离体,如图 7-44(c)所示。

由 $\sum M_E = 0$ 得 $\qquad k_{22} = \dfrac{8EI}{L} = 8i$

取 BE 截面为隔离体,如图 7-44(d)所示。

由 $\sum F_y = 0$ 得 $\quad k_{32} = F_{QBA} + F_{QED} - F_{QBC} = -\dfrac{6EI}{L^2} = -\dfrac{6i}{L}$

③ 作出 $\overline{M}_3$ 图,如图 7-45(a)所示。

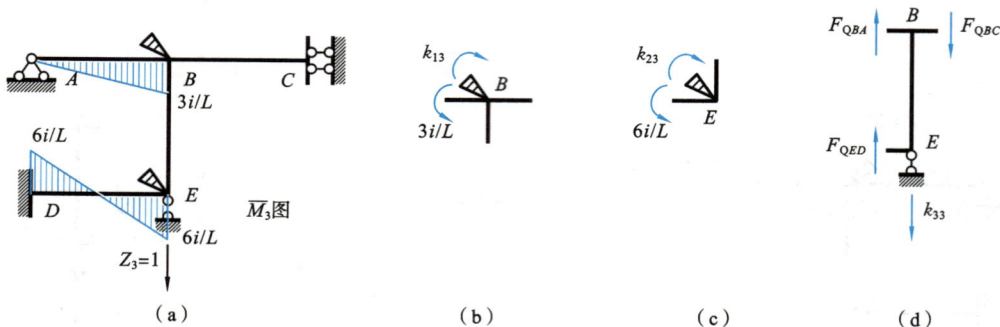

图 7-45

取 B 结点为隔离体,如图 7-45(b)所示。

由 $\sum M_B = 0$ 得 $\qquad k_{13} = -\dfrac{3EI}{L^2} = -\dfrac{3i}{L}$

取 E 结点为隔离体,如图 7-45(c)所示。

由 $\sum M_E = 0$ 得 $\qquad k_{23} = -\dfrac{6EI}{L^2} = -\dfrac{6i}{L}$

取 BE 截面为隔离体,如图 7-45(d)所示。

由 $\sum F_y = 0$ 得 $\quad k_{33} = F_{QBA} + F_{QED} - F_{QBC} = \dfrac{15EI}{L^3} = \dfrac{15i}{L^2}$

④ 作出 M_P 图,如图 7-46(a)所示。

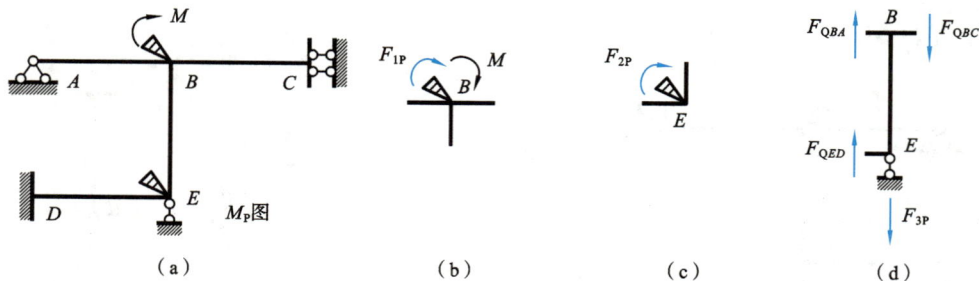

图 7-46

取 B 结点为隔离体,如图 7-46(b)所示。

由 $\sum M_B = 0$ 得 $\qquad F_{1P} = -M$

取 E 结点为隔离体,如图 7-46(c)所示。

由 $\sum M_E = 0$ 得 $\qquad\qquad F_{2P}=0$

取 BE 截面为隔离体,如图 7-46(d)所示。

由 $\sum F_y = 0$ 得 $\qquad\qquad F_{3P}=F_{QBA}+F_{QED}-F_{QBC}=0$

把系数和自由项代入位移法典型方程中,得

$$
\begin{cases}
8iZ_1 + 2iZ_2 - \dfrac{3i}{L}Z_3 - M = 0 \\[2mm]
2iZ_1 + 8iZ_2 - \dfrac{6i}{L}Z_3 = 0 \\[2mm]
-\dfrac{3i}{L}Z_1 - \dfrac{6i}{L}Z_2 + \dfrac{15i}{L^2}Z_3 = 0
\end{cases}
$$

【例 7-21】 用典型方程法建立图 7-47(a)所示桁架的位移法方程,所有杆件的 EA 均为常数。

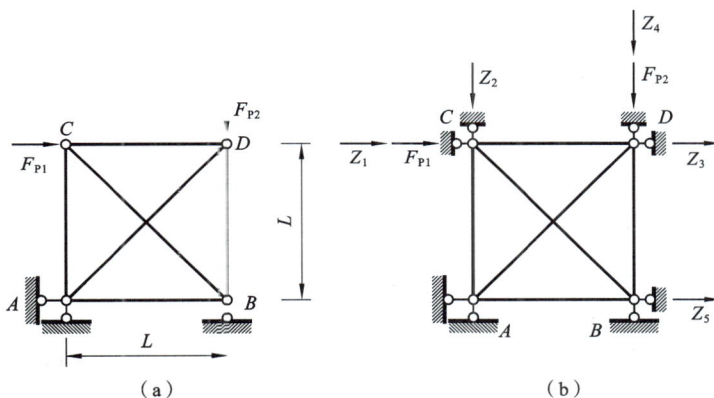

图 7-47

解 (1) 该题的未知量有 5 个:Δ_{Cx}、Δ_{Cy}、Δ_{Dx}、Δ_{Dy}、Δ_{Bx}。

(2) 取基本体系如图 7-47(b)所示。

(3) 建立位移法典型方程如下:

$$
\begin{cases}
k_{11}Z_1 + k_{12}Z_2 + k_{13}Z_3 + k_{14}Z_4 + k_{15}Z_5 + F_{1P} = 0 \\
k_{21}Z_1 + k_{22}Z_2 + k_{23}Z_3 + k_{24}Z_4 + k_{25}Z_5 + F_{2P} = 0 \\
k_{31}Z_1 + k_{32}Z_2 + k_{33}Z_3 + k_{34}Z_4 + k_{35}Z_5 + F_{3P} = 0 \\
k_{41}Z_1 + k_{42}Z_2 + k_{43}Z_3 + k_{44}Z_4 + k_{45}Z_5 + F_{4P} = 0 \\
k_{51}Z_1 + k_{52}Z_2 + k_{53}Z_3 + k_{54}Z_4 + k_{55}Z_5 + F_{5P} = 0
\end{cases}
$$

(4) 求系数和自由项。当 $Z_1=1$ 时,杆 CD 的缩短量为 1,杆 CB 的缩短量为 $\dfrac{\sqrt{2}}{2}$,杆 CA 的变形量可以忽略。画 $\overline{F}_{N1}$ 图,如图 7-48(a)所示。

由 $\overline{F}_{N1}$ 图取 C 结点,如图 7-48(b)所示。

由 $\sum F_x = 0$ 得 $\qquad\qquad k_{11}=\dfrac{EA}{L}+\dfrac{\sqrt{2}EA}{4L}=\dfrac{(4+\sqrt{2})EA}{4L}$

由 $\sum F_y = 0$ 得 $\qquad\qquad k_{21}=\dfrac{\sqrt{2}EA}{4L}$

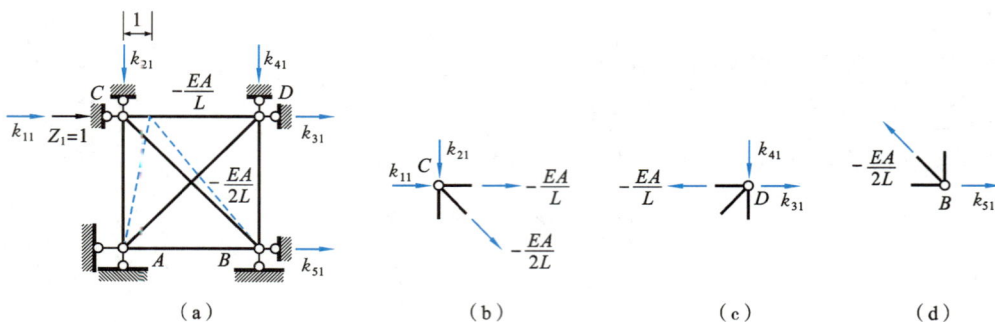

图 7-48

由 $\overline{F}_{N1}$ 图取 D 结点，如图 7-48(c)所示。

由 $\sum F_x = 0$ 得 $\qquad\qquad k_{31} = -\dfrac{EA}{L}$

由 $\sum F_y = 0$ 得 $\qquad\qquad k_{41} = 0$

由 $\overline{F}_{N1}$ 图取 B 结点，如图 7-48(d)所示。

由 $\sum F_x = 0$ 得 $\qquad\qquad k_{51} = -\dfrac{\sqrt{2}EA}{4L}$

其他系数和自由项的计算省略。

总结：用位移法分析超静定结构，其解题步骤与方法同力法极为相似。

(1) 确定基本未知量，取基本体系。

未知量：力法——以多余力作为未知量；位移法——以结点的转角位移、线位移作为未知量。

基本体系：力法——一般为静定结构；位移法——单跨超静定单元的组合体。

(2) 建立典型方程的条件和方程的性质。

建立方程的条件：

力法——去掉多余约束处的位移应与原结构的相同；

位移法——附加约束上的反力应与原结构的相同（等于零）。

方程的性质：

力法——位移协调方程；

位移法——力的平衡方程。

(3) 作 M_P、$\overline{M}$ 图，求系数和自由项。

力法：先作出静定结构分别在载荷 F_P、多余未知力 $X_i=1$ 作用下的弯矩图，然后应用图乘法求出载荷 F_P、多余未知力 $X_i=1$ 所引起的去掉多余未知力处的位移，即系数和自由项 δ_{ii}、δ_{ij}、δ_{ji}、Δ_{iP}。

位移法：先作出基本体系分别在载荷 F_P、结点未知位移 $Z_i=1$ 作用下的弯矩图（借助于杆端弯矩与杆端位移的表达式或图表画出），然后利用结点或截面的平衡，求出附加刚臂或链杆中的反力矩和链杆中的反力，即位移法的系数和自由项 k_{ii}、k_{ij}、k_{ji}、F_{iP}。

(4) 解典型方程，求基本未知量。

力法：解多元一次方程组，求得多余未知力 X_i。

位移法:解多元一次方程组,求得结点转角位移与结点线位移 Z_i。

(5)绘制最后弯矩图——采用叠加法。

力法弯矩计算式为
$$M = \sum_{i=1}^{n} \overline{M}_i X_i + M_P$$

位移法弯矩计算式为
$$M = \sum_{i=1}^{n} \overline{M}_i Z_i + M_P$$

7.7 对称性的利用

如前所述,利用结构的对称性可以简化计算。位移法对对称的刚架结构通常是取半刚架进行计算,下面先介绍半刚架的取法。

1. 奇数跨对称刚架在对称荷载作用下

以图 7-49(a)所示的单跨刚架为例进行分析。图中虚线是结构在对称荷载作用下的变形图。由于结构对称、荷载对称,这个变形图也是对称的。对称点 C 的位移和内力如下:

$$\begin{cases} \Delta_{Cx} = 0, & F_{NC} \neq 0 \\ \Delta_{Cy} \neq 0, & F_{QC} = 0 \\ \Delta_{C\varphi} = 0, & M_C \neq 0 \end{cases}$$

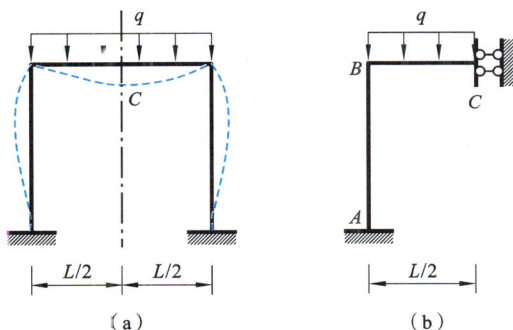

图 7-49

在对称点 C 处把结构一切为二,任取一半,为了使 C 点的位移和内力与原结构中 C 点的相同,在 C 点处装上滑动支座。因为滑动支座能阻止水平方向位移和转动位移,而无法阻止竖直方向位移,因而能产生水平方向的轴力和弯矩,不会产生剪力。所取半刚架如图 7-49(b)所示。

2. 偶数跨对称刚架在对称荷载作用下

以图 7-50(a)所示的双跨刚架为例进行分析。图中虚线是结构在对称荷载作用下的变形图。由于结构对称、荷载对称,这个变形图也是对称的。对称点 B 的位移和内力如下:

$$\begin{cases} \Delta_{Bx} = 0, & F_{NB} \neq 0 \\ \Delta_{By} = 0, & F_{QB} \neq 0 \\ \Delta_{B\varphi} = 0, & M_B \neq 0 \end{cases}$$

在对称点处把结构一切为二,任取一半,由于杆 AB 没有弯矩,因此该杆就没有必要画上去。为了使 B 点的位移和内力与原结构中 B 点的相同,在 B 点处装上固定支座,因为固定支座能阻止水平方向、竖直方向的位移和转角位移,并能产生水平方向反力、竖直方向反力和弯

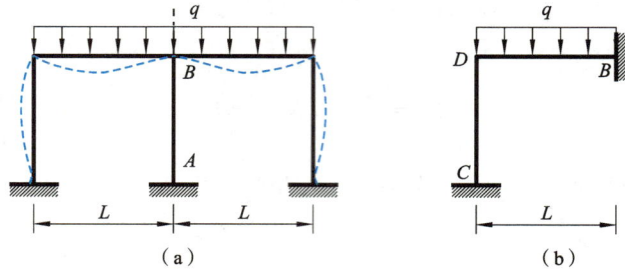

图 7-50

矩。所取半刚架如图 7-50(b)所示。

3. 奇数跨对称刚架在反对称荷载作用下

以图 7-51(a)所示的单跨刚架为例进行分析。图中虚线是结构在反对称荷载作用下的变形图。由于结构对称、荷载反对称,结构的变形图也是反对称的。对称点 C 的位移和内力如下:

$$\begin{cases} \Delta_{Cx}\neq 0,\quad F_{NC}=0 \\ \Delta_{Cy}=0,\quad F_{QC}\neq 0 \\ \Delta_{C\varphi}\neq 0,\quad M_C=0 \end{cases}$$

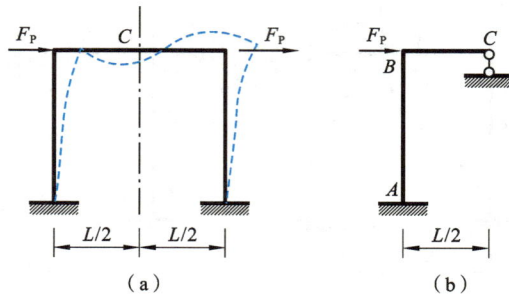

图 7-51

在对称点处把结构一切为二,任取一半,为了使 C 点的位移和内力与原结构中 C 点的相同,在 C 点处装上可动铰支座,因为可动铰支座能阻止竖直方向位移,并能产生竖直方向反力。所取半刚架如图7-51(b)所示。

4. 偶数跨对称刚架在反对称荷载作用下

以图 7-52(a)所示的双跨刚架为例进行分析。图中虚线是结构在反对称荷载作用下的变形图。由于结构对称、荷载反对称,这个变形图也是反对称的。

为了便于分析,先对原结构进行一下改造。把中柱替换成 2 根抗弯刚度为 $EI/2$ 的柱子,如图 7-52(b)所示。然后把梁在对称点 B 处切断,如图 7-52(c)所示,在截面处只有一对剪力 F_{QB} 存在。这对剪力使左柱受压、右柱受拉,由于忽略轴向变形,因此它们不会使结构发生变形,也就没有弯矩产生。而 2 根柱一拉一压,合起来轴力为零,因此这对剪力可以去掉。最后取半刚架,如图 7-52(d)所示。

对于对称结构,若荷载是任意的,则可把荷载变换成对称与反对称荷载之和后,再取半刚架以简化计算。对取的半刚架,可选用任何适宜的方法进行计算(位移法或力法),其原则就是

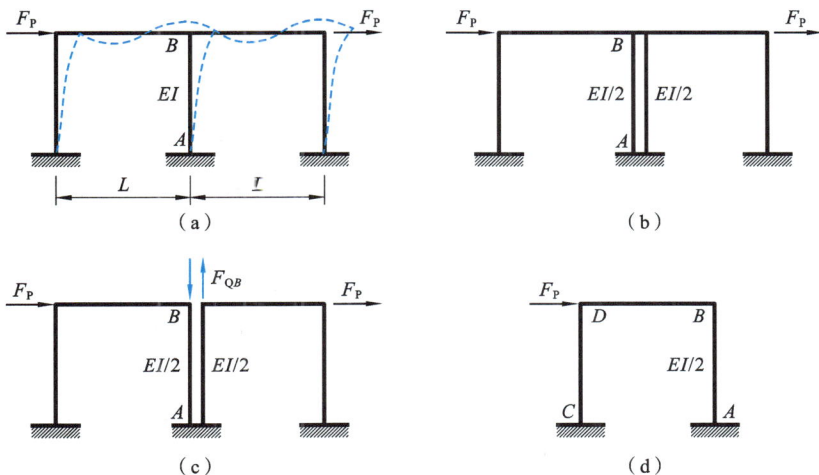

图 7-52

哪一种未知量个数少,就优先选用哪一种方法。

【例 7-22】 利用对称性计算图 7-53(a)所示结构,作出弯矩图,所有杆件的 EI 均为常数。

解 由于图 7-53(a)所示结构有 2 根对称轴,可以先取半刚架(见图 7-53(b)),再取 1/4 刚架(见图 7-53(c))进行计算。

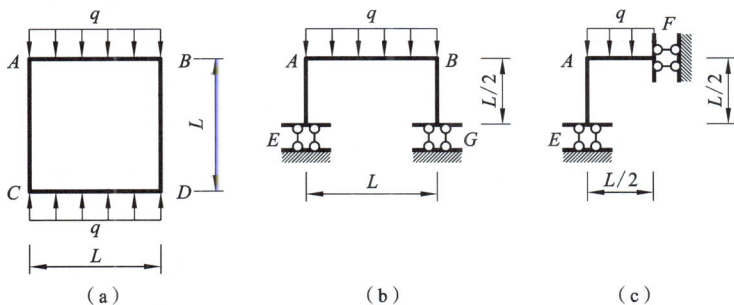

图 7-53

(1) 1/4 刚架只有 1 个刚结点,未知量为 φ_A。

(2) 杆端弯矩表达式如下:

$$M_{AF} = \frac{EI}{L/2}\varphi_A - \frac{qL^2}{12} = \frac{2EI}{L}\varphi_A - \frac{qL^2}{12}$$

$$M_{FA} = -\frac{2EI}{L}\varphi_A - \frac{qL^2}{24}$$

$$M_{AE} = \frac{EI}{L/2}\varphi_A = \frac{2EI}{L}\varphi_A$$

$$M_{EA} = -\frac{2EI}{L}\varphi_A$$

(3) 建立位移法方程。

取 A 结点,由 $\sum M_A = 0$ 得 $\qquad M_{AF} + M_{AE} = 0$

将 M_{AF}、M_{AE} 代入上式,得

$$\frac{4EI}{L}\varphi_A = \frac{qL^2}{12}$$

解得

$$\varphi_A = \frac{qL^3}{48EI}$$

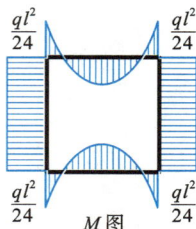

图 7-54

(4) 将 φ_A 代入杆端弯矩表达式,得杆端弯矩分别为

$$M_{AF} = -\frac{qL^2}{24}, \quad M_{FA} = -\frac{qL^2}{12}$$

$$M_{AE} = \frac{qL^2}{24}, \quad M_{EA} = -\frac{qL^2}{24}$$

(5) 作弯矩图。

按求出的杆端弯矩作出 1/4 刚架的弯矩图后,再按对称性即可作出整个刚架的弯矩图(见图 7-54)。

【例 7-23】　利用对称性建立图 7-55(a)所示结构的位移法方程。所有杆长均为 L,EI 也均相同。

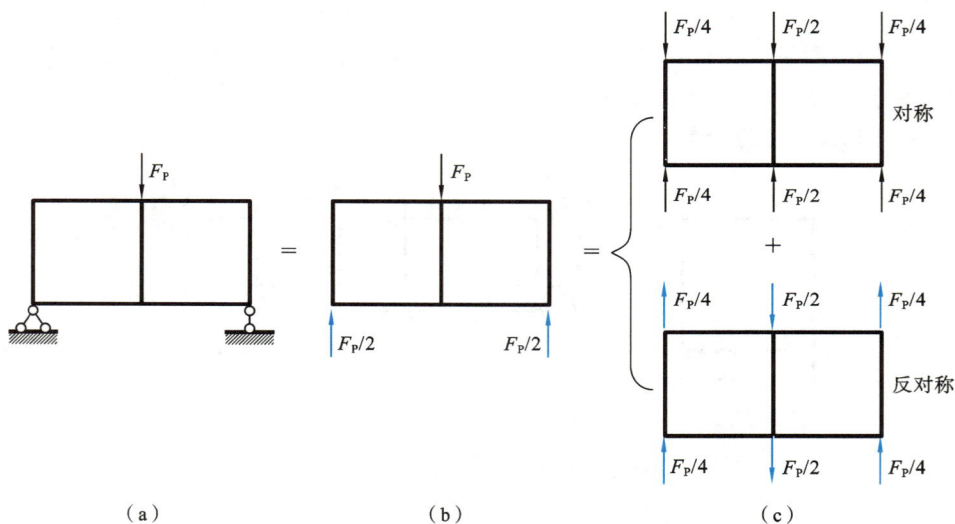

图 7-55

解　该结构上部是超静定的,但支座只有 3 个约束,是静定的。

(1) 求出支座反力并用力代替约束(见图 7-55(b))。

(2) 该结构有 2 根对称轴,因此把力变换成对称与反对称的力,如图 7-55(c)所示。

(3) 按对称和反对称两种情况进行分析。对称情况下弯矩等于零,因此不用计算。反对称情况下,由于受荷载作用,梁在竖直方向上会发生相对错动,因此会产生弯矩。

下面分析反对称的情况。对于竖直方向对称轴,荷载是对称的,中柱弯矩一定为零,可以不予考虑,取半刚架如图 7-56 所示。

图 7-56 所示的半刚架仍是对称结构,但荷载是反对称的,因此还继续可取 1/4 刚架,如图 7-57 所示。

(4) 1/4 刚架的未知量为 φ_A、Δ_{Ay}(↑)。

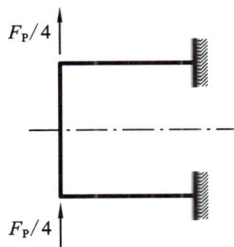

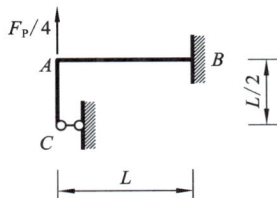

图 7-56   图 7-57

（5）因 $i=EI/L$，列出杆端弯矩表达式如下：

$$M_{AB}=4i\varphi_A-\frac{6i}{L}\Delta_{Ay}$$

$$M_{BA}=2i\varphi_A-\frac{6i}{L}\Delta_{Ay}$$

$$M_{AC}=6i\varphi_A$$

（6）建立位移法方程如下：

对于 A 结点，由 $\sum M_A=0$ 得

$$10i\varphi_A-\frac{6i}{L}\Delta_{Ay}=0$$

取 AC 截面为隔离体（见图 7-58(a)）。由 $\sum F_y=0$ 得

$$F_{QAB}=\frac{1}{4}F_P$$

取杆 AB 为隔离体（见图 7-58(b)）。由 $\sum M_B=0$ 得

$$F_{QAB}=-\frac{6i}{L}\varphi_A+\frac{12i}{L^2}\Delta_{Ay}$$

将 $F_{QAB}=\frac{1}{4}F_P$ 代入上式，得

$$-\frac{6i}{L}\varphi_A+\frac{12i}{L^2}\Delta_{Ay}=\frac{F_P}{4}$$

因此，该结构的位移法方程为

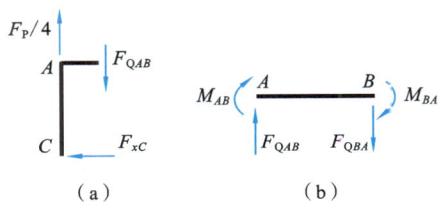

（a）   （b）

图 7-58

$$\begin{cases}10i\varphi_A-\dfrac{6i}{L}\Delta_{Ay}=0\\[2mm]-\dfrac{6i}{L}\varphi_A+\dfrac{12i}{L^2}\Delta_{Ay}=\dfrac{F_P}{4}\end{cases}$$

7.8 其他各种情况的处理

1. 支座移动时的计算

图 7-59(a)所示结构的 A 端支座发生了转角位移 θ_A，若用位移法求解，其具体做法如下。

MOOC 视频

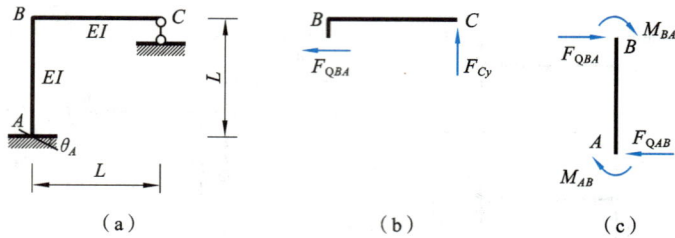

图 7-59

（1）确定未知量。

由于未知量的确定与荷载是无关的，因此本结构的未知量是 φ_B、$\Delta_{Bx}(\rightarrow)$。

（2）杆端弯矩表达式如下：

$$M_{BC}=\frac{3EI}{L}\varphi_B$$

$$M_{BA}=\frac{4EI}{L}\varphi_B+\frac{2EI}{L}\theta_A-\frac{6EI}{L^2}\Delta_{Bx}$$

$$M_{AB}=\frac{2EI}{L}\varphi_B+\frac{4EI}{L}\theta_A-\frac{6EI}{L^2}\Delta_{Bx}$$

由于 θ_A 是已知的支座位移，因此上列杆端弯矩中由此产生的弯矩是已知的。

（3）建立位移法方程。

对于 B 结点，由 $\sum M_B=0$ 得

$$\frac{7EI}{L}\varphi_B+\frac{2EI}{L}\theta_A-\frac{6EI}{L^2}\Delta_{Bx}=0$$

对于 BC 截面（见图7-59(b)），由 $\sum F_x=0$ 得

$$F_{QBA}=0$$

对于杆 BA（见图7-59(c)），有

$$F_{QBA}=-\frac{M_{BA}+M_{AB}}{L}=-\frac{6EI}{L^2}\varphi_B-\frac{6EI}{L^2}\theta_A+\frac{12EI}{L^3}\Delta_{Bx}$$

$$-\frac{6EI}{L^2}\varphi_B-\frac{6EI}{L^2}\theta_A+\frac{12EI}{L^3}\Delta_{Bx}=0$$

得

结构的位移法方程为

$$\begin{cases}\frac{7EI}{L}\varphi_B+\frac{2EI}{L}\theta_A-\frac{6EI}{L^2}\Delta_{Bx}=0\\-\frac{6EI}{L^2}\varphi_B-\frac{6EI}{L^2}\theta_A+\frac{12EI}{L^3}\Delta_{Bx}=0\end{cases}$$

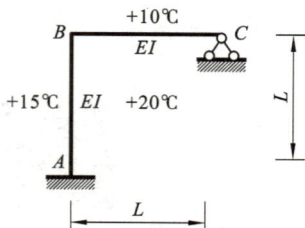

图 7-60

后面的计算省略。

2. 温度发生变化时的计算

图7-60所示结构的温度相对竣工时升高了，具体升高值见图中标注。用位移法求解的具体步骤如下。

（1）未知量的确定。

与荷载作用时相同，此结构的未知量是 φ_B。

（2）确定杆端弯矩。

由于温度变化会引起杆件的轴向变形，而这个轴向变形会引起结点的线位移，因此写杆端弯矩时要考虑这一项。

杆 BA 轴线处温度升高 $17.5℃\left(15℃+\dfrac{20-15}{2}℃\right)$，杆件伸长 $17.5L\alpha$。

杆 BC 轴线处温度升高 $15℃\left(10℃+\dfrac{20-10}{2}℃\right)$，杆件伸长 $15L\alpha$。

由温度引起的 B 点线位移为

$$\begin{cases} \Delta_{Bx}=15\alpha L \\ \Delta_{By}=17.5\alpha L \end{cases}$$

引起杆 BA 弯矩的因素是转角位移 φ_B、侧移 Δ_{Bx}、杆两侧的温度差。引起杆 BC 弯矩的因素是转角位移 φ_B、侧移 Δ_{By}、杆两侧的温度差。杆端弯矩如下。

$$M_{BA}=\frac{4EI}{L}\varphi_B+\frac{6EI}{L^2}\times15\alpha L+\frac{5EI\alpha}{h}=\frac{4EI}{L}\varphi_B+\frac{90EI\alpha}{L}+\frac{5EI\alpha}{h}$$

$$M_{AB}=\frac{2EI}{L}\varphi_B+\frac{6EI}{L^2}\times15\alpha L-\frac{5EI\alpha}{h}=\frac{2EI}{L}\varphi_B+\frac{90EI\alpha}{L}-\frac{5EI\alpha}{h}$$

$$M_{BC}=\frac{3EI}{L}\varphi_B-\frac{3EI}{L^2}\times17.5\alpha L-\frac{3\times10EI\alpha}{2h}=\frac{3EI}{L}\varphi_B-\frac{52.5EI\alpha}{L}-\frac{15EI\alpha}{h}$$

上述杆端弯矩方程中最后一项均通过查表 7-1 获得。

（3）建立位移法方程。

对于 B 结点，由 $\sum M_B=0$ 得

$$\frac{7EI}{L}\varphi_B+\frac{37.5EI\alpha}{L}-\frac{10EI\alpha}{h}=0$$

3. 带斜杆刚架的计算

用位移法求解图 7-61(a)所示有斜杆的刚架，其具体过程如下。

（1）确定未知量。

此结构的未知量是 φ_B、$\Delta_{Bx}(\rightarrow)$。

由于杆 AB 只能绕 A 点转，由图 7-61(b)的变形图可见，若设 B 点的水平位移为 Δ_{Bx}，那么杆 BA 的侧移为 $\Delta_{BA}=\sqrt{2}\Delta_{Bx}$，杆 BC 的侧移为 $\Delta_{By}=\Delta_{Bx}$。

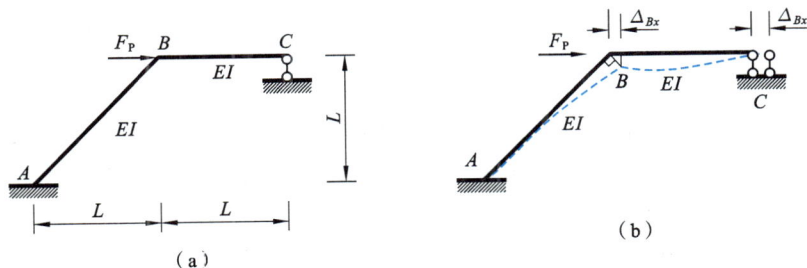

MOOC 视频

图 7-61

（2）杆端弯矩表达式如下：

$$M_{BA}=\frac{4EI}{\sqrt{2}L}\varphi_B-\frac{6EI}{(\sqrt{2}L)^2}\sqrt{2}\Delta_{Bx}=\frac{2\sqrt{2}EI}{L}\varphi_B-\frac{3\sqrt{2}EI}{L^2}\Delta_{Bx}$$

$$M_{AB}=\frac{2EI}{\sqrt{2}L}\varphi_B-\frac{6EI}{(\sqrt{2}L)^2}\sqrt{2}\Delta_{Bx}=\frac{\sqrt{2}EI}{L}\varphi_B-\frac{3\sqrt{2}EI}{L^2}\Delta_{Bx}$$

$$M_{BC} = \frac{3EI}{L}\varphi_B + \frac{3EI}{L^2}\Delta_{Bx}$$

（3）建立位移法方程。

对于 B 结点，由 $\sum M_B = 0$ 得

$$\left(\frac{2\sqrt{2}EI}{L} + \frac{3EI}{L}\right)\varphi_B + \left(\frac{3EI}{L^2} - \frac{3\sqrt{2}EI}{L^2}\right)\Delta_{Bx} = 0$$

整理得

$$\frac{(2\sqrt{2}+3)EI}{L}\varphi_B + \frac{(3-3\sqrt{2})EI}{L^2}\Delta_{Bx} = 0$$

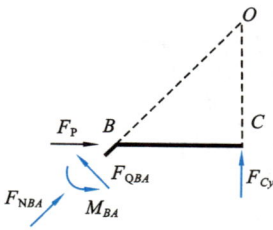

取 BC 截面为隔离体（见图 7-62），若由 $\sum F_x = 0$ 建立方程，则方程中会出现 F_{NBA}。由于忽略杆件的轴向变形，应避免列受弯杆件的轴力表达式，为此可对杆 BA 与 F_{Cy} 延长线的交点 O 取矩，由 $\sum M_O = 0$，得

$$F_P L - F_{QBA} \times \sqrt{2}L + M_{BA} = 0$$

其中

$$F_{QBA} = -\frac{6EI}{2L^2}\varphi_B + \frac{12EI}{2L^2\times\sqrt{2}L}\times\sqrt{2}\Delta_{Bx} = -\frac{3EI}{L^2}\varphi_B + \frac{6EI}{L^3}\Delta_{Bx}$$

图 7-62

因此有

$$F_P L + \frac{3\sqrt{2}EI}{L}\varphi_B - \frac{6\sqrt{2}EI}{L^2}\Delta_{Bx} + \frac{2\sqrt{2}EI}{L}\varphi_B - \frac{3\sqrt{2}EI}{L^2}\Delta_{Bx} = 0$$

整理得

$$\frac{5\sqrt{2}EI}{L}\varphi_B - \frac{9\sqrt{2}EI}{L^2}\Delta_{Bx} + F_P L = 0$$

故该结构的位移法方程为

$$\begin{cases} \dfrac{(2\sqrt{2}+3)EI}{L}\varphi_B + \dfrac{(3-3\sqrt{2})EI}{L^2}\Delta_{Bx} = 0 \\[3mm] \dfrac{5\sqrt{2}EI}{L}\varphi_B - \dfrac{9\sqrt{2}EI}{L^2}\Delta_{Bx} + F_P L = 0 \end{cases}$$

4. 有剪力静定杆件的结构

图 7-63 所示为有剪力静定杆件的刚架。结构中有侧移的构件，若其剪力是静定的，则称之为剪力静定杆件。在图 7-63 所示刚架中，杆 BA 会发生侧移，虽然结构是超静定的，但不需要通过解超静定结构，就可知道杆 BA 的剪力等于 F_P。

用位移法求解的具体步骤如下。

（1）未知量的确定。

此题常规计算的未知量是 φ_B、Δ_{Bx}。但若在 B 结点仅把转角给固定起来，那么这个结点就可看作滑动端，然后再发生转角位移 φ_B，因此水平位移 Δ_{Bx} 就可不作为未知量，在写杆端弯矩时可将杆 BA 看作一端固定一端滑动单元，如图 7-64 所示。

（2）杆端弯矩表达式。

杆 AB 的杆端弯矩，应按一端固定一端滑动单元来写，具体弯矩表达式如下：

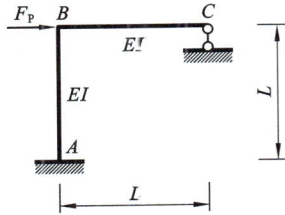

图 7-63

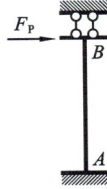

图 7-64

$$M_{BC} = \frac{3EI}{L}\varphi_B$$

$$M_{BA} = \frac{EI}{L}\varphi_B - \frac{F_P L}{2}$$

$$M_{AB} = -\frac{EI}{L}\varphi_B - \frac{F_P L}{2}$$

（3）建立位移法方程。

对于 B 结点，由 $\sum M_B = 0$ 得

$$\frac{4EI}{L}\varphi_B - \frac{F_P L}{2} = 0$$

上述计算方法称为无剪力法，只能用于有侧移杆件的剪力静定的情况，如图7-65（a）、（b）所示。

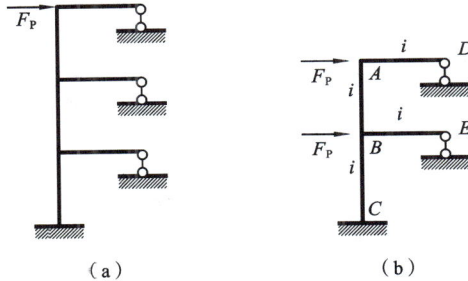

（a）

（b）

图 7-65

特别要提醒的是固端弯矩的计算。图 7-65（b）所示结构中，杆 AB 的固端弯矩可由 F_P 按一端固定一端滑动单元查表 7-1。杆 BC 的固端弯矩可由 $2F_P$ 按一端固定一端滑动单元查表 7-1。原因是上层的荷载对下层有影响。图 7-65（b）中杆 AB 的剪力是 F_P，杆 BC 的剪力是 $2F_P$。

5. 有刚度无穷大杆件的刚架

对图 7-66 所示的刚架，其横梁的刚度为无穷大，结点 C、D 的转角位移为零，即 $\varphi_C = \varphi_D = 0$，未知量只有 Δ_{Cx}，具体解法不再赘述。

对于图 7-67 所示的刚架，由于横梁的刚度为无穷大，结点 B 的转角位移为零，未知量只有Δ_{Bx}（→）。由于杆 BA 只能绕 A 点转动，因此杆 BA 的侧移为$\sqrt{2}\Delta_{Bx}$，杆 BC 的侧移为 Δ_{Bx}。又由于杆 BC 的刚度无穷大，不可能发生弯曲变形，为了保持原先的夹角，杆 BA 的 B 端必然会发生转角位移 Δ_{Bx}/L（⌒）（但它不是独立的未知量）。因此杆端弯矩为

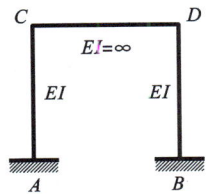

图 7-66

$$M_{BA} = -\frac{4EI\Delta_{Bx}}{\sqrt{2}L} - \frac{6EI}{L}\frac{\sqrt{2}}{(\sqrt{2}L)^2}\Delta_{Bx} = -\frac{5\sqrt{2}EI}{L^2}\Delta_{Bx}$$

$$M_{AB} = -\frac{2EI\Delta_{Bx}}{\sqrt{2}L} - \frac{6EI}{L}\frac{\sqrt{2}}{(\sqrt{2}L)^2}\Delta_{Bx} = -\frac{4\sqrt{2}EI}{L^2}\Delta_{Bx}$$

取 BC 截面(见图 7-68),建立位移法方程。

由 $\sum M_O = 0$ 得

$$F_P L - F_{QBA}\sqrt{2}L + M_{BA} = 0$$

$$F_P L - \frac{9EI}{L^3}\Delta_{Bx} \times \sqrt{2}L - \frac{5\sqrt{2}EI}{L^2}\Delta_{Bx} = 0$$

$$F_P L - \frac{14\sqrt{2}EI}{L^2}\Delta_{Bx} = 0$$

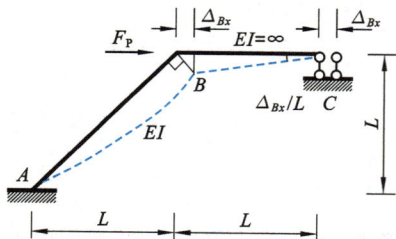

图 7-67

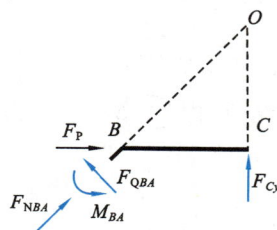

图 7-68

下面对图 7-69 所示的两种结构进行比较。

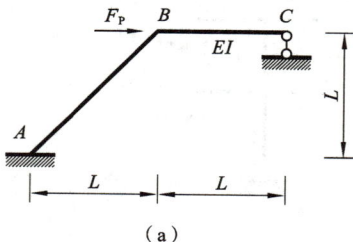

（a）

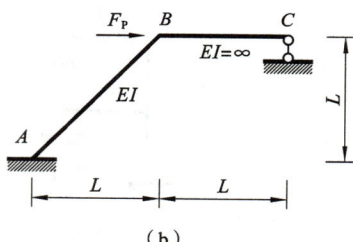

（b）

图 7-69

（1）**结点位移量**:图 7-69(a)中有 φ_B、Δ_{Bx} 这 2 个未知量,图 7-69(b)中独立未知量只有 1 个,即 Δ_{Bx}。

（2）**杆端弯矩**:图 7-69(a)中 2 根杆件的杆端弯矩都要写,图 7-69(b)中只需写 1 根杆件的杆端弯矩,抗弯刚度无穷大的杆件不必写杆端弯矩。

7.9 讨论

【例 7-24】 建立图 7-70(a)所示结构的位移法方程。

解 此题的未知量是 $\Delta_{Cy}(\downarrow)$。因为杆 AC 的 EI 无穷大,所以结点 B、C 的转角位移为零。但由于 B 结点处是弹簧支座,在荷载的作用下杆 AC 会发生整体倾斜,在 C 点产生 1 个向下的位移,同时杆 CD 在 C 点还会产生 1 个转角位移 $\frac{\Delta_{Cy}}{2L}$（⌢）,但它不是独立的结点位移未

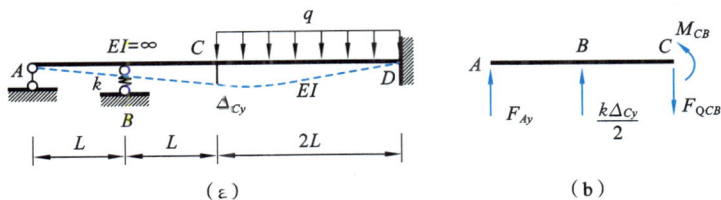

图 7-70

知量。杆端弯矩表达式如下：

$$M_{CD} = \frac{6EI}{(2L)^2}\Delta_{Cy} + \frac{4EI}{2L}\frac{\Delta_{Cy}}{2L} - \frac{q(2L)^2}{12} = \frac{5EI}{2L^2}\Delta_{Cy} - \frac{qL^2}{3}$$

$$M_{DC} = \frac{6EI}{(2L)^2}\Delta_{Cy} + \frac{2EI}{2L}\frac{\Delta_{Cy}}{2L} + \frac{q(2L)^2}{12} = \frac{2EI}{L^2}\Delta_{Cy} + \frac{qL^2}{3}$$

取杆 AC 为隔离体（见图 7-70(b)），由平衡条件建立方程。

由 $\sum M_A = 0$ 得

$$\frac{k\Delta_{Cy}}{2}\times L + M_{CB} - F_{QCB}\times 2L = 0$$

已知 $M_{CB}=M_{CD}$，$F_{QCB}=F_{QCD}$，而

$$F_{QCD} = -\frac{M_{CD}+M_{DC}}{2L} + \frac{2qL}{2} = -\frac{9EI}{4L^3}\Delta_{Cy} + qL$$

得位移法方程为

$$\frac{7EI}{L^2}\Delta_{Cy} - \frac{7qL^2}{3} + \frac{kL\Delta_{Cy}}{2} = 0$$

【例 7-25】 建立图 7-71(a)所示结构的位移法方程。

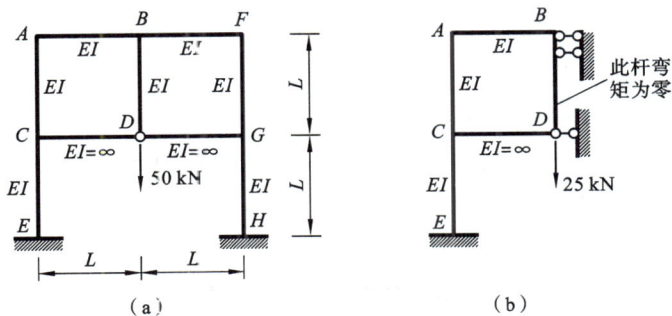

图 7-71

解 由于结构对称、荷载对称，可取半刚架，如图 7-71(b)所示。

(1) 确定未知量：φ_A、Δ_{By}（↓）。

因为杆 CD 的 EI 为无穷大，所以 C 结点的转角位移为零。B 结点在对称轴上，因此转角位移也为零。但 D 点有竖直向下的位移 Δ_{By}，在 C 点会产生转角位移 $\frac{\Delta_{By}}{L}$（不是独立的未知量）。

(2) 因 $i=EI/L$，列出杆端弯矩表达式如下：

$$M_{AB}=4i\varphi_A - \frac{6i}{L}\Delta_{By}, \quad M_{BA}=2i\varphi_A - \frac{6i}{L}\Delta_{By}$$

$$M_{AC} = 4i\varphi_A + \frac{2i\Delta_{By}}{L}, \quad M_{CA} = 2i\varphi_A + \frac{4i\Delta_{By}}{L}$$

$$M_{CE} = \frac{4i\Delta_{By}}{L}, \quad M_{EC} = \frac{2i\Delta_{By}}{L}$$

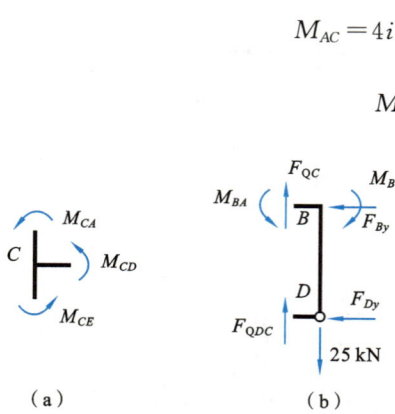

（a）　　　　　　　　（b）

图 7-72

（3）建立位移法方程。

对于 A 结点，由 $\sum M_A = 0$ 得

$$M_{AB} + M_{AC} = 0$$

$$2i\varphi_A - \frac{i\Delta_{By}}{L} = 0$$

取 C 结点为隔离体，如图 7-72(a)所示。

由 $\sum M_C = 0$ 得

$$M_{CD} = -M_{CA} - M_{CE} = -2i\varphi_A - \frac{8i\Delta_{By}}{L}$$

取 BD 截面为隔离体，如图 7-72(b)所示。

由于

$$F_{QDC} = -\frac{M_{CD}}{L} = \frac{2i\varphi_A}{L} + \frac{8i\Delta_{By}}{L^2}$$

$$F_{QBA} = -\frac{M_{AB} + M_{BA}}{L} = -\frac{6i\varphi_A}{L} + \frac{12i\Delta_{By}}{L^2}$$

又由 $\sum F_y = 0$ 得

$$F_{QBA} + F_{QDC} = 25$$

故有

$$-\frac{4i\varphi_A}{L} + \frac{20i\Delta_{By}}{L^2} = 25$$

因此，该结构的位移法方程为

$$\begin{cases} 2i\varphi_A - \dfrac{i\Delta_{By}}{L} = 0 \\[2mm] -\dfrac{4i\varphi_A}{L} + \dfrac{20i\Delta_{By}}{L^2} = 25 \end{cases}$$

【例 7-26】 用位移法求解图 7-73 所示结构，各杆件的 EI 为常数，只需建立好方程即可。

解 图 7-73 中虚线为结构的对称轴，荷载也对称，取半刚架如图 7-74(a)所示。

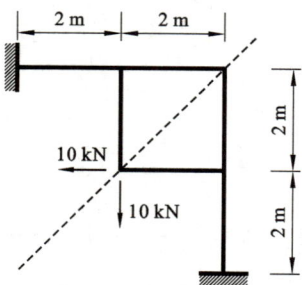

图 7-73

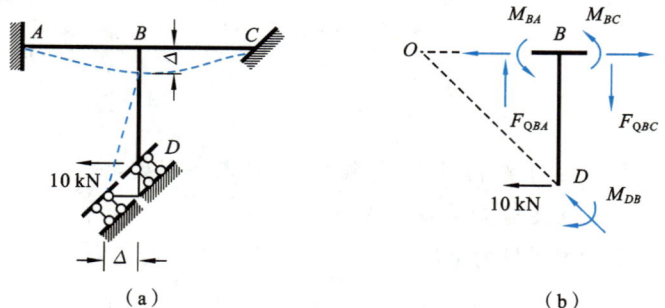

（a）　　　　　　　　（b）

图 7-74

（1）未知量为 φ_B、Δ（方向如图 7-74 所示）。

（2）杆端弯矩如下：

$$M_{BA} = \frac{4EI}{2}\varphi_B - \frac{6EI}{2 \times 2}\Delta = 2EI\varphi_B - \frac{3EI}{2}\Delta$$

$$M_{AB} = EI\varphi_B - \frac{3EI}{2}\Delta$$

$$M_{BC} = 2EI\varphi_B + \frac{3EI}{2}\Delta, \quad M_{CB} = EI\varphi_B + \frac{3EI}{2}\Delta$$

$$M_{BD} = 2EI\varphi_B - \frac{3EI}{2}\Delta, \quad M_{DB} = EI\varphi_B - \frac{3EI}{2}\Delta$$

（3）建立方程。

对 B 结点，由 $\sum M_B = 0$ 得　　$M_{BA} + M_{BC} + M_{BD} = 0$

即
$$6EI\varphi_B - \frac{3EI}{2}\Delta = 0$$

取 BD 截面为隔离体（见图 7-74(b)），利用 $\sum M_O = 0$ 建立方程，这样可以在方程中避免出现杆 BA、杆 BC 的轴力和 D 端支座处的反力。

由 $\sum M_O = 0$ 得
$$F_{QBA} \times 2 - F_{QBC} \times 2 + M_{BA} + M_{BC} - M_{DB} - 10 \times 2 = 0$$

其中
$$F_{QBA} = -\frac{3EI}{2}\varphi_B + \frac{3EI}{2}\Delta, \quad F_{QBC} = -\frac{3EI}{2}\varphi_B - \frac{3EI}{2}\Delta$$

则得
$$2EI\varphi_B - \frac{3EI}{2}\Delta + 2EI\varphi_B + \frac{3EI}{2}\Delta - EI\varphi_B + \frac{3EI}{2}\Delta + \left(-\frac{3EI}{2}\varphi_B + \frac{3EI}{2}\Delta\right) \times 2$$
$$+ \left(\frac{3EI}{2}\varphi_B + \frac{3EI}{2}\Delta\right) \times 2 - 10 \times 2 = 0$$

即
$$3EI\varphi_B + \frac{15}{2}EI\Delta - 20 = 0$$

因此，该刚架的位移法方程为

$$\begin{cases} 6EI\varphi_B - \dfrac{3EI}{2}\Delta = 0 \\[2mm] 3EI\varphi_B + \dfrac{15}{2}EI\Delta - 20 = 0 \end{cases}$$

【例 7-27】 建立图 7-75(a)所示结构的位移法方程。

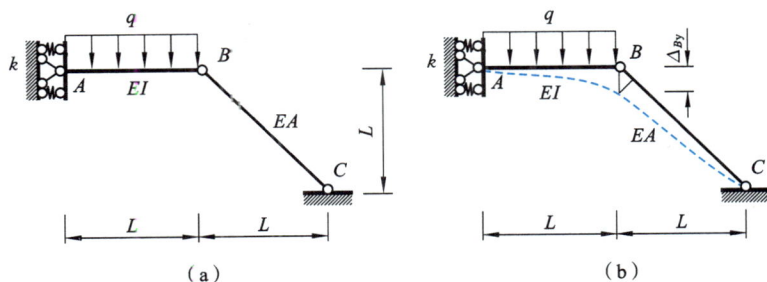

图 7-75

解　（1）确定未知量。

该题的未知量是 A 点的转角位移 φ_A 和 B 结点的线位移 $\Delta_{By}(\downarrow)$。Δ_{By} 使杆 BC 缩短了

$\dfrac{\sqrt{2}}{2}\Delta_{By}$，如图 7-75(b)所示。

（2）令 $i = EI/L$，列出杆端弯矩和杆端轴力表达式如下。

$$M_{AB} = 3i\varphi_A - \dfrac{3i}{L}\Delta_{By} - \dfrac{qL^2}{8}$$

$$F_{NBC} = -\dfrac{EA}{\sqrt{2}L} \times \dfrac{\sqrt{2}}{2}\Delta_{By} = -\dfrac{EA}{2L}\Delta_{By}$$

（3）建立位移法方程。

取 A 结点（见图 7-76(a)），上面除作用有杆端弯矩 M_{AB} 之外，还有弯矩反力 $k\varphi_A$，方向与 φ_A 相反。

（a）　　　　　　　　　（b）

图 7-76

由 $\sum M_A = 0$ 得　　　　　　　$M_{AB} + k\varphi_A = 0$

整理得

$$3i\varphi_A - \dfrac{3i}{L}\Delta_{By} - \dfrac{qL^2}{8} + k\varphi_A = 0$$

取 B 结点（见图 7-76(b)），由 $\sum F_y = 0$ 得

$$F_{QBA} - \dfrac{\sqrt{2}}{2}F_{NBC} = 0$$

其中　　　　　　　　　$F_{QBA} = -\dfrac{3i}{L}\varphi_A + \dfrac{3i}{L^2}\Delta_{By} - \dfrac{3qL}{8}$

因此有

$$-\dfrac{3i}{L}\varphi_A + \dfrac{3i}{L^2}\Delta_{By} - \dfrac{3qL}{8} + \dfrac{\sqrt{2}EA}{4L}\Delta_{By} = 0$$

因此，该结构的位移法方程为

$$\begin{cases} 3i\varphi_A - \dfrac{3i}{L}\Delta_{By} - \dfrac{qL^2}{8} + k\varphi_A = 0 \\[2mm] -\dfrac{3i}{L}\varphi_A + \dfrac{3i}{L^2}\Delta_{By} - \dfrac{3qL}{8} + \dfrac{\sqrt{2}EA}{4L}\Delta_{By} = 0 \end{cases}$$

【例 7-28】 建立图 7-77(a)所示结构的位移法方程。对于受弯杆件要考虑轴向变形。

解 （1）确定未知量。

此题只有 1 个结点 A，由于要考虑轴向变形，因此未知量是 A 结点的 3 个位移：$\Delta_{Ax}(\rightarrow)$、$\Delta_{Ay}(\downarrow)$、$\Delta_{A\varphi}$。

（2）确定杆端力表达式。

由于要考虑轴向变形，因此不仅要写出弯矩表达式，还应写出剪力和轴力的表达式。

$$F_{NAB} = -\dfrac{EA}{L}\Delta_{Ax}$$

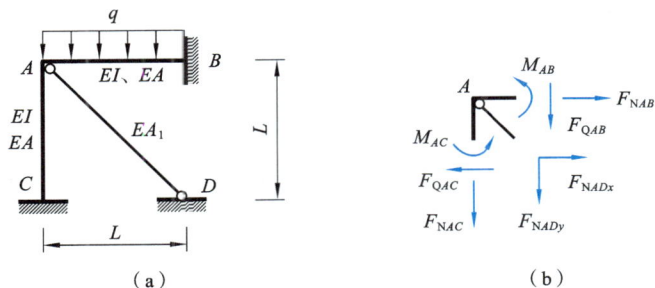

图 7-77

$$F_{QAB} = -\frac{12EI}{L^3}\Delta_{Ay} - \frac{6EI}{L^2}\Delta_{A\varphi} + \frac{1}{2}qL$$

$$M_{AB} = \frac{4EI}{L}\Delta_{A\varphi} + \frac{6EI}{L^2}\Delta_{Ay} - \frac{1}{12}qL^2$$

$$F_{NAD} = -\frac{EA_1}{\sqrt{2}L}\times\frac{\sqrt{2}}{2}\Delta_{Ax} - \frac{EA_1}{\sqrt{2}L}\times\frac{\sqrt{2}}{2}\Delta_{Ay}$$

$$F_{NADx} = -\frac{EA_1}{2\sqrt{2}L}\Delta_{Ax} - \frac{EA_1}{2\sqrt{2}L}\Delta_{Ay}$$

$$F_{NADy} = -\frac{EA_1}{2\sqrt{2}L}\Delta_{Ax} - \frac{EA_1}{2\sqrt{2}L}\Delta_{Ay}$$

$$F_{NAC} = -\frac{EA}{L}\Delta_{Ay}$$

$$F_{QAC} = \frac{12EI}{L^3}\Delta_{Ax} - \frac{6EI}{L^2}\Delta_{A\varphi}$$

$$M_{AC} = \frac{4EI}{L}\Delta_{A\varphi} - \frac{6EI}{L^2}\Delta_{Ax}$$

（3）建立位移法方程。

取 A 结点为隔离体（见图 7-77(b)），由 3 个平衡条件建立 3 个方程。

由 $\sum F_x = 0$ 得　　　　　　　$F_{NAB} - F_{QAC} + F_{NADx} = 0$

整理得

$$\left(\frac{EA}{L} + \frac{12EI}{L^3} + \frac{EA_1}{2\sqrt{2}L}\right)\Delta_{Ax} + \frac{EA_1}{2\sqrt{2}L}\Delta_{Ay} - \frac{6EI}{L^2}\Delta_{A\varphi} = 0$$

由 $\sum F_y = 0$ 得　　　　　　　$F_{QAB} + F_{NADy} + F_{NAC} = 0$

整理得

$$\frac{EA_1}{2\sqrt{2}L}\Delta_{Ax} + \left(\frac{EA}{L} + \frac{12EI}{L^3} + \frac{EA_1}{2\sqrt{2}L}\right)\Delta_{Ay} + \frac{6EI}{L^2}\Delta_{A\varphi} - \frac{qL}{2} = 0$$

由 $\sum M_A = 0$ 得　　　　　　　$M_{AB} + M_{AC} = 0$

整理得

$$\frac{8EI}{L}\Delta_{A\varphi} - \frac{6EI}{L^2}\Delta_{Ax} + \frac{6EI}{L^2}\Delta_{Ay} - \frac{1}{12}qL^2 = 0$$

因此，该结构的位移法方程为

$$\left\{\begin{array}{l}\left(\dfrac{EA}{L}+\dfrac{12EI}{L^{3}}+\dfrac{EA_1}{2\sqrt{2}L}\right)\Delta_{Ax}+\dfrac{EA_1}{2\sqrt{2}L}\Delta_{Ay}-\dfrac{6EI}{L^{2}}\Delta_{A\varphi}=0\\[3mm]\dfrac{EA_1}{2\sqrt{2}L}\Delta_{Ax}+\left(\dfrac{EA}{L}+\dfrac{12EI}{L^{3}}+\dfrac{EA_1}{2\sqrt{2}L}\right)\Delta_{Ay}+\dfrac{6EI}{L^{2}}\Delta_{A\varphi}-\dfrac{1}{2}qL=0\\[3mm]\dfrac{8EI}{L}\Delta_{A\varphi}-\dfrac{6EI}{L^{2}}\Delta_{Ax}+\dfrac{6EI}{L^{2}}\Delta_{Ay}-\dfrac{1}{12}qL^{2}=0\end{array}\right.$$

【例 7-29】 建立图 7-78(a)所示有刚臂结构的位移法方程。

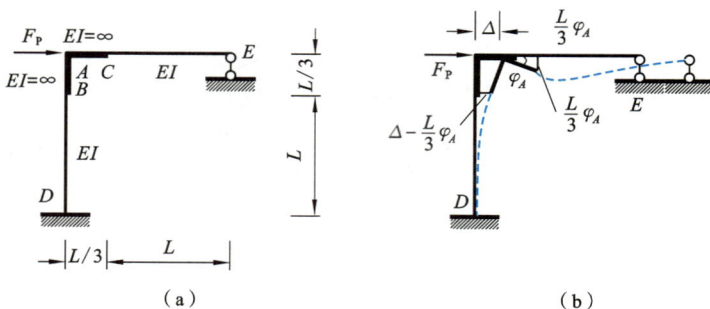

图 7-78

解 （1）确定未知量。

在水平力作用下，刚架变形如图 7-78(b)所示。A 结点的位移有 φ_A 和 $\Delta(\rightarrow)$，由此造成 C 点的转角位移 φ_A 和线位移 $\dfrac{L}{3}\varphi_A$，造成 B 点的转角位移 φ_A 和线位移 $\Delta-\dfrac{L}{3}\varphi_A$。

（2）确定杆端弯矩表达式。

取 BAC 为隔离体，如图 7-79(a)所示，由 $\sum M_A=0$ 得

$$M_{CA}+M_{BA}-F_{QCA}\times\dfrac{L}{3}-F_{QBA}\times\dfrac{L}{3}=0$$

其中：

$$M_{CA}=M_{CE}=\dfrac{3EI}{L}\varphi_A+\dfrac{3EI}{L^{2}}\times\dfrac{L}{3}\varphi_A=\dfrac{4EI}{L}\varphi_A$$

$$M_{BA}=M_{BD}=\dfrac{4EI}{L}\varphi_A-\dfrac{6EI}{L^{2}}\times\left(\Delta-\dfrac{L}{3}\varphi_A\right)=\dfrac{6EI}{L}\varphi_A-\dfrac{6EI}{L^{2}}\Delta$$

$$M_{DB}=\dfrac{4EI}{L}\varphi_A-\dfrac{6EI}{L^{2}}\Delta$$

$$F_{QCA}=F_{QCE}=-\dfrac{M_{CE}}{L}=-\dfrac{4EI}{L^{2}}\varphi_A$$

$$F_{QBA}=F_{QBD}=-\dfrac{M_{BD}+M_{DB}}{L}=-\dfrac{10EI}{L^{2}}\varphi_A+\dfrac{12EI}{L^{3}}\Delta$$

整理得

$$\dfrac{10EI}{L}\varphi_A-\dfrac{6EI}{L^{2}}\Delta+\dfrac{4EI}{L^{2}}\varphi_A\times\dfrac{L}{3}+\dfrac{10EI}{L^{2}}\varphi_A\times\dfrac{L}{3}-\dfrac{12EI}{L^{3}}\Delta\times\dfrac{L}{3}=0$$

$$\dfrac{44EI}{3L}\varphi_A-\dfrac{10EI}{L^{2}}\Delta=0$$

取 BAE 为隔离体(见图 7-79(b)),由 $\sum F_x = 0$ 得

$$F_{QBA} = F_P$$

故得

$$-\frac{10EI}{L^2}\varphi_A + \frac{12EI}{L^3}\Delta = F_P$$

因此,该结构的位移法方程为

$$\begin{cases} \dfrac{44EI}{3L}\varphi_A - \dfrac{10EI}{L^2}\Delta = 0 \\ -\dfrac{10EI}{L^2}\varphi_A + \dfrac{12EI}{L^3}\Delta = F_P \end{cases}$$

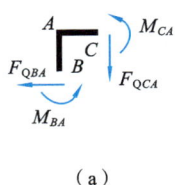 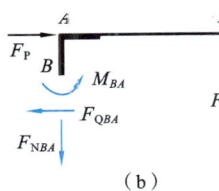 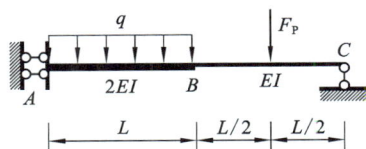

（a） （b）

图 7-79 图 7-80

【例 7-30】 用位移法求解图 7-80 所示静定梁,建立好方程即可。

解 (1)确定未知量。

位移法解题是以结点的位移作为未知量的,所以不分静定结构和超静定结构,也就是说用位移法也可以解静定结构。因此该题的未知量是 φ_B、$\Delta_{By}(\downarrow)$。

(2)确定杆端弯矩表达式。

由于未知量是 φ_B、Δ_{By},杆 AB 可看作一端滑动一端固定单元,杆 BC 可看作一端固定一端铰接单元,杆端弯矩(见图 7-81(a))如下:

$$M_{BA} = \frac{2EI}{L}\varphi_B + \frac{qL^2}{3}$$

$$M_{AB} = -\frac{2EI}{L}\varphi_B + \frac{qL^2}{6}$$

$$M_{BC} = \frac{3EI}{L}\varphi_B + \frac{3EI}{L^2}\Delta_{By} - \frac{3F_P}{16}L$$

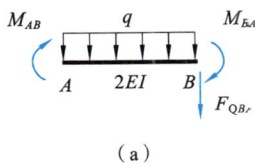 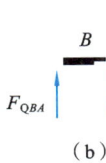 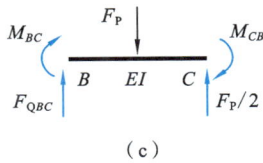

（a） （b） （c）

图 7-81

(3)建立位移法方程。

对于 B 结点,由 $\sum M_B = 0$ 得

$$M_{BA} + M_{BC} = 0$$

整理得

$$\frac{5EI}{L}\varphi_B + \frac{qL^2}{3} + \frac{3EI}{L^2}\Delta_{By} - \frac{3F_P}{16}L = 0$$

取 B 结点和杆 BC 为隔离体,分别如图 7-81(b)、(c)所示,由 $\sum F_y = 0$ 得

$$F_{QBA} = F_{QBC}$$

其中

$$F_{QBA} = -\frac{M_{BA} + M_{AB}}{L} - \frac{qL}{2}, \quad F_{QBC} = -\frac{M_{BC}}{L} + \frac{F_P}{2}$$

整理得

$$-\frac{qL}{2} - \frac{qL}{2} = -\frac{3EI}{L^2}\varphi_B - \frac{3EI}{L^3}\Delta_{By} + \frac{3F_P}{16} + \frac{F_P}{2}$$

$$\frac{3EI}{L^2}\varphi_B + \frac{3EI}{L^3}\Delta_{By} - qL - \frac{11F_P}{16} = 0$$

因此,该静定梁的位移法方程为

$$\begin{cases} \dfrac{5EI}{L}\varphi_B + \dfrac{qL^2}{3} + \dfrac{3EI}{L^2}\Delta_{By} - \dfrac{3F_P L}{16} = 0 \\ \dfrac{3EI}{L^2}\varphi_B + \dfrac{3EI}{L^3}\Delta_{By} - qL - \dfrac{11F_P}{16} = 0 \end{cases}$$

【例 7-31】 用位移法求解图 7-82(a)所示刚架。

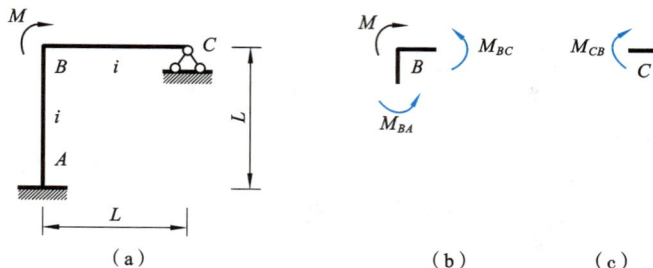

图 7-82

解 通常对图 7-82(a)所示刚架未知量只取 1 个 φ_B,这是将杆 BC 看作一端固定一端铰接单元,将杆 BA 看作两端固定单元得到的。也可取 2 个未知量,即 φ_B、φ_C,这是将杆 BC 也看作两端固定单元得到的。具体做法如下:

$$M_{BA} = 4i\varphi_B, \quad M_{BC} = 4i\varphi_B + 2i\varphi_C$$
$$M_{AB} = 2i\varphi_B, \quad M_{CB} = 2i\varphi_B + 4i\varphi_C$$

取 B、C 结点,分别如图 7-82(b)、(c)所示。

由 $\sum M_B = 0$ 得 $\qquad 8i\varphi_B + 2i\varphi_C = M$

由 $\sum M_C = 0$ 得 $\qquad 2i\varphi_B + 4i\varphi_C = 0$

联立方程并求解,得

$$\varphi_B = \frac{M}{7i}, \quad \varphi_C = \frac{-M}{14i}$$

其结果与取一个未知量时的结果完全相同。

思政元素

思 考 题

7-1 为什么铰结端角位移和滑动支承端线位移可不选作位移法的基本未知量?

7-2　试总结位移法中杆端力和杆端位移的关系。

7-3　试总结在位移法中采用结点截面平衡法的基本思路和步骤。

7-4　试将结点截面平衡法与典型方程法进行比较。两种计算方法的位移法方程是否相同？它们的关系是什么？

7-5　试总结典型方程法的求解步骤。

7-6　将力法与位移法加以比较。二者的基本未知量、基本体系和基本方程有什么不同？

7-7　弹性支座处杆端位移是否应作为位移法基本未知量？

7-8　具有刚性杆的结构用位移法计算时应注意什么问题？

<h1 style="text-align:center">习　　题</h1>

7-1　试确定图示体系的基本未知量。

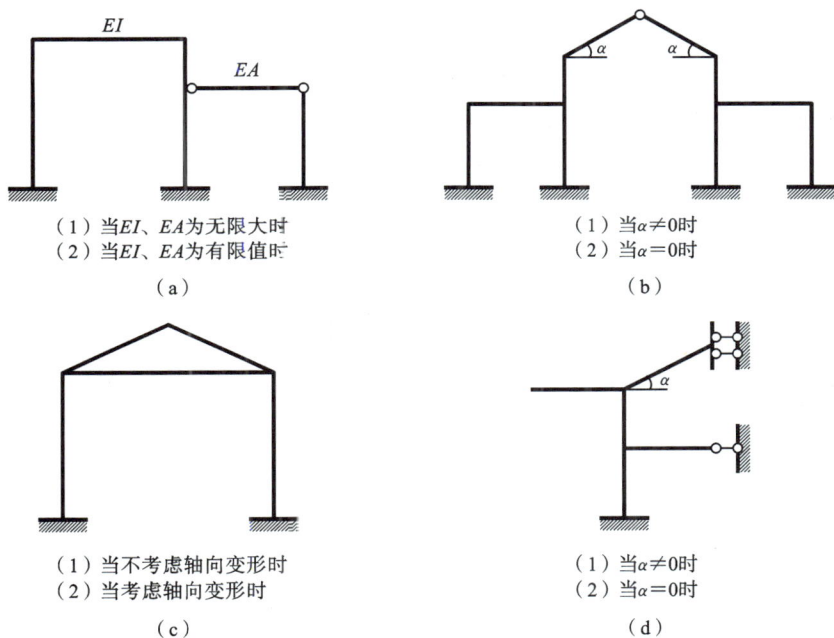

（1）当EI、EA为无限大时
（2）当EI、EA为有限值时

（a）

（1）当α≠0时
（2）当α＝0时

（b）

（1）当不考虑轴向变形时
（2）当考虑轴向变形时

（c）

（1）当α≠0时
（2）当α＝0时

（d）

题 7-1 图

7-2　试写出图示体系杆端弯矩表达式及位移法基本方程。

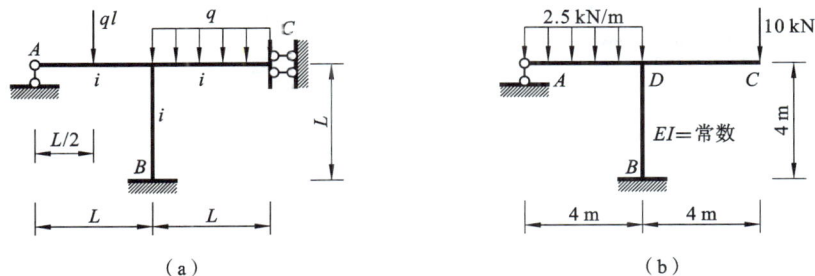

（a）

（b）

题 7-2 图

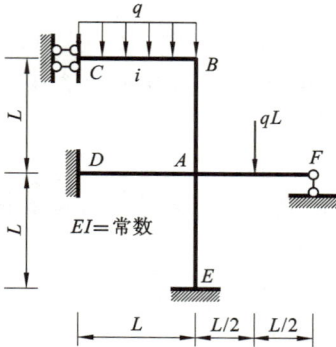

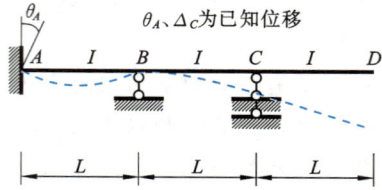

续题 7-2 图

7-3 用结点截面平衡法作图示超静定梁弯矩图,杆件 EI 为常数。

7-4 用结点截面平衡法作图示刚架的弯矩图,杆件 EI 为常数。

7-5 用结点截面平衡法作图示刚架的弯矩图,杆件 EI 为常数。

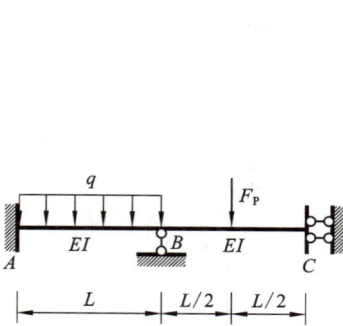

题 7-3 图

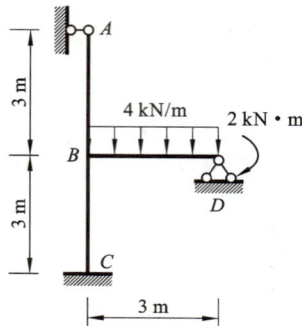

题 7-4 图

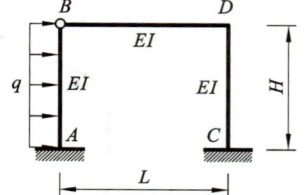

题 7-5 图

7-6 用结点截面平衡法作图示超静定梁的弯矩图。

7-7 用结点截面平衡法作图示刚架的弯矩图,杆件 EI 为常数。

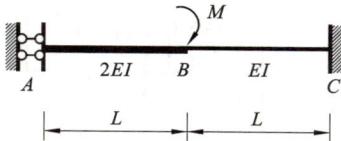

题 7-6 图

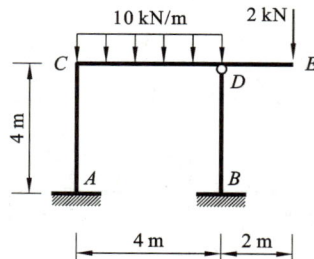

题 7-7 图

7-8 试用结点截面平衡法计算图示排架的内力并作弯矩图。

7-9 对题 7-3 取图示基本体系,请求出系数和自由项。

7-10 用典型方程法计算图示刚架的内力,求出方程中的系数和自由项。

7-11 用典型方程法计算图示桁架的内力,求出方程中的系数和自由项。

7-12 试用典型方程法计算图示结构的内力,杆件 EI 为常数(只需建立位移法方程)。

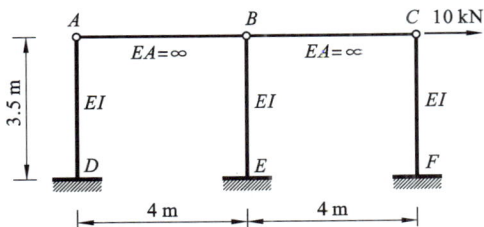
题 7-8 图

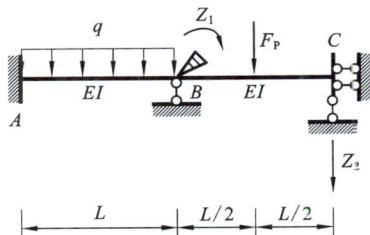
题 7-9 图

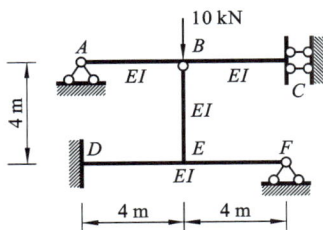
题 7-10 图

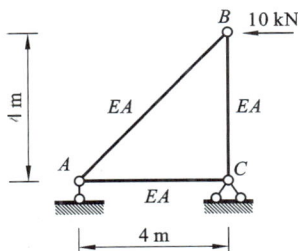
题 7-11 图

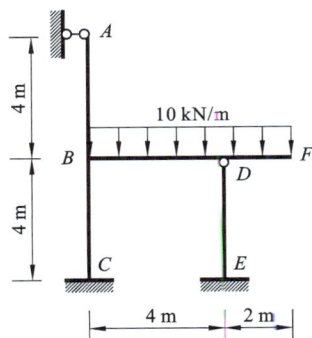
题 7-12 图

7-13 试用典型方程法作图示结构的弯矩图。

7-14 试用位移法作图示结构的弯矩图。

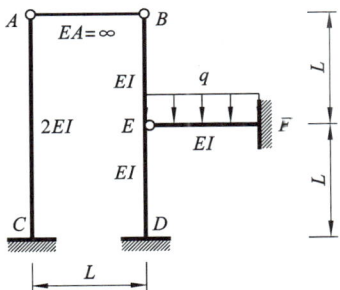
题 7-13 图

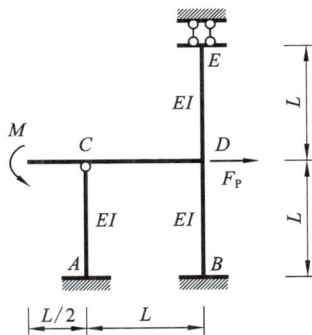
题 7-14 图

7-15 试用位移法作图示刚架的弯矩图。

7-16 试利用对称性画出图示结构的半刚架,并在图上标出未知量,除杆 GD 外,其他杆件的 EI 均为常数。

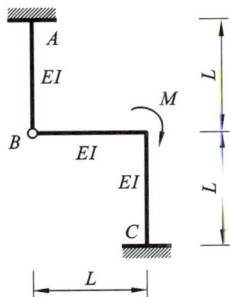
题 7-15 图

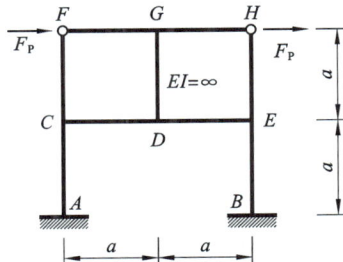
题 7-16 图

7-17 试利用对称性对图示结构进行简化,画出半刚架,并确定未知量,杆件的 EI 为常数。

7-18 试利用对称性作图示结构的弯矩图。

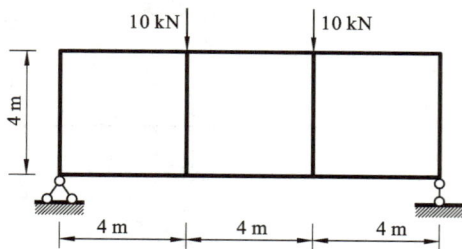 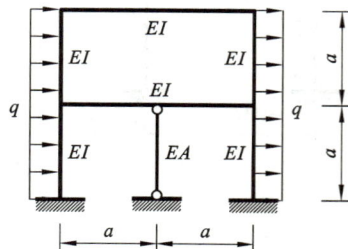

题 7-17 图　　　　　　　　　　　　题 7-18 图

7-19 确定图示结构用位移法求解的最少未知量个数,并画出基本体系。

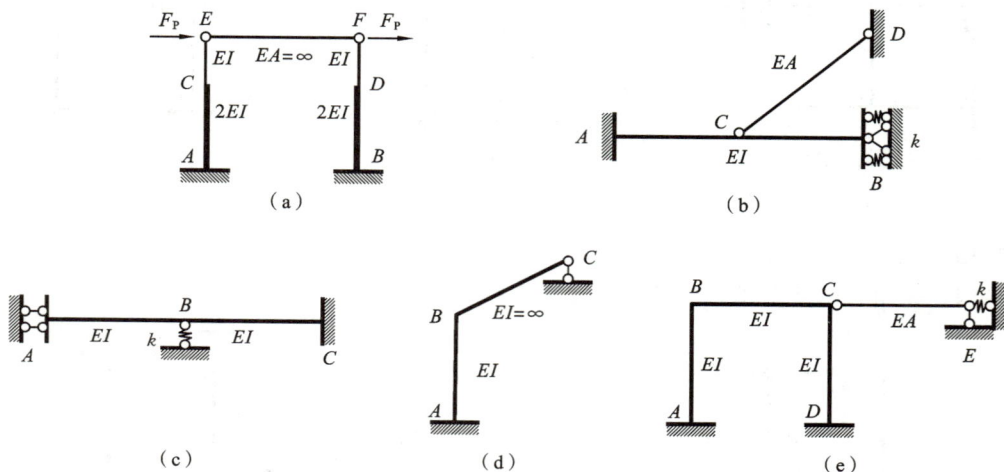

题 7-19 图

7-20 试求出图示刚架(图(a)所示为原结构,图(b)所示为基本体系)位移法方程中的系数和自由项。

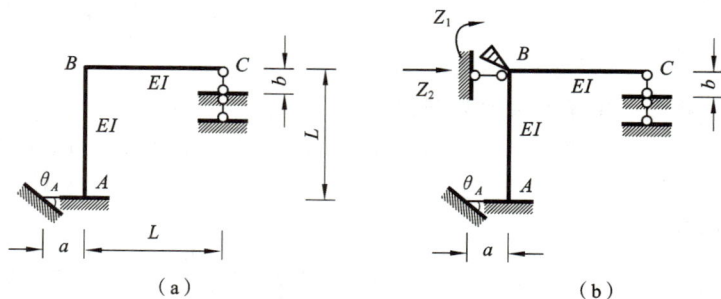

题 7-20 图

7-21 结构发生了图示的温度变化,请用位移法求解,画出弯矩图,杆件的 EI 均相同。已知杆件截面高度为 h,$L=10h$,材料膨胀系数为 a。

7-22 试用位移法作图示结构的弯矩图。

7-23 试用位移法作图示结构的弯矩图。

7-24 对图示结构用位移法计算其内力,只要建立好位移法方程即可。

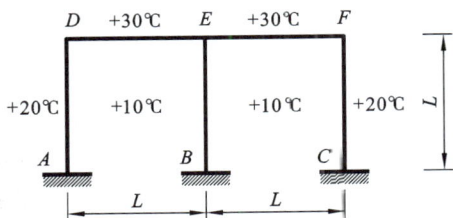

题 7-21 图

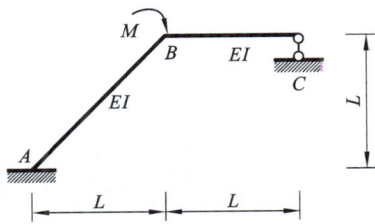

题 7-22 图

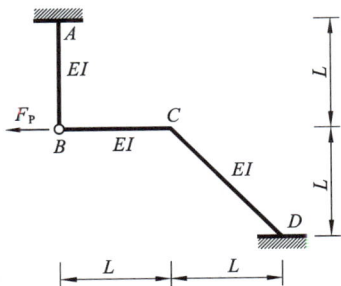

题 7-23 图

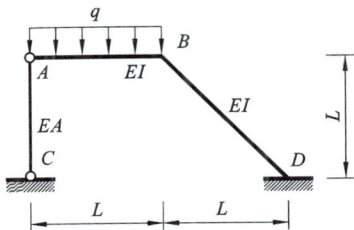

题 7-24 图

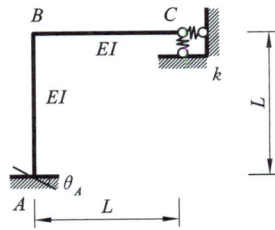

题 7-25 图

7-25 图示结构 A 端支座处发生转角位移 θ_A，C 处水平、竖直方向上均为弹簧支座，弹簧刚度为 k，试建立图示结构的位移法方程。

7-26 试用位移法作图示剪力静定结构的弯矩图。

7-27 建立图示结构的位移法方程。

7-28 试用位移法作图示结构的弯矩图，所有杆件的 EI 均相同。

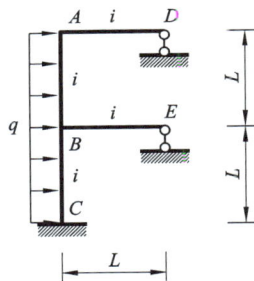

题 7-26 图

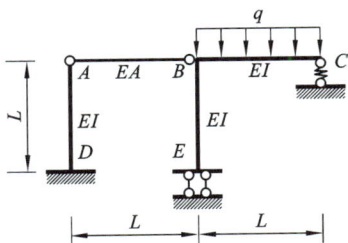

题 7-27 图

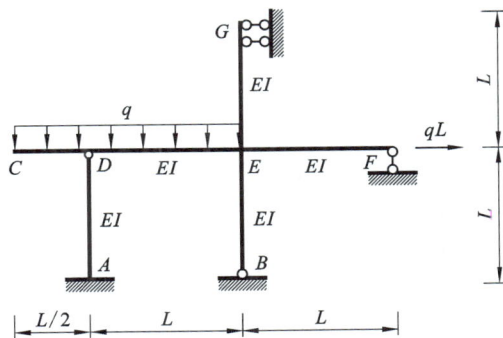

题 7-28 图

本章习题参考答案

第 8 章

力矩分配法和近似法

PPT 课件

8.1　力矩分配法的基本概念

MOOC 视频

　　由第 7 章可知,对有 n 个未知量的结构,用位移法就需建立和求解 n 个联立的线性方程组,未知量若较多,人工计算就会很困难。力矩分配法就是在位移法的基础上,针对连续梁和无结点线位移(侧移)刚架,通过改进其解题的书写表达方式,避免建立和解算联立方程组的过程,从而使得这种结构的计算简洁、方便,更适合人工计算。

　　下面以图 8-1 所示作用有结点集中力矩的无侧移刚架为例来说明用力矩分配法解题的基本思路。

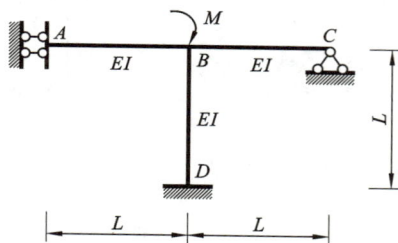

图 8-1

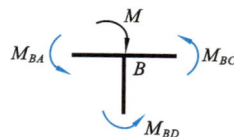

图 8-2

1) 位移法的应用

首先对图示结构用位移法进行求解。

(1) 确定未知量。

该题的未知量为 φ_B。

(2) 写出杆端弯矩表达式如下:

$$M_{BC}=3i\varphi_B,\quad M_{BA}=i\varphi_B,\quad M_{BD}=4i\varphi_B$$
$$M_{AB}=-i\varphi_B,\quad M_{DB}=2i\varphi_B,\quad M_{CB}=0$$

式中:i 为杆件的线刚度,$i=EI/L$。

(3) 建立位移法方程。

取结点 B 为隔离体,如图 8-2 所示。

由 $\sum M_B=0$ 得 $\qquad M_{BA}+M_{BD}+M_{BC}=M$

将杆端弯矩代入后得位移法方程如下:

$$8i\varphi_B=M$$

（4）解方程,得结点位移

$$\varphi_B = \frac{M}{8i}$$

（5）将结点位移代入杆端弯矩表达式：

$$M_{BC} = \frac{3i}{8i}M = \frac{3}{8}M, \quad M_{BA} = \frac{i}{8i}M = \frac{1}{8}M, \quad M_{BD} = \frac{4i}{8i}M = \frac{1}{2}M$$

$$M_{AB} = -\frac{i}{8i}M = -\frac{1}{8}M = -M_{BA}, \quad M_{DB} = \frac{2i}{8i}M = \frac{1}{4}M = \frac{1}{2}M_{BD}, \quad M_{CB} = 0$$

从以上的计算过程可以看出：

（1）结点 B 上作用有外荷载 M,围绕结点 B 的每根杆件联合起来共同抵抗这个外荷载,至于每根杆件各承担多少,则与它们的线刚度 i 以及另一端的约束情况有关,但它们的杆端弯矩之和等于 M。

（2）每根杆件另一端的弯矩与结点 B 端的弯矩有一定的关系。

（3）如果以上两个问题搞清楚了,做题就可直接从第（5）步开始,前面的都可省略。

2）力矩分配法的相关概念

在继续讨论之前,先介绍几个名词。

（1）转动刚度　所谓转动刚度是指杆端抵抗转动的能力,即要使杆端发生单位转角位移,需在杆端施加的力矩,在数值上等于当杆端发生单位转角位移时,在杆端产生的力矩。转动刚度用 S 表示。显然一根杆件的转动刚度与杆件另一端的约束有关。各种单元的转动刚度 S 如下。

两端固定单元的 A 端若发生单位转角位移,通过用力法求解知道,在 A 端产生的弯矩为 $4i$,在 B 端产生的弯矩为 $2i$,如图 8-3 所示。因此两端固定单元 A 端的转动刚度为 $4i$,用 S_{AB} 表示,即 $S_{AB}=4i$,显然两端固定单元 B 端的转动刚度也为 $4i$,即 $S_{BA}=4i$。

一端固定一端铰接的单元,若其 A 端发生单位转角位移,那么在 A 端产生的弯矩为 $3i$,在 B 端产生的弯矩为零,如图 8-4 所示。因此一端固定一端铰接单元 A 端的转动刚度为 $3i$,即 $S_{AB}=3i$。

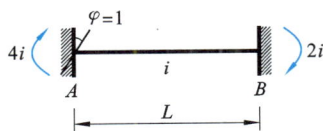

图 8-3

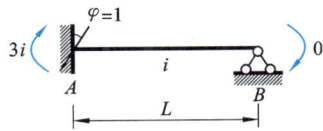

图 8-4

一端固定一端滑动的单元,若 A 端发生单位转角位移,那么在 A 端产生的弯矩为 i,在 B 端产生的弯矩为 $-i$,如图 8-5 所示。因此一端固定一端滑动单元 A 端的转动刚度为 i,即 $S_{AB}=i$。

（2）传递系数　先定义近端弯矩和远端弯矩:杆件的某一端发生了转角位移,在发生转角位移的一端产生的弯矩称为近端弯矩,在另一端产生的弯矩称为远端弯矩。如图 8-3 中的 $M_{AB}=4i$ 称为近端弯矩,$M_{BA}=2i$ 称为远端弯矩。

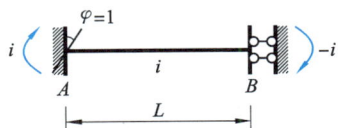

图 8-5

远端弯矩与近端弯矩之比称为传递系数，用 C 表示，即

$$C = \frac{\text{远端弯矩}}{\text{近端弯矩}}$$

各种单元的传递系数 C 如下。

两端固定单元（见图 8-3）的传递系数为

$$C_{AB} = \frac{\text{远端弯矩}}{\text{近端弯矩}} = \frac{2i}{4i} = \frac{1}{2}$$

同理得

$$C_{BA} = \frac{1}{2}$$

一端固定一端铰接单元（见图 8-4）的传递系数为

$$C_{AB} = \frac{\text{远端弯矩}}{\text{近端弯矩}} = \frac{0}{3i} = 0$$

一端固定一端滑动单元（见图 8-5）的传递系数为

$$C_{AB} = \frac{\text{远端弯矩}}{\text{近端弯矩}} = \frac{-i}{i} = -1$$

（3）分配系数　结点 i 中某根杆件（ij）的转动刚度（S_{ij}）与该结点所有杆件转动刚度之和的比值称为分配系数，用 μ_{ij} 表示，计算公式如下：

$$\mu_{ij} = \frac{S_{ij}}{\sum S_{ij}} \tag{8-1}$$

3）用力矩分配法计算的步骤和方法

现在继续前面例题的讨论，图 8-1 所示结构可按以下步骤和方法求解。

（1）计算分配系数。

按式（8-1）计算各杆的分配系数如下：

$$\mu_{BA} = \frac{i}{3i + i + 4i} = \frac{1}{8}$$

$$\mu_{BD} = \frac{4i}{3i + i + 4i} = \frac{4}{8}$$

$$\mu_{BC} = \frac{3i}{3i + i + 4i} = \frac{3}{8}$$

（2）计算近端弯矩。

由对图 8-1 所示结构应用位移法计算的第（5）步可见，近端弯矩＝分配系数×结点力矩，具体如下：

$$M_{BA} = \frac{1}{8}M, \quad M_{BD} = \frac{1}{2}M, \quad M_{BC} = \frac{3}{8}M$$

（3）计算远端弯矩。

由对图 8-1 所示结构应用位移法计算的第（5）步可见，远端弯矩＝传递系数×近端弯矩，具体如下：

$$M_{AB} = -\frac{1}{8}M, \quad M_{DB} = \frac{1}{4}M, \quad M_{CB} = 0$$

显然上述计算过程中没有建立方程与解方程这一环节，因此计算过程简单，但书写的篇幅却较大，因此有必要对其书写形式进行改造。下面用列表的方式呈现计算过程（见表 8-1）。

表 8-1

结点	A	B			D	C
杆端	AB	BA	BC	BD	DB	CB
分配系数	/	1/8	3/8	1/2	/	/
近端弯矩		M/8	3M/8	M/2		
远端弯矩	−M/8				M/4	0
最终弯矩	−M/8	M/8	3M/8	M/2	M/4	0

　　表 8-1 中:第一行列出的是结点,包括所有转动结点和支座结点;第二行是与结点对应的杆端;第三行是分配系数,只有转动结点所对应的杆端需计算分配系数;第四行是近端弯矩,也可称为分配弯矩,外力矩是顺时针的就是正的,反之就是负的;第五行是远端弯矩,也可称为传递弯矩。

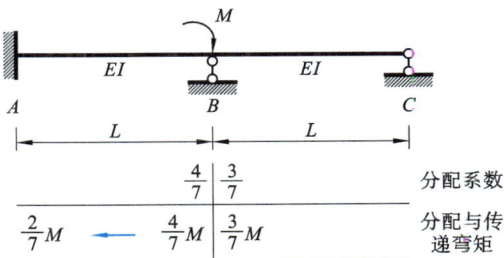

图 8-6

　　若是超静定连续梁,则可采用图 8-6 所示的书写表达形式。

　　如图 8-6 所示,第一行是分配系数,第二行的分配与传递弯矩包括分配弯矩和传递弯矩。以上介绍的计算方法即为力矩分配法,其推导是在以下前提下进行的:

(1) 结点只有 1 个,未知量只有转角位移,没有侧移。

(2) 荷载是作用在结点上的力矩。

对于多结点、作用有其他荷载的问题将在以后几节中讨论。

8.2　单结点的力矩分配法

　　本节主要在 8.1 节讨论的基础上,解决单结点结构作用有结间荷载的问题。如图 8-7(a)所示,单结点、无侧移刚架上作用有结间荷载,如何运用力矩分配法求解这样的问题,就是本节的任务。

　　在荷载作用下,结点 A 会发生转角位移,因此首先用一个附加刚臂把 A 结点固定起来,如图 8-7(b)所示,称之为 A 状态。显然,A 状态与原结构(见图 8-7(a))是不等价的。在结点 A 加附加刚臂这一动作,相当于在结点 A 上加了一个阻止结点转动的力矩 M^g,称为不平衡力矩。为了使 A 状态与原结构等价,应在结点 A 处加一个大小相等、方向相反的力矩 $-M^g$,如图 8-7(c)所示,称之为 B 状态。显然原结构等于 A 状态与 B 状态的叠加。

　　A 状态的弯矩:由于附加刚臂把结构变成了 3 个独立的单跨超静定单元,其弯矩就是固端弯矩,用 M^F 表示,可查表 7-1 获得。

　　B 状态的弯矩:因为结构满足单结点、无侧移的要求,荷载又是集中的结点力矩,因此可用力矩分配法计算。下面举例说明作用有结间荷载单结点结构的具体解法。

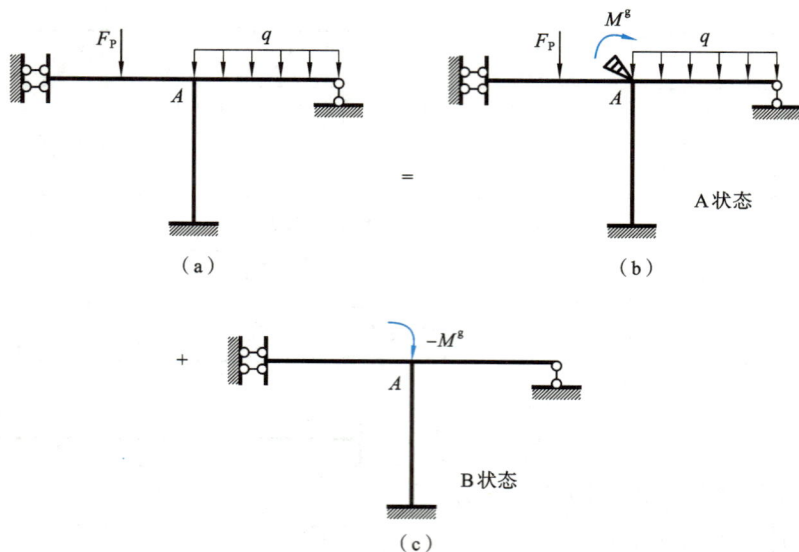

图 8-7

【例 8-1】 用力矩分配法计算图 8-8(a)所示连续梁。其中 $F_P=2$ kN,$q=1$ kN/m,$L=4$ m。

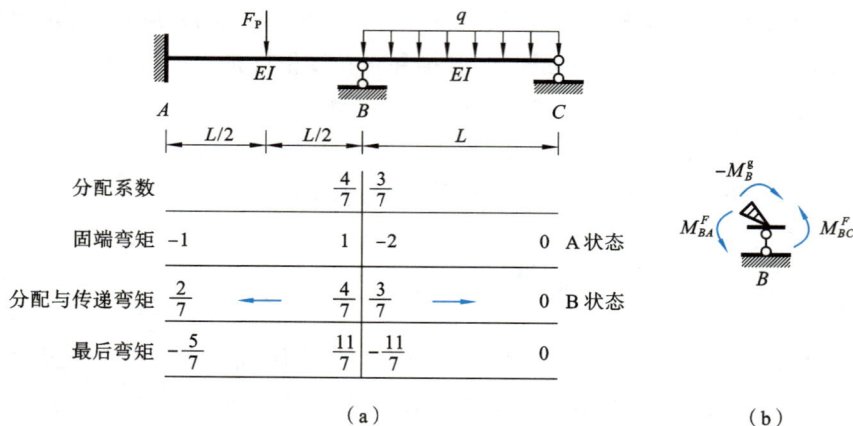

分配系数		$\frac{4}{7}$	$\frac{3}{7}$		
固端弯矩	-1	1	-2	0	A状态
分配与传递弯矩	$\frac{2}{7}$ ⟵	$\frac{4}{7}$	$\frac{3}{7}$ ⟶	0	B状态
最后弯矩	$-\frac{5}{7}$	$\frac{11}{7}$	$-\frac{11}{7}$	0	

(a)

(b)

图 8-8

解 (1)分配系数计算:$\mu_{BA}=\dfrac{4i}{4i+3i}=\dfrac{4}{7}$,$\mu_{BC}=\dfrac{3i}{4i+3i}=\dfrac{3}{7}$。计算好后标在相应的杆端。

(2)固端弯矩计算。

固端弯矩就是前述的 A 状态弯矩,查表 7-1 获得,其中杆 AB 按两端固定单元查表计算,杆 BC 按一端固定一端铰接单元查表计算。

(3)分配弯矩与传递弯矩计算。

需求的是前述的 B 状态弯矩。为求作用在 B 结点上的不平衡力矩 M^g,在 A 状态中取 B 结点为隔离体(见图 8-8(b)),M_B^g 前的负号表示此力矩是反向作用在结构上的。

由 $\sum M_B = 0$ 得 $M_B^g = -(M_{BA}^F + M_{BC}^F) = [-(1-2)] \text{ kN} \cdot \text{m} = 1 \text{ kN} \cdot \text{m}$

对这步计算,实际操作时不一定要取隔离体,只需在图 8-8(a)中固端弯矩一栏 B 结点处,把两个杆端的固端弯矩累计一下并反号即可,即 $M_B^g = -(1-2) \text{ kN} \cdot \text{m} = 1 \text{ kN} \cdot \text{m}$。

近端弯矩: $M_{BA} = 1 \times \dfrac{4}{7} \text{ kN} \cdot \text{m} = \dfrac{4}{7} \text{ kN} \cdot \text{m}$, $M_{BC} = 1 \times \dfrac{3}{7} \text{ kN} \cdot \text{m} = \dfrac{3}{7} \text{ kN} \cdot \text{m}$

远端弯矩:

$$M_{AB} = \frac{4}{7} \times \frac{1}{2} \text{ kN} \cdot \text{m} = \frac{2}{7} \text{ kN} \cdot \text{m}$$

$$M_{CB} = \frac{3}{7} \times 0 \text{ kN} \cdot \text{m} = 0 \text{ kN} \cdot \text{m}$$

(4) 画弯矩图。

由前面的分析知道,原结构的弯矩=A 状态弯矩+B 状态弯矩,因此把两栏的弯矩值对应相加即可,最后画弯矩图,如图 8-9 所示。

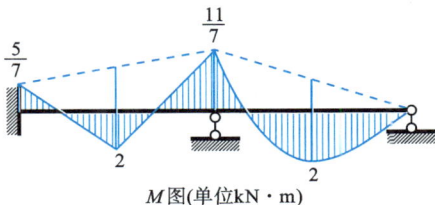

图 8-9

【例 8-2】 用力矩分配法计算图 8-10(a)所示连续梁。其中:$F_P = 2 \text{ kN}$,$q = 1 \text{ kN/m}$,$M = 3 \text{ kN} \cdot \text{m}$,$L = 4 \text{ m}$。

解 此例题与例 8-1 相比,只是在 B 结点处多了 1 个逆时针方向的集中力矩,因此分配系数、固端弯矩与例 8-1 相同,不同的是结点不平衡力矩。取隔离体如图 8-10(b)所示。具体计算如下。

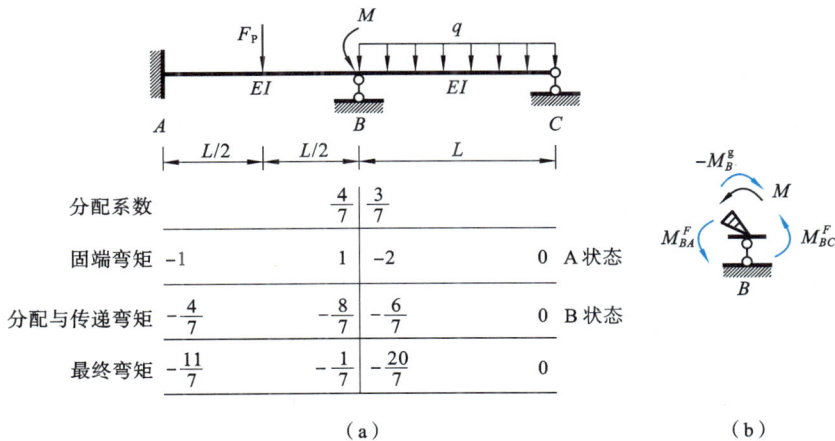

分配系数		$\dfrac{4}{7}$	$\dfrac{3}{7}$		
固端弯矩	-1	1	-2	0	A 状态
分配与传递弯矩	$-\dfrac{4}{7}$	$-\dfrac{8}{7}$	$-\dfrac{6}{7}$	0	B 状态
最终弯矩	$-\dfrac{11}{7}$	$-\dfrac{1}{7}$	$-\dfrac{20}{7}$	0	

(a)   (b)

图 8-10

由 $\sum M_B = 0$ 得 $-M_B^g = (M_{BA}^F + M_{BC}^F) + M$

$M_B^g = -(M_{BA}^F + M_{BC}^F) - M = [-(1-2) - 3] \text{ kN} \cdot \text{m} = -2 \text{ kN} \cdot \text{m}$

同样,由以上计算可见,计算不平衡力矩 M_B^g 不一定要取隔离体,只需在图 8-10(a)中固端弯矩一栏 B 结点处,把 2 个杆端固端弯矩累计一下并反号,然后加上集中力矩即可。而集中力矩的正负号规定是顺时针为正,逆时针为负,即

$$M_B^g = [-(1-2) - 3] \text{ kN} \cdot \text{m} = -2 \text{ kN} \cdot \text{m}$$

近端弯矩:

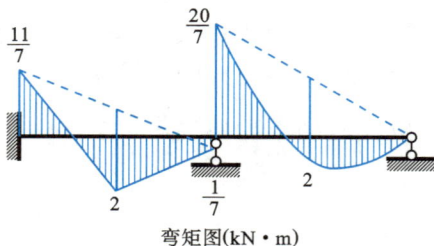

弯矩图(kN·m)

图 8-11

$$M_{BA} = -2 \times \frac{4}{7}\ \text{kN} \cdot \text{m} = -\frac{8}{7}\ \text{kN} \cdot \text{m}$$

$$M_{BC} = -2 \times \frac{3}{7}\ \text{kN} \cdot \text{m} = -\frac{6}{7}\ \text{kN} \cdot \text{m}$$

远端弯矩:

$$M_{AB} = -\frac{8}{7} \times \frac{1}{2}\ \text{kN} \cdot \text{m} = -\frac{4}{7}\ \text{kN} \cdot \text{m}$$

$$M_{CB} = -\frac{6}{7} \times 0\ \text{kN} \cdot \text{m} = 0\ \text{kN} \cdot \text{m}$$

最后画弯矩图,如图 8-11 所示。由于结点处有集中力矩作用,因此弯矩图在 B 点处有突变。

8.3　多结点力矩分配法

MOOC 视频

前面介绍的力矩分配法是由单结点无侧移结构作用有结点集中力矩的状况推导出来的,在 8.2 节中已把它推广至单结点无侧移结构作用有结间荷载的情况。本节的任务是把该方法推广至多结点无侧移结构。

多结点力矩分配法的思路是:首先用附加刚臂把所有结点固定住,在荷载的作用下,刚臂上会产生不平衡力矩;然后放松其中一个结点,使结构处于单结点状态,利用力矩分配法分配结点上的不平衡力矩,完成后再锁住该结点;接着用同样的方法进行下一个结点的分配,如此依次反复进行,结点上的不平衡力矩就会逐渐减小,直至可以忽略,此时计算就可停止。因此,这种方法也被称为渐近法。

下面用图 8-12 所示采用一个薄钢片进行的实验,进一步来说明本方法的基本思路。

(1)取一薄钢片,做成图 8-12(a)所示三跨连续梁结构,并在第二跨的跨中挂上一个砝码,其重力为 F_P。结构在砝码重力的作用下会发生图示变形,与此变形所对应的弯矩就是需要求解的。

(2)用固定装置把 A、B 结点锁住(使该处不发生转角位移)后,再在第二跨的跨中挂上砝码,结构的变形如图 8-12(b)所示。显然图 8-12(b)与图 8-12(a)所示的变形相差甚远,其弯矩也一定相差甚远。

(3)把结点 A 处的固定装置去掉,结构马上发生如图 8-12(c)所示的变形,然后顺着 A 结点的转角再把 A 结点锁住。

(4)把 B 结点处的固定装置去掉,结构马上发生如图 8-12(d)所示的变形,然后顺着 B 结点的转角再把 B 结点锁住。显然此时结构的变形与原结构的变形(见图 8-12(a))已经有点接近了,因此弯矩也有点接近了。

如此一放、一锁,反复若干次,结构的变形与弯矩就会逐渐逼近原结构。

接下来把上面的实验转换成计算过程:

(1)把 A、B 结点锁住(见图 8-12(b)),相当于用两个附加刚臂将结点固定。在砝码重力的作用下,结构的内力和变形即为 8.2 节所提到的 A 状态,此时的弯矩为固端弯矩。

(2)把 A 结点的固定装置去掉(见图 8-12(c)),这个动作相当于在图 8-12(b)所示固定两个结点的基础上,在 A 结点处再加上一个反向的不平衡力矩 $-M_A^g$,因此此时的弯矩就等于图

8-13(b)、(c)所示两种情况下的弯矩相加。这是因为图 8-13(b)所示相当于在 A、B 两个结点处分别加一个不平衡力矩 M_A^g 和 M_B^g，而图 8-13(c)所示是在 A 结点处加了一个反向的不平衡力矩 $-M_A^g$，因此这两种情况叠加就相当于把 A 结点处的附加装置去掉了。至于图 8-13(c)所示情况下弯矩的计算，是单结点在结点集中力矩作用下的问题，可用力矩分配法计算。

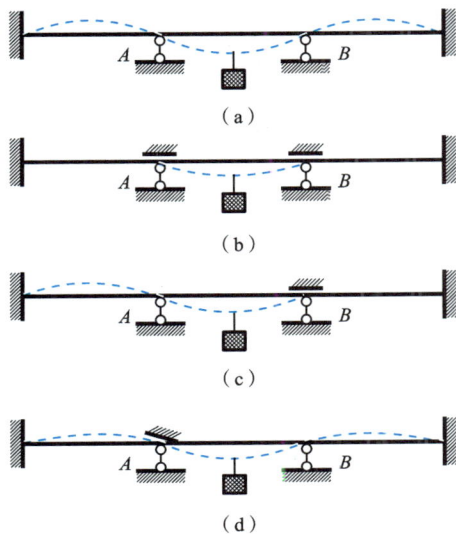

图 8-12

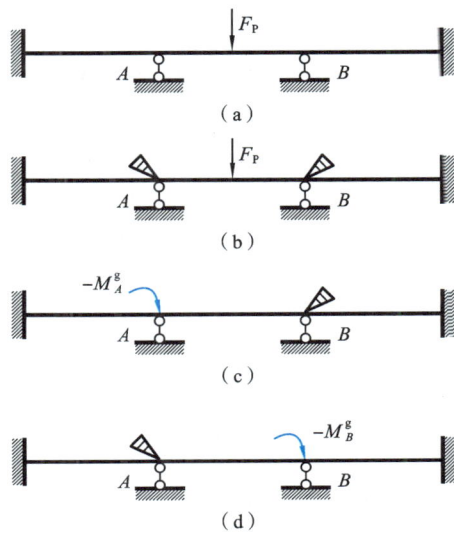

图 8-13

（3）锁住 A 结点，把 B 结点处的固定装置去掉（见图 8-12(d)），这个动作相当于在图 8-12(b)、(c)所示情况的基础上，在 B 结点处加了一个反向的不平衡力矩 $-M_B^g$，因此图 8-12(d)所示情况下的弯矩就等于图 8-13(b)、(c)和(d)所示三种情况下弯矩的和。这是因为图 8-13(b)叠加图 8-13(c)相当于放松了 A 结点，在这个基础上再叠加上图 8-13(d)，就相当于放松了 B 结点。至于图 8-13(d)所示情况下弯矩的求解，它也是单结点在结点集中力矩作用下的问题，可用力矩分配法计算。

如此反复进行，至不平衡力矩很小时即可停止，然后把所有步的计算结果加起来就可得到最终答案。

由此可得，采用多结点分配法时计算步骤如下：

（1）计算各结点的分配系数。

（2）将所有结点固定，计算各杆固端弯矩。

（3）将各结点依次轮流放松，分配与传递各结点的不平衡力矩，直到传递弯矩小到可忽略为止。

（4）把每一杆端历次的分配弯矩、传递弯矩和原有的固端弯矩相加，即得各杆端的最终弯矩。

【例 8-3】　用力矩分配法求解图 8-14 所示的连续梁，作出弯矩图。

解　（1）计算分配系数。

由于三跨均为两端固定单元，而且线刚度、杆长都相等，因此各杆端分配系数均为 0.5。

（2）计算固端弯矩。

查表 7-1，得

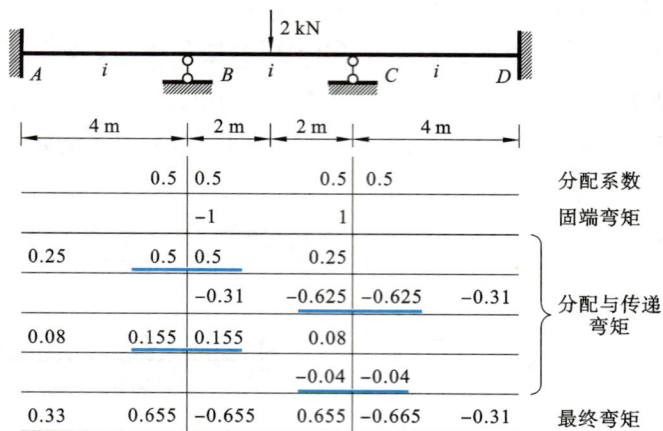

图 8-14

$$M_{BC}^F = -\frac{F_P L}{8} = -\frac{2 \times 4}{8}\ \text{kN} \cdot \text{m} = -1\ \text{kN} \cdot \text{m}$$

$$M_{CB}^F = \frac{F_P L}{8} = \frac{2 \times 4}{8}\ \text{kN} \cdot \text{m} = 1\ \text{kN} \cdot \text{m}$$

（3）计算分配与传递弯矩。

分配一般先从不平衡力矩较大的结点开始，此题 2 个结点的不平衡力矩一样大，所以先从 B 结点开始分配，然后再对 C 结点进行分配。

第一轮　B 结点分配弯矩：$M_{BA} = -(-1) \times 0.5\ \text{kN} \cdot \text{m} = 0.5\ \text{kN} \cdot \text{m}$

　　　　　　　　　　　　$M_{BC} = -(-1) \times 0.5\ \text{kN} \cdot \text{m} = 0.5\ \text{kN} \cdot \text{m}$

　　　　B 结点传递弯矩：$M_{AB} = 0.5 \times \frac{1}{2}\ \text{kN} \cdot \text{m} = 0.25\ \text{kN} \cdot \text{m}$

　　　　　　　　　　　　$M_{CB} = 0.5 \times \frac{1}{2}\ \text{kN} \cdot \text{m} = 0.25\ \text{kN} \cdot \text{m}$

　　　　C 结点分配弯矩：$M_{CB} = -(0.25+1) \times 0.5\ \text{kN} \cdot \text{m} = -0.625\ \text{kN} \cdot \text{m}$

　　　　　　　　　　　　$M_{CD} = -(0.25+1) \times 0.5\ \text{kN} \cdot \text{m} = -0.625\ \text{kN} \cdot \text{m}$

　　　　C 结点传递弯矩：$M_{BC} = -0.625 \times 0.5\ \text{kN} \cdot \text{m} = -0.31\ \text{kN} \cdot \text{m}$

　　　　　　　　　　　　$M_{DC} = -0.625 \times 0.5\ \text{kN} \cdot \text{m} = -0.31\ \text{kN} \cdot \text{m}$

第二轮　B 结点分配弯矩：$M_{BA} = -(-0.31) \times 0.5\ \text{kN} \cdot \text{m} = 0.155\ \text{kN} \cdot \text{m}$

　　　　　　　　　　　　$M_{BC} = -(-0.31) \times 0.5\ \text{kN} \cdot \text{m} = 0.155\ \text{kN} \cdot \text{m}$

　　　　B 结点传递弯矩：$M_{AB} = 0.155 \times \frac{1}{2}\ \text{kN} \cdot \text{m} = 0.08\ \text{kN} \cdot \text{m}$

　　　　　　　　　　　　$M_{CB} = 0.155 \times \frac{1}{2}\ \text{kN} \cdot \text{m} = 0.08\ \text{kN} \cdot \text{m}$

　　　　C 结点分配弯矩：$M_{CB} = -(0.08) \times 0.5\ \text{kN} \cdot \text{m} = -0.04\ \text{kN} \cdot \text{m}$

　　　　　　　　　　　　$M_{CD} = -(0.08) \times 0.5\ \text{kN} \cdot \text{m} = -0.04\ \text{kN} \cdot \text{m}$

两轮以后 M_{CB} 已为 $-0.04\ \text{kN} \cdot \text{m}$，所以可以不再传递了。

（4）最终弯矩。

最终弯矩等于固端弯矩＋分配与传递弯矩，其中 M_{BC} 的计算如下：

$$M_{BC}=(-1+0.5-0.31+0.155)\ \text{kN}\cdot\text{m}=-0.655\ \text{kN}\cdot\text{m}$$

作出弯矩图,如图 8-15 所示。

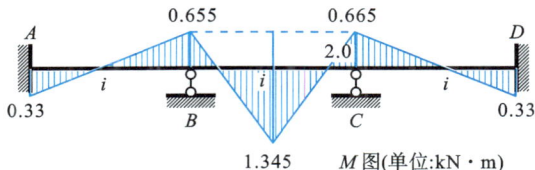

图 8-15

【例 8-4】　用力矩分配法求解图 8-16(a)所示的连续梁,作出弯矩图。

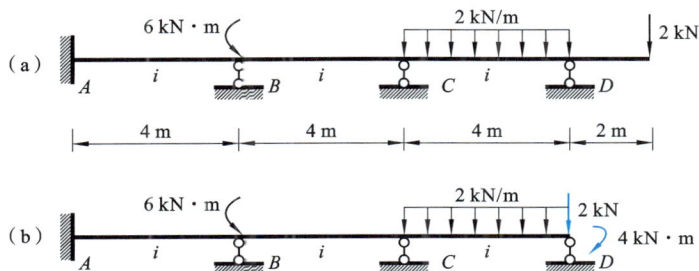

图 8-16

解　(1)由于悬臂是静定的,因此可以把它去掉后,在 D 点加一个竖直方向的力(2 kN)和一个顺时针方向的力矩(4 kN•m)。悬臂去掉后,该结构为有两个结点(B、C 结点)的连续梁,如图 8-16(b)所示。

(2)固端弯矩计算。

杆 CD 的固端弯矩由两项组成,一项是均布荷载,一项是作用在 D 点的集中力矩,均可查表 7-1 获得,其中 D 点处的集中力矩(4 kN•m)会引起杆 CD 在 C 端的固端弯矩,大小为 $\dfrac{M}{2}$ =2 kN•m,符号随 M,即顺时针为正,逆时针为负。因此 $M_{CD}^{F}=\left(-\dfrac{2\times4^{2}}{8}+2\right)$ kN•m=-2 kN•m,$M_{DC}^{F}=4$ kN•m。

(3)分配与传递弯矩计算。

分配从 C 结点开始。

第一轮　C 结点分配弯矩:$M_{CB}=-(-2)\times0.57$ kN•m=1.14 kN•m

$$M_{CD} = -(-2) \times 0.43 \text{ kN} \cdot \text{m} = 0.86 \text{ kN} \cdot \text{m}$$

C 结点传递弯矩：　$M_{BC} = 0.5 \times 1.14 \text{ kN} \cdot \text{m} = 0.57 \text{ kN} \cdot \text{m}$

$$M_{DC} = 0 \times 0.86 \text{ kN} \cdot \text{m} = 0 \text{ kN} \cdot \text{m}$$

B 结点分配弯矩：　$M_{BA} = (-0.57 - 6) \times 0.5 \text{ kN} \cdot \text{m} = -3.285 \text{ kN} \cdot \text{m}$

$$M_{BC} = (-0.57 - 6) \times 0.5 \text{ kN} \cdot \text{m} = -3.285 \text{ kN} \cdot \text{m}$$

B 结点传递弯矩：　$M_{AB} = -3.285 \times 0.5 \text{ kN} \cdot \text{m} = -1.64 \text{ kN} \cdot \text{m}$

$$M_{CB} = -3.285 \times 0.5 \text{ kN} \cdot \text{m} = -1.64 \text{ kN} \cdot \text{m}$$

以下分配过程略。

做到 C 结点的第三轮分配后,分配弯矩已很小了(见图 8-16(b)),就可以不再传递了。最后作出弯矩图,如图 8-17 所示。

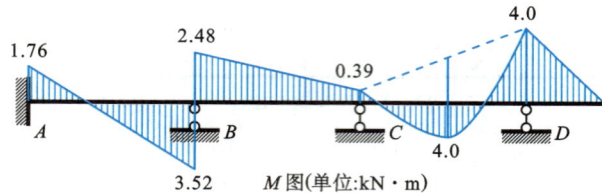

图 8-17

【例 8-5】　用力矩分配法求解图 8-18(a)所示对称刚架,作出弯矩图。

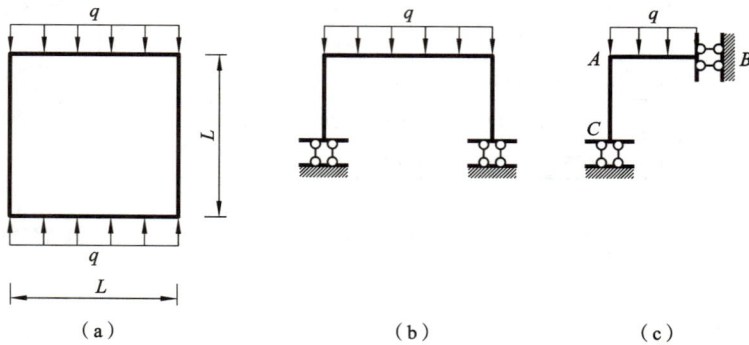

图 8-18

解　由于结构和荷载都是对称的,可以先取图 8-18(b)所示的半刚架,然后取图 8-18(c)所示的 1/4 刚架进行计算。具体计算列表进行(见表 8-2)。

表 8-2

结点	C	A		B
杆端	CA	AC	AB	BA
分配系数		0.5	0.5	
固端弯矩			$-qL^2/12$	$-qL^2/24$
分配与传递弯矩	$-qL^2/24$	$qL^2/24$	$qL^2/24$	$-qL^2/24$
最终弯矩	$-qL^2/24$	$qL^2/24$	$-qL^2/24$	$-qL^2/12$

根据计算结果先画出 1/4 刚架的弯矩图,然后根据对称性画出其他部分的弯矩图,如图 8-19 所示。

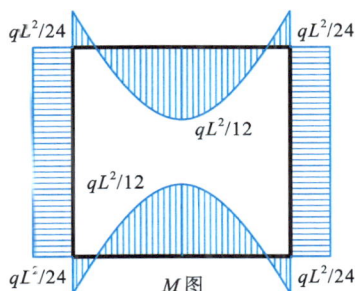

图 8-19

8.4　无剪力分配法

如前所述,力矩分配法只能用于无侧移结构,也就是说该方法只能应用于只有结点转角位移的结构。在位移法中已经介绍过剪力静定结构,它的侧移可以不作为未知量,因此这种结构是可以用力矩分配法计算的,称为无剪力分配法。下面通过一个例题来说明具体的解题方法和过程。

【例 8-6】　用力矩分配法求解图 8-20(a)所示剪力静定刚架,作出弯矩图。

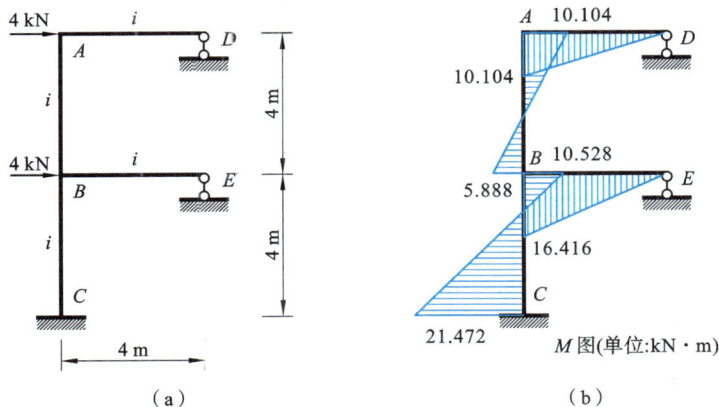

图 8-20

解　图示刚架有侧移杆件(杆 AB、杆 BC)的剪力是静定的,因此可以采用无剪力分配法计算,即计算时把杆 AB、BC 看作一端固定一端滑动单元。

(1) 分配系数的计算。

$$\mu_{AB}=\frac{i}{3i+i}=0.25,\quad \mu_{AD}=\frac{3i}{3i+i}=0.75$$

$$\mu_{BC}=\frac{i}{3i+i+i}=0.2,\quad \mu_{BA}=\frac{i}{3i+i+i}=0.2,\quad \mu_{BE}=\frac{3i}{3i+i+i}=0.6$$

（2）固端弯矩计算。

杆 AB 按一端固定一端滑动单元查表 7-1 求固端弯矩,荷载是 4 kN,杆 BC 也按一端固定一端滑动单元查表 7-1 求固端弯矩,但荷载是 8 kN,具体计算如下:

$$M_{AB}^F = M_{BA}^F = -\frac{F_PL}{2} = -8 \text{ kN} \cdot \text{m}, \quad M_{BC}^F = M_{CB}^F = -\frac{2F_PL}{2} = -16 \text{ kN} \cdot \text{m}$$

（3）分配与传递弯矩计算。

第一轮　　B 结点分配弯矩：$M_{BA} = -(-8-16) \times 0.2 \text{ kN} \cdot \text{m} = 4.8 \text{ kN} \cdot \text{m}$

$\qquad\qquad\qquad\qquad\quad M_{BE} = -(-8-16) \times 0.6 \text{ kN} \cdot \text{m} = 14.4 \text{ kN} \cdot \text{m}$

$\qquad\qquad\qquad\qquad\quad M_{BC} = -(-8-16) \times 0.2 \text{ kN} \cdot \text{m} = 4.8 \text{ kN} \cdot \text{m}$

$\qquad\quad$ B 结点传递弯矩：$M_{AB} = 4.8 \times (-1) \text{ kN} \cdot \text{m} = -4.8 \text{ kN} \cdot \text{m}$

$\qquad\qquad\qquad\qquad\quad M_{CB} = 4.8 \times (-1) \text{ kN} \cdot \text{m} = -4.8 \text{ kN} \cdot \text{m}$

$\qquad\quad$ A 结点分配弯矩：$M_{AB} = -(-8-4.8) \times 0.25 \text{ kN} \cdot \text{m} = 3.2 \text{ kN} \cdot \text{m}$

$\qquad\qquad\qquad\qquad\quad M_{AD} = -(-8-4.8) \times 0.75 \text{ kN} \cdot \text{m} = 9.6 \text{ kN} \cdot \text{m}$

后两轮的计算见表 8-3。弯矩图如图 8-20(b)所示。

表 8-3

结点	A		B			C
杆端	AD	AB	BA	BE	BC	CB
分配系数	0.75	0.25	0.2	0.6	0.2	
固端弯矩		−8.0	−8.0		−16.0	−16.0
第一轮 分配与传递弯矩	9.6	−4.8 3.2	4.8 −3.2	14.4	4.8	−4.8
第二轮 分配与传递弯矩	0.48	−0.64 0.16	0.64 −0.16	1.92	0.64	−0.64
第三轮 分配与传递弯矩	0.024	−0.032 0.008	0.032	0.096	0.032	−0.032
最终弯矩	10.104	−10.104	−5.888	16.416	−10.528	−21.472

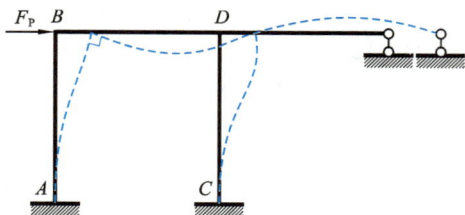

图 8-21

对无剪力分配法的应用要注意以下两点。

（1）要注意适用条件,如对图 8-21 所示的有侧移刚架是不能使用无剪力分配法的。这是因为,虽然柱子 AB、CD 是有侧移的,但是它们的剪力不是静定的,因此不符合无剪力分配法的应用条件。

（2）对于有侧移杆件的固端弯矩计算,作用在上一层的荷载对下一层是有影响的。

8.5　讨论

在本节中主要通过例题讨论两类问题：一是多跨超静定梁边铰支座的不同处理方法；二是支座移动问题的计算。

【例 8-7】　用力矩分配法画出图 8-22 所示结构的弯矩图。

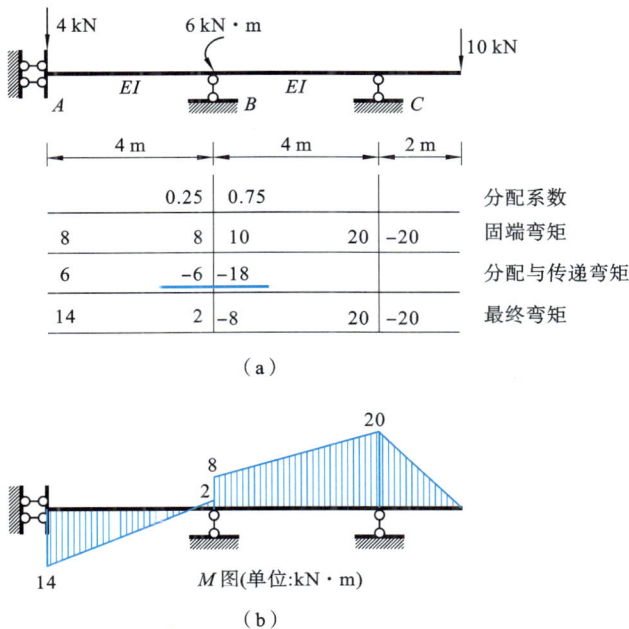

	0.25	0.75			分配系数
8	8	10	20	−20	固端弯矩
6	−6	−18			分配与传递弯矩
14	2	−8	20	−20	最终弯矩

（a）

M 图(单位:kN·m)

（b）

图 8-22

解　**方法一**：仅固定 B 结点对结构进行弯矩分配计算,如图 8-22(b)所示,其中悬臂的处理同例 8-4。由于 AB 杆为一端固定一端滑动单元,BC 杆为一端固定一端铰接单元,分配系数和固端弯矩的计算如下。

分配系数：
$$\mu_{BA}=\frac{i}{3i+i}=0.25,\quad \mu_{BC}=\frac{3i}{3i+i}=0.75$$

固端弯矩：
$$M_{BA}^{F}=M_{AB}^{F}=\frac{F_{P}L}{2}=\frac{4\times4}{2}\ \text{kN}\cdot\text{m}=8\ \text{kN}\cdot\text{m},\quad M_{BC}^{F}=\frac{M}{2}=10\ \text{kN}\cdot\text{m}$$

传递系数：B 至 A 为 −1,B 至 C 为 0。

方法二：固定 B、C 结点对结构进行弯矩分配计算,如图 8-23 所示。其中悬臂的处理同例 8-4。由于杆 AB 为一端固定一端滑动单元,杆 BC 为两端固定单元,分配系数和固端弯矩的计算如下。

分配系数：
$$\mu_{BA}=\frac{i}{4i+i}=0.2,\quad \mu_{BC}=\frac{4i}{4i+i}=0.8$$
$$\mu_{CB}=\frac{4i}{4i+0}=1.0,\quad \mu_{CE}=\frac{0}{4i+0}=0$$

固端弯矩：
$$M_{BA}^{F}=M_{AB}^{F}=\frac{F_{P}L}{2}=\frac{4\times4}{2}\ \text{kN}\cdot\text{m}=8\ \text{kN}\cdot\text{m}$$

传递系数：B 至 A 为 −1,B 至 C、C 至 B 为 1/2。

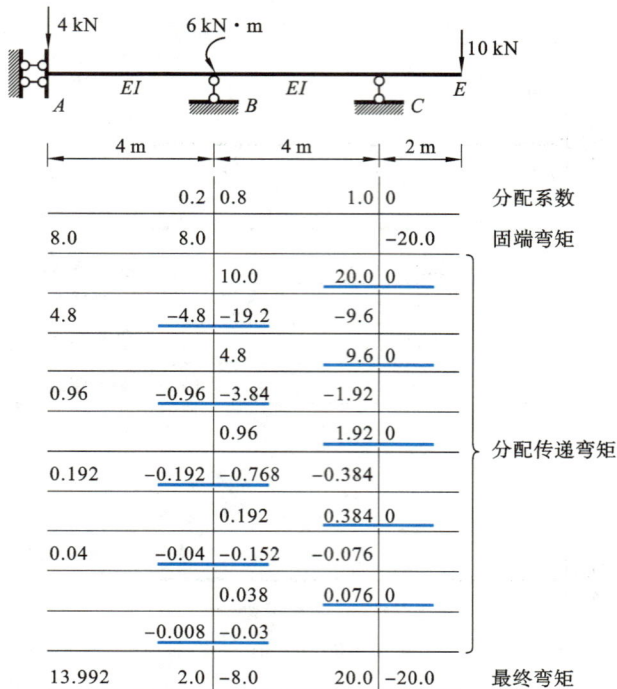

	0.2	0.8	1.0	0	分配系数
	8.0	8.0		-20.0	固端弯矩
		10.0	20.0	0	
	4.8	-4.8	-19.2	-9.6	
		4.8	9.6	0	
	0.96	-0.96	-3.84	-1.92	
		0.96	1.92	0	分配传递弯矩
	0.192	-0.192	-0.768	-0.384	
		0.192	0.384	0	
	0.04	-0.04	-0.152	-0.076	
		0.038	0.076	0	
		-0.008	-0.03		
	13.992	2.0	-8.0	20.0	-20.0	最终弯矩

图 8-23

【例 8-8】　图 8-24(a)所示结构中,C 端支座发生了向右的水平位移,位移的大小为 $\Delta = \dfrac{L}{60}$,E 端产生了顺时针的大小为 $\theta = \dfrac{1}{10}$ 的转角位移,试用力矩分配法作弯矩图。已知 $\dfrac{EI}{L} = 100$ kN·m。

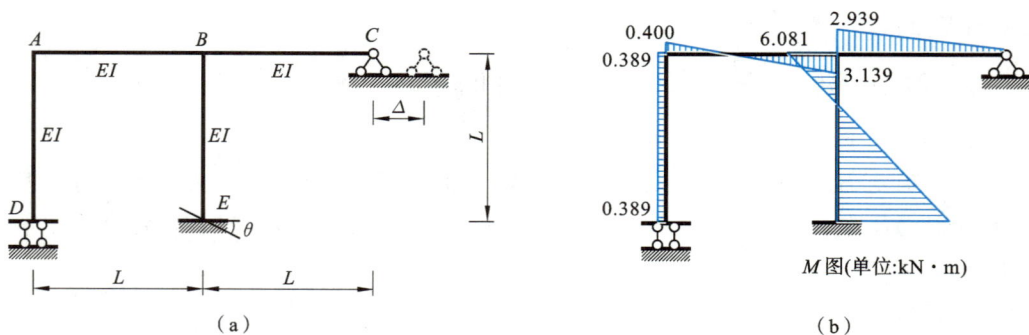

(a)　　　　　　　　　　　　(b)

图 8-24

解　由支座移动产生的固端弯矩如下:

$$M_{BE}^F = \frac{2EI}{L}\theta - \frac{6EI}{L^2}\Delta = \frac{1}{10} \times \frac{EI}{L} = 10 \text{ kN·m}$$

$$M_{EB}^F = \frac{4EI}{L}\theta - \frac{6EI}{L^2}\Delta = \frac{3}{10} \times \frac{EI}{L} = 30 \text{ kN·m}$$

计算过程见表 8-4。作弯矩图,如图 8-24(b)所示。

表 8-4

结点编号	D	A		B			E
杆端编号	DA	AD	AB	BA	BE	BC	EB
分配系数		0.2	0.8	4/11	4/11	3/11	
固端弯矩					10		30
分配与传递弯矩			−1.818	−3.636	−3.636	−2.727	−1.818
	−0.363	0.363	1.454	0.727			
			−0.132	−0.264	−0.264	−0.198	−0.132
	−0.026	0.026	0.106	0.053			
			−0.010	−0.019	−0.019	−0.014	−0.010
最终弯矩	−0.389	0.389	−0.400	−3.139	6.081	−2.939	28.040

8.6 近似法

前面介绍的力法和位移法都是解超静定结构的精确法,实际工程中的未知量一般比较多,用精确法计算的工作量非常大,使得人工计算几乎不可能。在本节中要介绍以下几种适用于实际工程的人工计算的近似法,以获得一个初步的解答:

MOOC 视频

(1) 分层法——刚架在竖直方向荷载作用下弯矩的近似计算方法。

(2) 二次力矩分配法——刚架在竖直方向荷载作用下弯矩的近似计算方法。

(3) 反弯点法——刚架在水平荷载作用下弯矩的近似计算方法。

思政元素

1. 分层法

刚架在竖直方向荷载作用下,精确法的计算结果有以下两个特点:

(1) 结点的位移主要是转角位移,侧移很小;

(2) 作用在某根梁上的荷载主要对本层梁及上、下层柱子有影响,对其他层杆件的影响很小。

根据以上两个特点,为了简化计算,对刚架在竖直方向荷载作用下的计算做如下假设:

(1) 只考虑刚架的转角位移,忽略其侧移;

(2) 作用在梁上的荷载只对本层梁及上、下层柱子有影响,忽略其对其他构件的影响。

根据以上假设,计算可做如下简化:

(1) 计算方法:由于刚架的侧移被忽略,因此可以用力矩分配法计算。

(2) 计算简图:由于荷载只对本层梁及上、下柱有影响,因此计算简图只需取相关部分即可。

例如,对图 8-25(a)所示刚架,可取图 8-25(b)~(e)所示四部分分别进行计算,然后再进行叠加。

计算时要注意以下问题:

(1) 用力矩分配法计算分配系数时,底层以上柱子的刚度要乘折减系数 0.9,传递系数取

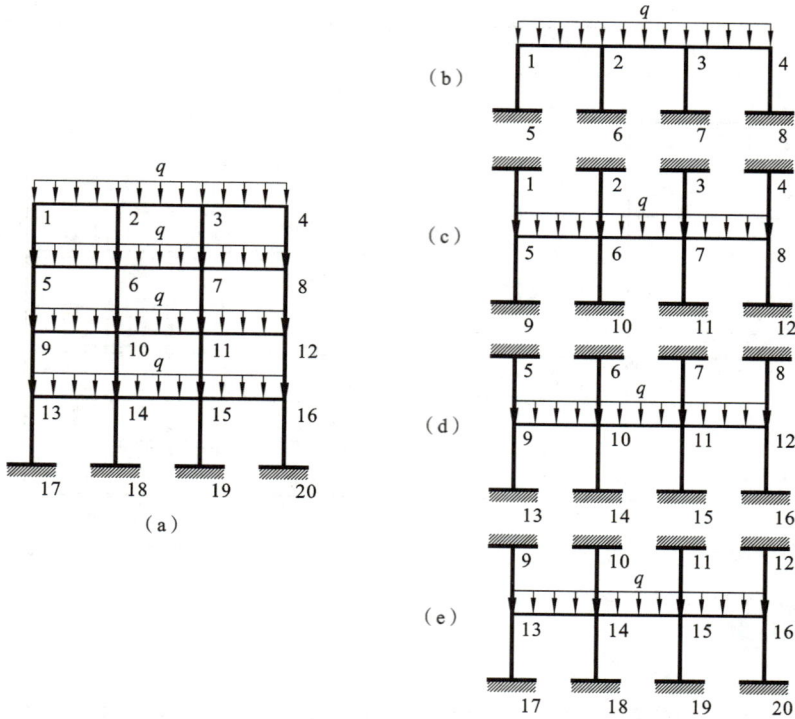

图 8-25

1/3。底层柱子的线刚度不需折减,传递系数取 1/2。

这是因为在计算简图中,底层以上柱子都被看作两端固定单元,其约束比实际的要大,因此要适当折减。

(2)对计算结果进行叠加时,底层以上柱的弯矩应是上、下两部分弯矩之和。例如图 8-25(a)中第 4 层柱子的弯矩应该为按图 8-25(b)计算的结果再叠加按图 8-25(c)计算的结果。

(3)由于叠加后,在结点处梁、柱弯矩将不平衡,这就需要在结点处再进行一次分配,但不需再传递。

以结点 1 为例,图 8-25(b)的计算结果一定满足 $\sum M_1 = 0$,而对于图 8-25(c)一般有 $M_{15} \neq 0$,因此当图 8-25(b)的计算结果与图 8-25(c)的计算结果叠加后,结点 1 就不平衡了,所以对不平衡力矩在结点 1 处还应做一次分配,如图 8-26 所示。

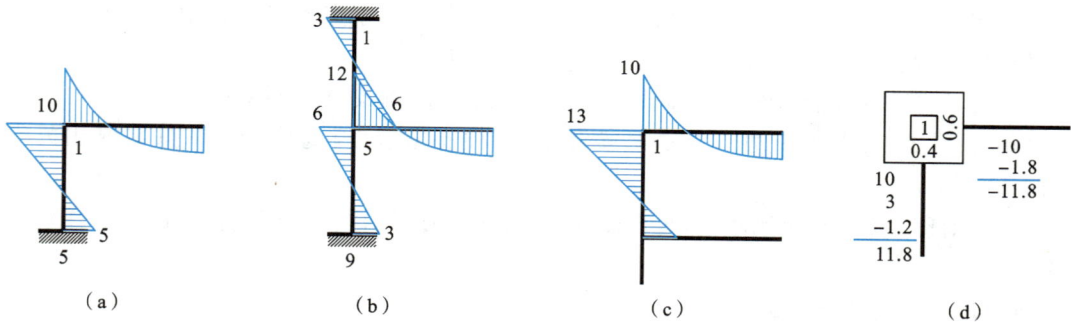

图 8-26

【例 8-9】　用分层法作出图 8-27 所示结构的弯矩图。已知边梁的线刚度为 $i_1=22500$ kN·m，中间梁的线刚度为 $i_2=6750$ kN·m，第二、三层柱的线刚度为 $i_3=6136.4$ kN·m，底层柱的线刚度为 $i_4=9600$ kN·m。

解　(1)确定计算简图。

本结构可以分顶层、中间层和底层三个部分进行计算，然后再叠加。该结构顶层、中间层和底层的计算简图分别如图 8-28(a)、(b)、(c)所示。

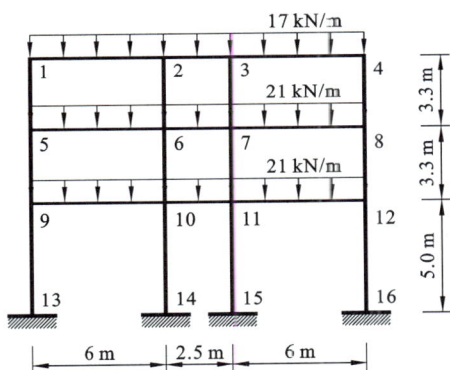

图 8-27

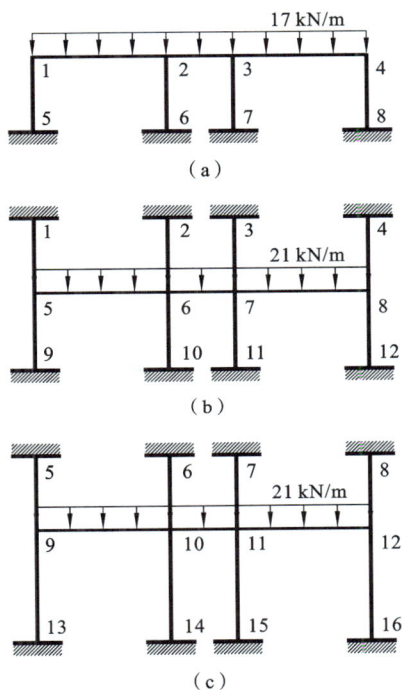

图 8-28

(2)顶层弯矩计算。

由于结构与荷载均对称，因此可以取半结构进行计算，如图 8-29 所示。

① 计算分配系数。

注意柱的线刚度应乘折减系数 0.9。

对于结点 1，有

$$\mu_{12}=\frac{4\times22500}{4\times(0.9\times6136.4+22500)}=0.803$$

$$\mu_{15}=\frac{4\times0.9\times6136.4}{4\times(0.9\times6136.4+22500)}=0.197$$

对于结点 2，有

$$\mu_{21}=\frac{4\times22500}{2\times6750+4\times0.9\times6136.4+4\times22500}=0.717$$

$$\mu_{22'}=\frac{2\times6750}{2\times6750+4\times0.9\times6136.4+4\times22500}=0.107$$

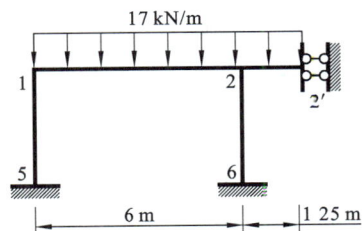

图 8-29

$$\mu_{26}=\frac{4\times0.9\times6136.4}{2\times6750+4\times0.9\times6136.4+4\times22500}=0.176$$

② 计算固端弯矩。

$$M_{21}^{F}=-M_{12}^{F}=\frac{ql^2}{12}=\frac{17\times6^2}{12}\ \text{kN}\cdot\text{m}=51\ \text{kN}\cdot\text{m}$$

$$M_{22'}^{F}=-\frac{ql^2}{3}=-\frac{17\times1.25^2}{3}\ \text{kN}\cdot\text{m}=-8.85\ \text{kN}\cdot\text{m}$$

$$M_{2'2}^{F}=-\frac{ql^2}{6}=-\frac{17\times1.25^2}{6}\ \text{kN}\cdot\text{m}=-4.43\ \text{kN}\cdot\text{m}$$

③ 弯矩分配计算。

顶层弯矩计算过程如表 8-5 所示。

表 8-5

结点编号	5	1		2			6	2'
杆端	5-1	1-5	1-2	2-1	2-6	2-2'	6-2	2'-2
分配系数		0.197	0.803	0.717	0.176	0.107		
固端弯矩			−51	51		−8.85		−4.43
分配与传递弯矩	3.35	10.05	40.95	20.48				
			−22.45	−44.90	−11.02	−6.70	−3.67	6.70
	1.47	4.42	18.03	9.02				
			−3.24	−6.47	−1.59	−0.97	−0.53	0.97
	0.21	0.64	2.60	1.30				
			−0.47	−0.93	−0.23	−0.14	−0.08	0.14
	0.03	0.09	0.38	0.19				
				−0.14	−0.03	−0.02		
最终弯矩	5.06	15.20	−15.20	29.55	−12.87	−16.68	−4.28	3.38

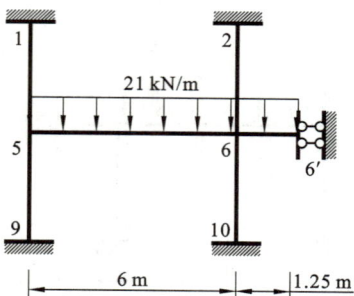

图 8-30

（3）中间层弯矩计算。

取半结构进行计算，其计算简图如图 8-30 所示。

① 计算分配系数。

同样，柱的线刚度应乘折减系数 0.9。

对于结点 5，有

$$\mu_{56}=\frac{4\times22500}{4\times(0.9\times6136.4\times2+22500)}=0.67$$

$$\mu_{51}=\mu_{59}=\frac{4\times0.9\times6136.4}{4\times(0.9\times6136.4\times2+22500)}=0.165$$

对于结点 6，有

$$\mu_{65}=\frac{4\times22500}{2\times6750+4\times0.9\times6136.4\times2+4\times22500}=0.609$$

$$\mu_{66'}=\frac{2\times6750}{2\times6750+4\times0.9\times6136.4\times2+4\times22500}=0.091$$

$$\mu_{62}=\mu_{610}=\frac{4\times0.9\times6136.4}{2\times6750+4\times0.9\times6136.4\times2+4\times22500}=0.15$$

② 计算固端弯矩。

$$M_{56}^F = -M_{65}^F = -\frac{qL^2}{12} = -\frac{21 \times 6^2}{12} \text{ kN} \cdot \text{m} = -63 \text{ kN} \cdot \text{m}$$

$$M_{66'}^F = -\frac{qL^2}{3} = -\frac{21 \times 1.25^2}{3} \text{ kN} \cdot \text{m} = -10.94 \text{ kN} \cdot \text{m}$$

$$M_{6'6}^F = -\frac{qL^2}{6} = -\frac{21 \times 1.25^2}{6} \text{ kN} \cdot \text{m} = -5.47 \text{ kN} \cdot \text{m}$$

③ 弯矩分配计算。中间层弯矩计算过程如表 8-6 所示。

表 8-6

结点编号	1	9	5		6					6′	10	2
杆端编号	1-5	9-5	5-1	5-9	5-6	6-5	6-10	6-2	6-6′	6′-6	10-6	2-6
分配系数			0.165	0.165	0.67	0.609	0.15	0.15	0.091			
固端弯矩					−63	63				−10.94	−5.47	
分配与传递弯矩	3.47	3.47	10.40	10.40	42.21	21.11						
					−22.28	−44.56	−10.98	−10.98	−6.66	6.66	−3.66	−3.66
	1.23	1.23	3.68	3.68	14.93	7.47						
					−2.28	−4.55	−1.12	−1.12	−0.68	0.68	−0.37	−0.37
	0.13	0.13	0.38	0.38	1.53	0.77						
					−0.24	−0.47	−0.12	−0.12	−0.07	0.07	−0.04	−0.04
	0.01	0.01	0.04	0.04	0.16	0.08						
						−0.05	−0.01	−0.01	−0.01			
最终弯矩	4.84	4.84	14.50	14.50	−28.97	42.80	−12.23	−12.23	−18.36	1.94	−4.07	−4.07

(4) 底层弯矩计算。

取半结构进行计算,其计算简图如图 8-31 所示。

① 计算分配系数。

上层柱的线刚度应乘折减系数 0.9,底层柱的线刚度不需折减。

对于结点 9,有

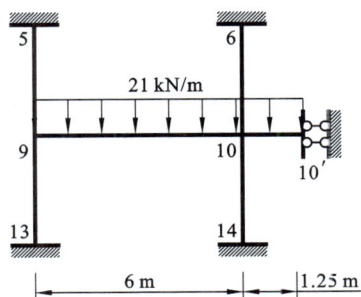

图 8-31

$$\mu_{910} = \frac{4 \times 22500}{4 \times (0.9 \times 6136.4 + 22500 + 9600)}$$

$$= 0.598$$

$$\mu_{95} = \frac{4 \times 0.9 \times 6136.4}{4 \times (0.9 \times 6136.4 + 22500 + 9600)} = 0.147$$

$$\mu_{913} = \frac{4 \times 9600}{4 \times (0.9 \times 6136.4 + 22500 + 9600)} = 0.255$$

对于结点 10,有

$$\mu_{109} = \frac{4 \times 22500}{2 \times 6750 - 4 \times (0.9 \times 6136.4 + 22500 + 9600)} = 0.549$$

$$\mu_{1010'} = \frac{2 \times 6750}{2 \times 6750 + 4 \times (0.9 \times 6136.4 + 22500 + 9600)} = 0.082$$

$$\mu_{1014}=\frac{4\times9600}{2\times6750+4\times(0.9\times6136.4+22500+9600)}=0.234$$

$$\mu_{106}=\frac{4\times0.9\times6136.4}{2\times6750+4\times(0.9\times6136.4+22500+9600)}=0.135$$

② 计算固端弯矩。

$$M_{910}^{F}=-M_{109}^{F}=-\frac{qL^{2}}{12}=-\frac{21\times6^{2}}{12}\ \mathrm{kN\cdot m}=-63\ \mathrm{kN\cdot m}$$

$$M_{1010'}^{F}=-\frac{qL^{2}}{3}=-\frac{21\times1.25^{2}}{3}\ \mathrm{kN\cdot m}=-10.94\ \mathrm{kN\cdot m}$$

$$M_{10'10}^{F}=-\frac{qL^{2}}{6}=-\frac{21\times1.25^{2}}{6}\ \mathrm{kN\cdot m}=-5.47\ \mathrm{kN\cdot m}$$

③ 弯矩分配计算。底层弯矩计算过程如表 8-7 所示。

表 8-7

结点编号	13	5	9			10				10′	6	14
杆端编号	13-9	5-9	9-5	9-13	9-10	10-9	10-14	10-6	10-10′	10′-10	6-10	14-10
分配系数			0.147	0.255	0.598	0.549	0.234	0.135	0.082			
固端弯矩					−63	63			−10.94	−5.47		
分配与传递弯矩	8.04	3.09	9.26	16.07	37.67	18.84						
					−19.46	−38.92	−16.59	−9.57	−5.81	5.81	−3.19	−8.30
	2.48	0.95	2.86	4.96	11.64	5.82						
					−1.60	−3.20	−1.36	−0.79	−0.48	0.48	−0.26	−0.68
	0.21	0.08	0.24	0.41	0.96	0.48						
					−0.13	−0.26	−0.11	−0.06	−0.04	0.04	−0.02	−0.05
			0.02	0.03	0.08							
最终弯矩	10.73	4.12	12.38	21.47	−33.84	45.76	−18.06	−10.42	−17.27	0.86	−3.47	−9.03

柱子杆端弯矩叠加如图 8-32(单位:kN·m)所示,结点不平衡力矩一次分配及杆端最终弯矩计算如图 8-33(单位:kN·m)所示,最后弯矩图如图 8-34(单位:kN·m)所示。

2. 二次力矩分配法

所谓二次力矩分配法,就是在前面介绍的分层法基础上再做进一步简化的计算方法,同样只适用于框架结构在竖直方向荷载作用下的弯矩计算。具体做题步骤如下:

(1) 画出结构的计算简图,并在结点处画上两个框;

(2) 计算出各杆件的分配系数并填在对应的外框内;

(3) 计算出梁的固端弯矩填写在相应杆件的端部,然后计算出每个结点的不平衡力矩,并填在结点的内框中;

(4) 对各结点的不平衡力矩依次进行分配、传递(传至杆件的远端),传递系数均取 1/2;

(5) 对结点的不平衡力矩进行第二次分配但不再传递;

(6) 计算最终弯矩,得 $M=M_{固端}+M_{分配1}+M_{传递}+M_{分配2}$。

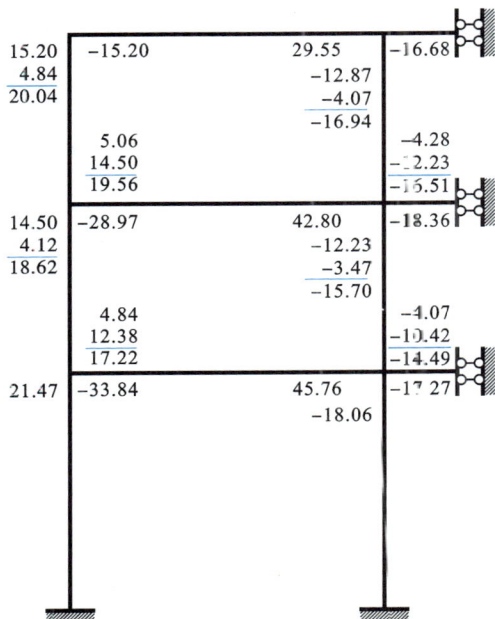

图 8-32

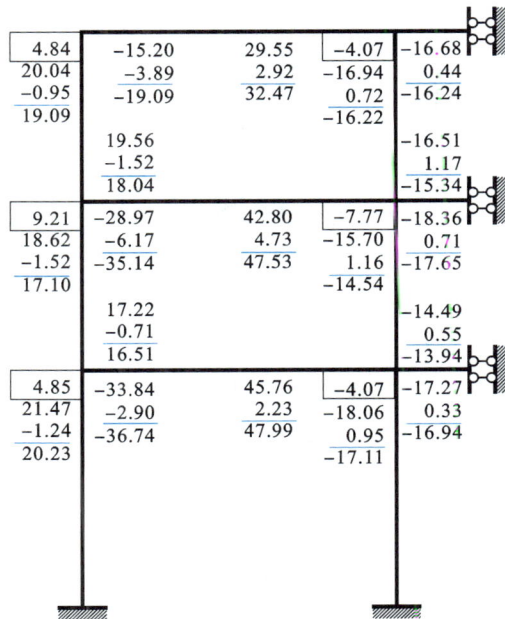

图 8-33

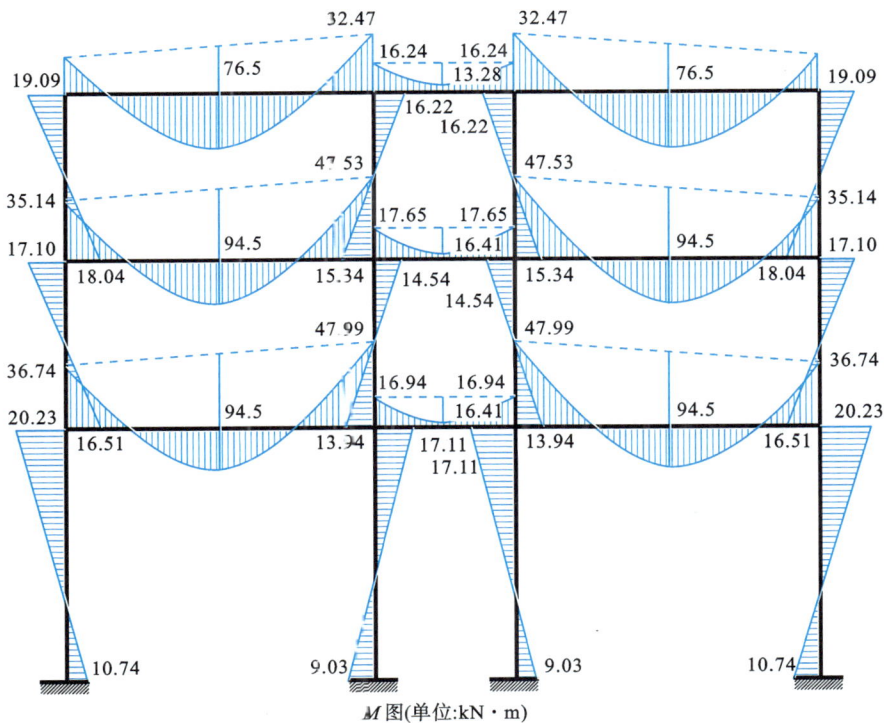

M 图(单位:kN・m)

图 8-34

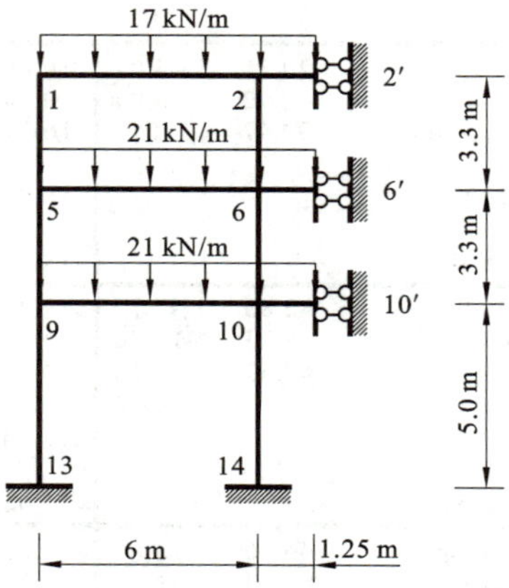

図 8-35

【例 8-10】 用二次力矩分配法作出图 8-27 所示结构的弯矩图。

解 (1)计算框架各杆的线刚度及分配系数。

取半刚架计算,计算简图如图 8-35 所示,杆件转动刚度及相对转动刚度计算见表 8-8,分配系数计算见表 8-9。

(2)计算梁端固端弯矩。

① 顶层。

边跨梁:
$$M^F = \frac{1}{12}qL^2 = \frac{1}{12}\times17\times6^2 \text{ kN}\cdot\text{m} = 51 \text{ kN}\cdot\text{m}$$

表 8-8

构件名称		转动刚度 S	相对转动刚度 S′
框架梁	边跨	$4i=4\times22500=90000$	6.667
	中跨	$2i=2\times6750=13500$	1.000
框架柱	底层	$4i=4\times9600=38400$	2.844
	其他层	$4i=4\times6136.4=24545.6$	1.818

表 8-9

结点	$\sum S_i'$	$\mu_{左梁}$	$\mu_{右梁}$	$\mu_{上柱}$	$\mu_{下柱}$
1	$6.667+1.818=8.485$		0.786		0.214
5	$6.667+1.818\times2=10.303$		0.647	0.176	0.177
9	$6.667+1.818+2.844=11.329$		0.589	0.160	0.251
2	$6.667+1.000+1.818=9.485$	0.703	0.105		0.192
6	$6.667+1.000+1.818\times2=11.303$	0.590	0.088	0.161	0.161
10	$6.667+1.000+1.818+2.844=12.329$	0.541	0.081	0.147	0.231

中跨梁:
$$M^F = \frac{1}{3}qL^2 = \frac{1}{3}\times17\times\left(\frac{2.5}{2}\right)^2 \text{ kN}\cdot\text{m}=8.85 \text{ kN}\cdot\text{m}$$

② 第二、三层。

边跨梁:
$$M^F = \frac{1}{12}qL^2 = \frac{1}{12}\times21\times6^2 \text{ kN}\cdot\text{m}=63 \text{ kN}\cdot\text{m}$$

中跨梁:
$$M^F = \frac{1}{3}qL^2 = \frac{1}{3}\times21\times\left(\frac{2.5}{2}\right)^2 \text{ kN}\cdot\text{m}=10.94 \text{ kN}\cdot\text{m}$$

(3)弯矩分配与传递。

具体过程如图 8-36(单位:kN·m)所示,作弯矩图如图 8-37(单位:kN·m)所示。

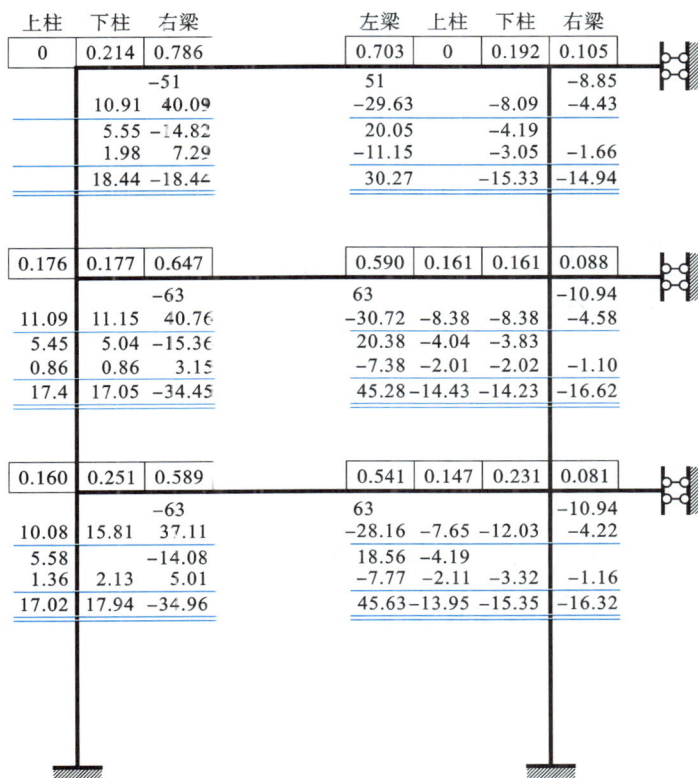

图 8-36

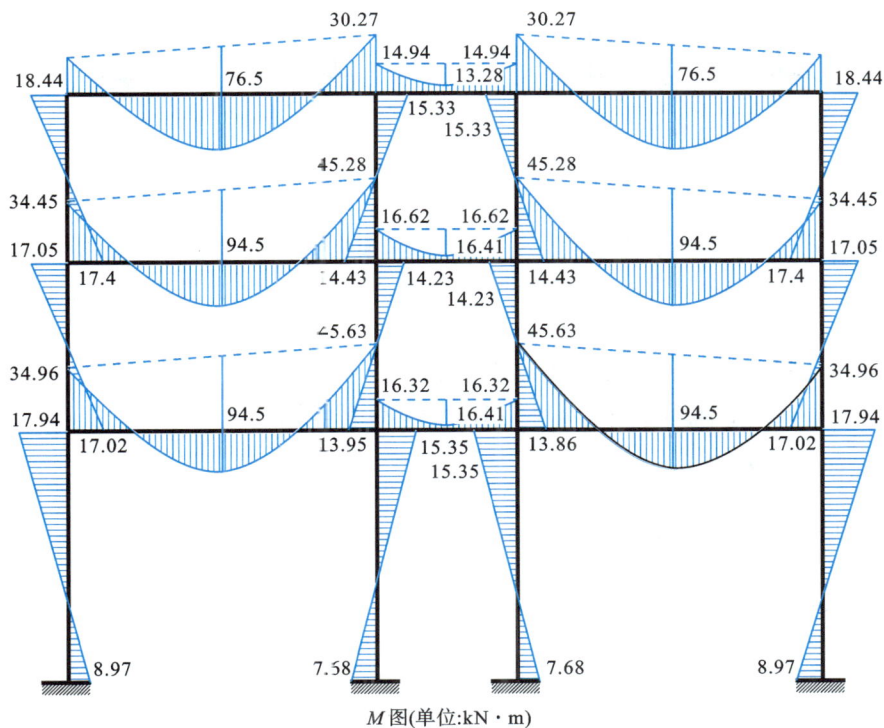

M 图(单位:kN・m)

图 8-37

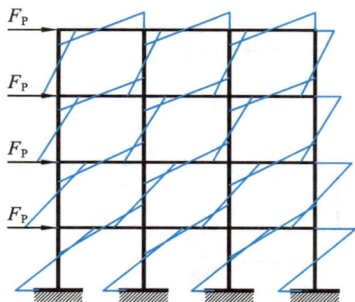

图 8-38

3. 反弯点法

如图 8-38 所示，刚架在水平结点荷载作用下的弯矩图有以下特点：

（1）弯矩图全部由直线组成；

（2）柱子的剪力沿杆长是常数；

（3）柱子弯矩图全部有反弯点（即弯矩为零的点）；

（4）结点位移主要是侧移，转角位移很小。

为了简化计算，做如下假设：

（1）刚架在水平荷载作用下，结点只有侧移，转角位移为零，即忽略转角的影响；

（2）底层以上柱的反弯点在柱高的 1/2 处，底层柱的反弯点在柱高的 2/3 处。

以下对第二个假设加以说明，如图 8-39 所示。两端固定单元发生一个侧移后，由于结构是对称的，反弯点在柱中（见图 8-39(a)）。一端固定一端铰接单元发生一个侧移后，反弯点在柱顶（见图 8-39(b)）。这说明上部的约束弱，反弯点就往上移。刚架中底层以上柱，两头都是刚结点，因此可以假设反弯点在柱中。底层柱一头是真正的固定端，一头是刚结点，因此假设反弯点在 2/3 柱高处。应该说这个假设对 5 层以上的刚架而言比较正确，对 5 层以下刚架的底层柱还是假设反弯点在柱中比较好。

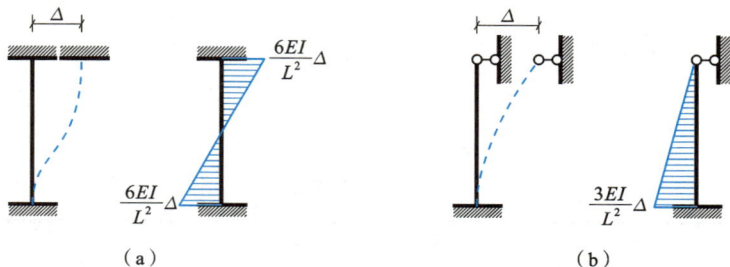

图 8-39

对每根柱子若已知反弯点的位置，又知道剪力，根据前面所述弯矩图的特点，其弯矩图就可画出来了。柱的弯矩知道了，梁的弯矩就可利用结点平衡求出。具体计算如下。

1）柱的剪力

例如，对图 8-40(a)所示刚架求第三层柱的剪力。

作 n—n 截面，取上面部分为隔离体，如图 8-40(b)所示。

$$由 \sum F_x = 0 \ 得 \qquad \sum_{i=1}^{4} F_{Q3i} = 2F_P = \sum_3 F_P \qquad (8\text{-}2)$$

其中任意一根柱的剪力与楼层侧移的关系为

$$F_{Q3i} = \frac{12 i_{3i}}{h_3^2} \Delta_3 \qquad (8\text{-}3)$$

把式(8-3)代入式(8-2)，得

$$\Delta_3 = \frac{\sum_3 F_P}{\dfrac{12}{h_3^2} \sum_3 i_{3i}}$$

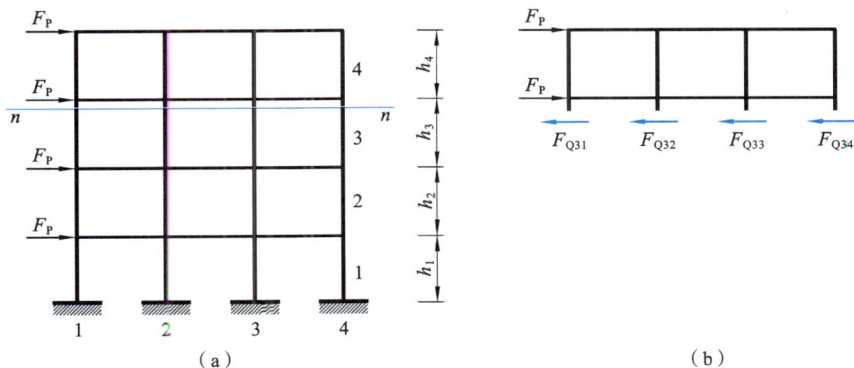

图 8-40

把 Δ_3 代入式(8-3)，得

$$F_{Q3i} = \frac{i_{3i}}{\sum\limits_{3} i_{3i}} \sum\limits_{3} F_P$$

由以上分析可得到第 r 层第 i 根柱的剪力计算公式为

$$F_{Qri} = \frac{i_{ri}}{\sum\limits_{r} i_{ri}} \sum\limits_{r} F_P = \gamma_{ri} \sum\limits_{r} F_P \tag{8-4}$$

式中：$\gamma_{ri} = \dfrac{i_{ri}}{\sum\limits_{r} i_{ri}}$ 称为侧移分配系数，即第 r 层第 i 根柱子的侧移分配系数为第 r 层第 i 根柱子的线刚度与第 r 层所有柱子线刚度之和的比；$\sum\limits_{r} F_P$ 为第 r 层以上(包括第 r 层)所有水平外荷载之和。

计算出柱的剪力，乘以反弯点的高度，即为柱端的弯矩。

2) 梁的弯矩

取出刚架中的任意结点，如图 8-41 所示。

由 $\sum M = 0$ 得　　$M_Z = M_{L1} + M_{L2} \tag{8-5}$

其中梁的弯矩可近似写成

$$M_{L1} = 4i_{L1}\varphi, \quad M_{L2} = 4i_{L2}\varphi$$

代入式(8-5)得　　$$\varphi = \frac{M_Z}{4i_{L1} + 4i_{L2}} \tag{8-6}$$

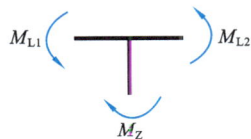

图 8-41

把式(8-6)代入梁弯矩表达式，得任意梁端弯矩的计算公式：

$$M_{Li} = \frac{i_{Li}}{\sum i_{Li}} M_Z \tag{8-7}$$

式中：i_{Li} 为结点处第 i 根梁的线刚度；$\sum i_{Li}$ 为结点处所有梁的线刚度之和。

【例 8-11】　用反弯点法计算图 8-42 所示刚架的弯矩，所有杆件的线刚度 i 均相同。

解　(1) 求柱的剪力。

第三层柱：　　　　　　$$F_{Q14} = F_{Q25} = F_{Q36} = \frac{10}{3} \text{ kN}$$

第二层柱：　　　　　　$$F_{Q47} = F_{Q58} = F_{Q69} = \frac{20}{3} \text{ kN}$$

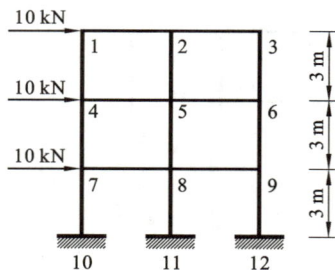

图 8-42

第一层柱：

$$F_{Q710} = F_{Q811} = F_{Q912} = \frac{10 \times 3}{3} \text{ kN} = 10 \text{ kN}$$

（2）求柱的弯矩。

第三层柱：

$$M_{14} = M_{41} = M_{25} = M_{52} = M_{36} = M_{63} = \frac{10}{3} \times \frac{3}{2} \text{ kN} \cdot \text{m}$$

$$= 5 \text{ kN} \cdot \text{m}$$

第二层柱：

$$M_{47} = M_{74} = M_{58} = M_{85} = M_{69} = M_{96} = \frac{20}{3} \times \frac{3}{2} \text{ kN} \cdot \text{m} = 10 \text{ kN} \cdot \text{m}$$

第一层柱：

$$M_{710} = M_{811} = M_{107} = M_{118} = M_{912} = M_{129} = \frac{30}{3} \times \frac{3}{2} \text{ kN} \cdot \text{m} = 15 \text{ kN} \cdot \text{m}$$

（3）求梁的弯矩。

① 取结点 1 为隔离体，如图 8-43（a）所示。

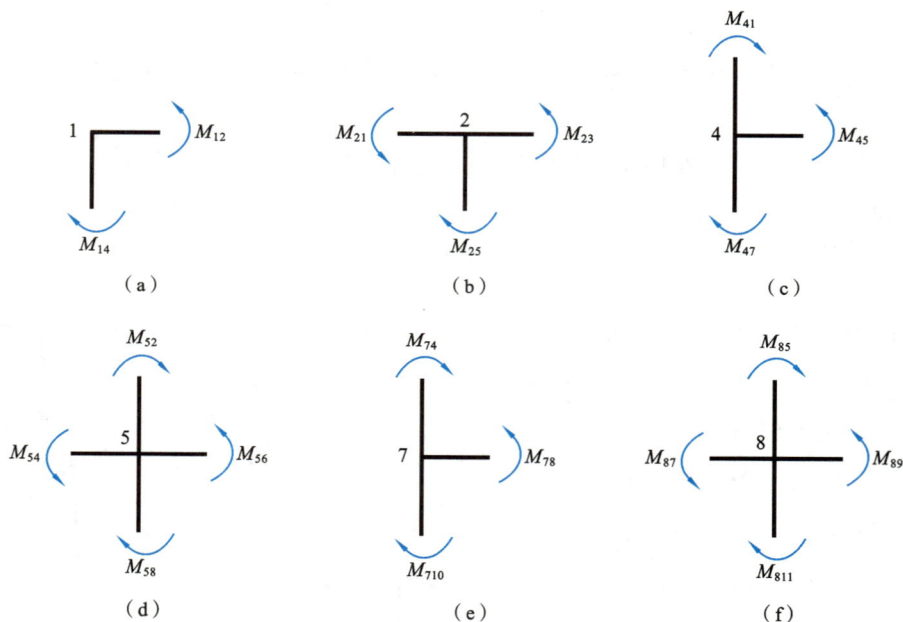

（a）   （b）   （c）

（d）   （e）   （f）

图 8-43

由 $\sum M_1 = 0$ 得 $M_{12} = M_{14} = 5 \text{ kN} \cdot \text{m}$

② 取结点 2 为隔离体，如图 8-43（b）所示。

由 $\sum M_2 = 0$ 得

$$M_{21} = M_{23} = \frac{5}{2} \text{ kN} \cdot \text{m} = 2.5 \text{ kN} \cdot \text{m}$$

③ 取结点 4 为隔离体，如图 8-43（c）所示。

由 $\sum M_4 = 0$ 得

$$M_{45} = M_{47} + M_{41} = 15 \text{ kN} \cdot \text{m}$$

④ 取结点 5 为隔离体,如图 8-43(d)所示。

由 $\sum M_5 = 0$ 得

$$M_{54} = M_{56} = \frac{M_{58} + M_{52}}{2} = \frac{15}{2} \text{ kN} \cdot \text{m} = 7.5 \text{ kN} \cdot \text{m}$$

⑤ 取结点 7 为隔离体,如图 8-43(e)所示。

由 $\sum M_7 = 0$ 得

$$M_{78} = M_{710} + M_{74} = 25 \text{ kN} \cdot \text{m}$$

⑥ 取结点 8 为隔离体,如图 8-43(f)所示。

由 $\sum M_8 = 0$ 得

$$M_{87} = M_{89} = \frac{M_{811} + M_{85}}{2} = \frac{25}{2} = 12.5 \text{ kN} \cdot \text{m}$$

(4) 作出弯矩图,如图 8-44(单位:kN · m)所示。

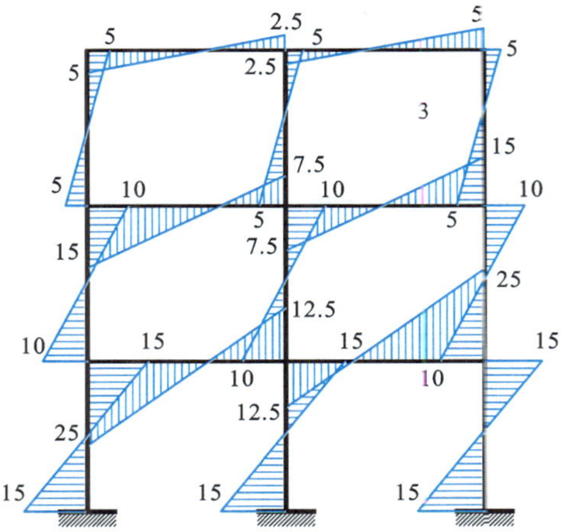

M 图(单位:kN·m)

图 8-44

8.7　超静定结构的影响线

MOOC 视频

首先回顾一下静定结构影响线的绘制。如图 8-45 所示简支梁,要作 K 点的弯矩影响线,其步骤是:

(1) 让单位荷载在 K 点的左侧移动(见图 8-45(a)),写出 K 点弯矩的影响线方程 $M_K = xb/L$。

(2) 让单位荷载在 K 点的右侧移动(见图 8-45(b)),写出 K 点弯矩的影响线方程 $M_K = xa/L$。

(3) 由影响线方程,用描点法画出影响线(见图 8-45(c))。

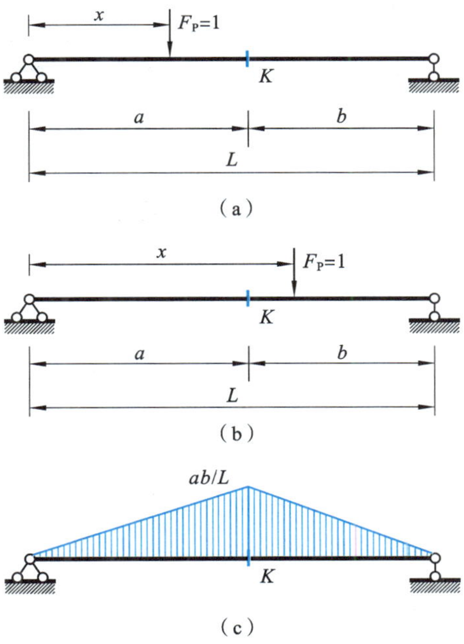

超静定结构的影响线从理论上讲,可以完全按静定结构影响线的绘制方法及步骤进行。如图 8-46 所示,作超静定梁 K 点的弯矩影响线,其步骤如下:

(1) 让单位荷载在 K 点的左侧移动(见图 8-46(a)),写出 K 点弯矩的影响线方程;

(2) 让单位荷载在 K 点的右侧移动(见图 8-46(b)),写出 K 点弯矩的影响线方程;

(3) 由影响线方程,用描点法画出影响线。

但是在写影响线方程的过程中,需用力法或其他方法求解超静定问题,特别当超静定次数多时,工作量就特别大。

图 8-45

下面介绍用力法来绘制超静定结构影响线的方法,为此先要建立一个概念,就是力法的基本体系可以取超静定的,这在力法一章中已提过,下面再简单重复一下。

图 8-47(a)所示二次超静定梁,去掉一个约束后取图 8-47(b)所示的基本体系,这个基本体系是一次超静定的,力法方程为

$$\delta_{11}X_1 + \Delta_{1P} = 0$$

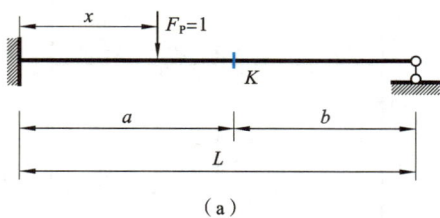

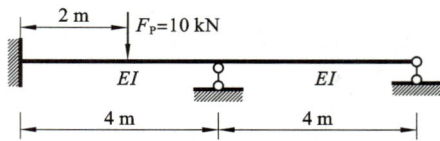

（a）

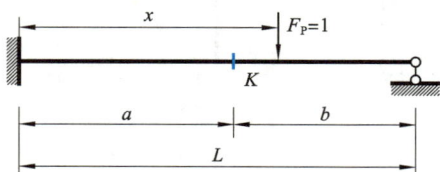

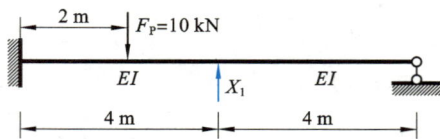

（b）

图 8-46　　　　　　　　　　　　　　　　图 8-47

与取静定结构为基本体系不同的是,上述方程中的系数和自由项是超静定结构的位移,因此需要解两遍一次超静定结构。

下面以图 8-48(a)所示超静定连续梁 K 点弯矩 M_K 的影响线为例,说明用力法作超静定影响线的方法。

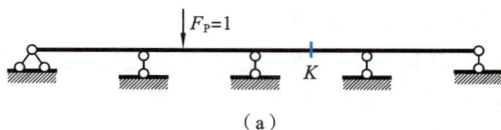

（a）

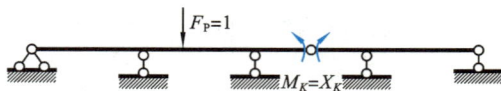

（b）

图 8-48

（1）取基本体系（超静定结构）。

去掉与 M_K 相应的约束,代之以一对弯矩 M_K（$M_K = X_K$）,如图 8-48(b)所示。

（2）写出力法方程。

由于去掉了一个多余约束,力法方程为

$$\delta_{KK}X_K + \Delta_{KP} = 0$$

荷载是单位荷载,因此　　　　　　　　$\Delta_{KP} = \delta_{KP}$

又由位移互等定理　　　　　　　　　　$\delta_{KP} = \delta_{PK}$

故力法方程可写成　　　　　　　　　　$X_K = -\dfrac{\delta_{PK}}{\delta_{KK}}$

式中：δ_{KK} 为 $X_K = 1$ 作用下 K 点处的相对转角位移,是一个定量（见图 8-49）；δ_{PK} 为 $X_K = 1$ 作用下,单位荷载 $F_P = 1$ 处的竖直方向位移,由于单位荷载可以在梁上任意移动,因此它是整个梁的挠度,是变量（见图 8-49）。

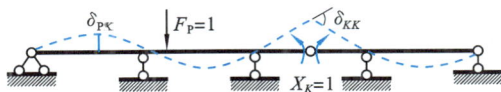

图 8-49

力法方程可写成

$$X_K(x) = -\frac{\delta_{PK}(x)}{\delta_{KK}} \qquad (8\text{-}8)$$

式(8-8)即为影响线方程。由式(8-8)可见，$X_K(x)$ 与 $\delta_{PK}(x)$ 成正比，因此在 $X_K=1$ 作用下，基本体系产生的变形曲线即为 M_K 影响线的大致轮廓线。

下面分两部分介绍超静定结构影响线的绘制。

1）绘制超静定结构影响线的大致图形

【例 8-12】 绘制图 8-50(a)所示结构的 F_{yC}、F_{QF}、M_D、$F_{QC}^{左}$ 影响线的大致图形。

解 （1）绘制 F_{yC} 影响线的大致图形。把 C 点的竖直方向约束去掉，代之以向上的单位反力，令 C 点去掉竖直方向约束的基本体系沿单位反力的方向发生变形。其变形图如图 8-50(b)所示，该图即为 F_{yC} 影响线的大致图形。

（2）绘制 F_{QF} 影响线的大致图形。把 F 点的抗剪约束去掉，代之以一对单位剪力，令 F 点去掉抗剪约束的基本体系沿单位剪力的方向发生变形。其变形图如图8-50(c)所示，该图即为 F_{QF} 影响线的大致图形。

（3）绘制 M_D 影响线的大致图形。把 D 点的抗弯约束去掉，代之以一对单位力矩，令 D 点去掉抗弯约束的基本体系沿单位力矩的方向发生变形。其变形图如图8-50(d)所示，

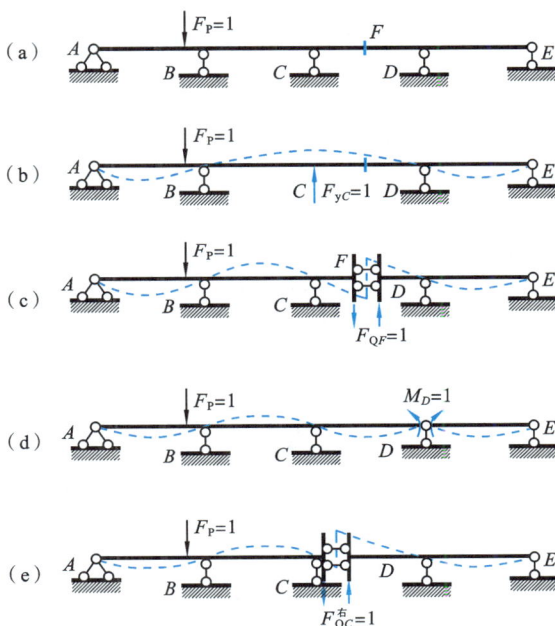

图 8-50

该图即为 M_D 影响线的大致图形。

（4）绘制 $F_{QC}^{左}$ 影响线的大致图形。把 C 点右边的抗剪约束去掉，代之以一对单位剪力，令 C 点右边去掉抗剪约束的基本体系沿单位剪力的方向发生变形。其变形如图 8-50(e)所示，该图即为 $F_{QC}^{左}$ 影响线的大致图形。

利用影响线的大致图形可以确定移动均布荷载的最不利位置。原则是：求最大值时在影响线的正面积部分布置荷载，求最小值时在影响线的负面积部分布置荷载。F_{yC} 和 F_{QF} 影响线的大致图形及移动均布荷载的最不利位置分别如图8-51(a)、(b)所示。

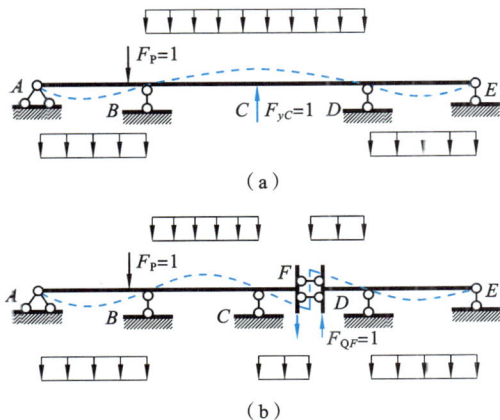

图 8-51

总结多跨超静定梁移动均布荷载最不利布置方式如下。

（1）**支座反力**　支座最大反力对应的荷载布置：支座左右两跨布满活荷载，然后隔跨布置活荷载。支座最小反力对应的荷载布置：支座左、右两跨不布置活荷载，然后隔跨布置活荷载。

（2）**跨中弯矩**　跨中截面最大正弯矩对应的荷载布置：本跨布满活荷载，然后隔跨布置活荷载。跨中截面最大负弯矩对应的荷载布置：本跨不布置活荷载，然后隔跨布置活荷载。

（3）**支座处剪力**　支座处剪力的布置方法同支座反力。

2）绘制超静定结构影响线的精确图形

超静定结构影响线精确图形的绘制方法如下：

（1）撤去所求量值的相应约束，代之以多余力 X_K，得到一个 $n-1$ 次超静定

MOOC 视频

的基本体系。

（2）建立力法方程，由于只有一个多余力，力法方程为

$$X_K = -\frac{\delta_{PK}}{\delta_{KK}}$$

该方程即为影响线方程。

（3）求系数和自由项 δ_{KK}、δ_{PK}（超静定结构的位移），为此要作出 $\overline{M}_K$ 图、M_P 图（$n-1$ 次超静定结构的弯矩图），然后用图乘法求出系数和自由项。

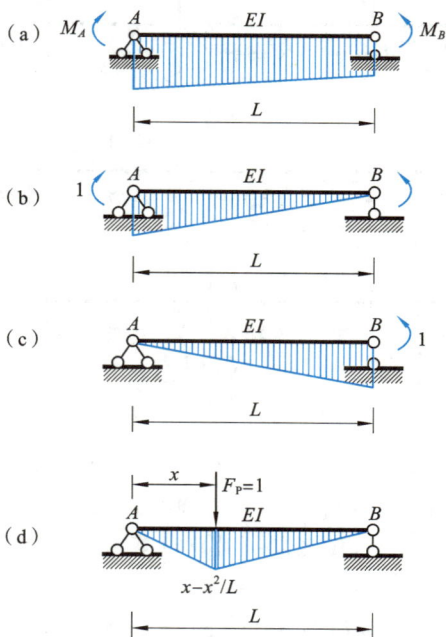

（4）由影响线方程作出影响线图形。

下面将以一例题来具体说明超静定结构影响线图形的绘制方法和步骤。

在讲解例题之前先介绍相关的图乘公式。

如图 8-52（a）所示，简支梁的两端受弯矩 M_A、M_B 时，在 A 点产生的转角位移为图8-52（a）与图8-52（b）相乘，其结果如下：

$$\varphi_A = \frac{L}{6EI}(2M_A + M_B) \qquad (8-9)$$

在 B 点产生的转角位移为图 8-52（a）与图 8-52（c）相乘，其结果如下：

$$\varphi_B = \frac{L}{6EI}(2M_B + M_A) \qquad (8-10)$$

在任意点 x 处产生的竖直方向位移为图 8-52（a）与图 8-52（d）相乘，其结果如下：

$$y(x) = \frac{x(L-x)}{6EIL}[M_A(2L-x) + M_B(L+x)]$$

$$(8-11)$$

图 8-52

【例 8-13】　求图 8-53（a）所示超静定梁 M_B、M_A、F_{yA} 的影响线。

解　（1）求 M_B 的影响线。

① 去掉 B 点的抗弯约束，以一对力矩代替，得到基本体系如图 8-53（b）所示。

② 建立力法方程：$M_B = -\dfrac{\delta_{PB}}{\delta_{BB}}$。

③ 求 δ_{BB}、δ_{PB}。

δ_{BB}、δ_{PB} 分别为基本体系在 $M_E=1$ 作用下，在 B 点产生的相对转角位移和在移动单位荷载处产生的竖直方向的位移。为此先作出基本体系在一对 $M_B=1$ 力矩作用下的 $\overline{M}_B$ 图（见图 8-54（a））。然后取一静定结构（简支梁），在 B 点作用一对单位力矩，作出 $\overline{M}_1$ 图（见图 8-53(b)），在 $F_P=1$ 作用下（任意位置）作出 $\overline{M}_2$ 图（见图 8-53(c)）。

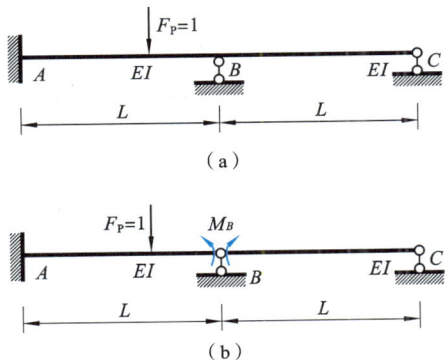

图 8-53

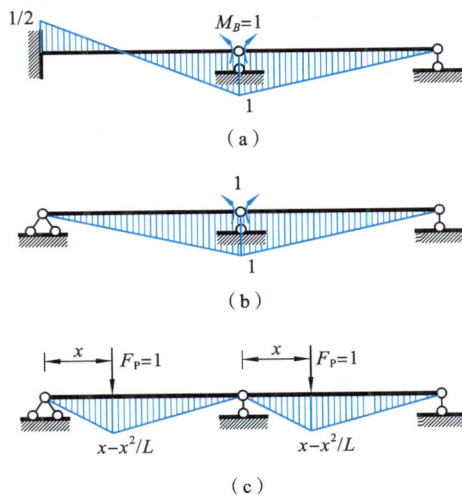

图 8-54

图 8-54(a)、(b) 相乘即为 δ_{BE}，图 8-54(a)、(c) 相乘即为 δ_{PB}。

利用图乘公式 (8-9)、(8-10) 求例 8-13 中的 δ_{BB} 如下：

$$\delta_{BB}=\varphi_B^{左}+\varphi_B^{右}=\frac{L}{6EI}(2\times1+0)+\frac{L}{6EI}\left(2\times1-\frac{1}{2}\right)=\frac{7L}{12EI}$$

利用图乘公式 (8-11) 求例题中的求 δ_{PB} 如下：

$$\delta_{PB}^{AB}=y_{AB}(x)=\frac{x(L-x)}{6EIL}\left[-\frac{1}{2}(2L-x)+(L+x)\right]$$

$$\delta_{PB}^{BC}=y_{BC}(x)=\frac{x(L-x)}{6EIL}(2L-x)$$

注意：δ_{PB}^{AB} 为第一跨的挠曲线方程，δ_{PB}^{BC} 为第二跨的挠曲线方程。

正负号的确定：弯矩与图 8-52(a)~(d) 所示方向相同时取正号，反之取负号。

④ 影响线方程。

由于 $M_B=-\dfrac{\delta_{PB}}{\delta_{BB}}$，因此有

$$M_B^{AB}=\frac{2x(x-L)}{7L^2}\left[-\frac{1}{2}(2L-x)+(L+x)\right]$$

$$M_B^{BC}=\frac{2x(x-L)}{7L^2}(2L-x)$$

由影响线方程即可作出影响线。

（2）求 M_A 的影响线。

求解方法同 M_B 的影响线求法。因此只列出主要的计算内容。取基本体系如图 8-55 所示。

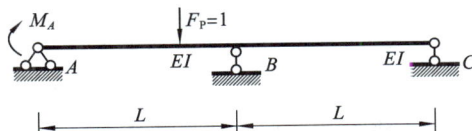

图 8-55

建立力法方程：　$M_A = -\dfrac{\delta_{PA}}{\delta_{AA}}$

为求 δ_{AA}、δ_{PA}，作出 $\overline{M}_A$ 图、$\overline{M}_1$ 图、$\overline{M}_P$ 图，分别如图 8-56(a)、(b)、(c) 所示。

利用图乘公式(8-9)~(8-11)可求出 δ_{AA}、δ_{PA}，继而求得 M_A^{AB}、M_A^{BC}。

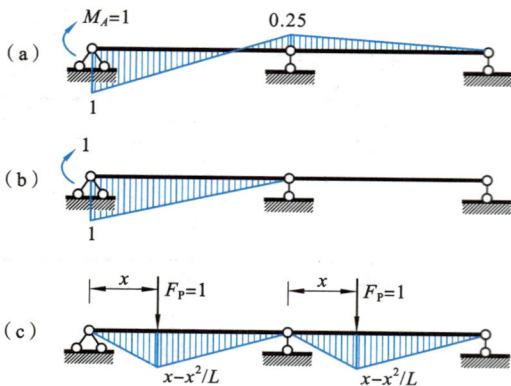

图 8-56

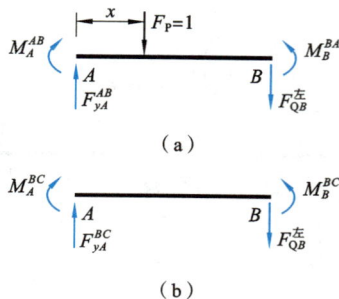

图 8-57

（3）求 F_{yA} 的影响线。

取杆 AB 为隔离体，此时单位荷载 $F_P=1$ 在杆 AB 上移动，如图 8-57(a)所示。由 $\sum M_B = 0$ 得

$$F_{yA}^{AB} = \frac{-M_A^{AB} + M_B^{AB}}{L} + 1 - \frac{x}{L}$$

将前面求得的 M_A^{AB}、M_B^{AB} 代入该式，即得 F_{yA}^{AB} 的影响线方程。

仍取杆 AB 为隔离体，此时单位荷载 $F_P=1$ 在杆 BC 上移动，如图 8-57(b)所示。由 $\sum M_B = 0$ 得

$$F_{yA}^{BC} = (-M_A^{BC} + M_B^{BC})/L$$

将上面求得的 M_A^{BC}、M_B^{BC} 代入，即得 F_{yA}^{BC} 的影响线方程，由影响线方程可作出影响线。

由上面的例题可知，用力法作超静定结构影响线的顺序通常是：首先作支座弯矩的影响线，然后作支座剪力的影响线，再作支座反力的影响线，最后才能作任意点内力的影响线。

8.8　连续梁的内力包络图

内力包络图——连续梁在恒荷载与移动活荷载共同作用下，由各截面最大和最小内力值连成的图形称为内力包络图。

下面介绍连续梁弯矩包络图的作法与步骤。

（1）作出恒荷载作用下的弯矩图；

（2）作出各跨分别承受活荷载时的弯矩图；

（3）将梁的各跨分为若干等份。将每个等分点截面上的恒荷载弯矩值与所有活荷载产生的正弯矩相加，即得到各截面的最大弯矩值；将每个等分点截面上的恒荷载弯矩值与所有活荷

载产生的负弯矩相加,即得到各截面的最小弯矩值。计算公式如下:

$$\begin{cases} M_{k\max} = \sum(+M_{活}) + M_{恒} \\ M_{k\min} = \sum(-M_{活}) + M_{恒} \end{cases} \tag{8-12}$$

(4) 将各截面的最大弯矩值和最小弯矩值按同一比例标出(在同一图中),分别以曲线相连,即得弯矩包络图。

下面以图 8-58(a)所示结构为例,说明弯矩包络图的绘制方法。首先把结构分成若干等分,标记为 1,2,3…。其次分别画出恒荷载弯矩图、活荷载 1 弯矩图、活荷载 2 弯矩图、活荷载

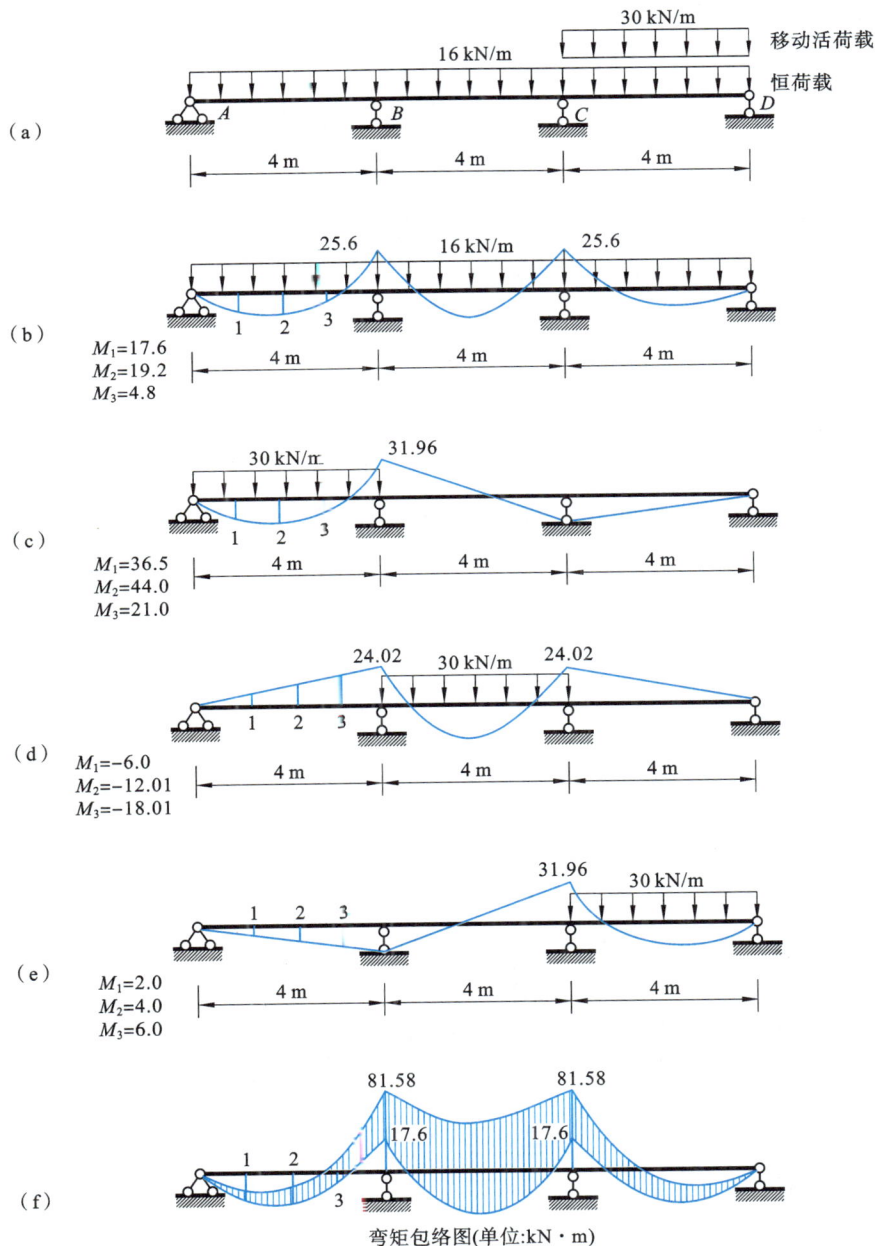

弯矩包络图(单位:kN・m)

图 8-58

3 弯矩图，如图 8-58(b)～(e)（弯矩单位为 kN·m）所示，并求出每个弯矩图在等分点处的值。然后根据式(8-12)计算出各点弯矩的最大值和最小值。最后画出弯矩包络图，如图 8-58(f)所示，其中点 1、点 2、点 3、点 B 最大弯矩和最小弯矩的计算如下：

$$M_{1min} = (17.6-6.0)\ kN·m = 11.60\ kN·m$$
$$M_{1max} = (17.6+36.5+2.0)\ kN·m = 56.1\ kN·m$$
$$M_{2min} = (19.2-12.01)\ kN·m = 7.19\ kN·m$$
$$M_{2max} = (19.2+44.0+4.0)\ kN·m = 67.2\ kN·m$$
$$M_{3min} = (4.8-18.01)\ kN·m = -13.21\ kN·m$$
$$M_{3max} = (4.8+21.0+6.0)\ kN·m = 31.8\ kN·m$$
$$M_{Bmin} = (-25.6-31.96-24.02)\ kN·m = -81.58\ kN·m$$
$$M_{Bmax} = (-25.6+8.0)\ kN·m = -17.6\ kN·m$$

思 考 题

8-1　力矩分配法的基本运算有哪些步骤？每一步的物理意义是什么？

8-2　在多结点的力矩分配过程中，为什么每次只放松一个结点？可以同时放松多个结点吗？在什么条件下可以同时放松多个结点？

8-3　无剪力分配法为什么能用于单跨对称刚架？对于单跨不对称刚架，直接采用无剪力分配法有什么问题？

8-4　在多层刚架的分层法和二次分配法中，各引入了哪些近似假设？如何估计误差范围？

8-5　在多层刚架的反弯点法中，引入了哪些近似假设？如何估计误差范围？

8-6　试说明超静定结构内力影响线与静定结构内力影响线的区别。

8-7　如何确定均布活荷载的最不利布置？

8-8　如何求解超静定结构内力影响线的精确图形？

习 　 题

8-1　作图示结构的弯矩图应采用什么方法？各杆的固端弯矩、转动刚度和传递系数如何确定？

8-2　试用力矩分配法作图示连续梁的弯矩图，并求出 B 点梁截面转角位移 φ_B。

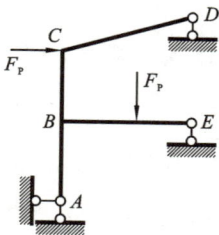

（a）

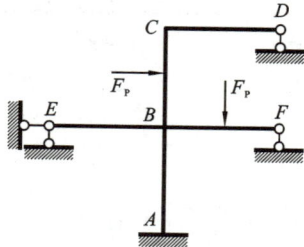

（b）

题 8-1 图

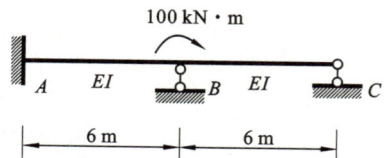

题 8-2 图

8-3 试用力矩分配法作图示结构的弯矩图。

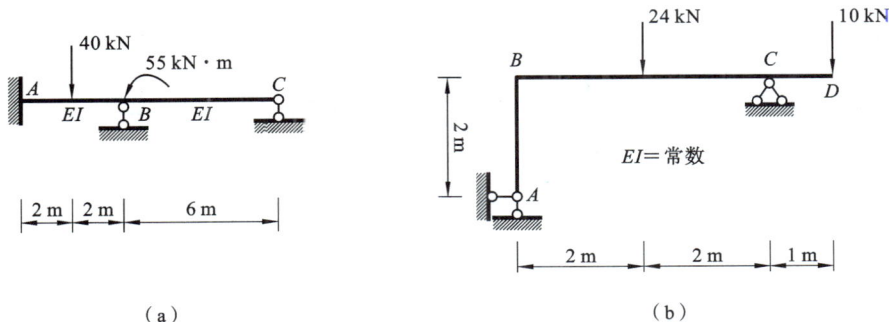

（a）

（b）

题 8-3 图

8-4 试用力矩分配法作图示连续梁的弯矩图,所有杆件的 EI 均为常量。

8-5 试用力矩分配法作图示结构的弯矩图,所有杆件的 EI 均为常量。

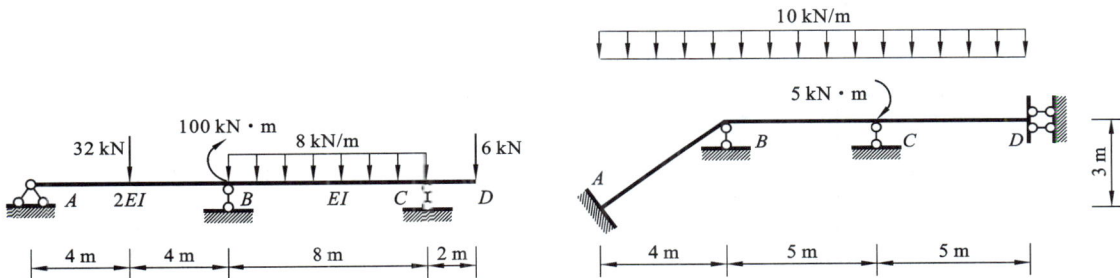

题 8-4 图

题 8-5 图

8-6 试用力矩分配法作图示连续梁的弯矩图,所有杆件的 EI 均为常量。

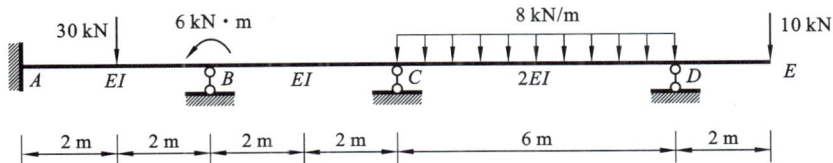

题 8-6 图

8-7 试用力矩分配法作图示结构的弯矩图。已知各杆的 EI 均相同。

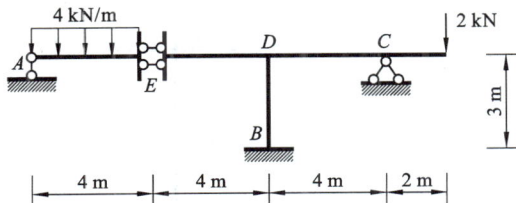

题 8-7 图

8-8 试用力矩分配法作图示对称结构的弯矩图。已知 $q=20$ kN/m,各杆的 EI 均相同。

8-9 试判断图示结构可否用无剪力分配法计算,说明理由。

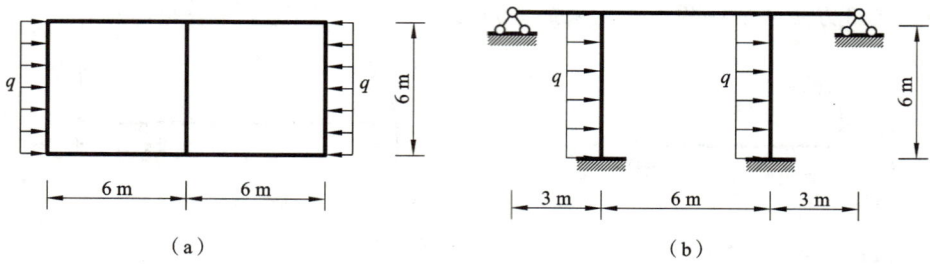

题 8-8 图

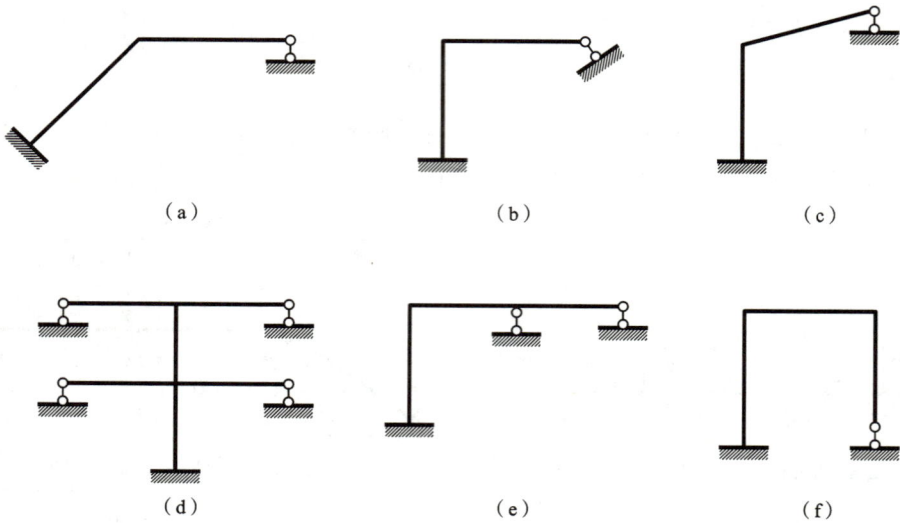

题 8-9 图

8-10 图示结构 D 端支座发生向右的水平位移,位移大小为 $\Delta = \dfrac{23L}{450}$,试用力矩分配法作弯矩图,并求 C 结点的转角位移。

8-11 试用反弯点法求解图示结构,画出弯矩图,各杆的 EI 均相同。

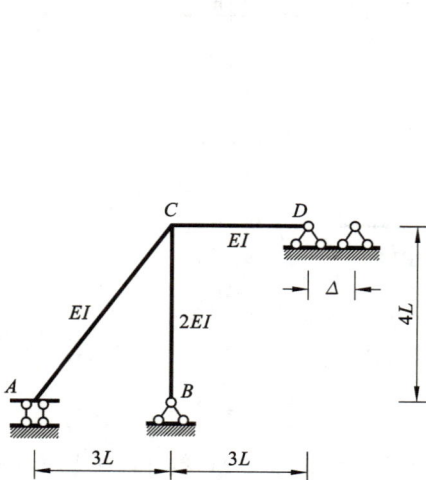

题 8-10 图

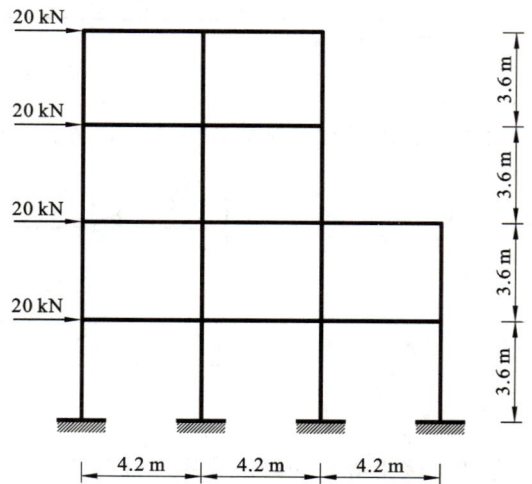

题 8-11 图

8-12　试用分层法求解图示结构,作出弯矩图,各杆的 EI 均相同。

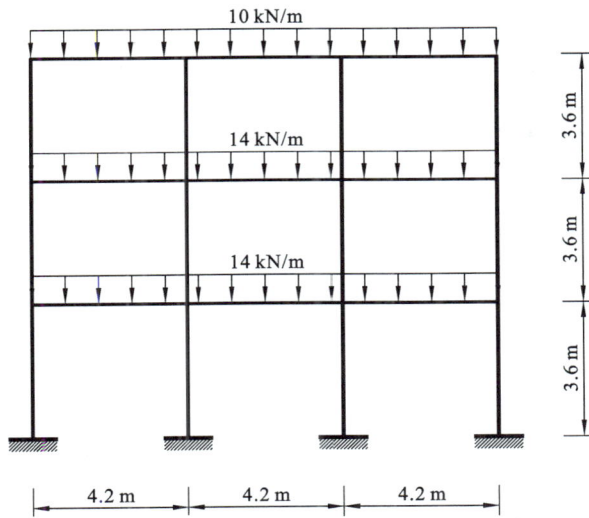

题 8-12 图

8-13　试用二次力矩分配法求解题 8-12 中的结构,作出弯矩图,各杆的 EI 均相同。

8-14　试画出图示结构 M_C、F_{yC} 的影响线。

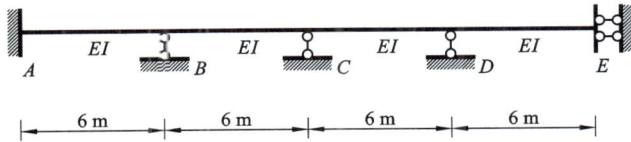

题 8-14 图

8-15　试作出图示结构的弯矩包络图。

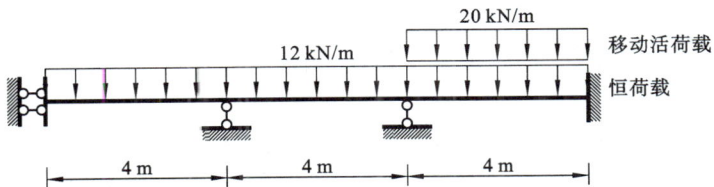

题 8-15 图

本章习题参考答案

第9章
矩阵位移法

PPT 课件

9.1 概述

MOOC 视频

1. 结构分析方法

结构力学发展到今天,出现了很多种分析方法,其主要可分为两大部分。一部分就是前面介绍的经典的传统方法。如力法、位移法、力矩分配法等都是传统的结构分析方法,适合进行人工计算,用于分析较简单的结构;对于较复杂的工程结构,只有采用近似法,如分层法、反弯点法以及本书没有介绍的迭代法、D值法等。但是对于更高、更大、更复杂的结构,这些近似法也无能为力了,这也就是为什么在没有计算机的时代,工程结构不可能有大的突破的原因。计算机的诞生及计算机技术的飞速发展,使得求解庞大的线性方程组,以及用数值方法求解微分方程组成为可能,以传统结构力学作为理论基础、以矩阵作为数学表达形式、以计算机作为计算手段的结构分析方法——矩阵分析法也由应运而生。它就是结构力学的另一部分。其中以力法为基础的称为矩阵力法,以位移法为基础的称为矩阵位移法,它们都能解决大型、复杂的工程问题。

与矩阵力法相比,矩阵位移法不仅可以用于求解超静定问题,也可以用于求解静定问题,而且更易于实现计算过程程序化。本章只介绍矩阵位移法。杆系结构的矩阵位移法也称为杆系结构的有限元法。

思政元素

2. 基本思路

位移法解题的关键步骤是:

(1)确定未知量,取基本体系,构造由各自独立的单跨超静定杆件组成的组合体。

(2)建立各杆件的杆端力与杆端位移间的关系,写出杆端力的表达式。

(3)根据结点、截面的平衡条件,建立力的平衡方程,即位移法方程。

矩阵位移法的类似步骤是:

(1)结构离散化——划分单元,确定未知量。

(2)单元分析——建立单元杆端力与杆端位移间的关系,形成单元刚度方程。

(3)整体分析——建立整个结构的结点位移与结点荷载之间的关系,形成结构刚度方程,即位移法方程。

下面用一例题来说明矩阵位移法的基本思路及本章要讨论的问题。

图 9-1 所示两跨连续梁结构,在 3 个支座结点上作用有 3 个集中力矩,3 个支座结点的编号如图所示。要求求解杆端弯矩。先用位移法解一下该题。

(1)把 3 个结点都固定起来,使两跨均为两端固定单元,因此该题的未知量是 3 个支座结点处的转角位移,即 φ_1、φ_2、φ_3。

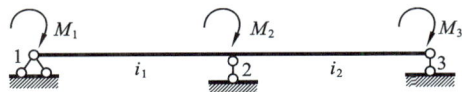

图 9-1

(2) 写出杆端弯矩表达式如下:

$M_{12}=4i_1\varphi_1+2i_1\varphi_2$,　　$M_{21}=2i_1\varphi_1+4i_1\varphi_2$

$M_{23}=4i_2\varphi_2+2i_2\varphi_3$,　　$M_{32}=2i_2\varphi_2+4i_2\varphi_3$

(3) 建立位移法方程。

由 $\sum M_1=0$ 得　　　　　　　　　$M_{12}=M_1$

将杆端弯矩 M_{12} 代入,得

$$4i_1\varphi_1+2i_1\varphi_2=M_1$$

由 $\sum M_2=0$ 得　　　　　　　　　$M_{21}+M_{23}=M_2$

将杆端弯矩 M_{21}、M_{23} 代入,得

$$2i_1\varphi_1+(4i_1+4i_2)\varphi_2+2i_2\varphi_3=M_2$$

由 $\sum M_3=0$ 得　　　　　　　　　$M_{32}=M_3$

将杆端弯矩 M_{32} 代入,得

$$2i_2\varphi_2+4i_2\varphi_3=M_3$$

位移法方程如下:

$$\begin{cases} 4i_1\varphi_1+2i_1\varphi_2=M_1 \\ 2i_1\varphi_1+(4i_1+4i_2)\varphi_2+2i_2\varphi_3=M_2 \\ 2i_2\varphi_2+4i_2\varphi_3=M_3 \end{cases}$$

(4) 解上述方程组即可得 φ_1、φ_2、φ_3。

(5) 把求得的结点转角位移代入杆端弯矩表达式,就可获得杆端弯矩。

接下来把以上解题过程写成矩阵形式。

(1) 确定未知量,可以通过对结点编号来解决,1 个结点对应 1 个转角未知量。

(2) 杆端弯矩表达式(按杆件来写)。

如图 9-1 所示,把杆 1-2 称为单元①,其杆端弯矩表达式如下:

$$\begin{cases} M_{12}=4i_1\varphi_1+2i_1\varphi_2 \\ M_{21}=2i_1\varphi_1+4i_1\varphi_2 \end{cases}$$

把单元①的杆端弯矩表达式写成矩阵形式:

$$\begin{bmatrix} M_{12} \\ M_{21} \end{bmatrix}=\begin{bmatrix} 4i_1 & 2i_1 \\ 2i_1 & 4i_1 \end{bmatrix}\begin{bmatrix} \varphi_1 \\ \varphi_2 \end{bmatrix} \tag{9-1}$$

式(9-1)称为单元①的刚度方程,其中:$\begin{bmatrix} M_{12} \\ M_{21} \end{bmatrix}$ 称为单元①的杆端弯矩列阵;$\begin{bmatrix} 4i_1 & 2i_1 \\ 2i_1 & 4i_1 \end{bmatrix}$ 称为单元①的刚度矩阵;$\begin{bmatrix} \varphi_1 \\ \varphi_2 \end{bmatrix}$ 称为单元①的杆端位移(未知量)列阵。

把杆 2-3 称为单元②,其杆端弯矩表达式如下:

$$\begin{cases} M_{23}=4i_2\varphi_2+2i_2\varphi_3 \\ M_{32}=2i_2\varphi_2+4i_2\varphi_3 \end{cases}$$

把单元②的杆端弯矩表达式写成矩阵形式:

$$\begin{bmatrix} M_{23} \\ M_{32} \end{bmatrix}=\begin{bmatrix} 4i_2 & 2i_2 \\ 2i_2 & 4i_2 \end{bmatrix}\begin{bmatrix} \varphi_2 \\ \varphi_3 \end{bmatrix} \tag{9-2}$$

式(9-2)称为单元②的刚度方程,其中: $\begin{bmatrix} M_{23} \\ M_{32} \end{bmatrix}$ 称为单元②的杆端弯矩列阵; $\begin{bmatrix} 4i_2 & 2i_2 \\ 2i_2 & 4i_2 \end{bmatrix}$ 称为单元②的刚度矩阵; $\begin{bmatrix} \varphi_2 \\ \varphi_3 \end{bmatrix}$ 称为单元②的杆端位移(未知量)列阵。

(3)位移法方程。

把前面得到的位移法方程写成矩阵形式:

$$\begin{bmatrix} 4i_1 & 2i_1 & 0 \\ 2i_1 & 4i_1+4i_2 & 2i_2 \\ 0 & 2i_2 & 4i_2 \end{bmatrix}\begin{bmatrix} \varphi_1 \\ \varphi_2 \\ \varphi_3 \end{bmatrix} = \begin{bmatrix} M_1 \\ M_2 \\ M_3 \end{bmatrix} \tag{9-3}$$

式(9-3)称为图 9-1 所示结构的整体刚度方程,其中: $\begin{bmatrix} 4i_1 & 2i_1 & 0 \\ 2i_1 & 4i_1+4i_2 & 2i_2 \\ 0 & 2i_2 & 4i_2 \end{bmatrix}$ 称为整体刚度矩阵; $\begin{bmatrix} \varphi_1 \\ \varphi_2 \\ \varphi_3 \end{bmatrix}$ 称为结构的结点位移列阵或未知量列阵; $\begin{bmatrix} M_1 \\ M_2 \\ M_3 \end{bmatrix}$ 称为结构的荷载列阵。

(4)求解整体刚度方程(9-3),即可解得未知量 φ_1、φ_2、φ_3。

(5)将结点转角位移代入单元刚度方程(9-1)和(9-2)中,即可得到杆端弯矩。

由上述可知,本章应对以下几个问题进行研究:

(1)如何通过编号来确定结构的未知量。

(2)如何写出各种单元的刚度方程。

(3)如何求得结构的整体刚度方程。

(4)如何求得结构的荷载列阵。

(5)如何求得杆件的杆端力。

下面将针对以上问题分别进行讨论。

9.2　单元划分及结点编号

1. 单元划分

在杆系结构中以自然的一根直杆为一个单元(不能是折杆),并以加圈的数字标记,如图 9-2 所示为单跨单层刚架的单元划分。

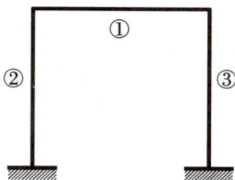

2. 结点编号

结点编号的作用如下:

(1)用于单元定位。将单元两头结点的坐标输入后,就可以确定单元的位置。

(2)确定结构未知量数目。可以采用适当的方法通过对结点的编号,确定结构的未知量。

MOOC 视频

图 9-2

结点编号的方法有先处理法和后处理法两种。

先处理法编号:直接给未知量编号,没有位移处编"0"号。

后处理法编号:先给结点编号(包括支座结点),然后按"未知量数目＝结点数×3－支座约束数"(无铰刚架)计算出结构的未知量数目。

在确定结构未知量时做如下规定：

（1）不忽略杆件的轴向变形；

（2）将所有受弯杆件都视作两端固定单元。

引入忽略轴向变形的假定是为了减少未知量,便于人工计算,而矩阵位移法主要是为计算机计算服务的,不在乎未知量的多少,因此一般就没有必要忽略轴向变形了。同样把所有受弯杆件都视作两端固定单元,这样虽然会增加结构的未知量数目,但单元形式将减少,便于建立单元刚度方程。

由以上的规定,就可得出这样的结论：每个刚结点有 3 个位移,即水平方向位移 μ、竖直方向位移 υ 和转角位移 φ,而且支座位移也要作为未知量,即固定铰支座有 1 个转角位移,可动铰支座有 1 个转角位移和 1 个线位移,滑动支座有 1 个线位移。

【例 9-1】　分别用先处理法和后处理法对图 9-2 所示的刚架进行编号。

解　（1）用先处理法编号。

用先处理法编号,如图 9-3(a)所示。由于 1 个刚结点有 3 个位移,因此每个结点应编 3 个号(包括支座结点),而这 3 个号的顺序是：先水平方向位移,后竖直方向位移,再转角位移。对于支座结点,若位移没有就编"0"号。图 9-3(a)中的"1"、"4"分别代表 2 个刚结点的水平位移,"2"、"5"分别代表 2 个刚结点的竖直方向位移,"3"、"6"分别代表 2 个刚结点的转角位移。该结构的未知量数目为 6,即 2 个刚结点各有 3 个位移。

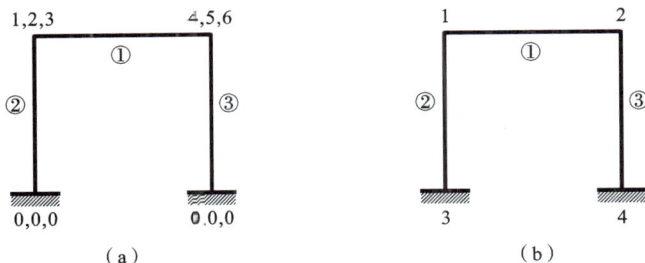

图 9-3

（2）用后处理法编号。

用后处理法编号如图 9-3(b)所示。后处理法是 1 个结点编 1 个号(包括支座结点)。结构未知量数目＝结点数×3－支座约束数,该题的 3、4 号支座均有 3 个约束,因此该结构的未知量数目＝4×3－(3＋3)＝6。

【例 9-2】　分别用先处理法和后处理法对图 9-4 所示有铰刚架进行编号。

解　（1）用先处理法编号。

用先处理法编号,如图 9-5(a)所示。与图 9-2 所示的结构相比,此刚架有 1 个支座为固定铰支座,因此这个支座处有 1 个转角位移。该结构的未知量数目为 7,即 2 个刚结点各有 3 个位移,再加上 1 个支座的转角位移。

（2）用后处理法编号。

用后处理法编号,如图 9-5(b)所示,与图 9-2 所示结构的编号相同,但结构未知量数目的计算是不同的,3 号支座处只有 2 个约束,4 号支座处有 3 个约束。该题的未知量数目＝4×3－(2＋3)＝7。

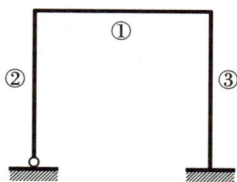

图 9-4

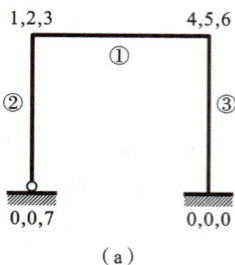

(a)

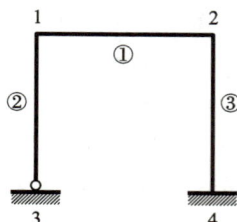

(b)

图 9-5

【例 9-3】　分别用先处理法和后处理法对图 9-6 所示有铰刚架进行编号。

解　(1)用先处理法编号。

用先处理法编号如图 9-7(a)所示。与图 9-4 所示结构相比,此刚架的 2 个结点中有 1 个是铰结点。对铰结点的处理方法是:当铰结点连接 n 个构件时就对 n 个构件分别编号,但由于 n 个构件在铰结点处的水平方向位移和竖直方向位移是相同的,因此在对 n 个构件进行编号时,它们的水平方向位移、竖直方向位移的编号应分别相同。该结构的未知量数目为 8,即一个刚结点有 3 个位移,1 个铰结点有 4 个位移,1 个固定铰支座有 1 个转角位移。

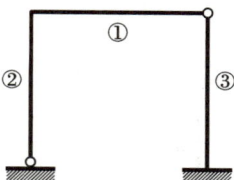

图 9-6

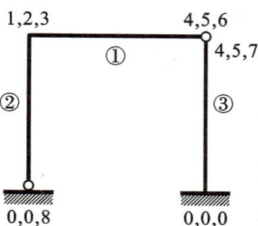

(a)

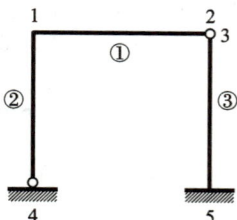

(b)

图 9-7

(2)用后处理法编号。

用后处理法编号如图 9-7(b)所示。后处理法对铰结点的处理方法是:当铰结点连接 n 个构件时就对 n 个构件编 n 个号。同样,由于 n 个构件在铰结点处的水平方向位移和竖直方向位移是相同的,因此结构未知量数目=结点数×3-(n-1)×2-支座约束数。该结构的未知量数目计算为 $5 \times 3 - (2-1) \times 2 - (2+3) = 8$。

【例 9-4】　分别用先处理法和后处理法对图 9-8 所示桁架进行编号。

解　(1)用先处理法编号。

用先处理法编号如图 9-9(a)所示。该桁架结构的结点全部为铰结点,1 个铰结点有 2 个位移:水平方向位移与竖直方向位移。因此对 1 个铰结点编 2 个号(包括支座结点),同样,支座结点某个方向若没有位移就编为"0"号。该结构的未知量为:2 个铰结点分别有 2 个位移,1 个可动铰支座有 1 个水平位移,共 5 个未知量。

(2)用后处理法编号。

用后处理法编号如图 9-9(b)所示。只是对结点进行编号(包括支座结点)。结构未知量数目=结点数×2-支座约束数,该题的未知量数目为 $4 \times 2 - 3 = 5$。

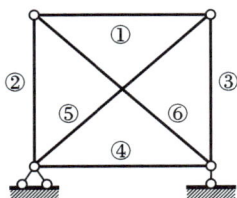

图9-8

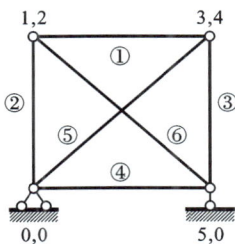

（a）

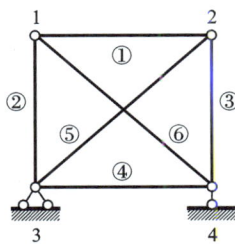

（b）

图9-9

3. 建立坐标系

为了能清楚地表达计算过程,需要建立两套坐标系:一套称为局部坐标系,另一套称为整体坐标系。

1）局部坐标系

结构中一般可能有横杆、竖杆或斜杆,为了能清楚地表达单元的杆端内力（轴力、剪力、弯矩）和杆端位移（杆件轴线方向位移、杆件垂直方向位移、转角位移）,需要对每个单元都建立一套坐标系,即局部坐标系,其轴分别用 $\bar{x}$、$\bar{y}$ 表示。建立坐标系具体方法是:使 $\bar{x}$ 轴与杆件轴线重合,用箭头表示 $\bar{x}$ 轴的方向,$\bar{y}$ 轴按顺时针转的原则设置,但不标出。图9-10（a）、（b）所示的分别为横杆和斜杆的局部坐标系,与 $\bar{x}$ 轴一致的力为轴力,与 $\bar{y}$ 轴一致的力为剪力。轴力与剪力的正负号规定:与局部坐标轴方向一致为正,反之为负,弯矩以顺时针方向为正。

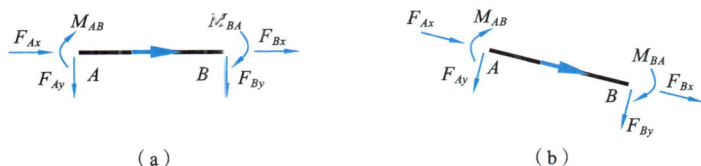

（a）　　　　　　　　　　　　　　　　（b）

图9-10

图9-2所示结构的局部坐标系设置如图9-11所示。用先处理法编号时,单元①的起点是"1,2,3"、终点是"4,5,6",单元②的起点是"0,0,0"、终点是"1,2,3",单元③的起点是"4,5,6"、终点是"0,0,0",如图9-11（a）所示。用后处理法编号时,单元①的起点是"1"、终点是"2",单元②的起点是"3"、终点是"1",单元③的起点是"2"、终点是"4",如图9-11（b）所示。

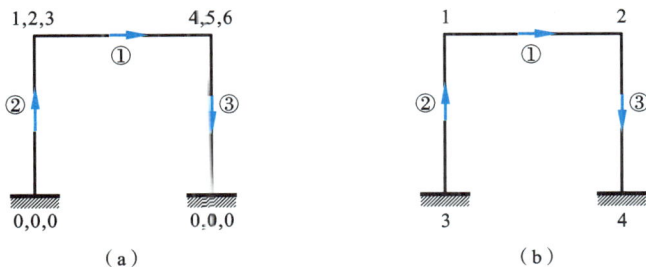

（a）　　　　　　　　　　　　　　　　（b）

图9-11

单元两头的号决定了单元的位置。把单元两头的号按先水平方向位移、再竖直方向位移、后转角位移,先起点、后终点的顺序写成列阵,称之为单元定位向量。图9-12所示桁架的单元定位向量如下。

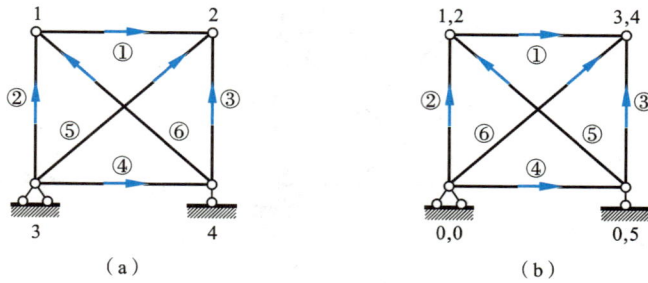

图 9-12

用后处理法(见图 9-12(a))编号时:

$$\boldsymbol{\lambda}^{①}=\begin{bmatrix}1\\2\end{bmatrix},\quad \boldsymbol{\lambda}^{②}=\begin{bmatrix}3\\1\end{bmatrix},\quad \boldsymbol{\lambda}^{③}=\begin{bmatrix}4\\2\end{bmatrix}$$

$$\boldsymbol{\lambda}^{④}=\begin{bmatrix}3\\4\end{bmatrix},\quad \boldsymbol{\lambda}^{⑤}=\begin{bmatrix}4\\1\end{bmatrix},\quad \boldsymbol{\lambda}^{⑥}=\begin{bmatrix}3\\2\end{bmatrix}$$

用先处理法(见图 9-12(b))编号时:

$$\boldsymbol{\lambda}^{①}=\begin{bmatrix}1\\2\\3\\4\end{bmatrix},\quad \boldsymbol{\lambda}^{②}=\begin{bmatrix}0\\0\\1\\2\end{bmatrix},\quad \boldsymbol{\lambda}^{③}=\begin{bmatrix}0\\5\\3\\4\end{bmatrix}$$

$$\boldsymbol{\lambda}^{④}=\begin{bmatrix}0\\0\\0\\5\end{bmatrix},\quad \boldsymbol{\lambda}^{⑤}=\begin{bmatrix}0\\5\\1\\2\end{bmatrix},\quad \boldsymbol{\lambda}^{⑥}=\begin{bmatrix}0\\0\\3\\4\end{bmatrix}$$

2)整体坐标系

建立方法:坐标原点可根据结构情况而定,用 O 表示,坐标轴用 x、y 表示,并遵循顺时针转的原则。图 9-13(a)所示为单元的局部坐标系和整体坐标系,图 9-13(b)所示为结构的局部坐标系和整体坐标系。

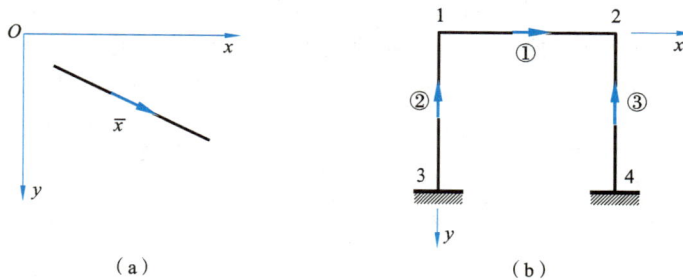

图 9-13

整体坐标系用于建立位移法方程。在矩阵位移法中,位移法方程是利用结点的 3 个平衡条件建立的,即 $\sum F_x=0$、$\sum F_y=0$、$\sum M=0$。如图 9-14(a)所示的结构中,由于单元①(其隔离体如图 9-14(b)所示)与单元②(其隔离体如图 9-14(c)所示)的局部坐标不同,取出的结点 1 隔离体中,单元①的水平方向的力下标为 x,竖直方向的力下标为 y,而单元②的水平方向的力下标为 y,竖直方向的力下标为 x,因此需要建立一个统一的坐标系,即整体坐标系。

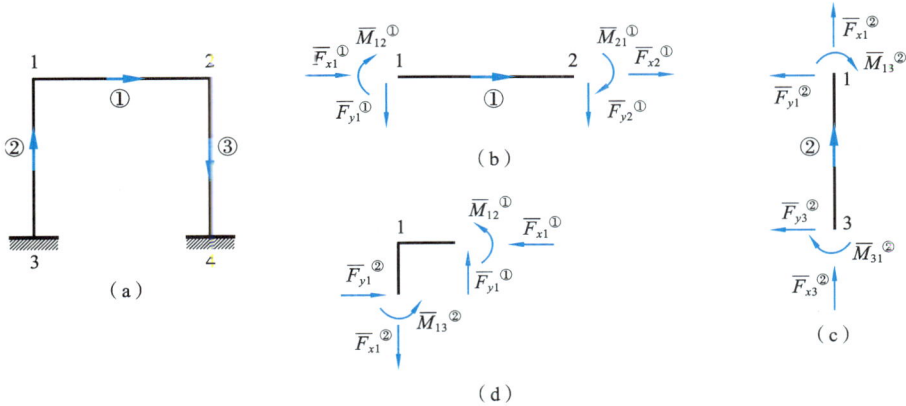

图 9-14

9.3　局部坐标系下的单元刚度矩阵方程

　　用位移法解题时很重要的一步就是写出每根杆件的杆端弯矩表达式,这一步对应在矩阵位移法中就是写出单元刚度方程,两者的区别在于:在位移法中,往往只先写出每根杆件的杆端弯矩表达式,而剪力的表达式则可根据解题需要写出,由于人工计算忽略轴向变形的原因,对受弯杆件一般不写出轴力的表达式。在矩阵位移法中,由于不忽略轴向变形,杆端力的表达式要包括轴力、剪力和弯矩,同时要把杆端力的表达式写成矩阵形式。

　　本节先讨论局部坐标系下的单元刚度方程。在位移法中受弯杆件有三种单元形式,即两端固定单元、一端固定一端铰接单元和一端固定一端滑动单元,解决具体问题时需根据杆件两头结点或支座形式选取对应的单元形式,再写出相应的杆端弯矩表达式。这种方法完全可以用于矩阵位移法,但由此带来的问题是,先要对每一根杆件进行判断,针对不同的单元形式,写出不同的单元刚度方程。为方便起见,在矩阵位移法中规定,对受弯杆件只取一种单元形式,即两端固定单元,这样做的缺点是未知量数目增多了。不过,矩阵位移法是为计算机计算服务的,未知量增加一般不会造成太大的影响。

　　下面对两端固定单元进行讨论,推导出单元刚度方程。两端固定单元每端都可能发生水平、竖直方向的位移和转角位移 3 个位移,因此两端共 6 个位移,如图 9-15 所示。相应地,在每个杆端则会产生轴力、剪力和弯矩 3 个内力,两端共 6 个杆端力。推导单元刚度方程的思路

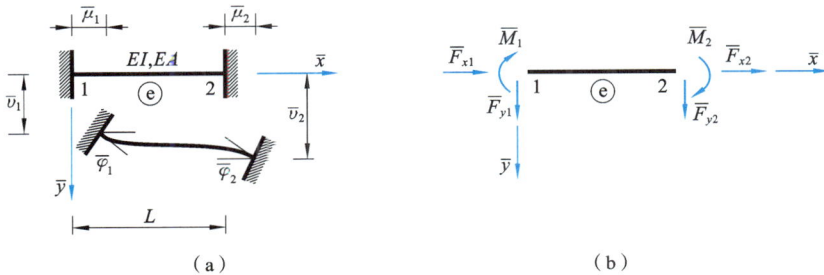

图 9-15

与方法是:由于讨论的是弹性体系的小变形问题,因此可利用叠加原理,先让两端固定单元的两端分别逐个发生 6 个位移,并求出其杆端力,然后将 6 种位移下产生的内力叠加起来,即得到两端同时发生 6 个位移时产生的 6 个杆端力,最后把杆端力的表达式写成矩阵的形式。

分别用 $\bar{\mu}_1$、$\bar{v}_1$、$\bar{\varphi}_1$ 表示单元起始端(1 号)在局部坐标系下的水平方向位移、竖直方向位移和转角位移,用 $\bar{\mu}_2$、$\bar{v}_2$、$\bar{\varphi}_2$ 表示单元终端(2 号)在局部坐标系下的水平方向位移、竖直方向位移和转角位移,如图 9-16(a)所示。规定杆端位移与局部坐标系一致时为正,相反为负。

如图 9-16(b)所示,分别用 $\bar{F}_{x1}$、$\bar{F}_{y1}$、$\bar{M}_1$ 代表单元起始端(1 号)的轴力、剪力和弯矩,用 $\bar{F}_{x2}$、$\bar{F}_{y2}$、$\bar{M}_2$ 代表单元终端(2 号)的轴力、剪力和弯矩。同样规定杆端力与局部坐标系一致时为正的,相反时为负的。

下面推导两端固定单元的单元刚度方程。让单元两端的 6 个位移分别发生,并求出其杆端力,图 9-16(a)所示为起始端分别发生水平、竖直方向位移和转角位移的情况,图 9-16(b)所示为终端分别发生水平、竖直方向位移和转角位移的情况。

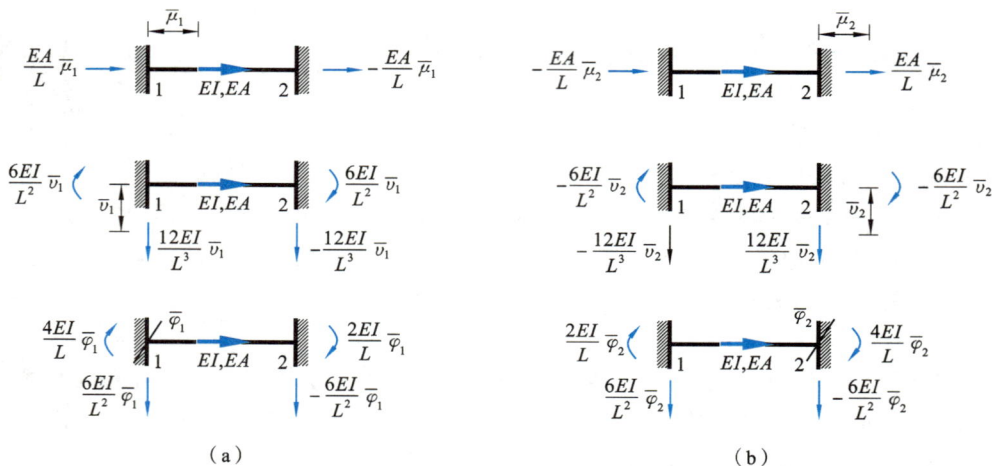

图 9-16

当两端固定单元的两端同时发生 6 个位移时,6 个杆端力可利用叠加原理求出。
1 号杆端力为

$$\begin{cases} \bar{F}_{x1} = \dfrac{EA}{L}(\bar{\mu}_1 - \bar{\mu}_2) \\ \bar{F}_{y1} = \dfrac{12EI}{L^3}\bar{v}_1 + \dfrac{6EI}{L^2}\bar{\varphi}_1 - \dfrac{12EI}{L^3}\bar{v}_2 + \dfrac{6EI}{L^2}\bar{\varphi}_2 \\ \bar{M}_1 = \dfrac{6EI}{L^2}\bar{v}_1 + \dfrac{4EI}{L}\bar{\varphi}_1 - \dfrac{6EI}{L^2}\bar{v}_2 + \dfrac{2EI}{L}\bar{\varphi}_2 \end{cases}$$

2 号杆端力为

$$\begin{cases} \bar{F}_{x2} = -\dfrac{EA}{L}\bar{\mu}_1 + \dfrac{EA}{L}\bar{\mu}_2 \\ \bar{F}_{y2} = -\dfrac{12EI}{L^3}\bar{v}_1 - \dfrac{6EI}{L^2}\bar{\varphi}_1 + \dfrac{12EI}{L^3}\bar{v}_2 - \dfrac{6EI}{L^2}\bar{\varphi}_2 \\ \bar{M}_2 = \dfrac{6EI}{L^2}\bar{v}_1 + \dfrac{2EI}{L}\bar{\varphi}_1 - \dfrac{6EI}{L^2}\bar{v}_2 + \dfrac{4EI}{L}\bar{\varphi}_2 \end{cases}$$

把杆端力与杆端位移的关系式写成矩阵形式:

$$
\begin{bmatrix} \overline{F}_{x1} \\ \overline{F}_{y1} \\ \overline{M}_1 \\ \overline{F}_{x2} \\ \overline{F}_{y2} \\ \overline{M}_2 \end{bmatrix} =
\begin{bmatrix}
\dfrac{EA}{L} & 0 & 0 & -\dfrac{EA}{L} & 0 & 0 \\[2mm]
0 & \dfrac{12EI}{L^3} & \dfrac{6EI}{L^2} & 0 & \dfrac{-12EI}{L^3} & \dfrac{6EI}{L^2} \\[2mm]
0 & \dfrac{6EI}{L^2} & \dfrac{4EI}{L} & 0 & \dfrac{-6EI}{L^2} & \dfrac{2EI}{L} \\[2mm]
-\dfrac{EA}{L} & 0 & 0 & \dfrac{EA}{L} & 0 & 0 \\[2mm]
0 & \dfrac{-12EI}{L^3} & \dfrac{-6EI}{L^2} & 0 & \dfrac{12EI}{L^3} & \dfrac{-6EI}{L^2} \\[2mm]
0 & \dfrac{6EI}{L^2} & \dfrac{2EI}{L} & 0 & \dfrac{-6EI}{L^2} & \dfrac{4EI}{L}
\end{bmatrix}
\begin{bmatrix} \overline{\mu}_1 \\ \overline{\upsilon}_1 \\ \overline{\varphi}_1 \\ \overline{\mu}_2 \\ \overline{\upsilon}_2 \\ \overline{\varphi}_2 \end{bmatrix}
\tag{9-4}
$$

式(9-4)可简写成

$$\overline{F}^e = \overline{k}^e \overline{\Delta}^e \tag{9-5}$$

式(9-5)称为局部坐标系下的单元刚度方程,其中:$\overline{F}^e$ 为局部坐标系下的单元杆端力列阵,

$$
\overline{F}^e = \begin{bmatrix} \overline{F}_{x1} \\ \overline{F}_{y1} \\ \overline{M}_1 \\ \overline{F}_{x2} \\ \overline{F}_{y2} \\ \overline{M}_2 \end{bmatrix}
$$

$\overline{\Delta}^e$ 为局部坐标系下的单元杆端位移列阵,

$$
\overline{\Delta}^e = \begin{bmatrix} \overline{\mu}_1 \\ \overline{\upsilon}_1 \\ \overline{\varphi}_1 \\ \overline{\mu}_2 \\ \overline{\upsilon}_2 \\ \overline{\varphi}_2 \end{bmatrix}
$$

$\overline{k}^e$ 称为局部坐标系下的单元刚度矩阵,

$$
\overline{k}^e =
\begin{bmatrix}
\dfrac{EA}{L} & 0 & 0 & \dfrac{-EA}{L} & 0 & 0 \\[2mm]
0 & \dfrac{12EI}{L^3} & \dfrac{6EI}{L^2} & 0 & \dfrac{-12EI}{L^3} & \dfrac{6EI}{L^2} \\[2mm]
0 & \dfrac{6EI}{L^2} & \dfrac{4EI}{L} & 0 & \dfrac{-6EI}{L^2} & \dfrac{2EI}{L} \\[2mm]
-\dfrac{EA}{L} & 0 & 0 & \dfrac{EA}{L} & 0 & 0 \\[2mm]
0 & \dfrac{-12EI}{L^3} & \dfrac{-6EI}{L^2} & 0 & \dfrac{12EI}{L^3} & \dfrac{-6EI}{L^2} \\[2mm]
0 & \dfrac{6EI}{L^2} & \dfrac{2EI}{L} & 0 & \dfrac{-6EI}{L^2} & \dfrac{4EI}{L}
\end{bmatrix}
\tag{9-6}
$$

它具有以下特点:

(1) 它是用杆端位移来表达杆端力的联系矩阵。

（2）其中每个元素称为**单元刚度系数**，用 k_{ij} 表示，其物理意义是，由第 j 个单位杆端位移引起的第 i 个杆端力。由反力互等定理可知 $k_{ij}=k_{ji}$，因此单元刚度矩阵是**对称矩阵**。

（3）矩阵中的列代表杆端位移的影响，如第 k 列元素表示的是，第 k 个杆端发生单位位移所引起的 6 个杆端力。矩阵中的行代表杆端力，如第 i 行元素表示的是当 6 个杆端同时发生单位位移所引起的第 i 个杆端力。

（4）单元刚度矩阵是**奇异矩阵**，即 $|\bar{k}^e|=0$，不存在逆矩阵。

将上述两端固定单元的一般刚度矩阵根据实际情况进行处理，可得到特殊情况下的单元刚度矩阵。

例如：已知两端固定单元的两端**只发生转角位移**，其他位移都等于零，同时只需要求解杆端弯矩时，处理的方法是把单元刚度矩阵(式(9-6))中的第 1、第 2、第 4、第 5 行和第 1、第 2、第 4、第 5 列划掉，这样即可得到两端固定单元两端只发生转角位移时的单元刚度矩阵

$$\bar{k}^e = \begin{bmatrix} \dfrac{4EI}{L} & \dfrac{2EI}{L} \\[2mm] \dfrac{2EI}{L} & \dfrac{4EI}{L} \end{bmatrix}$$

又如：已知两端固定单元没有轴向变形，也不需要求杆端轴力时，处理的方法是把单元刚度矩阵中的第 1、第 4 行和第 1、第 4 列划掉，即可得到两端固定单元**不考虑轴向变形**时的单元刚度矩阵

$$\bar{k}^e = \begin{bmatrix} \dfrac{12EI}{L^3} & \dfrac{6EI}{L^2} & \dfrac{-12EI}{L^3} & \dfrac{6EI}{L^2} \\[2mm] \dfrac{6EI}{L^2} & \dfrac{4EI}{L} & \dfrac{-6EI}{L^2} & \dfrac{2EI}{L} \\[2mm] \dfrac{-12EI}{L^3} & \dfrac{-6EI}{L^2} & \dfrac{12EI}{L^3} & \dfrac{-6EI}{L^2} \\[2mm] \dfrac{6EI}{L^2} & \dfrac{2EI}{L} & \dfrac{-6EI}{L^2} & \dfrac{4EI}{L} \end{bmatrix}$$

再如：对于**轴力杆件**的单元刚度矩阵，处理的方法是把单元刚度矩阵中的第 2、第 3、第 5、第 6 行和第 2、第 3、第 5、第 6 列划掉，即可得到轴力杆件的单元刚度矩阵

$$\bar{k}^e = \begin{bmatrix} \dfrac{EA}{L} & -\dfrac{EA}{L} \\[2mm] -\dfrac{EA}{L} & \dfrac{EA}{L} \end{bmatrix}$$

显然，它是一个 2 阶矩阵，但**考虑到斜杆的需要**，要把它写成 4 阶的，即在第 2、第 4 行和第 2、第 4 列添上零元素

$$\bar{k}^e = \begin{bmatrix} \dfrac{EA}{L} & 0 & \dfrac{-EA}{L} & 0 \\[2mm] 0 & 0 & 0 & 0 \\[2mm] \dfrac{-EA}{L} & 0 & \dfrac{EA}{L} & 0 \\[2mm] 0 & 0 & 0 & 0 \end{bmatrix}$$

9.4　整体坐标系下的单元刚度方程

如前所述,为了表示杆端力,需要对每个单元都建立一套局部坐标系,如图
9-17(a)所示。局部坐标系下的杆端力,就是定义下的内力即轴力、剪力、弯矩。
MOOC 视频
但建立位移法方程时,则需要结构有一套统一的坐标系,即整体坐标系。因此在建立位移法方
程之前,必须把局部坐标系下的单元刚度矩阵转换成整体坐标系下的单元刚度矩阵,但整体坐
标系下的杆端力,不再是定义下的内力(轴力、剪力、弯矩),如图 9-17(b)所示。下面以一根斜
杆为例,说明两套坐标系下的单元刚度矩阵的转换方法。

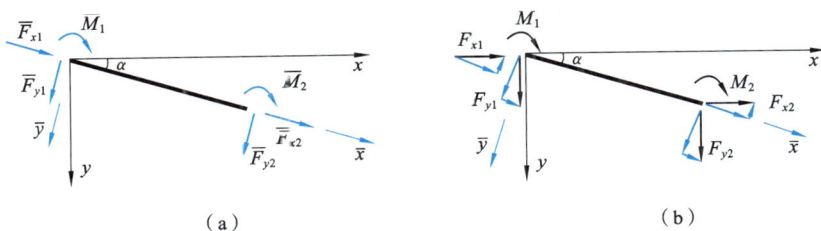

（a）　　　　　　　　　　　　　　　　　（b）

图 9-17

局部坐标系下杆端力与整体坐标系下杆端力之间的关系如下:

$$\overline{F}_{x1} = F_{x1}\cos\alpha + F_{y1}\sin\alpha$$
$$\overline{F}_{y1} = -F_{x1}\sin\alpha + F_{y1}\cos\alpha$$
$$\overline{M}_1 = M_1$$
$$\overline{F}_{x2} = F_{x2}\cos\alpha + F_{y2}\sin\alpha$$
$$\overline{F}_{y2} = -F_{x2}\sin\alpha + F_{y2}\cos\alpha$$
$$\overline{M}_2 = M_2$$

思政元素

写成矩阵形式则有

$$
\begin{bmatrix} \overline{F}_{x1} \\ \overline{F}_{y1} \\ \overline{M}_1 \\ \overline{F}_{x2} \\ \overline{F}_{y2} \\ \overline{M}_2 \end{bmatrix} =
\begin{bmatrix}
\cos\alpha & \sin\alpha & 0 & 0 & 0 & 0 \\
-\sin\alpha & \cos\alpha & 0 & 0 & 0 & 0 \\
0 & 0 & 1 & 0 & 0 & 0 \\
0 & 0 & 0 & \cos\alpha & \sin\alpha & 0 \\
0 & 0 & 0 & -\sin\alpha & \cos\alpha & 0 \\
0 & 0 & 0 & 0 & 0 & 1
\end{bmatrix}
\begin{bmatrix} F_{x1} \\ F_{y1} \\ M_1 \\ F_{x2} \\ F_{y2} \\ M_2 \end{bmatrix}
\tag{9-7}
$$

可缩写成
$$\overline{F}^e = TF^e \tag{9-8}$$

式中:$\overline{F}^e$ 为局部坐标系下的杆端力列阵,

$$
\overline{F}^e =
\begin{bmatrix} \overline{F}_{x1} \\ \overline{F}_{y1} \\ \overline{M}_1 \\ \overline{F}_{x2} \\ \overline{F}_{y2} \\ \overline{M}_2 \end{bmatrix}
$$

$\boldsymbol{F}^e$ 为整体坐标系下的杆端力列阵，

$$\boldsymbol{F}^e = \begin{bmatrix} F_{x1} \\ F_{y1} \\ M_1 \\ F_{x2} \\ F_{y2} \\ M_2 \end{bmatrix}$$

$\boldsymbol{T}$ 为单元坐标转换矩阵，

$$\boldsymbol{T} = \begin{bmatrix} \cos\alpha & \sin\alpha & 0 & 0 & 0 & 0 \\ -\sin\alpha & \cos\alpha & 0 & 0 & 0 & 0 \\ 0 & 0 & 1 & 0 & 0 & 0 \\ 0 & 0 & 0 & \cos\alpha & \sin\alpha & 0 \\ 0 & 0 & 0 & -\sin\alpha & \cos\alpha & 0 \\ 0 & 0 & 0 & 0 & 0 & 1 \end{bmatrix} \tag{9-9}$$

单元坐标转换矩阵 $\boldsymbol{T}$ 是一个正交矩阵，因此有 $\boldsymbol{T}^{-1} = \boldsymbol{T}^{\mathrm{T}}$。

由式（9-8）可得
$$\boldsymbol{F}^e = \boldsymbol{T}^{\mathrm{T}} \bar{\boldsymbol{F}}^e \tag{9-10}$$

同理可得局部坐标系下的杆端位移与整体坐标系下的杆端位移关系为
$$\bar{\boldsymbol{\Delta}}^e = \boldsymbol{T} \boldsymbol{\Delta}^e \tag{9-11}$$
$$\boldsymbol{\Delta}^e = \boldsymbol{T}^{\mathrm{T}} \bar{\boldsymbol{\Delta}}^e \tag{9-12}$$

已知局部坐标系下的单元刚度方程（式（9-5））、局部坐标系下杆端力与整体坐标系下杆端力的关系式（式（9-8））、局部坐标系下杆端位移与整体坐标系下杆端位移的关系式（见式（9-11）），将式（9-8）、式（9-11）代入式（9-5），有
$$\boldsymbol{T}\boldsymbol{F}^e = \bar{\boldsymbol{k}}^e \boldsymbol{T} \boldsymbol{\Delta}^e$$

在等式两边前乘 $\boldsymbol{T}^{\mathrm{T}}$，得：
$$\boldsymbol{T}^{\mathrm{T}} \boldsymbol{T} \boldsymbol{F}^e = \boldsymbol{T}^{\mathrm{T}} \bar{\boldsymbol{k}}^e \boldsymbol{T} \boldsymbol{\Delta}^e$$
即
$$\boldsymbol{F}^e = \boldsymbol{T}^{\mathrm{T}} \bar{\boldsymbol{k}}^e \boldsymbol{T} \boldsymbol{\Delta}^e \tag{9-13}$$

把式（9-13）与式（9-5）进行比较，令
$$\boldsymbol{k}^e = \boldsymbol{T}^{\mathrm{T}} \bar{\boldsymbol{k}}^e \boldsymbol{T} \tag{9-14}$$

得整体坐标系下的单元刚度方程如下：
$$\boldsymbol{F}^e = \boldsymbol{k}^e \boldsymbol{\Delta}^e \tag{9-15}$$

式中：$\boldsymbol{k}^e$ 为整体坐标系下的单元刚度矩阵。

整体坐标系下的单元刚度矩阵与局部坐标系下的单元刚度矩阵同阶，性质类似：

（1）矩阵中的系数 k_{ij} 表示在整体坐标系中第 j 个杆端发生单位位移所引起的第 i 个杆端力。

（2）$\boldsymbol{k}^e$ 是对称矩阵。

（3）一般单元的 $\boldsymbol{k}^e$ 是奇异矩阵。

整体坐标系下单元刚度矩阵的计算步骤如下：

（1）对每个结点（包括支座结点）用先处理法或后处理法进行编号，对每个单元进行编号，对每个单元分别建立局部坐标系，对结构建立一套整体坐标系。

（2）对每个单元按式（9-6）写出局部坐标系下的单元刚度矩阵。

（3）对每个单元按式(9-9)写出单元坐标转换矩阵。

（4）对每个单元按式(9-14)求出整体坐标系下的单元刚度矩阵。

【例 9-5】　求图 9-18(a)所示结构各单元的整体坐标系下的单元刚度矩阵,杆件的参数如下:杆长为 5 m,$A=0.5$ m²,$I=1/24$ m⁴,$E=3\times10^4$ MPa。

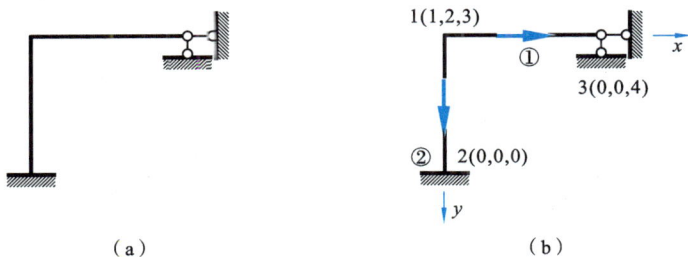

图 9-18

解　（1）编号、建立坐标系,如图 9-18(b)所示。

（2）写出各杆件的局部坐标系下的单元刚度矩阵。

由于两根杆件的所有参数均相同,因此两者局部坐标系下的单元刚度矩阵是相同的,其中各参数计算如下:

$$\frac{EA}{L}=300\times10^4 \text{ kN/m}, \quad \frac{12EI}{L^3}=12.0\times10^4 \text{ kN/m}, \quad \frac{6EI}{L^2}=30.0\times10^4 \text{ kN},$$

$$\frac{4EI}{L}=100.0\times10^4 \text{ kN}\cdot\text{m}, \quad \frac{2EI}{L}=50.0\times10^4 \text{ kN}\cdot\text{m}$$

将上述参数代入式(9-6)后得

$$\bar{k}^{①}=10^4\times\begin{bmatrix}300 & 0 & 0 & -300 & 0 & 0\\ 0 & 12 & 30 & 0 & -12 & 30\\ 0 & 30 & 100 & 0 & -30 & 50\\ -300 & 0 & 0 & 300 & 0 & 0\\ 0 & -12 & -30 & 0 & 12 & -30\\ 0 & 30 & 50 & 0 & -30 & 100\end{bmatrix}=\bar{k}^{②}$$

为方便表达,矩阵中省略了单位,后同。

（3）求出各杆件的整体坐标系下的单元刚度矩阵。

单元①的局部坐标系与整体坐标系一致,因此没有必要转换,即

$$k^{①}=\bar{k}^{①}$$

单元②的局部坐标轴与整体坐标轴的夹角 $\alpha=90°$,因此 $\sin\alpha=1,\cos\alpha=0$,转换矩阵如下:

$$T=\begin{bmatrix}0 & 1 & 0 & 0 & 0 & 0\\ -1 & 0 & 0 & 0 & 0 & 0\\ 0 & 0 & 1 & 0 & 0 & 0\\ 0 & 0 & 0 & 0 & 1 & 0\\ 0 & 0 & 0 & -1 & 0 & 0\\ 0 & 0 & 0 & 0 & 0 & 1\end{bmatrix}$$

由 $k^{②}=T^T\bar{k}^{②}T$,得

$$\boldsymbol{k}^{②}=10^4\times\begin{bmatrix} 12 & 0 & -30 & -12 & 0 & -30 \\ 0 & 300 & 0 & 0 & -300 & 0 \\ -30 & 0 & 100 & 30 & 0 & 50 \\ -12 & 0 & 30 & 12 & 0 & 30 \\ 0 & -300 & 0 & 0 & 300 & 0 \\ -30 & 0 & 50 & 30 & 0 & 100 \end{bmatrix}$$

【例 9-6】 求图 9-19(a)所示结构在整体坐标系下的单元刚度矩阵,杆件的参数为 $A=0.5\ \text{m}^2$, $I=1/24\ \text{m}^4$, $E=3\times10^7\ \text{MPa}$。

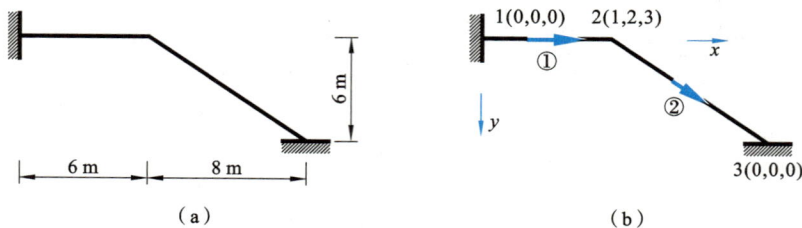

（a）　　　　　　　　　　　（b）

图 9-19

解 （1）编号、建立坐标系,如图 9-19(b)所示。

（2）写出各杆件的局部坐标系下的单元刚度矩阵。

单元①的各参数计算如下:

$$\frac{EA}{L}=25.0\times10^8\ \text{kN/m}, \quad \frac{12EI}{L^3}=0.69\times10^8\ \text{kN/m}, \quad \frac{6EI}{L^2}=2.08\times10^8\ \text{kN}$$

$$\frac{4EI}{L}=8.33\times10^8\ \text{kN}\cdot\text{m}, \quad \frac{2EI}{L}=4.17\times10^8\ \text{kN}\cdot\text{m}$$

将上述参数代入式(9-6)后得

$$\bar{\boldsymbol{k}}^{①}=\begin{bmatrix} 25 & 0 & 0 & -25 & 0 & 0 \\ 0 & 0.69 & 2.08 & 0 & -0.69 & 2.08 \\ 0 & 2.08 & 8.33 & 0 & -2.08 & 4.17 \\ -25 & 0 & 0 & 25 & 0 & 0 \\ 0 & -0.69 & -2.08 & 0 & 0.69 & -2.08 \\ 0 & 2.08 & 4.17 & 0 & -2.08 & 8.33 \end{bmatrix}\times10^8$$

单元②的各参数计算如下:

$$\frac{EA}{L}=15.0\times10^8\ \text{kN/m}, \quad \frac{12EI}{L^3}=0.15\times10^8\ \text{kN/m}, \quad \frac{6EI}{L^2}=0.75\times10^8\ \text{kN}$$

$$\frac{4EI}{L}=5.0\times10^8\ \text{kN}\cdot\text{m}, \quad \frac{2EI}{L}=2.5\times10^8\ \text{kN}\cdot\text{m}$$

将上述参数代入式(9-6)后得:

$$\bar{\boldsymbol{k}}^{②}=\begin{bmatrix} 15 & 0 & 0 & -15 & 0 & 0 \\ 0 & 0.15 & 0.75 & 0 & -0.15 & 0.75 \\ 0 & 0.75 & 5 & 0 & -0.75 & 2.5 \\ -15 & 0 & 0 & 15 & 0 & 0 \\ 0 & -0.15 & -0.75 & 0 & 0.15 & -0.75 \\ 0 & 0.75 & 2.5 & 0 & -0.75 & 5 \end{bmatrix}\times10^8$$

（3）写出各杆件的整体坐标系下的单元刚度矩阵。

由于单元①的局部坐标系与整体坐标系一致，因此有

$$\boldsymbol{k}^{①}=\bar{\boldsymbol{k}}^{①}$$

单元②的局部坐标轴与整体坐标轴的夹角 $\alpha=36.87°$，$\sin\alpha=0.6$，$\cos\alpha=0.8$，转换矩阵为

$$\boldsymbol{T}=\begin{bmatrix} 0.8 & 0.6 & 0 & 0 & 0 & 0 \\ -0.6 & 0.8 & 0 & 0 & 0 & 0 \\ 0 & 0 & 1 & 0 & 0 & 0 \\ 0 & 0 & 0 & 0.8 & 0.6 & 0 \\ 0 & 0 & 0 & -0.6 & 0.8 & 0 \\ 0 & 0 & 0 & 0 & 0 & 1 \end{bmatrix}$$

由 $\boldsymbol{k}^{②}=\boldsymbol{T}^{\mathrm{T}}\bar{\boldsymbol{k}}^{②}\boldsymbol{T}$ 得

$$\boldsymbol{k}^{②}=\begin{bmatrix} 9.65 & 7.13 & -0.45 & -9.65 & -7.13 & -0.45 \\ 7.13 & 5.50 & 0.6 & -7.13 & -5.50 & 0.6 \\ -0.45 & 0.6 & 5.0 & 0.45 & -0.6 & 2.5 \\ -9.65 & -7.13 & 0.45 & 9.65 & 7.13 & 0.45 \\ -7.13 & -5.50 & -0.6 & 7.13 & 5.50 & -0.6 \\ -0.45 & 0.6 & 2.5 & 0.45 & -0.6 & 5.0 \end{bmatrix}\times 10^8$$

9.5　连续梁的整体刚度矩阵

现在对图 9-1 所示的连续梁用矩阵位移法求其整体刚度矩阵。

（1）编号、建立坐标系，如图 9-20 所示。

每个结点只有转角位移，而且局部坐标系与整体坐标系是一致的，因此没有坐标转换问题。

（2）写出单元刚度矩阵。

由于每个结点只有转角位移，因此把式（9-6）中的第 1、2、4、5 行和列划掉，写出单元刚度矩阵如下。

MOOC 视频

图 9-20

$$\bar{\boldsymbol{k}}^{①}=\boldsymbol{k}^{①}=\begin{bmatrix} 4i_1 & 2i_1 \\ 2i_1 & 4i_1 \end{bmatrix},\quad \bar{\boldsymbol{k}}^{②}=\boldsymbol{k}^{②}=\begin{bmatrix} 4i_2 & 2i_2 \\ 2i_2 & 4i_2 \end{bmatrix}$$

以上内容是前面已讨论过的，接下来需讨论如何写出位移法方程——整体刚度方程。

在 9.1 节的讨论中得到了该结构的位移法方程：

$$\begin{cases} 4i_1\varphi_1+2i_1\varphi_2=M_1 \\ 2i_1\varphi_1+(4i_1+4i_2)\varphi_2+2i_2\varphi_3=M_2 \\ 2i_2\varphi_2+4i_2\varphi_3=M_3 \end{cases}$$

把上述位移法方程写成矩阵形式后，有

$$\begin{bmatrix} 4i_1 & 2i_1 & 0 \\ 2i_1 & 4i_1+4i_2 & 2i_2 \\ 0 & 2i_2 & 4i_2 \end{bmatrix}\begin{bmatrix} \varphi_1 \\ \varphi_2 \\ \varphi_3 \end{bmatrix}=\begin{bmatrix} M_1 \\ M_2 \\ M_3 \end{bmatrix}$$

该式可以缩写成

$$K\Delta = F_P \tag{9-16}$$

式(9-16)称为整体刚度方程,其中:K 为整体刚度矩阵;Δ 为结构位移列阵;F_P 为结构荷载列阵。

本节主要讨论连续梁的整体刚度矩阵。下面对连续梁的整体刚度矩阵做进一步的研究:

$$K = \begin{bmatrix} 4i_1 & 2i_1 & 0 \\ 2i_1 & 4i_1+4i_2 & 2i_2 \\ 0 & 2i_2 & 4i_2 \end{bmatrix} \begin{matrix} 1 \\ 2 \\ 3 \end{matrix} \tag{9-17}$$

显然整体刚度矩阵是由两根杆件的单元刚度矩阵组成的,至于每个系数在整体刚度矩阵中的位置则可由单元的定位向量确定。从式(9-17)可见,由于该结构的未知量数目是3,整体刚度矩阵就是3阶的,3列分别代表了3个未知量的影响,3行分别代表了3个位移法方程。把未知量的编号标在整体刚度矩阵的两边(见式(9-17)),再把单元两头的号(即定位向量)标在单元刚度矩阵的两边,如下:

$$k^{①} = \begin{bmatrix} 4i_1 & 2i_1 \\ 2i_1 & 4i_1 \end{bmatrix} \begin{matrix} 1 \\ 2 \end{matrix}, \quad k^{②} = \begin{bmatrix} 4i_2 & 2i_2 \\ 2i_2 & 4i_2 \end{bmatrix} \begin{matrix} 2 \\ 3 \end{matrix} \tag{9-18}$$

经对比可以发现,每个系数在整体刚度矩阵中的编号与在单元刚度矩阵中的编号是完全相同的。

由以上分析可得出,由单元刚度矩阵写出整体刚度矩阵的步骤如下:

(1)把单元的定位向量标在整体坐标系下的单元刚度矩阵两边;

(2)把单元刚度矩阵中已知支座位移为零的行和列划去;

(3)按结构未知的总数确定整体刚度矩阵 K 的阶数,并标于矩阵的两边;

(4)把各单元刚度矩阵中的系数,按定位向量的编号"对号入座",放至整体刚度矩阵中,即形成 K。

【例 9-7】 请求出图 9-21(a)所示连续梁的整体刚度矩阵。

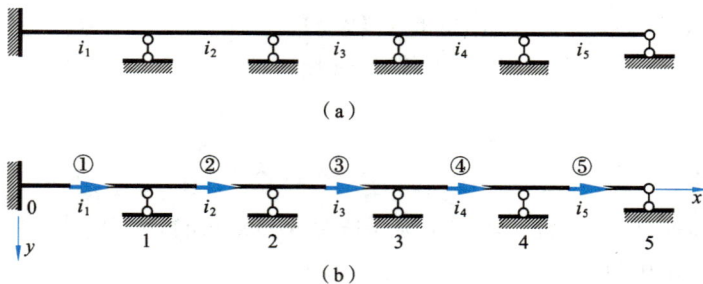

图 9-21

解 (1)编号并建立坐标系,如图 9-21(b)所示。

由于每个结点只可能有转角位移,因此每个结点只需编1个号,位移已知为零的编为0号(本题采用先处理法编号)。

(2)写出各单元刚度矩阵,并标上定位向量。

由于每个单元的两端只可能有转角位移,因此把式(9-6)中的第1、第2、第4、第5行和第

1、第 2、第 4、第 5 列划掉,写出单元刚度矩阵:

$$\boldsymbol{k}^{①}=\begin{bmatrix}4i_1 & 2i_1\\2i_1 & 4i_1\end{bmatrix}\begin{matrix}0\\1\end{matrix},\quad \boldsymbol{k}^{②}=\begin{bmatrix}4i_2 & 2i_2\\2i_2 & 4i_2\end{bmatrix}\begin{matrix}1\\2\end{matrix},\quad \boldsymbol{k}^{③}=\begin{bmatrix}4i_3 & 2i_3\\2i_3 & 4i_3\end{bmatrix}\begin{matrix}2\\3\end{matrix}$$

$$\boldsymbol{k}^{④}=\begin{bmatrix}4i_4 & 2i_4\\2i_4 & 4i_4\end{bmatrix}\begin{matrix}3\\4\end{matrix},\quad \boldsymbol{k}^{⑤}=\begin{bmatrix}4i_5 & 2i_5\\2i_5 & 4i_5\end{bmatrix}\begin{matrix}4\\5\end{matrix}$$

(3) 形成整体刚度矩阵。

由于 0 号结点是固定端,转角位移等于零,因此应把 $\boldsymbol{k}^{①}$ 中对应的行和列划掉。此题的转角位移未知量个数是 5,因此整体刚度矩阵应是 5 阶的。对整体刚度矩阵编号,并将单元刚度矩阵中的系数按"对号入座"的原则搬入,形成整体刚度矩阵,即

$$\boldsymbol{K}=\begin{bmatrix}4i_1+4i_2 & 2i_2 & 0 & 0 & 0\\2i_2 & 4i_2+4i_3 & 2i_3 & 0 & 0\\0 & 2i_3 & 4i_3+4i_4 & 2i_4 & 0\\0 & 0 & 2i_4 & 4i_4+4i_5 & 2i_5\\0 & 0 & 0 & 2i_5 & 4i_5\end{bmatrix}\begin{matrix}1\\2\\3\\4\\5\end{matrix}$$

【例 9-8】　求图 9-22(a)所示连续梁的整体刚度矩阵。

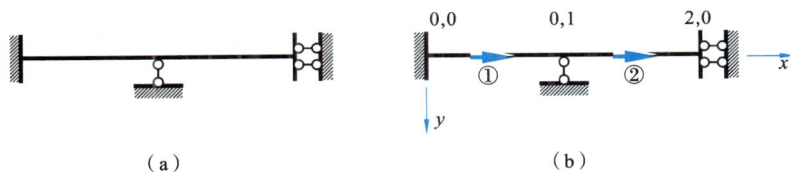

图 9-22

解　(1) 编号并建立坐标系,如图 9-22(b)所示。

由于单元两端只可能发生竖直方向位移和转角位移,因此每个结点编 2 个号,而位移已知为零的编为 0 号(本题采用先处理法编号)。

(2) 写出单元刚度矩阵,并标出定位向量。

由于每个单元的两端只可能有竖直方向位移和转角位移,因此把式(9-6)中的第 1、第 4 行和第 1、第 4 列划掉,写出单元刚度矩阵,并把单元的定位向量标写在矩阵的两边,即

$$\boldsymbol{k}^{①}=\begin{bmatrix}\dfrac{12EI_1}{L^3} & \dfrac{6EI_1}{L^2} & -\dfrac{12EI_1}{L^3} & \dfrac{6EI_1}{L^2}\\[2mm]\dfrac{6EI_1}{L^2} & \dfrac{4EI_1}{L} & -\dfrac{6EI_1}{L^2} & \dfrac{2EI_1}{L}\\[2mm]-\dfrac{12EI_1}{L^3} & -\dfrac{6EI_1}{L^2} & \dfrac{12EI_1}{L^3} & -\dfrac{6EI_1}{L^2}\\[2mm]\dfrac{6EI_1}{L^2} & \dfrac{2EI_1}{L} & -\dfrac{6EI_1}{L^2} & \dfrac{4EI_1}{L}\end{bmatrix}\begin{matrix}0\\0\\0\\1\end{matrix}$$

$$k^{②} = \begin{array}{c} \\ \left[\begin{array}{cccc} \dfrac{12EI_2}{L^3} & \dfrac{6EI_2}{L^2} & -\dfrac{12EI_2}{L^3} & \dfrac{6EI_2}{L^2} \\[2mm] \dfrac{6EI_2}{L^2} & \dfrac{4EI_2}{L} & -\dfrac{6EI_2}{L^2} & \dfrac{2EI_2}{L} \\[2mm] -\dfrac{12EI_2}{L^3} & -\dfrac{6EI_2}{L^2} & \dfrac{12EI_2}{L^3} & -\dfrac{6EI_2}{L^2} \\[2mm] \dfrac{6EI_2}{L^2} & \dfrac{2EI_2}{L} & -\dfrac{6EI_2}{L^2} & \dfrac{4EI_2}{L} \end{array}\right] \begin{array}{c} 0 \\[3mm] 1 \\[3mm] 2 \\[3mm] 0 \end{array} \end{array}$$

（3）形成整体刚度矩阵。

由于本连续梁的结点未知量只有 2 个，因此整体刚度矩阵是 2 阶的。对矩阵两边编号。把单元刚度矩阵中与 0 号对应的行和列划掉，按"对号入座"的原则搬入整体刚度矩阵，即

$$K = \begin{array}{c} \begin{array}{cc} \quad\ 1 & \qquad 2 \end{array} \\ \left[\begin{array}{cc} \dfrac{4EI_1}{L}+\dfrac{4EI_2}{L} & -\dfrac{6EI_2}{L^2} \\[3mm] -\dfrac{6EI_2}{L^2} & \dfrac{12EI_2}{L^3} \end{array}\right] \begin{array}{c} 1 \\[4mm] 2 \end{array} \end{array}$$

9.6　刚架的整体刚度矩阵

MOOC 视频

刚架整体刚度矩阵的求解方法与连续梁的基本相同，只是多了一个局部坐标系下的单元刚度矩阵与整体坐标系下的单元刚度矩阵的转换过程，具体步骤如下：

（1）编号、建立坐标系。

（2）写出局部坐标系下的单元刚度矩阵。

（3）把局部坐标系下的单元刚度矩阵转换成整体坐标系下的单元刚度矩阵。

（4）把单元定位向量标在整体坐标系下单元刚度矩阵的边上，并划去已知支座位移等于零的行和列。

（5）按定位向量用"对号入座"的方法形成整体刚度矩阵。

【例 9-9】　求例 9-5 中刚架的整体刚度矩阵。

解　由例 9-5 已求得 2 根杆件在整体坐标系下的单元刚度矩阵，把单元的定位向量标写在矩阵的两边。

对于单元①，有

$$k^{①} = 10^4 \times \begin{array}{c} \begin{array}{cccccc} 1 & \ \ 2 & \ \ 3 & \ \ \ 0 & \ \ \ 0 & \ \ 4 \end{array} \\ \left[\begin{array}{cccccc} 300 & 0 & 0 & -300 & 0 & 0 \\ 0 & 12 & 30 & 0 & -12 & 30 \\ 0 & 30 & 100 & 0 & -30 & 50 \\ -300 & 0 & 0 & 300 & 0 & 0 \\ 0 & -12 & -30 & 0 & 12 & -30 \\ 0 & 30 & 50 & 0 & -30 & 100 \end{array}\right] \begin{array}{c} 1 \\ 2 \\ 3 \\ 0 \\ 0 \\ 4 \end{array} \end{array}$$

对于单元②,有

$$
\boldsymbol{k}^{②} = 10^4 \times \begin{array}{c} \begin{array}{cccccc} 1 & 2 & 3 & 0 & 0 & 0 \end{array} \\ \begin{bmatrix} 12 & 0 & -30 & -12 & 0 & -30 \\ 0 & 300 & 0 & 0 & -300 & 0 \\ -30 & 0 & 100 & 30 & 0 & 50 \\ -12 & 0 & 30 & 12 & 0 & 30 \\ 0 & -300 & 0 & 0 & 300 & 0 \\ -30 & 0 & 50 & 30 & 0 & 100 \end{bmatrix} \begin{array}{c} 1 \\ 2 \\ 3 \\ 0 \\ 0 \\ 0 \end{array} \end{array}
$$

由于该刚架的结点未知量个数为 4,因此整体刚度矩阵是 4 阶的。对矩阵两边编号。把整体坐标系下单元刚度矩阵中对应 0 编号的行与列划去后,将系数按"对号入座"的原则搬入整体刚度矩阵,即

$$
\boldsymbol{K} = 10^4 \times \begin{array}{c} \begin{array}{cccc} 1 & 2 & 3 & 4 \end{array} \\ \begin{bmatrix} 312 & 0 & -30 & 0 \\ 0 & 312 & 30 & 30 \\ -30 & 30 & 200 & 50 \\ 0 & 30 & 50 & 100 \end{bmatrix} \begin{array}{c} 1 \\ 2 \\ 3 \\ 4 \end{array} \end{array}
$$

整体刚度矩阵有以下特点:

(1) 整体刚度矩阵中的系数 k_{ij} 表示第 j 个结点发生单位位移(其他结点位移分量为零)时所产生的第 i 个结点力 F_i;

(2) 由反力互等定理可知,整体刚度矩阵是对称矩阵;

(3) 由于先处理法已考虑了约束条件,因此整体刚度矩阵是满秩非奇异矩阵;

(4) 整体刚度矩阵是稀疏、带状矩阵(有许多零元素,且非零元素都分布在以主对角线为中心的倾斜带状区域内)。

【例 9-10】　求图 9-23 所示有铰刚架的整体刚度矩阵。所有杆件的杆长均为 5 m,$A = 0.5$ m^2,$I = 1/24$ m^4,$E = 3 \times 10^4$ MPa。

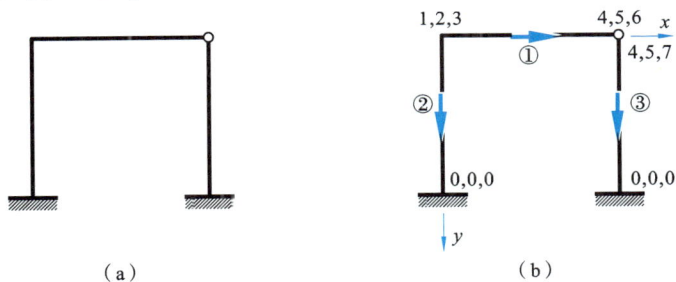

图 9-23

解　(1) 编号并建立坐标系,如图 9-23(b)所示。

(2) 写出单元局部坐标系下的刚度矩阵。

由于 3 根杆件的尺寸均相同,因此局部坐标系下的单元刚度矩阵相同,并与例 9-5 中的单元刚度矩阵相同,即

$$\bar{k}^{①}=10^4\times\begin{bmatrix} 300 & 0 & 0 & -300 & 0 & 0 \\ 0 & 12 & 30 & 0 & -12 & 30 \\ 0 & 30 & 100 & 0 & -30 & 50 \\ -300 & 0 & 0 & 300 & 0 & 0 \\ 0 & -12 & -30 & 0 & 12 & -30 \\ 0 & 30 & 50 & 0 & -30 & 100 \end{bmatrix}=\bar{k}^{②}=\bar{k}^{③}$$

（3）写出整体坐标系下的单元刚度矩阵。

单元①的局部坐标系与整体坐标系一致，因此 $k^{①}=\bar{k}^{①}$，把单元定位向量标写在矩阵的两边，即

$$k^{①}=10^4\times\begin{array}{c} \begin{array}{cccccc} 1 & 2 & 3 & 4 & 5 & 6 \end{array} \\ \begin{bmatrix} 300 & 0 & 0 & -300 & 0 & 0 \\ 0 & 12 & 30 & 0 & -12 & 30 \\ 0 & 30 & 100 & 0 & -30 & 50 \\ -300 & 0 & 0 & 300 & 0 & 0 \\ 0 & -12 & -30 & 0 & 12 & -30 \\ 0 & 30 & 50 & 0 & -30 & 100 \end{bmatrix} \begin{array}{c} 1 \\ 2 \\ 3 \\ 4 \\ 5 \\ 6 \end{array} \end{array}$$

单元②、单元③与例 9-9 中的单元②的整体坐标系下的刚度矩阵相同，但单元③与例 9-9 中单元②的单元定位向量不同：

$$k^{②}=10^4\times\begin{array}{c} \begin{array}{cccccc} 1 & 2 & 3 & 0 & 0 & 0 \end{array} \\ \begin{bmatrix} 12 & 0 & -30 & -12 & 0 & -30 \\ 0 & 300 & 0 & 0 & -300 & 0 \\ -30 & 0 & 100 & 30 & 0 & 50 \\ -12 & 0 & 30 & 12 & 0 & 30 \\ 0 & -300 & 0 & 0 & 300 & 0 \\ -30 & 0 & 50 & 30 & 0 & 100 \end{bmatrix} \begin{array}{c} 1 \\ 2 \\ 3 \\ 0 \\ 0 \\ 0 \end{array} \end{array}$$

$$k^{③}=10^4\times\begin{array}{c} \begin{array}{cccccc} 4 & 5 & 7 & 0 & 0 & 0 \end{array} \\ \begin{bmatrix} 12 & 0 & -30 & -12 & 0 & -30 \\ 0 & 300 & 0 & 0 & -300 & 0 \\ -30 & 0 & 100 & 30 & 0 & 50 \\ -12 & 0 & 30 & 12 & 0 & 30 \\ 0 & -300 & 0 & 0 & 300 & 0 \\ -30 & 0 & 50 & 30 & 0 & 100 \end{bmatrix} \begin{array}{c} 4 \\ 5 \\ 7 \\ 0 \\ 0 \\ 0 \end{array} \end{array}$$

（4）形成整体刚度矩阵。

由于该刚架的结点未知量个数为 7，因此整体刚度矩阵是 7 阶的。对矩阵两边编号。把整体坐标系下单元刚度矩阵中对应编号为 0 的行与列划去，将系数按"对号入座"的原则搬入整体刚度矩阵，即

$$K=10^4\times\begin{array}{c} \begin{array}{ccccccc} 1 & 2 & 3 & 4 & 5 & 6 & 7 \end{array} \\ \begin{bmatrix} 312 & 0 & -30 & -300 & 0 & 0 & 0 \\ 0 & 312 & 30 & 0 & -12 & 30 & 0 \\ -30 & 30 & 200 & 0 & -30 & 50 & 0 \\ -300 & 0 & 0 & 312 & 0 & 0 & -30 \\ 0 & -12 & -30 & 0 & 312 & -30 & 0 \\ 0 & 30 & 50 & 0 & -30 & 100 & 0 \\ 0 & 0 & 0 & -30 & 0 & 0 & 100 \end{bmatrix} \begin{array}{c} 1 \\ 2 \\ 3 \\ 4 \\ 5 \\ 6 \\ 7 \end{array} \end{array}$$

9.7　荷载列阵

MOOC 视频

由 9.5 节可知,把位移法方程写成矩阵形式后,得到的是整体刚度方程

$$KΔ = F_P$$

F_P 即为荷载列阵。

本节讨论荷载列阵形成的方法。荷载列阵通常由两部分组成,即

$$F_P = F_j + F_e$$

式中:F_j 为结点荷载列阵;F_e 为等效结点荷载列阵。

1. 结点荷载列阵

结点荷载列阵为 1 列 n 行矩阵,n 是未知量的个数,由作用在结点上的与结点位移量对应的集中荷载组成,按编号的顺序及先水平方向、后竖直方向、再转角方向的顺序由上而下排列,若某方向上没有集中力就填 0,其正负号按整体坐标系确定。

【例 9-11】　求图 9-24(a)所示结构的结点荷载列阵。

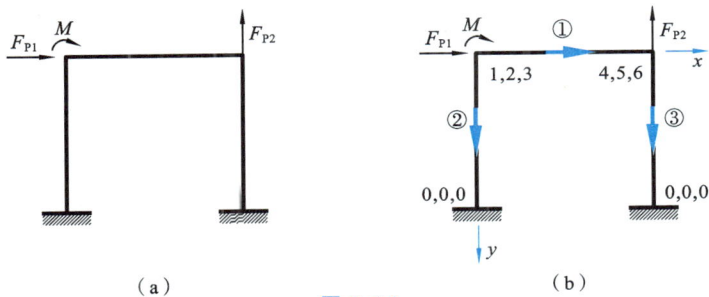

（a）　　　　　　　　　（b）

图 9-24

解　编号并建立坐标系,如图 9-24(b)所示。有 6 个未知量,结点荷载列阵是 6 行的,即

$$F_j = \begin{bmatrix} F_{P1} \\ 0 \\ M \\ 0 \\ -F_{P2} \\ 0 \end{bmatrix} \begin{matrix} 1 \\ 2 \\ 3 \\ 4 \\ 5 \\ 6 \end{matrix}$$

【例 9-12】　求图 9-25(a)所示结构的结点荷载列阵。

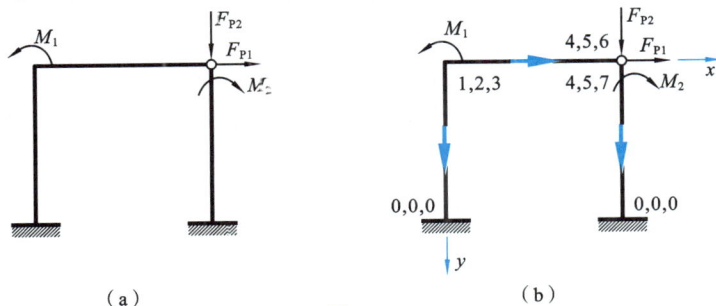

（a）　　　　　　　　　（b）

图 9-25

解　编号并建立坐标系,如图 9-25(b)所示。有 7 个未知量,结点荷载列阵应该是 7 行的,即

$$
\mathbf{F}_{\mathrm{j}}=\begin{bmatrix} 0 \\ 0 \\ -M_1 \\ F_{\mathrm{P1}} \\ F_{\mathrm{P2}} \\ 0 \\ M_2 \end{bmatrix}\begin{matrix} 1 \\ 2 \\ 3 \\ 4 \\ 5 \\ 6 \\ 7 \end{matrix}
$$

2. 等效结点荷载列阵

等效结点荷载列阵由结间荷载产生,求解方法用一例子来说明。

图 9-26(a)所示结构在结间荷载作用下,A 结点会产生 3 个位移,为此先用 2 个附加链杆和 1 个刚臂把结点位移固定起来,如图 9-26(b)所示。

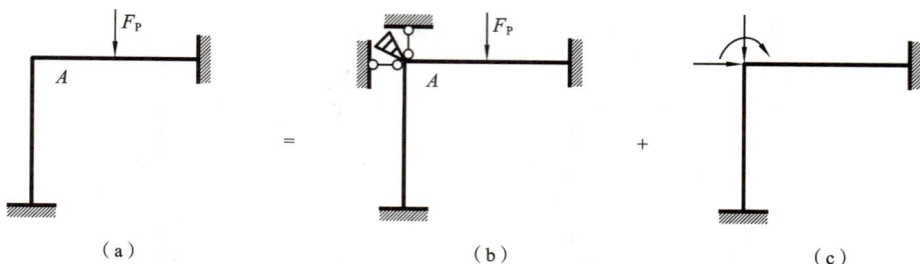

图 9-26

图 9-26(b)所示的效果相当于在 A 结点施加了 3 个结点集中力,阻止了结点的 3 个方向上的位移。显然,此时的内力与原结构的是不等效的,为此必须在 A 结点施加 3 个反向的结点集中力(见图 9-26(c)),图 9-26(b)与图 9-26(c)叠加,A 结点处的结点集中力就互相抵消了。因此有:原结构内力=图 9-26(b)所示结构的内力+图 9-26(c)所示结构的内力。

对于图 9-26(b)所示结构,由于它的结点位移被固定了,因此产生的内力是固端力,可通过查表 9-1(见 P318)获得。对于图 9-26(c)所示结构,作用在其上的荷载称为等效结点荷载,由此产生的内力可用矩阵位移法求解。

由上述可知,等效结点荷载的求解方法是:首先把所有有结点位移的地方用附加链杆或刚臂固定起来,其次求出这些链杆和刚臂中由结间荷载产生的反力,然后把这些反力反向作用在结点上,这些结点即为等效结点荷载。下面通过一个例子来说明等效结点荷载的求解方法。

图 9-27(a)所示结构,两根杆件上均作用有结间荷载,在结点 1 处会发生水平方向位移、竖直方向位移和转角位移,为此用 2 根附加链杆和 1 个附加刚臂阻止这 3 个位移,如图 9-27(b)所示。接下来求出图 9-27(b)中每个单元的固端力,如图 9-28(a)、(b)所示。然后从图 9-27(b)中取结点 1 为隔离体,把 2 个单元的固端力标上,由平衡方程 $\sum F_x=0$、$\sum F_y=0$、$\sum M_1=0$ 即可求出附加链杆和刚臂中的反力,如图 9-28(c)所示。再把反力反向作用于结点 1(见图 9-27(c)),即得到等效结点荷载。

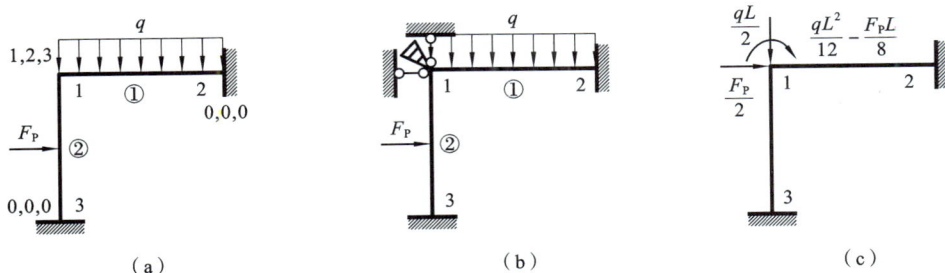

图 9-27

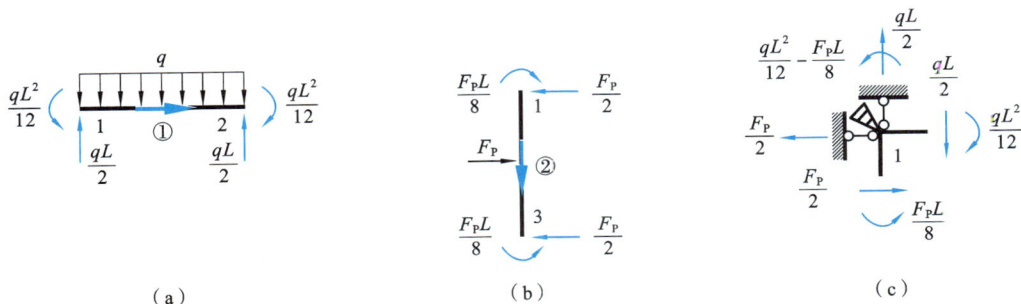

图 9-28

把以上的计算过程用矩阵形式来表示，其步骤如下。

（1）求出单元①、②的固端力（分别见图 9-29（a）、（b）），并按局部坐标写成矩阵形式，称之为局部坐标系下的单元固端力列阵，用 $\overline{\boldsymbol{F}}_g^e$ 表示。

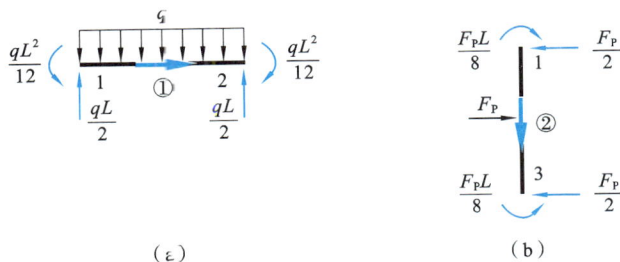

图 9-29

单元①、单元②的局部坐标系下的单元固端力列阵分别为

$$\overline{\boldsymbol{F}}_g^{①}=\begin{bmatrix}0\\-\dfrac{qL}{2}\\-\dfrac{qL^2}{12}\\0\\-\dfrac{qL}{2}\\\dfrac{qL^2}{12}\end{bmatrix},\quad \overline{\boldsymbol{F}}_g^{②}=\begin{bmatrix}0\\\dfrac{F_P}{2}\\\dfrac{F_PL}{8}\\0\\\dfrac{F_P}{2}\\-\dfrac{F_PL}{8}\end{bmatrix}$$

（2）把局部坐标系下的单元固端力列阵转换成整体坐标系下的列阵并反号，称之为整体坐标系下的单元固端力列阵，用 $\boldsymbol{F}_g^e$ 表示。

对单元①，由于局部坐标系与整体坐标系一致，因此有

$$\boldsymbol{F}_g^{①} = -\overline{\boldsymbol{F}}_g^{①} = \begin{bmatrix} 0 \\ \dfrac{qL}{2} \\ \dfrac{qL^2}{12} \\ 0 \\ \dfrac{qL}{2} \\ -\dfrac{qL^2}{12} \end{bmatrix} \begin{matrix} 1 \\ 2 \\ 3 \\ 0 \\ 0 \\ 0 \end{matrix}$$

把单元①的定位向量标在整体坐标系下的单元固端力列阵边上。

对单元②，有 $\boldsymbol{F}_g^{②} = -\boldsymbol{T}^{\mathrm{T}}\overline{\boldsymbol{F}}_g^{②}$，由于局部坐标轴与整体坐标轴间的夹角为 $90°$，因此有

$$\boldsymbol{T} = \begin{bmatrix} 0 & 1 & 0 & & & \\ -1 & 0 & 0 & & 0 & \\ 0 & 0 & 1 & & & \\ & & & 0 & 1 & 0 \\ & 0 & & -1 & 0 & 0 \\ & & & 0 & 0 & 1 \end{bmatrix}, \quad \boldsymbol{F}_g^{②} = \begin{bmatrix} \dfrac{F_P}{2} \\ 0 \\ -\dfrac{F_P L}{8} \\ \dfrac{F_P}{2} \\ 0 \\ \dfrac{F_P L}{8} \end{bmatrix} \begin{matrix} 1 \\ 2 \\ 3 \\ 0 \\ 0 \\ 0 \end{matrix}$$

把单元②的定位向量标在整体坐标系下的单元固端力列阵边上。

（3）形成等效结点荷载列阵。

该题的结点位移未知量个数是 3，因此等效结点荷载列阵应该是 3 行的。把整体坐标系下的单元固端力列阵中编号为零的行划去后，按"对号入座"的方式，即可求出等效荷载列阵：

$$\boldsymbol{F}_e = \begin{bmatrix} 0 + \dfrac{F_P}{2} \\ \dfrac{qL}{2} + 0 \\ \dfrac{qL^2}{12} - \dfrac{F_P L}{8} \end{bmatrix} \begin{matrix} 1 \\ 2 \\ 3 \end{matrix}$$

总结等效结点荷载列阵的求解步骤如下：

（1）求出局部坐标系下的单元固端力列阵；

（2）求出整体坐标系下的单元固端力列阵，并反号后标上单元的定位向量；

（3）按"对号入座"的方式形成等效结点荷载列阵。

表 9-1 所示为两端固定梁受结间荷载作用产生的固端力（局部坐标系）。

表 9-1

荷 载 简 图	符号	始端 A	末端 B
1	$\overline{F}_{xP}$	0	0
	$\overline{F}_{yP}$	$-\dfrac{ql}{2}$	$-\dfrac{ql}{2}$
	$\overline{M}_P$	$-\dfrac{ql^2}{12}$	$\dfrac{ql^2}{12}$
2	$\overline{F}_{xP}$	0	0
	$\overline{F}_{yP}$	$-\dfrac{3ql}{20}$	$-\dfrac{7ql}{20}$
	$\overline{M}_P$	$-\dfrac{ql^2}{30}$	$\dfrac{ql^2}{20}$
3	$\overline{F}_{xP}$	0	0
	$\overline{F}_{yP}$	$-F_P\dfrac{b^2}{l^2}\left(1+2\dfrac{a}{l}\right)$	$-F_P\dfrac{b^2}{l^2}\left(1+2\dfrac{a}{l}\right)$
	$\overline{M}_P$	$-F_P\dfrac{ab^2}{l^2}$	$F_P\dfrac{ab^2}{l^2}$
4	$\overline{F}_{xP}$	0	0
	$\overline{F}_{yP}$	$\dfrac{6Mab}{l^3}$	$-\dfrac{6Mab}{l^3}$
	$\overline{M}_P$	$M\dfrac{b}{l}\left(2-3\dfrac{b}{l}\right)$	$M\dfrac{a}{l}\left(2-3\dfrac{a}{l}\right)$
5 $t_0=(t_1+t_2)/2$ $\Delta t=t_1-t_2$	$\overline{F}_{xP}$	$EA\alpha t_0$	$-EA\alpha t_0$
	$\overline{F}_{yP}$	0	0
	$\overline{M}_P$	$-\dfrac{EA\alpha\Delta t}{h}$	$\dfrac{EA\alpha\Delta t}{h}$
6	$\overline{F}_{xP}$	$\dfrac{EA\Delta}{l}$	$-\dfrac{EA\Delta}{l}$
	$\overline{F}_{yP}$	0	0
	$\overline{M}_P$	0	0
7	$\overline{F}_{xP}$	0	0
	$\overline{F}_{yP}$	$\dfrac{12EI\Delta}{l^3}$	$-\dfrac{12EI\Delta}{l^3}$
	$\overline{M}_P$	$\dfrac{6EI\Delta}{l^2}$	$\dfrac{6EI\Delta}{l^2}$
8	$\overline{F}_{xP}$	0	0
	$\overline{F}_{yP}$	$\dfrac{6EI\theta}{l^3}$	$-\dfrac{6EI\theta}{l^3}$
	$\overline{M}_P$	$\dfrac{4EI\theta}{l^2}$	$\dfrac{2EI\theta}{l^2}$

注　h 为杆件截面的高度。

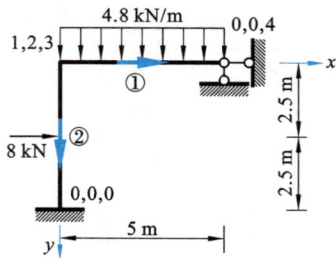

图 9-30

【例 9-13】 求图 9-30 所示结构的等效结点荷载列阵 $\boldsymbol{F}_e$。

解 （1）求出局部坐标系下的单元固端力列阵。

对于单元①，有

$$\overline{\boldsymbol{F}}_g^{①}=\begin{bmatrix}0 & -12 & -10 & 0 & -12 & 10\end{bmatrix}^T$$

对于单元②，有

$$\overline{\boldsymbol{F}}_g^{②}=\begin{bmatrix}0 & 4 & 5 & 0 & 4 & -5\end{bmatrix}^T$$

（2）求出整体坐标系下的单元固端力列阵，并标上单元的定位向量，即

$$\boldsymbol{F}_g^{①}=-\overline{\boldsymbol{F}}_g^{①}=\begin{bmatrix}1 & 2 & 3 & 0 & 0 & 4 \\ 0 & 12 & 10 & 0 & 12 & -10\end{bmatrix}^T$$

$$\boldsymbol{F}_g^{②}=-\boldsymbol{T}^T\overline{\boldsymbol{F}}_g^{②}=-\begin{bmatrix}0&-1&0&0&0&0\\1&0&0&0&0&0\\0&0&1&0&0&0\\0&0&0&0&-1&0\\0&0&0&1&0&0\\0&0&0&0&0&1\end{bmatrix}\begin{bmatrix}0\\4\\5\\0\\4\\-5\end{bmatrix}=\begin{bmatrix}4&1\\0&2\\-5&3\\4&0\\0&0\\5&0\end{bmatrix}$$

则等效结点荷载列阵（标出单元定位向量）为

$$\boldsymbol{F}_e=\begin{bmatrix}0+4&1\\12+0&2\\10-5&3\\-10&4\end{bmatrix}=\begin{bmatrix}4&1\\12&2\\5&3\\-10&4\end{bmatrix}$$

【例 9-14】 图 9-31(a)所示结构的内部温度比原先升高了 20℃，室外温度比原先降低了 10℃，杆件的膨胀系数为 α，杆件的截面高度为 h，请求出等效结点荷载。

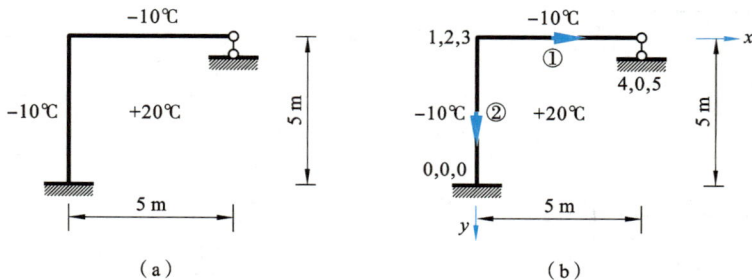

（a）　　　　　（b）

图 9-31

解 （1）编号并建立坐标系，如图 9-31(b)所示。

（2）求出各单元的局部坐标系下的固端力列阵。

由杆件两边的温度差引起的固端力可查表 9-1，再加上轴线处温度改变引起的固端力，求得的固端力列阵如下：

$$\overline{\boldsymbol{F}}_{g1}{}^{①}=\begin{bmatrix}5EA\alpha\\0\\-\dfrac{30EI\alpha}{h}\\-5EA\alpha\\0\\\dfrac{30EI\alpha}{h}\end{bmatrix},\quad\overline{\boldsymbol{F}}_{g2}{}^{②}=\begin{bmatrix}5EA\alpha\\0\\\dfrac{30EI\alpha}{h}\\-5EA\alpha\\0\\-\dfrac{30EI\alpha}{h}\end{bmatrix}$$

（3）求出各单元的整体坐标系下的固端力列阵。

单元①的局部坐标系与整体坐标系一致，因此有

$$\boldsymbol{F}_{g}{}^{①}=-\overline{\boldsymbol{F}}_{g}{}^{①}=\begin{bmatrix}-5EA\alpha\\0\\\dfrac{30EI\alpha}{h}\\5EA\alpha\\0\\-\dfrac{30EI\alpha}{h}\end{bmatrix}$$

单元①的定位向量为　　　$\boldsymbol{\lambda}^{①}=\begin{bmatrix}1&2&3&4&0&5\end{bmatrix}^{\mathrm{T}}$

单元②的局部坐标轴与整体坐标轴的夹角 $\alpha=90°$，因此有

$$\boldsymbol{F}_{g}{}^{②}=-\boldsymbol{T}^{\mathrm{T}}\overline{\boldsymbol{F}}_{g}{}^{②}=\begin{bmatrix}0\\-5EA\alpha\\-\dfrac{30EI\alpha}{h}\\0\\5EA\alpha\\\dfrac{30EI\alpha}{h}\end{bmatrix}$$

单元②的定位向量为

$$\boldsymbol{\lambda}^{②}=\begin{bmatrix}1&2&3&0&0&0\end{bmatrix}^{\mathrm{T}}$$

（4）求出等效结点荷载列阵并标上单元定位向量。该题的等效结点荷载列阵应该是 5 行的，即

$$\boldsymbol{F}_{e}=\begin{bmatrix}-5EA\alpha\\-5EA\alpha\\0\\5EA\alpha\\-\dfrac{30EI\alpha}{h}\end{bmatrix}\begin{matrix}1\\2\\3\\4\\5\end{matrix}$$

9.8　刚架内力的计算步骤和算例

前面已对矩阵位移法中的主要问题做了介绍,总结用矩阵位移法计算刚架内力的方法和步骤如下:

（1）编号及建立坐标系；

（2）求出局部坐标系下的单元刚度矩阵 $\bar{\boldsymbol{k}}^e$；

（3）求出整体坐标系下的单元刚度矩阵 $\boldsymbol{k}^e$；

（4）按单元定位向量形成整体刚度矩阵 $\boldsymbol{K}$；

（5）求出结构的荷载列阵 $\boldsymbol{F}_P$；

（6）解方程 $\boldsymbol{K\Delta}=\boldsymbol{F}$,求出结点位移 $\boldsymbol{\Delta}$。

（7）按公式 $\bar{\boldsymbol{F}}^e=\bar{\boldsymbol{k}}^e\bar{\boldsymbol{\Delta}}^e+\bar{\boldsymbol{F}}_P$ 求出各杆的杆端内力。

【例 9-15】　求图 9-32(a)所示结构的内力。其中梁的参数如下:

$$A=0.63 \text{ m}^2, \quad I=\frac{1}{12} \text{ m}^4, \quad L=12 \text{ m}, \quad \frac{EI}{L}=6.94\times10^{-3} \text{ kN}\cdot\text{m}$$

$$\frac{EA}{L}=52.5\times10^{-3} \text{ kN/m}, \quad \frac{2EI}{L}=13.9\times10^{-3} \text{ kN}\cdot\text{m}$$

$$\frac{4EI}{L}=27.8\times10^{-3} \text{ kN}\cdot\text{m}, \quad \frac{6EI}{L^2}=3.47\times10^{-3} \text{ kN}$$

$$\frac{12EI}{L^3}=0.58\times10^{-3} \text{ kN/m}$$

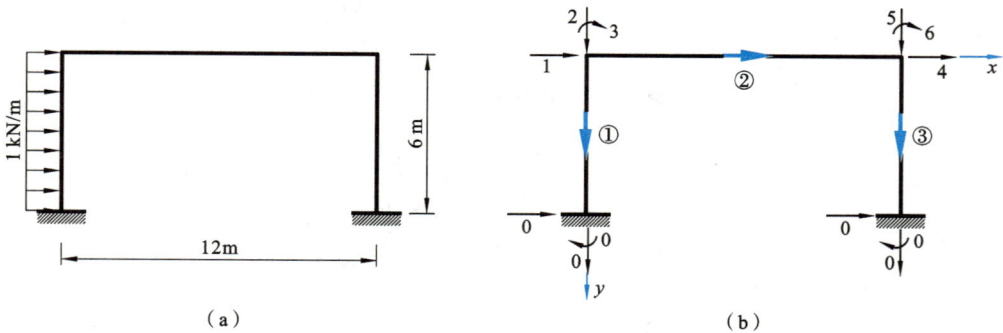

（a）　　　　　　　　　　　　（b）

图 9-32

柱的参数如下:

$$A=0.5 \text{ m}^2, \quad I=\frac{1}{24} \text{ m}^4, \quad L=6 \text{ m}, \quad \frac{EI}{L}=6.94\times10^{-3} \text{ kN}\cdot\text{m}$$

$$\frac{EA}{L}=83.3\times10^{-3} \text{ kN/m}, \quad \frac{2EI}{L}=13.9\times10^{-3} \text{ kN}\cdot\text{m}$$

$$\frac{4EI}{L}=27.8\times10^{-3} \text{ kN}\cdot\text{m}, \quad \frac{6EI}{L^2}=6.94\times10^{-3} \text{ kN}$$

$$\frac{12EI}{L^3}=2.31\times10^{-3} \text{ kN/m}$$

解　(1) 编号并建立坐标系,如图 9-32(b)所示。

(2) 求局部坐标系下的单元刚度矩阵。

$$\bar{k}^{\textcircled{1}}=\bar{k}^{\textcircled{3}}=10^{-3}\times\begin{bmatrix}83.3 & 0 & 0 & -83.3 & 0 & 0\\ 0 & 2.31 & 6.94 & 0 & -2.31 & 6.94\\ 0 & 6.94 & 27.8 & 0 & -6.94 & 13.9\\ -83.3 & 0 & 0 & 83.3 & 0 & 0\\ 0 & -2.31 & -6.94 & 0 & 2.31 & -6.94\\ 0 & 6.94 & 13.9 & 0 & -6.94 & 27.8\end{bmatrix}$$

$$\bar{k}^{\textcircled{2}}=10^{-3}\times\begin{bmatrix}52.5 & 0 & 0 & -52.5 & 0 & 0\\ 0 & 0.58 & 3.47 & 0 & -0.58 & 3.47\\ 0 & 3.47 & 27.8 & 0 & -3.47 & 13.9\\ -52.5 & 0 & 0 & 52.5 & 0 & 0\\ 0 & -0.58 & -3.47 & 0 & 0.58 & -3.47\\ 0 & 3.47 & 13.9 & 0 & -3.47 & 27.8\end{bmatrix}$$

(3) 求整体坐标系下的单元刚度矩阵。

单元①、③($\alpha=90°$)的坐标转换矩阵为

$$T=\left[\begin{array}{ccc|ccc}0 & 1 & 0 & & & \\ -1 & 0 & 0 & & 0 & \\ 0 & 0 & 1 & & & \\ \hline & & & 0 & 1 & 0\\ & 0 & & -1 & 0 & 0\\ & & & 0 & 0 & 1\end{array}\right]$$

转换后单元①、③在整体坐标系下的单元刚度矩阵和单元定位向量分别为

$$k^{\textcircled{1}}=10^{-3}\times\begin{array}{c}\quad1\quad\quad2\quad\quad3\quad\quad0\quad\quad0\quad\quad0\\ \begin{bmatrix}2.31 & 0 & -6.94 & -2.31 & 0 & -6.94\\ 0 & 83.3 & 0 & 0 & -83.3 & 0\\ -6.94 & 0 & 27.8 & 6.94 & 0 & 13.9\\ -2.31 & 0 & 6.94 & 2.31 & 0 & 6.94\\ 0 & -83.3 & 0 & 0 & 83.3 & 0\\ -6.94 & 0 & 13.9 & 6.94 & 0 & 27.8\end{bmatrix}\begin{array}{c}1\\2\\3\\0\\0\\0\end{array}\end{array}$$

$$k^{\textcircled{3}}=10^{-3}\times\begin{array}{c}\quad4\quad\quad5\quad\quad6\quad\quad0\quad\quad0\quad\quad0\\ \begin{bmatrix}2.31 & 0 & -6.94 & -2.31 & 0 & -6.94\\ 0 & 83.3 & 0 & 0 & -83.3 & 0\\ -6.94 & 0 & 27.8 & 6.94 & 0 & 13.9\\ -2.31 & 0 & 6.94 & 2.31 & 0 & 6.94\\ 0 & -83.3 & 0 & 0 & 83.3 & 0\\ -6.94 & 0 & 13.9 & 6.94 & 0 & 27.8\end{bmatrix}\begin{array}{c}4\\5\\6\\0\\0\\0\end{array}\end{array}$$

单元②的局部坐标系与整体坐标系一致,因此没有必要进行转换,其单元定位向量标示如下:

$$\boldsymbol{k}^{②}=\overline{\boldsymbol{k}}^{②}=10^{-3}\times\begin{array}{c}\quad1\qquad\quad2\qquad\quad3\qquad\quad4\qquad\quad5\qquad\quad6\\\begin{bmatrix}52.5 & 0 & 0 & -52.5 & 0 & 0\\0 & 0.58 & 3.47 & 0 & -0.58 & 3.47\\0 & 3.47 & 27.8 & 0 & -3.47 & 13.9\\-52.5 & 0 & 0 & 52.5 & 0 & 0\\0 & -0.58 & -3.47 & 0 & 0.58 & -3.47\\0 & 3.47 & 13.9 & 0 & -3.47 & 27.8\end{bmatrix}\begin{array}{c}1\\2\\3\\4\\5\\6\end{array}$$

(4) 按单元定位向量形成整体刚度矩阵。

该结构的未知量个数是 6，因此整体刚度矩阵是 6 阶的，把编号标于矩阵的两边后，按"对号入座"的方法形成整体刚度矩阵：

$$\boldsymbol{K}=10^{-3}\times\begin{array}{c}\qquad\quad1\qquad\qquad\ 2\qquad\qquad\ \ 3\qquad\qquad4\qquad\qquad\ 5\qquad\qquad\quad6\\\begin{bmatrix}52.5+2.31 & 0 & -6.94 & -52.5 & 0 & 0\\0 & 0.58+83.3 & 3.47 & 0 & -0.58 & 3.47\\-6.94 & 3.47 & 27.8+27.8 & 0 & -3.47 & 13.9\\-52.5 & 0 & 0 & 52.5+2.31 & 0 & -6.94\\0 & -0.58 & -3.47 & 0 & 0.58+83.3 & -3.47\\0 & 3.47 & 13.9 & -6.94 & -3.47 & 27.8+27.8\end{bmatrix}\begin{array}{c}1\\2\\3\\4\\5\\6\end{array}$$

(5) 求荷载列阵。

a. 局部坐标系下的固端力列阵(只有单元①有结间荷载)为

$$\overline{\boldsymbol{F}}_{\mathrm{g}}^{①}=\begin{bmatrix}0\\3\\3\\0\\3\\-3\end{bmatrix}$$

b. 整体坐标系下的固端力列阵(把定位向量标在边上)为

$$\boldsymbol{F}_{\mathrm{g}}^{①}=-\boldsymbol{T}^{\mathrm{T}}\overline{\boldsymbol{F}}_{\mathrm{g}}^{①}=\begin{bmatrix}3\\0\\-3\\3\\0\\3\end{bmatrix}\begin{array}{c}1\\2\\3\\0\\0\\0\end{array}$$

c. 求等效结点荷载列阵。该题的结点未知量个数是 6，因此等效结点荷载列阵是 6 行的。把定位向量标于列阵的边上，按"对号入座"的方法形成等效结点荷载列阵，与编号 4、5、6 对应处没有等效结点荷载，因此填 0。

$$\boldsymbol{F}_{\mathrm{e}}=\begin{bmatrix}3\\0\\-3\\0\\0\\0\end{bmatrix}\begin{array}{c}1\\2\\3\\4\\5\\6\end{array}$$

由于该题没有结点荷载,因此荷载列阵等于等效结点荷载列阵,即 $\boldsymbol{F}_P = \boldsymbol{F}_e$。

(6) 解方程 $\boldsymbol{K\Delta} = \boldsymbol{F}_P$,即

$$10^{-3} \times \begin{bmatrix} 54.81 & 0 & -6.94 & -52.5 & 0 & 0 \\ 0 & 83.88 & 3.47 & 0 & -0.58 & 3.47 \\ -6.94 & 3.47 & 55.6 & 0 & -3.47 & 13.9 \\ -52.5 & 0 & 0 & 54.81 & 0 & -6.94 \\ 0 & -0.58 & -3.47 & 0 & 83.88 & -3.47 \\ 0 & 3.47 & 13.9 & -6.94 & -3.47 & 55.6 \end{bmatrix} \begin{Bmatrix} \mu_1 \\ \upsilon_2 \\ \varphi_3 \\ \mu_4 \\ \upsilon_5 \\ \varphi_6 \end{Bmatrix} = \begin{Bmatrix} 3 \\ 0 \\ -3 \\ 0 \\ 0 \\ 0 \end{Bmatrix}$$

由方程解得结点位移如下:

$$\begin{bmatrix} \mu_1 & \upsilon_2 & \varphi_3 & \mu_4 & \upsilon_5 & \varphi_6 \end{bmatrix}^T = \begin{bmatrix} 847 & -5.13 & 28.4 & 824 & 5.13 & 96.5 \end{bmatrix}^T$$

(7) 求杆端力。

对于单元①,有

$$\boldsymbol{\Delta}^{\textcircled{1}} = \begin{bmatrix} 847 & -5.13 & 28.4 & 0 & 0 & 0 \end{bmatrix}^T$$

$$\overline{\boldsymbol{F}}^{\textcircled{1}} = \overline{\boldsymbol{k}}^{\textcircled{1}} \boldsymbol{T} \boldsymbol{\Delta}^{\textcircled{1}} + \overline{\boldsymbol{F}}_g^{\textcircled{1}}$$

$$= 10^{-3} \times \begin{bmatrix} 83.3 & 0 & 0 & -83.3 & 0 & 0 \\ 0 & 2.31 & 6.94 & 0 & -2.31 & 6.94 \\ 0 & 6.94 & 27.8 & 0 & -6.94 & 13.9 \\ -83.3 & 0 & 0 & 83.3 & 0 & 0 \\ 0 & -2.31 & -6.94 & 0 & 2.31 & -6.94 \\ 0 & 6.94 & 13.9 & 0 & -6.94 & 27.8 \end{bmatrix} \begin{bmatrix} 0 & 1 & 0 & 0 & 0 & 0 \\ -1 & 0 & 0 & 0 & 0 & 0 \\ 0 & 0 & 1 & 0 & 0 & 0 \\ 0 & 0 & 0 & 0 & 1 & 0 \\ 0 & 0 & 0 & -1 & 0 & 0 \\ 0 & 0 & 0 & 0 & 0 & 1 \end{bmatrix}$$

$$\times \begin{bmatrix} 847 \\ -5.13 \\ 28.4 \\ 0 \\ 0 \\ 0 \end{bmatrix} + \begin{bmatrix} 0 \\ 3 \\ 3 \\ 0 \\ 3 \\ -3 \end{bmatrix} = \begin{bmatrix} -0.43 \\ 1.24 \\ -2.09 \\ 0.43 \\ 4.76 \\ -8.49 \end{bmatrix}$$

对于单元②,有

$$\boldsymbol{\Delta}^{\textcircled{2}} = \begin{bmatrix} 847 & -5.13 & 28.4 & 824 & 5.13 & 96.5 \end{bmatrix}^T = \overline{\boldsymbol{\Delta}}^{\textcircled{2}}$$

$$\overline{\boldsymbol{F}}^{\textcircled{2}} = \overline{\boldsymbol{k}}^{\textcircled{2}} \overline{\boldsymbol{\Delta}}^{\textcircled{2}}$$

$$= 10^{-3} \times \begin{bmatrix} 52.5 & 0 & 0 & -52.5 & 0 & 0 \\ 0 & 0.58 & 3.47 & 0 & -0.58 & 3.47 \\ 0 & 3.47 & 27.8 & 0 & -3.47 & 13.9 \\ -52.5 & 0 & 0 & 52.5 & 0 & 0 \\ 0 & -0.58 & -3.47 & 0 & 0.58 & -3.47 \\ 0 & 3.47 & 13.9 & 0 & -3.47 & 27.8 \end{bmatrix} \begin{bmatrix} 847 \\ -5.13 \\ 28.4 \\ 824 \\ 5.13 \\ 96.5 \end{bmatrix} = \begin{bmatrix} 1.24 \\ 0.43 \\ 2.09 \\ -1.24 \\ -0.43 \\ 3.04 \end{bmatrix}$$

对于单元③,有

$$\boldsymbol{\Delta}^{\textcircled{3}} = \begin{bmatrix} 824 & 5.13 & 96.5 & 0 & 0 & 0 \end{bmatrix}^T$$

$$\overline{F}^③ = \overline{k}^③ T \Delta^③$$

$$
=10^{-3} \times
\begin{bmatrix}
83.3 & 0 & 0 & -83.3 & 0 & 0 \\
0 & 2.31 & 6.94 & 0 & -2.31 & 6.94 \\
0 & 6.94 & 27.8 & 0 & -6.94 & 13.9 \\
-83.3 & 0 & 0 & 83.3 & 0 & 0 \\
0 & -2.31 & -6.94 & 0 & 2.31 & -6.94 \\
0 & 6.94 & 13.9 & 0 & -6.94 & 27.8
\end{bmatrix}
\begin{bmatrix}
0 & 1 & 0 & 0 & 0 & 0 \\
-1 & 0 & 0 & 0 & 0 & 0 \\
0 & 0 & 1 & 0 & 0 & 0 \\
0 & 0 & 0 & 0 & 1 & 0 \\
0 & 0 & 0 & -1 & 0 & 0 \\
0 & 0 & 0 & 0 & 0 & 1
\end{bmatrix}
\begin{bmatrix}
824 \\
5.13 \\
96.5 \\
0 \\
0 \\
0
\end{bmatrix}
$$

$$
=
\begin{bmatrix}
0.43 \\
-1.24 \\
-3.04 \\
-0.43 \\
1.24 \\
-4.38
\end{bmatrix}
$$

（8）根据杆端力绘制内力图。M 图、F_Q 图、F_N 图分别如图 9-33(a)、(b)、(c)所示。

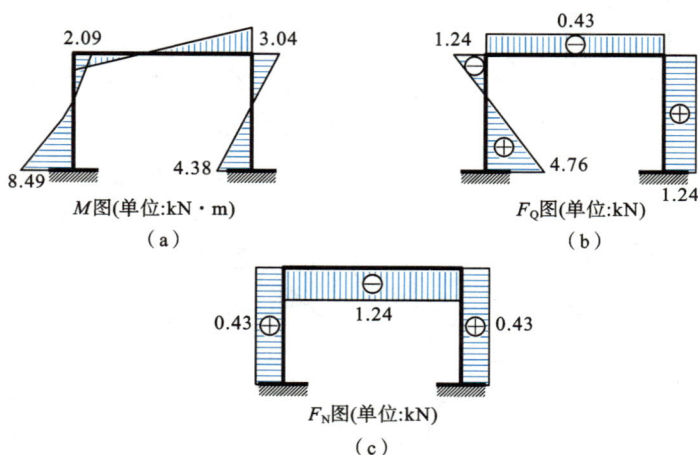

图 9-33

    根据计算结果作内力图时要注意,在矩阵位移法中,轴力与剪力的符号以与局部坐标系一致为正,相反为负。但作内力图时,轴力以受拉为正,受压为负,剪力以使隔离体发生顺时针转动为正。

$$\overline{F}^① = \begin{bmatrix} -0.43 & 1.24 & -2.09 & 0.43 & 4.76 & -8.49 \end{bmatrix}^T$$

$$\overline{F}^② = \begin{bmatrix} 1.24 & 0.43 & 2.09 & -1.24 & -0.43 & 3.04 \end{bmatrix}^T$$

$$\overline{F}^③ = \begin{bmatrix} 0.43 & -1.24 & -3.04 & -0.43 & 1.24 & -4.38 \end{bmatrix}^T$$

9.9　忽略轴向变形时刚架的整体分析

MOOC 视频

    对刚架进行分析时忽略轴向变形,这是在用位移法进行人工计算时常用的办法。在矩阵位移法中如何实施呢? 下面以图 9-23(a)所示刚架为例进行说明。

（1）编号及建立坐标系。

图示刚架计算时若要忽略轴向变形，那么 1、2、3 号结点的竖直方向位移均等于零，且水平方向位移相等，因此结构的总未知量个数是 4，其编号如图 9-34 所示，单元的定位向量为

$$\boldsymbol{\lambda}^{①}=\begin{bmatrix}1 & 0 & 2 & 1 & 0 & 3\end{bmatrix}^{\mathrm{T}}$$
$$\boldsymbol{\lambda}^{②}=\begin{bmatrix}1 & 0 & 2 & 0 & 0 & 0\end{bmatrix}^{\mathrm{T}}$$
$$\boldsymbol{\lambda}^{③}=\begin{bmatrix}1 & 0 & 4 & 0 & 0 & 0\end{bmatrix}^{\mathrm{T}}$$

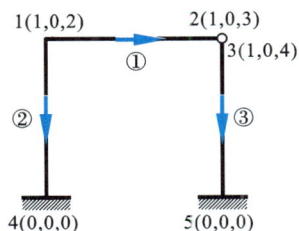

图 9-34

（2）确定整体坐标系下的单元刚度矩阵。

由例 9-10 已求得 3 个单元的整体坐标系下的单元刚度矩阵，只是单元的定位向量有所不同：

$$\boldsymbol{k}^{①}=10^{4}\times\begin{array}{c}\\\begin{bmatrix}300 & 0 & 0 & -300 & 0 & 0\\0 & 12 & 30 & 0 & -12 & 30\\0 & 30 & 100 & 0 & -30 & 50\\-300 & 0 & 0 & 300 & 0 & 0\\0 & -12 & -30 & 0 & 12 & -30\\0 & 30 & 50 & 0 & -30 & 100\end{bmatrix}\begin{matrix}1\\0\\2\\1\\0\\3\end{matrix}\end{array}$$

列标：$1\quad0\quad2\quad1\quad0\quad3$

$$\boldsymbol{k}^{②}=10^{4}\times\begin{bmatrix}12 & 0 & -30 & -12 & 0 & -30\\0 & 300 & 0 & 0 & -300 & 0\\-30 & 0 & 100 & 30 & 0 & 50\\-12 & 0 & 30 & 12 & 0 & 30\\0 & -300 & 0 & 0 & 300 & 0\\-30 & 0 & 50 & 30 & 0 & 100\end{bmatrix}\begin{matrix}1\\0\\2\\0\\0\\0\end{matrix}$$

列标：$1\quad0\quad2\quad0\quad0\quad0$

$$\boldsymbol{k}^{③}=10^{4}\times\begin{bmatrix}12 & 0 & -30 & -12 & 0 & -30\\0 & 300 & 0 & 0 & -300 & 0\\-30 & 0 & 100 & 30 & 0 & 50\\-12 & 0 & 30 & 12 & 0 & 30\\0 & -300 & 0 & 0 & 300 & 0\\-30 & 0 & 50 & 30 & 0 & 100\end{bmatrix}\begin{matrix}1\\0\\4\\0\\0\\0\end{matrix}$$

列标：$1\quad0\quad4\quad0\quad0\quad0$

（3）形成整体刚度矩阵。

此题的未知量个数是 4，因此整体刚度矩阵是 4 阶的，把编号标于矩阵的两边后，按"对号入座"的方法可得到整体刚度矩阵，即

$$\boldsymbol{K}=10^{4}\times\begin{array}{c}\quad1\qquad\quad2\qquad\ 3\quad\ 4\\\begin{bmatrix}0+12+12 & 0-30 & 0 & -30\\0-30 & 100+100 & 50 & 0\\0 & 50 & 100 & 0\\-30 & 0 & 0 & 100\end{bmatrix}\begin{matrix}1\\2\\3\\4\end{matrix}\end{array}=10^{4}\times\begin{bmatrix}24 & -30 & 0 & -30\\-30 & 200 & 50 & 0\\0 & 50 & 100 & 0\\-30 & 0 & 0 & 100\end{bmatrix}$$

也可以对考虑轴向变形的整体刚度矩阵进行修正，把已知位移为 0 的点对应的行和列划掉，把已知位移相等的点对应的行和列相加，这样能得到同样的结果。例如在例 9-10 中得到的不忽略轴向变形的整体刚度矩阵及编号如下：

$$\boldsymbol{K} = 10^4 \times \begin{array}{c} \\ \\ \\ \\ \\ \\ \\ \end{array} \begin{matrix} 1 & 2 & 3 & 4 & 5 & 6 & 7 \\ \begin{bmatrix} 312 & 0 & -30 & -300 & 0 & 0 & 0 \\ 0 & 312 & 30 & 0 & -12 & 30 & 0 \\ -30 & 30 & 200 & 0 & -30 & 50 & 0 \\ -300 & 0 & 0 & 312 & 0 & 0 & -30 \\ 0 & -12 & -30 & 0 & 312 & -30 & 0 \\ 0 & 30 & 50 & 0 & -30 & 100 & 0 \\ 0 & 0 & 0 & -30 & 0 & 0 & 100 \end{bmatrix} & \begin{matrix} 1 \\ 2 \\ 3 \\ 4 \\ 5 \\ 6 \\ 7 \end{matrix} \end{matrix}$$

若要忽略轴向变形,则已知第 2、第 5 行和第 2、第 5 列对应的位移等于零,因此应把第 2、第 5 行和第 2、第 5 列划掉。这是因为未知量为 0 就不会产生相应的影响,对应的列应划掉,而未知量为 0,相应的方程也就不需要了,对应的行要划掉。又已知第 1、第 4 行和第 1、第 4 列对应的位移是相等的,按矩阵计算的原则可知,应把第 1、第 4 列相加,把第 1、第 4 行相加。经这样处理后得到的结果与用前面一种方法得到的是完全相同的。

9.10 桁架结构内力的计算步骤和算例

MOOC 视频

由 9.3 节的讨论知,桁架结构的局部坐标系下的单元刚度矩阵为

$$\bar{\boldsymbol{k}}^{e} = \begin{bmatrix} \dfrac{EA}{L} & 0 & -\dfrac{EA}{L} & 0 \\ 0 & 0 & 0 & 0 \\ -\dfrac{EA}{L} & 0 & \dfrac{EA}{L} & 0 \\ 0 & 0 & 0 & 0 \end{bmatrix}$$

由 9.4 节的讨论知,桁架杆件的坐标转换矩阵为

$$\boldsymbol{T} = \begin{bmatrix} \cos\alpha & \sin\alpha & 0 & 0 \\ -\sin\alpha & \cos\alpha & 0 & 0 \\ 0 & 0 & \cos\alpha & \sin\alpha \\ 0 & 0 & -\sin\alpha & \cos\alpha \end{bmatrix}$$

局部坐标系下的单元刚度方程为

$$\begin{bmatrix} \bar{F}_{x1} \\ \bar{F}_{y1} \\ \bar{F}_{x2} \\ \bar{F}_{y2} \end{bmatrix} = \frac{EA}{L} \begin{bmatrix} 1 & 0 & -1 & 0 \\ 0 & 0 & 0 & 0 \\ -1 & 0 & 1 & 0 \\ 0 & 0 & 0 & 0 \end{bmatrix} \begin{bmatrix} \bar{u}_1 \\ \bar{v}_1 \\ \bar{u}_2 \\ \bar{v}_2 \end{bmatrix}$$

下面以一例题来说明桁架结构内力的计算方法和步骤。

【例 9-16】 求图 9-35(a)所示桁架的内力,杆件的 EA 为常数。

解 (1)编号及建立坐标系,如图 9-35(b)所示。

(2)局部坐标系下的单元刚度矩阵为

$$\bar{\boldsymbol{k}}^{①} = \bar{\boldsymbol{k}}^{②} = \bar{\boldsymbol{k}}^{③} = \bar{\boldsymbol{k}}^{④} = \frac{EA}{l} \begin{bmatrix} 1 & 0 & -1 & 0 \\ 0 & 0 & 0 & 0 \\ -1 & 0 & 1 & 0 \\ 0 & 0 & 0 & 0 \end{bmatrix}$$

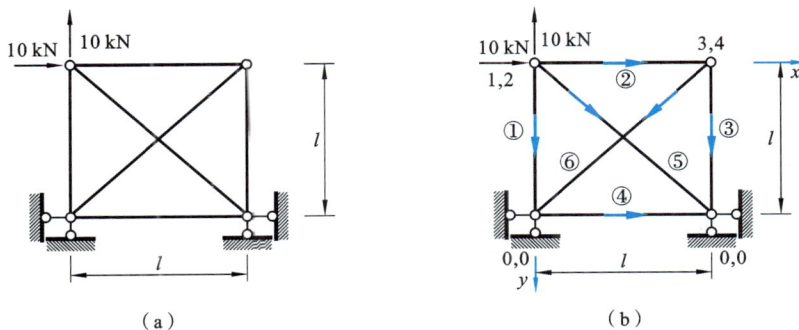

（a）　　　　　　　　　　　　（b）

图 9-35

$$\bar{k}^{⑤}=\bar{k}^{⑥}=\frac{EA}{\sqrt{2}l}\begin{bmatrix}1&0&-1&0\\0&0&0&0\\-1&0&1&0\\0&0&0&0\end{bmatrix}$$

（3）求整体坐标系下的单元刚度矩阵。

对于单元②、④，有

$$\bar{k}^{②}=\bar{k}^{④}=k^{②}=k^{④}$$

$$k^{②}=\frac{EA}{l}\begin{array}{c}\begin{array}{cccc}1&2&3&4\end{array}\\\begin{bmatrix}1&0&-1&0\\0&0&0&0\\-1&0&1&0\\0&0&0&0\end{bmatrix}\begin{array}{c}1\\2\\3\\4\end{array}\end{array},\quad k^{④}=\frac{EA}{l}\begin{array}{c}\begin{array}{cccc}0&0&0&0\end{array}\\\begin{bmatrix}1&0&-1&0\\0&0&0&0\\-1&0&1&0\\0&0&0&0\end{bmatrix}\begin{array}{c}0\\0\\0\\0\end{array}\end{array}$$

对于单元①、③，$\alpha=90°$，有

$$k^{①}=T^{\mathrm{T}}\bar{k}^{①}T=\frac{EA}{l}\begin{array}{c}\begin{array}{cccc}1&2&0&0\end{array}\\\begin{bmatrix}0&0&0&0\\0&1&0&-1\\0&0&0&0\\0&-1&0&1\end{bmatrix}\begin{array}{c}1\\2\\0\\0\end{array}\end{array}$$

$$k^{③}=T^{\mathrm{T}}\bar{k}^{③}T=\frac{EA}{l}\begin{array}{c}\begin{array}{cccc}3&4&0&0\end{array}\\\begin{bmatrix}0&0&0&0\\0&1&0&-1\\0&0&0&0\\0&-1&0&1\end{bmatrix}\begin{array}{c}3\\4\\0\\0\end{array}\end{array}$$

对于单元⑤，$\alpha=45°$，有

$$k^{⑤}=T^{\mathrm{T}}\bar{k}^{⑤}T=\frac{EA}{2\sqrt{2}l}\begin{array}{c}\begin{array}{cccc}1&2&0&0\end{array}\\\begin{bmatrix}1&1&-1&-1\\1&1&-1&-1\\-1&-1&1&1\\-1&-1&1&1\end{bmatrix}\begin{array}{c}1\\2\\0\\0\end{array}\end{array}$$

对于单元⑥，$\alpha=135°$，有

$$k^{⑥} = T^{\mathrm{T}} \bar{k}^{⑥} T = \frac{EA}{2\sqrt{2}l} \begin{bmatrix} 1 & -1 & -1 & 1 \\ -1 & 1 & 1 & -1 \\ -1 & 1 & 1 & -1 \\ 1 & -1 & -1 & 1 \end{bmatrix} \begin{matrix} 3 \\ 4 \\ 0 \\ 0 \end{matrix}$$

（4）形成整体刚度矩阵。

该结构的未知量个数是 4，因此整体刚度矩阵是 4 阶的，把编号标于矩阵的两边，按"对号入座"的方法即可求出整体刚度矩阵。

$$K = \frac{EA}{l} \times \begin{bmatrix} 1.35 & 0.35 & -1 & 0 \\ 0.35 & 1.35 & 0 & 0 \\ -1 & 0 & 1.35 & -0.35 \\ 0 & 0 & -0.35 & 1.35 \end{bmatrix} \begin{matrix} 1 \\ 2 \\ 3 \\ 4 \end{matrix}$$

（5）求结点荷载列阵，并把编号标于边上，即

$$F_{\mathrm{j}} = \begin{bmatrix} 10 & -10 & 0 & 0 \end{bmatrix}^{\mathrm{T}}$$

（6）解方程

$$\frac{EA}{l} \times \begin{bmatrix} 1.35 & 0.35 & -1 & 0 \\ 0.35 & 1.35 & 0 & 0 \\ -1 & 0 & 1.35 & -0.35 \\ 0 & 0 & -0.35 & 1.35 \end{bmatrix} \begin{bmatrix} \mu_1 \\ \upsilon_2 \\ \mu_3 \\ \upsilon_4 \end{bmatrix} = \begin{bmatrix} 10 \\ -10 \\ 0 \\ 0 \end{bmatrix}$$

得

$$\begin{bmatrix} \mu_1 \\ \upsilon_2 \\ \mu_3 \\ \upsilon_4 \end{bmatrix} = \begin{bmatrix} 26.94 \\ -14.42 \\ 21.36 \\ 5.58 \end{bmatrix} \times \frac{l}{EA}$$

（7）计算杆端力，有

$$\bar{F}^{①} = \bar{k}^{①} T \Delta^{①} = \begin{bmatrix} 1 & 0 & -1 & 0 \\ 0 & 0 & 0 & 0 \\ -1 & 0 & 1 & 0 \\ 0 & 0 & 0 & 0 \end{bmatrix} \begin{bmatrix} 0 & 1 & 0 & 0 \\ -1 & 0 & 0 & 0 \\ 0 & 0 & 0 & 1 \\ 0 & 0 & -1 & 0 \end{bmatrix} \begin{bmatrix} 26.94 \\ -14.42 \\ 0 \\ 0 \end{bmatrix} = \begin{bmatrix} -14.42 \\ 0 \\ 14.42 \\ 0 \end{bmatrix}$$

$$\bar{F}^{②} = \bar{k}^{②} T \Delta^{②} = \begin{bmatrix} 1 & 0 & -1 & 0 \\ 0 & 0 & 0 & 0 \\ -1 & 0 & 1 & 0 \\ 0 & 0 & 0 & 0 \end{bmatrix} \begin{bmatrix} 1 & 0 & 0 & 0 \\ 0 & 1 & 0 & 0 \\ 0 & 0 & 1 & 0 \\ 0 & 0 & 0 & 1 \end{bmatrix} \begin{bmatrix} 26.94 \\ -14.42 \\ 21.36 \\ 5.58 \end{bmatrix} = \begin{bmatrix} 5.58 \\ 0 \\ -5.58 \\ 0 \end{bmatrix}$$

其他杆件的计算略。

9.11 其他结构内力的计算

1. 组合结构内力的计算

组合结构中杆件的类型有两种，一种是受弯杆件（两端固定单元），另一种

是轴力杆件（桁架杆件）。因此单元刚度矩阵要按不同的形式写，同时编号也要有所区别。刚结点有 3 个位移，应编 3 个号；与轴力杆对应的铰结点有 2 个位移，应编 2 个号。下面以一例题说明具体的计算方法。

【例 9-17】　请求出图 9-36(a)所示组合结构的整体刚度方程。

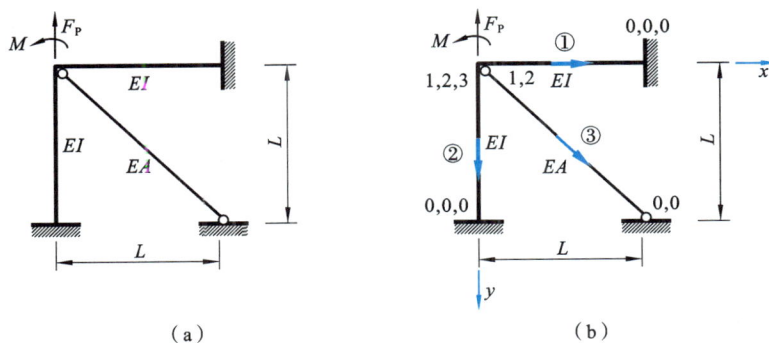

图 9-36

解　(1) 编号并建立坐标系，如图 9-36(b)所示。

(2) 写出局部坐标系下的单元刚度矩阵。

$$\bar{k}^{①}=\bar{k}^{②}=\begin{bmatrix} \dfrac{EA}{L} & 0 & 0 & -\dfrac{EA}{L} & 0 & 0 \\ 0 & \dfrac{12EI}{L^3} & \dfrac{6EI}{L^2} & 0 & \dfrac{-12EI}{L^3} & \dfrac{6EI}{L^2} \\ 0 & \dfrac{6EI}{L^2} & \dfrac{4EI}{L} & 0 & \dfrac{-6EI}{L^2} & \dfrac{2EI}{L} \\ \dfrac{-EA}{L} & 0 & 0 & \dfrac{EA}{L} & 0 & 0 \\ 0 & \dfrac{-12EI}{L^3} & \dfrac{-6EI}{L^2} & 0 & \dfrac{12EI}{L^3} & \dfrac{-6EI}{L^2} \\ 0 & \dfrac{6EI}{L^2} & \dfrac{2EI}{L} & 0 & \dfrac{-6EI}{L^2} & \dfrac{4EI}{L} \end{bmatrix}$$

$$\bar{k}^{③}=\frac{EA}{\sqrt{2}l}\begin{bmatrix} 1 & 0 & -1 & 0 \\ 0 & 0 & 0 & 0 \\ -1 & 0 & 1 & 0 \\ 0 & 0 & 0 & 0 \end{bmatrix}$$

(3) 写出整体坐标系下的单元刚度矩阵。

单元①的整体坐标系与局部坐标系一致，因此有
$$k^{①}=\bar{k}^{①}$$

定位向量为
$$\lambda^{①}=\begin{bmatrix}1 & 2 & 3 & 0 & 0 & 0\end{bmatrix}^{\mathrm{T}}$$

单元②整体坐标轴与局部坐标轴的夹角 $\alpha=90°$，因此有

$$\boldsymbol{k}^{②}=\boldsymbol{T}^{\mathrm{T}}\bar{\boldsymbol{k}}^{②}\boldsymbol{T}=\begin{bmatrix}\dfrac{12EI}{L^3} & 0 & -\dfrac{6EL}{L^2} & -\dfrac{12EI}{L^3} & 0 & -\dfrac{6EI}{L^2}\\ 0 & \dfrac{EA}{L} & 0 & 0 & -\dfrac{EA}{L} & 0\\ -\dfrac{6EI}{L^2} & 0 & \dfrac{4EI}{L} & \dfrac{6EL}{L^2} & 0 & \dfrac{2EI}{L}\\ -\dfrac{12EL}{L^3} & 0 & \dfrac{6EI}{L^2} & \dfrac{12EI}{L^3} & 0 & \dfrac{6EI}{L^2}\\ 0 & -\dfrac{EA}{L} & 0 & 0 & \dfrac{EA}{L} & 0\\ -\dfrac{6EI}{L^2} & 0 & \dfrac{2EI}{L} & \dfrac{6EI}{L^2} & 0 & \dfrac{4EI}{L}\end{bmatrix}$$

定位向量为

$$\boldsymbol{\lambda}^{②}=\begin{bmatrix}1 & 2 & 3 & 0 & 0 & 0\end{bmatrix}^{\mathrm{T}}$$

单元③整体坐标轴与局部坐标轴的夹角 $\alpha=45°$,因此有

$$\boldsymbol{k}^{③}=\boldsymbol{T}\bar{\boldsymbol{k}}^{③}\boldsymbol{T}^{\mathrm{T}}=\dfrac{EA}{2\sqrt{2}L}\begin{bmatrix}1 & 1 & -1 & -1\\ 1 & 1 & -1 & -1\\ -1 & -1 & 1 & 1\\ -1 & -1 & 1 & 1\end{bmatrix}$$

定位向量为

$$\boldsymbol{\lambda}^{③}=\begin{bmatrix}1 & 2 & 0 & 0\end{bmatrix}^{\mathrm{T}}$$

(4) 按定位向量形成的整体刚度矩阵为

$$\boldsymbol{K}=\begin{bmatrix}\dfrac{EA}{L}+\dfrac{12EI}{L^3}+\dfrac{EA}{2\sqrt{2}L} & \dfrac{EA}{2\sqrt{2}L} & -\dfrac{6EI}{L^2}\\ \dfrac{EA}{2\sqrt{2}L} & \dfrac{12EI}{L^3}+\dfrac{EA}{L}+\dfrac{EA}{2\sqrt{2}L} & \dfrac{6EI}{L^2}\\ -\dfrac{6EI}{L^2} & \dfrac{6EI}{L^2} & \dfrac{8EI}{L}\end{bmatrix}$$

(5) 确定结点荷载列阵为

$$\boldsymbol{F}_{\mathrm{j}}=\begin{bmatrix}0 & -F_{\mathrm{P}} & -M\end{bmatrix}^{\mathrm{T}}$$

(6) 确定结点位移列阵为

$$\boldsymbol{\Delta}=\begin{bmatrix}\mu_1 & \upsilon_2 & \varphi_3\end{bmatrix}^{\mathrm{T}}$$

(7) 确定结构的整体刚度方程为

$$\begin{bmatrix}\dfrac{EA}{L}+\dfrac{12EI}{L^3}+\dfrac{EA}{2\sqrt{2}L} & \dfrac{EA}{2\sqrt{2}L} & -\dfrac{6EI}{L^2}\\ \dfrac{EA}{2\sqrt{2}L} & \dfrac{12EI}{L^3}+\dfrac{EA}{L}+\dfrac{EA}{2\sqrt{2}L} & \dfrac{6EI}{L^2}\\ -\dfrac{6EI}{L^2} & \dfrac{6EI}{L^2}+0 & \dfrac{8EI}{L}\end{bmatrix}\begin{bmatrix}\mu_1\\ \upsilon_2\\ \varphi_3\end{bmatrix}=\begin{bmatrix}0\\ -F_{\mathrm{P}}\\ -M\end{bmatrix}$$

2. 排架结构内力的计算

排架结构与前面介绍的组合结构类似,只是它的轴力杆的 EA 是无穷大的。下面结合例

题进行介绍。

【例 9-18】　求出图 9-37(a)所示排架结构的整体刚度矩阵。

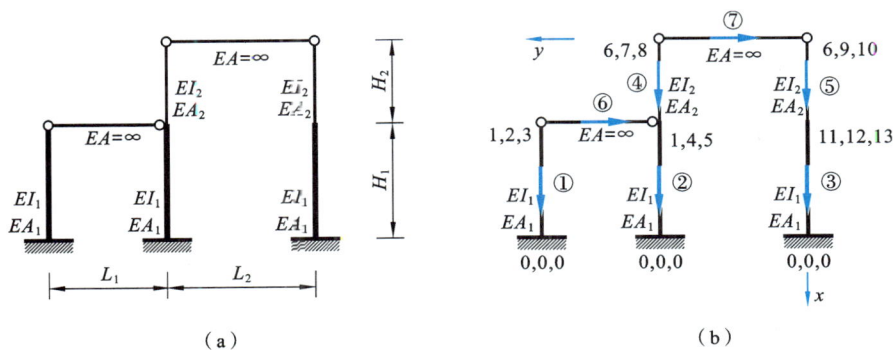

图 9-37

解　(1) 编号并建立坐标系,如图 9-37(b)所示。由于单元⑥的 EA 为无穷大,因此该单元两端结点的水平方向位移相等。同理,单元⑦两端结点的水平方向位移也应相等。另外单元⑥、单元⑦的 EA 为无穷大,没有必要参与计算,因此也就没有必要为这两个单元两端的结点编号。

(2) 写出单元的刚度矩阵。由于单元①～⑤的局部坐标系与整体坐标系一致,因此有

$$\bar{\boldsymbol{k}}^{①}=\bar{\boldsymbol{k}}^{②}=\bar{\boldsymbol{k}}^{③}=\boldsymbol{k}^{①}=\boldsymbol{k}^{②}=\boldsymbol{k}^{③}$$

$$=\begin{bmatrix} \dfrac{EA_1}{H_1} & 0 & 0 & -\dfrac{EA_1}{H_1} & 0 & 0 \\[2mm] 0 & \dfrac{12EI_1}{H_1^3} & \dfrac{6EI_1}{H_1^2} & 0 & -\dfrac{12EI_1}{H_1^3} & \dfrac{6EI_1}{H_1^2} \\[2mm] 0 & \dfrac{6EI_1}{H_1^2} & \dfrac{4EI_1}{H_1} & 0 & -\dfrac{6EI_1}{H_1^2} & \dfrac{2EI_1}{H_1} \\[2mm] -\dfrac{EA_1}{H_1} & 0 & 0 & \dfrac{EA_1}{H_1} & 0 & 0 \\[2mm] 0 & -\dfrac{12EI_1}{H_1^3} & -\dfrac{6EI_1}{H_1^2} & 0 & \dfrac{12EI_1}{H_1^3} & -\dfrac{6EI_1}{H_1^2} \\[2mm] 0 & \dfrac{6EI_1}{H_1^2} & \dfrac{2EI_1}{H_1} & 0 & -\dfrac{6EI_1}{H_1^2} & \dfrac{4EI_1}{H_1} \end{bmatrix}$$

单元①的定位向量为

$$\boldsymbol{\lambda}^{①}=\begin{bmatrix} 1 & 2 & 3 & 0 & 0 & 0 \end{bmatrix}^{\mathrm{T}}$$

单元②的定位向量为

$$\boldsymbol{\lambda}^{②}=\begin{bmatrix} 1 & 4 & 5 & 0 & 0 & 0 \end{bmatrix}^{\mathrm{T}}$$

单元③的定位向量为

$$\boldsymbol{\lambda}^{③}=\begin{bmatrix} 11 & 12 & 13 & 0 & 0 & 0 \end{bmatrix}^{\mathrm{T}}$$

$$\bar{\boldsymbol{k}}^{④}=\bar{\boldsymbol{k}}^{⑤}=\boldsymbol{k}^{④}=\boldsymbol{k}^{⑤}$$

$$
=\begin{bmatrix}
\frac{EA_2}{H_2} & 0 & 0 & -\frac{EA_2}{H_2} & 0 & 0 \\
0 & \frac{12EI_2}{H_2^3} & \frac{6EI_2}{H_2^2} & 0 & -\frac{12EI_2}{H_2^3} & \frac{6EI_2}{H_2^2} \\
0 & \frac{6EI_2}{H_2^2} & \frac{4EI_2}{H_2} & 0 & -\frac{6EI_2}{H_2^2} & \frac{2EI_2}{H_2} \\
-\frac{EA_2}{H_2} & 0 & 0 & \frac{EA_2}{H_2} & 0 & 0 \\
0 & -\frac{12EI_2}{H_2^3} & -\frac{6EI_2}{H_2^2} & 0 & \frac{12EI_2}{H_2^3} & -\frac{6EI_2}{H_2^2} \\
0 & \frac{6EI_2}{H_2^2} & \frac{2EI_2}{H_2} & 0 & -\frac{6EI_2}{H_2^2} & \frac{4EI_2}{H_2}
\end{bmatrix}
$$

单元④的定位向量为

$$\boldsymbol{\lambda}^{④}=[6\quad 7\quad 8\quad 1\quad 4\quad 5]^{\mathrm{T}}$$

单元⑤的定位向量为

$$\boldsymbol{\lambda}^{⑤}=[6\quad 9\quad 10\quad 11\quad 12\quad 13]^{\mathrm{T}}$$

(3) 形成整体刚度矩阵。

该题的未知量个数是 13,因此整体刚度矩阵是 13 阶的,按对号入座的方式形成整体刚度矩阵如下:

$$
\boldsymbol{K}=\begin{bmatrix}
\frac{EA_1}{H_1}+\frac{EA_1}{H_1}+\frac{EA_2}{H_2} & 0 & 0 & 0 & 0 & -\frac{EA_2}{H_2} & 0 & 0 & 0 & 0 & 0 & 0 & 0 \\
0 & \frac{12EI_1}{H_1^3} & \frac{6EI_1}{H_1^2} & 0 & 0 & 0 & 0 & 0 & 0 & 0 & 0 & 0 & 0 \\
0 & \frac{6EI_1}{H_1^2} & \frac{4EI_1}{H_1} & 0 & 0 & 0 & 0 & 0 & 0 & 0 & 0 & 0 & 0 \\
0 & 0 & 0 & \frac{12EI_1}{H_1^3}+\frac{12EI_2}{H_2^3} & \frac{6EI_1}{H_1^2}-\frac{6EI_2}{H_2^2} & 0 & -\frac{12EI_2}{H_2^3} & -\frac{6EI_2}{H_2^2} & 0 & 0 & 0 & 0 & 0 \\
0 & 0 & 0 & \frac{6EI_1}{H_1^2}-\frac{6EI_2}{H_2^2} & \frac{4EI_1}{H_1}+\frac{4EI_2}{H_2} & 0 & \frac{6EI_2}{H_2^2} & \frac{2EI_2}{H_2} & 0 & 0 & 0 & 0 & 0 \\
-\frac{EA_2}{H_2} & 0 & 0 & 0 & 0 & \frac{EA_2}{H_2}+\frac{EA_2}{H_2} & 0 & 0 & 0 & 0 & -\frac{EA_2}{H_2} & 0 & 0 \\
0 & 0 & 0 & -\frac{12EI_2}{H_2^3} & \frac{6EI_2}{H_2^2} & 0 & \frac{12EI_2}{H_2^3} & \frac{6EI_2}{H_2^2} & 0 & 0 & 0 & 0 & 0 \\
0 & 0 & 0 & -\frac{6EI_2}{H_2^2} & \frac{2EI_2}{H_2} & 0 & \frac{6EI_2}{H_2^2} & \frac{4EI_2}{H_2} & 0 & 0 & 0 & 0 & 0 \\
0 & 0 & 0 & 0 & 0 & 0 & 0 & 0 & \frac{12EI_2}{H_2^3} & \frac{6EI_2}{H_2^2} & 0 & -\frac{12EI_2}{H_2^3} & \frac{6EI_2}{H_2^2} \\
0 & 0 & 0 & 0 & 0 & 0 & 0 & 0 & \frac{6EI_2}{H_2^2} & \frac{4EI_2}{H_2} & 0 & -\frac{6EI_2}{H_2^2} & \frac{2EI_2}{H_2} \\
0 & 0 & 0 & 0 & 0 & -\frac{EA_2}{H_2} & 0 & 0 & 0 & 0 & \frac{EA_1}{H_1}+\frac{EA_2}{H_2} & 0 & 0 \\
0 & 0 & 0 & 0 & 0 & 0 & 0 & 0 & -\frac{12EI_2}{H_2^3} & -\frac{6EI_2}{H_2^2} & 0 & \frac{12EI_1}{H_1^3}+\frac{12EI_2}{H_2^3} & \frac{6EI_1}{H_1^2}-\frac{6EI_2}{H_2^2} \\
0 & 0 & 0 & 0 & 0 & 0 & 0 & 0 & \frac{6EI_2}{H_2^2} & \frac{2EI_2}{H_2} & 0 & \frac{6EI_1}{H_1^2}-\frac{6EI_2}{H_2^2} & \frac{4EI_1}{H_1}+\frac{4EI_2}{H_2}
\end{bmatrix}
$$

MOOC 视频

3. 有支座位移结构内力的计算

对于有支座位移结构,可把支座位移当作广义荷载求等效结点荷载。下面以例 9-19 来做说明。

【例 9-19】　例 9-5 中,图 9-38(a)所示的结构发生了如图 9-38(a)所示的支座位移,请求出结构的整体刚度方程。

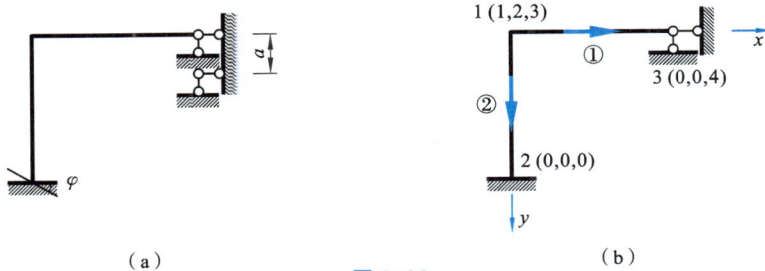

（a）　　　　　　　　　图 9-38　　　　　　　　（b）

解　(1)编号并建立坐标系,如图 9-38(b)所示。

(2)写出局部坐标系下的单元刚度矩阵。

(3)写出整体坐标系下的单元刚度矩阵。

以上三步与例 9-5 完全相同,不再重复。

(4)形成结构的整体刚度矩阵。

这一步与例 9-9 完全相同。整体刚度矩阵为

$$\boldsymbol{K}=10^4\times\begin{bmatrix}312 & 0 & -30 & 0\\ 0 & 312 & 30 & 30\\ -30 & 30 & 200 & 50\\ 0 & 30 & 50 & 100\end{bmatrix}$$

(5)求等效结点荷载列阵。

a. 求出单元①、②的局部坐标系下的固端力列阵,分别如图 9-39(a)、(b)所示。

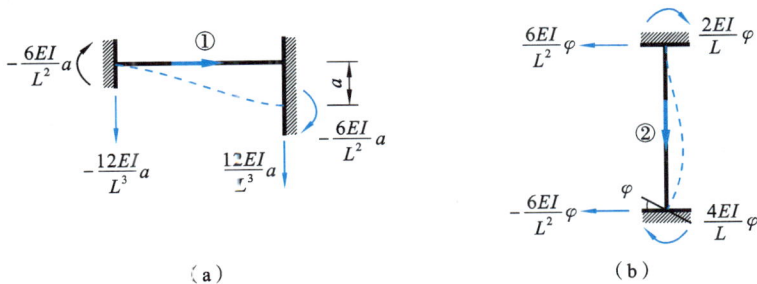

（a）　　　　　　　　　　　　　　　（b）

图 9-39

$$\boldsymbol{\overline{F}}_{\mathrm{g}}^{①}=\begin{bmatrix}0\\ -\dfrac{12EI}{L^3}a\\ -\dfrac{6EI}{L^2}a\\ 0\\ \dfrac{12EI}{L^3}a\\ -\dfrac{6EI}{L^2}a\end{bmatrix},\quad \boldsymbol{\overline{F}}_{\mathrm{g}}^{②}=\begin{bmatrix}0\\ \dfrac{6EI}{L^2}\varphi\\ \dfrac{2EI}{L}\varphi\\ 0\\ -\dfrac{6EI}{L^2}\varphi\\ \dfrac{4EI}{L}\varphi\end{bmatrix}$$

b. 求出单元①、②的整体坐标系下的固端力列阵。

单元①的局部坐标系与整体坐标系一致,因此有

$$\boldsymbol{F}_{\mathrm{g}}^{①} = -\overline{\boldsymbol{F}}_{\mathrm{g}}^{①} = \begin{bmatrix} 0 \\ \dfrac{12EI}{L^3}a \\ \dfrac{6EI}{L^2}a \\ 0 \\ -\dfrac{12EI}{L^3}a \\ \dfrac{6EI}{L^2}a \end{bmatrix}$$

单元①的定位向量为

$$\boldsymbol{\lambda}^{①} = \begin{bmatrix} 1 & 2 & 3 & 0 & 0 & 4 \end{bmatrix}^{\mathrm{T}}$$

单元②的局部坐标轴与整体坐标轴的夹角为 $\alpha = 90°$,因此有

$$\boldsymbol{F}_{\mathrm{g}}^{②} = -\boldsymbol{T}^{\mathrm{T}}\overline{\boldsymbol{F}}_{\mathrm{g}}^{②} = \begin{bmatrix} \dfrac{6EI}{L^2}\varphi \\ 0 \\ -\dfrac{2EI}{L}\varphi \\ 0 \\ -\dfrac{6EI}{L^2}\varphi \\ -\dfrac{4EI}{L}\varphi \end{bmatrix}$$

单元②的定位向量为

$$\boldsymbol{\lambda}^{②} = \begin{bmatrix} 1 & 2 & 3 & 0 & 0 & 0 \end{bmatrix}^{\mathrm{T}}$$

c. 求出等效结点荷载列阵。

等效结点荷载列阵应该是 4 行的,即

$$\boldsymbol{F}_{\mathrm{e}} = \begin{bmatrix} \dfrac{6EI}{L^2}\varphi \\ \dfrac{12EI}{L^3}a \\ \dfrac{6EI}{L^2}a - \dfrac{2EI}{L}\varphi \\ \dfrac{6EI}{L^2}a \end{bmatrix} \begin{matrix} 1 \\ 2 \\ 3 \\ 4 \end{matrix} = \begin{bmatrix} 30\varphi \\ 12a \\ 30a - 50\varphi \\ 30a \end{bmatrix}$$

(6) 求出整体刚度方程如下:

$$10^4 \times \begin{bmatrix} 312 & 0 & -30 & 0 \\ 0 & 312 & 30 & 30 \\ -30 & 30 & 200 & 50 \\ 0 & 30 & 50 & 100 \end{bmatrix} \begin{bmatrix} \mu_1 \\ \upsilon_2 \\ \varphi_3 \\ \varphi_4 \end{bmatrix} = \begin{bmatrix} 30\varphi \\ 12a \\ 30a - 50\varphi \\ 30a \end{bmatrix}$$

4. 有弹簧支座结构内力的计算

下面结合例题讲解有弹簧支座结构内力的计算。

【例 9-20】　求出图 9-40(a)所示有弹簧支座结构的整体刚度矩阵。各杆的 $EI=1500\ \mathrm{kN \cdot m^2}$，弹簧的刚度系数 $k=650\ \mathrm{kN/m}$，不考虑轴向变形。

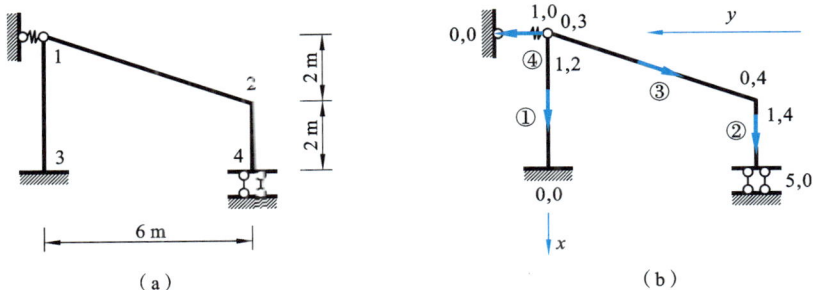

图 9-40

解　(1) 编号并建立坐标系,如图 9-40(b)所示。其中把弹簧作为轴力杆单元,编号为④。该结构的结点位移:结点 1 的为 μ_1、φ_2、φ_3,结点 2 的为 φ_4,支座 4 的为 μ_5。由于忽略轴向变形,对受弯杆件的杆端就只编 2 个号,即与轴向变形相关的号就不编了。各单元的定位向量如下:

$$\boldsymbol{\lambda}^{\textcircled{1}}=\begin{bmatrix}1\\2\\0\\0\end{bmatrix},\quad \boldsymbol{\lambda}^{\textcircled{2}}=\begin{bmatrix}1\\4\\5\\0\end{bmatrix},\quad \boldsymbol{\lambda}^{\textcircled{3}}=\begin{bmatrix}0\\3\\0\\4\end{bmatrix},\quad \boldsymbol{\lambda}^{\textcircled{4}}=\begin{bmatrix}1\\0\\0\\0\end{bmatrix}$$

需要进一步说明的是:对于单元③,μ_1 只使其发生平移,不会产生内力;对于单元④(弹簧),使它产生轴力的是 μ_1;按图 9-40(b)所示方式设置整体坐标系可使单元①、②不需要进行坐标变换。

(2) 确定各杆件的单元刚度矩阵。

对于受弯杆件,由于忽略轴向变形,因此在写单元刚度矩阵时,可事先把第 1、第 4 行和第 1、第 4 列划去,因此单元刚度矩阵是 4 阶的。

单元①的局部坐标系与整体坐标系一致,因此有

$$\boldsymbol{k}^{\textcircled{1}}=\bar{\boldsymbol{k}}^{\textcircled{1}}=\begin{bmatrix}281.25 & 562.5 & -281.25 & 562.5\\562.5 & 1500 & -562.5 & 750\\-281.25 & -562.5 & 281.25 & -562.5\\562.58 & 750 & -562.5 & 1500\end{bmatrix}\begin{matrix}1\\2\\0\\0\end{matrix}$$
$$\begin{matrix}1 & 2 & 0 & 0\end{matrix}$$

把与编号 0 对应的行和列划去后得

$$\boldsymbol{k}^{\textcircled{1}}=\begin{bmatrix}281.25 & 562.5\\562.5 & 1500\end{bmatrix}\begin{matrix}1\\2\end{matrix}$$
$$\begin{matrix}1 & 2\end{matrix}$$

单元②的局部坐标系与整体坐标系一致,因此有

$$\boldsymbol{k}^{\textcircled{2}}=\bar{\boldsymbol{k}}^{\textcircled{2}}=\begin{bmatrix}2250 & 2250 & -2250 & 2250\\2250 & 3000 & -2250 & 1500\\-2250 & -2250 & 2250 & -2250\\2250 & 1500 & -2250 & 3000\end{bmatrix}\begin{matrix}1\\4\\5\\0\end{matrix}$$
$$\begin{matrix}1 & 4 & 5 & 0\end{matrix}$$

把与编号 0 对应的行和列划去后得

$$\boldsymbol{k}^{②} = \begin{bmatrix} 2250 & 2250 & -2250 \\ 2250 & 3000 & -2250 \\ -2250 & -2250 & 2250 \end{bmatrix} \begin{matrix} 1 \\ 4 \\ 5 \end{matrix}$$
$$\phantom{\boldsymbol{k}^{②} = }\begin{matrix} 1 & \ \ 4 & \ \ 5 \end{matrix}$$

单元③的局部坐标系与整体坐标系不一致，但如前所述，其定位向量是 $\boldsymbol{\lambda}^{③} = [0\ 3\ 0\ 4]^{\mathrm{T}}$，对其产生影响的是两端的转角位移 φ_3、φ_4，而转角位移是不需要进行坐标转换的，因此有

$$\boldsymbol{k}^{③} = \begin{bmatrix} \dfrac{4EI}{L} & \dfrac{2EI}{L} \\ \dfrac{2EI}{L} & \dfrac{4EI}{L} \end{bmatrix} = \begin{bmatrix} 948.68 & 474.34 \\ 474.34 & 948.68 \end{bmatrix} \begin{matrix} 3 \\ 4 \end{matrix}$$
$$\phantom{\boldsymbol{k}^{③} = }\begin{matrix} 3 & \ \ \ 4 \end{matrix}$$

单元④可看作轴力杆件，k 就是其轴向刚度，因此有

$$\boldsymbol{k}^{④} = \begin{bmatrix} 650 & 0 & -650 & 0 \\ 0 & 0 & 0 & 0 \\ -650 & 0 & 650 & 0 \\ 0 & 0 & 0 & 0 \end{bmatrix} \begin{matrix} 1 \\ 0 \\ 0 \\ 0 \end{matrix}$$
$$\phantom{\boldsymbol{k}^{④} = }\begin{matrix} 1 & \ 0 & \ \ 0 & \ 0 \end{matrix}$$

把与编号 0 对应的行和列划去后得

$$\boldsymbol{k}^{④} = \begin{bmatrix} 650 \end{bmatrix} \begin{matrix} 1 \end{matrix}$$
$$\phantom{\boldsymbol{k}^{④} = }\begin{matrix} 1 \end{matrix}$$

（3）形成结构的整体刚度矩阵。

该结构的未知量个数是 5，因此整体刚度矩阵应该是 5 阶的。按"对号入座"的方法可得整体刚度矩阵如下：

$$\boldsymbol{K} = \begin{bmatrix} 3181.25 & 562.5 & 0 & 2250 & -2250 \\ 562.5 & 1500 & 0 & 0 & 0 \\ 0 & 0 & 949.37 & 474.68 & 0 \\ 2250 & 0 & 474.68 & 3949.37 & -2250 \\ -2250 & 0 & 0 & -2250 & 2250 \end{bmatrix}$$

5. 用后处理法编号计算

前面介绍了两种编号方法：先处理法和后处理法。在具体例题计算时用的都是先处理法，下面结合一道例题将后处理法的具体操作方法做一介绍。

【例 9-21】 用后处理法计算图 9-41(a)所示结构，分别考虑轴向变形和不考虑轴向变形。

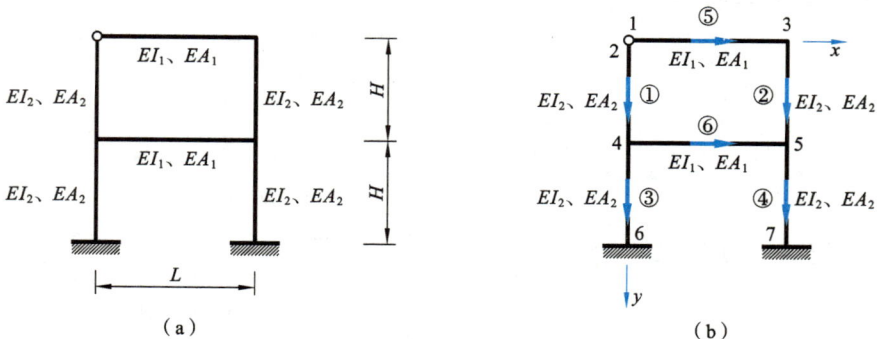

图 9-41

解　1) 考虑轴向变形

(1) 编号并建立坐标系,如图 9-41(b)所示。各单元矩阵子块的定位向量如下:

$$\boldsymbol{\lambda}^{①}=\begin{bmatrix}2\\4\end{bmatrix},\quad \boldsymbol{\lambda}^{②}=\begin{bmatrix}3\\5\end{bmatrix},\quad \boldsymbol{\lambda}^{③}=\begin{bmatrix}4\\6\end{bmatrix},\quad \boldsymbol{\lambda}^{④}=\begin{bmatrix}5\\7\end{bmatrix},\quad \boldsymbol{\lambda}^{⑤}=\begin{bmatrix}1\\3\end{bmatrix},\quad \boldsymbol{\lambda}^{⑥}=\begin{bmatrix}4\\5\end{bmatrix}$$

(2) 确定局部坐标系下的单元刚度矩阵。

单元①~④在局部坐标系下的单元刚度矩阵如下:

$$\bar{\boldsymbol{k}}^{①}=\bar{\boldsymbol{k}}^{②}=\bar{\boldsymbol{k}}^{③}=\bar{\boldsymbol{k}}^{④}=\begin{bmatrix}\dfrac{EA_2}{H}&0&0&-\dfrac{EA_2}{H}&0&0\\[2mm]0&\dfrac{12EI_2}{H^3}&\dfrac{6EI_2}{H^2}&0&-\dfrac{12EI_2}{H^3}&\dfrac{6EI_2}{H^2}\\[2mm]0&\dfrac{6EI_2}{H^2}&\dfrac{4EI_2}{H}&0&-\dfrac{6EI_2}{H^2}&\dfrac{2EI_2}{H}\\[2mm]-\dfrac{EA_2}{H}&0&0&\dfrac{EA_2}{H}&0&0\\[2mm]0&-\dfrac{12EI_2}{H^3}&-\dfrac{6EI_2}{H^2}&0&\dfrac{12EI_2}{H^3}&-\dfrac{6EI_2}{H^2}\\[2mm]0&\dfrac{6EI_2}{H^2}&\dfrac{2EI_2}{H}&0&-\dfrac{6EI_2}{H^2}&\dfrac{4EI_2}{H}\end{bmatrix}$$

单元⑤、⑥在局部坐标系下的单元刚度矩阵如下:

$$\bar{\boldsymbol{k}}^{⑤}=\bar{\boldsymbol{k}}^{⑥}=\begin{bmatrix}\dfrac{EA_1}{L}&0&0&-\dfrac{EA_1}{L}&0&0\\[2mm]0&\dfrac{12EI_1}{L^3}&\dfrac{6EI_1}{L^2}&0&-\dfrac{12EI_1}{L^3}&\dfrac{6EI_1}{L^2}\\[2mm]0&\dfrac{6EI_1}{L^2}&\dfrac{4EI_1}{L}&0&-\dfrac{6EI_1}{L^2}&\dfrac{2EI_1}{L}\\[2mm]-\dfrac{EA_1}{L}&0&0&\dfrac{EA_1}{L}&0&0\\[2mm]0&-\dfrac{12EI_1}{L^3}&-\dfrac{6EI_1}{L^2}&0&\dfrac{12EI_1}{L^3}&-\dfrac{6EI_1}{L^2}\\[2mm]0&\dfrac{6EI_1}{L^2}&\dfrac{2EI_1}{L}&0&-\dfrac{6EI_1}{L^2}&\dfrac{4EI_1}{L}\end{bmatrix}$$

(3) 确定整体坐标系下的单元刚度矩阵。

单元①~④的整体坐标系与局部坐标系的夹角 $\alpha=90°$,因此有

$$\boldsymbol{k}^{①}=\boldsymbol{T}^{\mathrm{T}}\bar{\boldsymbol{k}}^{①}\boldsymbol{T}=\boldsymbol{k}^{②}=\boldsymbol{k}^{③}=\boldsymbol{k}^{④}$$

$$=\begin{bmatrix}\dfrac{12EI_2}{H^3}&0&-\dfrac{6EI_2}{H^2}&-\dfrac{12EI_2}{H^3}&0&-\dfrac{6EI_2}{H^2}\\[2mm]0&\dfrac{EA_2}{H}&0&0&-\dfrac{EA_2}{H}&0\\[2mm]-\dfrac{6EI_2}{H^2}&0&\dfrac{4EI_2}{H}&\dfrac{6EI_2}{H^2}&0&\dfrac{2EI_2}{H}\\[2mm]-\dfrac{12EI_2}{H^3}&0&\dfrac{6EI_2}{H^2}&\dfrac{12EI_2}{H^3}&0&\dfrac{6EI_2}{H^2}\\[2mm]0&-\dfrac{EA_2}{H}&0&0&\dfrac{EA_2}{H}&0\\[2mm]-\dfrac{6EI_2}{H^2}&0&\dfrac{2EI_2}{H}&\dfrac{6EI_2}{H^2}&0&\dfrac{4EI_2}{H}\end{bmatrix}$$

$$= \begin{bmatrix} k_{22}^{①} & k_{24}^{①} \\ k_{42}^{①} & k_{44}^{①} \end{bmatrix} = \begin{bmatrix} k_{33}^{②} & k_{35}^{②} \\ k_{53}^{②} & k_{55}^{②} \end{bmatrix} = \begin{bmatrix} k_{44}^{③} & k_{46}^{③} \\ k_{64}^{③} & k_{66}^{③} \end{bmatrix} = \begin{bmatrix} k_{55}^{④} & k_{57}^{④} \\ k_{75}^{④} & k_{77}^{④} \end{bmatrix}$$

由于整体刚度矩阵的阶数太大,不易表达,因此把整体坐标系下的单元刚度矩阵分成了 4 个子块,每个子块用 k 表示,其上标代表单元号,下标代表其在整体坐标系中的定位向量。

单元⑤、⑥局部坐标系与整体坐标系一致,因此不需转换,即

$$k^{⑤} = \bar{k}^{⑤} = k^{⑥} = \left[\begin{array}{ccc:ccc} \dfrac{EA_1}{L} & 0 & 0 & -\dfrac{EA_1}{L} & 0 & 0 \\[2mm] 0 & \dfrac{12EI_1}{L^3} & \dfrac{6EI_1}{L^2} & 0 & -\dfrac{12EI_1}{L^3} & \dfrac{6EI_1}{L^2} \\[2mm] 0 & \dfrac{6EI_1}{L^2} & \dfrac{4EI_1}{L} & 0 & -\dfrac{6EI_1}{L^2} & \dfrac{2EI_1}{L} \\[2mm] \hdashline -\dfrac{EA_1}{L} & 0 & 0 & \dfrac{EA_1}{L} & 0 & 0 \\[2mm] 0 & -\dfrac{12EI_1}{L^3} & -\dfrac{6EI_1}{L^2} & 0 & \dfrac{12EI_1}{L^3} & -\dfrac{6EI_1}{L^2} \\[2mm] 0 & \dfrac{6EI_1}{L^2} & \dfrac{2EI_1}{L} & 0 & -\dfrac{6EI_1}{L^2} & \dfrac{4EI_1}{L} \end{array}\right]$$

$$= \begin{bmatrix} k_{11}^{⑤} & k_{13}^{⑤} \\ k_{31}^{⑤} & k_{33}^{⑤} \end{bmatrix} = \begin{bmatrix} k_{44}^{⑥} & k_{45}^{⑥} \\ k_{54}^{⑥} & k_{55}^{⑥} \end{bmatrix}$$

(4) 形成结构的整体刚度矩阵。

a. 同样按"对号入座"的方法确定整体刚度矩阵,但区别是按子块进行"搬家",具体如下:

$$K' = \begin{bmatrix} k_{11}^{⑤} & 0 & k_{13}^{⑤} & 0 & 0 & 0 & 0 \\ 0 & k_{22}^{①} & 0 & k_{24}^{①} & 0 & 0 & 0 \\ k_{31}^{⑤} & 0 & k_{33}^{②}+k_{33}^{⑤} & 0 & k_{35}^{②} & 0 & 0 \\ 0 & k_{42}^{①} & 0 & k_{44}^{①}+k_{44}^{③}+k_{44}^{⑥} & k_{45}^{⑥} & k_{46}^{③} & 0 \\ 0 & 0 & k_{53}^{②} & k_{54}^{⑥} & k_{55}^{②}+k_{55}^{④}+k_{55}^{⑥} & 0 & k_{57}^{④} \\ 0 & 0 & 0 & k_{64}^{③} & 0 & k_{66}^{③} & 0 \\ 0 & 0 & 0 & 0 & k_{75}^{④} & 0 & k_{77}^{④} \end{bmatrix}$$

由于还没有对支座约束和铰结点进行处理,所以这时的整体刚度矩阵用 K' 来表示。由于每个子块是 3 阶的,因此这一步得到的 K' 是 21 阶矩阵。

b. 对支座约束进行处理。

把支座位移为零的行和列划掉。本例中的 6、7 号子块所对应的支座位移全为零,因此应把与之对应的行和列划掉。处理后的 K' 是 15 阶的:

$$K' = \begin{bmatrix} k_{11}^{⑤} & 0 & k_{13}^{⑤} & 0 & 0 \\ 0 & k_{22}^{①} & 0 & k_{24}^{①} & 0 \\ k_{31}^{⑤} & 0 & k_{33}^{②}+k_{33}^{⑤} & 0 & k_{35}^{②} \\ 0 & k_{42}^{①} & 0 & k_{44}^{①}+k_{44}^{③}+k_{44}^{⑥} & k_{45}^{⑥} \\ 0 & 0 & k_{53}^{②} & k_{54}^{⑥} & k_{55}^{②}+k_{55}^{④}+k_{55}^{⑥} \end{bmatrix}$$

$$= \begin{bmatrix}
\frac{EA_1}{L} & 0 & 0 & 0 & 0 & 0 & -\frac{EA_1}{L} & 0 & 0 & 0 & 0 & 0 & 0 & 0 & 0 \\[4pt]
0 & \frac{12EI_1}{L^3} & \frac{6EI_1}{L^2} & 0 & 0 & 0 & 0 & -\frac{12EI_1}{L^3} & \frac{6EI_1}{L^2} & 0 & 0 & 0 & 0 & 0 & 0 \\[4pt]
0 & \frac{6EI_1}{L^2} & \frac{4EI_1}{L} & 0 & 0 & 0 & 0 & -\frac{6EI_1}{L^2} & \frac{2EI_1}{L} & 0 & 0 & 0 & 0 & 0 & 0 \\[4pt]
0 & 0 & 0 & \frac{12EI_2}{H^3} & 0 & -\frac{6EI_2}{H^2} & 0 & 0 & 0 & -\frac{12EI_2}{H^3} & 0 & -\frac{6EI_2}{H^2} & 0 & 0 & 0 \\[4pt]
0 & 0 & 0 & 0 & \frac{EA_2}{H} & 0 & 0 & 0 & 0 & 0 & -\frac{EA_2}{H} & 0 & 0 & 0 & 0 \\[4pt]
0 & 0 & 0 & -\frac{6EI_2}{H^2} & 0 & \frac{4EI_2}{H} & 0 & 0 & 0 & \frac{6EI_2}{H^2} & 0 & \frac{2EI_2}{H} & 0 & 0 & 0 \\[4pt]
-\frac{EA_1}{L} & 0 & 0 & 0 & 0 & 0 & \frac{EA_1}{L}+\frac{12EI_2}{H^3} & 0 & -\frac{6EI_2}{H^2} & 0 & 0 & 0 & -\frac{12EI_2}{H^3} & 0 & -\frac{6EI_2}{H^2} \\[4pt]
0 & -\frac{12EI_1}{L^3} & -\frac{6EI_1}{L^2} & 0 & 0 & 0 & 0 & \frac{12EI_1}{L^3}+\frac{EA_2}{H} & -\frac{6EI_1}{L^2} & 0 & 0 & 0 & 0 & -\frac{EA_2}{H} & 0 \\[4pt]
0 & \frac{6EI_1}{L^2} & \frac{2EI_1}{L} & 0 & 0 & 0 & -\frac{6EI_2}{H^2} & -\frac{6EI_1}{L^2} & \frac{4EI_1}{L}+\frac{4EI_2}{H} & 0 & 0 & 0 & \frac{6EI_2}{H^2} & 0 & \frac{2EI_2}{H} \\[4pt]
0 & 0 & 0 & -\frac{12EI_2}{H^3} & 0 & 0 & 0 & 0 & 0 & \frac{EA_1}{L}+\frac{12EI_2}{H^3} & 0 & 0 & -\frac{EA_1}{L} & 0 & 0 \\[4pt]
0 & 0 & 0 & 0 & -\frac{EA_2}{H} & 0 & 0 & 0 & 0 & 0 & \frac{12EI_1}{L^3}+\frac{2EA_2}{H} & \frac{6EI_1}{L^2} & 0 & -\frac{12EI_1}{L^3} & \frac{6EI_1}{L^2} \\[4pt]
0 & 0 & 0 & -\frac{6EI_2}{H^2} & 0 & \frac{2EI_2}{H} & 0 & 0 & 0 & 0 & \frac{6EI_1}{L^2} & \frac{8EI_2}{H}+\frac{4EI_1}{L} & 0 & -\frac{6EI_1}{L^2} & \frac{2EI_1}{L} \\[4pt]
0 & 0 & 0 & -\frac{12EI_2}{H^3} & 0 & \frac{6EI_2}{H^2} & -\frac{EA_1}{L} & 0 & 0 & 0 & 0 & 0 & \frac{24EI_2}{H^3}+\frac{EA_1}{L} & 0 & 0 \\[4pt]
0 & 0 & 0 & 0 & -\frac{EA_2}{H} & 0 & 0 & 0 & 0 & -\frac{12EI_1}{L^3} & -\frac{6EI_1}{L^2} & 0 & \frac{12EI_1}{L^3}+\frac{2EA_2}{H} & -\frac{6EI_1}{L^2} \\[4pt]
0 & 0 & 0 & 0 & 0 & -\frac{6EI_2}{H^2} & 0 & \frac{2EI_2}{H} & 0 & \frac{6EI_1}{L^2} & \frac{2EI_1}{L} & 0 & -\frac{6EI_1}{L^2} & \frac{8EI_2}{H}+\frac{4EI_1}{L} \\
\end{bmatrix}$$

c. 对铰结点进行处理。

本例与铰结点对应的编号是 1、2,两者的水平方向位移、竖直方向位移都是相等的。因此按矩阵的计算原则,K' 中的第 1 行与第 4 行、第 1 列与第 4 列应相加,第 2 行与第 5 行、第 2 列与第 5 列应相加。按此处理后的刚度矩阵是 13 阶矩阵,用 K 表示。

$$K = \begin{bmatrix}
\frac{EA_1}{L}+\frac{12EI_2}{H^3} & 0 & 0 & -\frac{6EI_2}{H^2} & -\frac{EA_1}{L} & 0 & 0 & -\frac{12EI_2}{H^3} & 0 & -\frac{6EI_2}{H^2} & 0 & 0 & 0 \\[4pt]
0 & \frac{12EI_1}{L^3}+\frac{EA_2}{H} & \frac{6EI_1}{L^2} & 0 & 0 & -\frac{12EI_1}{L^3} & \frac{6EI_1}{L^2} & 0 & -\frac{EA_2}{H} & 0 & 0 & 0 & 0 \\[4pt]
0 & \frac{6EI_1}{L^2} & \frac{4EI_1}{L} & 0 & 0 & -\frac{6EI_1}{L^2} & \frac{2EI_1}{L} & 0 & 0 & 0 & 0 & 0 & 0 \\[4pt]
-\frac{6EI_2}{H^2} & 0 & 0 & \frac{4EI_2}{H} & 0 & 0 & 0 & \frac{6EI_2}{H^2} & 0 & \frac{2EI_2}{H} & 0 & 0 & 0 \\[4pt]
-\frac{EA_1}{L} & 0 & 0 & 0 & \frac{EA_1}{L}+\frac{12EI_2}{H^3} & 0 & -\frac{6EI_2}{H^2} & 0 & 0 & 0 & -\frac{12EI_2}{H^3} & 0 & -\frac{6EI_2}{H^2} \\[4pt]
0 & -\frac{12EI_1}{L^3} & -\frac{6EI_1}{L^2} & 0 & 0 & \frac{12EI_1}{L^3}+\frac{EA_2}{H} & -\frac{6EI_1}{L^2} & 0 & 0 & 0 & 0 & -\frac{EA_2}{H} & 0 \\[4pt]
0 & \frac{6EI_1}{L^2} & \frac{2EI_1}{L} & 0 & -\frac{6EI_2}{H^2} & -\frac{6EI_1}{L^2} & \frac{4EI_1}{L}+\frac{4EI_2}{H} & 0 & 0 & 0 & \frac{6EI_2}{H^2} & 0 & \frac{2EI_2}{H} \\[4pt]
-\frac{12EI_2}{H^3} & 0 & 0 & \frac{6EI_2}{H^2} & 0 & 0 & 0 & \frac{EA_1}{L}+\frac{12EI_2}{H^3} & 0 & 0 & -\frac{EA_1}{L} & 0 & 0 \\[4pt]
0 & -\frac{EA_2}{H} & 0 & 0 & 0 & 0 & 0 & 0 & \frac{12EI_1}{L^3}+\frac{2EA_2}{H} & \frac{6EI_1}{L^2} & 0 & -\frac{12EI_1}{L^3} & \frac{6EI_1}{L^2} \\[4pt]
-\frac{6EI_2}{H^2} & 0 & 0 & \frac{2EI_2}{H} & 0 & 0 & 0 & 0 & \frac{6EI_1}{L^2} & \frac{8EI_2}{H}+\frac{4EI_1}{L} & 0 & -\frac{6EI_1}{L^2} & \frac{2EI_1}{L} \\[4pt]
0 & 0 & 0 & 0 & -\frac{12EI_2}{H^3} & 0 & \frac{6EI_2}{H^2} & -\frac{EA_1}{L} & 0 & 0 & \frac{24EI_2}{H^3}+\frac{EA_1}{L} & 0 & 0 \\[4pt]
0 & 0 & 0 & 0 & 0 & -\frac{EA_2}{H} & 0 & 0 & -\frac{12EI_1}{L^3} & -\frac{6EI_1}{L^2} & 0 & \frac{12EI_1}{L^3}+\frac{2EA_2}{H} & -\frac{6EI_1}{L^2} \\[4pt]
0 & 0 & 0 & 0 & 0 & 0 & -\frac{6EI_2}{H^2} & 0 & \frac{6EI_1}{L^2} & \frac{2EI_1}{L} & 0 & -\frac{6EI_1}{L^2} & \frac{8EI_2}{H}+\frac{4EI_1}{L} \\
\end{bmatrix}$$

2) 忽略轴向变形

在上述考虑轴向变形的整体刚度矩阵 K 的基础上按如下步骤做进一步的处理:

（1）结点 1、3、4、5 的竖直方向位移等于零，因此应把第 2、第 6、第 9、第 12 行和第 2、第 6、第 9、第 12 列划去，剩下的矩阵是 9 阶矩阵。

（2）由于 1 号与 3 号结点的水平位移相等，因此应把第 1 行与第 5 行相加，把第 1 列与第 5 列相加。由于结点 4、5 的水平位移相等，同样应把第 8 行与第 11 行相加，把第 8 列与第 11 列相加。

最后得到的整体刚度矩阵应该是 7 阶矩阵，即

$$
\boldsymbol{K} = \begin{bmatrix}
\dfrac{24EI_2}{H^3} & 0 & -\dfrac{6EI_2}{H^2} & -\dfrac{6EI_2}{H^2} & -\dfrac{24EI_2}{H^3} & -\dfrac{6EI_2}{H^2} & -\dfrac{6EI_2}{H^2} \\
0 & \dfrac{4EI_1}{L} & 0 & \dfrac{2EI_1}{L} & 0 & 0 & 0 \\
-\dfrac{6EI_2}{H^2} & 0 & \dfrac{4EI_2}{H} & 0 & \dfrac{6EI_2}{H^2} & \dfrac{2EI_2}{H} & 0 \\
-\dfrac{6EI_2}{H^2} & \dfrac{2EI_1}{L} & 0 & \dfrac{4EI_1}{L}+\dfrac{4EI_2}{H} & -\dfrac{6EI_2}{H^2} & 0 & \dfrac{2EI_2}{H} \\
-\dfrac{24EI_2}{H^3} & 0 & \dfrac{6EI_2}{H^2} & -\dfrac{6EI_2}{H^2} & \dfrac{36EI_2}{H^3} & 0 & 0 \\
-\dfrac{6EI_2}{H^2} & 0 & \dfrac{2EI_2}{H} & 0 & 0 & \dfrac{8EI_2}{H}+\dfrac{4EI_1}{L} & \dfrac{2EI_1}{L} \\
-\dfrac{6EI_2}{H^2} & 0 & 0 & \dfrac{2EI_2}{H} & 0 & \dfrac{2EI_1}{L} & \dfrac{8EI_2}{H}+\dfrac{4EI_1}{L}
\end{bmatrix}
$$

思政元素

思 考 题

9-1 从计算步骤来看，矩阵位移法与传统的位移法有何异同？

9-2 单元定位向量是由什么组成的？它的用处是什么？

9-3 为什么要建立局部坐标系和整体坐标系？

9-4 局部坐标系下的单元刚度矩阵是如何推导的？

9-5 如何计算整体标系下的单元刚度矩阵？

9-6 整体刚度方程和位移法基本方程是否一回事？它们有什么关系？

9-7 为什么连续梁的整体刚度矩阵是稀疏矩阵？

9-8 刚架中有铰结点时应该如何处理？

9-9 试比较按前处理法和后处理法拼装整体刚度矩阵的区别。

9-10 试总结等效结点荷载的求解思路。

9-11 试总结矩阵位移法的计算步骤。

9-12 刚架计算中忽略轴向变形的影响时，对单元定位向量应做哪些改变？

9-13 桁架结构的单元刚度矩阵和单元定位向量有何特点？

9-14 组合结构的单元定位向量有何特点？

9-15 当结构支座发生移动时，如何得到其等效结点荷载列阵？

9-16 如果结构中有弹性支座，应该如何形成其刚度矩阵？

习 题

9-1 请给图示结构编号(分别用先处理法和后处理法)并建立坐标系。

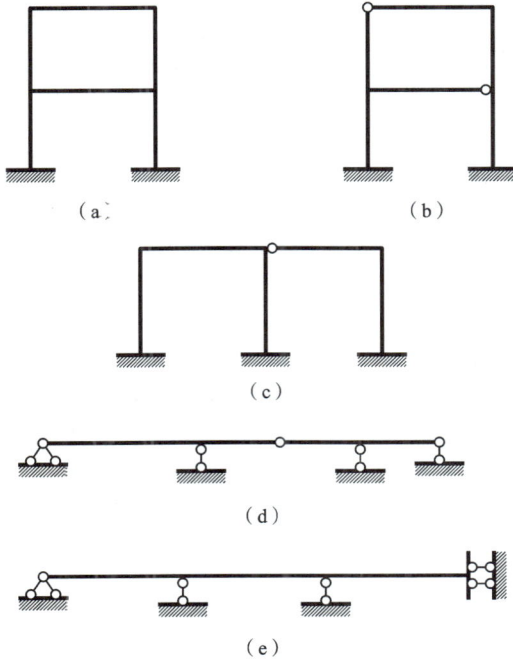

题 9-1 图

9-2　试求图示连续梁的整体刚度矩阵。

9-3　试求图示刚架的整体刚度矩阵。

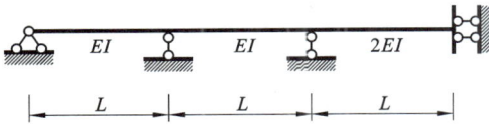

题 9-2 图

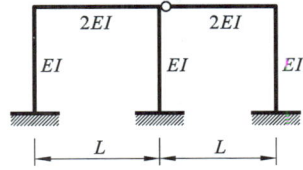

题 9-3 图

9-4　试求图示桁架结构的整体刚度矩阵,所有杆件的 EA 均相同。

9-5　试求图示排架结构的整体刚度矩阵。

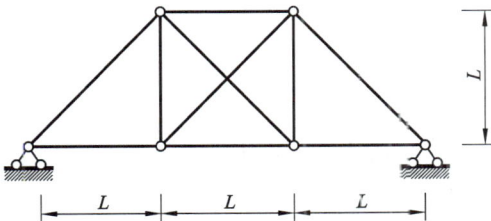

题 9-4 图

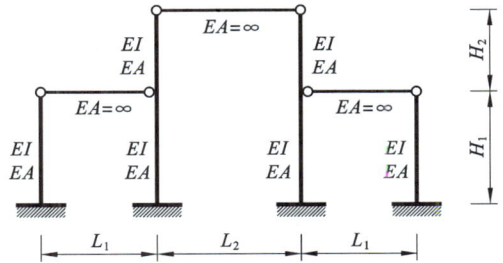

题 9-5 图

9-6　试求图示组合结构的整体刚度矩阵。

9-7　试利用结构的对称性求图示结构的等效结点荷载。

9-8　试利用结构的对称性求图示结构的等效结点荷载。

9-9　试求图示结构的等效结点荷载。

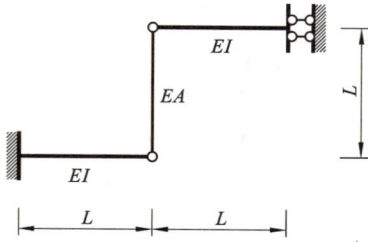

题 9-6 图

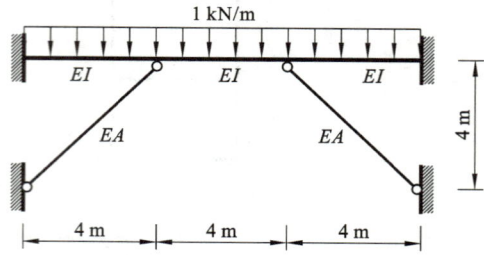

题 9-7 图

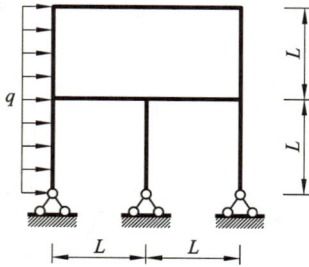

题 9-8 图

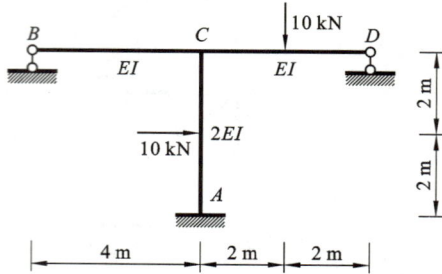

题 9-9 图

9-10 试求出图示结构的荷载列阵。

9-11 试求出图示结构的荷载列阵,请分别用先处理法和后处理法进行编号。

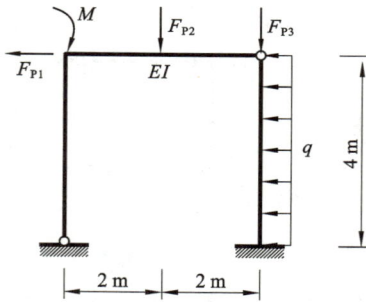

题 9-10 图

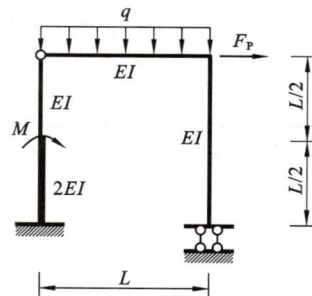

题 9-11 图

9-12 试求图示结构的荷载列阵,考虑轴向变形。

9-13 试求图示结构的荷载列阵。

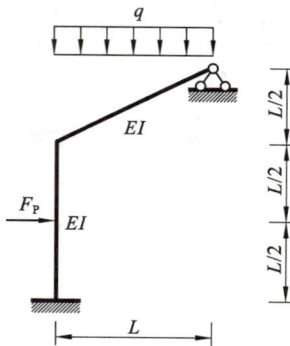

题 9-12 图

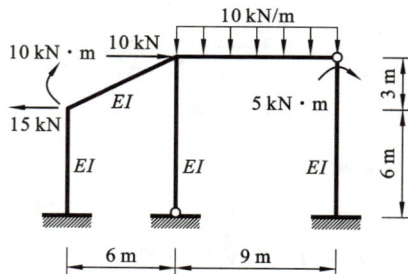

题 9-13 图

9-14 图示连续梁中间支座发生了向下的移动 a，试求出其整体刚度方程。

9-15 试求出图示连续梁的整体刚度方程。

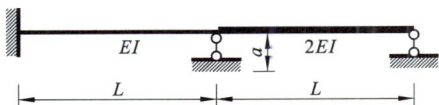

题 9-14 图

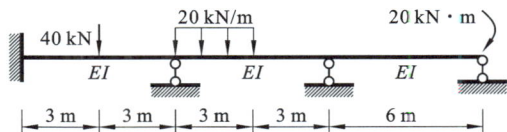

题 9-15 图

9-16 试求图示连续梁的整体刚度矩阵。

9-17 图示结构发生了支座移动，试求出其整体刚度方程。

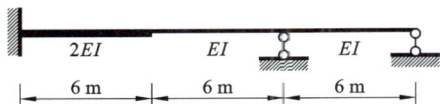

题 9-16 图

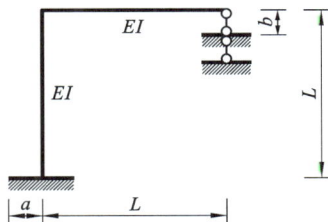

题 9-17 图

9-18 已知图示梁 B 点的 v_B、φ_B 和 C 点的 φ_C，试求出单元杆端力的列阵。

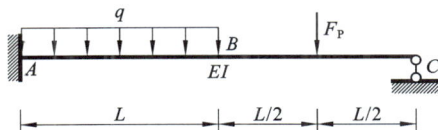

题 9-18 图

9-19 图示结构温度发生了变化，已知材料的线膨胀系数为 α，材料的截面高度为 h，试求出整体刚度方程。杆件的 EI、EA 均相同。

9-20 图示结构温度发生了变化，已知材料的线膨胀系数为 α，材料的截面高度为 h，试求出其整体刚度方程。

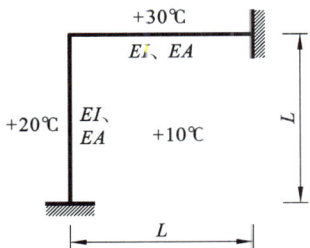

题 9-19 图

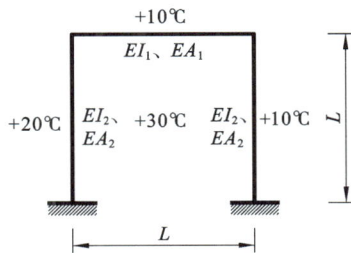

题 9-20 图

9-21 试求题 9-3 图所示刚架的整体刚度矩阵，忽略轴向变形。

9-22 试求题 9-10 图所示结构的整体刚度矩阵，用后处理法编号。

9-23 试求出图示梁的整体刚度方程，弹簧的刚度系数为 k。

9-24 试求出图示结构的整体刚度方程，忽略轴向变形，弹簧刚度系数为 k。

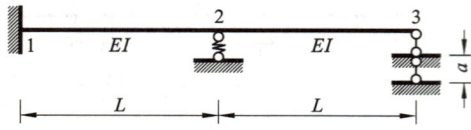

题 9-23 图

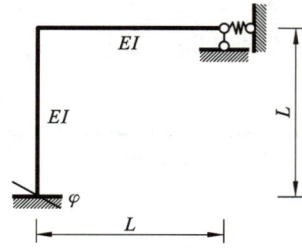

题 9-24 图

本章习题参考答案

第 10 章
结构的动力计算

结构动力学着重研究结构对动荷载的响应(如位移和内力等的时间历程),以便确定结构的承载能力和动力学特性,或为改善结构的性能提供依据。结构动力学既是土木结构抗震、抗风设计的基础,也是结构振动控制的理论依据。

10.1　概述

1. 动力计算的特点

前面各章讨论的都是结构在静荷载作用下的计算,现在进一步研究动荷载对结构的影响。所谓静荷载是指施力过程比较缓慢,不致使结构产生显著的加速度,因而可以略去惯性力影响的荷载。在静荷载的作用下,结构处于平衡状态,荷载的大小、方向、作用点及由它引起的结构的内力、位移等各种量值都不随时间的变化而变化。反之,若荷载作用会使结构产生不容忽视的加速度,因而必须考虑惯性力的影响,该荷载即为动荷载。所谓动荷载,是指荷载的大小、方向和作用位置随时间的变化而变化的荷载。如果单纯从荷载本身性质来看,严格说来,绝大多数实际荷载都应属于动荷载。如果从荷载对结构所产生的影响来看,也有一种动荷载虽然随时间在变,但是变得很慢,荷载对结构所产生的影响与静荷载相比相差甚微,因此,这种荷载也可看作静荷载。这里荷载变化的快与慢是与结构的固有周期相比较而言的,换句话说,确定一种随时间改变的荷载是否为动荷载,必须将其本身的特征与结构的动力特性结合起来考虑。

动力计算与静力计算的主要差别就在于是否考虑惯性力的影响。例如,图 10-1(a)所示的简支梁承受一静荷载 F_P 作用,则它的弯矩、剪力及挠曲线形状直接依赖于给定的荷载,而且可根据力的平衡原理由 F_P 求得。另一方面,如果图10-1(b)所示的荷载 $F_P(t)$ 是动态的,则梁产生的位移将与加速度有联系,而这些加速度又产生与所加荷载方向相反的惯性力。于是,图 10-1(b)所示梁的弯矩和剪力不仅要平衡外荷载,而且还要平衡梁的加速度所引起的惯性力。

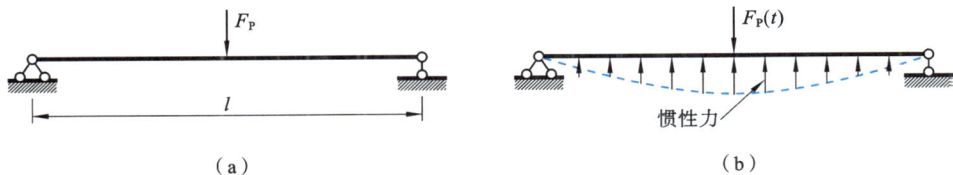

（a）　　　　　　　　　　（b）

图 10-1

2. 动荷载的分类

在实际工程中,动荷载按时间的变化规律来分,可分为确定性荷载和非确定性荷载。

1) 确定性荷载

如果荷载的变化是时间的确定性函数,则称此类荷载为确定性荷载。经常碰到的确定性荷载有简谐荷载、冲击荷载和突加荷载等。

简谐荷载是一种随时间呈周期性变化的荷载(见图 10-2(a)),如按正弦或余弦函数规律变化的荷载。机器转动时产生的荷载即为简谐荷载。图 10-2(b)所示为一般简谐荷载。

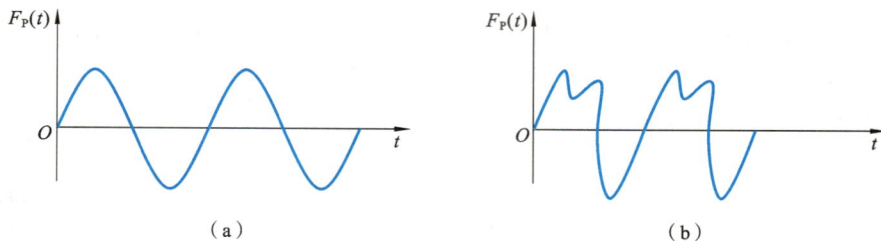

图 10-2

冲击荷载是一种非周期性荷载,其特点是荷载的大小在极短的时间内有较大的变化,如图 10-3(a)所示的阶跃脉冲、图 10-3(b)所示的三角形脉冲荷载。打桩机的桩锤对桩的冲击、车轮对轨道接头处的撞击等都属于冲击荷载。

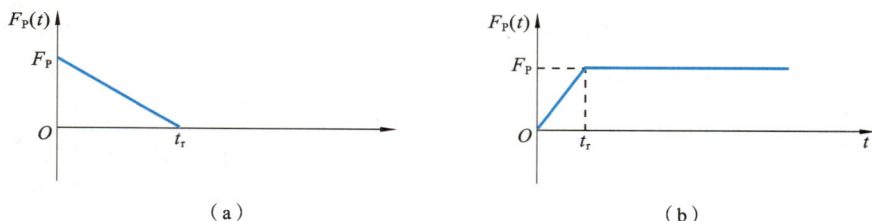

图 10-3

突加荷载是在一瞬间施加于结构并继续留在结构上的荷载,荷载值在很长的时间内保持不变,如起重机吊重物时所产生的荷载(见图 10-4)。

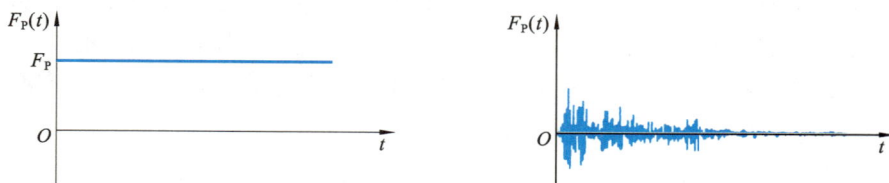

图 10-4　　　　　　　　　　图 10-5

2) 非确定性荷载

如果荷载随时间的变化不能用确定的函数来描述,则称此类荷载为非确定性荷载。随机荷载是一种非确定性荷载,例如,地震、风和波浪等造成的荷载。图 10-5 所示为地震作用随时间的变化曲线。结构在随机荷载下的响应分析,称为结构的随机振动分析。有关随机振动的内容,感兴趣的读者可参阅相关书籍。本章仅介绍确定性荷载的作用。

3. 结构动力学的研究内容

结构动力学的研究内容包括理论研究和实验研究两个方面。

1）理论研究

结构动力学的理论研究主要涉及如下四类问题。

第一类问题：系统识别问题（反问题），如图 10-6 所示。

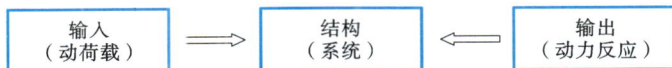

思政元素

图 10-6

第二类问题：反应分析问题（结构动力计算，正问题），如图 10-7 所示。

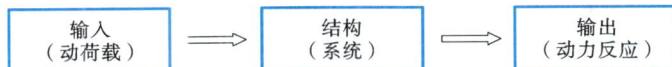

图 10-7

第三类问题：荷载识别问题（反问题），如图 10-8 所示。

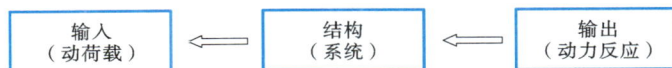

图 10-8

第四类问题：结构的振动控制问题，如图 10-9 所示。

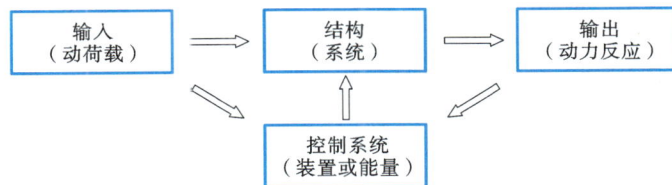

图 10-9

2）实验研究

结构动力学的实验研究主要涉及材料性能的测定（如结构阻尼比的测定）、结构动力相似模型的研究、结构固有振动特性的测定（自振周期和振型）、振动环境实验（现场或实验室模拟振动环境，检验结构在振动环境中的可靠性）等。

10.2　动力自由度

结构系统的动力计算和静力计算一样，也需要选择计算简图。因为要考虑质量的惯性力，所以必须明确结构的质量分布情况，并分析质量可能产生的位移。在结构系统运动的任一时刻，确定其全部质量位置所需的独立几何参变量的个数，称为系统的动力自由度。

实际结构的质量都是连续分布的，因此，它们都是无限自由度系统。按无限自由度计算一般都很复杂，有时也没有必要，特别在实践中处理比较复杂的结构动力学问题时，人们更乐于

使用离散数学模型的方法。目前常用的具体的离散化方法有以下三种。

1. 集中质量法

这是一种最简单且最直观的离散化方法,根据结构的构造特点和在动荷载作用下的变形运动形式,把体系连续分布质量离散成有限个集中质量(实际上是质点)。本章只讨论平面结构振动,为了进一步减少振动的自由度数,在结构受弯杆件中,不考虑轴向变形的影响。

如图 10-10(a)所示的简支梁,将连续分布质量化成 4 个集中质量(见图10-10(b)),在振动过程中,只要用 y_1 和 y_2 两个独立坐标就可以确定各质点所处的位置,这样就把原来无限自由度的简支梁简化为两自由度梁。

如图 10-11(a)所示的单层工业厂房,由于质量大部分集中在屋顶,通常可以简化为单质点体系(见图 10-11(b)),显然该体系只有 1 个自由度。

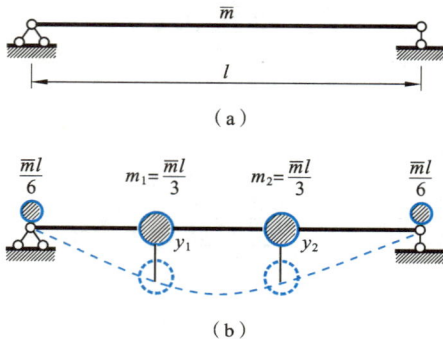

图 10-10

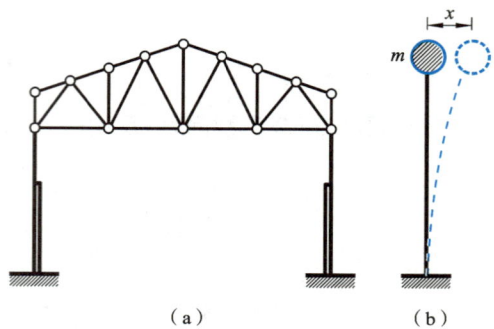

图 10-11

在确定结构自由度时应注意,不是有几个集中质量就有几个自由度,应该由确定质点位置所需的独立参数数目来判定自由度。例如,图 10-12 所示结构只有 1 个质点,但自由度为 2;又如,图 10-13 所示结构在无限刚度的杆件上附有 3 个集中质量,但决定它们位置的参数仅 1 个,即杆件的转角位移 α,故其自由度为 1。

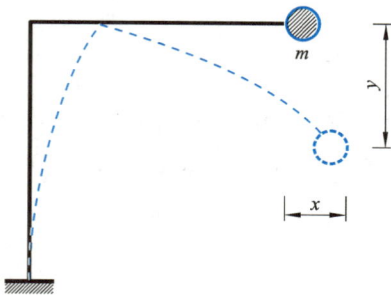

图 10-12

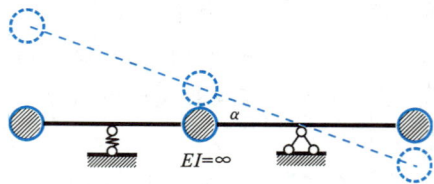

图 10-13

对于较复杂的体系,可以反过来用限制集中质量运动的办法来确定体系的自由度。如图 10-14(a)所示的结构具有 2 个集中质量,为了限制它们的运动,至少要在集中质量上增设 3 根附加链杆(见图 10-14(b)),才能将它们完全固定,因此该体系有 3 个自由度。

最后,指出使用集中质量法的几点注意事项:

(1)结构的自由度与集中质量数目无关(见图 10-14)。

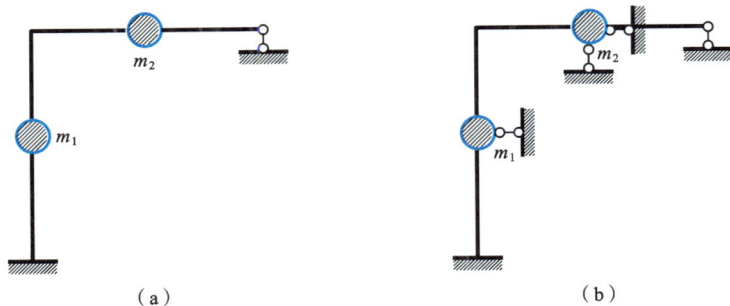

图 10-14

（2）结构的自由度与超静定次数无关。

（3）结构的自由度决定了结构动力计算的精度。一般来说，自由度数目越多，就越能反映结构实际动力性能，但计算工作量也就越大。如图 10-10(a)所示无限自由度简支梁，将其分别按单自由度体系和二自由度体系来等效，显然，按二自由度体系来等效计算精度更高些。

2. 广义位移法

集中质量法是从物理角度来减少动力自由度的简化方法。此外，也可从数学的角度来减少动力自由度，这种简化方法即广义位移法。对于一质量均匀分布体系，为了限制结构的自由度，假设结构的挠曲线形状（见图 10-15(a)）可用图 10-15(b)、(c)、(d)所示的一系列正弦波的位移曲线叠加来表示，或以数学形式表示为

$$y(x) = \sum_{n=1}^{\infty} a_n \sin \frac{n\pi x}{l} \tag{10-1}$$

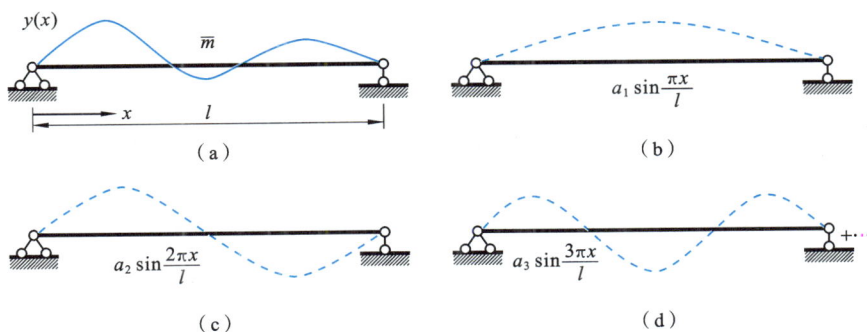

图 10-15

任何满足边界条件的位移曲线，均可以用正弦波分量的无穷级数来表示。因此，广义位移法的优点是，梁的实际形状可用有限项正弦级数来近似表达。因此，3 个自由度可用三项的级数来表示，其余情况依此类推。

在这个例子里，假设的位移曲线为正弦函数曲线，对此可做进一步推广。一般来说，任何满足几何支承条件而且保证位移连续性要求的 $\varphi_k(x)$ 都可以使用。于是，对于任何一维结构，位移的广义表达式均可写为

$$y(x) = \sum_{k=1}^{n} a_k \varphi_k(x) \tag{10-2}$$

式中：$\varphi_k(x)$ 为满足边界条件的给定函数；a_k 为广义坐标。所假设形状的曲线数目代表在这个

理想化形式中所考虑的自由度。一般来说,对于一个给定自由度的动力分析问题,用理想化的形状函数法比用集中质量法所得到的结果更为精确。但是也必须承认,采用广义坐标法时,每个自由度将需要较多的计算工作量。

3. 有限单元法

有限单元法综合了集中质量法及广义坐标法的某些特点,是最灵活有效的离散化方法,它可提供既方便又可靠的理想化模型,并特别适合用计算机进行分析,已有不少专用的和通用的程序(如 SAP2000、ABAQUS 和 ANSYS 等)供结构动力分析用。有限单元法适用于各种复杂结构,因而在工程结构动力问题的求解中应用广泛,是目前最为流行的方法。

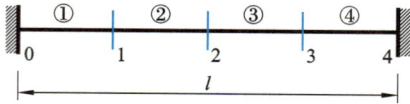

图 10-16

仍以单跨两端固定梁(见图 10-16)为例,说明用有限单元法分析该结构的具体做法。

第一步,进行结构离散化。将图 10-16 所示结构划分为 4 个单元,每个单元有 2 个结点,且每个结点处有 2 个独立的位移分量(y_i,θ_i),则此梁转化为只有 6 个自由度的体系。

第二步,单元形函数的确定。取这些结点的位移分量作为计算对象,它们相当于前面所述的广义坐标,而整个结构的振动位移曲线就可通过这些广义坐标,凭借一组精心挑选的位移形函数,用与式(10-2)类似的形式表达出来。有限单元法只要求形函数能表示单元的位移模式,并且在单元范围内满足位移连续和单元边界条件,而这是比较容易办到的。比如,对于一维单元,用两端固定梁由结点位移产生的变形曲线的表达式作为形函数就非常方便。图 10-17 所示为结点 0、1、2、3、4 位移参数对应的单元形函数 φ_{iy}、$\varphi_{i\theta}$ 曲线。从图 10-17 中可以看出,每个结点的位移分量都只在左右相邻两个单元范围内产生影响。

第三步,进行刚度集成并求解方程。

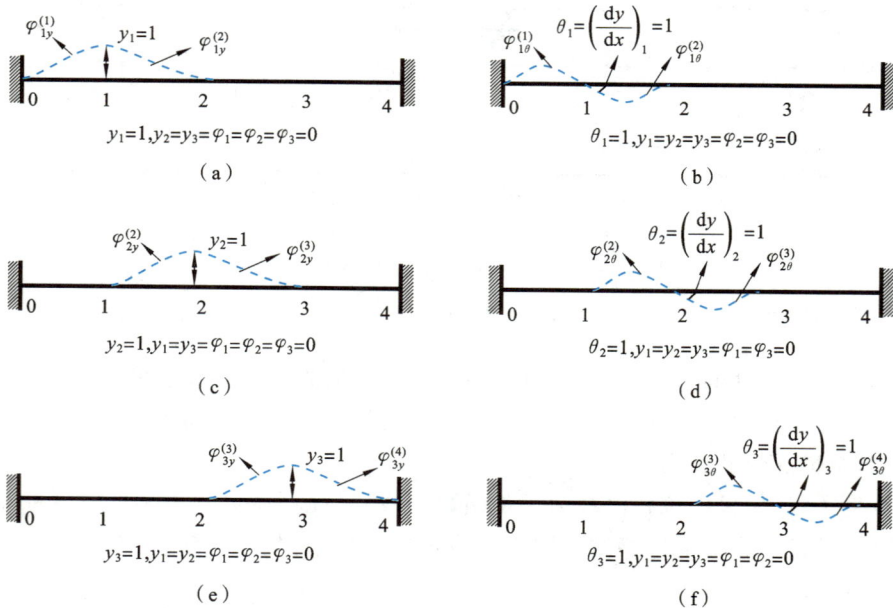

图 10-17

10.3　单自由度体系的自由振动

讲课视频

在实际工程中,有很多问题可以采用将结构化为单自由度体系进行动力分析的方法,而所得的结果在一定程度上能满足工程上的需求。单自由度体系虽然是最简单的振动体系,但它能反映出振动的基本特性,是动力分析的基础。掌握这个基本体系的振动,学习多自由度体系的振动就不难了。

所谓自由振动,是指在振动过程中结构不受外部干扰力作用的振动。产生自由振动的原因只是由于在初始时刻存在干扰。存在初始干扰的原因有三种:一种是结构具有初始位移;一种是结构具有初始速度;一种是结构同时具有初始位移和初始速度。

1. 振动方程的建立

为了求出各种动力响应,应先列出动位移方程。描述动位移的数学方程称为结构的运动方程。运动方程的建立,是振动力学的核心问题。只有运动方程建立正确,整个求解才能正确。常用的方法有达朗贝尔(D'ALembert)原理、拉格朗日(Lagrange)方程和哈密顿(Hamilton)原理。本章将依据达朗贝尔原理,在建立平衡方程时把惯性力考虑在内,这样就可把动力学问题转化为静力学问题。

1) 达朗贝尔原理

根据牛顿第二定律,任何质量为 m 的质点的动量变化率都等于作用在这个质点上的力,即

$$F_P(t) = \frac{\mathrm{d}}{\mathrm{d}t}[m\dot{y}(t)] \tag{10-3}$$

当质量 m 不随时间的变化而变化时,上式可变成

$$F_P(t) - m\ddot{y}(t) = 0 \tag{10-4}$$

式(10-4)表明,作用在质点上的力 $F_P(t)$ 同与加速度方向相反的惯性力 $-m\ddot{y}(t)$ 平衡。换句话说,如果把 $-m\ddot{y}(t)$ 加到原来受力的质点上,运动问题就可作为静力平衡问题来处理。这种方法称为动静法。由于该法比较方便,因而得到了广泛的应用。以下各节将采用该方法来建立结构的运动方程。

2) 按平衡条件建立方程——刚度法

如图 10-18(a)所示为单自由度体系的振动模型。图中 m 为集中质量,$F_I(t)$ 和 $F_S(t)$ 分别为振动过程中,任一时刻质点上的惯性力和弹性力,$y(t)$ 为质量的水平位移。

为了建立动力平衡方程,取质量 m 作为隔离体,如图 10-18(b)所示,隔离体受到以下两种力的作用。

(1) 弹性力 $F_S(t)$　它是在振动过程中,由于杆件的弹性变形所产生的恢复力。其大小与位移大小成正比,方向与位移方向相反,可表示为

$$F_S(t) = -k_{11}y(t) \tag{10-5}$$

式中:k_{11} 为刚度系数,其物理含义是使质量沿运动方向产生单位位移所需的弹性力。

(2) 惯性力 $F_I(t)$　它的大小等于质量 m 与加速度 $\ddot{y}(t)$ 的乘积,而方向与加速度方向相反,可表示为

$$F_I(t) = -m\ddot{y}(t) \tag{10-6}$$

根据达朗贝尔原理,由图 10-18(b)可列出隔离体的平衡方程

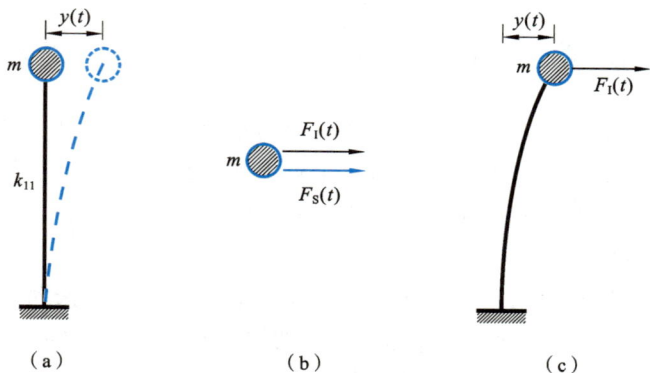

图 10-18

$$F_{\mathrm{I}}(t)+F_{\mathrm{S}}(t)=0 \qquad\qquad (10\text{-}7)$$

将式(10-5)和式(10-6)代入式(10-7),得

$$m\ddot{y}(t)+k_{11}y(t)=0 \qquad\qquad (10\text{-}8)$$

　　该运动方程是根据平衡条件建立的,它是一个二阶线性常系数微分方程。这种推导方法涉及体系的刚度系数,所以称为刚度法。

　　3)按位移协调条件建立方程——柔度法

　　根据达朗贝尔原理,将惯性力 $F_{\mathrm{I}}(t)$ 加到质点上,作为静荷载考虑,如图10-18(c)所示。动力方程可根据位移协调条件来推导,即质点位移 $y(t)$ 可视为由于惯性力 $F_{\mathrm{I}}(t)$ 作用而产生的,表示为

$$y(t)=\delta_{11}\big[-m\ddot{y}(t)\big] \qquad\qquad (10\text{-}9)$$

式中:δ_{11} 表示在质点的运动方向上施加单位荷载所产生的位移,称为柔度系数。将该方程整理一下,得

$$m\ddot{y}(t)+\frac{1}{\delta_{11}}y(t)=0 \qquad\qquad (10\text{-}10)$$

　　该运动方程是根据位移协调条件建立的。这种推导方法涉及体系的柔度系数,所以称为柔度法。对单自由度体系而言,柔度系数 δ_{11} 与刚度系数 k_{11} 互为倒数,即 $\delta_{11}=\dfrac{1}{k_{11}}$,将此结果代入方程(10-10),即可得与由刚度法所得的相同的结果。

　　【例 10-1】　试用刚度法建立图 10-19(a)所示结构的自由振动方程。

　　解　由图 10-19(a)可知,略去刚架柱的轴向变形,假定横梁刚度无穷大,结构仅发生水平位移,设刚梁在任一时刻的位移为 $y(t)$。

　　取刚梁作为隔离体(见图 10-19(b))来研究,产生的力有:惯性力 $F_{\mathrm{I}}(t)$(大小与加速度成正比,方向相反),立柱的弹性恢复力 $F_{\mathrm{S1}}(t)$、$F_{\mathrm{S2}}(t)$(大小与位移成正比,方向相反)。由静力平衡条件,知

$$F_{\mathrm{I}}(t)+F_{\mathrm{S1}}(t)+F_{\mathrm{S2}}(t)=0$$

式中:　　　　$F_{\mathrm{I}}(t)=-m\ddot{y}(t),\quad F_{\mathrm{S1}}(t)=-\dfrac{12EI}{l_1^3}y(t),\quad F_{\mathrm{S2}}(t)=-\dfrac{12EI}{l_2^3}y(t)$

故有

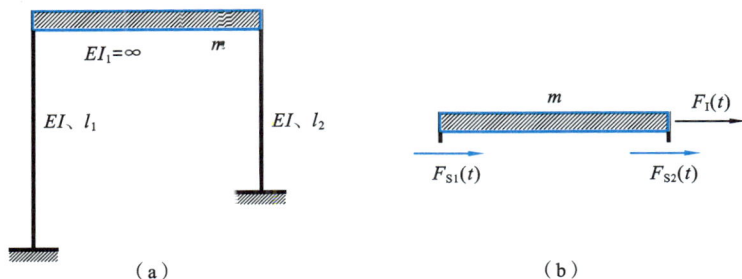

图 10-19

$$m\ddot{y}(t) + \left(\frac{12EI}{l_1^3} + \frac{12EI}{l_2^3}\right)y(t) = 0$$

【例 10-2】　试用柔度法建立图 10-20(a)所示结构的振动方程。

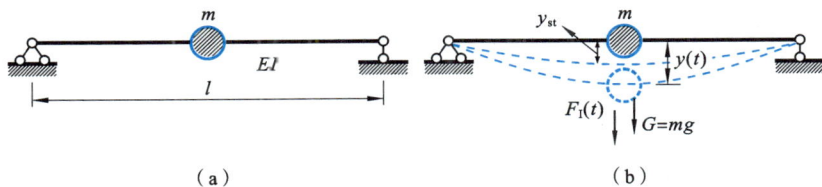

图 10-20

解　由图 10-20(a)可知,简支梁的质量集中在跨中一点上,质点仅产生竖直方向的位移,设质点在任一时刻的位移为 $y(t)$。比时,质点 m 受到的力有惯性力 $F_1(t) = -m\ddot{y}(t)$(达朗贝尔原理)、重力 $G = mg$,在这两个力旳共同作用下,质点产生的位移为 $y(t)$。

由位移协调条件列方程:

$$y(t) = \delta_{11}[-m\ddot{y}(t) + mg] \tag{1}$$

式中: δ_{11} 为柔度系数。由图乘法可知, $\delta_{11} = \dfrac{l^3}{48EI}$,将其代入式(1),得

$$m\ddot{y}(t) + \frac{48EI}{l^3}y(t) = mg \tag{2}$$

在仅受重力情况下,易知 $y_{st} = \delta_{11}mg$,且为常量,若令

$$y(t) = Y(t) + y_{st} \tag{3}$$

则 $\ddot{y}(t) = \ddot{Y}(t)$,将此式及式(3)代入式(1)中,有

$$Y(t) - y_{st} = \delta_{11}[-m\ddot{Y}(t) + mg]$$

方程最后简化为

$$m\ddot{Y}(t) + \frac{48EI}{l^3}Y(t) = 0 \tag{4}$$

比较式(2)和式(4)可知, $y(t)$ 与 $Y(t)$ 的相对参考位置不同,从而使得振动方程的表达有所不同。

总结:

(1)由上述两个例题可知,任一单自由度体系都可以抽象成质量-弹簧体系,其振动方程

均可表示成 $m\ddot{y}(t)+ky(t)=0$ 或 $m\ddot{y}(t)+\dfrac{1}{\delta}y(t)=0$ 的形式。

（2）用刚度法、柔度法这两种方法均可建立振动方程,但计算量有差异,要根据具体情况灵活应用。

2. 振动方程的求解

由前述可知,已经建立的单自由度系统的振动方程为

$$m\ddot{y}(t)+k_{11}y(t)=0$$

将该式各项除以 m,并令

$$\omega^2=\frac{k_{11}}{m} \tag{10-11}$$

于是单自由度系统的振动方程可改写为

$$\ddot{y}(t)+\omega^2 y(t)=0 \tag{10-12}$$

式(10-12)为二阶常系数齐次线性微分方程,其通解为

$$y(t)=C_1\sin\omega t+C_2\cos\omega t \tag{10-13}$$

式中:C_1 和 C_2 为待定系数,可由振动的初始条件,即初位移 y_0 和初速度 v_0 来确定。

根据初始条件,当 $t=0$ 时,$y(0)=y_0$,$v(0)=v_0$,将它们代入式(10-13)得

$$C_1=\frac{v_0}{\omega},\quad C_2=y_0$$

则振动方程的通解可表示为

$$y(t)=y_0\cos\omega t+\frac{v_0}{\omega}\sin\omega t \tag{10-14}$$

式(10-14)的第一项如图 10-21(a)所示,第二项如图 10-21(b)所示。

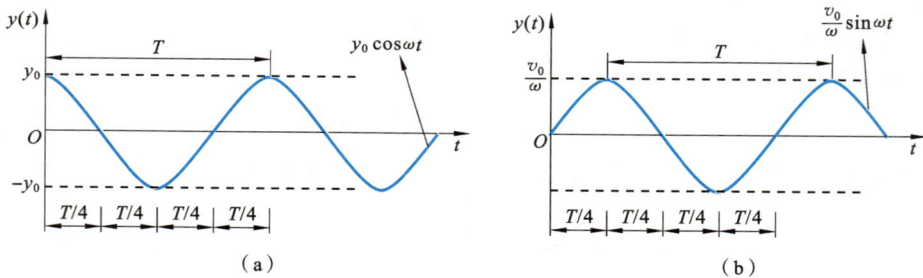

（a）　　　　　　　　　　　　　　（b）

图 10-21

将式(10-14)化成单项三角函数形式,有

$$y(t)=A\sin(\omega t+\varphi) \tag{10-15}$$

式中:A 为**振幅**,表示振动过程中的最大位移;φ 为**初相角**,说明 $t=0$ 时质点所处的位置。

$$\begin{cases} A=\sqrt{y_0^2+\left(\dfrac{v_0}{\omega}\right)^2} \\[2mm] \varphi=\tan^{-1}\left(\dfrac{y_0\omega}{v_0}\right) \end{cases} \tag{10-16}$$

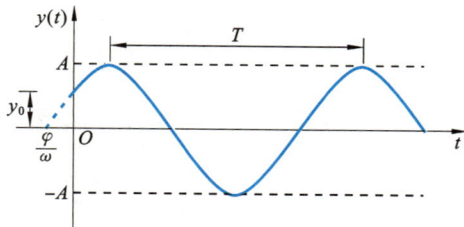

图 10-22

从图 10-22 中可以看出,该自由振动是简谐振动。这种运动也可看成质量为 m 的质点以角速度

ω 做匀速圆周运动。

由式(10-15)可以看出,经过 $T=\dfrac{2\pi}{\omega}$ 以后,质点完成了一个振动的全周,故称 T 为周期(period),其单位为 s。2π s 内的振动次数 $\dfrac{2\pi}{T}$ 称为圆频率(circular frequency),用 ω 表示,它是反映系统动力特性的一个重要参数,其单位为 s^{-1} 或 rad/s。工程频率 $f=\dfrac{\omega}{2\pi}$,其单位为 Hz。

由 $\omega^2=\dfrac{k_{11}}{m}$,又有

$$\omega=\sqrt{\frac{k_{11}}{m}}=\sqrt{\frac{1}{m\delta_{11}}}=\sqrt{\frac{g}{mg\delta_{11}}}=\sqrt{\frac{g}{\Delta_{st}}} \tag{10-17}$$

式中:g 为重力加速度;Δ_{st} 表示由于重力 mg 质点沿振动方向所产生的静位移。

由此可见,计算单自由度结构的自振频率时,只需计算出刚度系数 k_{11} 或柔度系数 δ_{11} 或位移 Δ_{st},代入式(10-17)即可求得。由该式可知,结构自振频率随刚度系数 k_{11} 的增大和质量 m 的减小而增大。这一特点对在结构设计中控制结构的自振频率有重要意义。因为结构的自振频率取决于结构自身的质量和刚度,所以它反映了结构的固有动力特性。外荷载只能影响振幅和初始相位角的大小,而不能改变结构的自振频率,故自振频率通常也称固有频率。

【例 10-3】 求图 10-23(a)所示结构的自振频率 ω 和自振周期 T(不考虑梁的自重)。

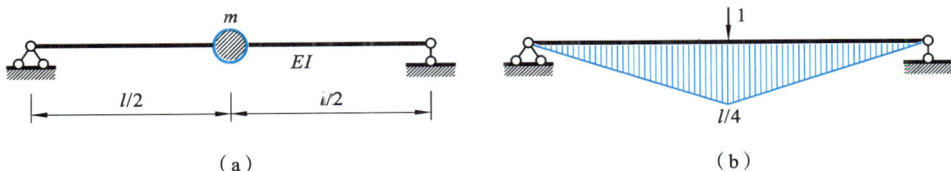

图 10-23

解 由图 10-23(a)可知,简支梁在跨中质点处仅产生竖直方向位移,为单自由度体系,本题采用柔度法,为此需要求柔度系数。计算在跨中竖直方向作用单位荷载 1 时的静位移,对应的 $\overline{M}_1$ 图如图 10-23(b)所示。

由图乘法可知,柔度系数为 $$\delta_{11}=\frac{l^3}{48EI}$$

则体系自振频率为 $$\omega=\sqrt{\frac{1}{m\delta_{11}}}=\sqrt{\frac{48EI}{ml^3}}$$

体系自振周期为 $$T=\frac{2\pi}{\omega}=2\pi\sqrt{\frac{ml^3}{48EI}}$$

【例 10-4】 如图 10-24 所示简支梁,跨中悬挂一弹簧,其刚度系数 $k=\dfrac{12EI}{l^3}$,弹簧下端挂有质量为 m 的质量块,梁的弯曲刚度为 EI,不计梁的质量,求该体系的自振频率 ω。

解 该体系为静定结构,用柔度法计算较方便。为了求体系的柔度系数 δ_{11},需沿质量块振动方向施加一竖直方向的单位荷载,由此结构成为串联体系。

已知弹簧的柔度系数 $\delta_1 = \dfrac{1}{k} = \dfrac{l^3}{12EI}$，简支梁的柔度系数由例 10-3 可知，即 $\delta_2 = \dfrac{l^3}{48EI}$，于是串联体系的柔度系数为

$$\delta_{11} = \delta_1 + \delta_2 = \frac{l^3}{12EI} + \frac{l^3}{48EI} = \frac{5l^3}{48EI}$$

则体系自振频率为

$$\omega = \sqrt{\frac{1}{m\delta_{11}}} = \sqrt{\frac{48EI}{5ml^3}} = 3.098\sqrt{\frac{EI}{ml^3}}$$

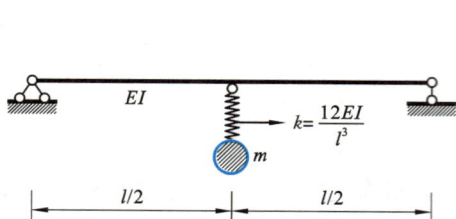

图 10-24

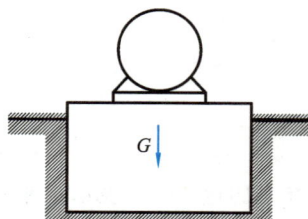

图 10-25

【例 10-5】 图 10-25 所示机器与基础总重 $G = 60$ kN，基础下土壤的抗压刚度系数为 $c_z = 0.6$ N/cm^3，基础底面积 $A = 20$ m^2。试求机器连同基础沿竖直方向振动时的自振频率 ω。

解 由图 10-25 可知，让机器振动向下发生单位位移需施加的力，即为刚度系数 k，且有

$$k = c_z A = 0.6 \times 10^3 \times 20 \text{ kN/m} = 12 \times 10^3 \text{ kN/m}$$

则体系自振频率为

$$\omega = \sqrt{\frac{k}{m}} = \sqrt{\frac{kg}{G}} = \sqrt{\frac{12 \times 10^3 \times 9.8}{60}} \text{ s}^{-1} = 44.27 \text{ s}^{-1}$$

讲课视频

【例 10-6】 试求图 10-26(a)所示结构的自振频率 ω。

解 由图 10-26(a)可知，虽然体系有两个质点，但当横梁刚度无穷大时，$y_1(t)$ 和 $y_2(t)$ 不是独立的，而是有着一定的相关性，如图 10-26(b)所示。因此，该体系仅有一个自由度，用一个参数 $\theta(t)$ 来描述即可。

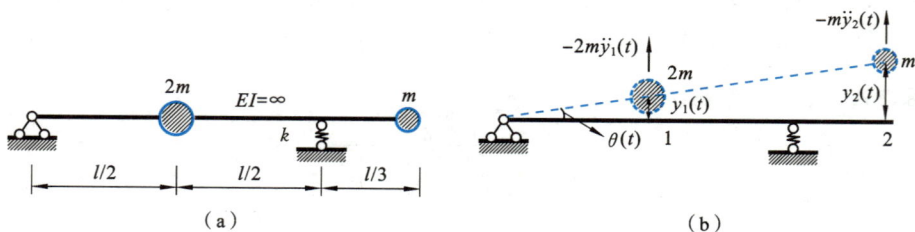

图 10-26

为方便起见，采用柔度法建立该体系的振动方程，即

$$\theta(t) = \delta_{\theta 1}[-2m\ddot{y}_1(t)] + \delta_{\theta 2}[-m\ddot{y}_2(t)]$$

式中：柔度系数 $\delta_{\theta 1}$、$\delta_{\theta 2}$ 可根据梁变形来求解，梁的 1、2 处分别受到单位力作用时的变形如图 10-27(a)、(b)所示。

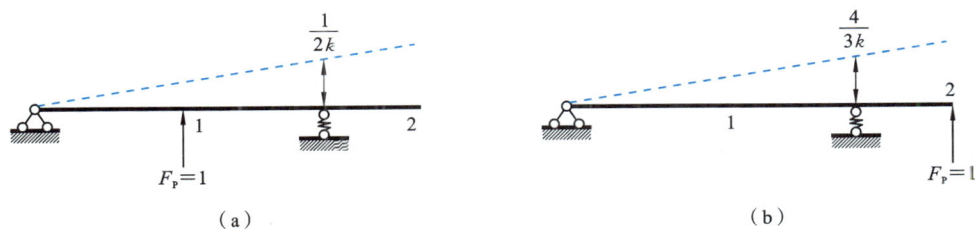

图 10-27

由梁体变形图可得 $\qquad \delta_{\theta 1}=\dfrac{1}{2kl}, \quad \delta_{\theta 2}=\dfrac{4}{3kl}$

由几何关系可知 $\qquad y_1=\dfrac{l}{2}\theta, \quad y_2=\dfrac{4l}{3}\theta$

振动方程可化为 $\qquad \theta(t)=\dfrac{1}{2kl}\left[-2m\times\dfrac{l}{2}\ddot{\theta}(t)\right]+\dfrac{4}{3kl}\left[-m\times\dfrac{4l}{3}\ddot{\theta}(t)\right]$

则 $\qquad\qquad\qquad m\ddot{\theta}(t)+\dfrac{18k}{41}\theta(t)=0$

因此，结构的自振频率为 $\omega=\sqrt{\dfrac{18k}{41m}}$。

【例 10-7】　试求图 10-28(a)所示结构的自振频率 ω（忽略轴向变形的影响）。

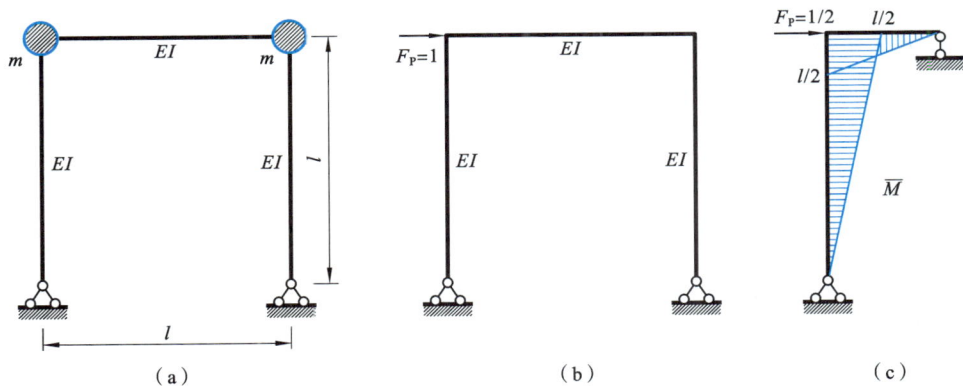

图 10-28

解　方法一：由图 10-28(a)可知，虽然体系有两个质点，但其为单自由度体系，仅在水平方向振动，可采用柔度法求解。

利用柔度系数的定义，在横梁处施加单位荷载 1，如图 10-28(b)所示。由于原结构对称，可取半结构来进行简化计算（反对称情况，此时质点的质量为 $2m$），对应的 $\overline{M}_1$ 图如图 10-28(c)所示。

柔度系数为

$$\delta_{11}=\dfrac{1}{EI}\left(\dfrac{l}{2}\times\dfrac{l}{2}\times\dfrac{1}{2}\times\dfrac{2}{3}\times\dfrac{l}{2}+l\times\dfrac{l}{2}\times\dfrac{1}{2}\times\dfrac{2}{3}\times\dfrac{l}{2}\right)\times2=\dfrac{l^3}{4EI}$$

则体系自振频率为

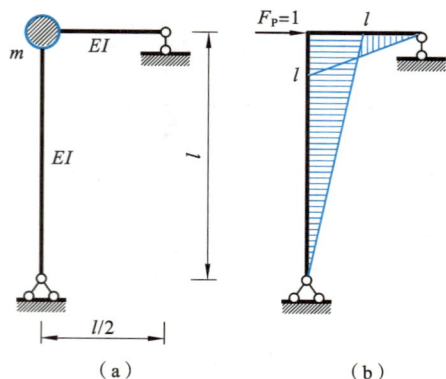
图 10-29

$$\omega=\sqrt{\frac{1}{2m\delta_{11}}}=\sqrt{\frac{2EI}{ml^3}}$$

方法二：可直接利用对称性,对原结构(见图 10-28(a))取半结构来进行计算(反对称情况,此时质点的质量为 m),如图 10-29(a)所示。

对应的 $\overline{M}_1$ 图如图 10-29(b)所示。

柔度系数为

$$\delta_{11}=\frac{1}{EI}\left(l\times\frac{l}{2}\times\frac{1}{2}\times\frac{2}{3}\times l+l\times l\times\frac{1}{2}\times\frac{2}{3}\times l\right)$$
$$=\frac{l^3}{2EI}$$

则体系自振频率为

$$\omega=\sqrt{\frac{1}{m\delta_{11}}}=\sqrt{\frac{2EI}{ml^3}}$$

【例 10-8】 梁 AB 的支承方式如图 10-30 所示,质量可以不计。在梁的中点 C 处放置一重为 G 的物块时,其静挠度为 y_{st}。现将该物块从高 h 处自由释放,落到梁的中点,求该系统振动的规律。

解 由图 10-30 可知,虽然体系有两个质点,但由于梁相当于一个弹簧,物块落到梁中点 C 以后,C 点将在平衡位置 O 附近沿竖直线做简谐振动。取 O 点为坐标原点,y 轴竖直向下,则 C 点的运动规律可表示为

$$y=A\sin(\omega t+\alpha)$$

由式(10-17)可求出圆频率:

$$\omega=\sqrt{\frac{g}{y_{st}}}$$

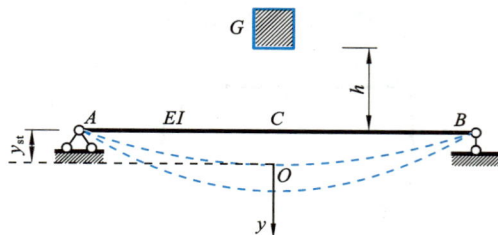
图 10-30

系统振幅和初相角分别为

$$A=\sqrt{y_0^2+\frac{\dot{y}_0^2}{\omega^2}},\quad \alpha=\arctan\frac{\omega y_0}{\dot{y}_0}$$

因物体落到 C 点后 C 点才开始振动,所以 $y_0=-y_{st}$,$\dot{y}_0=\sqrt{2gh}$。

振幅为

$$A=\sqrt{y_{st}^2+\frac{2gh}{g/y_{st}}}=\sqrt{y_{st}^2+2hy_{st}}$$

初相角为

$$\alpha=\arctan\left[\frac{\sqrt{\frac{g}{y_{st}}}\cdot(-y_{st})}{\sqrt{2gh}}\right]=\arctan\left(-\sqrt{\frac{y_{st}}{2h}}\right)$$

例如,设 $y_{st}=0.4\text{ cm}$,$h=10\text{ cm}$,则

$$\omega=\sqrt{\frac{g}{y_{st}}}=\sqrt{\frac{980}{0.4}}\text{ rad/s}=49.5\text{ rad/s}$$

$$A=\sqrt{0.4^2+2\times10\times0.4}\text{ cm}=2.86\text{ cm}$$

$$\alpha = \arctan\left(-\sqrt{\frac{0.4}{2 \times 10}}\right) = -\arctan 0.141 = -8.05° = -0.14 \text{ rad}$$

故其运动规律为

$$y = 2.86\sin(49.5t - 0.14)$$

其中，y 以 cm 计，t 以 s 计。

如果 $h=0$，即将物体无初速地放置在梁的中点，则

$$A = y_{st} = 0.4 \text{ cm}$$

$$\alpha = \arctan(-\infty) = -\frac{\pi}{2}$$

$$y = 0.4\sin\left(49.5t - \frac{\pi}{2}\right)$$

对比以上结果可知，物体从 10 cm 高处落到梁上所引起振动的振幅是将物体突然放到梁上所引起的振动振幅的 7 倍。因此，在厂房中放置机器或在住房中放置物体时应注意不要使其掉落，以免引起梁、板的过大的振动而使其产生裂缝甚至破坏。

3. 阻尼对自由振动的影响

前面对无阻尼自由振动体系进行了讨论。其中没有考虑阻尼的影响，也就是没有考虑能量的消耗，即结构在振动过程中的总能量（动能和势能之和）保持不变，因而体现能量大小的振幅也保持不变，永不衰减。在这种情况下，运动一旦发生便永不停息。事实上，这是不可能的，在实践中，许多实验都表明，在任一振动过程中，随着时间的推移，振幅总是逐渐衰减的，最终变为零，使质点 m 停留在平衡位置。这种振幅随时间减小的振动称为有阻尼振动。

实际运动过程总伴有形形色色的阻尼。产生这种阻尼的因素可归结为两个方面：一是外界介质的摩擦阻尼，二是结构内部变形的内耗。

目前，有关的阻尼理论有很多种，但是，除了两种阻尼理论外，其他的在应用中几乎都会引起非线性的力学问题，从而会给计算带来很大的麻烦。但由于实际结构的复杂性，非线性阻尼力模型又未能提供足够的证据来说明计算精度有很大的提高，因此，目前国内外均较多地采用线性阻尼理论。

线性阻尼理论之一为黏滞阻尼理论，于 1892 年由 W. Voigt 提出。W. Voigt 认为固体材料的内摩擦力与黏滞流体相似，可假定阻尼力与变形速度成正比，但方向与速度方向相反，即 $R(t) = -c\dot{y}(t)$。这样得到的振动方程是线性的，计算十分方便，故而该理论得到了十分广泛的应用。

线性阻尼的另一个理论为复阻尼理论。假定阻尼力与变形成正比，用复数的形式来表示，并假定阻尼力与变形的相位相差一个角度（一般为 90°）。此时，阻尼力为 $R(t) = i\gamma K y(t)$，i 为虚数，γ 为复阻尼系数。由此得到的振动方程同样呈线性，因而该理论也得到了较为广泛的应用。

以下以应用最广泛的黏滞阻尼理论为基础，分析考虑阻尼对自由振动的影响。在考虑阻尼时，自由振动的质量块上将存在三个力，即惯性力 $F_{\mathrm{I}}(t)$、阻尼力 $F_{\mathrm{D}}(t)$ 和弹性力 $F_{\mathrm{S}}(t)$，则平衡方程为

$$F_{\mathrm{I}}(t) + F_{\mathrm{D}}(t) + F_{\mathrm{S}}(t) = 0 \tag{10-18}$$

分别将惯性力、阻尼力和弹簧力的表达式代入该方程,得

$$m\ddot{y}(t)+c\dot{y}(t)+ky(t)=0 \qquad (10\text{-}19)$$

这即为考虑阻尼影响的单自由度体系的自由振动方程。

将式(10-19)两边除以 m,并引入下列关系:

$$\omega=\sqrt{\frac{k}{m}}, \quad \xi=\frac{c}{2m\omega}$$

则自由振动方程亦可写为

$$\ddot{y}(t)+2\xi\omega\dot{y}(t)+\omega^2 y(t)=0 \qquad (10\text{-}20)$$

式中:ω 和 ξ 分别为体系的圆频率和阻尼比。

对上述二阶齐次常微分方程,通常设 $y(t)=Ce^{\lambda t}$,C 为待定系数,并将其代入式 (10-20),得

$$\lambda^2+2\xi\omega\lambda+\omega^2=0 \qquad (10\text{-}21)$$

它有两个根,即

$$\lambda=-\xi\omega\pm\omega\sqrt{\xi^2-1} \qquad (10\text{-}22)$$

对不同的结构,阻尼比是不同的,因而式(10-22)中根号内的值有可能等于、小于或大于零,这就必须再分低阻尼($\xi<1$)、临界阻尼($\xi=1$)、超阻尼($\xi>1$)三种情况进行讨论。

(1) 低阻尼($\xi<1$)　　此种情况下,方程(10-22)可变化为

$$\lambda=-\xi\omega\pm i\omega\sqrt{1-\xi^2}=-\xi\omega\pm i\omega_d \qquad (10\text{-}23)$$

式中:$\omega_d=\omega\sqrt{1-\xi^2}$ 称为有阻尼自振频率。对于一般的结构体系($\xi<0.2$),很明显有阻尼自振频率与无阻尼自振频率之间的差别很小,故实际分析中一般不计阻尼对频率的影响。

振动方程的通解为

$$y(t)=e^{-\xi\omega t}(A\sin\omega_d t+B\cos\omega_d t) \qquad (10\text{-}24)$$

或

$$y(t)=Ce^{-\xi\omega t}\sin(\omega_d t+\varphi) \qquad (10\text{-}25)$$

式中:A、B 和 C 为待定常数,它们之间满足如下关系

$$\begin{cases} C=\sqrt{A^2+B^2} \\ \varphi=\arctan\dfrac{B}{A} \end{cases} \qquad (10\text{-}26)$$

待定常数需根据初始条件来确定。所谓初始条件,就是体系在运动起始时刻的位移和速度,分别简称为初位移 y_0 和初速度 $\dot{y}_0$,其数学表达式为

$$y(t)\big|_{t=0}=y_0, \quad \dot{y}(t)\big|_{t=0}=\dot{y}_0 \qquad (10\text{-}27)$$

将其代入振动方程可得

$$\begin{cases} A=\dfrac{\dot{y}_0+\xi\omega y_0}{\omega_d} \\ B=y_0 \end{cases} \qquad (10\text{-}28)$$

根据式(10-26)和式(10-28)可得

$$\begin{cases} C=\sqrt{\left(\dfrac{\dot{y}_0+\xi\omega y_0}{\omega_d}\right)^2+y_0^2} \\ \varphi=\arctan\left(\dfrac{\omega_d y_0}{\dot{y}_0+\xi\omega y_0}\right) \end{cases} \qquad (10\text{-}29)$$

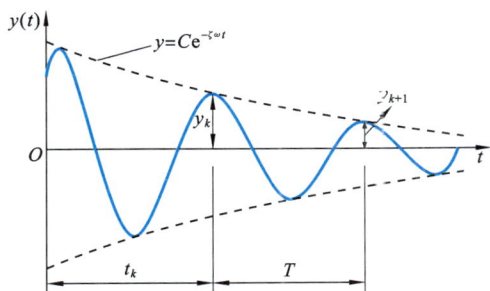

图 10-31

则单自由度低阻尼体系自由振动的位移响应为

$$y(t) = \mathrm{e}^{-\xi\omega t}\left[y_0\cos\omega_\mathrm{d} t + \left(\frac{\dot{y}_0 + \xi\omega y_0}{\omega_\mathrm{d}}\right)\sin\omega_\mathrm{d} t\right]$$

$$(10\text{-}30)$$

方程(10-30)表示按指数规律随时间衰减的简谐振动,如图 10-31 所示。

从图 10-31 可以看出,自由振动按正弦规律变化,以不变的圆频率 ω_d 在中心位置附近振荡,只是振幅按指数规律衰减。

结构体系的真实阻尼特性很复杂,也很难确定。通常采用在自由振动条件下具有相同衰减率的等效黏滞阻尼比 ξ 来表示实际结构的阻尼。

由于在实际工程中,对于一般建筑结构,阻尼比 ξ 是一个很小的数,在 $0.01\sim0.2$ 之间,由 $\omega_\mathrm{d} = \omega\sqrt{1-\xi^2}$ 可知,此时有阻尼自振频率 ω_d 与无阻尼自振频率 ω 很接近,可近似认为 $\omega_\mathrm{d}\approx\omega$。因此,当结构阻尼比不太大时,它对结构的自振频率的影响极小,在一般计算中,可忽略阻尼对自振频率的影响,这就说明结构的实际振动虽然都是有阻尼振动,但仍可用无阻尼的自振频率来进行计算。然而,阻尼对振幅的影响则不能忽略。

若在某一时刻 t_k 振幅为 y_k,经过一个周期后振幅为 y_{k+1},则有

$$\frac{y_k}{y_{k+1}} = \frac{C\mathrm{e}^{-\xi\omega t_k}}{C\mathrm{e}^{-\xi\omega(t_k+T)}} = \mathrm{e}^{\xi\omega T} = \text{常数} \tag{10-31}$$

对式(10-31)两边分别取自然对数,得

$$\ln\frac{y_k}{y_{k+1}} = \xi\omega T = \xi\omega\frac{2\pi}{\omega_\mathrm{d}} \approx 2\pi\xi \tag{10-32}$$

$\ln\dfrac{y_k}{y_{k+1}}$ 称为振幅的对数递减率。同理,经过 n 个周期后,有

$$\xi \approx \frac{1}{2n\pi}\ln\frac{y_k}{y_{k+n}} \tag{10-33}$$

根据实验或实测得到的位移幅值,利用式(10-33)即可计算出结构的阻尼比。以上确定阻尼比的方法称为自由振动衰减法。

对各种材料的结构,可通过大量实测得到其阻尼比。对于钢筋混凝土和砌体结构,$\xi = 0.04\sim0.05$;对于钢结构,$\xi = 0.02\sim0.03$。

(2) 临界阻尼($\xi=1$)　当 $\xi=1$,即 $\xi = \dfrac{c}{2m\omega} = 1$ 时,临界阻尼值为 $c_\mathrm{r} = 2m\omega$。

方程(10-21)的重根为

$$\lambda = -\omega \tag{10-34}$$

则微分方程(10-20)的通解为

$$y(t) = (C_1 + C_2 t)\mathrm{e}^{-\omega t} \tag{10-35}$$

利用初始条件可得到

$$y = [y_0(1+\omega t) + \dot{y}_0 t]\mathrm{e}^{-\omega t} \tag{10-36}$$

其对应的振动曲线如图 10-32 所示。

由图 10-32 可知,当阻尼比达到临界值($\xi=$

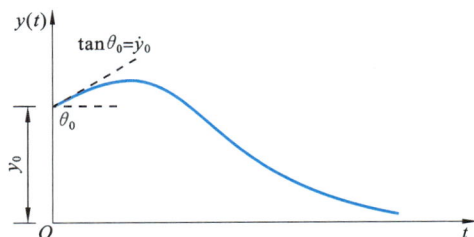

图 10-32

1)时,体系不会在静平衡位置附近做往复振荡运动,而是迅速回到原来的静力平衡位置。该振动曲线虽然具有衰减性,但不具备波动性,体系的运动处于振动与衰减运动的分界。因此,临界阻尼就是自由振动反应中不出现振荡所需的最小阻尼,而阻尼比就是阻尼与临界阻尼的比值。

（3）超阻尼（$\xi>1$）　当 $\xi>1$ 时,方程(10-20)的通解为

$$y(t)=C_1 e^{\lambda_1 t}+C_2 e^{\lambda_2 t} \tag{10-37}$$

其中

$$\begin{cases} \lambda_1=-\xi\omega+\omega\sqrt{\xi^2-1} \\ \lambda_2=-\xi\omega-\omega\sqrt{\xi^2-1} \end{cases}$$

注意到 $\lambda_1<0,\lambda_2<0$,$e^{\lambda_1 t}$ 和 $e^{\lambda_2 t}$ 均随着 t 的增大而单调下降,方程(10-37)所描述的运动已没有振荡性,它只是一种衰减运动而已。

实际结构的阻尼一般都属于小阻尼（$\xi<1$）,因此,以后的学习仅讨论小阻尼的情况。

【例10-9】　给图10-33所示屋盖系统加一水平力 $F_P=9.8$ kN,测得侧移 $y_0=0.5$ cm,然后突然卸载,使结构发生水平自由振动。再测得周期 $T=1.5$ s 及一个周期后的侧移 $y_1=0.4$ cm。求结构的阻尼比 ξ 和阻尼系数 c。

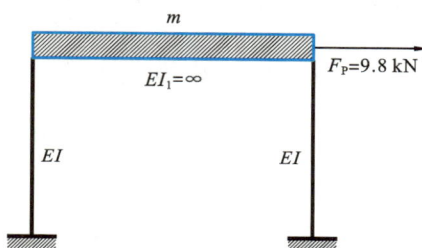

图 10-33

解　体系在外力的作用下,产生一定的初始位移,然后释放,体系做有阻尼的自由振动,依据自由振动衰减法来计算阻尼比。

根据阻尼比的计算公式可得

$$\xi=\frac{1}{2\pi}\ln\frac{y_k}{y_{k+1}}=\frac{1}{2\pi}\ln\frac{0.5}{0.4}=0.035\,5$$

结构自振频率为

$$\omega=\frac{2\pi}{T}=\frac{2\pi}{1.5}\ \text{rad/s}=4.189\ \text{rad/s}$$

在外力 $F_P=9.8$ kN 作用下,体系产生的最大静位移为 $y_{st}=0.005$ m。
由此可知体系的刚度系数为

$$k=\frac{F_P}{y_{st}}=\frac{9.8\times10^3}{0.005}\ \text{N/m}=196\times10^4\ \text{N/m}$$

阻尼系数为

$$c=2\xi m\omega=\frac{2\xi k}{\omega}=\frac{2\times0.035\,5\times196\times10^4}{4.189}\ \text{N·s/m}=33\,220\ \text{N·s/m}$$

10.4　单自由度体系的强迫振动

所谓强迫振动,是指体系在动荷载（也称干扰力）作用下产生的振动。对于单自由度体系,若动荷载直接作用在质量为 m 的质点上,则质点的受力如图10-34所示,由动力平衡条件知

$$F_I(t)+F_C(t)+F_S(t)+F_P(t)=0 \tag{10-38}$$

将 $F_I(t)=-m\ddot{y}(t),F_C(t)=-c\dot{y}(t),F_S(t)=-ky(t)$ 代入式(10-38),得

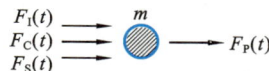

图 10-34

$$m\ddot{y}(t)+c\dot{y}(t)+ky(t)=F_P(t) \tag{10-39}$$

该方程是一个二阶常系数微分方程。由微分方程的解法可知,方程(10-39)的通解为对应齐次方程的齐次解 $\bar{y}(t)$ 和非齐次方程的特解 $y^*(t)$ 之和,即

$$y(t)=\bar{y}(t)+y^*(t) \tag{10-40}$$

式中:通解 $\bar{y}(t)$ 由自由振动位移响应,即 $\bar{y}(t)=\mathrm{e}^{-\xi\omega t}(A\sin\omega_d t+B\cos\omega_d t)$,在 10.3 节已经对其做了详细讨论;特解 $y^*(t)$ 则随外荷载 $F_P(t)$ 类型的不同而不同,必须结合具体形式来进行分析,才能得到体系的实质性动力响应规律。

强迫振动可分为无阻尼强迫振动($\xi=0$)和有阻尼强迫振动($\xi\neq0$)两种情况。以下分别就简谐荷载、一般动荷载作用下的动力响应展开讨论。

1. 无阻尼强迫振动($\xi=0$)

1)简谐荷载

设简谐荷载 $F_P(t)=F_P\sin\theta t$(θ 为外荷载频率),由方程(10-39)可知,单自由度无阻尼体系强迫振动方程为

$$m\ddot{y}(t)+ky(t)=F_P\sin\theta t \tag{10-41}$$

将其化成标准格式,即

$$\ddot{y}(t)+\omega^2 y(t)=\frac{F_P}{m}\sin\theta t \tag{10-42}$$

其通解由两部分组成,即

$$y(t)=\bar{y}(t)+y^* \tag{10-43}$$

则振动方程齐次解 $\bar{y}(t)$ 为

$$\bar{y}(t)=C_1\sin\omega t+C_2\cos\omega t \tag{10-44}$$

式中:待定常数 C_1、C_2 由初始条件确定。

设特解 $y^*=D\sin\theta t$,代入式(10-42),并消去 $\sin\theta t$ 后,得

$$D=\frac{F_P}{(\omega^2-\theta^2)m}$$

则振动方程的特解为

$$y^*=\frac{F_P}{(\omega^2-\theta^2)m}\sin\theta t \tag{10-45}$$

由式(10-43)和式(10-44)可知,振动方程的通解为

$$y(t)=C_1\sin\omega t+C_2\cos\omega t+\frac{F_P}{m(\omega^2-\theta^2)}\sin\theta t \tag{10-46}$$

根据初始条件($t=0$),$y_0=y(0)$,$\dot{y}_0=\dot{y}(0)$,得

$$C_1=\frac{\dot{y}_0}{\omega}-\frac{F_P}{m(\omega^2-\theta^2)}\frac{\theta}{\omega},\quad C_2=y_0 \tag{10-47}$$

则原振动方程的解为

$$y(t)=\frac{\dot{y}_0}{\omega}\sin\omega t+y_0\cos\omega t-\frac{F_P}{m(\omega^2-\theta^2)}\frac{\theta}{\omega}\sin\omega t+\frac{F_P}{m(\omega^2-\theta^2)}\sin\theta t \tag{10-48}$$

在式(10-48)中,前三项都是与结构固有频率 ω 有关的自由振动。但第一、二项是由初始条件决定的自由振动,第三项与初始条件无关,是伴随干扰力的作用而产生的,称为伴生自由振动。第四项则是按照干扰力频率 θ 而进行的振动,称为纯强迫振动。

实际上,由于阻尼的客观存在,自由振动项在振动发生不久后就会衰减掉,为振动的瞬态

响应;而强迫振动项则不会随着时间的延长而衰减,为振动的稳态响应。因此,这里只需研究稳态响应的振动规律。

由式(10-45)可知,稳定阶段的动位移响应为

$$y(t)=\frac{F_P}{m(\omega^2-\theta^2)}\sin\theta t=\frac{F_P}{m\omega^2}\frac{1}{1-\frac{\theta^2}{\omega^2}}\sin\theta t \tag{10-49}$$

又 $\frac{F_P}{m\omega^2}=F_P\delta=y_{st}$,$y_{st}$ 为动荷载振幅值作用于质点时产生的静位移,则式(10-49)可变为

$$y(t)=y_{st}\frac{1}{1-\frac{\theta^2}{\omega^2}}\sin\theta t \tag{10-50}$$

令

$$\beta=\frac{[y(t)]_{max}}{y_{st}}=\frac{1}{1-\frac{\theta^2}{\omega^2}} \tag{10-51}$$

式中:β 为位移动力系数,表示最大动位移与最大静位移的比值,它反映了惯性力的影响。

式(10-51)表明,β 是 $\frac{\theta}{\omega}$ 的函数,其关系可用图 10-35 来描述,该曲线也称位移反应谱。

思政元素

由图 10-35 可知:

(1) 当 $\omega\gg\theta$ 时,$\frac{\theta}{\omega}\to0$,这时 $\beta\to1$。这种情况相当于静力作用。通常当 $\frac{\theta}{\omega}\leqslant\frac{1}{5}$ 时,可按静荷载计算位移幅值。

(2) 当 $\omega=\theta$ 时,$\frac{\theta}{\omega}=1$,这时 $\beta\to\infty$,即振幅趋于无穷大,这种现象称为共振。实际上由于阻尼的存在,共振时振幅不会无限增大。但发生共振或接近共振在工程中都是很危险的,为了避免发生共振,应避开 $0.75<\frac{\theta}{\omega}<1.25$ 的区段,该区段称为共振区。

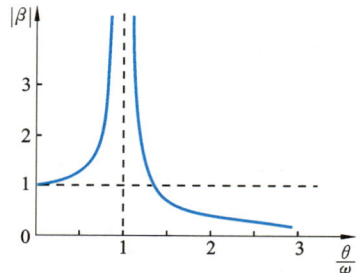

图 10-35

(3) 当 $\omega\ll\theta$ 时,$\frac{\theta}{\omega}\gg1$,这时按式(10-51)计算,$\beta$ 为负值,并趋于零。这表明在高频简谐荷载的作用下,结构还来不及反应,振幅即趋于零,体系处于静止状态。

由于动位移响应随时间做简谐振动,而在实际工程设计中,一般只考虑振幅绝对值,即动力系数只需取绝对值 $|\beta|$,不需考虑正负号。为了使结构的内力和位移不至于过大,应尽量避免共振现象的发生。

由上述可知,根据 θ 和 ω 的比值求出位移动力系数后,只需将动荷载的最大值 F_P 当作静荷载而求出结构的位移 y_{st},然后再乘上位移动力系数 β,即可求得动荷载作用下的最大动位移 $[y(t)]_{max}$。同理,如果求出了内力动力系数,也可按此方式计算结构在动荷载作用下的最大动内力。所谓内力动力系数,是指最大动内力与最大静内力的比值。

需要指出的是,在单自由度结构上,当干扰力与惯性力的作用点重合时,位移动力系数和内力动力系数完全一致,此时对这两类动力系数可不做区分而统称为动力系数。

【例 10-10】　如图 10-36 所示钢梁,采用 I32b 工字钢,$I=11\,626\ \text{cm}^4$,$E=2.1\times10^8\ \text{kPa}$,$W=726.7\ \text{cm}^3$。在梁跨中有电动机,其重 $G=40\ \text{kN}$,转速 $n=400\ \text{r/min}$,由于具有偏心,转动时产生离心力幅值 $F_\text{P}=20\ \text{kN}$,其竖直分量为 $F_\text{P}\sin\theta t$。忽略钢梁本身的重量,试求钢梁在该荷载的位移动力系数 β 和最大正应力 $\sigma_{\max}$。

解　简支钢梁在 $F_\text{P}(t)=F_\text{P}\sin\theta t$ 的作用下做简谐振动,计算步骤如下。

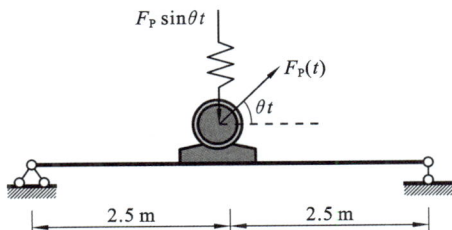

图 10-36

(1) 求结构的自振频率 ω:

$$\omega=\sqrt{\frac{g}{\Delta_\text{st}}}=\sqrt{\frac{g}{G\delta}}=\sqrt{\frac{48EIg}{l^3G}}$$

$$=\sqrt{\frac{48\times2.1\times10^8\times11\,626\times10^{-8}\times9.8}{5.0^3\times40}}\ \text{s}^{-1}$$

$$=47.93\ \text{s}^{-1}$$

(2) 求荷载频率 θ:

$$\theta=\frac{2\pi n}{60}=\frac{2\pi\times400}{60}\ \text{s}^{-1}=41.89\ \text{s}^{-1}$$

(3) 求位移动力系数 β:

$$\beta=\frac{1}{1-\dfrac{\theta^2}{\omega^2}}=\frac{1}{1-\left(\dfrac{41.89}{47.93}\right)^2}=4.23$$

(4) 求钢梁下缘最大拉应力 $\sigma_{\max}$(因静力作用与动力作用而产生的应力之和)。

因外激励荷载 $F_\text{P}\sin\theta t$ 产生的惯性力为

$$F_\text{I}(t)=-m\ddot{y}(t)=-m\cdot\frac{-F_\text{P}\theta^2}{m(\omega^2-\theta^2)}\sin\theta t=\frac{mF_\text{P}\theta^2}{m(\omega^2-\theta^2)}\sin\theta t=\frac{F_\text{P}\theta^2}{\omega^2-\theta^2}\sin\theta t$$

惯性力与外荷载的最大值为

$$F_\text{P}+\frac{F_\text{P}\theta^2}{\omega^2-\theta^2}=F_\text{P}\cdot\frac{1}{1-\theta^2/\omega^2}=\beta F_\text{P}$$

这表明惯性力与外荷载同时达到最大值,则

$$\sigma_{\max}=\sigma_\text{s}+\sigma_\text{d}=\frac{Gl/4}{W}+\beta\frac{F_\text{P}l/4}{W}=\frac{l}{4W}(G+\beta F_\text{P})$$

$$=(40+4.23\times20)\times\frac{5.0}{4\times726.7\times10^{-6}}\ \text{kPa}$$

$$=21.43\times10^4\ \text{kPa}$$

讲课视频

【例 10-11】　图 10-37(a)所示为跨中带有一质量块的无重简支梁,动荷载 $F_\text{P}(t)=F_\text{P}\sin\theta t$ 作用在距离左端 $l/4$ 处,若 $\theta_1=0.8\sqrt{\dfrac{48EI}{ml^3}}$ 及 $\theta_2=1.2\sqrt{\dfrac{48EI}{ml^3}}$,试求在荷载 $F_\text{F}(t)$ 作用下,质量块的最大动位移。

解　用图乘法先求出柔度系数,即

$$\delta_{11}=\frac{l^3}{48EI},\quad\delta_{12}=\frac{11l^3}{768EI}$$

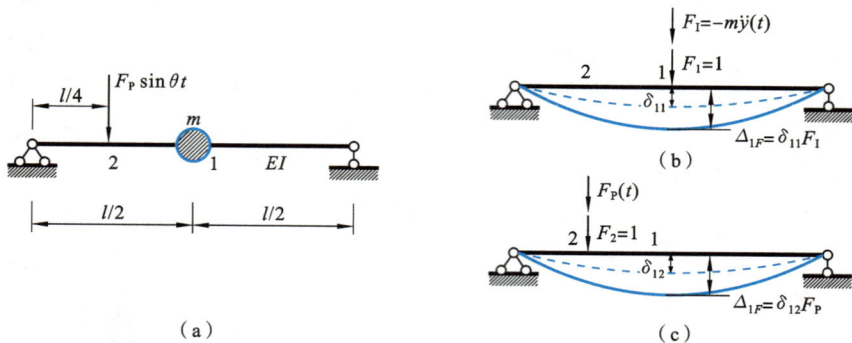

图 10-37

又该梁的自由振动频率为 $\omega=\sqrt{\dfrac{1}{m\delta_{11}}}=\sqrt{\dfrac{48EI}{ml^3}}$

按叠加原理求质点的位移为(见图 10-37(b)和图 10-37(c))

$$y=\delta_{11}F_{\mathrm{I}}(t)+\delta_{12}F_{\mathrm{P}}(t)=\delta_{11}[-m\ddot{y}(t)]+\delta_{12}F_{\mathrm{P}}(t)$$

将上式各项均除以 $\delta_{11}m$,化简为

$$\ddot{y}+\omega^2 y=\frac{\delta_{12}}{\delta_{11}}\frac{F_{\mathrm{P}}(t)}{m}=0.6875\frac{F_{\mathrm{P}}(t)}{m}$$

该式与无阻尼($\xi=0$)时的单自由度体系强迫振动方程(式(10-41))相比,只是在干扰力 $F_{\mathrm{P}}(t)$ 项中多了乘数 δ_{12}/δ_{11}。即相当于把非直接作用于质点的荷载按照静位移等效的条件转换成直接作用于质点的荷载 $\dfrac{\delta_{12}}{\delta_{11}}F_{\mathrm{P}}(t)$。

运动方程的解为

$$y=\left(0.6875\frac{F_{\mathrm{P}}}{m\omega^2}\right)\frac{1}{1-\left(\dfrac{\theta}{\omega}\right)^2}\sin\theta t$$

由此式便可求得质量块的最大动位移。

(1) 对于 $\theta_1=0.8\sqrt{\dfrac{48EI}{ml^3}}$ 的情况,当 $\sin\left(0.8\sqrt{\dfrac{48EI}{ml^3}}t\right)=1$ 时,位移取得最大值,即

$$y_{\max}=\left(0.6875\frac{F_{\mathrm{P}}}{m\omega^2}\right)\frac{1}{1-0.64}=0.6875\frac{F_{\mathrm{P}}}{m}\left(\frac{ml^3}{48EI}\right)\times 2.7778=0.0398\frac{F_{\mathrm{P}}l^3}{EI}$$

(2) 对于 $\theta_2=1.2\sqrt{\dfrac{48EI}{ml^3}}$ 的情况,当 $\sin\left(1.2\sqrt{\dfrac{48EI}{ml^3}}t\right)=1$ 时,位移取得最大值,即

$$y_{\max}=\left(0.6875\frac{F_{\mathrm{P}}}{m\omega^2}\right)\frac{1}{1-1.44}=0.6875\frac{F_{\mathrm{P}}}{m}\left(\frac{ml^3}{48EI}\right)\times(-2.2727)=-0.0326\frac{F_{\mathrm{P}}l^3}{EI}$$

因为 $\theta=1.2\omega$,荷载频率超过了该梁的自振频率 ω,故 $y_{\max}$ 出现了负号。

2)一般动荷载

为了推导一般动荷载 $F_{\mathrm{P}}(t)$ 作用下强迫振动的公式,先讨论瞬时冲量作用下的振动问题。

所谓瞬时冲量,就是荷载 $F_{\mathrm{P}}(t)$ 在极短的时间 Δt 内给予振动物体的冲量 $S=F_{\mathrm{P}}(t)\Delta t$,如

图 10-38(a)所示。

设 $t=0$ 时,有冲量 $S=F_P(t)\Delta t$ 作用在单自由度质点上,且假定冲击以前质量块(质量为 m)原来的初始位移和初速度为零,但在瞬时冲量的作用下,由冲量定理可知,$S=F_P(t)\Delta t=mv_0$,此刻质量块将获得初速度 v_0,即 $v_0=\dfrac{S}{m}$。

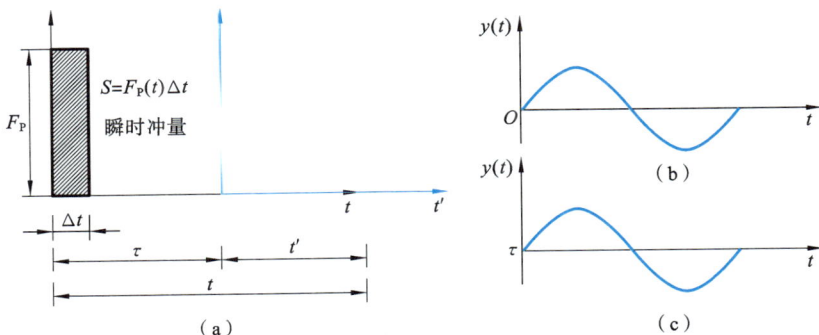

图 10-38

当质量块获得初速度后还未产生位移时,冲量即消失,所以质点在这种冲击力作用下将产生自由振动。将 $y_0=0$ 和 $v_0=\dfrac{S}{m}$ 代入单自由度振动方程 $y(t)=y_0\cos\omega t+\dfrac{v_0}{\omega}\sin\omega t$ 中,即可得 $t=0$ 时刻瞬时冲量作用下质点的动位移方程为

$$y(t)=\frac{S}{m\omega}\sin\omega t=\frac{F_P(t)\Delta t}{m\omega}\sin\omega t \tag{10-52}$$

其动位移曲线如图 10-38(b)所示。

若瞬时冲量不是在 $t=0$ 时刻,而是在任意时刻 $t=\tau$ 时施加于质点上,则质点动位移方程为

$$\begin{cases} y(t)=\dfrac{F_P(t)\Delta t}{m\omega}\sin\omega(t-\tau) & (t>\tau) \\[2mm] y(t)=0 & (t<0) \end{cases} \tag{10-53}$$

在一般动荷载 $F_P(t)$ 作用下,如图 10-39 所示,可以把整个荷载看成无数的瞬时冲量的连续作用之和。

在极短的时间间隔 $d\tau$ 内,微分冲量 $dS=F_P(\tau)d\tau$ 引起的动位移响应为

$$dy(t)=\frac{F_P(\tau)d\tau}{m\omega}\sin\omega(t-\tau) \tag{10-54}$$

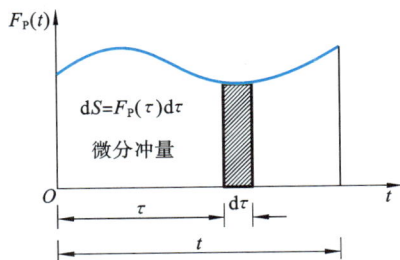

图 10-39

整个动荷载作用下任意时刻 t 的动位移响应,可以看成时刻 $\tau=0$ 到 $\tau=1$ 之间无数瞬时冲量引起的动位移叠加之和,即将式(10-54)从 0 到 t 进行积分:

$$y(t)=\int_0^t \frac{F_P(\tau)}{m\omega}\sin\omega(t-\tau)d\tau \tag{10-55}$$

这就是通常在动力学中所称的杜哈梅(Duhamel)积分,在数学上又称为卷积。

顺便指出,如果体系原来并非处于静止状态,而是存在初始位移 y_0 和初始速度 v_0,则应在式(10-55)中叠加自由振动项,即质点的总体动位移响应为

$$y(t) = y_0\cos\omega t + \frac{v_0}{\omega}\sin\omega t + \int_0^t \frac{F_P(\tau)\mathrm{d}\tau}{m\omega}\sin\omega(t-\tau)\mathrm{d}\tau \tag{10-56}$$

有了式(10-55)和式(10-56)，只需把已知的外荷载 $F_P(t)$ 代入公式进行积分计算，便可得到体系在荷载 $F_P(t)$ 作用下的强迫振动。下面介绍几种特殊动荷载作用下的响应计算。

（1）**突加长期荷载**　突加长期荷载是指突然施加于结构上并保持为常量继续作用的荷载，以加载的一瞬间作为时间的起点，其函数表达式为

$$F_P(t) = \begin{cases} 0 & (t<0) \\ F_{P0} & (t>0) \end{cases} \tag{10-57}$$

其变化曲线如图 10-40(a)所示。

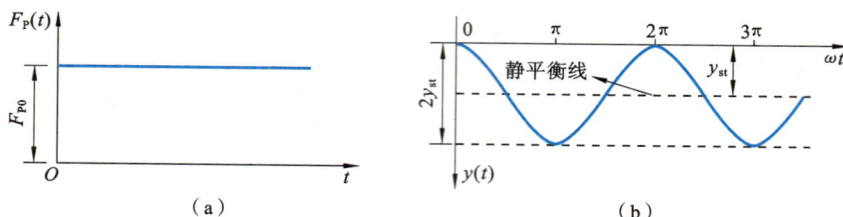

图 10-40

直接利用杜哈梅积分，将式(10-57)代入式(10-55)中，得结构的动位移为

$$\begin{aligned} y(t) &= \int_0^t \frac{F_P(\tau)}{m\omega}\sin\omega(t-\tau)\mathrm{d}\tau \\ &= \int_0^t \frac{F_{P0}}{m\omega}\sin\omega(t-\tau)\mathrm{d}\tau = \frac{F_{P0}}{m\omega^2}(1-\cos\omega t) \\ &= y_{st}(1-\cos\omega t) \end{aligned} \tag{10-58}$$

式中：y_{st} 为静荷载 F_P 作用下的静位移。

根据式(10-58)绘制出的振动曲线如图 10-40(b)所示。由图可知，突加长期荷载的最大动位移 $[y(t)]_{max}=2y_{st}$（位移动力系数 $\beta=2$），即突加长期荷载产生的最大动位移比相应的静位移大一倍，这反映了惯性力的影响。

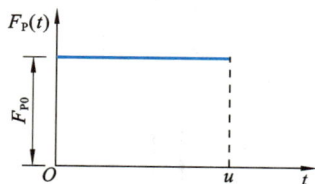

图 10-41

（2）**突加短期荷载**　突加短期荷载是指在短时间内停留在结构上的荷载，即当 $t=0$ 时荷载突然加于结构上，但到 $t=t_r$ 时，荷载又突然消失，其函数表达式为

$$F_P(t) = \begin{cases} 0 & (t\leqslant 0) \\ F_{P0} & (0<t\leqslant t_r) \\ 0 & (t>t_r) \end{cases} \tag{10-59}$$

其变化曲线如图 10-41 所示。

体系在这种荷载作用下的反应，可按如下三种方法来处理。

方法一：直接利用杜哈梅积分分段讨论。

第一阶段($0\leqslant t\leqslant t_r$)：此阶段与突加长期荷载相同，则结构的动位移反应为

$$y(t)=y_{st}(1-\cos\omega t)$$

第二阶段($t>t_r$)：此阶段直接将荷载表达式代入公式。

结构的动位移反应为

$$y(t)=\int_0^t \frac{F_P(\tau)}{m\omega}\sin\omega(t-\tau)\mathrm{d}\tau=\int_0^{t_r}\frac{F_P(\tau)}{m\omega}\sin\omega(t-\tau)\mathrm{d}\tau$$

$$=2y_{st}\sin\frac{\omega t_r}{2}\sin\omega\left(t-\frac{t_r}{2}\right)$$

式中：y_{st} 为静荷载 F_P 作用下的静位移。

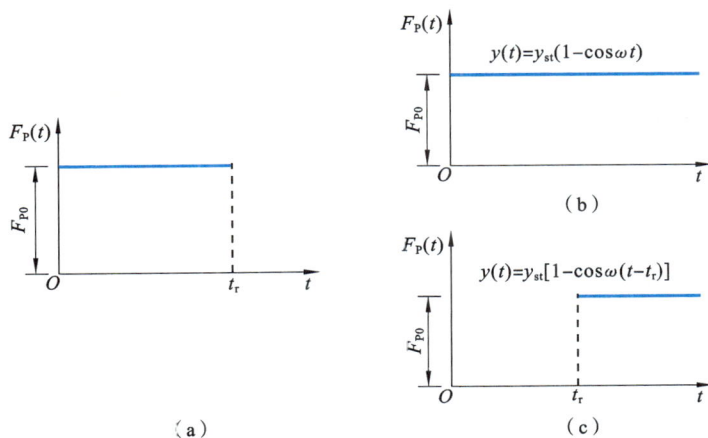

图 10-42

方法二：按体系振动的规律分段讨论。

第一阶段（$0\leqslant t\leqslant t_r$）：此阶段为强迫振动阶段，荷载与突加长期荷载相同，则动位移反应（其曲线见图 10-42(b)）为

$$y(t)=y_{st}(1-\cos\omega t)$$

第二阶段（$t>t_r$）：在 $t=t_r$ 时，将外加荷载撤掉，体系将按初始位移 $y(t_r)$ 和初始速度 $\dot{y}(t_r)$ 进行自由振动，此时

$$y(t_r)=y_{st}(1-\cos\omega t_r),\quad \dot{y}(t_r)=\omega y_{st}\sin\omega t_r$$

将其代入自由振动方程 $y(t)=y_0\cos\omega t+\dfrac{v_0}{\omega}\sin\omega t$ 中，计算可得此阶段的动位移反应为

$$y(t)=2y_{st}\sin\frac{\omega t_r}{2}\sin\omega\left(t-\frac{t_r}{2}\right)$$

方法三：直接利用突加长期荷载结论分段考虑。

第一阶段（$0\leqslant t\leqslant t_r$）：此阶段荷载与突加长期荷载相同，则动位移反应为

$$y(t)=y_{st}(1-\cos\omega t)$$

第二阶段（$t>t_r$）：此种情况（见图 10-42(a)）可以看成两种突加长期荷载（见图10-42(b)、(c)）的叠加，即

$$y(t)=y_{st}(1-\cos\omega t)-y_{st}[1-\cos\omega(t-t_r)]$$

$$=y_{st}[\cos\omega(t-t_r)-\cos\omega t]=2y_{st}\sin\frac{\omega t_r}{2}\sin\omega\left(t-\frac{t_r}{2}\right)$$

对单自由度体系在该荷载作用下的位移动力系数进行讨论，主要针对动荷载持续时间 t_r 展开。

当 $t_r\geqslant\dfrac{T}{2}$ 时，最大动位移发生在第一阶段，此时位移动力系数

$$\beta = \frac{[y(t)]_{max}}{y_{st}} = 2$$

当 $0 < t_r < \frac{T}{2}$ 时,最大动位移发生在第二阶段,此时位移动力系数

$$\beta = \frac{[y(t)]_{max}}{y_{st}} = 2\sin\frac{\omega t_r}{2}$$

因此,单自由度体系在该荷载作用下的位移动力系数反应谱 $\beta(t_r, T)$ 如图10-43(b)所示。

（3）**线性渐增荷载** 线性渐增荷载的特点是:当 $0 \leqslant t \leqslant t_r$ 时,荷载线性增长;当 $t > t_r$ 时,荷载保持不变,其函数关系为

$$F_P(t) = \begin{cases} \dfrac{F_{P0}t}{t_r} & (0 \leqslant t \leqslant t_r) \\ F_{P0} & (t > t_r) \end{cases} \tag{10-60}$$

其变化曲线如图10-44所示。

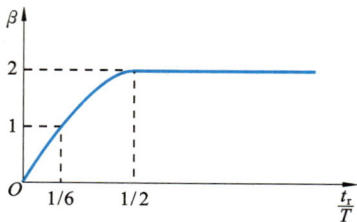

图 10-43

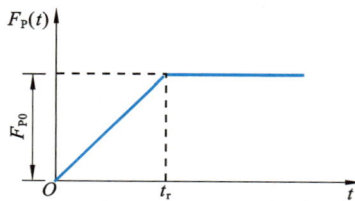

图 10-44

直接利用杜哈梅积分计算,可得

$$y(t) = \begin{cases} \dfrac{y_{st}}{t_r}\left(t - \dfrac{\sin\omega t}{\omega}\right) & (t \leqslant t_r) \\ y_{st}\left\{1 - \dfrac{1}{\omega t_r}[\sin\omega t - \sin\omega(t - t_r)]\right\} & (t > t_r) \end{cases}$$

因此,单自由度体系在该荷载作用下的位移动力系数反应谱 $\beta(t_r, T)$ 如图10-45所示。

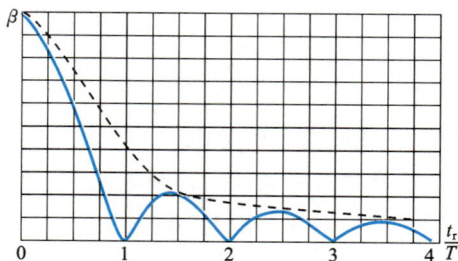

图 10-45

【例10-12】 如图10-46(a)所示,有一重 $G_1 = 2$ kN 的物体从 20 m 高处落到梁的中点,求梁的最大弯矩和最大位移。已知梁的自重为 $G_2 = 20$ kN,惯性矩 $I = 36 \times 10^4$ cm^4,弹性模量 $E = 34 \times 10^2$ MPa。

解 将简支梁的均布质量离散成3个集中质量（见图10-46(a)）,则系统简化为单自由度体系,跨中集中力为 $G_2/2$。

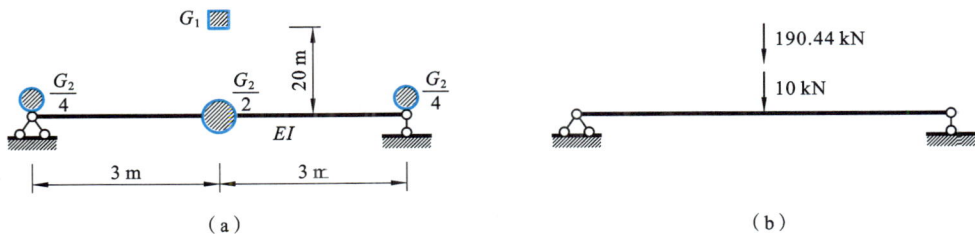

图 10-46

（1）求冲量。首先求重物自由落体至与简支梁跨中接触时的速度 v：

$$\frac{G_1}{2g}v^2 = G_1 h, \quad v = \sqrt{2gh}$$

则冲量为

$$S = mv = \frac{G_1}{g}\sqrt{2gh}$$

（2）求频率。由频率公式 $\omega = \sqrt{\dfrac{1}{m\delta}}$ 知

$$\omega = \sqrt{\frac{g}{\left(G_1 + \dfrac{G_2}{2}\right)\delta}}$$

（3）求最大弯矩 M_{max} 和最大位移 y_{max}。质点在瞬时冲量作用下将获得一定的初速度（初始位移为零），然后做自由振动，其动位移为

$$y(t) = \frac{S}{m\omega}\sin\omega t$$

质点最大位移为

$$y_{max} = \frac{S}{m\omega} = \frac{S\omega}{m \cdot \dfrac{1}{m\delta}} = S\omega\delta = F_e\delta$$

其中：

$$F_e = S\omega, \quad m = \frac{G_1 + G_2/2}{g}, \quad \delta = \frac{l^3}{48EI}$$

则等效静荷载为

$$F_e = S\omega = \frac{G_1}{g}\sqrt{2gh}\sqrt{\frac{48gEI}{\left(G_1 + \dfrac{G_2}{2}\right)l^3}}$$

$$= \frac{2\times10^3}{9.8}\sqrt{2\times9.8\times20}\times\sqrt{\frac{48\times9.8\times3\,400\times10^6\times36\times10^4\times10^{-8}}{\left(2+\dfrac{20}{2}\right)\times10^3\times6^3}}\ \text{N}$$

$$= 190.44\ \text{kN}$$

因此，简支梁跨中最大弯矩为

$$M_{max} = \frac{(190.44+10)\times6}{4}\ \text{kN}\cdot\text{m} = 300.66\ \text{kN}\cdot\text{m}$$

简支梁跨中最大位移为

$$y_{max} = \frac{(190.44+10)\times10^3\times6^3}{48\times3\,400\times10^6\times36\times10^4\times10^{-8}}\ \text{m} = 73.69\ \text{mm}$$

【例 10-13】 单自由度系统受三角形冲击荷载(见图 10-47),荷载的表达式为 $F_P(t)=F_P\left(1-\dfrac{t}{t_1}\right)$,试求该系统的动位移和动力系数。已知系统的初始位移和初始速度均为零。

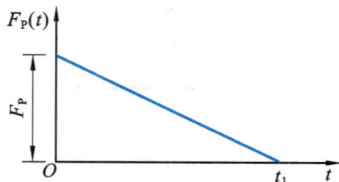

图 10-47

解　将荷载代入杜哈梅积分公式,有

$$y(t)=\frac{1}{m\omega}\int_0^t F_P\left(1-\frac{\tau}{t_1}\right)\sin\omega(t-\tau)\mathrm{d}\tau$$

$$=y_{st}\left(1-\cos\omega t+\frac{1}{\omega t_1}\sin\omega t-\frac{t}{t_1}\right)\quad(t\leqslant t_1)$$

为了求体系最大动位移,先求最大位移的时间 t_m。令 $y(t)$ 对时间 t 的一阶导数等于零,即

$$\frac{\mathrm{d}y}{\mathrm{d}t}\bigg|_{t=t_m}=y_{st}\left(\omega\sin\omega t_m+\frac{1}{t_1}\cos\omega t_m-\frac{1}{t_1}\right)=0$$

从而得

$$t_m=\frac{2}{\omega}\arctan\omega t_1$$

将 t_m 代入动位移表达式,则可得最大动位移

$$y_{max}=2y_{st}\left(1-\frac{1}{\omega t_1}\arctan\omega t_1\right)$$

位移动力系数

$$\beta=\frac{[y(t)]_{max}}{y_{st}}=2\left(1-\frac{1}{\omega t_1}\arctan\omega t_1\right)$$

应该指出,该式必须在 $t_m\leqslant t_1$ 时才成立,即

$$\frac{2}{\omega}\arctan\omega t_1\leqslant t_1$$

解此不等式得

$$\frac{\omega t_1}{2\pi}=\frac{t_1}{T}\geqslant 0.371$$

这就说明:当 $\dfrac{t_1}{T}\geqslant 0.371$ 时,最大动位移发生在 $t\leqslant t_1$ 时段内,表达式有效;当 $\dfrac{t_1}{T}<0.371$ 时,最大动位移发生在 $t>t_1$ 时的自由振动状态下。为了求 $t>t_1$ 时的动位移,先求 $t=t_1$ 时的位移和速度:

$$y(t_1)=y_{st}\left(\frac{1}{\omega t_1}\sin\omega t_1-\cos\omega t_1\right)$$

$$\dot{y}(t_1)=y_{st}\omega\left(\sin\omega t_1-\frac{1}{\omega t_1}+\frac{1}{\omega t_1}\cos\omega t_1\right)$$

令 $F_P(\tau)=0$、$y_0=y(t_1)$ 及 $\dot{y}_0=\dot{y}(t_1)$,并将 t 改写成 $t-t_1$,即得自由振动位移为

$$y(t-t_1)=\frac{\dot{y}(t_1)}{\omega}\sin\omega(t-t_1)+y(t_1)\cos\omega(t-t_1)\quad(t\geqslant t_1)$$

此自由振动的幅值为

$$A=\sqrt{\left[\frac{\dot{y}(t_1)}{\omega}\right]^2+[y(t_1)]^2}=y_{st}\sqrt{1+\frac{2}{(\omega t_1)^2}(1-\cos\omega t_1)-\frac{2}{\omega t_1}\sin\omega t_1}$$

位移动力系数为

$$\beta=\frac{A}{y_{st}}\sqrt{1+\frac{2}{(\omega t_1)^2}(1-\cos\omega t_1)-\frac{2}{\omega t_1}\sin\omega t_1}\quad\left(\frac{t_1}{T}<0.371\right)$$

由该式可知,位移动力系数只与 ωt_1 有关,即只与 t_1/T 有关。表 10-1 列出了 t_1/T 取不同值时该系统的位移动力系数。

表 10-1

t_1/T	0.125	0.20	0.25	0.371	0.40	0.50	0.75	1.00	1.50	2.00	∞
β	0.39	0.66	0.73	1.00	1.05	1.20	1.42	1.55	1.69	1.76	2.00

讲课视频

2. 有阻尼强迫振动($\xi \neq 0$)

1）简谐荷载

设简谐荷载 $F_P(t)=F_P\sin\theta t$（θ 为外荷载频率），由方程（10-41）可知，单自由度有阻尼体系强迫振动方程为

$$m\ddot{y}(t)+c\dot{y}(t)+ky(t)=F_P\sin\theta t \tag{10-61}$$

将其化成标准格式，即

$$\ddot{y}(t)+2\xi\omega\dot{y}(t)+\omega^2 y(t)=\frac{F_P}{m}\sin\theta t \tag{10-62}$$

其通解由两部分（齐次解＋特解）组成，即

$$y(t)=\bar{y}(t)+y^*(t)$$

齐次解为

$$\bar{y}(t)=\mathrm{e}^{-\xi\omega t}(A\sin\omega_d t+B\cos\omega_d t)$$

其特解项在简谐荷载的作用下也假定为简谐量，但由于阻尼的存在，反应一般与荷载不同相，而是存在一定的相位差。设特解为 $y^*(t)=A\sin(\theta t-\alpha)$，并将其代入式（10-62），得振幅为

$$A=y_{st}\frac{1}{\sqrt{\left(1-\dfrac{\theta^2}{\omega^2}\right)^2+4\xi^2\dfrac{\theta^2}{\omega^2}}}$$

初相角为

$$\alpha=\tan^{-1}\frac{2\xi\dfrac{\theta}{\omega}}{1-\dfrac{\theta^2}{\omega^2}}$$

式中：$y_{st}=\dfrac{F_P}{k}$ 称为最大静位移，即将荷载幅值 F_P 静止作用在质点上时质点所产生的位移。

质点的位移动力系数为

$$\beta=\frac{A}{y_{st}}\frac{1}{\sqrt{\left(1-\dfrac{\theta^2}{\omega^2}\right)^2+4\xi^2\dfrac{\theta^2}{\omega^2}}} \tag{10-63}$$

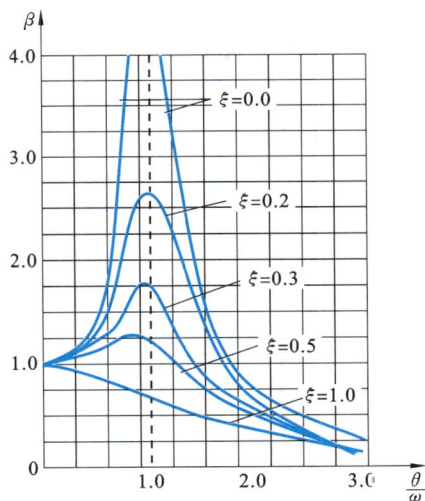

图 10-48

从式（10-63）可以看出，位移动力系数与阻尼比 ξ 和频率比 $\dfrac{\theta}{\omega}$ 有关，相应的关系曲线如图 10-48 所示。可得出如下结论：

（1）稳态振动表现为与外荷载同频率但却存在一定相位差。例如，外荷载 $F_P(t)=F_P\sin\theta t$，则对应稳态位移响应 $y(t)=A\sin(\theta t-\alpha)$。

（2）当 $\dfrac{\theta}{\omega}\ll 1$ 或接近于零时，位移动力系数 $\beta\approx 1$。这表示当外荷载的频率远远低于结构的自振频率时，外荷载产生的动力作用不明显，它接近于静力作用，此时可按静力计算。并且，不管 ξ 为何值，各曲线总是很接近，表明当 θ 在小于 ω 的某一范围内时，可忽略阻尼的影响。

（3）当 $\dfrac{\theta}{\omega}\gg 1$ 时，位移动力系数 $\beta\approx 0$。此时质点保持静止状态，各曲线比较接近。阻尼作用对位移动力系数的影响也很小，这表明当 θ 在大于 ω 的某一范围内时，也可忽略阻尼的影响。

（4）当 $\dfrac{\theta}{\omega}=1$ 或 $0.75<\dfrac{\theta}{\omega}<1.25$（共振区）时，阻尼对减小位移动力系数 β 有很大作用，外荷载主要由阻尼来平衡，因此阻尼的作用不可忽略。结构在发生共振时，振幅虽然出现峰值，但它将是有限值而不是无穷大值。实际工程中，一般应使结构的自振频率与荷载频率至少相差 30% 左右，以避开共振区。

（5）当考虑阻尼时，位移动力系数的最大值不发生在 $\dfrac{\theta}{\omega}=1$ 的时候，而是发生在 θ 略小于 ω 的时候。其值可以通过对式（10-63）求导得到，即

$$\frac{\mathrm{d}\beta}{\mathrm{d}\left(\dfrac{\theta}{\omega}\right)}=0$$

则

$$\frac{\theta}{\omega}=\sqrt{1-2\xi^2}\approx1$$

此时，$\beta_{\max}=\dfrac{1}{2\xi\sqrt{1-\xi^2}}$，由于极值位置与 $\dfrac{\theta}{\omega}=1$ 的位置相差甚小，因此在工程应用中通常取 $\dfrac{\theta}{\omega}=1$ 作为极值位置，则最大动力系数为 $\beta|_{\frac{\theta}{\omega}=1}=\dfrac{1}{2\xi}$。

【例 10-14】 图 10-49 所示机器与基础总重 $G=60$ kN，基础下土壤的抗压刚度系数为 $c_z=0.6$ N/cm^3，基础底面积 $A=20$ m^2，机器运转产生的动荷载 $F_P(t)=F_{P0}\sin\theta t$，$F_{P0}=20$ kN，转速为 400 r/min，考虑阻尼的影响 $\xi=0.15$，求系统振幅及地基最大压力。

解 （1）求自振频率。

由图 10-49 可知，让振动质量向下产生单位位移需施加的力即为刚度系数 k，则有

$$k=c_zA=0.6\times10^3\times20 \text{ kN/m}=12\times10^3 \text{ kN/m}$$

则体系自振频率为

$$\omega=\sqrt{\frac{k}{m}}=\sqrt{\frac{kg}{G}}=\sqrt{\frac{12\times10^3\times9.8}{60}} \text{ s}^{-1}=44.27 \text{ s}^{-1}$$

（2）求荷载频率 θ。

$$\theta=\frac{2\pi n}{60}=\frac{2\pi\times400}{60} \text{ s}^{-1}=41.89 \text{ s}^{-1}$$

（3）求位移动力系数 β。

$$\frac{\theta}{\omega}=\frac{41.89}{44.27}=0.946，这表明该体系处在共振区，则$$

$$\beta=\frac{1}{\sqrt{\left(1-\dfrac{\theta^2}{\omega^2}\right)^2+4\xi^2\dfrac{\theta^2}{\omega^2}}}=\frac{1}{\sqrt{\left(1-\dfrac{41.89^2}{44.27^2}\right)^2+4\times0.15^2\times\dfrac{41.89^2}{44.27^2}}}=3.31$$

（4）求竖直振动振幅 $[y(t)]_{\max}$。

$$[y(t)]_{\max}=\beta y_{st}=3.31\times\frac{20}{12\times10^3} \text{ m}=5.5 \text{ mm}$$

（5）求地基最大压力 $p_{\max}$。

$$p_{\max}=-\frac{G}{A}-\beta\frac{F_{P0}}{A}=\left(-\frac{60}{20}-3.31\times\frac{20}{20}\right) \text{ kPa}=-6.31 \text{ kPa}$$

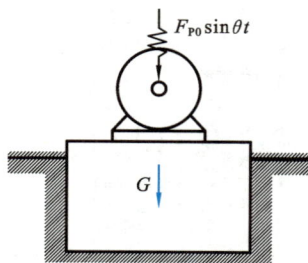

图 10-49

2）一般动荷载

对于单自由度体系在任意荷载作用下的有阻尼强迫振动,可以把整个荷载作用看成无数个瞬时冲击荷载的连续作用之和。在极短的时间 $\mathrm{d}\tau$ 内,由冲量 $F_P(\tau)\mathrm{d}\tau$ 引起的质点位移应为

$$\mathrm{d}y(t) = \frac{F_P(\tau)\mathrm{d}\tau}{m\omega_\mathrm{d}} \mathrm{e}^{-\xi\omega(t-\tau)} \sin\omega_\mathrm{d}(t-\tau) \tag{10-64}$$

对式(10-64)从 $\tau=0$ 到 $\tau=t$ 进行积分,即得初始处于静止状态的单自由度体系在一般动荷载作用下的位移:

$$y(t) = \frac{1}{m\omega_\mathrm{d}} \int_0^t F_P(\tau) \mathrm{e}^{-\xi\omega(t-\tau)} \sin\omega_\mathrm{d}(t-\tau)\mathrm{d}\tau \tag{10-65}$$

该式称为有阻尼体系杜哈梅积分。

如果体系的初始条件不为零,则式(10-65)可改写为

$$y(t) = \mathrm{e}^{-\xi\omega t}(A\cos\omega_\mathrm{d}t + B\sin\omega_\mathrm{d}t) + \frac{1}{m\omega_\mathrm{d}} \int_0^t F_P(\tau)\mathrm{e}^{-\xi\omega(t-\tau)} \sin\omega_\mathrm{d}(t-\tau)\mathrm{d}\tau \tag{10-66}$$

式(10-66)中待定系数 A 和 B 由初始条件确定。由于阻尼的存在,自由振动项将随着时间的延长而很快衰减,直至消失。

现在应用式(10-66)讨论突加荷载作用下单自由度体系稳态振动的动位移反应,设体系的初始状态为静止状态。

（1）突加长期荷载　将质点上的突加长期荷载 F_{P0} 代入式(10-66),得

$$\begin{aligned}
y(t) &= \frac{F_{P0}}{m\omega_\mathrm{d}} \int_0^t \mathrm{e}^{-\xi\omega(t-\tau)} \sin\omega_\mathrm{d}(t-\tau)\mathrm{d}\tau \\
&= \frac{F_{P0}}{m\omega_\mathrm{d}} \left[1 - \mathrm{e}^{-\xi\omega t} \left(\cos\omega_\mathrm{d}t + \frac{\xi\omega}{\omega_\mathrm{d}}\sin\omega_\mathrm{d}t \right) \right] \\
&= y_\mathrm{st} \left[1 - \mathrm{e}^{-\xi\omega t} \left(\cos\omega_\mathrm{d}t + \frac{\xi\omega}{\omega_\mathrm{d}}\sin\omega_\mathrm{d}t \right) \right]
\end{aligned} \tag{10-67}$$

位移动力系数为

$$\beta = \frac{y(t)}{y_\mathrm{st}} = 1 - \mathrm{e}^{-\xi\omega} \left(\cos\omega_\mathrm{d}t + \frac{\xi\omega}{\omega_\mathrm{d}}\sin\omega_\mathrm{d}t \right) \tag{10-68}$$

显然,当 $t = \dfrac{\pi}{\omega_\mathrm{d}}$ 时,β 达到最大值,即

$$\beta_\mathrm{max} = \frac{[y(t)]_\mathrm{max}}{y_\mathrm{st}} = 1 + \mathrm{e}^{-\xi\omega\pi/\omega_\mathrm{d}} \tag{10-69}$$

（2）地面运动作用　若地面在水平方向上发生了运动,则单自由度体系将产生强迫振动。如地震对结构的影响就属于地面运动作用。如图 10-50 所示的结构,在质量为 m 的质点上并没有动荷载作用,而地面产生了水平运动 $y_\mathrm{g}(t)$,于是质点发生相对位移为 $y(t)$ 的振动。在

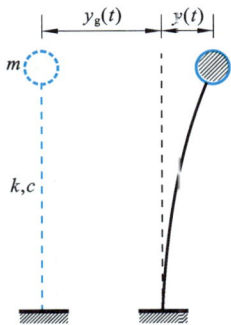

图 10-50

振动过程中的任一时刻,质点具有绝对位移 $y_\mathrm{g}(t)+y(t)$、绝对加速度 $\ddot{y}_\mathrm{g}(t)+\ddot{y}(t)$,因此,作用在质点上的惯性力为 $F_\mathrm{I}(t) = -m[\ddot{y}_\mathrm{g}(t)+\ddot{y}(t)]$。

在振动过程中,结构的弹性力 $F_\mathrm{S}(t)=-ky(t)$ 和阻尼力 $F_\mathrm{D}(t)=-c\dot{y}(t)$ 只与质点的相对位移和相对速度有关,因而可建立该单自由度体系的振动方程:

$$F_\mathrm{I}(t) + F_\mathrm{D}(t) + F_\mathrm{S}(t) = 0 \tag{10-70}$$

将各力的表达式代入上述方程,得

$$-m[\ddot{y}_g(t)+\ddot{y}(t)]-c\dot{y}(t)-ky(t)=0$$
$$m\ddot{y}(t)+c\dot{y}(t)+ky(t)=-m\ddot{y}_g(t)$$
$$m\ddot{y}(t)+c\dot{y}(t)+ky(t)=F_{Peff}(t)$$

式中：$F_{Peff}(t)=-m\ddot{y}_g(t)$ 称为等效动荷载，其中的负号只表明等效动荷载的方向与地面运动加速度方向相反。

利用有阻尼体系杜哈梅积分公式计算，其动位移为

$$y(t)=\frac{1}{\omega_d}\int_0^t \ddot{y}_g(\tau)e^{-\xi\omega(t-\tau)}\sin\omega_d(t-\tau)d\tau \qquad (10\text{-}71)$$

10.5 两个自由度体系的自由振动

通过前面对单自由度体系的动力分析，可以了解若干基本概念，这将有助于研究比较复杂的动力问题。此外，许多结构按单自由度体系处理，在一定程度上仍能反映其实际的动力性质。但是为了提高分析结果的精度，又需要将实际结构简化成多自由度体系来进行计算。例如，不等高厂房排架的振动、多层房屋的侧向振动等，都必须当作多自由度体系的振动来进行计算，才能得到比较切合实际的解答。

本节主要采用两种方法来进行体系的动力分析：柔度法，按位移协调条件建立振动方程；刚度法，按力平衡条件建立振动方程。

1. 柔度法

1）振动方程的建立

设有两个自由度体系，如图 10-51(a)所示，两个集中质量分别为 m_1 和 m_2。在自由振动过程中，任一时刻，质点的位移 $y_1(t)$ 和 $y_2(t)$ 可以看成在惯性力 $-m_1\ddot{y}_1(t)$ 和 $-m_2\ddot{y}_2(t)$ 共同作用下产生的位移，由位移协调条件建立体系运动方程：

$$\begin{cases} y_1(t)=\delta_{11}[-m_1\ddot{y}_1(t)]+\delta_{12}[-m_2\ddot{y}_2(t)] \\ y_2(t)=\delta_{21}[-m_1\ddot{y}_1(t)]+\delta_{22}[-m_2\ddot{y}_2(t)] \end{cases} \qquad (10\text{-}72)$$

式中：δ_{ij} 称为柔度系数，定义为在 j 点施加单位荷载（i 点处力等于零）时，i 点产生的位移，如图 10-51(b)和图 10-51(c)所示。

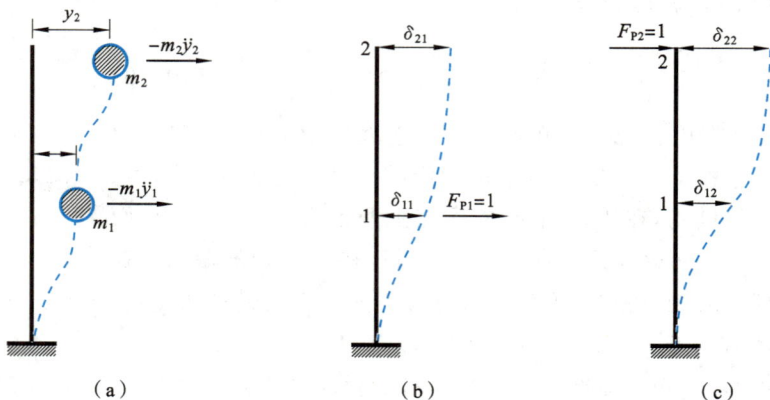

（a）   （b）   （c）

图 10-51

2）频率方程和自振频率

由单自由度体系的自由振动分析可知，两个自由度体系按相同频率和初相角做简谐振动，

故可假定微分方程组(10-72)的齐次解为

$$\begin{cases} y_1(t)=Y_1\sin(\omega t+\varphi) \\ y_2(t)=Y_2\sin(\omega t+\varphi) \end{cases}$$ (10-73)

将式(10-73)对时间 t 求二阶导数,有

$$\begin{cases} \ddot{y}_1(t)=-\omega^2 Y_1\sin(\omega t+\varphi) \\ \ddot{y}_2(t)=-\omega^2 Y_2\sin(\omega t+\varphi) \end{cases}$$ (10-74)

分别将式(10-73)和式(10-74)代入方程(10-72),并同时消去 $\sin(\omega t+\varphi)$,整理得

$$\begin{cases} \left(\delta_{11}m_1-\dfrac{1}{\omega^2}\right)Y_1+\delta_{12}m_2 Y_2=0 \\ \delta_{21}m_1 Y_1+\left(\delta_{22}m_2-\dfrac{1}{\omega^2}\right)Y_2=0 \end{cases}$$ (10-75)

式(10-75)是以质点位移振幅 Y_1 和 Y_2 为未知量的齐次线性方程组,称为振型方程(数学上为特征向量方程)。若要体系发生自由振动,则应使该方程存在非零解,即

$$D=\begin{vmatrix} \delta_{11}m_1-\dfrac{1}{\omega^2} & \delta_{12}m_2 \\ \delta_{21}m_1 & \delta_{22}m_2-\dfrac{1}{\omega^2} \end{vmatrix}=0$$ (10-76)

式(10-76)称为频率方程(数学上为特征值方程),通过该式可确定体系的自振频率 ω。

令 $\lambda=\dfrac{1}{\omega^2}$,并将其代入频率方程,有

$$\lambda^2-(\delta_{11}m_1+\delta_{22}m_2)\lambda+(\delta_{11}\delta_{22}-\delta_{12}\delta_{21})m_1 m_2=0$$ (10-77)

则方程的两正根 λ_1(大值)和 λ_2(小值)为

$$\lambda_{1,2}=\dfrac{(\delta_{11}m_1+\delta_{22}m_2)\pm\sqrt{(\delta_{11}m_1+\delta_{22}m_2)^2-4(\delta_{11}\delta_{22}-\delta_{12}\delta_{21})m_1 m_2}}{2}$$ (10-78)

相应的自振频率为

$$\begin{cases} \omega_1=\sqrt{\dfrac{1}{\lambda_1}} \\ \omega_2=\sqrt{\dfrac{1}{\lambda_2}} \end{cases}$$ (10-79)

可见,两个自由度体系共有两个自振频率,其中较小的 ω_1 称为基本频率或第一频率,较大的 ω_2 称为第二频率。

3)主振型

由于式(10-75)中的两个方程是不独立的,只能由其中任一方程求出振幅的比值。

当 $\omega=\omega_1$ 时,可得

$$\dfrac{Y_1^{(1)}}{Y_2^{(1)}}=-\dfrac{m_2\delta_{12}}{m_1\delta_{11}-\dfrac{1}{\omega_1^2}}=-\dfrac{m_2\delta_{22}-\dfrac{1}{\omega_1^2}}{m_1\delta_{21}}$$ (10-80)

式中:质点振幅 Y 的上标表示振型的序数,下标表示质点的序号。

由(10-80)可知,$\dfrac{y_1(t)}{y_2(t)}=\dfrac{Y_1^{(1)}}{Y_2^{(1)}}=-\dfrac{m_2\delta_{12}}{m_1\delta_{11}-\dfrac{1}{\omega_1^2}}=$ 常数,这表明在振动过程中,两质点的位移

比值保持不变,称为第一阶主振型,如图 10-52(a)所示。

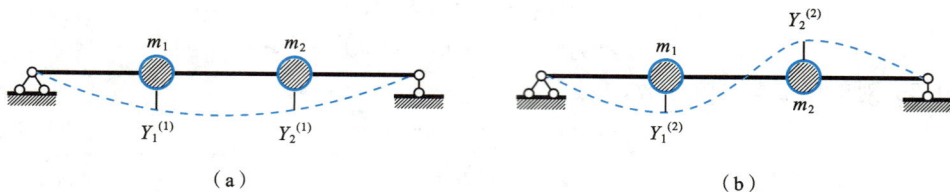

（a） （b）

图 10-52

当 $\omega = \omega_2$ 时,可得

$$\frac{Y_1^{(2)}}{Y_2^{(2)}} = -\frac{m_2\delta_{12}}{m_1\delta_{11}-\dfrac{1}{\omega_2^2}} = -\frac{m_2\delta_{22}-\dfrac{1}{\omega_2^2}}{m_1\delta_{21}} \tag{10-81}$$

称为第二阶主振型,如图 10-52(b)所示。

由上述可知,主振型是一个相对比值,为了使主振型有确定的数值,通常令某一质点处的位移为1,则另一个质点处的位移则可被唯一地确定,这样处理后的主振型称为标准化的主振型。

【例 10-15】 按柔度法求图 10-53 所示简支梁的自振频率和主振型。

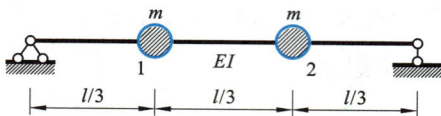

图 10-53

解 方法一：由题可知,体系有两个自由度。

（1）求柔度系数 δ_{ij}。

绘制 $\overline{M}_1$ 图、$\overline{M}_2$ 图,分别如图 10-54(a)、(b)所示,由图乘法可知

$$\delta_{11}=\delta_{22}=\frac{4l^3}{243EI}, \quad \delta_{12}=\delta_{21}=\frac{7l^3}{486EI}$$

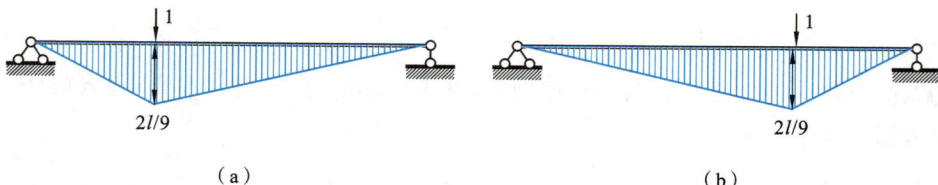

（a） （b）

图 10-54

（2）将 δ_{11}、δ_{12} 代入频率方程,有

$$\lambda_1 = \delta_{11}m + \delta_{12}m$$
$$\lambda_2 = \delta_{11}m - \delta_{12}m$$

（3）自振频率为

$$\omega_1 = \frac{1}{\sqrt{\lambda_1}} = 5.69\sqrt{\frac{EI}{ml^3}}$$

$$\omega_2 = \frac{1}{\sqrt{\lambda_2}} = 22\sqrt{\frac{EI}{ml^3}}$$

（4）求主振型。

第一阶主振型（ω_1）
$$\frac{Y_1^{(1)}}{Y_2^{(1)}} = -\frac{\delta_{12}m_2}{\delta_{11}m_1-\lambda_1} = \frac{1}{1}$$

第二阶主振型（ω_2）
$$\frac{Y_1^{(2)}}{Y_2^{(2)}} = -\frac{\delta_{12}m_2}{\delta_{11}m_1-\lambda_2} = \frac{1}{-1}$$

根据所得结果绘制第一阶、第二阶主振型图,分别如图 10-55(a)、(b)所示。

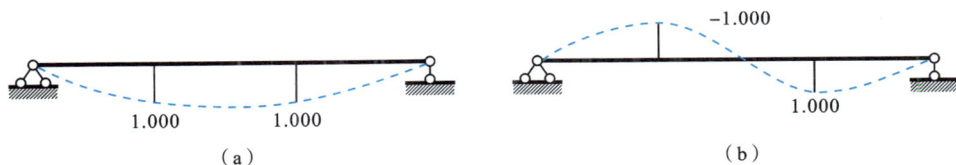

图 10-55

方法二:若结构本身和质量分布都是对称的,则主振型不是对称的就是反对称的,故可取半结构进行计算。对称、反对称的半结构分别如图 10-56(a)、(b)所示。

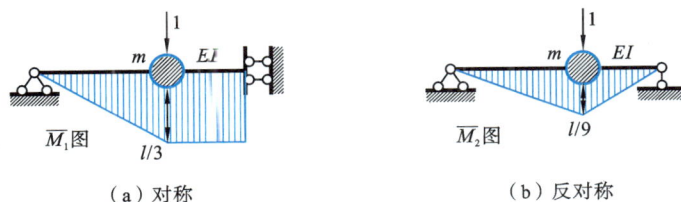

图 10-56

经过上述处理后,就将原来的两个自由度体系变成了两个单自由度体系,其对应的柔度系数 δ_{11}、δ_{22} 可由图乘法计算得到,即

$$\delta_{11} = \frac{5l^3}{162EI}, \quad \delta_{22} = \frac{l^3}{486EI}$$

由单自由度体系的频率计算公式,有

第一阶频率:
$$\omega_1 = \sqrt{\frac{1}{m\delta_{11}}} = 5.69\sqrt{\frac{EI}{ml^3}}$$

第二阶频率:
$$\omega_2 = \sqrt{\frac{1}{m\delta_{22}}} = 22\sqrt{\frac{EI}{ml^3}}$$

【例 10-16】 如图 10-57 所示结构,在梁跨中 D 处和柱顶 A 处有大小相等的集中质量 m,C 处支座为弹性支承,弹簧的刚度系数 $k = \frac{3EI}{l^3}$。试求体系自振频率和振型。

解 体系有 2 个自由度。

（1）求柔度系数 δ_{ij}。

绘制 $\overline{M}_1$ 图、$\overline{M}_2$ 图,分别如图 10-58(a)、(b)所示。

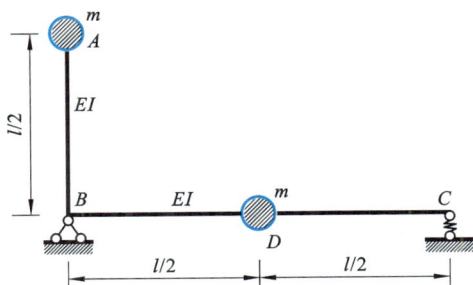

图 10-57

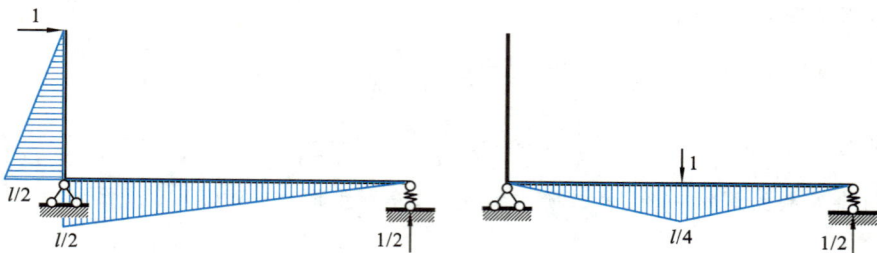

图 10-58

由图乘法和弹簧内力可知

$$\delta_{11}=\frac{1}{EI}\left[\frac{1}{2}\times\frac{l}{2}\times\frac{l}{2}\times\frac{2}{3}\times\frac{l}{2}+\frac{1}{2}\times\frac{l}{2}\times l\times\frac{2}{3}\times\frac{l}{2}\right]+\frac{1}{2}\times\frac{1}{2}\times\frac{1}{k}=\frac{20l^3}{96EI}$$

$$\delta_{22}=\frac{2}{EI}\left(\frac{1}{2}\times\frac{l}{2}\times\frac{l}{4}\times\frac{2}{3}\times\frac{l}{4}\right)+\frac{1}{2}\times\frac{1}{2}\times\frac{1}{k}=\frac{10l^3}{96EI}$$

$$\delta_{12}=\delta_{21}=\frac{1}{EI}\left(\frac{1}{2}\times\frac{l}{4}\right)\times\frac{l}{4}+\frac{1}{2}\times\frac{1}{2}\times\frac{1}{k}=\frac{11l^3}{96EI}$$

（2）写出振型方程。

将上述柔度系数代入振型方程表达式,得

$$\begin{cases}\left(\dfrac{20l^3}{96EI}m-\dfrac{1}{\omega^2}\right)Y_1+\dfrac{11l^3}{96EI}mY_2=0\\[2mm]\dfrac{11l^3}{96EI}Y_1+\left(\dfrac{10l^3}{96EI}m-\dfrac{1}{\omega^2}\right)Y_2=0\end{cases}$$

令 $\lambda=\dfrac{96EI}{ml^3\omega^2}$,于是上述振型方程可写为

$$\begin{cases}(20-\lambda)Y_1+11Y_2=0\\11Y_1+(10-\lambda)Y_2=0\end{cases}$$

（3）写出频率方程,并求频率。

由振型方程有非零解可知,频率方程为

$$D=\begin{vmatrix}20-\lambda & 11\\11 & 10-\lambda\end{vmatrix}=0$$

解方程得 $\qquad\lambda_1=27.083,\quad\lambda_2=2.917$

由此可知对应的频率为

$$\omega_1=1.883\sqrt{\frac{EI}{ml^3}},\quad\omega_2=5.737\sqrt{\frac{EI}{ml^3}}$$

（4）求振型并绘振型图。

当 $\lambda=\lambda_1=27.083$ 时,设 $Y_1^{(1)}=1$,将其代入振型方程,得

$$Y_2^{(1)}=-\frac{20-\lambda_1}{11}=0.644$$

当 $\lambda=\lambda_2=2.917$ 时,设 $Y_1^{(2)}=1$,将其代入振型方程,得

$$Y_2^{(2)}=-\frac{20-\lambda_2}{11}=-1.533$$

根据所得的结果绘制第一阶、第二阶主振型图,分别如图 10-59(a)、(b)所示。

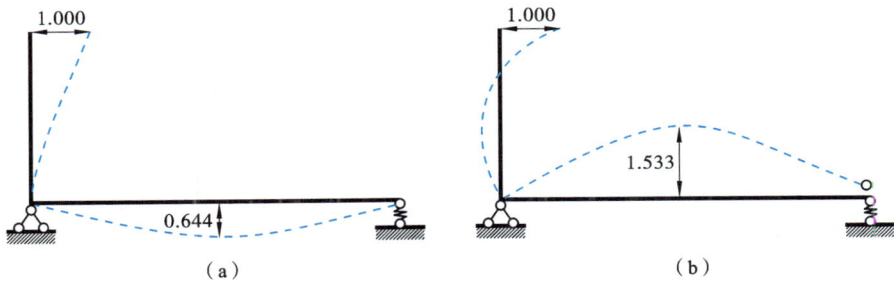

图 10-59

2. 刚度法

设有一个两自由度体系,如图 10-60(a)所示,其上两个集中质量分别为 m_1 和 m_2。刚度法是基于力的平衡条件来建立体系运动方程的。取质量隔离体,如图 10-60(b)所示,根据达朗贝尔原理可得平衡方程

$$\begin{cases} -m_1\ddot{y}_1(t) - K_1 = 0 \\ -m_2\ddot{y}_2(t) - K_2 = 0 \end{cases} \tag{10-82}$$

式中:K_1、K_2 分别为质点 1、2 上的弹性力(即恢复力),其大小与质点上的位移 $y_1(t)$、$y_2(t)$ 有关。由于所考虑的振动体系是线性的,因而可以用叠加原理来计算,如图 10-61(a)所示,

$$\begin{cases} K_1 = k_{11}y_1(t) + k_{12}y_2(t) \\ K_2 = k_{21}y_1(t) + k_{22}y_2(t) \end{cases} \tag{10-83}$$

式中:k_{ij} 为刚度系数,定义为在 j 点施加单位位移(i 点处位移等于零)时,i 点产生的弹性力,如图 10-61(b)和图 10-61(c)所示。

将式(10-83)代入式(10-82),得

$$\begin{cases} m_1\ddot{y}_1(t) + k_{11}y_1(t) + k_{12}y_2(t) = 0 \\ m_2\ddot{y}_2(t) + k_{21}y_1(t) + k_{22}y_2(t) = 0 \end{cases} \tag{10-84}$$

式(10-84)即为按刚度法建立的两自由度体系的振动方程。

微分方程组的齐次解同柔度法,设

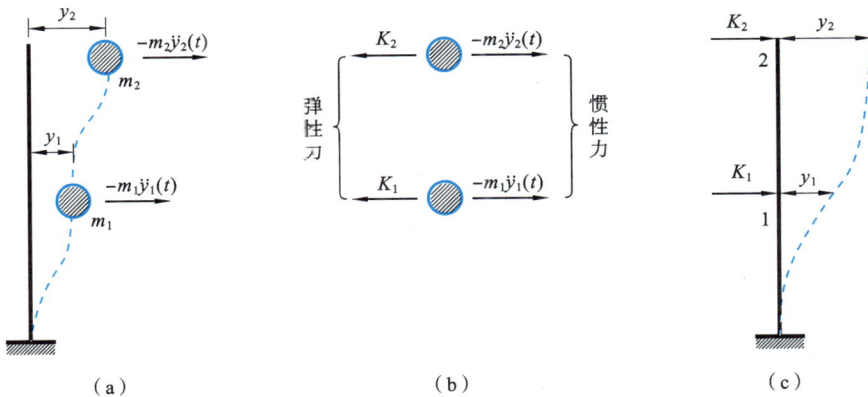

图 10-60

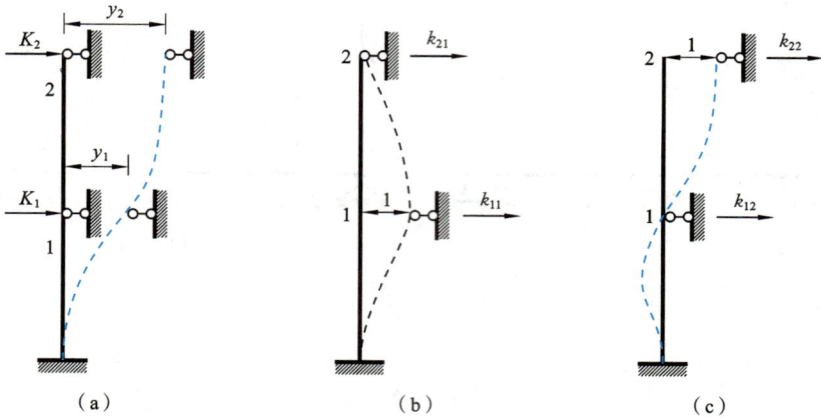

图 10-61

$$\begin{cases} y_1(t) = Y_1 \sin(\omega t + \varphi) \\ y_2(t) = Y_2 \sin(\omega t + \varphi) \end{cases} \tag{10-85}$$

将式(10-85)对时间 t 求二阶导数,并代入振动方程,有

$$\begin{cases} (k_{11} - \omega^2 m_1)Y_1 + k_{12}Y_2 = 0 \\ k_{21}Y_1 + (k_{22} - \omega^2 m_2)Y_2 = 0 \end{cases} \tag{10-86}$$

式(10-86)是以质点位移振幅 Y_1 和 Y_2 为未知量的齐次线性方程组,亦即振型方程。若要体系发生自由振动,则应使该方程存在非零解,即

$$D = \begin{vmatrix} k_{11} - \omega^2 m_1 & k_{12} \\ k_{21} & k_{22} - \omega^2 m_2 \end{vmatrix} = 0 \tag{10-87}$$

式(10-87)称为频率方程(数学上为特征值方程),通过该式可确定体系的自振频率 ω。

将行列式展开,得

$$(\omega^2)^2 - \left(\frac{k_{11}}{m_1} + \frac{k_{22}}{m_2}\right)\omega^2 + \frac{k_{11}k_{22} - k_{12}k_{21}}{m_1 m_2} = 0 \tag{10-88}$$

式(10-88)为关于 ω^2 的二次方程,可求得 ω^2 的两个根,即

$$\omega^2 = \frac{1}{2}\left(\frac{k_{11}}{m_1} + \frac{k_{22}}{m_2}\right) \mp \sqrt{\frac{1}{4}\left(\frac{k_{11}}{m_1} + \frac{k_{22}}{m_2}\right)^2 - \frac{k_{11}k_{22} - k_{12}k_{21}}{m_1 m_2}} \tag{10-89}$$

由式(10-89)即可求得两自由度体系的自振频率 ω_1 和 ω_2(其中 $\omega_1 < \omega_2$)。

另外,相应的主振型的表达式为

$$\frac{Y_1}{Y_2} = -\frac{k_{12}}{k_{11} - \omega^2 m_1} = -\frac{k_{22} - \omega^2 m_2}{k_{21}} \tag{10-90}$$

当 $\omega = \omega_1$ 时,第一阶主振型为

$$\frac{Y_1^{(1)}}{Y_2^{(1)}} = -\frac{k_{12}}{k_{11} - \omega_1^2 m_1}$$

当 $\omega = \omega_2$ 时,第二阶主振型为

$$\frac{Y_1^{(2)}}{Y_2^{(2)}} = -\frac{k_{12}}{k_{11} - \omega_2^2 m_1}$$

式中:质点振幅 Y 的上标表示振型的序数,下标表示质点的序号。

【例 10-17】　按刚度法求图 10-62(a)所示刚架的自振频率和主振型。

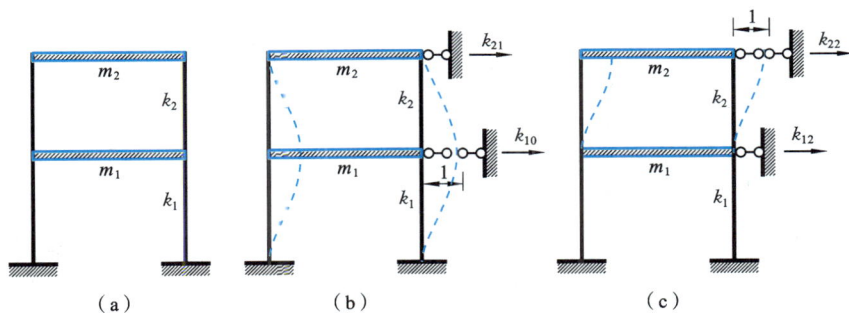

图 10-62

解　体系有 2 个自由度。

(1) 求刚度系数。

按照刚度系数的物理意义,其对应的计算简图如图 10-62(b)和图 10-62(c)所示,则有

$$k_{11} = k_1 - k_2, \quad k_{12} = k_{21} = -k_2, \quad k_{22} = k_2$$

(2) 将以上各式代入频率方程,得

$$D = \begin{vmatrix} k_{11} - \omega^2 m_1 & k_{12} \\ k_{21} & k_{22} - \omega^2 m_2 \end{vmatrix} = 0$$

(3) 当 $m_1 = m_2 = m$, $k_1 = k_2 = k$ 时,频率方程可变为

$$(2k - \omega^2 m)(k - \omega^2 m) - k^2 = 0$$

第一阶频率为 $\omega_1 = 0.618\sqrt{\dfrac{k}{m}}$,主振型为

$$\frac{Y_1^{(1)}}{Y_2^{(1)}} = -\frac{k_{12}}{k_{11} - \omega_1^2 m_1} = \frac{1}{1.618}$$

第二阶频率为 $\omega_2 = 1.618\sqrt{\dfrac{k}{m}}$,主振型为

$$\frac{Y_1^{(2)}}{Y_2^{(2)}} = -\frac{k_{12}}{k_{11} - \omega_2^2 m_1} = -\frac{1}{0.618}$$

第一阶、第二阶主振型分别如图 10-63(a)、(b)所示。

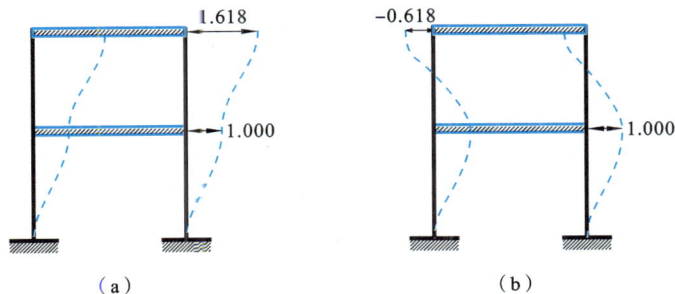

图 10-63

(4) 当 $m_1 = nm_2$, $k_1 = nk_2$ 时,频率方程可变为

$$[(n+1)k_2-\omega^2 nm_2](k_2-\omega^2 m_2)-k_2^2=0$$

自振频率为

$$\omega^2=\frac{1}{2}\left[\left(2+\frac{1}{n}\right)\mp\sqrt{\frac{4}{n}+\frac{1}{n^2}}\right]\frac{k_2}{m_2}$$

第一阶主振型为

$$\frac{Y_2^{(1)}}{Y_1^{(1)}}=\frac{k_{21}}{k_{22}-\omega_1^2 m_2}=\frac{1}{2}+\sqrt{n+\frac{1}{4}}$$

第二阶主振型为

$$\frac{Y_2^{(2)}}{Y_1^{(2)}}=\frac{k_{21}}{k_{22}-\omega_2^2 m_2}=\frac{1}{2}-\sqrt{n+\frac{1}{4}}$$

取 $n=90$，代入主振型表达式中，可得第一阶主振型为 $Y_2^{(1)}/Y_1^{(1)}=10/1$，第二阶主振型为 $Y_2^{(2)}/Y_1^{(2)}=-9/1$。这表明当第二层的质量和刚度较第一层小很多时，将使第二层产生较大的位移，从而会造成结构的破坏。此种现象在抗震设计中称为"鞭梢效应"，因此，在结构设计中应予以避免。

【例 10-18】 图 10-64(a)所示刚架，横梁刚度无穷大，柱子刚度为 EI，试用刚度法求自振频率和振型。

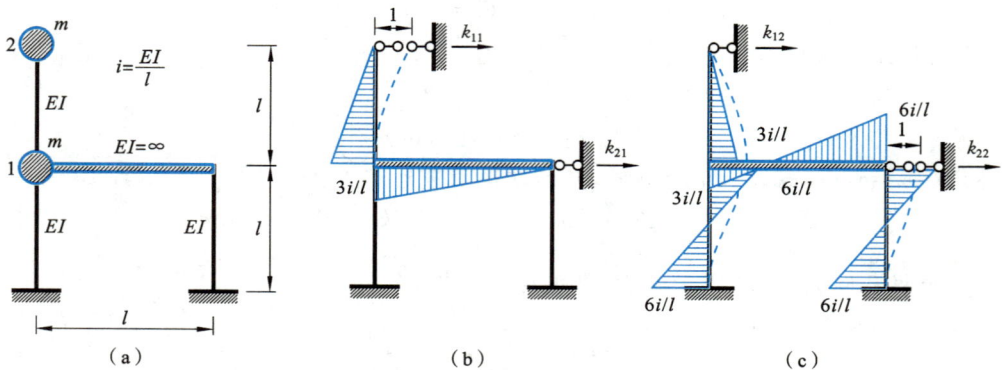

图 10-64

解 体系有 2 个自由度。

（1）求刚度系数。

根据刚度系数的定义，其对应的计算简图如图 10-64(b)和图 10-64(c)所示。由截面的静力平衡条件计算得

$$k_{11}=\frac{3i}{l^2},\quad k_{12}=k_{21}=-\frac{3i}{l^2},\quad k_{22}=\frac{27i}{l^2}$$

（2）求振型方程。

将所求得的刚度系数代入相应的振型方程中，有

$$\begin{cases}(3-\eta)Y_1-3Y_2=0\\-3Y_1+(27-\eta)Y_2=0\end{cases}$$

其中，$\eta=\dfrac{ml^3}{EI}\omega^2$。

（3）求频率。

由频率方程可知

$$D = \begin{vmatrix} 3-\eta & -3 \\ -3 & 27-\eta \end{vmatrix} = 0$$

求得
$$\eta_1 = 2.6307, \quad \eta_2 = 27.3693$$

再结合 $\eta = \dfrac{ml^3}{EI}\omega^2$ 可计算出结构的频率为

$$\omega_1 = \sqrt{\frac{EI}{ml^3}\eta_1} = 1.622\sqrt{\frac{EI}{ml^3}}, \quad \omega_2 = \sqrt{\frac{EI}{ml^3}\eta_2} = 5.232\sqrt{\frac{EI}{ml^3}}$$

（4）求振型。

第一阶主振型（见图 10-65(a)）：将 $\eta_1 = 2.6307, Y_1^{(1)} = 1$ 代入振型方程得

$$Y_2^{(1)} = \frac{3-\eta_1}{3} = 0.1231$$

第二阶主振型（见图 10-65(b)）：将 $\eta_1 = 27.3693, Y_1^{(2)} = 1$ 代入振型方程得

$$Y_2^{(2)} = \frac{3-\eta_2}{3} = -8.1231$$

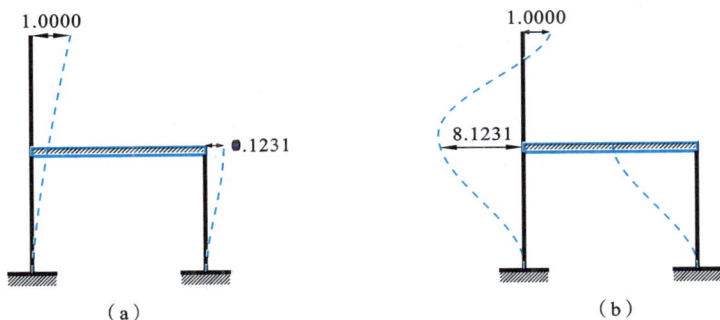

图 10-65

3. 主振型的正交性

在同一体系的两个不同的固有振型之间存在着一个重要的固有特性，即振型（向量）的正交性。利用这个特性，可以使多自由度体系强迫振动的反应计算大为简化。

讲课视频

1）正交的数学概念

线性代数中，若两个 n 维向量 $\boldsymbol{A}_1$ 和 $\boldsymbol{A}_2$ 之间存在如下关系：

$$\boldsymbol{A}_1^{\mathrm{T}}\boldsymbol{A}_2 = 0 \tag{10-91}$$

则称向量 $\boldsymbol{A}_1$ 和 $\boldsymbol{A}_2$ 正交。

若存在一个 n 阶方阵 $\boldsymbol{B}$，使得

$$\boldsymbol{A}_1^{\mathrm{T}}\boldsymbol{B}\boldsymbol{A}_2 = 0 \tag{10-92}$$

则称向量 $\boldsymbol{A}_1$ 和 $\boldsymbol{A}_2$ 加权正交，$\boldsymbol{B}$ 称为权矩阵；也称向量 $\boldsymbol{A}_1$ 和 $\boldsymbol{A}_2$ 对矩阵 $\boldsymbol{B}$ 正交。

2）振型正交性

如图 10-66(a)、(b)所示分别为两自由度体系的第一、二阶主振型曲线，现在以这个两自由度体系为对象，利用功的互等定理来证明主振型之间的正交性。

当体系做自由振动时，质点 1、2 将受到惯性力 $-m_1\ddot{y}_1(t)$、$-m_2\ddot{y}_2(t)$ 的作用。

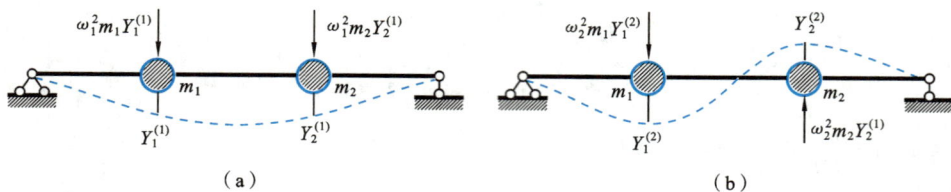

图 10-66

在求解两个自由度振动方程时,一般设

$$\begin{cases} y_1(t) = Y_1 \sin(\omega t + \varphi) \\ y_2(t) = Y_2 \sin(\omega t + \varphi) \end{cases} \tag{10-93}$$

将式(10-93)对时间 t 求二阶导数,有

$$\begin{cases} \ddot{y}_1(t) = -\omega^2 Y_1 \sin(\omega t + \varphi) \\ \ddot{y}_2(t) = -\omega^2 Y_2 \sin(\omega t + \varphi) \end{cases} \tag{10-94}$$

由此可知,位移与加速度同时达到最大,即可看出位移幅值 Y_1、Y_2 是由惯性力幅值 $m_1 \omega^2 Y_1$、$m_2 \omega^2 Y_2$(按静力考虑)作用在体系上所产生的。

先以图 10-66(a)中的惯性力幅值对图 10-66(b)中的位移幅值做虚功,即

$$T_{12} = (\omega_1^2 m_1 Y_1^{(1)}) Y_1^{(2)} + (\omega_1^2 m_2 Y_2^{(1)}) Y_2^{(2)} \tag{10-95}$$

再以图 10-66(b)中的惯性力幅值对图 10-66(a)中的位移幅值做虚功,即

$$T_{21} = (\omega_2^2 m_1 Y_1^{(2)}) Y_1^{(1)} + (\omega_2^2 m_2 Y_2^{(2)}) Y_2^{(1)} \tag{10-96}$$

根据功的互等定理,有

$$(\omega_1^2 m_1 Y_1^{(1)}) Y_1^{(2)} + (\omega_1^2 m_2 Y_2^{(1)}) Y_2^{(2)} = (\omega_2^2 m_1 Y_1^{(2)}) Y_1^{(1)} + (\omega_2^2 m_2 Y_2^{(2)}) Y_2^{(1)} \tag{10-97}$$

整理得

$$(\omega_1^2 - \omega_2^2)(m_1 Y_1^{(1)} Y_1^{(2)} + m_2 Y_2^{(1)} Y_2^{(2)}) = 0 \tag{10-98}$$

一般情况下 $\omega_1^2 \neq \omega_2^2$,故有

$$m_1 Y_1^{(1)} Y_1^{(2)} + m_2 Y_2^{(1)} Y_2^{(2)} = 0 \tag{10-99}$$

式(10-99)表明第一阶振型和第二阶振型以质量作为权彼此正交,称为振型的第一正交关系。

若将式(10-99)写成矩阵的形式,有

$$\boldsymbol{Y}^{(1)\mathrm{T}} \boldsymbol{M} \boldsymbol{Y}^{(2)} = 0 \tag{10-100}$$

式中

$$\boldsymbol{Y}^{(1)} = \begin{bmatrix} Y_1^{(1)} \\ Y_2^{(1)} \end{bmatrix}, \quad \boldsymbol{M} = \begin{bmatrix} m_1 & 0 \\ 0 & m_2 \end{bmatrix}, \quad \boldsymbol{Y}^{(2)} = \begin{bmatrix} Y_1^{(2)} \\ Y_2^{(2)} \end{bmatrix}$$

再由振型方程

$$(\boldsymbol{K} - \omega_2^2 \boldsymbol{M}) \boldsymbol{Y}^{(2)} = \boldsymbol{0} \tag{10-101}$$

将式(10-101)左乘 $\boldsymbol{Y}^{(1)\mathrm{T}}$,化简得

$$\boldsymbol{Y}^{(1)\mathrm{T}} \boldsymbol{K} \boldsymbol{Y}^{(2)} = \omega_2^2 \boldsymbol{Y}^{(1)\mathrm{T}} \boldsymbol{M} \boldsymbol{Y}^{(2)} \tag{10-102}$$

由于 $\boldsymbol{Y}^{(1)\mathrm{T}} \boldsymbol{M} \boldsymbol{Y}^{(2)} = 0$,故有

$$\boldsymbol{Y}^{(1)\mathrm{T}} \boldsymbol{K} \boldsymbol{Y}^{(2)} = 0 \tag{10-103}$$

式(10-103)表明第一阶振型和第二阶振型以刚度作为权彼此正交,称为振型的第二正交关系。

这表明体系在振动过程中,各主振型的能量不会转移到其他主振型上,也不会引起其他主振型的振动。因此,各主振型能单独存在而不相互干扰。这即是振型正交性的物理意义。

振型的正交性是体系本身所固有而与外荷载无关的一种特性。利用这一特性,多自由度体系的动力计算可以得到很大幅度的简化。它也是检查所计算振型是否正确的一个准则。

【例 10-19】　验算例 10-18 所求得的各主振型的正交性。

解　由例 10-18 可知：

质量矩阵为 $\boldsymbol{M}=m\begin{bmatrix}1&0\\0&1\end{bmatrix}$，刚度矩阵为 $\boldsymbol{K}=\dfrac{3i}{l^2}\begin{bmatrix}1&-1\\-1&9\end{bmatrix}$；第一阶主振型为 $\boldsymbol{Y}_1=\begin{bmatrix}1\\0.1231\end{bmatrix}$，第二阶主振型为 $\boldsymbol{Y}_2=\begin{bmatrix}1\\-8.1231\end{bmatrix}$。

（1）验证振型第一正交关系。

$$\boldsymbol{Y}^{(1)\mathrm{T}}\boldsymbol{M}\boldsymbol{Y}^{(2)}=m\begin{bmatrix}1&0.1231\end{bmatrix}\begin{bmatrix}1&0\\0&1\end{bmatrix}\begin{bmatrix}1\\-8.1231\end{bmatrix}$$
$$=m[1\times1\times1+0.1231\times1\times(-8.1231)]$$
$$=4.6939\times10^{-5}m\approx0$$

（2）验证振型第二正交关系。

$$\boldsymbol{Y}^{(1)\mathrm{T}}\boldsymbol{K}\boldsymbol{Y}^{(2)}=\frac{3i}{l^2}\begin{bmatrix}1&0.1231\end{bmatrix}\begin{bmatrix}1&-1\\-1&9\end{bmatrix}\begin{bmatrix}1\\-8.1231\end{bmatrix}$$
$$=\frac{3i}{l^2}\{[1\times1+0.1231\times(-1)]\times1$$
$$-[1\times(-1)+0.1231\times9]\times(-8.1231)\}$$
$$=1.253\times10^{-3}\frac{i}{l^2}\approx0$$

故可认为所求得的主振型满足正交性要求。

4. 任意初始条件下体系的自由振动

在一般情况下，体系自由振动时，各质点位移同时包含两个分量，即第一阶振型分量和第二阶振型分量。由叠加原理可知，两个自由度体系的自由振动是由主振型的简谐振动叠加而成的复合振动，即

$$\begin{cases}y_1(t)=Y_1^{(1)}\sin(\omega_1t+\varphi_1)+Y_1^{(2)}\sin(\omega_2t+\varphi_2)\\y_2(t)=Y_2^{(1)}\sin(\omega_1t+\varphi_1)+Y_2^{(2)}\sin(\omega_2t+\varphi_2)\end{cases}\tag{10-104}$$

式中：未知常数 $Y_1^{(1)}$、$Y_2^{(1)}$（或 $Y_1^{(2)}$、$Y_2^{(2)}$）、φ_1、φ_2 可由初始条件确定。

由于质点的位移是由两个不同频率的简谐分量叠加而成的，体系的振动不再是简谐振动。不同质点的位移比值也不再是常数，而是随时间的变化而变化。因此，在这种情况下的自由振动中，体系的形状是随时间的变化而变化的，不能保持一定的形状。需要指出的是，体系能否按某一振型做自由振动由初始条件决定，当体系初始位移和初始速度在数值上与某振型成比例时，体系按该振型做简谐振动。但振型的形状和频率一样，与初始条件无关，完全由体系的动力特性决定。

10.6　两自由度体系在简谐荷载下的强迫振动

与单自由度体系一样，在动荷载作用下两自由度体系的强迫振动开始也存在一个过渡阶段，由于实际上阻尼的存在，本书将只讨论平稳阶段的纯强迫振

讲课视频

动。为此,本节将着重研究两个自由度体系在简谐荷载下的强迫振动问题,且不考虑阻尼的影响。主要采用柔度法和刚度法。

1. 柔度法

1) 振动方程的建立

图 10-67(a)所示两自由度体系受到一个简谐荷载 $F_P(t)=F_P\sin\theta t$ 作用,在不考虑阻尼影响的情况下,质点 1、2 产生的惯性力分别为 $-m_1\ddot{y}_1(t)$ 和 $-m_2\ddot{y}_2(t)$,在三个力的共同作用下产生的动位移分别为 $y_1(t)$、$y_2(t)$。图 10-67(b)所示为动荷载作为静荷载施加到结构上时质点 1、2 产生的最大静位移,其大小分别为 Δ_{1P}、Δ_{2P}。

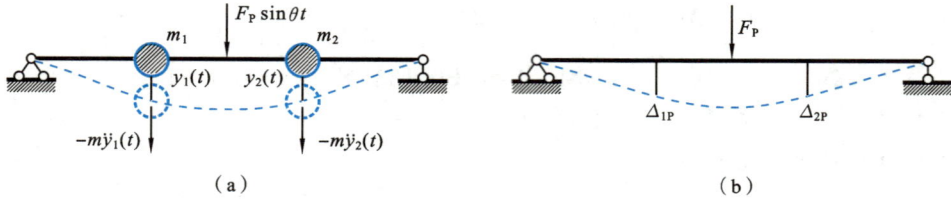

图 10-67

由位移协调条件可知,对线性体系而言,任一质点处的位移可根据叠加原理得到。

$$\begin{cases} y_1(t)=[-m_1\ddot{y}_1(t)]\delta_{11}+[-m_2\ddot{y}_2(t)]\delta_{12}+\Delta_{1P}\sin\theta t \\ y_2(t)=[-m_1\ddot{y}_1(t)]\delta_{21}+[-m_2\ddot{y}_2(t)]\delta_{22}+\Delta_{2P}\sin\theta t \end{cases} \tag{10-105}$$

整理得

$$\begin{cases} m_1\ddot{y}_1(t)\delta_{11}+m_2\ddot{y}_2(t)\delta_{12}+y_1(t)=\Delta_{1P}\sin\theta t \\ m_1\ddot{y}_1(t)\delta_{21}+m_2\ddot{y}_2(t)\delta_{22}+y_2(t)=\Delta_{2P}\sin\theta t \end{cases} \tag{10-106}$$

2) 振动方程的求解

上列微分方程组的通解由齐次解和特解两部分组成。齐次解由自由振动得到,由于体系实际上是存在阻尼的,因此这部分振动将迅速衰减掉;余下的特解为稳态阶段的纯强迫振动。设特解的形式为

$$\begin{cases} y_1(t)=Y_1\sin\theta t \\ y_2(t)=Y_2\sin\theta t \end{cases} \tag{10-107}$$

式中:Y_1、Y_2 为任一质点的位移振幅。将式(10-107)以及对时间的二阶导数代入式(10-106)中,得

$$\begin{cases} (m_1\theta^2\delta_{11}-1)Y_1+m_2\theta^2\delta_{12}Y_2=-\Delta_{1P} \\ m_1\theta^2\delta_{21}Y_1+(m_2\theta^2\delta_{22}-1)Y_2=-\Delta_{2P} \end{cases} \tag{10-108}$$

由线性代数知识可知,式(10-108)为非齐次的线性方程组,其解为

$$\begin{cases} Y_1=\dfrac{D_1}{D_0} \\ Y_2=\dfrac{D_2}{D_0} \end{cases} \tag{10-109}$$

式中:

$$D_0=\begin{vmatrix} m_1\theta^2\delta_{11}-1 & m_2\theta^2\delta_{12} \\ m_1\theta^2\delta_{21} & m_2\theta^2\delta_{22}-1 \end{vmatrix}, \quad D_1=\begin{vmatrix} -\Delta_{1P} & m_2\theta^2\delta_{12} \\ -\Delta_{2P} & m_2\theta^2\delta_{22}-1 \end{vmatrix}$$

$$D_2=\begin{vmatrix} m_1\theta^2\delta_{11}-1 & -\Delta_{1P} \\ m_1\theta^2\delta_{21} & -\Delta_{2P} \end{vmatrix}$$

分析上述求解过程可知：

（1）当 $\theta \rightarrow 0$ 时，由 D_0、D_1、D_2 的表达式可知 $D_0 \rightarrow 1$，$D_1 \rightarrow \Delta_{1P}$，$D_2 \rightarrow \Delta_{2P}$，则计算得到的质点位移幅值为 $Y_1 \rightarrow \Delta_{1P}$，$Y_2 \rightarrow \Delta_{2P}$。这相当于体系在静荷载 F_P 作用下的情况。

（2）当 $\theta \rightarrow \infty$ 时，由 D_0、D_1、D_2 的表达式可知 $D_0 \propto \theta^4$，$D_1 \propto \theta^2$，$D_2 \propto \theta^2$，则计算得到的质点位移幅值为 $Y_1 \rightarrow 0$，$Y_2 \rightarrow 0$。这相当于动荷载频率很高，结构还来不及反应，故对应质点处的位移为零。

（3）当 $\theta = \omega_1$ 或 $\theta = \omega_2$ 时，$D_0 = \begin{vmatrix} m_1 \omega^2 \delta_{11} - 1 & m_2 \omega^2 \delta_{12} \\ m_1 \omega^2 \delta_{21} & m_2 \omega^2 \delta_{22} - 1 \end{vmatrix}$，且 D_1、D_2 不同时为零，这时 $Y_1 \rightarrow \infty$，$Y_2 \rightarrow \infty$。这相当于体系出现共振的情况。

3）动内力幅值的计算

对上述两自由度体系而言，当体系受到外荷载 $F_P(t) = F_P \sin\theta t$ 作用时，可知质点的动位移解为

$$\begin{cases} y_1(t) = Y_1 \sin\theta t \\ y_2(t) = Y_2 \sin\theta t \end{cases}$$

由此可推导出质点 1、2 的惯性力为

$$\begin{cases} I_1(t) = m_1 Y_1 \theta^2 \sin\theta t \\ I_2(t) = m_2 Y_2 \theta^2 \sin\theta t \end{cases} \tag{10-110}$$

从式（10-107）、式（10-110）可以看出，位移、惯性力都随简谐荷载按 $\sin\theta t$ 函数做简谐变化。位移、惯性力和荷载同时达到幅值，动内力也同时达到最大。求内力时可将动荷载和惯性力的幅值作为静荷载作用于结构（见图 10-68）上，按静力法叠加求解，有

$$M(t)_{\max} = \overline{M}_1 I_1 + \overline{M}_2 I_2 + M_P \tag{10-111}$$

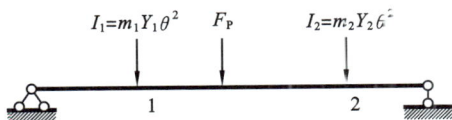

图 10-68

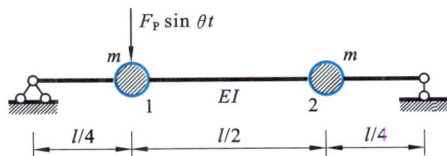

图 10-69

【例 10-20】　求图 10-69 所示结构质点 1 和质点 2 的动位移幅值和动弯矩幅值图。已知 $\theta = 0.75\omega_1$。

解　（1）求柔度系数 δ_{ij} 和 Δ_{iP}。

由图乘法知

$$\delta_{11} = \delta_{22} = \frac{3l^3}{256EI}, \quad \delta_{12} = \delta_{21} = \frac{7l^3}{768EI}, \quad \Delta_{1P} = \frac{3F_P l^3}{256EI}, \quad \Delta_{2P} = \frac{7F_P l^3}{768EI}$$

（2）求频率。

由自由振动知，体系自振频率为

$$\omega_1 = 6.93 \sqrt{\frac{EI}{ml^3}}$$

荷载频率为

$$\theta = 5.198 \sqrt{\frac{EI}{ml^3}}$$

（3）计算 D_0、D_1、D_2。

$$D_0 = \begin{vmatrix} m\theta^2\delta_{11} - 1 & m\theta^2\delta_{12} \\ m\theta^2\delta_{21} & m\theta^2\delta_{22} - 1 \end{vmatrix} = 0.4065$$

$$D_1 = \begin{vmatrix} -\Delta_{1P} & m\theta^2\delta_{12} \\ -\Delta_{2P} & m\theta^2\delta_{22} - 1 \end{vmatrix} = 0.01025\frac{F_P l^3}{EI}$$

$$D_2 = \begin{vmatrix} m\theta^2\delta_{11} - 1 & -\Delta_{1P} \\ m\theta^2\delta_{21} & -\Delta_{2P} \end{vmatrix} = 0.00911\frac{F_P l^3}{EI}$$

（4）计算质点 1、2 的位移幅值和惯性力幅值。

质点 1 的位移幅值为 $\qquad Y_1 = \dfrac{D_1}{D_2} = 0.0252\dfrac{F_P l^3}{EI}$

质点 1 的惯性力幅值为 $\qquad I_1 = m\theta^2 Y_1 = 0.6808 F_P$

质点 2 的位移幅值为 $\qquad Y_2 = \dfrac{D_2}{D_0} = 0.0224\dfrac{F_P l^3}{EI}$

质点 2 的惯性力幅值为 $\qquad I_2 = m\theta^2 Y_2 = 0.6051 F_P$

（5）求质点 1、2 处的动弯矩幅值。

将幅值 F_P、I_1、I_2 按静荷载作用在结构上，如图 10-70（a）所示。由 $M(t)_{max} = \overline{M}_1 I_1 + \overline{M}_2 I_2 + M_P$ 可知，质点 1、2 的动弯矩幅值分别为 $M_{1max} = 0.3530 F_P l$，$M_{2max} = 0.2185 F_P l$，得到的结构动弯矩图如图 10-70（b）所示。

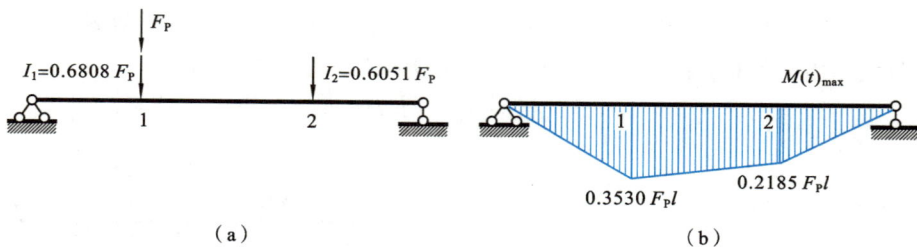

图 10-70

（6）求质点 1 的位移动力系数 β_{y_1} 和弯矩动力系数 β_{M_1}。

由定义可知，

$$\beta_{y_1} = \frac{Y_1}{\Delta_{1P}} = 2.150, \qquad \beta_{M_1} = \frac{M_1(t)_{max}}{M_{1st}} = 1.883$$

由此可知，$\beta_{y_1} \neq \beta_{M_1}$，这表明在两自由度体系中没有统一的动力系数。

2. 刚度法

1）振动方程的建立

两自由度体系受到两个简谐荷载 $F_{P1}\sin\theta t$、$F_{P2}\sin\theta t$ 作用，不考虑阻尼的影响，当体系振动时，各质点产生的位移为 $y_1(t)$、$y_2(t)$，如图 10-71 所示。现取质点 1 作为隔离体，其上受到惯性力 $-m_1\ddot{y}_1(t)$，弹性力 K_1 和动荷载 $F_{P1}\sin\theta t$。根据达朗贝尔原理可列力的平衡方程，得

$$-m_1\ddot{y}_1(t) + K_1 + F_{P1}\sin\theta t = 0 \qquad\qquad (10\text{-}112)$$

式中：$K_1 = -k_{11}y_1(t) - k_{12}y_2(t)$，其中 k_{11}、k_{12} 为刚度系数。

同理可写出质点 2 的振动方程，整理后得到体系的振动方程为

$$\begin{cases} m_1 \ddot{y}_1(t) + k_{11} y_1(t) + k_{12} y_2(t) = F_{P1} \sin\theta t \\ m_2 \ddot{y}_2(t) + k_{21} y_1(t) + k_{22} y_2(t) = F_{P2} \sin\theta t \end{cases} \qquad (10\text{-}113)$$

2）振动方程的求解

上列微分方程组的通解由齐次解和特解两部分组成。齐次解由自由振动得到，由于体系实际上是存在阻尼的，因此这部分振动将迅速衰减掉；余下的特解为稳态阶段的纯强迫振动。设特解的形式为

$$\begin{cases} y_1(t) = Y_1 \sin\theta t \\ y_2(t) = Y_2 \sin\theta t \end{cases} \qquad (10\text{-}114)$$

式中：Y_1、Y_2 为任一质点的位移振幅。将式（10-114）及其对时间的二阶导数代入式（10-113），得

$$\begin{cases} (k_{11} - \theta^2 m_1) Y_1 + k_{12} Y_2 = F_{P1} \\ k_{21} Y_1 + (k_{22} - \theta^2 m_2) Y_2 = F_{P2} \end{cases} \qquad (10\text{-}115)$$

由线性代数可知，式（10-115）为非齐次的线性方程组，其解为

$$Y_1 = \frac{D_1}{D_0}, \quad Y_2 = \frac{D_2}{D_0} \qquad (10\text{-}116)$$

式中

$$D_0 = \begin{vmatrix} k_{11} - \theta^2 m_1 & k_{12} \\ k_{21} & k_{22} - \theta^2 m_2 \end{vmatrix}, \quad D_1 = \begin{vmatrix} F_{P1} & k_{12} \\ F_{P2} & k_{22} - \theta^2 m_2 \end{vmatrix}$$

$$D_2 = \begin{vmatrix} k_{11} - \theta^2 m_1 & F_{P1} \\ k_{21} & F_{P2} \end{vmatrix}$$

图 10-71

3）动内力幅值的计算

有关动内力幅值的计算同柔度法中。

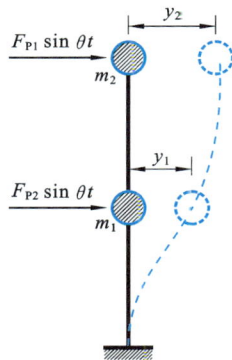

【例 10-21】 如图 10-72(a)所示二层刚架，在第一层作用动荷载 $F_P(t) = F_P \sin\theta t$。

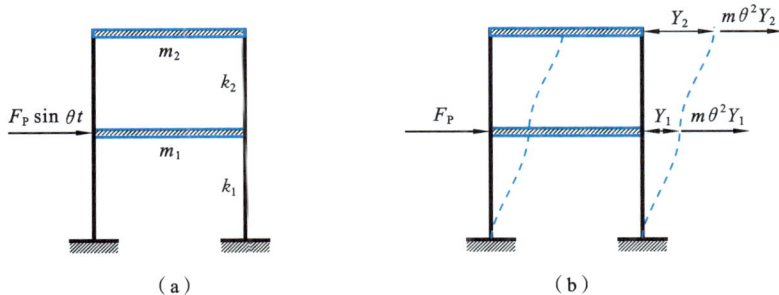

（a）　　　　图 10-72　　　　（b）

（1）求位移动力反应谱；

（2）求第一层柱的剪力动力系数；

（3）当 m_2、k_2 取何值时第一层楼面将保持不动？

解 刚架在外荷载 F_P 以及惯性力幅值 $m\theta^2 Y_1$ 和 $m\theta^2 Y_2$ 作用下的变形图如图 10-72(b)所示。

（1）求位移动力反应谱。

① 求刚度系数。

由列 10-17 知，该二层刚架的刚度系数为

$$k_{11}=k_1+k_2, \quad k_{12}=k_{21}=-k_2, \quad k_{22}=k_2$$

② 求位移幅值。

$$D_1=\begin{vmatrix} F_P & k_{12} \\ 0 & k_{22}-\theta^2 m_2 \end{vmatrix}, \quad D_2=\begin{vmatrix} k_{11}-\theta^2 m_1 & F_P \\ k_{21} & 0 \end{vmatrix}, \quad D_0=\begin{vmatrix} k_{11}-\theta^2 m_1 & k_{12} \\ k_{21} & k_{22}-\theta^2 m_2 \end{vmatrix}$$

将刚度系数代入 D_1、D_2、D_0 的表达式,得

$$Y_1=\frac{D_1}{D_0}=\frac{F_P(k_2-\theta^2 m_2)}{D_0}, \quad Y_2=\frac{D_2}{D_0}=\frac{k_2 F_P}{D_0}$$

③ 讨论:当 $m_1=m_2=m$,$k_1=k_2=k$ 时,有

$$Y_1=\frac{D_1}{D_0}=\frac{F_P(k-\theta^2 m)}{D_0}, \quad Y_2=\frac{D_2}{D_0}=\frac{k F_P}{D_0}$$

式中

$$D_0=m^2\left(\theta^4-\frac{3k}{m}\theta^2+\frac{k^2}{m^2}\right)$$

假设方程的 $D_0=0$ 两根分别为 ω_1、ω_2,则 D_0 可表达为 $D_0=m^2(\theta^2-\omega_1^2)(\theta^2-\omega_2^2)$,其中 $\omega_1^2+\omega_2^2=\frac{3k}{m}$,$\omega_1^2\omega_2^2=\frac{k^2}{m^2}$。

④ 求位移动力系数。

第一层:

$$\beta_1=\frac{Y_1}{\frac{F_P}{k}}=\frac{1-\frac{m}{k}\theta^2}{\left(1-\frac{\theta^2}{\omega_1^2}\right)\left(1-\frac{\theta^2}{\omega_2^2}\right)}$$

第二层:

$$\beta_2=\frac{Y_2}{\frac{F_P}{k}}=\frac{1}{\left(1-\frac{\theta^2}{\omega_1^2}\right)\left(1-\frac{\theta^2}{\omega_2^2}\right)}$$

第一、第二层刚架的位移反应谱分别如图 10-73(a)、(b)所示。

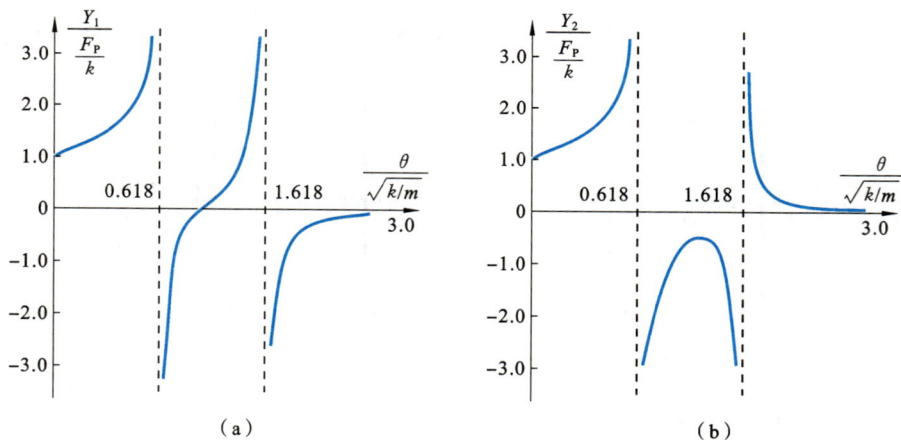

图 10-73

由图 10-73 可知,在两自由度体系中,两质点的位移动力系数不同,且体系在以下两种情况下可能出现共振:

$$\theta=0.618\sqrt{k/m}=\omega_1, \quad \theta=1.618\sqrt{k/m}=\omega_2$$

(2)求第一层柱的剪力动力系数。

① 当考虑第一层楼面作用大小为 F_P 静荷载作用时,有

第一层楼面位移：
$$y_{st1} = \frac{F_P}{k}$$

第一层柱剪力：
$$F_{Qst1} = F_P$$

② 当考虑第一层楼面作用大小为 $F_P \sin\theta t$ 的动荷载作用时，第一层楼和第二层楼将产生惯性力，其大小分别为 $m\theta^2 Y_1 \sin\theta t$、$m\theta^2 Y_2 \sin\theta t$，得第一层柱剪力幅值为
$$F_{Q1} = F_P + \theta^2 m(Y_1 + Y_2)$$

根据内力动力系数的定义，第一层柱的剪力动力系数为
$$\beta_{Q1} = \frac{F_{Q1}}{F_{Qst1}} = \frac{F_P + \theta^2 m(Y_1 + Y_2)}{F_P} = 1 + \frac{\theta^2 m}{k}(\beta_1 + \beta_2)$$

③ 确定使第一层楼面保持不动的 m_2、k_2 值。

由体系的位移幅值计算得
$$Y_1 = \frac{D_1}{D_0} = \frac{F_P(k_2 - \theta^2 m_2)}{D_0}, \quad Y_2 = \frac{D_2}{D_0} = \frac{k_2 F_P}{D_0}$$

欲使第一层的楼面位移等于零，就要求 $Y_1 = 0$，故有 $k_2 - \theta^2 m_2 = 0$，由此可以得到第二层的刚度系数
$$k_2 = \theta^2 m_2$$

将 $k_2 = \theta^2 m_2$ 代入 $D_0 = \begin{vmatrix} k_1 - \theta^2 m_1 & k_{12} \\ k_{21} & k_{22} - \theta^2 m_2 \end{vmatrix}$ 中，有
$$D_0 = (k_1 - k_2 - \theta^2 m_1)(k_2 - \theta^2 m_2) - k_2^2 = -k_2^2$$

则第二层楼面位移为
$$Y_2 = \frac{D_2}{D_0} = -\frac{F_P}{k_2}$$

总结：

（1）例 10-21 进一步表明，在多自由度体系中没有一个统一的动力系数。对不同的动力系数应根据定义分别进行计算。

（2）当第一楼层计算参数 $m_1 - k_1$ 匹配合适的第二楼层参数 $m_2 - k_2$ 时，可使第一层楼面保持不动，从而达到控制的效果。

吸振器的具体设计过程为：先根据第二层的振幅容许值 Y_2 和公式 $Y_2 = -\frac{F_P}{k_2}$ 计算出 k_2，再根据公式 $k_2 = \theta^2 m_2$ 确定 m_2 的取值，从而完成结构吸振器的设计。

10.7　多自由度体系的自由振动

讲课视频

多自由度体系的振动微分方程同样可采用前述的两种基本方法来建立。即，刚度法按力平衡条件建立振动方程，柔度法按位移协调条件建立振动方程。由于阻尼对体系自振频率的影响很小，因此，在本节中计算体系的自振频率时，对阻尼的影响也不予考虑。

1. 柔度法

1）振动方程的建立

图 10-74(a)所示为无重简支梁支承，n 个集中质量分别为 $m_1, m_2, \cdots, m_n$，若略去梁的轴

向变形和质点的转动,则为 n 自由度结构。设在任一时刻,各质点的位移分别为 $y_1,y_2,\cdots,$ y_n,可以看成惯性力 $-m_1\ddot{y}_1,-m_2\ddot{y}_2,\cdots,-m_n\ddot{y}_n$ 共同作用下产生的位移,由位移协调条件建立体系运动方程

$$y_i=\delta_{i1}(-m_1\ddot{y}_1)+\delta_{i2}(-m_2\ddot{y}_2)+\cdots+\delta_{ii}(-m_i\ddot{y}_i)+\cdots+\delta_{ij}(-m_j\ddot{y}_j)+\cdots+\delta_{in}(-m_n\ddot{y}_n)$$

$$(10\text{-}117)$$

式中:δ_{ii}、δ_{ij} 等是结构的柔度系数,它的物理意义如图 10-74(b)所示。据此,可以建立 n 个位移方程:

$$\begin{cases} y_1+\delta_{11}m_1\ddot{y}_1+\delta_{12}m_2\ddot{y}_2+\cdots+\delta_{1n}m_n\ddot{y}_n=0 \\ y_2+\delta_{21}m_1\ddot{y}_1+\delta_{22}m_2\ddot{y}_2+\cdots+\delta_{2n}m_n\ddot{y}_n=0 \\ \qquad\qquad\qquad\vdots \\ y_n+\delta_{n1}m_1\ddot{y}_1+\delta_{n2}m_2\ddot{y}_2+\cdots+\delta_{nn}m_n\ddot{y}_n=0 \end{cases} \qquad (10\text{-}118)$$

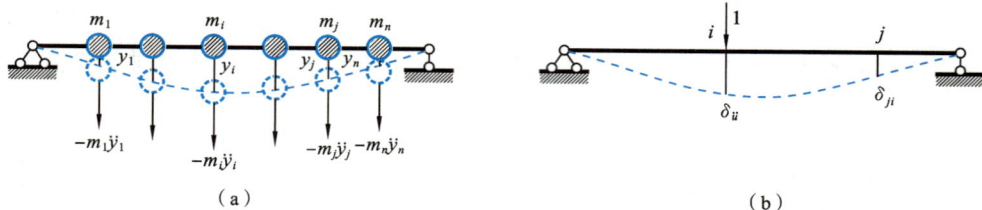

（a）　　　　　　　　　　　　　　　　（b）

图 10-74

写成矩阵的形式,有

$$\begin{bmatrix} y_1 \\ y_2 \\ \vdots \\ y_n \end{bmatrix}+\begin{bmatrix} \delta_{11} & \delta_{12} & \cdots & \delta_{1n} \\ \delta_{21} & \delta_{22} & \cdots & \delta_{2n} \\ \vdots & \vdots & & \vdots \\ \delta_{n1} & \delta_{n2} & \cdots & \delta_{nn} \end{bmatrix}\begin{bmatrix} m_1 & & & \\ & m_2 & & \\ & & \ddots & \\ & & & m_n \end{bmatrix}\begin{bmatrix} \ddot{y}_1 \\ \ddot{y}_2 \\ \vdots \\ \ddot{y}_n \end{bmatrix}=\begin{bmatrix} 0 \\ 0 \\ \vdots \\ 0 \end{bmatrix} \qquad (10\text{-}119)$$

或简写为

$$\boldsymbol{Y}+\boldsymbol{\delta M\ddot{Y}}=\boldsymbol{0} \qquad (10\text{-}120)$$

式中:$\boldsymbol{\delta}$ 为结构的柔度矩阵,根据位移互等定理,它是对称矩阵。

2）振动方程的求解

设微分方程(10-120)的通解为

$$\boldsymbol{y}=\boldsymbol{Y}\sin(\omega t+\alpha) \qquad (10\text{-}121)$$

将通解代入微分方程,有

$$\left(\boldsymbol{\delta M}-\frac{1}{\omega^2}\boldsymbol{I}\right)\boldsymbol{Y}=\boldsymbol{0} \qquad (10\text{-}122)$$

式(10-122)为振幅 $y_1,y_2,\cdots,y_n$ 的齐次方程,即振型方程。当 $y_1,y_2,\cdots,y_n$ 全为零时该式成立,但这对应于无振动的静止状态。要得到 $y_1,y_2,\cdots,y_n$ 不全为零的解答,则必须有该方程组的系数行列式等于零,即

$$\begin{vmatrix} \delta_{11}m_1-\dfrac{1}{\omega^2} & \delta_{12}m_2 & \cdots & \delta_{1n}m_n \\[2mm] \delta_{21}m_1 & \delta_{21}m_2-\dfrac{1}{\omega^2} & \cdots & \delta_{2n}m_n \\[2mm] \vdots & \vdots & & \vdots \\[2mm] \delta_{n1}m_1 & \delta_{n2}m_2 & \cdots & \delta_{nn}m_n-\dfrac{1}{\omega^2} \end{vmatrix}=0 \qquad (10\text{-}123)$$

式(10-123)即频率方程。该式可简写为

$$\left| \boldsymbol{\delta M} - \frac{1}{\omega^2}\boldsymbol{I} \right| = 0 \tag{10-124}$$

将式(10-123)展开,可得到一个含 $\frac{1}{\omega^2}$ 的 n 次代数方程,由此可解出 $\frac{1}{\omega^2}$ 的 n 个正实根,从而得出 n 个自振频率 $\omega_1, \omega_2, \cdots, \omega_n$,若按它们的数值由小到大依次排列,则分别称为第 1,第 2,$\cdots$,第 n 频率。

将求出的自振频率 ω_i 代入振型方程,有

$$\left(\boldsymbol{\delta M} - \frac{1}{\omega_i^2}\boldsymbol{I} \right)\boldsymbol{Y}^{(i)} = \boldsymbol{0} \quad (i=1,2,\cdots,n) \tag{10-125}$$

上述 n 个方程中只有 $n-1$ 个方程是独立的,因而不能求出 $y_1^{(i)}, y_2^{(i)}, \cdots, y_n^{(i)}$ 的确定值,但可以确定各质点振幅间的相对比值,这便确定了振型。如果假定了其中任一元素的值,例如通常假定第一元素的 $y_1^{(i)}=1$,便可求出其余元素的值,这样求得的振型称为标准化振型。

2. 刚度法

1) 振动方程的建立

设有 n 自由度体系如图 10-75(a)所示,集中质量分别为 $m_1, m_2, \cdots, m_n$。采用刚度法,以力的平衡条件建立体系运动方程。取质量隔离体、结构隔离体分别如图 10-75(b)、(c)所示,根据达朗贝尔原理可得平衡方程

$$\begin{cases} m_i \ddot{y}_i + K_i = 0 \\ K_i = k_{i1}y_1 + k_{i2}y_2 + \cdots + k_{in}y_n \end{cases} \quad (i=1,2,\cdots,n) \tag{10-126}$$

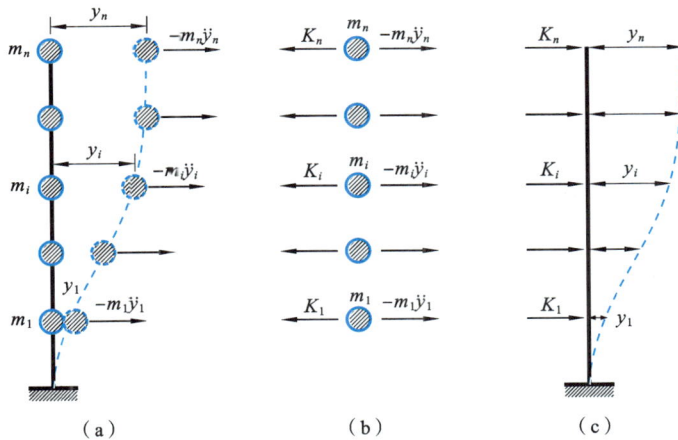

图 10-75

则式(10-126)可变化为

$$m_i \ddot{y}_i + k_{i1}y_1 + k_{i2}y_2 + \cdots + k_{in}y_n = 0$$

式中:k_{ij} 为结构的刚度系数,其在物理上表示 j 点发生单位位移(其余各点位移均为零)时 i 点处附加链杆的反力。据此,可以建立 n 个位移方程。

$$\begin{cases} m_1 \ddot{y}_1 + k_{11}y_1 + k_{12}y_2 + \cdots + k_{1n}y_n = 0 \\ m_2 \ddot{y}_2 + k_{21}y_1 + k_{22}y_2 + \cdots + k_{2n}y_n = 0 \\ \quad\quad\quad\quad\quad \vdots \\ m_n \ddot{y}_n + k_{n1}y_1 + k_{n2}y_2 + \cdots + k_{nn}y_n = 0 \end{cases} \tag{10-127}$$

写成矩阵的形式,有

$$\begin{bmatrix} m_1 & & & \\ & m_2 & & \\ & & \ddots & \\ & & & m_n \end{bmatrix} \begin{bmatrix} \ddot{y}_1 \\ \ddot{y}_2 \\ \vdots \\ \ddot{y}_n \end{bmatrix} + \begin{bmatrix} k_{11} & k_{12} & \cdots & k_{1n} \\ k_{21} & k_{22} & \cdots & k_{2n} \\ \vdots & \vdots & & \vdots \\ k_{n1} & k_{n2} & \cdots & k_{nn} \end{bmatrix} \begin{bmatrix} y_1 \\ y_2 \\ \vdots \\ y_n \end{bmatrix} = \begin{bmatrix} 0 \\ 0 \\ \vdots \\ 0 \end{bmatrix} \tag{10-128}$$

或简写为

$$M\ddot{Y} + KY = 0 \tag{10-129}$$

式中:K 为结构的刚度矩阵,根据位移互等定理,它是对称矩阵。

2) 振动方程的求解

设微分方程(10-129)的通解为

$$y = Y\sin(\omega t + \alpha) \tag{10-130}$$

将通解代入微分方程,有

$$(K - \omega^2 M)Y = 0 \tag{10-131}$$

由此可得频率方程为

$$|K - \omega^2 M| = 0 \tag{10-132}$$

同柔度法,可得出 n 个自振频率 $\omega_1, \omega_2, \cdots, \omega_n$。

将求出的自振频率 ω_i 代入振型方程,有

$$(K - \omega_i^2 M)Y^{(i)} = 0 \quad (i = 1, 2, \cdots, n) \tag{10-133}$$

3) 主振型的正交性

在 10.5 节中采用功的互等定理,证明了两自由度体系的第一正交关系,即 $m_1 Y_1^{(1)} Y_1^{(2)} + m_2 Y_2^{(1)} Y_2^{(2)} = 0$,其矩阵形式为 $Y^{(1)\mathrm{T}} M Y^{(2)} = 0$。同样,对于 n 自由度体系,第 i 阶、第 j 阶振型为分别为 $Y^{(i)}$、$Y^{(j)}$,对应的自振频率为 ω_i、ω_j。可以采用同样的方法证明第 k 阶与第 l 阶振型之间满足如下正交关系:

$$Y^{(i)\mathrm{T}} M Y^{(j)} = 0 \tag{10-134}$$

上述表达式称为第 i 阶与第 j 阶振型的第一正交关系。这一关系式也可通过如下途径得到:

由上述可知,n 自由度体系具有 n 个自振频率和 n 个主振型,每个频率及相应的主振型均满足

$$(K - \omega_k^2 M)Y^{(k)} = 0 \tag{10-135}$$

分别取 $k = i$ 和 $k = j$ 可得

$$KY^{(i)} = \omega_i^2 M Y^{(i)} \tag{10-136}$$

$$KY^{(j)} = \omega_j^2 M Y^{(j)} \tag{10-137}$$

对式(10-136)两边左乘 $Y^{(j)}$ 的转置矩阵 $Y^{(j)\mathrm{T}}$,对式(10-137)两边左乘 $Y^{(i)}$ 的转置矩阵 $Y^{(i)\mathrm{T}}$,则有

$$Y^{(j)\mathrm{T}} K Y^{(i)} = \omega_i^2 Y^{(j)\mathrm{T}} M Y^{(i)} \tag{10-138}$$

$$Y^{(i)\mathrm{T}} K Y^{(j)} = \omega_j^2 Y^{(i)\mathrm{T}} M Y^{(j)} \tag{10-139}$$

由于 K、M 均为对称矩阵,故 $K = K^{\mathrm{T}}$,$M = M^{\mathrm{T}}$。将式(10-139)两边转置,有

$$Y^{(j)\mathrm{T}} K Y^{(i)} = \omega_j^2 Y^{(j)\mathrm{T}} M Y^{(i)} \tag{10-140}$$

再将式(10-138)减去式(10-140)得

$$(\omega_i^2 - \omega_j^2) Y^{(j)\mathrm{T}} M Y^{(i)} = 0 \tag{10-141}$$

由于 $i\neq j$ 时，一般情况下 $\omega_i\neq\omega_j$，于是有

$$Y^{(j)\,\mathrm{T}}MY^{(i)}=0 \tag{10-142}$$

这表明，对于质量矩阵 M，不同频率的两个主振型是彼此正交的，这是主振型之间的第一正交关系。将这一关系代入式(10-138)，可知

$$Y^{(j)\,\mathrm{T}}KY^{(i)}=0 \tag{10-143}$$

可见，对于刚度矩阵 K，不同频率的两个主振型是彼此正交的，这是主振型之间的第二正交关系。

主振型的正交性是结构本身固有的特性，它不仅可以用来简化结构的动力计算，而且可以检验所求得的主振型的正确性。

【例 10-22】　如图 10-76 所示三层刚架，横梁刚度无穷大，分别用柔度法和刚度法求其自振频率和主振型，并验证主振型的正交性。

解　(1)采用柔度法求自振频率和主振型。单位荷载作用在第一、第二、第三层时刚架的变形分别如图 10-77(a)、(b)、(c)所示。

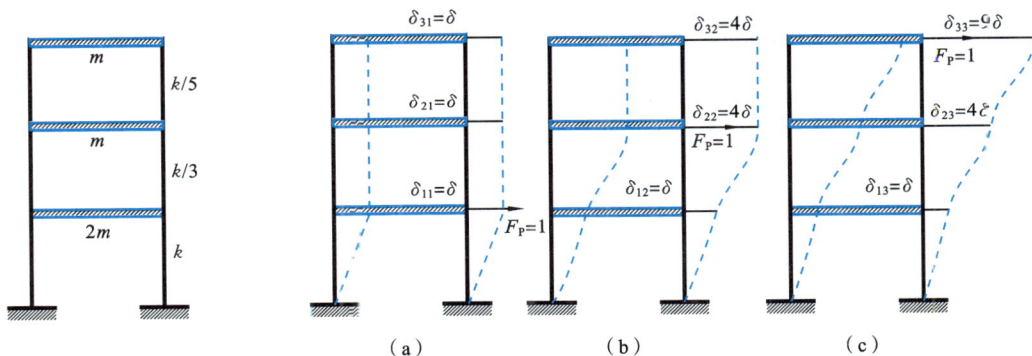

图 10-76　　　　　　　　　　　　　　　　　　　　图 10-77

① 求柔度系数。

由柔度系数的定义可知，刚架的柔度系数为

$$\delta_{11}=1/k=\delta,\quad \delta_{21}=\delta_{31}=\delta$$

$$\delta_{12}=\delta,\quad \delta_{22}=\delta_{32}=\frac{1}{k}+\frac{1}{k/3}=4\delta$$

$$\delta_{13}=\delta,\quad \delta_{23}=4\delta,\quad \delta_{33}=\frac{1}{k}+\frac{1}{k/3}+\frac{1}{k/5}=9\delta$$

则柔度矩阵为

$$\boldsymbol{\delta}=\delta\begin{bmatrix}1 & 1 & 1\\ 1 & 4 & 4\\ 1 & 4 & 9\end{bmatrix}$$

质量矩阵为

$$M=m\begin{bmatrix}2 & 0 & 0\\ 0 & 1 & 0\\ 0 & 0 & 1\end{bmatrix}$$

② 求自振频率。

由频率方程可知，$\left|\boldsymbol{\delta}M-\dfrac{1}{\omega^2}I\right|=0$，将柔度矩阵、质量矩阵代入该式，有

$$\delta m \begin{vmatrix} 2-\xi & 1 & 1 \\ 2 & 4-\xi & 4 \\ 2 & 4 & 9-\xi \end{vmatrix} = 0$$

其中 $\xi = \dfrac{1}{\delta m \omega^2}$，化简得　　　　　　$\xi^3 - 15\xi^2 + 42\xi - 30 = 0$

方程的三个根分别为

$$\xi_1 = 11.601, \quad \xi_2 = 2.246, \quad \xi_3 = 1.151$$

由此可得结构的前三阶自振频率分别为

$$\omega_1 = 0.2936\sqrt{\frac{k}{m}}, \quad \omega_2 = 0.6673\sqrt{\frac{k}{m}}, \quad \omega_3 = 0.9321\sqrt{\frac{k}{m}}$$

③ 求主振型。

将求得的自振频率 ω_i 代入振型方程 $\left(\boldsymbol{\delta M} - \dfrac{1}{\omega^2}\boldsymbol{I} \right)\boldsymbol{Y}^{(i)} = \boldsymbol{0}$，有

$$\delta m \begin{bmatrix} 2-\xi_i & 1 & 1 \\ 2 & 4-\xi_i & 4 \\ 2 & 4 & 9-\xi_i \end{bmatrix} \begin{bmatrix} Y_1^{(i)} \\ Y_2^{(i)} \\ Y_3^{(i)} \end{bmatrix} = \begin{bmatrix} 0 \\ 0 \\ 0 \end{bmatrix}$$

由于是奇次方程组，只有两个独立的方程，令 $Y_3^{(i)} = 1$，将其振型标准化，则：
当 $\xi_1 = 11.601$ 时，振型方程变为

$$\begin{cases} -9.601 Y_1^{(1)} + Y_2^{(1)} + 1 = 0 \\ 2Y_1^{(1)} - 7.601 Y_2^{(1)} + 4 = 0 \end{cases}$$

得　　　　　　　　　　　　$$\boldsymbol{Y}^{(1)} = \begin{bmatrix} 0.163 \\ 0.569 \\ 1 \end{bmatrix}$$

当 $\xi_2 = 2.246$ 时，振型方程变为

$$\begin{cases} -0.246 Y_1^{(2)} + Y_2^{(2)} + 1 = 0 \\ 2Y_1^{(2)} + 1.754 Y_2^{(2)} + 4 = 0 \end{cases}$$

得　　　　　　　　　　　　$$\boldsymbol{Y}^{(2)} = \begin{bmatrix} -0.924 \\ -1.227 \\ 1 \end{bmatrix}$$

当 $\xi_3 = 1.151$ 时，振型方程变为

$$\begin{cases} 0.849 Y_1^{(3)} + Y_2^{(3)} + 1 = 0 \\ 2Y_1^{(3)} + 2.849 Y_2^{(3)} + 4 = 0 \end{cases}$$

得　　　　　　　　　　　　$$\boldsymbol{Y}^{(3)} = \begin{bmatrix} 2.760 \\ -3.342 \\ 1 \end{bmatrix}$$

第一阶、第二阶、第三阶主振型分别如图 10-78(a)、(b)、(c)所示。

(2) 采用刚度法求自振频率和主振型。

① 求刚度系数。

由图 10-79(a)所示第一层刚度系数的定义可知，刚度系数

$$k_{11} = \frac{4k}{3}, \quad k_{21} = -\frac{k}{3}, \quad k_{31} = 0$$

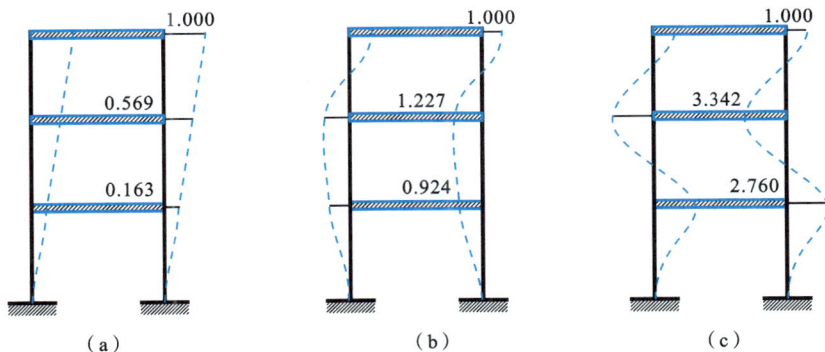

图 10-78

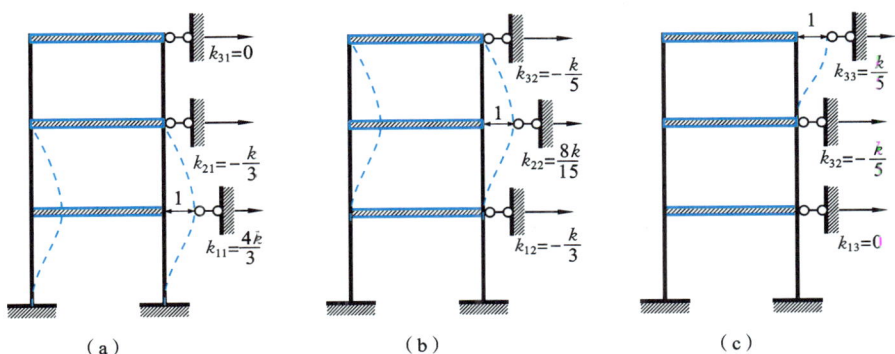

图 10-79

由图 10-79(b)所示第二层刚度系数的定义可知,刚度系数

$$k_{12}=-\frac{k}{3}, \quad k_{22}=\frac{8k}{15}, \quad k_{23}=-\frac{k}{5}$$

由图 10-79(c)所示第三层刚度系数的定义可知,刚度系数

$$k_{13}=0, \quad k_{32}=-\frac{k}{5}, \quad k_{33}=\frac{k}{5}$$

则刚度矩阵为

$$\boldsymbol{K}=\frac{k}{15}\begin{bmatrix} 20 & -5 & 0 \\ -5 & 8 & -3 \\ 0 & -3 & 3 \end{bmatrix}$$

质量矩阵为

$$\boldsymbol{M}=m\begin{bmatrix} 2 & 0 & 0 \\ 0 & 1 & 0 \\ 0 & 0 & 1 \end{bmatrix}$$

② 求自振频率。

由频率方程可知,$|\boldsymbol{K}-\omega^2\boldsymbol{M}|=0$,将刚度矩阵、质量矩阵代入该式,得

$$\frac{k}{15}\begin{vmatrix} 20-2\eta & -5 & 0 \\ -5 & 8-\eta & -3 \\ 0 & -3 & 3-\eta \end{vmatrix}=0$$

其中 $\eta = \dfrac{15m}{k}\omega^2$，将上式化简，得

$$2\eta^3 - 42\eta^2 + 225\eta - 225 = 0$$

则方程的三个根分别为

$$\eta_1 = 1.293, \quad \eta_2 = 6.680, \quad \eta_3 = 13.027$$

由此可得结构前三阶自振频率分别为

$$\omega_1 = 0.2936\sqrt{\dfrac{k}{m}}, \quad \omega_2 = 0.6673\sqrt{\dfrac{k}{m}}, \quad \omega_3 = 0.9319\sqrt{\dfrac{k}{m}}$$

③ 求主振型。

将求得的自振频率 ω_i 代入振型方程 $(\boldsymbol{K} - \omega_i^2 \boldsymbol{M})\boldsymbol{Y}^{(i)} = \boldsymbol{0}$ 中，由于是奇次方程组，只有两个独立的方程，令 $Y_3^{(i)} = 1$，将其振型标准化，有

$$\begin{bmatrix} 20 - 2\eta_i & -5 & 0 \\ -5 & 8 - \eta_i & -3 \\ 0 & -3 & 3 - \eta_i \end{bmatrix} \begin{bmatrix} Y_1^{(i)} \\ Y_2^{(i)} \\ 1 \end{bmatrix} = \begin{bmatrix} 0 \\ 0 \\ 0 \end{bmatrix}$$

当 $\eta_1 = 1.293$ 时，振型方程变为

$$\begin{cases} -5Y_1^{(1)} + 6.70Y_2^{(1)} - 3 = 0 \\ -3Y_2^{(1)} + 1.707 = 0 \end{cases}$$

则

$$\boldsymbol{Y}^{(1)} = \begin{bmatrix} 0.163 \\ 0.569 \\ 1 \end{bmatrix}$$

当 $\eta_2 = 6.680$ 时，振型方程变为

$$\begin{cases} -5Y_1^{(2)} + 1.320Y_2^{(2)} - 3 = 0 \\ -3Y_2^{(2)} - 3.680 = 0 \end{cases}$$

则

$$\boldsymbol{Y}^{(2)} = \begin{bmatrix} -0.924 \\ -1.227 \\ 1 \end{bmatrix}$$

当 $\eta_3 = 13.027$ 时，振型方程变为

$$\begin{cases} -5Y_1^{(3)} - 5.027Y_2^{(3)} - 3 = 0 \\ -3Y_2^{(3)} - 10.027 = 0 \end{cases}$$

则

$$\boldsymbol{Y}^{(3)} = \begin{bmatrix} 2.760 \\ -3.342 \\ 1 \end{bmatrix}$$

得到的前三阶主振型也如图 10-78 所示。

(3) 验证主振型的正交性。

① 由上述柔度法或刚度法可知，体系的前三阶主振型分别为

$$\boldsymbol{Y}^{(1)} = \begin{bmatrix} 0.163 \\ 0.569 \\ 1 \end{bmatrix}, \quad \boldsymbol{Y}^{(2)} = \begin{bmatrix} -0.924 \\ -1.227 \\ 1 \end{bmatrix}, \quad \boldsymbol{Y}^{(3)} = \begin{bmatrix} 2.760 \\ -3.342 \\ 1 \end{bmatrix}$$

② 验证第一正交关系。

$$Y^{(1)\,\mathrm{T}}MY^{(2)}=\begin{bmatrix}0.163\\0.559\\1\end{bmatrix}^{\mathrm{T}}\begin{bmatrix}2&0&0\\0&1&0\\0&0&1\end{bmatrix}\begin{bmatrix}-0.924\\-1.227\\1\end{bmatrix}m=0.0006m\approx0$$

同理可得

$$Y^{(1)\,\mathrm{T}}MY^{(3)}=-0.002m\approx0$$

$$Y^{(2)\,\mathrm{T}}MY^{(3)}=0.0002m\approx0$$

③ 验证第二正交关系。

$$Y^{(1)\,\mathrm{T}}KY^{(2)}=\begin{bmatrix}0.163\\0.569\\1\end{bmatrix}^{\mathrm{T}}\times\frac{k}{15}\begin{bmatrix}20&-5&0\\-5&8&-3\\0&-3&3\end{bmatrix}\begin{bmatrix}-0.924\\-1.227\\1\end{bmatrix}=0.0003k\approx0$$

同理可得

$$Y^{(1)\,\mathrm{T}}KY^{(3)}=-0.001k\approx0$$

$$Y^{(2)\,\mathrm{T}}KY^{(3)}=0.00001k\approx0$$

10.8　多自由度体系的强迫振动

讲课视频

在 10.7 节所介绍的多自由度体系的自由振动相关内容中,质点的位移是以几何坐标来描述的。这种坐标系的缺点就是所得出的微分运动方程组是耦联的,需要联立求解,在一般荷载作用下或考虑阻尼影响时求解将很困难。如果以振型作为基底进行坐标变换,换成正则坐标来描述质点的位移,就可以把原来耦联的微分方程组解耦,转变成 n 个各自独立的微分方程,从而使计算大为简化。

1. 正则坐标

前面所建立的多自由度结构的振动微分方程,是以各质点的位移 $y_1,y_2,\cdots,y_n$ 为对象来求解的,位移向量

$$Y=\begin{bmatrix}y_1&y_2&\cdots&y_n\end{bmatrix}^{\mathrm{T}} \tag{10-144}$$

称为几何坐标。为了解除方程组的耦联,进行如下的坐标变换:以结构的 n 个主振型向量 $Y^{(1)},Y^{(2)},\cdots,Y^{(n)}$ 作为基底,把几何坐标表示为基底的线性组合,即

$$Y=\eta_1Y^{(1)}+\eta_2Y^{(2)}+\cdots+\eta_nY^{(n)} \tag{10-145}$$

这也即是将位移向量 Y 按各主振型进行分解。式(10-145)的展开形式为

$$\begin{bmatrix}y_1\\y_2\\\vdots\\y_n\end{bmatrix}=\eta_1\begin{bmatrix}Y_1^{(1)}\\Y_2^{(1)}\\\vdots\\Y_n^{(1)}\end{bmatrix}+\eta_2\begin{bmatrix}Y_1^{(2)}\\Y_2^{(2)}\\\vdots\\Y_n^{(2)}\end{bmatrix}+\cdots+\eta_n\begin{bmatrix}Y_1^{(n)}\\Y_2^{(n)}\\\vdots\\Y_n^{(n)}\end{bmatrix}=\begin{bmatrix}Y_1^{(1)}&Y_1^{(2)}&\cdots&Y_1^{(n)}\\Y_2^{(1)}&Y_2^{(2)}&\cdots&Y_2^{(n)}\\\vdots&\vdots&&\vdots\\Y_n^{(1)}&Y_n^{(2)}&\cdots&Y_n^{(n)}\end{bmatrix}\begin{bmatrix}\eta_1\\\eta_2\\\vdots\\\eta_n\end{bmatrix}$$

$$\tag{10-146}$$

可简写成

$$y=Y\eta \tag{10-147}$$

式中:y 为质点位移列阵;Y 为主振型矩阵;η 为正则坐标。

由此可知,几何坐标和正则坐标之间是通过主振型矩阵 Y 联系起来的,又称该矩阵为转换矩阵。

式(10-147)也可写成

$$y = \eta_1 Y^{(1)} + \eta_2 Y^{(2)} + \cdots + \eta_n Y^{(n)} = \sum_{i=1}^{n} \eta_i Y^{(i)} \tag{10-148}$$

2. 主振型矩阵

n 自由度体系的主振型矩阵为

$$\begin{bmatrix} Y_1^{(1)} & Y_1^{(2)} & \cdots & Y_1^{(n)} \\ Y_2^{(1)} & Y_2^{(2)} & \cdots & Y_2^{(n)} \\ \vdots & \vdots & & \vdots \\ Y_n^{(1)} & Y_n^{(2)} & \cdots & Y_n^{(n)} \end{bmatrix} = \begin{bmatrix} Y^{(1)} & Y^{(2)} & \cdots & Y^{(n)} \end{bmatrix} \tag{10-149}$$

利用主振型的正交性,推导相关性质

$$
\begin{aligned}
Y^{\mathrm{T}} M Y &= \begin{bmatrix} Y_1^{(1)} & Y_1^{(2)} & \cdots & Y_1^{(n)} \\ Y_2^{(1)} & Y_2^{(2)} & \cdots & Y_2^{(n)} \\ \vdots & \vdots & & \vdots \\ Y_n^{(1)} & Y_n^{(2)} & \cdots & Y_n^{(n)} \end{bmatrix}^{\mathrm{T}} \begin{bmatrix} m_1 & & & \\ & m_2 & & \\ & & \ddots & \\ & & & m_n \end{bmatrix} \begin{bmatrix} Y_1^{(1)} & Y_1^{(2)} & \cdots & Y_1^{(n)} \\ Y_2^{(1)} & Y_2^{(2)} & \cdots & Y_2^{(n)} \\ \vdots & \vdots & & \vdots \\ Y_n^{(1)} & Y_n^{(2)} & \cdots & Y_n^{(n)} \end{bmatrix} \\
&= \begin{bmatrix} Y_1^{(1)} & Y_1^{(2)} & \cdots & Y_1^{(n)} \\ Y_2^{(1)} & Y_2^{(2)} & \cdots & Y_2^{(n)} \\ \vdots & \vdots & & \vdots \\ Y_n^{(1)} & Y_n^{(2)} & \cdots & Y_n^{(n)} \end{bmatrix}^{\mathrm{T}} \begin{bmatrix} m_1 Y_1^{(1)} & m_1 Y_1^{(2)} & \cdots & m_1 Y_1^{(n)} \\ m_2 Y_2^{(1)} & m_2 Y_2^{(2)} & \cdots & m_2 Y_2^{(n)} \\ \vdots & \vdots & & \vdots \\ m_n Y_n^{(1)} & m_n Y_n^{(2)} & \cdots & m_n Y_n^{(n)} \end{bmatrix} \\
&= \begin{bmatrix} \{Y\}^{(1)\mathrm{T}}[M]\{Y\}^{(1)} & \{Y\}^{(1)\mathrm{T}}[M]\{Y\}^{(2)} & \cdots & \{Y\}^{(1)\mathrm{T}}[M]\{Y\}^{(n)} \\ \{Y\}^{(2)\mathrm{T}}[M]\{Y\}^{(1)} & \{Y\}^{(2)\mathrm{T}}[M]\{Y\}^{(2)} & \cdots & \{Y\}^{(2)\mathrm{T}}[M]\{Y\}^{(n)} \\ \vdots & \vdots & & \vdots \\ \{Y\}^{(n)\mathrm{T}}[M]\{Y\}^{(1)} & \{Y\}^{(n)\mathrm{T}}[M]\{Y\}^{(2)} & \cdots & \{Y\}^{(n)\mathrm{T}}[M]\{Y\}^{(n)} \end{bmatrix}
\end{aligned}
\tag{10-150}
$$

由主振型的第一正交关系可知,式(10-150)的矩阵中所有非主对角线上的元素均为零,因而只剩下主对角线上的元素。若令

$$M_i^* = Y^{(i)\mathrm{T}} M Y^{(i)} \tag{10-151}$$

称为相应于第 i 个主振型的 广义质量。于是式(10-151)可写成

$$Y^{\mathrm{T}} M Y = \begin{bmatrix} M_1^* & & & \\ & M_2^* & & \\ & & \ddots & \\ & & & M_n^* \end{bmatrix} = M^* \tag{10-152}$$

M^* 称为 广义质量矩阵,它是一个对角矩阵。

同理,有

$$Y^{\mathrm{T}} K Y = \begin{bmatrix} K_1^* & & & \\ & K_2^* & & \\ & & \ddots & \\ & & & K_n^* \end{bmatrix} = K^* \tag{10-153}$$

K^* 称为 广义刚度矩阵,它也是一个对角矩阵。其主对角线上的任一元素为

$$K_i^* = Y^{(i)\mathrm{T}} K Y^{(i)} \tag{10-154}$$

称为相应于第 i 个主振型的 广义刚度。

又由于

$$KY^{(i)} = \omega_i^2 MY^{(i)} \qquad (10\text{-}155)$$

将式(10-155)两边同时右乘 $Y^{(j)\mathrm{T}}$，有

$$Y^{(j)\mathrm{T}}KY^{(i)} = \omega_i^2 Y^{(j)\mathrm{T}}MY^{(i)}$$

利用主振型的正交性，并令 $j=i$，得

$$K_i^* = \omega_i^2 M_i^* \qquad (10\text{-}156)$$

或

$$\omega_i = \sqrt{\frac{K_i^*}{M_i^*}} \qquad (10\text{-}157)$$

这就是自振频率与广义刚度和广义质量的关系式，它与单自由度结构的频率公式具有相似的形式。

3. 振型叠加法

1）振动方程的建立

设有 n 自由度体系如图 10-80 所示，集中质量分别为 $m_1, m_2, \cdots, m_n$，各质点上作用的动荷载分别为 $F_{P1}(t), F_{P2}(t), \cdots, F_{Pn}(t)$，则根据刚度法建立的方程为

$$\begin{cases} m_1\ddot{y}_1 + k_{11}y_1 + k_{12}y_2 + \cdots + k_{1n}y_n = F_{P1}(t) \\ m_2\ddot{y}_2 + k_{21}y_1 + k_{22}y_2 + \cdots + k_{2n}y_n = F_{P2}(t) \\ \qquad\qquad\qquad\vdots \\ m_n\ddot{y}_n + k_{n1}y_1 + k_{n2}y_2 + \cdots + k_{nn}y_n = F_{Pn}(t) \end{cases} \qquad (10\text{-}158)$$

图 10-80

将其写成矩阵的形式为

$$\begin{bmatrix} m_1 & & & \\ & m_2 & & \\ & & \ddots & \\ & & & m_n \end{bmatrix}\begin{bmatrix} \ddot{y}_1 \\ \ddot{y}_2 \\ \vdots \\ \ddot{y}_n \end{bmatrix} + \begin{bmatrix} k_{11} & k_{12} & \cdots & k_{1n} \\ k_{21} & k_{22} & \cdots & k_{2n} \\ \vdots & \vdots & & \vdots \\ k_{n1} & k_{n2} & \cdots & k_{nn} \end{bmatrix}\begin{bmatrix} y_1 \\ y_2 \\ \vdots \\ y_n \end{bmatrix} = \begin{bmatrix} F_{P1}(t) \\ F_{P2}(t) \\ \vdots \\ F_{Pn}(t) \end{bmatrix} \qquad (10\text{-}159)$$

2）运动方程的求解

在任意动荷载作用下，n 自由度体系的运动方程可进一步缩写成

$$M\ddot{y}(t) + Ky(t) = F_P(t) \qquad (10\text{-}160)$$

这是一个耦联的运动方程组，需用正则坐标进行解耦。将 $y = \sum_{i=1}^{n} \eta_i Y^{(i)}$ 代入该运动方程组中得

$$\sum_{i=1}^{n} \ddot{\eta}_i(t)MY^{(i)} + \sum_{i=1}^{n} \eta_i(t)KY^{(i)} = F_P(t) \qquad (10\text{-}161)$$

将式(10-161)两边同时左乘 $\{Y\}^{(j)\mathrm{T}}$，利用振型的正交性可得

$$\begin{bmatrix} M_1 & & & \\ & M_2 & & \\ & & \ddots & \\ & & & M_n \end{bmatrix}\begin{bmatrix} \ddot{\eta}_1 \\ \ddot{\eta}_2 \\ \vdots \\ \ddot{\eta}_n \end{bmatrix} + \begin{bmatrix} K_1 & & & \\ & K_2 & & \\ & & \ddots & \\ & & & K_n \end{bmatrix}\begin{bmatrix} \eta_1 \\ \eta_2 \\ \vdots \\ \eta_n \end{bmatrix} = \begin{bmatrix} Y_1^{(1)} & Y_1^{(2)} & \cdots & Y_1^{(n)} \\ Y_2^{(1)} & Y_2^{(2)} & \cdots & Y_2^{(n)} \\ \vdots & \vdots & & \vdots \\ Y_n^{(1)} & Y_n^{(2)} & \cdots & Y_n^{(n)} \end{bmatrix}^{\mathrm{T}}\begin{bmatrix} F_{P1}(t) \\ F_{P2}(t) \\ \vdots \\ F_{Pn}(t) \end{bmatrix}$$

$$(10\text{-}162)$$

经过正则变换后，其中第 i 个方程为

$$M_i^* \ddot{\eta}_i(t) + K_i^* \eta_i(t) = Y^{(i)\mathrm{T}} F_P(t) \qquad (10\text{-}163)$$

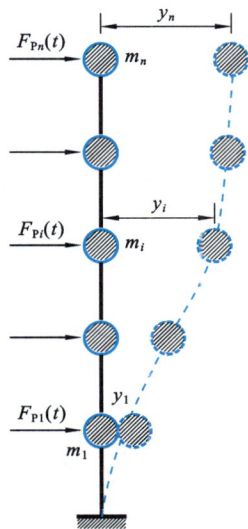

将其进一步简化为

$$\ddot{\eta}_i(t) + \frac{K_i^*}{M_i^*}\eta_i(t) = \frac{1}{M_i^*}F_{\mathrm{P}i}^*(t) \tag{10-164}$$

式中：M_i^*、K_i^*、$F_{\mathrm{P}i}^*(t)$ 分别为第 i 阶振型的广义质量、广义刚度和广义荷载，$F_{\mathrm{P}i}^*(t) = \boldsymbol{Y}^{(i)\mathrm{T}}\boldsymbol{F}_{\mathrm{P}i}(t)$。这样 n 自由度体系的运动方程就简化为关于正则坐标的 n 个独立的运动方程，其求解方法与单自由度问题完全一致。其解答可由杜哈梅积分给出，则广义坐标为

$$\eta_i(t) = \int_0^t \frac{F_{\mathrm{P}i}^*(\tau)}{M_i^*\omega_i}\sin\omega_i(t-\tau)\mathrm{d}\tau \quad (i = 1,2,\cdots,n) \tag{10-165}$$

再代回到 $\boldsymbol{y} = \displaystyle\sum_{i=1}^n \eta_i\boldsymbol{Y}^{(i)}$，即可得到多自由度问题的解答。

综上所述，多自由度体系在任意动荷载作用下的响应应由振型叠加法按以下步骤进行：

(1) 求体系的各阶自振频率 ω_i 和对应的振型 $\boldsymbol{Y}^{(i)}$；

(2) 计算各振型对应的广义质量 M_i^* 和广义荷载 $F_{\mathrm{P}i}^*(\tau)$；

(3) 由杜哈梅积分求广义坐标 $\eta_i(t)$；

(4) 将振型叠加，计算位移响应向量 $\boldsymbol{y} = \displaystyle\sum_{i=1}^n \eta_i\boldsymbol{Y}^{(i)}$；

(5) 求惯性力，将惯性力和干扰力共同作用于结构上；

(6) 求结构的动内力或总内力。

【例 10-23】 在图 10-81 所示结构的质点 1 上作用有简谐荷载 $F_{\mathrm{P}}(t) = F_{\mathrm{P}}\sin\theta t$，$\theta = 0.6\omega_1$，用振型叠加法求结构的最大动弯矩图。

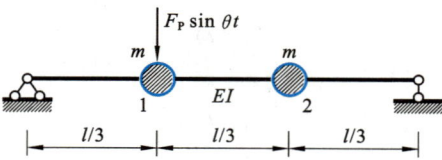

图 10-81

解 (1) 求自振频率 ω_i 和对应的振型 $\boldsymbol{Y}^{(i)}$。

由例 10-15 可知，结构自振频率为 $\omega_1 = 5.69\sqrt{\dfrac{EI}{ml^3}}$，$\omega_2 = 22\sqrt{\dfrac{EI}{ml^3}}$，则外荷载频率为

$$\theta = 0.6\omega_1 = 3.414\sqrt{\frac{EI}{ml^3}}$$

对应的主振型为

$$\boldsymbol{Y}^{(1)} = \begin{bmatrix} 1 \\ 1 \end{bmatrix}, \quad \boldsymbol{Y}^{(2)} = \begin{bmatrix} 1 \\ -1 \end{bmatrix}$$

(2) 求广义质量 M_i^* 和广义荷载 $\boldsymbol{F}_{\mathrm{P}i}^*(\tau)$。

两质点的广义质量分别为

$$M_1^* = \boldsymbol{Y}^{(1)\mathrm{T}}\boldsymbol{M}\boldsymbol{Y}^{(1)} = \begin{bmatrix} 1 & 1 \end{bmatrix}\begin{bmatrix} m & 0 \\ 0 & m \end{bmatrix}\begin{bmatrix} 1 \\ 1 \end{bmatrix} = 2m$$

$$M_2^* = \boldsymbol{Y}^{(2)\mathrm{T}}\boldsymbol{M}\boldsymbol{Y}^{(2)} = \begin{bmatrix} 1 & -1 \end{bmatrix}\begin{bmatrix} m & 0 \\ 0 & m \end{bmatrix}\begin{bmatrix} 1 \\ -1 \end{bmatrix} = 2m$$

两质点上的广义荷载分别为

$$F_{\mathrm{P}1}^* = \boldsymbol{Y}^{(1)\mathrm{T}}\boldsymbol{F}_{\mathrm{P}} = \begin{bmatrix} 1 & 1 \end{bmatrix}\begin{bmatrix} F_{\mathrm{P}} \\ 0 \end{bmatrix} = F_{\mathrm{P}}$$

$$F_{F2}^* = \boldsymbol{Y}^{(2)\mathrm{T}} \boldsymbol{F}_\mathrm{P} = \begin{bmatrix} 1 & -1 \end{bmatrix} \begin{bmatrix} F_\mathrm{P} \\ 0 \end{bmatrix} = F_\mathrm{P}$$

（3）求广义坐标 $\eta_i(t)$。

$$\eta_1(t) = \frac{F_\mathrm{P}\sin\theta t}{2m\left(5.69^2\,\dfrac{EI}{ml^3} - 3.414^2\,\dfrac{EI}{ml^3}\right)} = 2.41\times10^{-2}\,\frac{F_\mathrm{P}l^3}{EI}\sin\theta t$$

$$\eta_2(t) = \frac{F_\mathrm{P}\sin\theta t}{2m\left(22^2\,\dfrac{EI}{ml^3} - 3.414^2\,\dfrac{EI}{ml^3}\right)} = 1.06\times10^{-3}\,\frac{F_\mathrm{P}L^3}{EI}\sin\theta t$$

（4）求质点的位移响应 $\boldsymbol{y} = \displaystyle\sum_{i=1}^n \eta_i \boldsymbol{Y}^{(i)}$。

$$y_1(t) = 1\times2.41\times10^{-2}\,\frac{F_\mathrm{P}l^3}{EI}\sin\theta t + 1\times1.06\times10^{-3}\,\frac{F_\mathrm{P}l^3}{EI}\sin\theta t = 2.516\times10^{-2}\,\frac{F_\mathrm{P}l^3}{EI}\sin\theta t$$

$$y_2(t) = 1\times2.41\times10^{-2}\,\frac{F_\mathrm{P}l^3}{EI}\sin\theta t - 1\times1.06\times10^{-3}\,\frac{F_\mathrm{P}l^3}{EI}\sin\theta t = 2.304\times10^{-2}\,\frac{F_\mathrm{P}l^3}{EI}\sin\theta t$$

（5）求质点动位移和惯性力的最大值。

$$y_{1\max} = 2.516\times10^{-2}\,\frac{F_\mathrm{P}l^3}{EI}, \qquad y_{2\max} = 2.304\times10^{-2}\,\frac{F_\mathrm{P}l^3}{EI}$$

对应的惯性力最大值为

$$I_{1\max} = m\times2.516\times10^{-2}\,\frac{F_\mathrm{P}l^3}{EI}\times3.414^2\,\frac{EI}{ml^3} = 0.293F_\mathrm{P}$$

$$I_{2\max} = m\times2.304\times10^{-2}\,\frac{F_\mathrm{P}l^3}{EI}\times3.414^2\,\frac{EI}{ml^3} = 0.269F_\mathrm{P}$$

（6）求梁的最大动弯矩。

把最大简谐力幅值、惯性力直接作用于梁上，按静力求解，如图 10-82 所示。

（7）比较第一阶振型与第二阶振型对质点位移的影响。

$$y_1(t) = 2.516\times10^{-2}\,\frac{F_\mathrm{P}l^3}{EI}\sin\theta t$$

$$y_2(t) = 2.304\times10^{-2}\,\frac{F_\mathrm{P}l^3}{EI}\sin\theta t$$

则第二阶振型中动位移占总位移的比例如下：

质点 1 为

$$\frac{1.06\times10^{-3}}{2.516\times10^{-2}} = 4.2\%$$

质点 2 为

$$\frac{1.06\times10^{-3}}{2.304\times10^{-2}} = 4.6\%$$

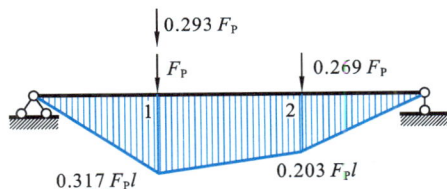

图 10-82

这表明第二阶振型对整个体系中动位移的贡献较小。当仅考虑第一阶振型时，对体系动位移的精度影响较小。因此，实际工程中，在多自由度体系的动力分析中，动位移一般主要由前几阶较低频率的振型组成，高阶振型的影响较小。但具体取几阶振型进行计算，需要视具体问题的精度要求而定。

此题计算的是动弯矩，若要求结构的总弯矩，还需加上由质点重力引起的静弯矩。

10.9　自振频率的近似算法

由以上讨论可知,随着结构自由度的增多,计算自振频率的工作量也随之增大。但是,在许多工程实际问题中,较为重要的通常只是结构的前几阶较低的自振频率。因此,常采用近似法求体系的频率和振型。近似法有多种,本节只介绍瑞利法和集中质量法。

1. 瑞利法

该法是建立在能量守恒定律的基础上的。如果略去阻尼的影响,根据能量守恒定律,在振动的过程中,体系在任何时刻的应变能 U 与动能 T 之和都应当保持为一常数 C,即

$$U+T=C \tag{10-166}$$

当体系处于最大振幅位置时,其动能等于零,而应变能具有最大值 U_{max};当体系处于静力平衡位置时,其动能具有最大值 T_{max},而应变能则为零,即

$$U_{max}+0=0+T_{max}=C \tag{10-167}$$

化简为

$$U_{max}=T_{max} \tag{10-168}$$

现以梁的自由振动为例,其位移为

$$y(x,t)=Y(x)\sin(\omega t+\alpha)$$

式中:$Y(x)$ 为梁上任意一点的位移振幅。实际上,它是一个位移曲线函数。体系的应变能为

$$U=\frac{1}{2}\int_0^l \frac{M^2}{EI}\mathrm{d}x=\frac{1}{2}\int_0^l EI[y''(x,t)]^2\mathrm{d}x=\frac{1}{2}\sin^2(\omega t+\alpha)\int_0^l EI[Y''(x)]^2\mathrm{d}x$$

当 $\sin^2(\omega t+\alpha)=1$ 时,应变能最大,即

$$U_{max}=\int_0^l EI[Y''(x)]^2\mathrm{d}x \tag{10-169}$$

梁上质点的速度为

$$\dot{y}(x,t)=Y(x)\omega\cos(\omega t+\alpha)$$

体系的动能为

$$T=\frac{1}{2}\int_0^l \overline{m}(x)[\dot{y}(x,t)]^2\mathrm{d}x=\frac{1}{2}\omega^2\cos^2(\omega t+\alpha)\int_0^l \overline{m}Y^2(x)\mathrm{d}x$$

当 $\cos^2(\omega t+\alpha)=1$ 时,动能最大,即

$$T_{max}=\frac{1}{2}\omega^2\int_0^l \overline{m}(x)Y^2(x)\mathrm{d}x \tag{10-170}$$

式中:$\overline{m}$ 为分布质量。

根据 $U_{max}=T_{max}$ 可知

$$\omega^2=\frac{\int_0^l EI[Y''(x)]^2\mathrm{d}x}{\int_0^l \overline{m}(x)Y^2(x)\mathrm{d}x} \tag{10-171}$$

该式为用瑞利法求自振频率的计算公式。

如果梁上有集中质量,则该式应改成

$$\omega^2=\frac{\int_0^l EI[Y''(x)]^2\mathrm{d}x}{\int_0^l \overline{m}(x)Y^2(x)\mathrm{d}x+\sum_{i=1}^n m_iY^2(x_i)} \tag{10-172}$$

这表明,只要位移曲线函数 $Y(x)$ 正好是体系的振型函数,就可求得频率的精确值。由于事先不知道振型函数,为了计算振型频率,可假定一个接近振型函数的位移函数 $Y(x)$ 来代替,

这样求得的自振频率是近似的。

在选择位移曲线时,可采用静荷载作用下的位移曲线 $Y(x)$ 作为结构变形曲线,此时,应变能 $U_{\max}$ 可用外力实功来代替,即

$$U_{\max} = \frac{1}{2}\int_0^l qY(x)\mathrm{d}x + \frac{1}{2}\sum_{i=1}^n F_\mathrm{P}Y(x_i) \tag{10-173}$$

式中:q 和 F_P 分别为作用在体系上的均布荷载和集中力。

于是,自振频率计算公式可变为

$$\omega^2 = \frac{\displaystyle\int_0^l qY(x)\mathrm{d}x + \sum_{i=1}^n F_\mathrm{P}Y(x_i)}{\displaystyle\int_0^l \overline{m}(t)Y^2(x)\mathrm{d}x + \sum_{i=1}^n m_iY^2(x_i)} \tag{10-174}$$

如果 q 和 F_P 为体系的自重,则式(10-174)可变为

$$\omega^2 = \frac{\displaystyle\int_0^l \overline{m}gY(x)\mathrm{d}x + \sum_{i=1}^n m_igY(x_i)}{\displaystyle\int_0^l \overline{m}(t)Y^2(x)\mathrm{d}x + \sum_{i=1}^n m_iY^2(x_i)} \tag{10-175}$$

从理论上可以证明,用瑞利法求得的频率要比精确值大,这是因为:用假设的振型曲线去代替真实的振型曲线时,由于两者有些差别,相当于在体系上增加了一些约束,因此体系的刚度增大,从而导致用瑞利法算出的频率值高于精确值。

【例 10-24】　求图 10-83 所示等截面简支梁的第一阶自振频率。

解　方法一:假定振型位移曲线为抛物线 $Y(x)$ $= \dfrac{4a}{l^2}x(l-x)$,则

$$Y''(x) = -\frac{8a}{l^2}$$

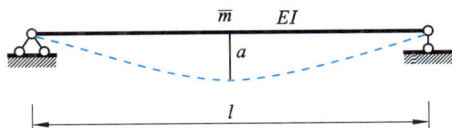

图 10-83

式中:a 为梁跨中的挠度。

将该假定位移曲线代入频率近似计算公式 $\omega^2 = \dfrac{\displaystyle\int_0^l EI[Y''(x)]^2\mathrm{d}x}{\displaystyle\int_0^l \overline{m}(x)Y^2(x)\mathrm{d}x}$,计算得

$$\omega^2 = \frac{\displaystyle\int_0^l EI\left(\frac{-8a^2}{l^2}\right)\mathrm{d}x}{\displaystyle\int_0^l \overline{m}(x)\left[\frac{4a}{l^2}x(l-x)\right]^2\mathrm{d}x} = \frac{120EI}{\overline{m}l^4}$$

该结构第一阶自振频率为

$$\omega = \frac{10.9545}{l^2}\sqrt{\frac{EI}{\overline{m}}}$$

方法二:假定振型位移曲线为均布荷载 q 作用下的挠曲线 $Y(x) = \dfrac{q}{24EI}(l^3x - 2lx^3 + x^4)$,

则 $Y''(x) = \dfrac{q}{2EI}(x^2 - lx)$,代入 $\omega^2 = \dfrac{\displaystyle\int_0^l EI[Y''(x)]^2\mathrm{d}x}{\displaystyle\int_0^l \overline{m}(x)Y^2(x)\mathrm{d}x}$,计算得结构第一阶自振频率

$$\omega = \frac{9.8767}{l^2}\sqrt{\frac{EI}{\overline{m}}}$$

方法三：设振型位移曲线为 $Y(x) = a\sin\dfrac{\pi x}{l}$，则

$$Y''(x) = -a\left(\frac{\pi}{l}\right)^2 \sin\frac{\pi x}{l}$$

同样代入公式，计算得该结构第一阶自振频率

$$\omega = \frac{9.8696}{l^2}\sqrt{\frac{EI}{\overline{m}}} \quad \text{（精确解）}$$

可以证明，在例 10-24 中，等截面简支梁的第一阶主振型位移曲线就是正弦曲线，因此用方法三计算得到的自振频率即为精确解。在方法二中，取等截面梁自重 $q = \overline{m}g$ 造成的挠曲线计算得到的自振频率达到了很高的精度，从而有力地说明取结构自重下的挠曲线确实是一个可取的实用方案。但必须注意，用方法一所得结果的误差比较大。这是因为抛物线虽然满足梁端支承的几何边界条件，但却会出现全梁截面弯矩等于不变常量的不合理现象，不符合简支端弯矩等于零的力边界条件，这就决定了计算所得的频率不可能有较好的精度。另外，通过三种方法的对比计算可知，用近似方法得到的自振频率总是高于精确解，即精确解为所有近似解的下限。

【例 10-25】 求图 10-84(a)所示三层刚架的第一阶自振频率。

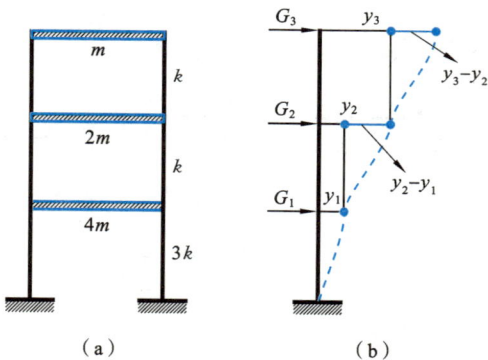

（a）

图 10-84

（b）

解 以刚架各层的自重 $G_i = m_i g$ 作为水平力作用在各楼层，如图 10-84(b)所示。将水平力的作用下刚架各楼层产生的水平位移 y_i 作为假设的振型。各楼层的相对水平位移为

$$y_i - y_{i-1} = \frac{\sum\limits_i G_i}{D_i}$$

式中：$\sum\limits_i G_i$ 为第 i 楼层的剪力；D_i 为第 i 楼层的总抗剪刚度。求得各楼层的位移 y_i 后，代入频率计算公式，得

$$\omega = \sqrt{\frac{\sum\limits_{i=1}^{n} m_i g y_i}{\sum\limits_{i=1}^{n} m_i y_i^2}} = \sqrt{\frac{g\sum\limits_{i=1}^{n} G_i y_i}{\sum\limits_{i=1}^{n} G_i y_i^2}}$$

为了计算方便，将各式计算结果列入表 10-2。

表 10-2

楼层	$G_i = m_i g$	$\sum\limits_i G_i$	$y_i - y_{i-1}$	y_i	$G_i y_i$	$G_i y_i^2$
1	$4mg$	$7mg$	$\dfrac{7mg}{3k}$	$\dfrac{7mg}{3k}$	$\dfrac{28(mg)^2}{3k}$	$\dfrac{196(mg)^3}{9k^2}$
2	$2mg$	$3mg$	$\dfrac{3mg}{k}$	$\dfrac{16mg}{3k}$	$\dfrac{32(mg)^2}{3k}$	$\dfrac{512(mg)^3}{9k^2}$
3	mg	mg	$\dfrac{mg}{k}$	$\dfrac{19mg}{3k}$	$\dfrac{19(mg)^2}{3k}$	$\dfrac{361(mg)^3}{9k^2}$

将最后两列分别累加得

$$\sum_i G_i y_i = \frac{79(mg)^2}{3k}, \qquad \sum_i G_i y_i^2 = \frac{1069(mg)^3}{9k^2}$$

则体系的第一阶自振频率为

$$\omega = \sqrt{\frac{g \sum_{i=1}^{n} G_i y_i}{\sum_{i=1}^{n} G_i y_i^2}} = \sqrt{\frac{g \dfrac{79(mg)^2}{3k}}{\dfrac{1069(mg)^3}{9k^2}}} = 0.4709 \sqrt{\frac{k}{m}}$$

此值比精确解 $\left(\omega = 0.4576\sqrt{\dfrac{k}{m}}\right)$ 大 2.91%。

2. 集中质量法

其具体做法是将杆分为若干段,将每段质量集中于其质心或集中于两端。等效原则是将集中后的重力与原重力进行静力等效,使两者的合力相等。

【**例 10-26**】 求图 10-85 所示等截面简支梁的自振频率。

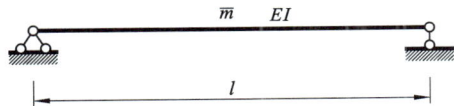

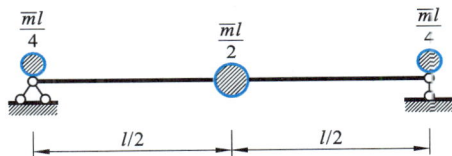

图 10-85　　　　　　　　　　　　　图 10-86

解　分别按如下方式进行集中,按前述的方法(柔度法)进行求解。

(1) 将整段梁平分成两段进行集中,如图 10-86 所示。

$$\omega_1 = \frac{9.80}{l^2}\sqrt{\frac{EI}{\overline{m}}}$$

(2) 将整段梁平分成三段进行集中,如图 10-87 所示。

$$\begin{cases} \omega_1 = \dfrac{9.86}{l^2}\sqrt{\dfrac{EI}{\overline{m}}} \\[3mm] \omega_2 = \dfrac{38.2}{l^2}\sqrt{\dfrac{EI}{\overline{m}}} \end{cases}$$

(3) 将整段梁平分成四段进行集中,如图 10-88 所示。

$$\begin{cases} \omega_1 = \dfrac{9.865}{l^2}\sqrt{\dfrac{EI}{\overline{m}}} \\[3mm] \omega_2 = \dfrac{39.2}{l^2}\sqrt{\dfrac{EI}{\overline{m}}} \\[3mm] \omega_3 = \dfrac{84.6}{l^2}\sqrt{\dfrac{EI}{\overline{m}}} \end{cases}$$

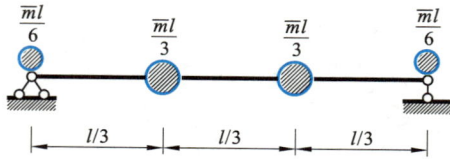

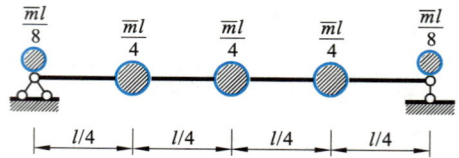

图 10-87　　　　　　　　　　图 10-88

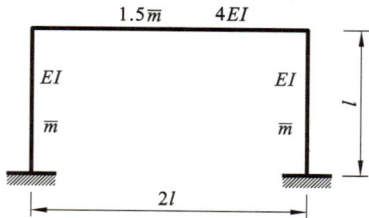

图 10-89

【例 10-27】　求图 10-89 所示等截面简支梁的自振频率。

解　分别按反对称和正对称方式进行集中。

（1）按反对称方式进行质量集中，计算简图如图 10-90（a）所示。

根据对称性，取半结构如图 10-90（b）所示。

该体系为单自由度体系，按柔度法求出柔度系数 δ_{11}，即可求得自振频率。

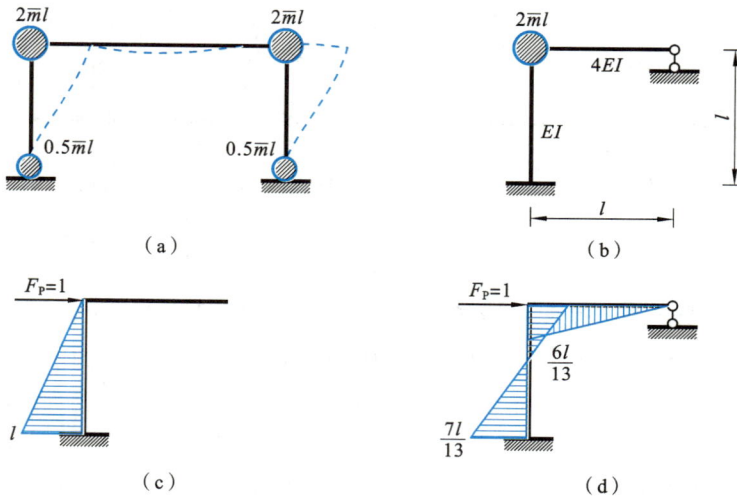

图 10-90

由图乘法可知，将 $\overline{M}_1$ 图（见图 10-90（c））与 $\overline{M}_1^0$ 图（见图 10-90（d））进行图乘，得柔度系数为

$$\delta_{11} = \frac{4l^3}{39EI}$$

根据频率计算公式得

$$\omega_1 = \sqrt{\frac{1}{m\delta_{11}}} = \sqrt{\frac{1}{2\overline{m}l\delta_{11}}} = \frac{2.21}{l^2}\sqrt{\frac{EI}{\overline{m}}}$$

（2）按正对称方式进行质量集中，计算简图如图 10-91（a）所示。

根据对称性，取半结构如图 10-91（b）所示。该体系有 2 个自由度。

由图乘法可知，将 $\overline{M}_1$ 图（见图 10-91（c））、$\overline{M}_1^0$ 图（见图 10-91（d））、$\overline{M}_2$ 图（见图 10-91（e））、$\overline{M}_2^0$ 图（见图 10-91（f））进行图乘，得柔度系数为

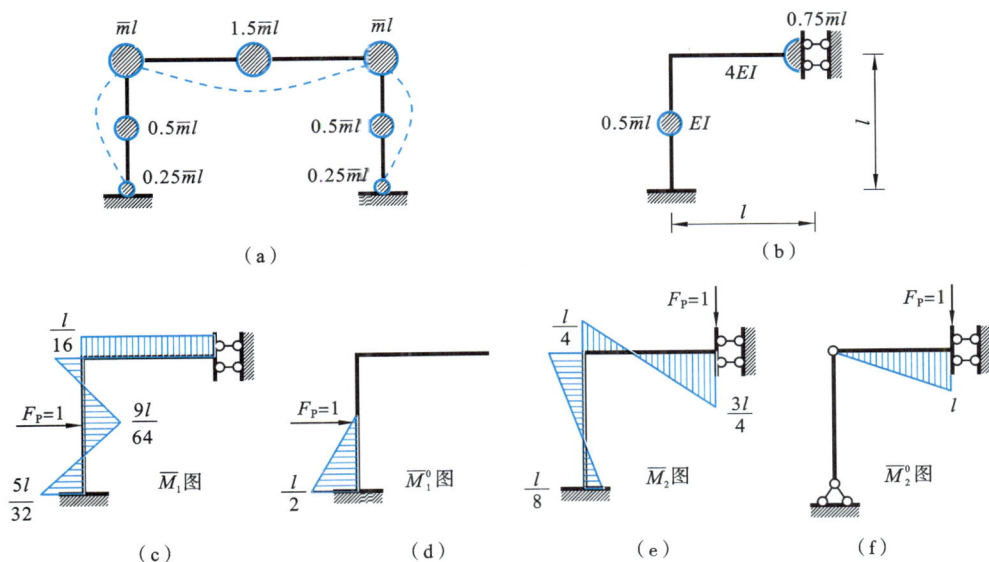

图 10-91

$$\delta_{11}=\frac{11l^3}{24\times64EI}, \quad \delta_{22}=\frac{80l^3}{24\times64EI}, \quad \delta_{12}=\delta_{21}=-\frac{12l^3}{24\times64EI}$$

将其代入两自由度体系频率计算公式,得

$$\lambda_{1,2}=\frac{1}{2}\times\frac{\overline{m}l^4}{4\times24\times64EI}\left[(2\times11+3\times80)\pm\sqrt{(2\times11+3\times80)^2-4\times(11\times80-12^2)\times6}\right]$$

$$\lambda_1=0.03970\,\frac{\overline{m}l^4}{EI}, \quad \lambda_2=0.00295\,\frac{\overline{m}l^4}{EI}$$

第二频率为

$$\omega_2=\frac{1}{\sqrt{\lambda_1}}=\frac{5.02}{l^2}\sqrt{\frac{EI}{\overline{m}}}$$

第三频率为

$$\omega_3=\frac{1}{\sqrt{\lambda_2}}=\frac{18.41}{l^2}\sqrt{\frac{EI}{\overline{m}}}$$

综上,该体系的前三阶自振频率分别为

$$\omega_1=\frac{2.21}{l^2}\sqrt{\frac{EI}{\overline{m}}}, \quad \omega_2=\frac{5.02}{l^2}\sqrt{\frac{EI}{\overline{m}}}, \quad \omega_3=\frac{18.41}{l^2}\sqrt{\frac{EI}{\overline{m}}}$$

这表明,第一阶振型(基本振型)以反对称振型出现,然后再出现正对称振型。

思政元素

思 考 题

10-1 结构动力计算与静力计算的主要区别是什么?

10-2 动力自由度与自由度(见第 2 章)的概念有何异同?

10-3 采用集中质量法、广义坐标法和有限元法都可使无限自由度体系简化为有限自由度体系,它们所采用的手段有何不同?

10-4 为什么说自振周期是结构的固有性质?它与结构的哪些固有量有关?

10-5 为了计算自由振动时质点在任意时刻的位移,除了要知道质点的初始位移和初始速度外,还需要知道什么?

10-6 什么是动力系数?动力系数的大小与哪些因素有关?在单自由度体系中,位移的动力系数与内力的动力系数是否一样?

10-7 在杜哈梅积分中时间变量 t 与 τ 有什么区别?怎样应用杜哈梅积分求解任意动荷载作用下的动力位移计算问题?

10-8 在振动过程中产生阻尼的原因有哪些?怎样测量体系振动过程中的阻尼比?如果阻尼数值变大,振动的周期将如何变化?

10-9 用刚度法与柔度法所建立的自由振动微分方程是相通的吗?对比用刚度法和柔度法求频率的原理和计算步骤,说一说两种方法有何不同。

10-10 双自由度体系各质点的位移动力系数是否都是一样的?它们与内力动力系数是否相同?双自由度体系与单自由度体系各质点的位移动力系数有什么不同?

10-11 求自振频率和主振型能否利用结构的对称性来简化计算?

10-12 多自由度体系动荷载作用点不在体系集中质量上时,动力计算应如何进行?

10-13 主振型叠加法用到了叠加原理。进行结构动力计算时,在什么情况下能用这个方法,在什么情况下不能用?

10-14 在何种特定荷载作用下,多自由度体系只按某个主振型做单一振动?

10-15 应用能量法求频率时,所设的位移函数应满足什么条件?

10-16 由能量法求得的频率近似值是否总是真实频率的一个上限?

习 题

10-1 试确定图示各体系的动力自由度,忽略弹性杆件自身的质量和轴向变形。

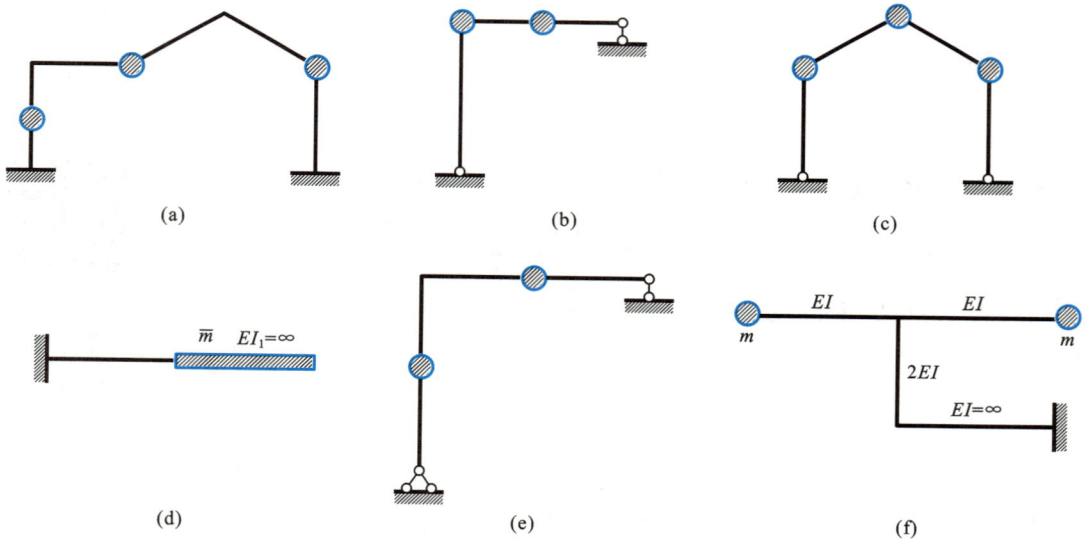

题 10-1 图

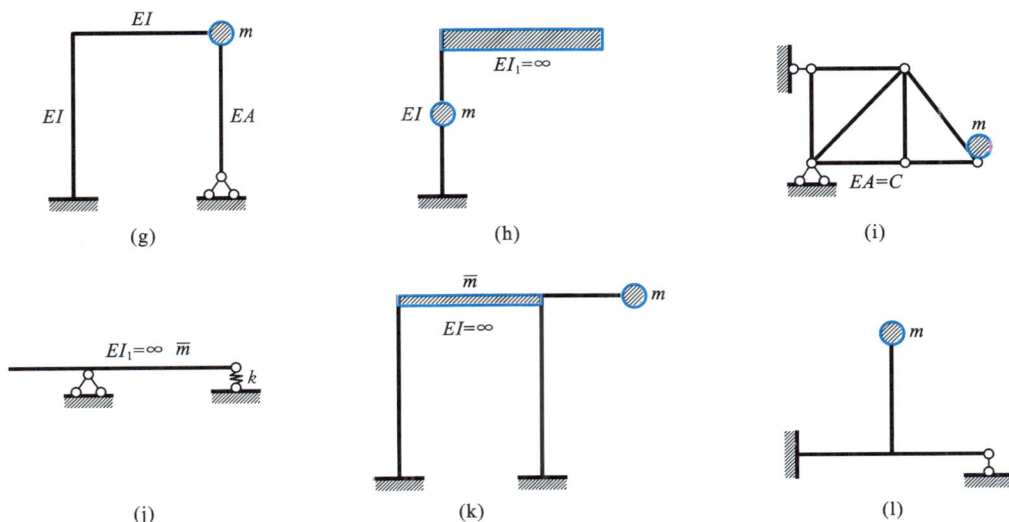

(g)　　　　　　　　　　　　(h)　　　　　　　　　　　　(i)

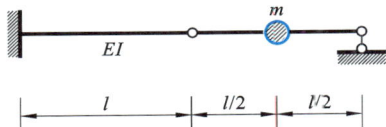

(j)　　　　　　　　　　　　(k)　　　　　　　　　　　　(l)

续题 10-1 图

10-2　试求图示体系的自振频率和周期。

10-3　试求图示体系的自振频率。

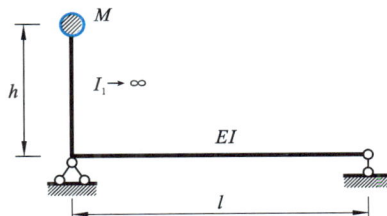

题 10-2 图　　　　　　　　　　　　　　题 10-3 图

10-4　试求图示排架的水平自振周期。柱的重量已简化到顶部，与屋盖重合在一起。

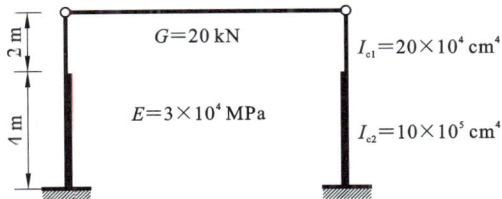

题 10-4 图

10-5　试比较图示结构固有频率的大小，并说明理由。

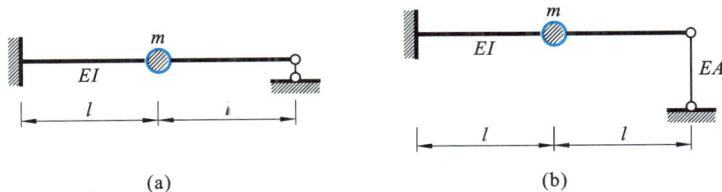

(a)　　　　　　　　　　　　　　　　(b)

题 10-5 图

10-6　试分别采用刚度法和柔度法求图示结构的自振频率。

10-7　试求图示结构的自振频率 ω。

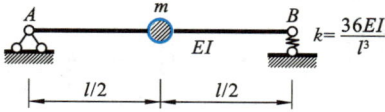

题 10-6 图

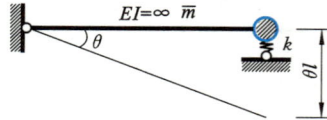

题 10-7 图

10-8　试建立图示体系的运动方程,并求出自振周期和自振频率。

10-9　图示刚性外伸梁,C 处为弹性支座,刚度系数为 k,梁端 A、D 处分别有集中质量 m 和 $m/3$,同时梁受集中荷载 $F_P(t)$ 的作用,试建立刚性梁的运动方程。

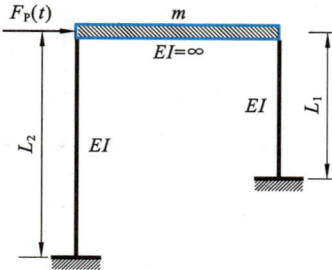

题 10-8 图

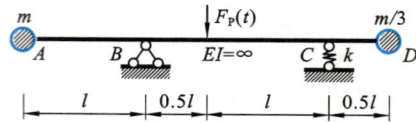

题 10-9 图

10-10　试按刚度法列出图示刚架在给定荷载作用下的动力平衡方程。

10-11　图示刚性外伸梁,C 处为弹性支座,其刚度系数为 k,端点 A、D 处分别有集中质量 m 和 $m/3$,端点 D 处装有阻尼器,同时梁 BD 段受均布动荷载 $q(t)$ 作用,试建立刚性梁的运动方程。

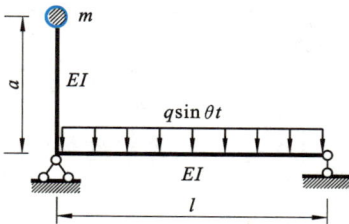

题 10-10 图

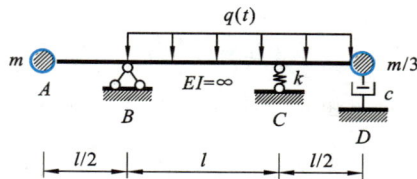

题 10-11 图

10-12　求图示刚架的阻尼系数,并将有阻尼自振频率和无阻尼自振频率做比较。柱的抗弯刚度 $EI=4.5\times10^4$ N·m²,不计柱的质量,横梁 $EI_1=\infty$,质量 $m_1=m_2=5000$ kg,初始时横梁产生 25 mm 侧移,突然放开,使其自由振动,经过 8 个周期,测得侧移为 9.12 mm。

10-13　图示简支梁跨中有质量 m,支座 A 受动力矩 $M\sin\theta t$ 作用,不计梁的质量。求质点的动位移和支座 A 处的动转角。

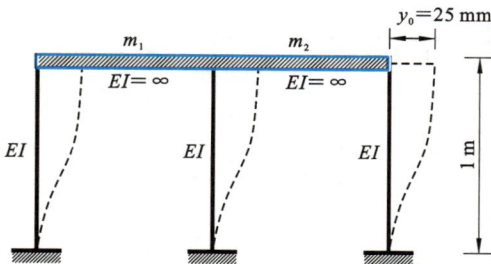

题 10-12 图

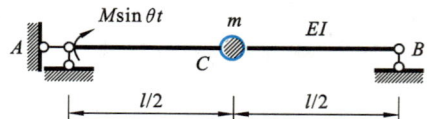

题 10-13 图

10-14　试判断图示结构的动内力放大系数与动位移放大系数是否相等,并说明理由。

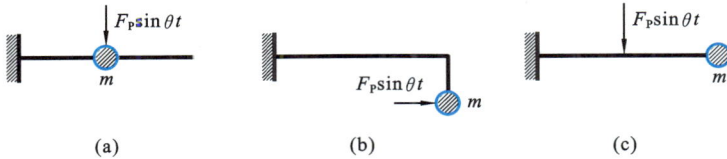

题 10-14 图

10-15　如图所示跨中带有一集中质量的无重简支梁,动力荷载 $F_P(t)=F_P\sin\theta t$ 作用在距离左端 $l/4$ 处,若 $\theta=0.8\sqrt{\dfrac{48EI}{ml^3}}$,试求在荷载 $F_P(t)$ 作用下,质点 m 的最大动力位移。

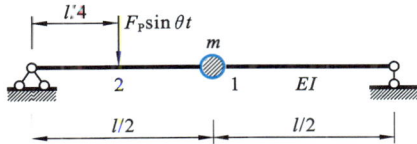

题 10-15 图

10-16　图(a)所示梁的跨中有一台电动机,实测得此梁自由振动时跨中点位移时程曲线如图(b)所示,周期 $T=0.06$ s,若忽略梁的分布质量。试求:(1) 阻尼比 ξ;(2) 共振时的动力系数 β;(3) 共振时电动机每分钟的转数 n;(4) 若电动机转数为 600 r/min,其离心力引起梁中点稳态的振幅为 2 mm,求共振时的振幅 A。

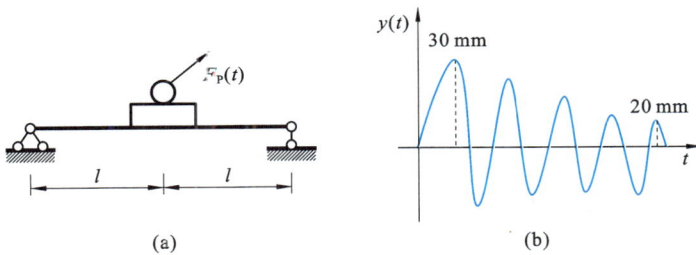

题 10-16 图

10-17　试按刚度法列出图示刚架在给定荷载作用下的动力平衡方程。

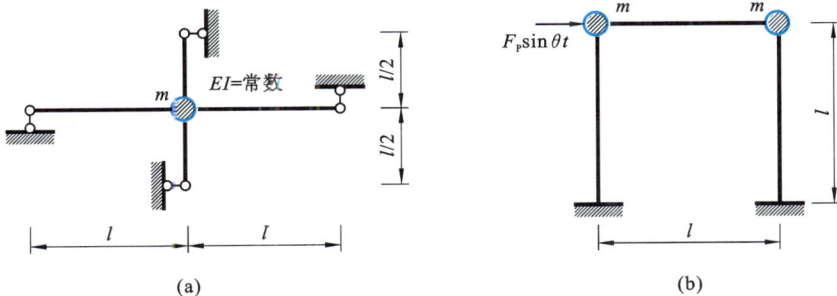

题 10-17 图

10-18 试建立图示体系的运动方程,求出自振频率和振型,并画出振型图。已知 $m_1 = m_2 = m$,$EI=$常量。

10-19 试求图示双跨梁的自振频率。已知 $l=100$ cm,$mg=1000$ N,$I=68.82$ cm^4,$E=2\times10^5$ MPa。

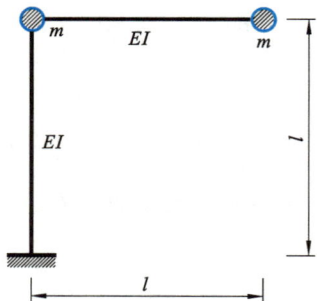

题 10-18 图

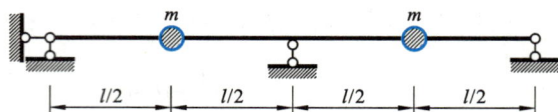

题 10-19 图

10-20 如图所示刚架,横梁刚度无穷大,柱子刚度为 EI,试用刚度法求自振频率和主振型。

10-21 如图所示的结构中,质点质量为 m,各杆长度相同,试求结构的各个频率和振型,并且画出振型图。

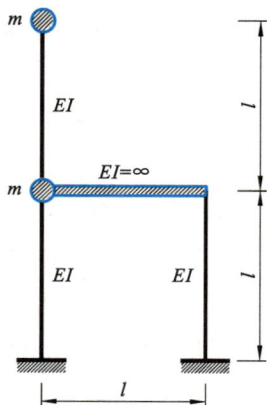

题 10-20 图

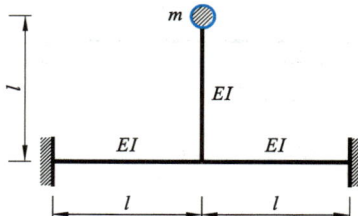

题 10-21 图

10-22 试求图示结构的自振频率和振型。已知 $k=\dfrac{EI}{l^3}$,EI 为常数。

10-23 试求图示桁架的自振频率,并验证主振型的正交性。

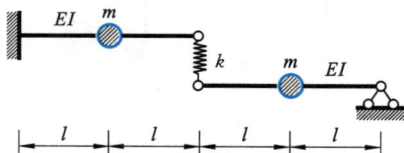

题 10-22 图

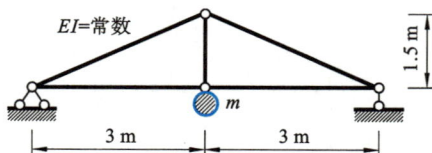

题 10-23 图

10-24　试求图示桁架的频率和振型。

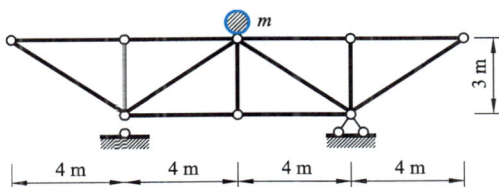

题 10-24 图

10-25　设作用在图示刚架上的简谐荷载频率 $\theta=\sqrt{\dfrac{12EI}{ml^3}}$，试求刚架质点的最大动位移，并绘制刚架的最大动弯矩图。

10-26　求图示结构 B 点的最大竖直方向位移 Δ_{By}，并绘制最大动力弯矩图。EI 为常数，不计阻尼，$\theta=\sqrt{\dfrac{EI}{ml^3}}$，弹簧的刚度 $k_N=\dfrac{EI}{l^3}$。

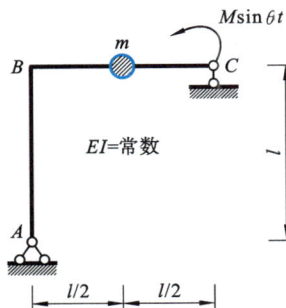

题 10-25 图

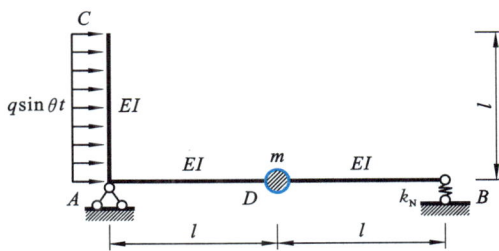

题 10-26 图

10-27　在图示三层刚架的第二层作用一水平干扰力 $F_P(t)=20\ \text{kN} \cdot \sin\theta t$，刚架每分钟振动 200 次，试求：(1) 自振频率和主振型。(2) 各楼层的振幅值。

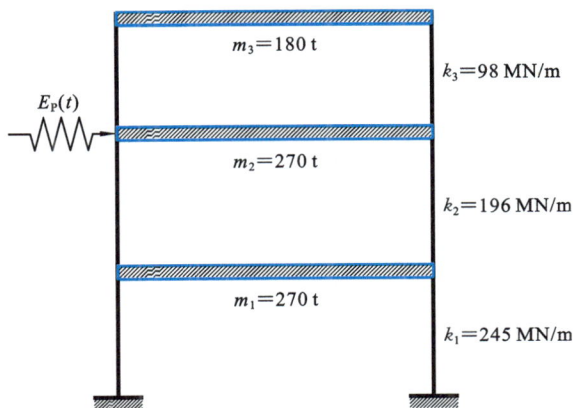

题 10-27 图

10-28　图示三层刚架 $m_1 = m_2 = 27 \times 10^4$ kg，$m_3 = 18 \times 10^4$ kg，层间侧移刚度 $k_1 = 245 \times 10^3$ kN/m，$k_2 = 196 \times 10^3$ kN/m，$k_3 = 98 \times 10^3$ kN/m，又已知前两个主振型 $\boldsymbol{Y}^{(1)} = \begin{bmatrix} \dfrac{1}{3} & \dfrac{2}{3} & 1 \end{bmatrix}^{\mathrm{T}}$，$\boldsymbol{Y}^{(2)} = \begin{bmatrix} -\dfrac{2}{3} & -\dfrac{2}{3} & 1 \end{bmatrix}^{\mathrm{T}}$，试利用主振型正交性求结构自振频率。

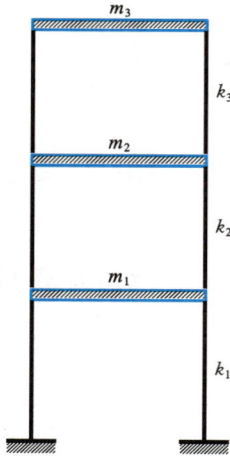

题 10-28 图

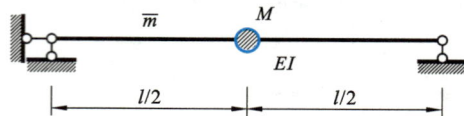

题 10-30 图

10-29　试用振型叠加法重做题 10-27。

10-30　试用能量法求图示梁的第一频率。

10-31　设刚架的几何尺寸和重量如图所示，重量都集中在楼层处。$E = 2.9 \times 10^3$ MPa。试用能量法求基本周期。

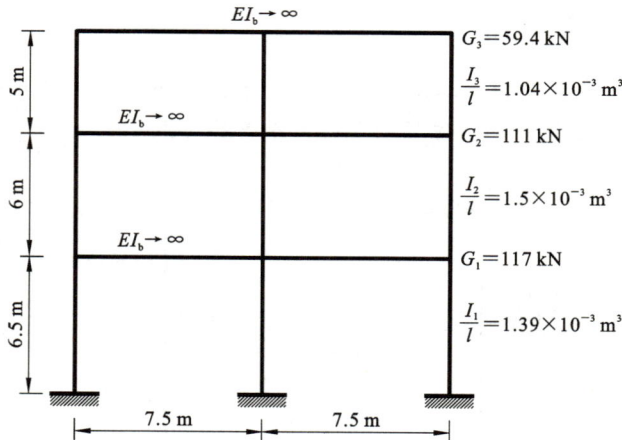

题 10-31 图

10-32　试用集中质量法求图示三铰刚架的第一频率。各杆的 EI、$\overline{m}$ 相同。(提示:第一频率对应反对称振动形式)

10-33　试求图示梁的前两个自振频率和主振型。

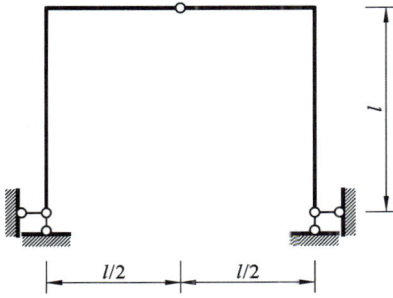

题 10-32 图

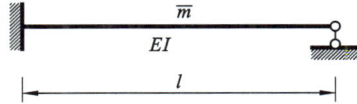

题 10-33 图

本章习题参考答案

第 11 章

结构的稳定计算

本章主要介绍利用静力法和能量法计算弹性理想杆件的临界荷载。

11.1　概述

1. 弹性稳定的基本概念

结构或构件在荷载和其他作用的影响下可处于某种平衡状态，例如：简支梁式桁架在结点荷载作用下，上弦杆处于轴向受压的平衡状态；楼盖结构中柱子处于压弯平衡状态；薄腹工字形梁在横向荷载作用下处于平面弯曲的平衡状态；等等。稳定分析是研究结构或构件的平衡状态是否稳定的问题。处于平衡位置的结构或构件，在任意微小外界扰动下，将偏离其平衡位置。如果外界扰动除去后，仍能自动回到初始平衡位置，则初始平衡状态是稳定的；如果不能回到初始平衡位置，则初始平衡状态是不稳定的。结构或构件由于平衡形式的不稳定性，从初始平衡位置转变到另一平衡位置，称为失稳，或称为屈曲。

以图 11-1(a)所示的杆件为例，顶端作用轴向压力 F_P，杆件在图示竖直位置上平衡。若由于偶然因素的干扰，压杆稍微偏离竖直位置(见图 11-1(b))，则随着压力 F_P 大小的不同，杆件可能出现如下三种情况：当 F_P 小于某一数值 F_{Pcr}(称为临界荷载)时，若干扰解除，杆件会立即恢复到原来的竖直平衡状态，这时杆件所处的状态称为稳定平衡状态；当 F_P 大于 F_{Pcr} 时，若干扰解除，杆件将不会恢复到原来的竖直平衡状态而将继续侧倾，最终导致结构的破坏，此时杆件的竖直平衡状态称为不稳定平衡状态；当 F_P 等于 F_{Pcr} 时，若干扰解除，杆件将不会恢复到原来的竖直平衡状态而在任意微小倾斜状态下保持新的平衡，这种平衡状态称为随遇平衡状态。结构稳定计算的任务就是确定结构随遇平衡状态对应的 F_{Pcr}。

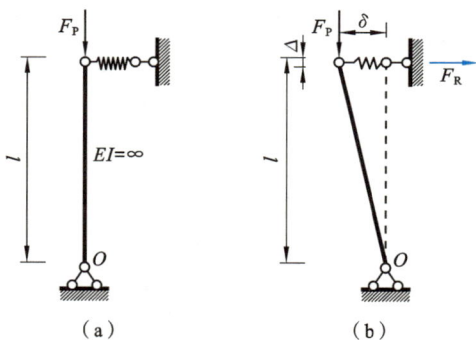

图 11-1

以上三种性质不同的平衡状态与图 11-2 所示刚性小球的三种平衡状态的特征是彼此对应的。稳定平衡状态对应刚性小球处于凹面的最低点(见图 11-2(a))，不稳定平衡状态对应刚性小球处于凸面的最高点(见图 11-2(b))，随遇平衡状态对应刚性小球处于一个水平面上(见图 11-2(c))。从图 11-2 还可以看到三种平衡状态的能量性质，处于稳定平衡状态的小球在任意扰动下其势能是增加的，处于不稳定平衡状态的小球在任意扰动下势能是减小的，而处于随遇平衡状态的小球在任意扰动下势能是不变的。

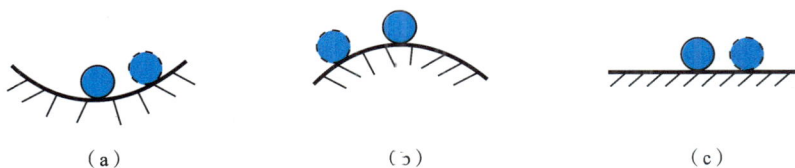

（a）　　　　　　　　　（b）　　　　　　　　　（c）　　　　　　　　讲课视频

图 11-2

2. 稳定问题的分类

根据工程结构失稳时平衡状态的变化特征,存在若干类稳定问题。在土建工程结构中,主要有以下两类稳定问题。

讲课视频

1) 质变失稳

结构失稳前的平衡状态不稳定,结构失稳时出现了新的与失稳前平衡形式有本质区别的平衡形式,这种失稳称为质变失稳。如图 11-1 所示轴心受压直杆,失稳前是轴向的力平衡,失稳后杆件发生倾斜,形成了以 O 点为中心的力矩平衡形式。

2) 量变失稳

结构失稳时,其变形将大大发展(数量上的变化),而不会出现新的变形形式,即结构的平衡形式不会发生质变。如图 11-3(a)所示偏心受压直杆,从一开始加载就处于弯曲平衡状态,按小挠度理论,其 F_P-Δ 曲线如图 11-3(b)中的曲线 OA 所示。在初始阶段挠度增加较慢,以后逐渐变快,当 F_P 接近压杆的欧拉临界值 F_{Pcr} 时,挠度趋于无限大。如果按照大挠度理论,其 F_P-Δ 曲线如图 11-3(b)中曲线 OBC 所示。B 点为极值点,在此点荷载达到极大值。在极值点以前的 OB 段,其平衡状态是稳定的;在极值点以后的 BC 段,其相应的荷载值反而下降,平衡状态是不稳定的。在极值点处,平衡状态由稳定平衡转变为不稳定平衡。这种失稳形式称为极值点失稳,也称为第二类失稳。从压弯构件的失稳过程可知,其 F_P-Δ 曲线只有极值点,没有出现由直线平衡状态向弯曲平衡状态的过渡点,构件弯曲变形的性质始终不变。

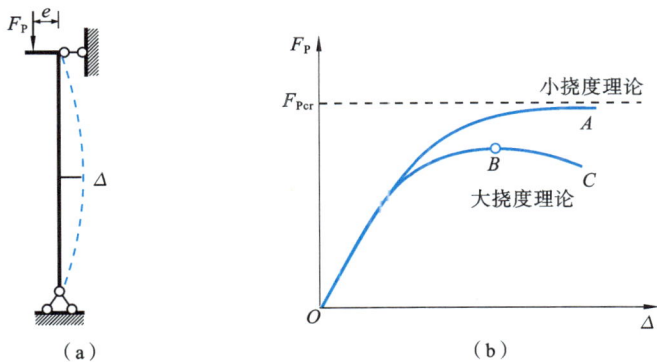

（a）　　　　　　　　　　（b）　　　　讲课视频

图 11-3

思政元素

3. 确定临界荷载的方法

结构稳定计算的任务就是确定结构随遇平衡状态对应的临界荷载 F_{Pcr}。根据结构在随遇平衡状态下的受力特征和能量变化特征,确定临界荷载的方法可分为静力法和能量法。以下就以图 11-1 所示的直杆稳定问题为例对这两种方法分别加以介绍。

1）静力法

　　静力法是直接应用平衡条件、几何条件和物理条件来求解结构的内力和位移，这种方法也称为物理-几何方法。在稳定计算中，此法是根据临界状态的静力特征而提出的。

　　图 11-1(a)所示为单自由度体系的原始平衡形式，若忽略杆件本身的变形($EI \to \infty$)，则体系只具有一个变形——弹簧支座变形，如图 11-1(b)所示。k 代表弹簧支座的刚度系数，δ 为水平位移，l 为杆件长度。

　　根据小变形理论，由图 11-1(b)可得临界状态的力矩平衡条件为

$$\sum M_O = 0, \quad F_P\delta - F_R l = 0$$

$$(F_P - kl)\delta = 0 \tag{11-1}$$

　　式(11-1)是以线位移 δ 为未知数的齐次代数方程。这类方程有两类解：零解和非零解。零解($\delta = 0$)对应原始平衡形式，非零解($\delta \neq 0$)对应新的平衡形式。为了得到非零解，式(11-1)的系数应为零，即

$$F_P - kl = 0 \tag{11-2}$$

式(11-2)称为稳定问题的特征方程。由该式可得临界荷载：

$$F_{Pcr} = kl$$

2）能量法

　　能量法的做法是把平衡条件或几何条件用相应的功能原理代替，故该法也称为功能法。在稳定计算中，能量法是根据临界状态的能量特征而提出。

　　体系的总势能 Π 是内力势能 Π_i(即构件的应变能 U)与外力势能 Π_e 的总和。图 11-1(b)所示体系的 Π_i 和 Π_e 分别为

$$\Pi_i = U = \frac{1}{2}F_R\delta = \frac{1}{2}k\delta^2, \quad \Pi_e = -F_P\Delta = -\frac{F_P}{2l}\delta^2$$

式中：

$$\Delta = l - \sqrt{l^2 - \delta^2} = l(1 - \sqrt{1 - \delta^2/l^2}) \approx l\left[1 - \left(1 - \frac{1}{2} \times \frac{\delta^2}{l^2}\right)\right] = \frac{\delta^2}{2l}$$

从而

$$\Pi = \Pi_i + \Pi_e = U - F_P\Delta = \left(\frac{kl - F_P}{2l}\right)\delta^2 \tag{11-3}$$

　　式(11-3)表明，总势能 Π 是线性位移 δ 的二次式(抛物线)，且与系数 $\frac{kl - F_P}{2l}$ 有关。现分三种情况讨论如下。

　　(1) 若 $\frac{kl - F_P}{2l} > 0$，即 $F_P < kl$，则：当 $\delta \neq 0$ 时，Π 为正值，此时称体系是正定的，如图 11-4(a)所示；当 $\delta = 0$，即体系处于原始平衡状态时，总势能达到极小值。此时若杆件偏离原始平衡位置，体系的总势能是增加的，因此体系处于稳定平衡状态。

　　(2) 若 $F_P > kl$，则：当 $\delta \neq 0$ 时，Π 为负值，如图 11-4(b)所示，称体系是负定的；当 $\delta = 0$ 时，Π 达到极大值。由此时的平衡可知：若杆件偏离原始平衡位置，体系的总势能是减小的，因此体系处于不稳定平衡状态。

　　(3) 如果 $F_P = kl$，则 δ 为任何值时，体系的总势能都不变，即 $\Pi = 0$，体系处于随遇平衡状态，如图 11-4(c)所示。这时的荷载称为临界荷载，且有 $F_{Pcr} = kl$，这与静力法的计算结果是一致的。

4. 结构稳定的自由度

　　与结构动力计算中自由度的概念类似，在稳定计算中自由度是指为确定结构失稳时所有

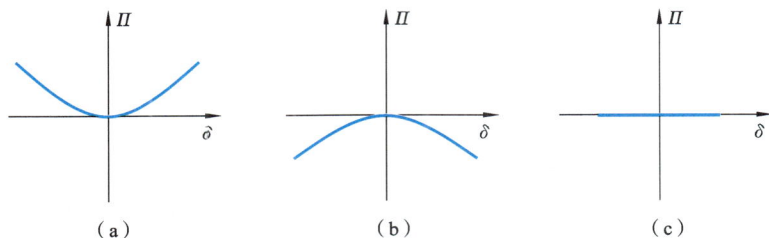

图 11-4

可能的变形状态所需的独立参数数目。如图 11-5(a)所示端部支承在抗转的弹性支座上的刚性压杆,只需弹性嵌固端的转角位移 α 即可确定其失稳时的变形状态,所以这个结构只有 1 个自由度;如图 11-5(b)所示的铰接刚性压杆结构只需要 2 个独立参数 y_1 和 y_2,因此具有 2 个自由度;如图 11-5(c)所示的弹性悬臂压杆,需要无数多个点的位移 y 才能确定失稳曲线,所以是无限自由度体系。

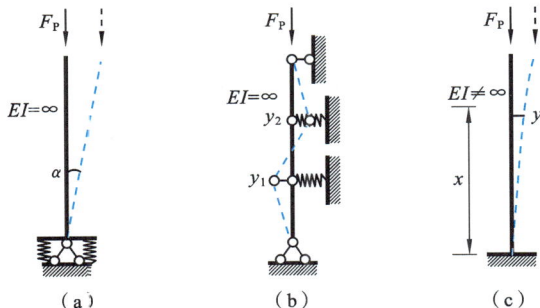

图 11-5

11.2　轴心受压杆件的稳定——静力法

在工程结构中,由于受力的复杂性,再加上构件的制作和安装误差,严格来讲并没有纯粹的轴心受压构件,但有些构件在某种假设条件下可以按轴心受压构件来考虑。

1. 有限自由度体系的稳定

所谓有限自由度体系,是指结构的变形可由有限个变形值所确定的体系,例如图 11-6(a)所示结构的变形就可以由构件顶端变形 δ 所确定,因此它是一个单自由度体系。

设体系中 C 点的水平位移为 δ(见图 11-6(b)),则弹性支座的反力为 $k\delta$。由平衡条件 $\sum M_A = 0$ 和 $\sum M_O = 0$ 可得到如下两个方程:

$$k\delta \times 2b - F_P \times 2\delta + F_R b = 0$$

$$k\delta(2b+a) - F_P \delta + F_R(a+b) = 0$$

由以上两式消除 F_R,得

$$[kab - F_P(2a+b)]\delta = 0$$

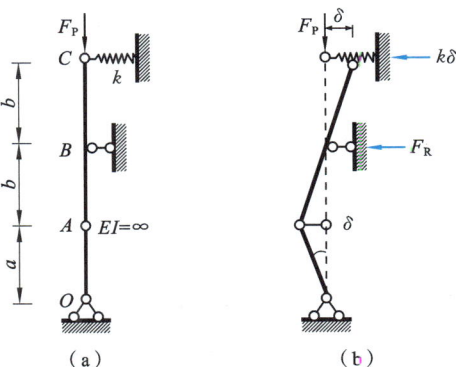

图 11-6

由于 $\delta\neq0$，故有

$$kab-F_P(2a+b)=0$$

于是得

$$F_{Pcr}=\frac{kab}{2a+b}$$

2. 刚性支承上等截面直杆的稳定计算

下面讨论图 11-7(a)所示一端固定一端铰支、截面抗弯刚度为 EI 的杆件临界荷载的计算。

当荷载 F_P 达到临界值时，平衡形式将发生质变。设该杆已处于如图 11-7(a)所示的新的曲线平衡形式。如取图示坐标系，则任一截面上的弯矩为(见图 11-7(b))

$$M=F_Py+F_R(l-x)$$

式中：F_R 为上端支座链杆的反力。

由材料力学相关知识可知，弯矩与曲率的关系为

$$\frac{EI}{\rho}=-M$$

由于是微小弯曲，可近似地取 $\frac{1}{\rho}=y''$，故有

$$EIy''+F_Py=-F_R(l-x) \tag{11-4}$$

为了简化表达，令

$$\alpha=\sqrt{\frac{F_P}{EI}} \tag{11-5}$$

则式(11-4)可写成

$$y''+\alpha^2 y=-\frac{F_R}{EI}(l-x)$$

图 11-7

它的一般解为

$$y=A\cos\alpha x+B\sin\alpha x-\frac{F_R}{F_P}(l-x) \tag{11-6}$$

式中：A 和 B 为积分常数，$\frac{F_R}{F_P}$ 也是未知的。

对于图 11-7 所示杆件，其边界条件为：当 $x=0$ 时，$y=0$ 和 $y'=0$；当 $x=l$ 时，$y=0$。

据此，可得如下的齐次方程组

$$\begin{cases} A-l\dfrac{F_R}{F_P}=0 \\ \alpha B+\dfrac{F_R}{F_P}=0 \\ A\cos\alpha l+B\sin\alpha l=0 \end{cases} \tag{11-7}$$

当 $A=B=\frac{F_R}{F_P}=0$ 时，上列方程组可以得到满足。但是由式(11-6)可知，此时各点的位移 y 都等于零，这种情形对应于杆件的直线平衡形式，不是我们所要研究的问题。对于临界状态，要求 A、B、$\frac{F_R}{F_P}$ 不全等于零，而这只有当式(11-7)中未知数前面的系数所组成的行列式等于零时才有可能。故可得到如下的特征方程：

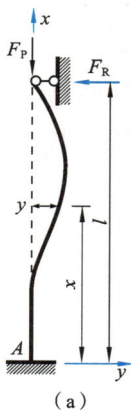

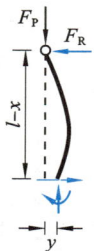

$$D = \begin{vmatrix} 1 & 0 & -l \\ 0 & \alpha & 1 \\ \cos\alpha l & \sin\alpha l & 0 \end{vmatrix} = 0$$

展开上面的行列式,得

$$\tan\alpha l = \alpha l$$

经过试算得以上特征方程的最小根为 $\alpha l = 4.493$,将此值代入式(11-5),即可求出最小临界荷载为

$$F_{Pcr} = \alpha^2 EI = 20.19\frac{EI}{l^2}$$

由上述可见:用静力法求临界荷载时要首先列出杆件在丧失稳定时的平衡微分方程,然后对这个方程积分并利用边界条件,获得一组个数和未知数数目相等的齐次方程。显然,新的平衡形式要求未知常数不全等于零,而这只有当由未知数前面的系数所组成的行列式为零,即

$$D = 0 \tag{11-8}$$

时才有可能。

由式(11-8)即可求出 αl,进而求出临界荷载 F_{Pcr},故一般称式(11-8)所表示的特征方程为稳定方程。

可以利用同样的方法得到图 11-8 所示其他各种情况下等截面轴心受压直杆的临界荷载计算通式:

$$F_{Pcr} = \frac{\pi^2 EI}{(\mu l)^2} \tag{11-9}$$

式中:μ 为长度系数,图 11-8(a)～(e)所示的五种情况中,μ 的值分别为 1、2、0.7、0.5、1。

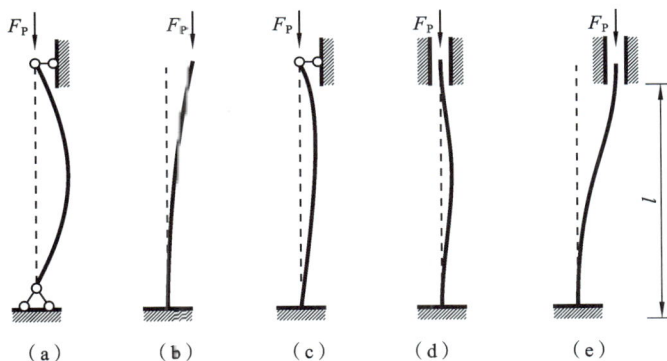

图 11-8

3. 弹性支承上等截面直杆的稳定

在工程结构中,常遇到具有弹性支承的压杆。图 11-9 所示的就是几个范例。现以图11-9(b)所示的压杆为例,说明用静力法求这类压杆的临界荷载的方法。

讲课视频

如图 11-9(b)所示,在临界状态下,任一截面的弯矩为

$$M = -F_P(\delta - y) + k\delta(l - x)$$

式中:δ 为弹簧端点的水平位移;k 为弹簧的刚度系数。

把 M 的表达式代入 $EIy'' = -M$ 中,则得弹性曲线的微分方程为

$$EIy'' + F_P y = F_P\delta - k\delta(l - x)$$

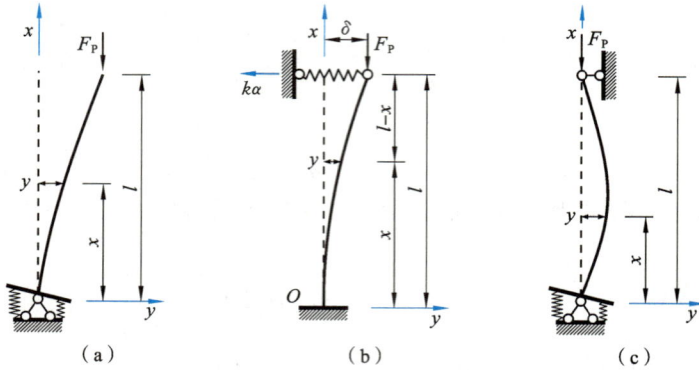

图 11-9

其一般解为

$$y=A\cos\alpha x+B\sin\alpha x+\delta\left[1-\frac{k}{F_{\mathrm{P}}}(l-x)\right]$$

式中

$$\alpha=\sqrt{\frac{F_{\mathrm{P}}}{EI}}$$

引入边界条件：$x=0,y=y'=0$ 及 $x=l,y=\delta$，则可得如下线性方程组：

$$\begin{cases} A+\left(1-\dfrac{kl}{F_{\mathrm{P}}}\right)\delta=0 \\ B\alpha+\dfrac{k}{F_{\mathrm{P}}}\delta=0 \\ A\cos\alpha l+B\sin\alpha l=0 \end{cases}$$

在该方程组中，未知数 A、B 和 δ 不能全等于零，故它们的系数行列式应等于零，即

$$D=\begin{vmatrix} 1 & 0 & 1-\dfrac{kl}{\alpha^2EI} \\ 0 & \alpha & \dfrac{k}{\alpha^2EI} \\ \cos\alpha l & \sin\alpha l & 0 \end{vmatrix}=0$$

展开行列式并加以整理后，可得稳定方程

$$\tan\alpha l=\alpha l-\frac{(\alpha l)^3EI}{kl^3} \tag{11-10}$$

由式(11-10)求出 αl，然后由 $\alpha=\sqrt{\dfrac{F_{\mathrm{P}}}{EI}}$ 即不难求出临界荷载值。

图 11-9(a)和(c)所示压杆的稳定方程可按同样方法分别求得：

$$\alpha l\tan\alpha l=\frac{k_1 l}{EI} \tag{11-11}$$

$$\tan\alpha l=\alpha l\,\frac{1}{1+(\alpha l)^2\dfrac{EI}{k_1 l}} \tag{11-12}$$

式中：k_1 为弹性支承的转动刚度系数，它表示使弹性支承处产生单位转角所需要的力矩。显然，以 δ 表示单位力矩在弹性固定端所产生的转角，则有

$$k_1 = \frac{1}{\delta}$$

值得指出的是：对于某些结构的稳定问题，常可将其中某一杆件取出，以弹性支承代替其他部分对它的作用，求出弹性支承的刚度系数，然后即可按上述方法进行计算。

【例 11-1】　试求图 11-10(a)所示结构的稳定方程。

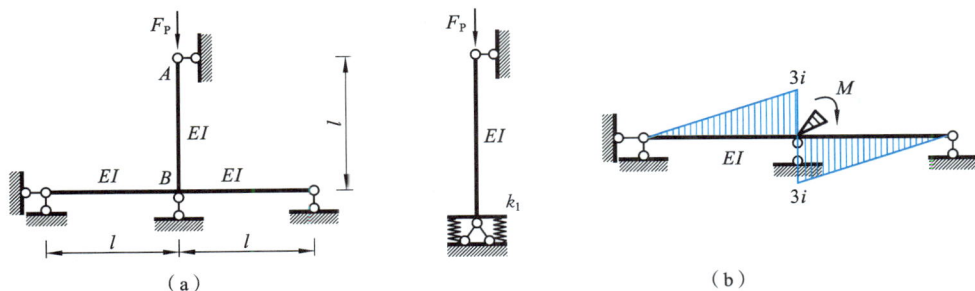

图 11-10

解　结构中的杆 AB 是一端铰支、一端弹性固定的压杆，与图 11-10(b)所示情况相当。因此，只需求出其弹性固定端的转动刚度系数 k_1，并代入式(11-12)，即可求出该结构的稳定方程。

在一般情况下，确定弹性支承的刚度系数时，需在结构余下的部分上加上单位力或单位力偶，并求出相应的位移 δ，然后取其倒数。在本题中，由于 k_1 即等于使连续梁的中间结点 B 发生单位转角位移时所需的力偶矩，故根据图 11-10(c)可知

$$k_1 = \frac{3EI}{l} + \frac{3EI}{l} = \frac{6EI}{l}$$

将求得的 k_1 值代入式(11-12)，便可得到稳定方程

$$\tan\alpha l = \alpha l \frac{1}{1 + \frac{(\alpha l)^2}{6}}$$

经过试算得以上稳定方程的最小根为 $\alpha l = 3.982$，将此值代入式(11-5)，即可求出最小临界荷载：

$$F_{Pcr} = \alpha^2 EI = 15.856 \frac{EI}{l^2}$$

4. 变截面杆件的稳定

在实际工程结构中，存在大量变截面杆件，例如桥式吊车的单层工业厂房柱等，下面讨论变截面轴心受压杆件的临界荷载的计算。

图 11-11(a)所示为一直杆，其上部的刚度为 EI_1，下部的刚度为 EI_2，令 y_1、y_2 分别表示上部和下部各点在新的平衡形式下的挠度(见图 11-11(b))，这两部分的微分方程分别为

$$EI_1 y''_1 + F_P y_1 = F_P \delta$$
$$EI_2 y''_2 + F_P y_2 = F_P \delta$$

它们的一般解分别为

$$y_1 = A_1 \cos\alpha_1 x + B_1 \sin\alpha_1 x + \delta$$

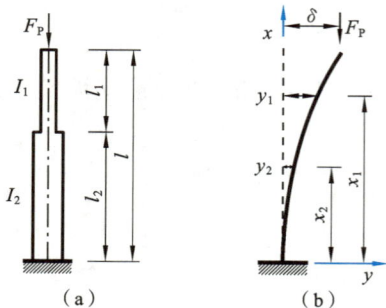

图 11-11

$$y_2 = A_2\cos\alpha_2 x + B_2\sin\alpha_2 x + \delta$$

式中　　　　$$\alpha_1 = \sqrt{\frac{F_P}{EI_1}}, \quad \alpha_2 = \sqrt{\frac{F_P}{EI_2}}$$

上列一般解中共含有 A_1、B_1、A_2、B_2、δ 五个未知常数。已知边界条件有：当 $x=0$ 时，$y_2=0$，$y_2'=0$；当 $x=l$ 时，$y_1=\delta$；当 $x=l_2$ 时，$y_1=y_2$，$y_1'=y_2'$。由前两个边界条件，可得 $A_2=-\delta$，$B_2=0$，故 y_2 的表达式可改写为

$$y_2 = \delta(1-\cos\alpha_2 x) \tag{11-13}$$

将其余三个边界条件代入式（11-13）和 $y_1 = A_1\cos\alpha_1 x + B_1\sin\alpha_1 x + \delta$ 的表达式，可得如下的齐次代数方程组：

$$\begin{cases} A_1\cos\alpha_1 l + B_1\sin\alpha_1 l = 0 \\ A_1\cos\alpha_1 l_2 + B_1\sin\alpha_1 l_2 + \delta\cos\alpha_2 l_2 = 0 \\ A_1\alpha_1\sin\alpha_1 l_2 - B_1\alpha_1\cos\alpha_1 l_2 + \delta\alpha_2\sin\alpha_2 l_2 = 0 \end{cases}$$

与此相应的稳定方程为

$$\begin{vmatrix} \cos\alpha_1 l & \sin\alpha_1 l & 0 \\ \cos\alpha_1 l_2 & \sin\alpha_1 l_2 & \cos\alpha_2 l_2 \\ \sin\alpha_1 l_2 & -\cos\alpha_1 l_2 & \dfrac{\alpha_2}{\alpha_1}\sin\alpha_2 l_2 \end{vmatrix} = 0$$

将上面的行列式展开，得

$$\tan\alpha_1 l_1 \tan\alpha_2 l_2 = \frac{\alpha_1}{\alpha_2} \tag{11-14}$$

只要给定 $\dfrac{I_1}{I_2}$ 和 $\dfrac{l_1}{l_2}$ 的比值，式（11-14）就可以求解。

【例 11-2】　设图 11-11 中 $EI_2=10EI_1$，$l_2=l_1=0.5l$，求直杆的临界荷载。

解　设 $\alpha_1 = \sqrt{\dfrac{F_P}{EI_1}}$，则

$$\alpha_2 = \sqrt{\frac{F_P}{10EI_1}} = 0.316\alpha_1$$

此时式（11-14）变为

$$\tan\alpha_1 l_1 \tan(0.316\alpha_1 l_1) = 3.165$$

由此解得最小根为

$$\alpha_1 l_1 = 3.1953$$

则得

$$F_{Pcr} = \frac{(3.1953)^2 EI_1}{l_1^2} = \frac{10.2099 EI_1}{l_1^2}$$

---

5. 弹性稳定的高阶微分方程法

由静力法列出的是二阶微分方程，二阶微分方程的缺点是对不同边界条件的轴心压杆都需要建立不同的方程，而高阶微分方程则适用于任何边界条件的压杆。

如图 11-12(a)所示的压杆,两端未指明边界条件,图 11-12(b)所示是其临界状态。

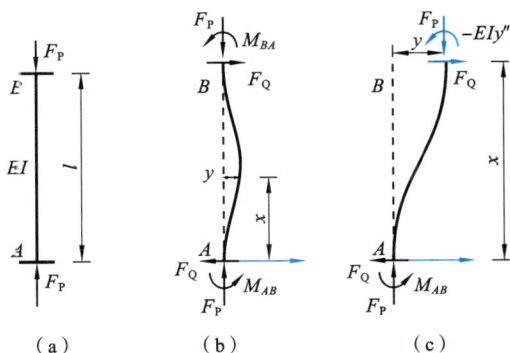

图 11-12

取下段压杆为隔离体,如图 11-12(c)所示。

由 $\sum M_A = 0$ 得

$$F_Q x - M_{AB} = -EIy'' - F_P y$$

对上式求导两次可得

$$EIy^{(4)} + F_P y'' = 0$$

为简化表达,令

$$\alpha = \sqrt{\frac{F_P}{EI}} \tag{11-15}$$

则上列微分方程可写成

$$y^{(4)} + \alpha^2 y'' = 0$$

它的一般解为

$$y = C_1 \sin\alpha x + C_2 \cos\alpha x + C_3 x + C_4$$

从而

$$y' = C_1 \alpha \cos\alpha x - C_2 \alpha \sin\alpha x + C_3$$
$$y'' = -C_1 \alpha^2 \sin\alpha x - C_2 \alpha^2 \cos\alpha x$$
$$y''' = -C_1 \alpha^3 \cos\alpha x + C_2 \alpha^3 \sin\alpha x$$

有以下几种可能的边界条件:

(1) 对于铰接端,有　　　　　　　　$y = y'' = 0$

(2) 对于固定端,有　　　　　　　　$y = y' = 0$

(3) 对于自由端,有　　　　　$y'' = 0, \quad y''' + \alpha^2 y = 0$

其中 y 和 y' 是几何边界条件,y'' 和 y''' 表示力学边界条件。由于每根压杆有两端,可以提供 4 个边界条件,该数目与一般解中的积分常数 $C_i(i=1\sim4)$ 相等,故可求解。

若设图 11-12(a)所示的直杆两端铰接,由边界条件

当 $x = 0$ 时,$y = 0$,得

$$C_2 + C_4 = 0$$

当 $x = 0$ 时,$y'' = 0$,得

$$-C_2 \alpha^2 = 0$$

由以上两式可得 $C_2 = C_4 = 0$。

当 $x = l$ 时,$y = 0$,得

$$C_1 \sin\alpha l + C_3 l = 0 \qquad (11\text{-}16)$$

当 $x = l$ 时，$y'' = 0$，得

$$-C_1 \alpha^2 \sin\alpha l = 0 \qquad (11\text{-}17)$$

在随遇平衡时，压杆处于微弯的平衡状态，$y \neq 0$，即 C_1、C_3 为非零解。根据式(11-16)、式(11-17)得

$$\begin{vmatrix} \sin\alpha l & l \\ -\alpha^2 \sin\alpha l & 0 \end{vmatrix} = 0$$

即

$$\sin\alpha l = 0$$

从而

$$\alpha l = m\pi \quad (m = 1, 2, 3, \cdots) \qquad (11\text{-}18)$$

将式(11-15)代入式(11-18)，得特征值

$$F_P = \frac{m^2 \pi^2 EI}{l^2}$$

则

$$F_{P,\min} = F_{Pcr} = \frac{\pi^2 EI}{l^2}$$

11.3 轴心受压杆件的稳定——能量法

在较复杂的情况下，用上述静力法确定临界荷载常常会遇到困难。例如，当微分方程具有变系数而不能积分为有限形式，或者边界条件较复杂，以致根据它们导出的行列式为高阶行列式时，不容易将它展开和求解。在这些情况下，常采用便于计算的能量法。

讲课视频

1. 势能驻值原理

由物理学已知，在保守体系中，各种力所做的功均与路径无关而只取决于运动的起始和终止状态。因此，可用势能的变化来表示各力所做的功，即功的负值等于势能的增量。例如图

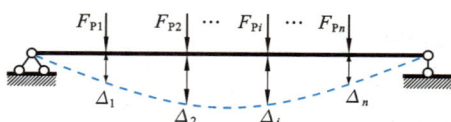

图 11-13

11-13 所示弹性体系，其上作用有外力 $F_{P1}, F_{P2}, \cdots, F_{Pn}$，假设以未加载前的位置为其运动的起始状态，外力势能增量将为

$$V = -\sum_{i=1}^{n} F_{Pi} \Delta_i$$

以 U 表示内力势能(即应变能)的增量，则两者之和就构成了结构势能的总增量，特定义它为结构的总势能 Π，即

$$\Pi = U + V = U - \sum_{i=1}^{n} F_{Pi} \Delta_i$$

在前面章节中曾经介绍了与力的平衡条件等价的虚位移原理，它是用虚功方程来表示体系的平衡方程，除了这种表示方法外，还可从总势能这一角度去建立等价的平衡条件，即势能驻值原理。

在弹性结构(线性或非线性)的一切可能位移中，真实位移使总势能 Π 为驻值，即

$$\delta\Pi = 0 \qquad (11\text{-}19)$$

这里需说明的是：所谓"可能位移"是指符合结构的变形协调条件(包括位移边界条件)的各种位移，而真实位移则不仅需要符合结构的变形协调条件，还需满足平衡条件。因此，上述势能驻值条件式(11-19)实际上就是以能量形式表示的力的平衡条件。

以下由虚位移原理来论证与其等价的势能驻值原理。为简便起见,在计算应变能时只考虑曲率和弯曲的影响。

首先考虑真实状态。真实力系相应的真实位移分别为:荷载 F_{Pi} 相应的位移 Δ_i;支座反力 F_{Rj} 相应的支座位移 c_j;截面弯矩相应的曲率 κ。

其次,取任一可能位移与真实位移的差值(称为位移变分)作为虚位移,即 $\delta\Delta_i$ 为荷载相应位移的变分;$\delta c_j = 0$ 为支座位移的变分,对保守体系来说,支座反力在虚位移过程中不做功,故该项变分应等于零;$\delta\kappa$ 为曲率的变分。

最后,根据虚位移原理,令真实力系在位移变分上做虚功,可写出虚功方程如下:

$$\sum F_{Pi}\delta\Delta_i = \sum \int M\delta\kappa \, \mathrm{d}s = \sum \int EI\kappa\delta\kappa \, \mathrm{d}s \tag{11-20}$$

根据变分的运算规则,由式(11-20)可得

$$\delta\left(\frac{1}{2}\sum\int EI\kappa^2\,\mathrm{d}s - \sum F_{Pi}\Delta_i\right) = 0 \tag{11-21}$$

式(11-21)中方括号内的第一项就是弯曲应变能 U,因此得

$$\delta\left(U - \sum F_{Pi}\Delta_i\right) = 0 \tag{11-22}$$

式(11-22)括号内的项即为结构的总势能 Π,这就证明了式(11-19)所表达的势能驻值原理。

从以上推导可知,势能驻值原理与虚功原理是等价的,由前面章节可知,虚功原理与力的平衡条件是等价的,因此,势能驻值原理与力的平衡条件也是等价的。

2. 利用势能驻值原理计算结构临界荷载

以图 11-14(a)所示一弹性直杆为例,取直杆在直线平衡位置时的状态作为参考状态,对应一可能位移,它的总势能为

$$\Pi = U + V = U - F_P\Delta \tag{11-23}$$

式中:U 是由于杆件弯曲而增加的应变能,由于弯曲变形微小,弯曲与曲率的关系仍在线性范围内,故

$$U = \frac{1}{2}\int_0^l EI\kappa^2\,\mathrm{d}x \approx \frac{1}{2}\int_0^l EI(y'')^2\,\mathrm{d}x \tag{11-24}$$

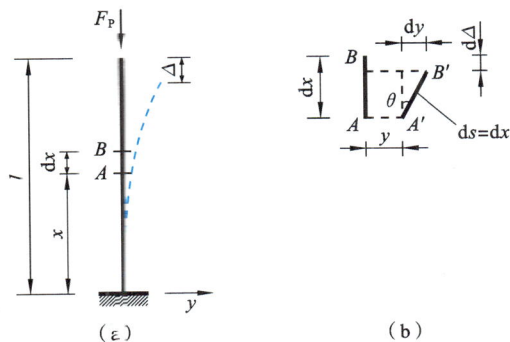

图 11-14

式(11-23)中的 Δ 代表 F_P 的作用点下降的距离,它等于杆长 l 与弹性曲线在原来直线杆轴上投影之差。由图 11-14(b)可求出

$$\Delta = \int_0^l \mathrm{d}\Delta = \int_0^l (1-\cos\theta)\,\mathrm{d}x = \int_0^l 2\sin^2\frac{\theta}{2}\,\mathrm{d}x \approx \int_0^l 2\left(\frac{\theta}{2}\right)^2\,\mathrm{d}x \approx \frac{1}{2}\int_0^l (y')^2\,\mathrm{d}x \tag{11-25}$$

现设变形曲线为

$$y = \sum_{i=1}^{n} a_i \varphi_i(x) \tag{11-26}$$

式中：$\varphi_i(x)$ 是满足给定位移边界条件的已知函数，称为形函数；a_i 为任意参数。

这样，就把原来的无限自由度体系近似地当作有限自由度体系进行计算。

把式(11-26)代入式(11-24)和式(11-25)，再由式(11-23)可得杆件的总势能为

$$\Pi = \frac{1}{2}\int_0^l EI\Big[\sum_{i=1}^n a_i\varphi_i''(x)\Big]^2 dx - \frac{1}{2}F_P\int_0^l\Big[\sum_{i=1}^n a_i\varphi_i'(x)\Big]^2 dx \tag{11-27}$$

为了叙述方便，令

$$A = \frac{1}{2}\int_0^l EI\Big[\sum_{i=1}^n a_i\varphi_i''(x)\Big]^2 dx \tag{11-28}$$

$$B = \frac{1}{2}\int_0^l\Big[\sum_{i=1}^n a_i\varphi_i'(x)\Big]^2 dx \tag{11-29}$$

则式(11-27)可简化为

$$\Pi = A - F_P B \tag{11-30}$$

根据势能驻值原理得

$$\delta\Pi = \sum_{i=1}^n \frac{\partial\Pi}{\partial a_i}\delta a_i = \sum_{i=1}^n\Big(\frac{\partial A}{\partial a_i} - F_P\frac{\partial B}{\partial a_i}\Big)\delta a_i = 0$$

由于 δa_i 是任意的，由此可得

$$\frac{\partial A}{\partial a_i} - F_P\frac{\partial B}{\partial a_i} = 0 \quad (i=1,2,3,\cdots,n) \tag{11-31}$$

由式(11-28)和式(11-29)，得

$$\frac{\partial A}{\partial a_i} = \int_0^l EI\Big[\sum_{j=1}^n a_j\varphi_j''(x)\Big]\varphi_i''(x)dx = \sum_{j=1}^n a_j\int_0^l EI\varphi_i''(x)\varphi_j''(x)dx \tag{11-32}$$

$$\frac{\partial B}{\partial a_i} = \int_0^l\Big[\sum_{j=1}^n a_j\varphi_j'(x)\Big]\varphi_i'(x)dx = \sum_{j=1}^n a_j\int_0^l \varphi_i'(x)\varphi_j'(x)dx \tag{11-33}$$

把式(11-32)和式(11-33)代入式(11-31)，得

$$\sum_{j=1}^n a_j\int_0^l\big[EI\varphi_i''(x)\varphi_j''(x) - F_P\varphi_i'(x)\varphi_j'(x)\big]dx = 0 \quad (i=1,2,3,\cdots,n) \tag{11-34}$$

令

$$k_{ij} = \int_0^l EI\varphi_i''(x)\varphi_j''(x)dx, \quad s_{ij} = F_P\int_0^l\varphi_i'(x)\varphi_j'(x)dx$$

则式(11-34)可改写为

$$(\boldsymbol{K}-\boldsymbol{S})\boldsymbol{a} = 0 \tag{11-35}$$

式中：矩阵 $\boldsymbol{K}$ 的元素为 k_{ij}；矩阵 $\boldsymbol{S}$ 的元素为 s_{ij}；向量 $\boldsymbol{a} = [a_1 \ \ a_2 \ \ \cdots \ \ a_n]^T$。

式(11-35)是关于 n 个未知参数 $a_1, a_2,\cdots,a_n$ 的齐次线性代数方程组。要求参数 $a_1, a_2,\cdots,a_n$ 不能全为零，因此必须使式(11-35)的系数行列式等于零，即

$$|\boldsymbol{K}-\boldsymbol{S}| = 0$$

将其展开，可得到一个关于 F_P 的 n 次代数方程，它共有 n 个根，其中的最小根即为所求的临界荷载。以上方法称为里兹法。

【例 11-3】　试用能量法确定图 11-15 所示一端固定、一端自由的直杆的临界荷载。

解　（1）可将弹性曲线表示为

$$y = a_1 \varphi_1(x) = a_1\left(1 - \cos\frac{\pi x}{2l}\right)$$

则

$$\varphi_1'(x) = \frac{\pi}{2l}\sin\frac{\pi x}{2l}, \quad \varphi_1''(x) = \frac{\pi^2}{4l^2}\cos\frac{\pi x}{2l}$$

据此算出

$$k_{11} = \int_0^l EI\varphi_1''^2\,\mathrm{d}x = \frac{EI\pi^4}{16l^4}\int_0^l\cos^2\frac{\pi x}{2l}\,\mathrm{d}x = \frac{EI\pi^4}{32l^3}$$

$$s_{11} = F_P\int_0^l\varphi_1'^2\,\mathrm{d}x = \frac{F_P\pi^2}{4l^2}\int_0^l\sin^2\frac{\pi x}{2l}\,\mathrm{d}x = \frac{F_P\pi^2}{8l}$$

代入式(11-35)可求得

$$\left(\frac{EI\pi^4}{32l^3} - F_P\frac{\pi^2}{8l}\right)a_1 = 0$$

该式中参数 a_1 不能为零，由此得临界荷载

$$F_{Pcr} = \frac{\dfrac{EI\pi^4}{32l^3}}{\dfrac{\pi^2}{8l}} = \frac{\pi^2 EI}{4l^2} = 2.467\,4\,\frac{EI}{l^2}$$

上述所设弹性曲线刚好是失稳时的真实曲线，所以由此求得的临界荷载是精确解。

（2）假设取图 11-15 所示横向荷载 F_Q 作用下的弹性曲线作为近似曲线计算，即取

$$y = a_1\varphi_1(x) = a_1\frac{F_Q x^2}{6EI}(3l - x) = a_1\frac{\delta x^2}{2l^3}(3l - x)$$

按照这个曲线，可算出

$$k_{11} = \int_0^l EI(\varphi_1'')^2\,\mathrm{d}x = \frac{3\delta^2 EI}{l^3}$$

$$s_{11} = F_P\int_0^l(\varphi_1')^2\,\mathrm{d}x = F_P\frac{6\delta^2}{5l}$$

代入式(11-35)可求得

$$\left(\frac{3\delta^2 EI}{l^3} - F_P\frac{6\delta^2}{5l}\right)a_1 = 0$$

该式中参数 a_1 不能为零，由此得临界荷载

$$F_{Pcr} = \frac{\dfrac{3\delta^2 EI}{l^3}}{\dfrac{6\delta^2}{5l}} = 2.5\,\frac{EI}{l^2}$$

该结果相对精确解误差约为 1.3%。

【例 11-4】　试用能量法确定图 11-7 所示的一端固定一端铰支的直杆的临界荷载。

解　可将弹性曲线表示为

$$y = a_1 x^2(l - x) + a_2 x^3(l - x)$$

于是有

$$\varphi_1(x) = x^2(l - x), \quad \varphi_1'(x) = x(2l - 3x), \quad \varphi_1''(x) = 2l - 6x$$

$$\varphi_2(x) = x^3(l - x), \quad \varphi_2'(x) = x^2(3l - 4x), \quad \varphi_2''(x) = 6x(l - 2x)$$

将 $\varphi_1'(x)$、$\varphi_1''(x)$、$\varphi_2'(x)$、$\varphi_2''(x)$ 代入式(11-35)并积分后可得关于 a_1、a_2 的线性方程组：

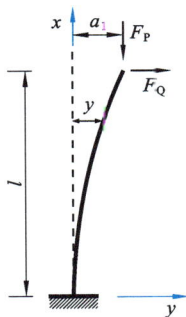

图 11-15

$$\begin{bmatrix} 4EIl^3 - \dfrac{2}{15}F_Pl^5 & 4EIl^4 - \dfrac{1}{10}F_Pl^6 \\ 4EIl^4 - \dfrac{1}{10}F_Pl^6 & \dfrac{24}{5}EIl^5 - \dfrac{1}{10}F_Pl^7 \end{bmatrix} \begin{bmatrix} a_1 \\ a_2 \end{bmatrix} = 0$$

为得到 a_1、a_2 的非零解,则上式中的系数行列式等于零,即

$$\begin{vmatrix} 4EIl^3 - \dfrac{2}{15}F_Pl^5 & 4EIl^4 - \dfrac{1}{10}F_Pl^6 \\ 4EIl^4 - \dfrac{1}{10}F_Pl^6 & \dfrac{24}{5}EIl^5 - \dfrac{1}{10}F_Pl^7 \end{vmatrix} = 0$$

展开该行列式并加以整理后,得

$$F_P^2 - 128\left(\dfrac{EI}{l^2}\right)F_P + 2240\left(\dfrac{EI}{l^2}\right)^2 = 0$$

由此式可解出 F_P 的最小根,该根即为所求的临界荷载:

$$F_{Pcr} = 64\dfrac{EI}{l^2} - \sqrt{\left(64\dfrac{EI}{l^2}\right)^2 - 2240\left(\dfrac{EI}{l^2}\right)^2} = 20.92\dfrac{EI}{l^2}$$

该结果相对精确解 $\left(F_{Pcr} = 20.19\dfrac{EI}{l^2}\right)$ 的误差约为 3.6%。

11.4　偏心受压直杆的稳定

现考虑两端铰支等截面直杆受偏心压力作用的情况(见图 11-16)。按照图示坐标系,在曲线平衡状态下,杆中任一截面的弯矩为

$$M = F_P(e + y)$$

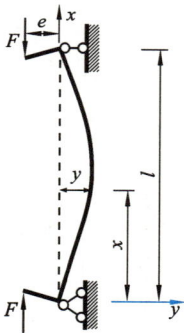

图 11-16

式中:e 为偏距。

因此,弹性曲线的微分方程具有如下形式:

$$EIy'' = -M = -F_P(e + y) \tag{11-36}$$

或改写成

$$y'' + \alpha^2 y = -\alpha^2 e$$

式中

$$\alpha = \sqrt{\dfrac{F_P}{EI}}$$

微分方程(11-36)的一般解为

$$y = A\cos\alpha x + B\sin\alpha x - e$$

根据边界条件(当 $x = 0$ 和 $x = l$ 时,$y = 0$),可求得积分常数 A 和 B 分别为

$$A = e, \quad B = \dfrac{e(1 - \cos\alpha l)}{\sin\alpha l} = e\tan\dfrac{\alpha l}{2}$$

于是得

$$y = e\left(\cos\alpha x + \tan\dfrac{\alpha l}{2}\sin\alpha x - 1\right) \tag{11-37}$$

由式(11-37)可求得 $x = \dfrac{l}{2}$ 处的最大挠度,其值为

$$\delta = y\left(\dfrac{1}{2}\right) = e\left(\sec\dfrac{\alpha l}{2} - 1\right) \tag{11-38}$$

对于某一确定的 e 值,可按式(11-38)绘出 F_P-δ 关系曲线,如图 11-17 所示。由此图可知,挠度 δ 和荷载 F_P 之间的关系是非线性的。在 F_P 较小的情况下,随着 F_P 的增大,δ 的增加并不大。但是当 F_P 接近于中心受压杆的临界荷载 F_e(F_e 为欧拉临界力,其值为 $\dfrac{\pi^2 EI}{l^2}$)时,δ 即以很快的速度增长,且当 $F_P \rightarrow F_e$ 时,δ 趋于无穷大。也就是说,F_P-δ 关系曲线是以 $F_P = F_e$ 作为渐近线的。另外,由此图可看出,偏距愈大,曲线对渐近线的偏离也愈大,即对于相同的 F_P 值,e 愈大,则相应的 δ 值就愈大。

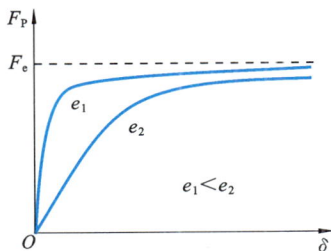

图 11-17

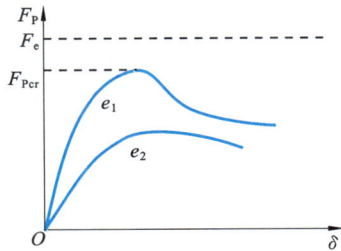

图 11-18

必须指出:以上结论只有理论上的意义,因此上述讨论的前提条件是假定杆件的变形在弹性范围内且是微小的。但实际上,在荷载未达到欧拉临界荷载 F_e 之前,杆件往往已丧失承载能力。对于一般用弹塑性材料(例如钢)制成的杆件,当其承受偏心荷载时,实际的 F_P-δ 曲线将如图 11-18 所示。可见它并不以 $F = F_e$ 作为其渐近线,而当 $F = F_{Pcr}$($F_{Pcr} < F_e$)时,杆件已失稳。此时即使 F_P 不增加,甚至减小,挠度仍将继续增大。因此,偏心受压杆件失稳(第二类稳定)的临界荷载值将小于 F_e。

11.5　剪力对临界荷载的影响

为了计算剪力对临界荷载的影响,在建立弹性挠曲线的微分方程时,应该同时考虑弯矩和剪力对变形的影响。以下只考虑杆件为等截面杆的情况。

以图 11-19(a)为例,设 y_M 表示由于弯矩影响所产生的挠度,y_Q 表示由于剪力影响所产生的附加挠度,则由于两者共同影响所产生的挠度为

$$y = y_M + y_Q$$

对该式求导两次,可得表示曲率的近似公式为

$$\frac{d^2 y}{dx^2} = \frac{d^2 y_M}{dx^2} + \frac{d^2 y_Q}{dx^2} \tag{11-39}$$

由于弯矩影响所产生的曲率为

$$\frac{d^2 y_M}{dx^2} = -\frac{M}{EI} \tag{11-40}$$

由于剪力所引起的附加曲率 $\dfrac{d^2 y_Q}{dx^2}$ 可以这样来推求:首先求出剪力引起的杆轴切线的附加转角位移 $\dfrac{dy_Q}{dx}$。由图 11-19(b)可知,这个附加转角位移在数值上是等于剪切角 γ 的,在图 11-19(a)所示的坐标系中,当剪力 F_Q 为正时,微段 dx 两端的相对位移 dy_Q 也是正的,故 dy_Q 与 F_Q 同号。由材料力学知识可知

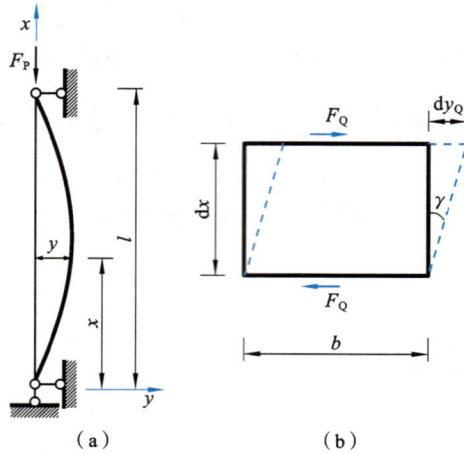

图 11-19

$$\gamma = k\frac{F_Q}{GA}$$

式中：G 为杆件材料的剪切弹性模量；A 为杆件的横截面积。

于是可得

$$\frac{\mathrm{d}y_Q}{\mathrm{d}x} = k\frac{F_Q}{GA} = \frac{k}{GA}\frac{\mathrm{d}M}{\mathrm{d}x}$$

可据此求出剪力所引起的附加曲率：

$$\frac{\mathrm{d}^2 y_Q}{\mathrm{d}x^2} = \frac{k}{GA}\frac{\mathrm{d}^2 M}{\mathrm{d}x^2} \tag{11-41}$$

将式(11-40)和式(11-41)代入式(11-39)，即可得到同时考虑弯矩和剪力的挠曲线微分方程为

$$\frac{\mathrm{d}^2 y}{\mathrm{d}x^2} = -\frac{M}{EI} + \frac{k}{GA}\frac{\mathrm{d}^2 M}{\mathrm{d}x^2} \tag{11-42}$$

现在根据式(11-42)就图 11-19(a)所示两端铰支的情况，求出考虑剪力影响时的临界荷载。在这种情况下，$M = F_P y$。相应地，$\frac{\mathrm{d}^2 M}{\mathrm{d}x^2} = F_P\frac{\mathrm{d}^2 y}{\mathrm{d}x^2}$，把它们代入式(11-42)，即得

$$EI\left(1 - \frac{kF_P}{GA}\right)y'' + F_P y = 0$$

它的一般解为

$$y = B\cos mx + C\sin mx$$

式中

$$m = \sqrt{\frac{F_P}{EI\left(1 - \frac{kF_P}{GA}\right)}}$$

利用边界条件(当 $x=0$ 和 $x=l$ 时，$y=0$)，可得出下列稳定方程：

$$\sin ml = 0$$

其最小根为 $ml = \pi$，可求得压杆的临界荷载为

$$F_{Pcr} = \frac{1}{1 + \frac{k}{GA}\cdot\frac{\pi^2 EI}{l^2}}\cdot\frac{\pi^2 EI}{l^2} = \alpha F_e \tag{11-43}$$

式中：$F_e = \dfrac{\pi^2 EI}{l^2}$ 为欧拉临界荷载；α 为修正系数，有

$$\alpha = \dfrac{1}{1 + \dfrac{\overset{.}{\kappa}}{GA} \cdot \dfrac{\pi^2 EI}{l^2}} = \dfrac{1}{1 + \dfrac{kF_e}{GA}} = \dfrac{1}{1 + \dfrac{k\sigma_e}{G}}$$

若压杆由钢材制成，取 σ_e 为弹性极限，$\sigma_e = 200$ MPa，剪切弹性模量 $G = 80000$ MPa，则有

$$\dfrac{\sigma_e}{G} = \dfrac{1}{400}$$

由此可知 $\alpha \approx 1$，这说明在实体杆中，剪力的影响是很小的，通常可略去不计。

11.6 组合压杆的稳定

中心受压杆件有时需采用两个型钢（一般为槽钢或工字钢）来组成。在不增大截面面积的前提下，为了增强杆件的稳定性，宜使这两个型钢保持一定的距离以获得较大的惯性矩。为了保证它们能共同工作，在型钢的翼缘上常采用一些附属杆件将两边的型钢连接在一起（见图 11-20(a)、(b)），由此形成的杆件称为组合杆件。其中，作为承受荷载的主要部分的两型钢称为主要杆件或主肢杆，用于连接主肢杆的附属杆件称为扣件。

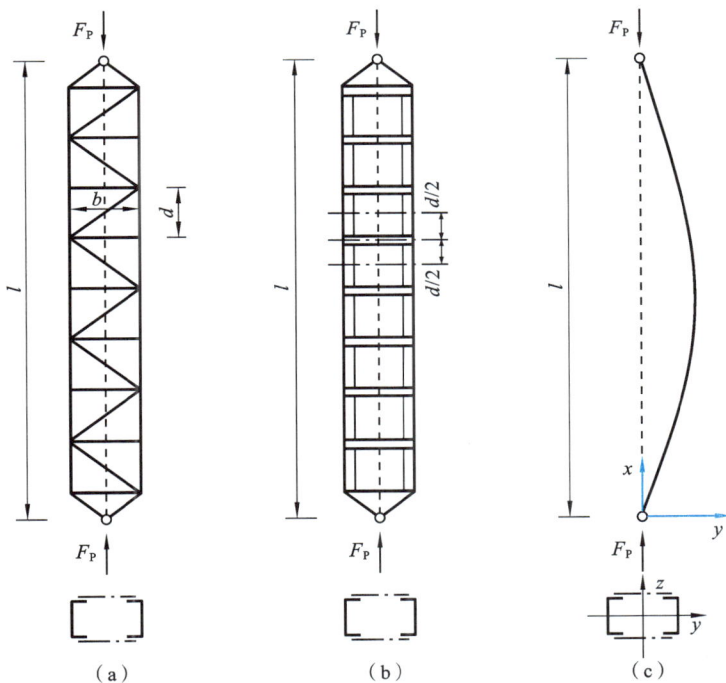

图 11-20

通常的扣件形式有两种——缀条式和缀板式。缀条式扣件由斜杆和横杆组成（见图 11-20(a)），一般采用单个角钢，它们与主肢杆的连接一般可当作铰接。缀板式扣件没有斜杆存在（见图11-20(b)），缀板与主肢杆的连接通常看成刚性连接。在组合杆件中剪力的影响远比实体杆件中的大，计算组合压杆稳定性时剪切变形的影响不容忽视。目前还没有关于组合杆件稳定问题的精确解法。不过如果考虑组合杆件的受力性质的主要方面，可以将组合杆件

看作由主要杆件所组成的中心受压杆件,则不难想到可以利用实体杆件所导得的公式(11-43)进行近似计算,但应注意以单位剪力作用下组合压杆的剪切角 $\bar{\gamma}$ 代替单位剪力作用下

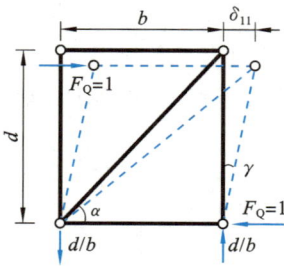

图 11-21

实体杆件的剪切角 $\dfrac{k}{GA}$。

1. 缀条式组合压杆的临界荷载计算

在求图 11-20(a)所示用缀条连接而成的组合杆件的剪切角 $\bar{\gamma}$ 时,可取一个节间来考虑(见图 11-21)。在单位剪力 $F_Q=1$ 作用下,缀条发生了变形,此时所形成的剪切角,可近似地按下式计算:

$$\bar{\gamma} \approx \tan\bar{\gamma} = \frac{\delta_{11}}{d}$$

式中:δ_{11} 为剪力 $F_Q=1$ 沿其本身方向所引起的位移。

如前所述,各结点都假设为铰接,故上述位移可按下式确定:

$$\delta_{11} = \sum \frac{\bar{F}_N^2 l}{EA} \tag{11-44}$$

式中:$\bar{F}_N$ 为单位剪力 $F_Q=1$ 作用下各杆的轴力;l 为各杆长度;A 为各杆的横截面面积;E 为弹性模量。

由于组合压杆主肢杆的横截面面积比缀条的大得多,故在式(11-44)中可只考虑缀条的影响。缀条的横杆内力 $\bar{F}_{N1}=-1$,杆长 $b=\dfrac{d}{\tan\alpha}$,横截面面积设为 A_p。缀条的斜杆内力 $\bar{F}_{N2}=\dfrac{1}{\cos\alpha}$,杆长等于 $\dfrac{d}{\sin\alpha}$,横截面面积设为 A_q。将这些数值代入式(11-44)中,则得

$$\delta_{11} = \frac{d}{E}\left(\frac{1}{A_q\sin\alpha\cos^2\alpha} + \frac{1}{A_p\tan\alpha}\right)$$

故由于 $F_Q=1$ 所引起的剪切角为

$$\bar{\gamma} = \frac{1}{E}\left(\frac{1}{A_q\sin\alpha\cos^2\alpha} + \frac{1}{A_p\tan\alpha}\right)$$

用 $\bar{\gamma}$ 代替式(11-43)中的 $\dfrac{k}{GA}$,就可近似地得到临界荷载为

$$F_{Pcr} = \frac{F_e}{1 + \dfrac{F_e}{E}\left(\dfrac{1}{A_q\sin\alpha\cos^2\alpha} + \dfrac{1}{A_p\tan\alpha}\right)} = \alpha_1 F_e \tag{11-45}$$

式中:$F_e = \dfrac{\pi^2 EI}{l^2}$ 为欧拉临界荷载,I 为两主肢杆的截面对整个组合压杆的截面形心轴的惯性矩;α_1 为修正系数。

由式(11-45)可知:就临界荷载的影响来说,斜杆比横杆的作用大。例如,当斜杆和横杆具有相同的 EA 值,而 $\alpha=45°$ 时,则

$$\alpha_1 = \frac{1}{1 + \dfrac{F_e}{EA}(2.83+1)} = \frac{1}{1 + \dfrac{3.83F_e}{EA}} \tag{11-46}$$

式(11-46)括号中的第一项代表斜杆的影响,第二项则代表横杆的影响。

如不计横杆的影响,则式(11-45)变成

$$F_{Pcr} = \frac{F_e}{1 + \dfrac{F_e}{E}\dfrac{1}{A_q\sin\alpha\cos^2\alpha}} \tag{11-47}$$

式中：A_q 为一根斜杆的横截面面积。

如果在式(11-47)中引入计算长度系数，将临界荷载写成欧拉问题的基本形式：

$$F_{Pcr}=\frac{\pi^2 EI}{(\mu l)^2}$$

则其中的计算长度系数 μ 应由下式表示：

$$\mu=\sqrt{1+\frac{\pi^2 I}{l^2}\frac{1}{A_q\sin\alpha\cos^2\alpha}} \tag{11-48}$$

若用 r 代表两主要杆件的横截面对 z 轴的回转半径，则有

$$I=A_d r^2$$

式中：A_d 为组合压杆主肢杆的横截面面积。

将上述关系代入式(11-48)，并引入长细比 $\lambda=\dfrac{l}{r}$，同时考虑到 α 一般在 $30°\sim60°$ 之间，可近似地取 $\dfrac{\pi^2}{\sin\alpha\cos^2\alpha}\approx27$，则得计算 μ 的简化公式为

$$\mu=\sqrt{1+\frac{27A_d}{A_q\lambda^2}}$$

其换算长细比 λ_0 为

$$\lambda_0=\mu\lambda=\sqrt{\lambda^2+\frac{27A_d}{A_q}}$$

这就是钢结构规范中缀条式组合玉杆换算长细比的计算公式。

2. 缀板式组合压杆的临界荷载计算

下面考虑由缀板所构成的组合杆件(见图 11-20(b))的临界荷载计算。

在此情况下，可将组合杆件当作单跨多层刚架，并近似地认为主要杆件的各反弯点在节间中点，从而可取图 11-22(a)所示部分来计算其剪切角，此时，上、下分割截面上的弯矩等于零，且剪力平均分配在两边的主要杆件上。根据图 11-22(b)，利用图乘法可求得

$$\delta_{11}=\sum\int\frac{\overline{M}_1^2\mathrm{d}s}{EI}=\frac{4\times\frac{d}{6}\times\frac{d^2}{4\times4}}{EI_d}+\frac{2\times\frac{bd}{8}\times\frac{d}{3}}{EI_b}=\frac{d^3}{24EI_d}+\frac{bd^2}{12EI_b}$$

因此，剪切角为

$$\bar{\gamma}=\frac{\delta_{11}}{d}=\frac{d^2}{24EI_d}+\frac{bd}{12EI_b} \tag{11-49}$$

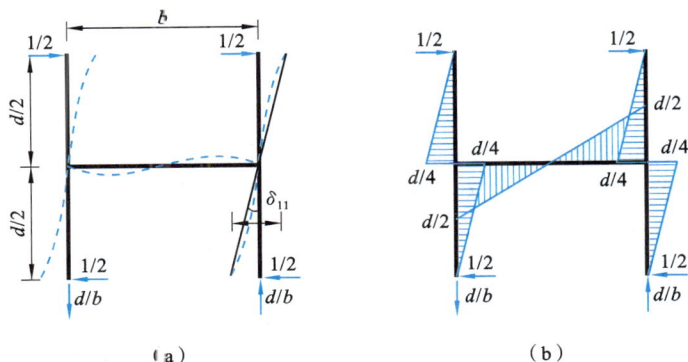

(a)　　　　　　　(b)

图 11-22

式中：I_d 为单根主肢杆的惯性矩；I_b 为缀板的惯性矩。

与前面相同，以式(11-49)代替式(11-43)中的 $\dfrac{k}{GA}$ 即可得出临界荷载为

$$F_{Pcr} = \cfrac{F_e}{1 + \left(\dfrac{d^2}{24EI_d} + \dfrac{bd}{12EI_b}\right)F_e} = \alpha_2 F_e \tag{11-50}$$

由式(11-50)可见：修正系数 α_2 的数值随着间距 d 的增加而减小。

在一般情况下，缀板的刚度要比主肢杆的刚度大得多，因此，可近似地取 $EI_b = \infty$。于是式(11-50)变为

$$F_{Pcr} = \cfrac{F_e}{1 + F_e \dfrac{d^2}{24EI_d}} = \cfrac{F_e}{1 + \dfrac{\pi^2 d^2}{24 l^2}\dfrac{I}{I_d}} \tag{11-51}$$

式中：I 与前面相同，代表整个组合杆件的截面惯性矩。

将惯性矩、长细比(整个组合杆件的长细比用 λ 表示，单根主肢杆的长细比用 λ_d 表示)与回转半径 r 的关系式

$$I = 2A_d r^2, \quad I_d = A_d r_d^2, \quad \lambda = \frac{l}{r}, \quad \lambda_d = \frac{d}{r_d}$$

代入式(11-51)中，即得

$$F_{Pcr} = \cfrac{F_e}{1 + \dfrac{3.14^2}{24} \times \dfrac{2d^2 r^2 A_d}{l^2 r_d^2 A_d}} = \cfrac{F_e}{1 + 0.82\dfrac{\lambda_d^2}{\lambda^2}}$$

式中：A_d 为单根主肢杆的面积。

若近似地以 1 代替 0.82，则有

$$F_{Pcr} = \frac{\lambda^2}{\lambda^2 + \lambda_d^2} F_e$$

相应的计算长度系数显然可写成

$$\mu = \sqrt{\frac{\lambda^2 + \lambda_d^2}{\lambda^2}}$$

因而组合杆件的换算长细比 λ_0 为

$$\lambda_0 = \frac{\mu l}{r} = \mu\lambda = \sqrt{\lambda^2 + \lambda_d^2}$$

这就是钢结构规范中缀板式组合压杆换算长细比的计算公式。

11.7   刚架的稳定——矩阵位移法

采用矩阵位移法时，先将构件划分为有限数量的单元，将分段点的位移作为未知量，而后将各单元两端的位移与内力之间的关系用矩阵形式表示，利用分段点力平衡和变形协调条件将各单元连接起来形成原构件。

1. 压杆单元的刚度方程

在刚架受力分析的矩阵位移法中，单元刚度矩阵的确定是关键，为了利用矩阵位移法对刚架的临界荷载进行计算，本节先采用能量法推导考虑轴向压力影响时杆单元的刚度矩阵。

图 11-23(a)所示为一承受轴向压力 F_P 并在两端发生位移的杆件(刚度为 EI)。设杆件

的杆端力列向量(见图 11-23(b))为

$$\overline{\boldsymbol{F}}^{e}=[\overline{F}_{Q1}\quad \overline{M}_{1}\quad \overline{F}_{Q2}\quad \overline{M}_{2}]^{T}$$

杆件的杆端位移列向量为

$$\overline{\boldsymbol{\Delta}}^{e}=[\overline{v}_{1}\quad \overline{\varphi}_{1}\quad \overline{v}_{2}\quad \overline{\varphi}_{2}]^{T}$$

则杆件的总势能为

$$\varPi =\int_{0}^{l}\frac{1}{2}EI[y''(x)]^{2}\mathrm{d}x-F_{\mathrm{P}}\int_{0}^{l}\frac{1}{2}[y'(x)]^{2}\mathrm{d}x$$
$$-\overline{\boldsymbol{F}}^{eT}\overline{\boldsymbol{\Delta}}^{e} \tag{11-52}$$

根据势能驻值原理,有

$$\delta\varPi =0 \tag{11-53}$$

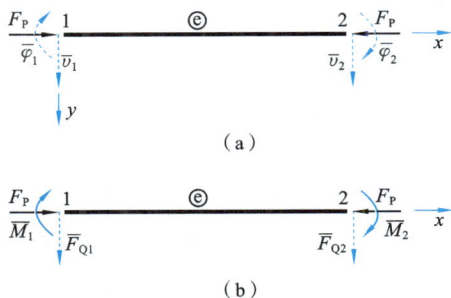

图 11-23

式中:$\delta\varPi$ 为势能的一阶变分。把式(11-52)代入式(11-53)得

$$EI\int_{0}^{l}y''(x)\delta y''(x)\mathrm{d}x-F_{\mathrm{P}}\int_{0}^{l}y'(x)\delta y'(x)\mathrm{d}x-\overline{\boldsymbol{F}}^{eT}\delta\overline{\boldsymbol{\Delta}}^{e}=0 \tag{11-54}$$

设单元刚度矩阵为 $\overline{\boldsymbol{k}}^{e}$,则有

$$\overline{\boldsymbol{F}}^{e}=\overline{\boldsymbol{k}}^{e}\overline{\boldsymbol{\Delta}}^{e} \tag{11-55}$$

将式(11-55)代入式(11-54)可得如下方程

$$\overline{\boldsymbol{\Delta}}^{eT}\overline{\boldsymbol{k}}^{e}\delta\overline{\boldsymbol{\Delta}}^{e}=EI\int_{0}^{l}y''(x)\delta y''(x)\mathrm{d}x-F_{\mathrm{P}}\int_{0}^{l}y'(x)\delta y'(x)\mathrm{d}x \tag{11-56}$$

为了利用式(11-56)求出单元刚度矩阵 $\overline{\boldsymbol{k}}^{e}$,需要建立杆端位移 $\overline{\boldsymbol{\Delta}}^{e}$ 与杆上任一位移 $y(x)$ 之间的关系,可设杆的弹性曲线方程为

$$y(x)=a_{1}x^{3}+a_{2}x^{2}+a_{3}x+a_{4} \tag{11-57}$$

式中:a_{1}、a_{2}、a_{3}、a_{4} 为待定的参数。由边界条件,有

当 $x=0$ 时,　　　　　　　　$y(0)=\overline{v}_{1}$,　$y'(0)=\overline{\varphi}_{1}$

当 $x=l$ 时,　　　　　　　　$y(l)=\overline{v}_{2}$,　$y'(l)=\overline{\varphi}_{2}$

利用以上四个边界条件可得

$$\begin{cases}a_{1}=\dfrac{2}{l^{3}}\overline{v}_{1}+\dfrac{1}{l^{2}}\overline{\varphi}_{1}-\dfrac{2}{l^{3}}\overline{v}_{2}+\dfrac{1}{l^{2}}\overline{\varphi}_{2}\\[2mm] a_{2}=-\dfrac{3}{l^{2}}\overline{v}_{1}-\dfrac{2}{l}\overline{\varphi}_{1}+\dfrac{3}{l^{2}}\overline{v}_{2}-\dfrac{1}{l}\overline{\varphi}_{2}\\[2mm] a_{3}=\overline{\varphi}_{1}\\[2mm] a_{4}=\overline{v}_{1}\end{cases}$$

将它们代入式(11-57)并整理后可得

$$y(x)=\left[1-\frac{3x^{2}}{l^{2}}+\frac{2x^{3}}{l^{3}}\quad x-\frac{2x^{2}}{l}+\frac{x^{3}}{l^{2}}\quad \frac{3x^{2}}{l^{2}}-\frac{2x^{3}}{l^{3}}\quad -\frac{x^{2}}{l}+\frac{x^{3}}{l^{2}}\right]\begin{bmatrix}\overline{v}_{1}\\ \overline{\varphi}_{1}\\ \overline{v}_{2}\\ \overline{\varphi}_{2}\end{bmatrix}=\boldsymbol{A}\overline{\boldsymbol{\Delta}}^{e} \tag{11-58}$$

式中:$\boldsymbol{A}=\left[1-\dfrac{3x^{2}}{l^{2}}+\dfrac{2x^{3}}{l^{3}}\quad x-\dfrac{2x^{2}}{l}+\dfrac{x^{3}}{l^{2}}\quad \dfrac{3x^{2}}{l^{2}}-\dfrac{2x^{3}}{l^{3}}\quad -\dfrac{x^{2}}{l}+\dfrac{x^{3}}{l^{2}}\right]$ 称为形状函数。

将式(11-58)对 x 微分,得

$$\begin{cases}y'(x)=\boldsymbol{A}'\overline{\boldsymbol{\Delta}}^{e}=\boldsymbol{B}\overline{\boldsymbol{\Delta}}^{e}\\ y''(x)=\boldsymbol{A}''\overline{\boldsymbol{\Delta}}^{e}=\boldsymbol{C}\overline{\boldsymbol{\Delta}}^{e}\end{cases} \tag{11-59}$$

这里

$$\begin{cases} \boldsymbol{B}=\left[-\dfrac{6x}{l^2}+\dfrac{6x^2}{l^3}\quad 1-\dfrac{4x}{l}+\dfrac{3x^2}{l^2}\quad \dfrac{6x}{l^2}-\dfrac{6x^2}{l^3}\quad -\dfrac{2x}{l}+\dfrac{3x^2}{l^2}\right] \\[3mm] \boldsymbol{C}=\left[-\dfrac{6}{l^2}+\dfrac{12x}{l^3}\quad -\dfrac{4}{l}+\dfrac{6x}{l^2}\quad \dfrac{6}{l^2}-\dfrac{12x}{l^3}\quad -\dfrac{2}{l}+\dfrac{6x}{l^2}\right] \end{cases} \quad (11\text{-}60)$$

把式(11-59)代入式(11-56),并注意到 $\delta y'(x)=\boldsymbol{B}\delta\bar{\boldsymbol{\Delta}}^e$,$\delta y''(x)=\boldsymbol{C}\delta\bar{\boldsymbol{\Delta}}^e$ 则有

$$\bar{\boldsymbol{\Delta}}^{eT}\bar{\boldsymbol{k}}^e\delta\bar{\boldsymbol{\Delta}}^e = EI\int_0^l \boldsymbol{C}\bar{\boldsymbol{\Delta}}^e\boldsymbol{C}\delta\bar{\boldsymbol{\Delta}}^e\mathrm{d}x - F_P\int_0^l \boldsymbol{B}\bar{\boldsymbol{\Delta}}^e\boldsymbol{B}\delta\bar{\boldsymbol{\Delta}}^e\mathrm{d}x \quad (11\text{-}61)$$

因 $\boldsymbol{C}\bar{\boldsymbol{\Delta}}^e=\bar{\boldsymbol{\Delta}}^{eT}\boldsymbol{C}^T$,$\boldsymbol{B}\bar{\boldsymbol{\Delta}}^e=\bar{\boldsymbol{\Delta}}^{eT}\boldsymbol{B}^T$,故式(11-61)又可改写为

$$\bar{\boldsymbol{\Delta}}^{eT}\bar{\boldsymbol{k}}^e\delta\bar{\boldsymbol{\Delta}}^e = \bar{\boldsymbol{\Delta}}^{eT}\left[EI\int_0^l \boldsymbol{C}^T\boldsymbol{C}\mathrm{d}x - F_P\int_0^l \boldsymbol{B}^T\boldsymbol{B}\mathrm{d}x\right]\delta\bar{\boldsymbol{\Delta}}^e$$

由于 $\bar{\boldsymbol{\Delta}}^{eT}$ 和 $\delta\bar{\boldsymbol{\Delta}}^e$ 的任意性,故得

$$\bar{\boldsymbol{k}}^e = EI\int_0^l \boldsymbol{C}^T\boldsymbol{C}\mathrm{d}x - F_P\int_0^l \boldsymbol{B}^T\boldsymbol{B}\mathrm{d}x \quad (11\text{-}62)$$

再把式(11-60)代入式(11-62)并进行积分后,即可得到考虑轴向力影响的单元刚度矩阵:

$$\bar{\boldsymbol{k}}^e = EI\begin{bmatrix} \dfrac{12}{l^3} & \dfrac{6}{l^2} & -\dfrac{12}{l^3} & \dfrac{6}{l^2} \\[2mm] \dfrac{6}{l^2} & \dfrac{4}{l} & -\dfrac{6}{l^2} & \dfrac{2}{l} \\[2mm] -\dfrac{12}{l^3} & -\dfrac{6}{l^2} & \dfrac{12}{l^3} & -\dfrac{6}{l^2} \\[2mm] \dfrac{6}{l^2} & \dfrac{2}{l} & -\dfrac{6}{l^2} & \dfrac{4}{l} \end{bmatrix} - F_P\begin{bmatrix} \dfrac{6}{5l} & \dfrac{1}{10} & -\dfrac{6}{5l} & \dfrac{1}{10} \\[2mm] \dfrac{1}{10} & \dfrac{2l}{15} & -\dfrac{1}{10} & -\dfrac{l}{30} \\[2mm] -\dfrac{6}{5l} & -\dfrac{1}{10} & \dfrac{6}{5l} & -\dfrac{1}{10} \\[2mm] \dfrac{1}{10} & -\dfrac{l}{30} & -\dfrac{1}{10} & \dfrac{2l}{15} \end{bmatrix} \quad (11\text{-}63)$$

由式(11-63)可知,单元刚度矩阵由两部分组成:第一部分是普通弯曲杆件(即无轴力作用)的刚度矩阵;第二部分是轴向压力的影响矩阵,或称为单元几何刚度矩阵。

2. 刚架的二阶分析

从式(11-63)可知,当杆件的轴力 F_P 为压力时,将降低杆件的抗弯刚度和抗侧移刚度,这就是所谓的 $F_P\text{-}\Delta$ 效应,当考虑 $F_P\text{-}\Delta$ 效应的影响对刚架结构进行内力分析时,又称为刚架的二阶分析。

说明刚架二阶分析的步骤。

【例 11-5】 如图 11-24(a)所示刚架,已知:$H=l=6.0$ m;$n=1$,即 $i_2=i_1$;$E=210$ GPa,采用 I20 工字钢,$I=2\ 370\ \mathrm{cm}^4$;$i_1=\dfrac{EI}{H}=829.5$ kN·m。试作刚架的弯矩图和剪力图。

解 刚架的单元编号和坐标系如图 11-24(b)所示。按位移法计算时,独立的结点位移为 v_1、φ_2、φ_3、φ_4、φ_5,由对称性可知 $\varphi_3=\varphi_2$、$\varphi_4=\varphi_5$。

单元①、③为一端有侧移、转角位移,一端简支的压杆单元。单元的刚度方程由式(11-63)可写出为

$$\begin{bmatrix} F_{Q1} \\ M_1 \\ M_2 \end{bmatrix}^{(1)} = \begin{bmatrix} F_{Q1} \\ M_1 \\ M_2 \end{bmatrix}^{(3)} = \left\{\begin{bmatrix} \dfrac{12i_1}{H^2} & \dfrac{6i_1}{H} & \dfrac{6i_1}{H} \\[2mm] \dfrac{6i_1}{H} & 4i_1 & 2i_1 \\[2mm] \dfrac{6i_1}{H} & 2i_1 & 4i_1 \end{bmatrix} - F_P\begin{bmatrix} \dfrac{6}{5H} & \dfrac{1}{10} & \dfrac{1}{10} \\[2mm] \dfrac{1}{10} & \dfrac{2H}{15} & -\dfrac{H}{30} \\[2mm] \dfrac{1}{10} & -\dfrac{H}{30} & \dfrac{2H}{15} \end{bmatrix}\right\}\begin{Bmatrix} v_1 \\ \varphi_2 \\ \varphi_4 \end{Bmatrix} \quad (1)$$

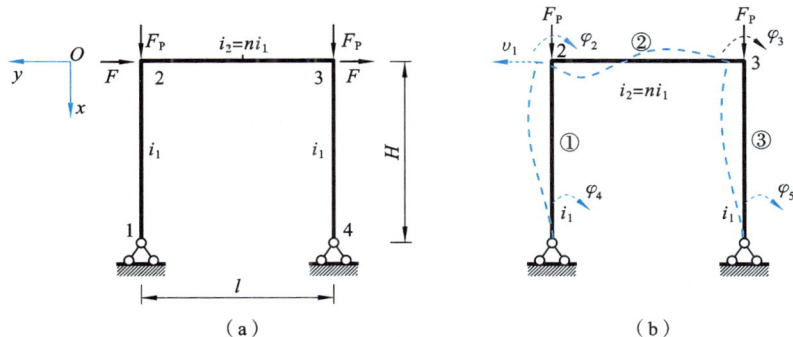

图 11-24

单元②为两端有转角位移的普通单元。单元刚度方程为

$$\begin{bmatrix} M_1 \\ M_2 \end{bmatrix}^{(2)} = \begin{bmatrix} 4i_2 & 2i_2 \\ 2i_2 & 4i_2 \end{bmatrix} \begin{bmatrix} \varphi_2 \\ \varphi_3 \end{bmatrix} \tag{2}$$

整体刚度方程(位移法平衡方程)为

$$\begin{bmatrix} 2\left(\dfrac{12i_1}{H^2} - \dfrac{6F_P}{5H}\right) & 2\left(\dfrac{6i_1}{H} - \dfrac{F_P}{10}\right) & 2\left(\dfrac{6i_1}{H} - \dfrac{F_P}{10}\right) \\ 2\left(\dfrac{6i_1}{H} - \dfrac{F_P}{10}\right) & 2\left(4i_1 - \dfrac{2F_P H}{15}\right) + 12i_2 & 2\left(2i_1 + \dfrac{F_P H}{30}\right) \\ 2\left(\dfrac{6i_1}{H} - \dfrac{F_P}{10}\right) & 2\left(2i_1 + \dfrac{F_P H}{30}\right) & 2\left(4i_1 - \dfrac{2F_P H}{15}\right) \end{bmatrix} \begin{bmatrix} \upsilon_1 \\ \varphi_2 \\ \varphi_4 \end{bmatrix} = \begin{bmatrix} -2F \\ 0 \\ 0 \end{bmatrix} \tag{3}$$

荷载取下面两组值:

第 1 组 $F_P = 0$, $F = 10$ kN,此为一阶分析,供比较用;

第 2 组 $F_P = 100$ kN, $F = 10$ kN。

将以上第 2 组数据代入式(3),得

$$\begin{bmatrix} 256.5 & 819.5 & 819.5 \\ 819.5 & 8215 & 1679 \\ 819.5 & 1679 & 3238 \end{bmatrix} \begin{bmatrix} \upsilon_1 \\ \varphi_2 \\ \varphi_4 \end{bmatrix} = \begin{bmatrix} -10 \\ 0 \\ 0 \end{bmatrix}$$

解得

$$\upsilon_1 = -0.3585 \text{ m}, \quad \varphi_2 = 0.0193 \text{ rad}, \quad \varphi_4 = 0.0807 \text{ rad}$$

有了结点位移,单元①、③的杆端力可由式(1)求得:

$$\begin{bmatrix} F_{Q1} \\ M_1 \\ M_2 \end{bmatrix}^{(1)} = \begin{bmatrix} F_{Q1} \\ M_1 \\ M_2 \end{bmatrix}^{(3)} = \left\{ \begin{bmatrix} \dfrac{12i_1}{H^2} & \dfrac{6i_1}{H} & \dfrac{6i_1}{H} \\ \dfrac{6i_1}{H} & 4i_1 & 2i_1 \\ \dfrac{6i_1}{H} & 2i_1 & 4i_1 \end{bmatrix} - F_P \begin{bmatrix} \dfrac{6}{5H} & \dfrac{1}{10} & \dfrac{1}{10} \\ \dfrac{1}{10} & \dfrac{2H}{15} & -\dfrac{H}{30} \\ \dfrac{1}{10} & -\dfrac{H}{30} & \dfrac{2H}{15} \end{bmatrix} \right\} \begin{bmatrix} \upsilon_1 \\ \varphi_2 \\ \varphi_4 \end{bmatrix}$$

$$= \begin{bmatrix} 256.5 & 819.5 & 819.5 \\ 819.5 & 3238 & 1679 \\ 819.5 & 1679 & 3238 \end{bmatrix} \begin{bmatrix} -0.3585 \\ 0.0193 \\ 0.0807 \end{bmatrix} = \begin{bmatrix} -10 \\ -95.846 \\ 0 \end{bmatrix}$$

若将以上第 1 组数据代入式(3),得

$$\upsilon_1 = -0.2170 \text{ m}, \quad \varphi_2 = 0.0121 \text{ rad}, \quad \varphi_4 = 0.0482 \text{ rad}$$

讨论：两组荷载作用时的 M 图如图 11-25(a)(b)所示，F_Q 图如图11-25(c)(d)所示。其中图 11-25(a)(c)所示是一阶分析的结果，图11-25(b)(d)所示是二阶分析的结果。二阶分析所得侧移 v_1 放大到了一阶分析的 $\dfrac{0.3585 \text{ m}}{0.2170 \text{ m}} = 1.652$ 倍，二阶分析所得单元①柱顶的弯矩放大到了一阶分析的 $\dfrac{95.846 \text{ kN} \cdot \text{m}}{60 \text{ kN} \cdot \text{m}} = 1.597$ 倍。放大系数是与竖直方向荷载 F_P 有直接关系的：当 F_P 减小时，放大系数减小；当 $F_P = 0$ 时，放大系数等于 1；当 F_P 增大时，放大系数变大；当 F_P 趋于稳定的临界荷载 F_{Pcr} 时，放大系数趋于无穷大，即体系处于失稳状态。

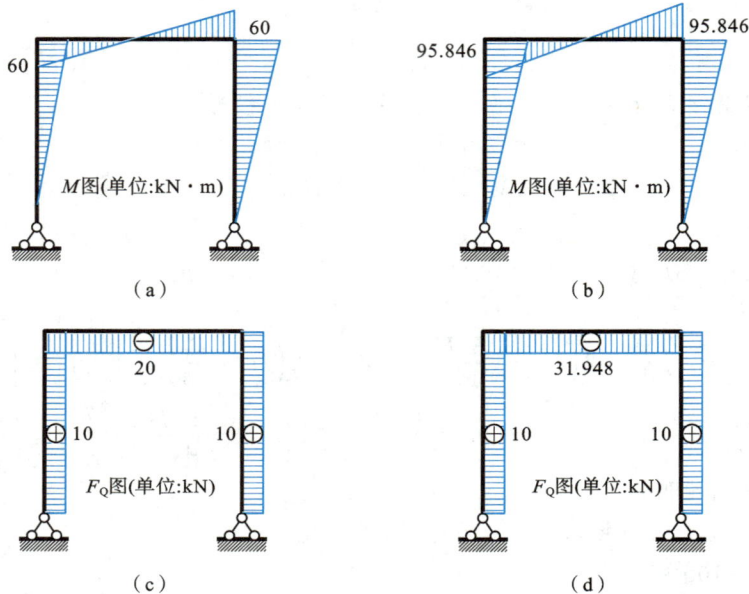

图 11-25

3. 刚架的临界荷载计算

有了压杆单元的刚度方程，即可利用矩阵位移法进行刚架的稳定性计算。假设刚架只受结点荷载，在失稳前各杆只受轴力，同时假设各杆的轴向变形可以忽略。对于压杆单元，其刚度方程采用式(11-63)；对于非压杆单元，仍采用普通单元刚度方程计算。

利用刚度集成法得出结构的整体刚度方程：

$$\boldsymbol{K}(F_P)\boldsymbol{\Delta} = 0 \tag{11-64}$$

由于失稳前各杆只受轴力，故荷载向量的大小为 0，位移法基本方程为齐次方程。

临界状态的特点是 $\boldsymbol{\Delta} \neq \boldsymbol{0}$，故得

$$|\boldsymbol{K}(F_P)| = 0 \tag{11-65}$$

式(11-64)的展开式是一个包含荷载值 F_P 的代数方程，其最小根就是临界荷载 F_{Pcr}。

【例 11-6】　试求图 11-26(a)所示刚架的临界荷载和柱的计算长度。

解　图 11-26(a)所示为一受对称结点荷载的对称刚架。它可能以对称变形的形式失稳(见图 11-26(b))，也可能以反对称变形的形式失稳(见图 11-26(c))，下面针对这两种情况分

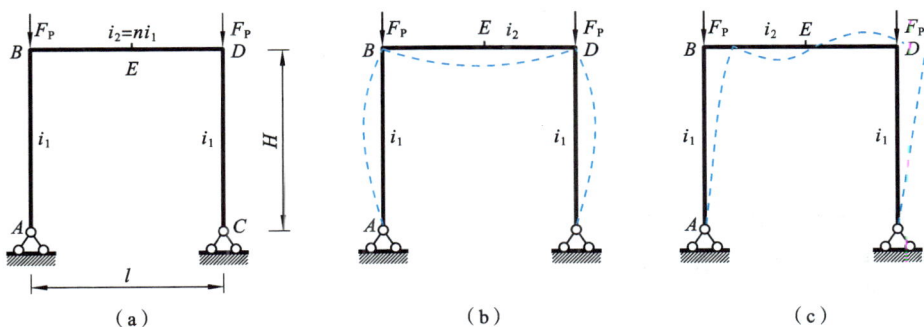

图 11-26

别进行计算。

（1）刚架以对称变形的形式失稳。

刚架的编号与坐标系如图 11-27(a) 所示。按位移法计算时，独立的结点位移有 φ_1、φ_3（$\varphi_1 = -\varphi_2$、$\varphi_3 = -\varphi_4$）。

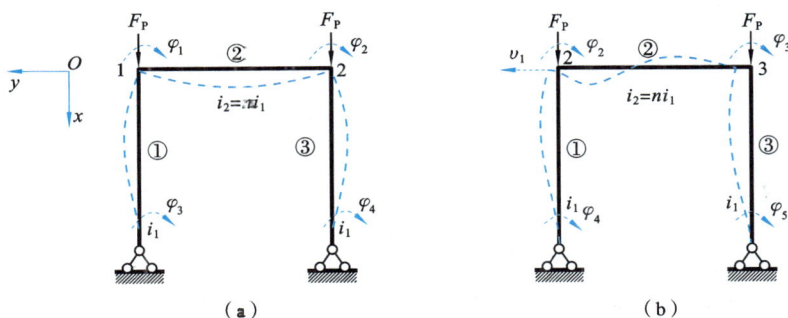

图 11-27

单元①为一端有转角位移、一端简支的压杆单元。单元的刚度方程可由式（11-63）写出，即

$$\begin{bmatrix} M_1 \\ M_2 \end{bmatrix}^{(1)} = \left\{ \begin{bmatrix} 4i_1 & 2i_1 \\ 2i_1 & 4i_1 \end{bmatrix} - F_P \begin{bmatrix} \dfrac{2H}{15} & -\dfrac{H}{30} \\ -\dfrac{H}{30} & \dfrac{2H}{15} \end{bmatrix} \right\} \begin{bmatrix} \varphi_1 \\ \varphi_3 \end{bmatrix}$$

单元②为两端有转角位移（但 $\varphi_1 = -\varphi_2$）的普通单元，单元的刚度方程为

$$M_1^{(2)} = 4i_2\varphi_1 + 2i_2\varphi_2 = 2i_2\varphi_1$$

整体刚度方程（位移法平衡方程）为

$$\left\{ \begin{bmatrix} 4i_1 + 2i_2 & 2i_1 \\ 2i_1 & 4i_1 \end{bmatrix} - F_P \begin{bmatrix} \dfrac{2H}{15} & -\dfrac{H}{30} \\ -\dfrac{H}{30} & \dfrac{2H}{15} \end{bmatrix} \right\} \begin{bmatrix} \varphi_1 \\ \varphi_3 \end{bmatrix} = \begin{bmatrix} 0 \\ 0 \end{bmatrix} \tag{1}$$

φ_1、φ_3 有非零解的条件为式（1）的系数行列式为零，由此可求得 F_{Pcr}。

当 $i_2 = i_1$ 时，有

$$F_{\text{Pcr}} = \frac{16.866 EI_1}{H^2} = \frac{\pi^2 EI_1}{\left(\dfrac{\pi}{4.107} H\right)^2} \tag{2}$$

柱的计算长度为

$$H_0 = \frac{\pi}{4.107} H = 0.765 H$$

(2) 以反对称变形的形式失稳时。

刚架的编号和坐标系如图 11-27(b) 所示。按位移法计算时，独立的结点位移为 v_1、φ_2、φ_4（由对称性可知 $\varphi_3 = \varphi_2$、$\varphi_5 = \varphi_4$）。

由例 11-5 可知，整体刚度方程（位移法平衡方程）为

$$\begin{bmatrix} 2\left(\dfrac{12i_1}{H^2} - \dfrac{6F_{\text{P}}}{5H}\right) & 2\left(\dfrac{6i_1}{H} - \dfrac{F_{\text{P}}}{10}\right) & 2\left(\dfrac{6i_1}{H} - \dfrac{F_{\text{P}}}{10}\right) \\ 2\left(\dfrac{6i_1}{H} - \dfrac{F_{\text{P}}}{10}\right) & 2\left(4i_1 - \dfrac{2F_{\text{P}}H}{15}\right) + 12i_2 & 2\left(2i_1 + \dfrac{F_{\text{P}}H}{30}\right) \\ 2\left(\dfrac{6i_1}{H} - \dfrac{F_{\text{P}}}{10}\right) & 2\left(2i_1 + \dfrac{F_{\text{P}}H}{30}\right) & 2\left(4i_1 - \dfrac{2F_{\text{P}}H}{15}\right) \end{bmatrix} \begin{bmatrix} v_1 \\ \varphi_2 \\ \varphi_4 \end{bmatrix} = \begin{bmatrix} 0 \\ 0 \\ 0 \end{bmatrix} \tag{3}$$

v_1、φ_1、φ_3 有非零解的条件为式(3)的系数行列式为零，由此可求得 F_{Pcr}。

当 $i_2 = i_1$ 时，有

$$F_{\text{Pcr}} = \frac{1.83 EI_1}{H^2} = \frac{\pi^2 EI_1}{\left(\dfrac{\pi}{1.35} H\right)^2} \tag{4}$$

柱的计算长度为

$$H_0 = \frac{\pi}{1.35} H = 2.326 H$$

比较式(3)与式(4)，可知发生反对称变形时相应的 F_{Pcr} 较小，因此实际的临界荷载应按式(4)计算。

11.8　讨论

1. 轴心受压直杆的临界荷载计算通式的适用条件

直杆在轴心受压荷载作用下可能发生三种形式的破坏，即弹性失稳破坏、弹塑性失稳破坏和强度破坏。杆件发生何种形式的破坏取决于杆件的长细比。

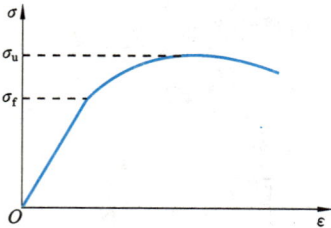

图 11-28

设杆件单向加载的应力(σ)-应变(ε)曲线如图 11-28 所示。图中的 σ_{f} 为材料的弹性极限，σ_{u} 为材料的强度极限。若杆件的临界应力 $\sigma_{\text{Pcr}} = F_{\text{Pcr}}/A \leqslant \sigma_{\text{f}}$，则杆件在失稳时材料仍处于弹性状态，把轴心受压直杆的临界荷载（见式(11-9)）代入临界应力的计算式得

$$\sigma_{\text{Pcr}} = \frac{\pi^2 EI}{(\mu l)^2 A} = \frac{\pi^2 E}{\mu^2 \lambda^2} \leqslant \sigma_{\text{f}} \tag{11-66}$$

式中：$\lambda = l/r$ 为长细比；$r = \sqrt{I/A}$ 为截面回转半径。

由式(11-66)可得

$$\lambda \geqslant \frac{\pi}{\mu} \sqrt{\frac{E}{\sigma_f}} = \lambda_e \qquad (11\text{-}67)$$

式中:λ_e 为杆件发生弹性失稳的临界长细比。

式(11-67)表明,只有当杆件的 $\lambda \geqslant \lambda_e$ 时,杆件才发生弹性失稳破坏,此时临界荷载计算通式(11-9)才适用。满足 $\lambda \geqslant \lambda_e$ 这一条件的杆件通常称为细长杆件。

当 $\sigma_{Pcr} = F_{Pcr}/A \geqslant \sigma_u$ 时,有

$$\sigma_{Pcr} = \frac{\pi^2 EI}{(\mu l)^2 A} = \frac{\pi^2 E}{\mu^2 \lambda^2} \geqslant \sigma_u \qquad (11\text{-}68)$$

由式(11-68)可得

$$\lambda \leqslant \frac{\pi}{\mu} \sqrt{\frac{E}{\sigma_u}} = \lambda_u \qquad (11\text{-}69)$$

式中:λ_u 为杆件发生强度破坏的临界长细比。

式(11-69)表明,当 $\lambda \leqslant \lambda_u$ 时,杆件将发生强度破坏,此时的临界应力 $\sigma_{Pcr} = \sigma_u$。满足 $\lambda \leqslant \lambda_u$ 这一条件的杆件通常称为短柱。

若杆件满足如下条件:

$$\lambda_u < \lambda < \lambda_e$$

在轴向荷载作用下杆件将发生弹塑性失稳破坏,这样的杆件通常称为中长杆件,它的临界荷载计算方法将在以后的专业课中学习。

2. 稳定方程的计算

稳定方程通常为 αl 的超越方程,若用人工计算非常复杂,可借助高性能和可视化仿真软件 Matlab 进行计算。下面以计算 11.2 节中一端固定一端铰支直杆的稳定方程 $\tan \alpha l = \alpha l$ 为例,说明计算步骤。整个计算过程可分为两步:

(1) 设 $x = \alpha l$,利用以下 Matlab 源程序画出 $f(x) = \tan x - x$ 的图形,如图 11-29 所示。由图可见,$f(x)$ 在 $[0,12]$ 的区间内,在 4.5、7.5、11 附近存在零解。

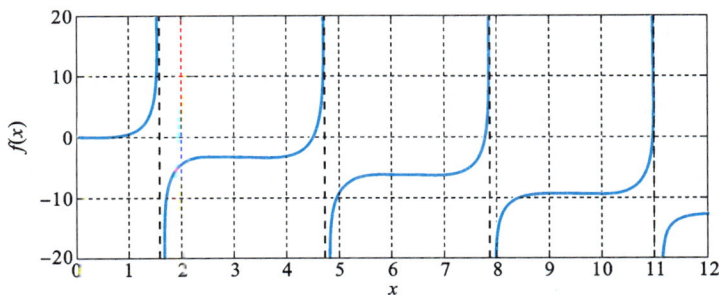

图 11-29

源程序如下:

```
clear
x=0:0.01:4*pi;
y=tan(x)-x;
figure
plot(x,y)
```

（2）利用 Matlab 软件中的 fzero 函数求解 $f(x)$ 在 4.5、7.5、11 附近的零解，源程序和计算结果如下。

源程序：

```
x1=fzero(@ myfun,4.5);
x2=fzero(@ myfun,7.5);
x3=fzero(@ myfun,11);
x=[x1,x2,x3]
function f=myfun(x)
f=tan(x)-x;
```

计算结果：

```
x=
   4.4934    7.7253    10.9041
```

可见，最小的 x 等于 4.4934，则可得 $\alpha l=4.4934$。

【例 11-7】　利用仿真软件 Matlab 计算例 11-1 中的稳定方程

$$\tan\alpha l=\alpha l\,\frac{1}{1+\dfrac{(\alpha l)^2}{6}}$$

解　（1）画出 $f(x)=\tan x-\dfrac{x}{1+\dfrac{x^2}{6}}$ 的图形，如图 11-30 所示。源程序如下。

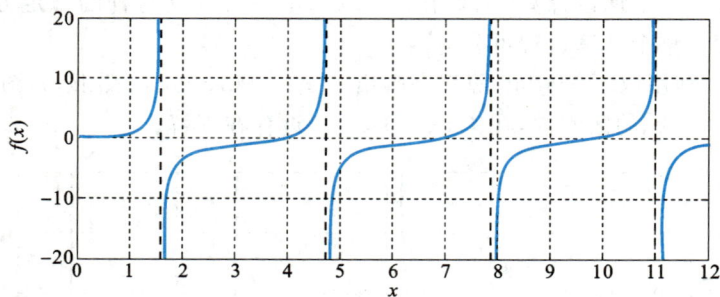

图 11-30

```
x=0:0.01:4* pi
y=tan(x)-x./(1+x^2/6)
figure
plot(x,y)
```

由图 11-30 可见，$f(x)$ 在 4、7、10 附近存在零解。

（2）利用 fzero 函数求 $f(x)$ 在 4、7、10 附近的零解，源程序及计算结果如下。

源程序：

```
x1=fzero(@ myfun,4);
x2=fzero(@ myfun,7);
```

```
x3=fzero(@ myfun,10);
x=[x1,x2,x3]
function f=myfun(x)
f=tan(x)-x./(1+x.^2./6);
```

计算结果：

```
x =
    3.9720    6.9387    9.9421
```

可得 $\alpha l = 3.972$。

3. 变分的运算规则

在用能量法计算压杆临界荷载时，常常要对结构总势能 Π 做变分运算，设 Π 为 $a_1,a_2,\cdots,$ a_n 的函数，即 $\Pi = f(a_1,a_2,\cdots,a_n)$. 则 Π 的变分为 $\delta\Pi(a_1,a_2,\cdots,a_n)$。有

$$\delta\Pi(a_1,a_2,\cdots,a_n) = \sum_{i=1}^{n}\frac{\partial\Pi}{\partial a_i}\cdot\delta a_i$$

这就是函数变分的运算规则，与多元函数的微分相似。

通常 Π 以积分形式给出

$$\Pi(a_1,a_2,\cdots,a_n) = \int_a^b f(a_1,a_2,\cdots,a_n)\mathrm{d}x \tag{11-70}$$

则式(11-70)的变分为

$$\delta\Pi(a_1,a_2,\cdots,a_n) = \int_a^b \delta f(a_1,a_2,\cdots,a_n)\,\mathrm{d}x \tag{11-71}$$

由式(11-71)可知变分的运算与定积分的运算可以变换次序。

思 考 题

11-1 试述结构稳定问题与强度问题的区别，并指出弹性稳定问题的特点。

11-2 试比较大、小挠度理论在结构稳定分析中的优缺点。为什么在分支点失稳中可以采用小挠度理论来进行分析，而在极值点失稳中却不能？

11-3 试比较静力法和能量法用于分析稳定问题时在计算原理和解题步骤上的异同点。

11-4 试比较用能量法计算无限自由度与多自由度体系稳定的异同点。为什么说用里兹法求得的无限自由度体系的临界荷载是精确解的一个上限？

11-5 增加或减少杆端的约束刚度，对压杆的计算长度和临界荷载有什么影响？

11-6 为什么对称刚架在反对称失稳时的临界荷载值比正对称失稳时的临界荷载值一般要小一些？试用计算长度的概念加以说明。

11-7 应采用何种方法求解组合杆(分缀条式和缀板式组合杆)的稳定性问题？试写出组合杆截面的惯性矩。

习 题

11-1 图示刚性杆 ABC 在两端分别作用重力。设杆可绕 B 点在竖直面内自由转动，试用静力法针对下面三种情况讨论其平衡形式的稳定性：

(1) $F_{P1} < F_{P2}$；(2) $F_{P1} > F_{P2}$；(c) $F_{P1} = F_{P2}$。

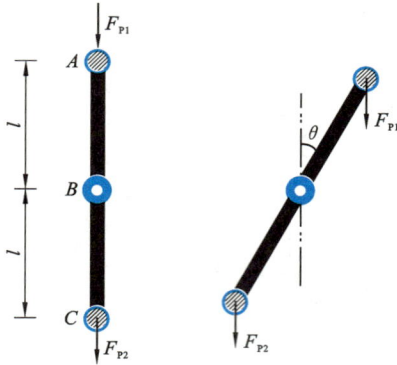

题 11-1 图

11-2　试用静力法和能量法求图示结构的临界荷载 F_{Pcr}。

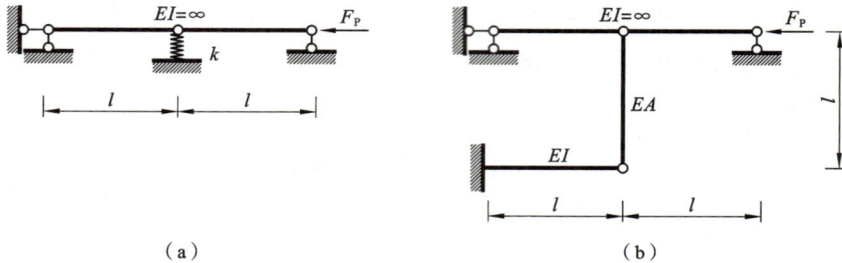

（a）　　　　　　　　　　　　（b）

题 11-2 图

11-3　试用静力法和能量法求图示结构的临界荷载 q_{cr}。假定弹性支座的刚度系数为 k。

11-4　试用静力法和能量法求图示结构的临界荷载 F_{Pcr}。

11-5　试分别采用静力法和能量法求图示结构的临界荷载 F_{Pcr}，并画出失稳曲线。忽略轴向、剪切变形，已知 $k_1 = k, k_2 = 2k$。

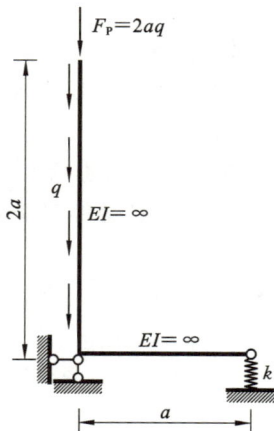
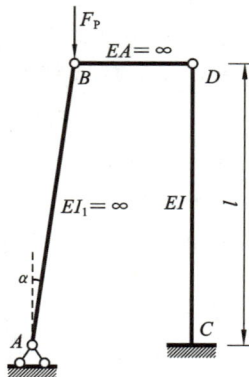
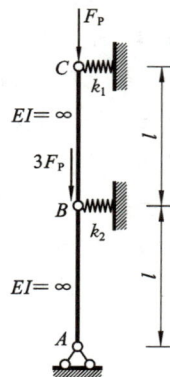

题 11-3 图　　　　　　题 11-4 图　　　　　　题 11-5 图

11-6　试分别采用静力法和能量法求图示体系的失稳临界荷载，并画出失稳曲线。

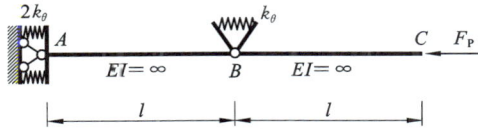

题 11-6 图

11-7　试用静力法建立图示弹性压杆的稳定方程。

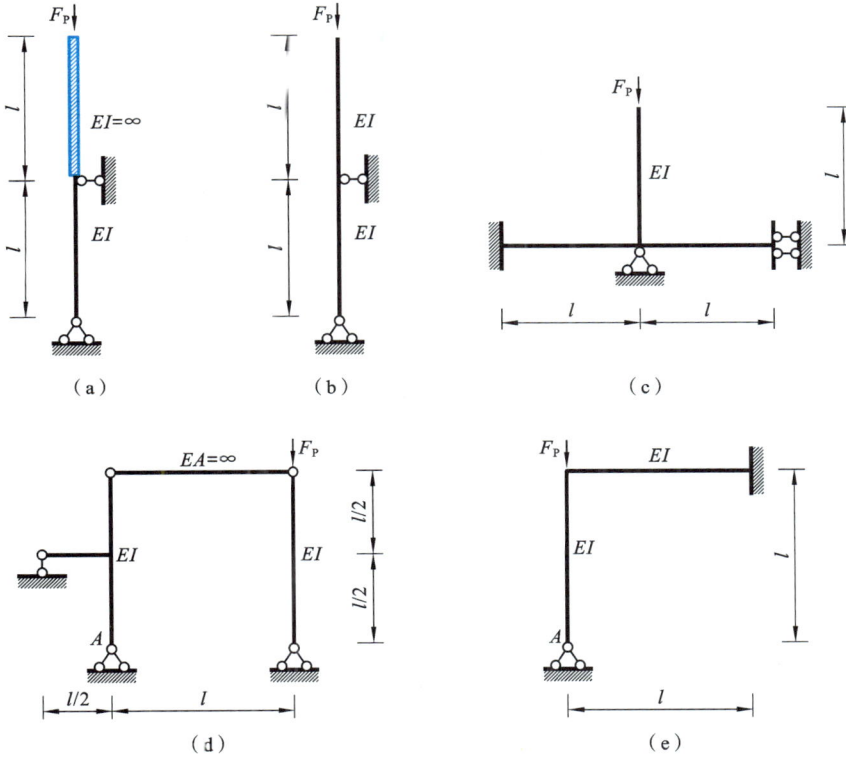

（a）　　　　　　　（b）　　　　　　　　（c）

（d）　　　　　　　　　　　（e）

题 11-7 图

11-8　试用静力法建立图示弹性压杆的稳定方程。

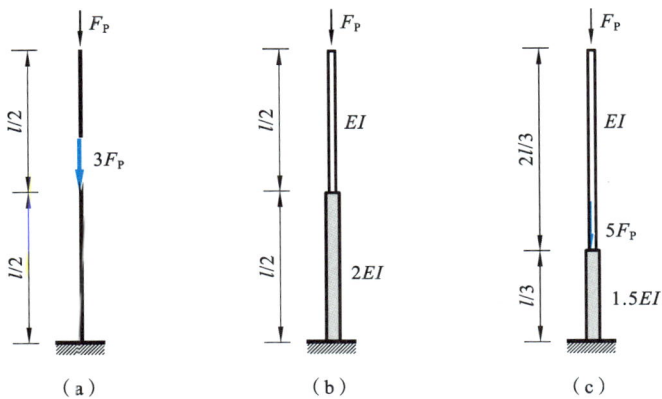

（a）　　　　　　　（b）　　　　　　　（c）

题 11-8 图

11-9 试用能量法计算题 11-7(a)、(b)中的 F_{Pcr}。

11-10 试用能量法计算题 11-8 中的 F_{Pcr}。

11-11 试求图示结构的临界荷载 F_{Pcr}。忽略轴向、剪切变形。

11-12 利用矩阵法列出刚架的稳定方程(忽略轴向变形)。

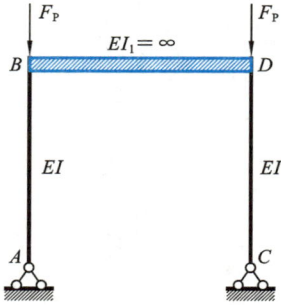

题 11-11 图

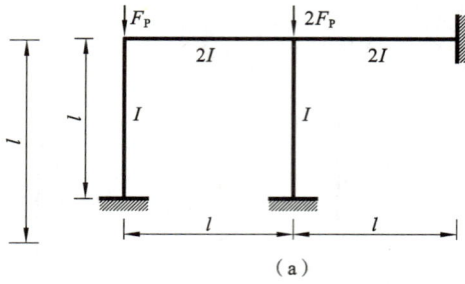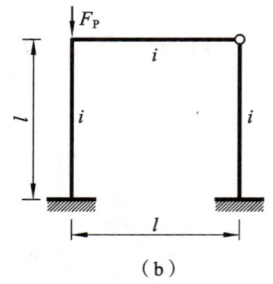

题 11-12 图

本章习题参考答案

附录 A
专业术语索引

B

板壳结构 plate and shell structure 1

变形体的虚功原理 principle of virtual work for deformable body 140

C

常变体系 constantly changeable system 25

超静定次数 degree of indeterminacy 159

超静定结构 statically indeterminate structure 25

超静定结构的位移 displacement of statically indeterminate structure 192

冲击荷载 impulsive load 7

初始相位角 initial phase angle 359

传递系数 carry-over factor 259

D

达朗贝尔原理 d'Alembert's principle 355

单位荷载法 unit load method 136

单元定位向量 element localization vector 301

单元分析 element analysis 296

单元刚度矩阵 element stiffness matrix 303

单元刚度方程 element stiffness equation 303

单元几何刚度矩阵 element geometric stiffness matrix 446

单自由度体系 single degree of freedom system 355

等效结点荷载 equivalent nodal load 317

第一频率 first frequency 381

动力荷载 dynamic load 419

动力系数 dynamic magnification factor 368

动力系数反应谱 spectrum of dynamic magnification factor 374

杜哈梅积分 Duhamel's integral 371

多跨静定梁 multi-span statically determinate beam 8

多余约束 redundant restraint 12

对称荷载 symmetrical load 178

对称结构 symmetrical structure 178

F

反对称荷载 antisymmetrical load 178

反力互等定理 theorem of reciprocal reactions 152

反弯点法 method of inflection point 273

分配系数 distribution factor 260

分支点失稳 bifurcation buckling 453

G

杆系结构 structure of bar system 1

刚臂 rigid arm 186

刚度法 stiffness method 355

刚度方程 stiffness equation 296

刚度系数 stiffness coefficient 191

刚度矩阵 stiffness matrix 230

刚架 frame 6

刚架的稳定 stability of rigid frame 444

拱 arch 7

功的互等定理 theorem of reciprocal works 152

共振 resonance 368

固定支座 fixed support 4

固端剪力 fixed-end shear force 215

固端弯矩 fixed-end moment 215

广义刚度矩阵 generalized stiffness matrix 406

广义位移 generalized displacement 136

广义坐标 generalized coordinate 353

广义质量矩阵 generalized mass matrix 406

H

合理拱轴线 optimal centre line of arch 75

荷载 load 1

桁架 truss 7

桁架影响线 influence line of truss 127

互等定理 reciprocal theorem 152

J

基本频率 fundamental frequency 381

基本振型 fundamental mode shape 415

机动法 kinematic method 93

几何不变体系 geometrically unchangeable system 10

几何构造分析 geometric construction analysis 10

几何可变体系 geometrically changeable system 10

极值点失稳 limit point buckling 425

集中质量法 method of lumped mass 352

计算自由度 computational degree of freedom 23

简谐荷载 harmonic load 350

渐近法 successive approximation method 264

铰支座 hinge support 4

结点荷载 joint (or nodal) load 99

结点线位移 joint translation displacement 235

结构 structure 1

结构的刚度矩阵 stiffness matrix of structure 400

结构的计算简图 computing model of structure 1

近似法 approximate method 273

静定结构 statically determinate structure 25

静力法 static method 93

静荷载 static load 7

矩阵位移法 matrix displacement method 296

(矩阵位移法的)后处理法 post-treatment method 298

(矩阵位移法的)先处理法 pre-treatment method 298

L

力法 force method 159

力法的基本体系 primary system of force method 164

力法的基本未知量 primary unknowns of force method 165

力法典型方程 canonical equations of force method 168

力矩分配法 method of moment distribution 258

连续梁 continuous beam 41

梁 beam 1

两铰拱 two-hinged arch 8

临界阻尼 critical damping coefficient 364

临界荷载 critical load 115

N

内力影响线 influence line of internal force 97

能量法 energy method 424

黏滞阻尼 viscous damping 363

P

频率 frequency 359

频率方程 frequency equation 381

Q

强迫振动 forced vibration 366

R

柔度法 flexibility method 356

柔度矩阵 flexibility matrix 398

柔度系数 flexibility coefficient 356

瑞利法 Rayleigh method 410

S

三铰拱 three-hinged arch 8

三铰拱的压力线 line of pressure in three-hinged arch 75

实体结构 massive structure 1

瞬变体系 instantaneously changeable system 16

瞬铰 instantaneous hinge 17

势能 potential energy 363

势能驻值原理 principle of stationary potential energy 434

随机荷载 random load 350

T

特征方程 characteristic equation 426

突加荷载 suddenly applied load 350

图乘法 method of graph multiplication 146

W

位移 displacement 2

位移法 displacement method 208

位移法的基本体系 primary system in displacement method 227

位移法的基本未知量 primary unknowns in displacement method 208

位移法典型方程 canonical equations in displacement method 227

位移-反力互等定理 theorem of reciprocal displacement-reaction 152

位移互等定理 theorem of reciprocal displacements 152

稳定方程 stability equation 429

无侧移刚架 rigid frame without sidesway 258

无剪力分配法 no-shear moment distribution method 269

无铰拱 hingeless arch 8

无限自由度体系 infinite-degree-of-freedom system 427

X

虚功原理 principle of virtual work 133

虚力原理 principle of virtual force 133

虚位移原理 principle of virtual displacement 133

形状函数 shape function 445

Y

压杆稳定性 stability of column 441

一阶分析 first order analysis 447

影响系数 influence factor 108

影响线 influence line 92

应变能 strain energy 410

有限元法 finite element method 296

圆频率 circular frequency 359

约束 constraint , or restraint 4

Z

振幅 amplitude of vibration 358

振幅的对数递减率 logarithmic decrement of vibrational amplitude 365

整体刚度矩阵 assembled stiffness matrix 311

整体坐标系 global coordinate system 301

正则坐标 generalized coordinate 405

质量矩阵 mass matrix 401

振型叠加法 method of mode-superposition 407

周期 period 349

主振型（振型）normal mode shape 381

主振型的正交性 orthogonality of normal modes 389

主振型矩阵 mode shape matrix 405

转动刚度 rotational stiffness 259

自由度 degree of freedom 10

自由振动 free vibration 355

自振周期 natural period 7

阻尼 damping 363

阻尼比 damping ratio 364

组合结构 composite structure 1

附录 B

主要符号表

A	截面面积、振幅、图乘面积	F_S	弹性力
$A、B、C$	形状函数	F_x, F_y	水平(x)、垂直(y)方向的分力
c	广义支座位移、黏滞阻尼系数	g	重力加速度
c_r	临界阻尼	G	剪切变形模量
C	弯矩传递系数	h	材料截面高度
d	结间距离	H_0	计算长度
e	偏距	i	线刚度
E	弹性模量	I	截面惯性矩
f	拱高、矢高、工程频率	$\boldsymbol{I}$	单位矩阵
F_D	阻尼力	k	刚度系数
$\bar{\boldsymbol{F}}^e$	局部坐标系下的单元杆端力列阵	$\bar{\boldsymbol{k}}^e$	局部坐标系下的单元刚度矩阵
$\boldsymbol{F}^e$	整体坐标系下的单元杆端力列阵	$\boldsymbol{k}^e$	整体坐标系下的单元刚度矩阵
$\boldsymbol{F}_e$	等效结点荷载列阵	$\boldsymbol{K}$	整体刚度矩阵
F_H	水平推力	l	杆件长度
F_I	惯性力	m	质量
$\boldsymbol{F}_j$	结点荷载列阵	$\bar{m}$	集中质量
F_N	轴力	M	力矩、弯矩、力偶
F_P	集中荷载	M^F	固端弯矩
$\boldsymbol{F}_P$	荷载列阵	M^g	不平衡力矩
F_{Pcr}	临界荷载	$\boldsymbol{M}$	质量矩阵
F_Q	剪力	q	均布荷载集度
F_Q^F	固端剪力	r	截面回转半径
F_R	广义反力、反力合力	R	半径、阻尼力

S	转动刚度	$\boldsymbol{\Delta}^e$	整体坐标系下的单元杆端位移列阵
t	温度	φ	弦转角、转角位移、单元形函数
T	周期、动能	γ	侧移分配系数、复阻尼系数
$\boldsymbol{T}$	单元坐标转换矩阵	$\bar{\gamma}$	剪切角
U	应变能	η	广义剪切变形、拱截面法线方向
V	外力势能	λ	广义轴向变形、长细比
W	计算自由度	λ_u	破坏临界长细比
X	广义未知力、广义多余未知力	λ_e	失稳临界长细比
y	位移	$\boldsymbol{\lambda}$	单元定位向量
$\boldsymbol{y}$	位移列阵	μ	计算长度系数、弯矩分配系数、杆端 x 向位移
y_{st}	静位移		
$\dot{y}=\dfrac{\mathrm{d}y}{\mathrm{d}t}$	速度	υ	杆端 y 向位移、速度
$\ddot{y}=\dfrac{\mathrm{d}^2 y}{\mathrm{d}t^2}$	加速度	Π	总势能
$\boldsymbol{Y}$	主振型向量、主振型矩阵	Π_e	外力势能
Z	影响线量值	Π_i	内力势能
α	转角位移、材料线膨胀系数	θ	弯曲变形量、荷载频率
β	位移动力系数	ρ	曲率
δ	柔度系数	σ_e	材料弹性极限
$\boldsymbol{\delta}$	柔度矩阵	σ_u	材料强度极限
Δ	广义未知位移	σ_{Pcr}	临界应力
Δ_{st}	静位移	τ	剪应力、拱截面切线方向
$\boldsymbol{\Delta}$	结构位移矩阵	ω	广义图乘面积、圆频率
$\bar{\boldsymbol{\Delta}}^e$	局部坐标系下的单元杆端位移列阵	ω_d	有阻尼自振频率
		ξ	阻尼比

平面杆系结构矩阵位移法 PYTHON 程序

1. 程序流程图

本程序采用 PYTHON 语言进行程序设计,有效利用 PYTHON 中提供的类与对象方法,创建了结点类 Node、杆件单元类 Element 和整体结构类 Structure。这三个类的创建使得本程序可以方便求解如梁、刚架、桁架、组合结构等平面杆系结构的内力和位移,并支持符号运算。因此,本程序具有较好的通用性。

图 C-1 为程序计算流程,具体步骤如下:

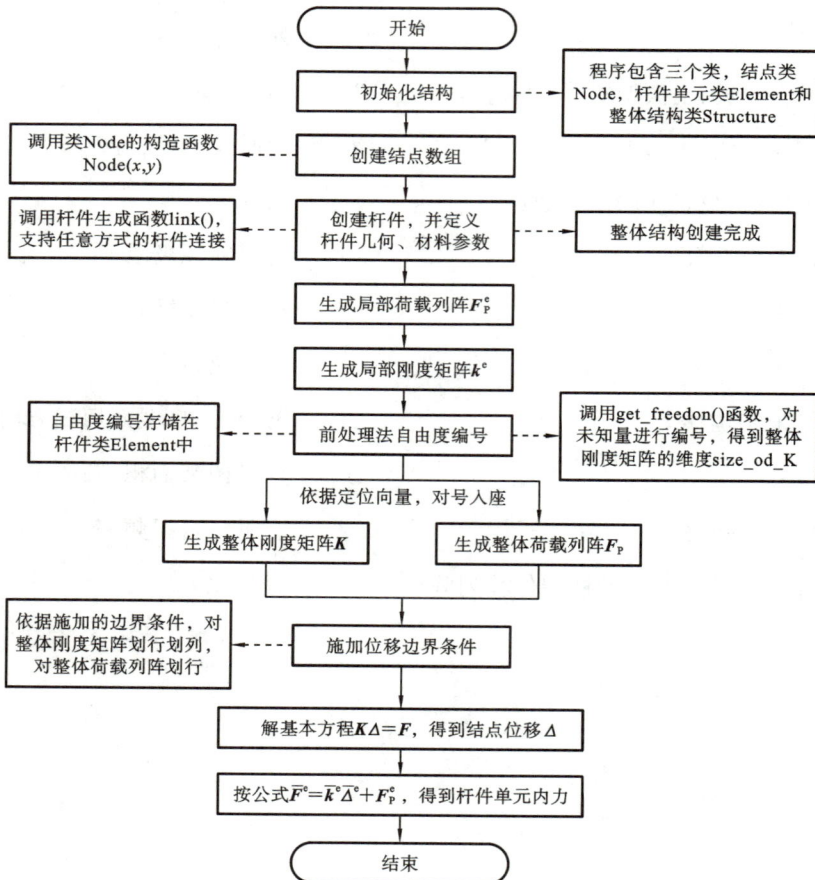

图 C-1

（1）定义结点、杆件，并生成结构。连接杆件完成后，程序可以自行组合成整体结构。

（2）对每根杆件生成局部荷载列阵和局部刚度矩阵。

（3）使用前处理法进行自由度编号，生成每根杆件的定位向量。

（4）依据定位向量对号入座，生成整体刚度矩阵和整体荷载列阵。

（5）读取边界约束条件，对整体刚度矩阵和整体荷载列阵进行划行划列。

（6）联立求解基本方程，得到杆端位移和杆端内力。

2. 变量说明

程序中所用到的变量如表 C-1 至表 C-3 所示。

表 C-1　Node. py 中的变量定义

变　　量	含　　义
self. loca	结点坐标
self. elements	结点连接的所有单元数组
self. freedom	结点自由度编号
self. load	结点荷载列阵

表 C-2　Element. py 中的变量定义

变　　量	含　　义
self. nodes	单元所包含的结点
self. freedom	单元定位向量
self. E	单元弹性模量
self. I	单元截面惯性矩
self. L	单元长度
self. A	单元截面面积
self. k_e	局部刚度矩阵
self. T	坐标变换矩阵
self. restrain	单元约束条件
self. load	单元荷载列阵
self. delta	杆端位移
self. force	杆端内力

表 C-3　Structure. py 中的变量定义

变　　量	含　　义
self. nodes	结构包含的结点
self. elements	结构包含的单元
self. size_of_K	整体刚度矩阵尺寸
self. in_result	位移定位矩阵（用来协助内力计算）
self. K	整体刚度矩阵
self. load	整体荷载列阵
self. result	整体位移矩阵（基本方程求解结果）

3. PYTHON 源代码

相应的 PYTHON 源代码可扫描以下二维码获取。

PYTHON 源代码

访问 https://github.com/cyling250/MDSinSM-py 可以获取在线版代码。

参 考 文 献

[1] 龙驭球,包世华,袁驷. 结构力学Ⅰ-基本教程[M]. 3 版. 北京:高等教育出版社,2016.

[2] 龙驭球,包世华,袁驷. 结构力学Ⅱ-专题教程[M]. 3 版. 北京:高等教育出版社,2015.

[3] 朱慈勉,张伟平. 结构力学(上册)[M]. 3 版. 北京:高等教育出版社,2016.

[4] 朱慈勉,张伟平. 结构力学(下册)[M]. 3 版. 北京:高等教育出版社,2016.

[5] 李廉锟. 结构力学(上册)[M]. 6 版. 北京:高等教育出版社,2017.

[6] 李廉锟. 结构力学(下册)[M]. 6 版. 北京:高等教育出版社,2017.

[7] 汪梦甫. 结构力学[M]. 武汉:武汉大学出版社,2015.

[8] 杨迪雄. 结构力学[M]. 北京:科学出版社,2019.

[9] 吕恒林,鲁彩凤,张营营. 结构力学(上册)[M]. 2 版. 北京:中国建筑工业出版社,2021.

[10] 袁驷. 程序结构力学[M]. 2 版. 北京:高等教育出版社,2008.

[11] 单建. 趣味结构力学[M]. 2 版. 北京:高等教育出版社,2015.

[12] 包世华. 结构动力学[M]. 武汉:武汉理工大学出版社,2005.

[13] 雷钟和,江爱川,赫静明. 结构力学解疑[M]. 2 版. 北京:清华大学出版社,2008.

二维码资源使用说明

　　本书数字资源以二维码形式提供。读者可使用智能手机在微信端下扫描书中二维码，扫码成功时手机界面会出现登录提示。确认授权，进入注册页面。填写注册信息后，按照提示输入手机号，点击获取手机验证码。在提示位置输入 4 位验证码成功后，重复输入两遍设置密码，选择相应专业，点击"立即注册"，注册成功。（若手机已经注册，则在"注册"页面底部选择"已有账号？立即注册"，进入"账号绑定"页面，直接输入手机号和密码，系统提示登录成功。）接着刮开教材封底所贴学习码（正版图书拥有的一次性学习码）标签防伪涂层，按照提示输入 13 位学习码，输入正确后系统提示绑定成功，即可查看二维码数字资源。手机第一次登录查看资源成功，以后便可直接在微信端扫码登录，重复查看资源。

　　若遗忘密码，读者可以在 PC 端浏览器中输入地址 http://jixie. hus-tp. com/index. php? m＝Login，然后在打开的页面中单击"忘记密码"，通过短信验证码重新设置密码。